移动电子商务运营师2.0

Photoshop
视觉设计

梦工场科技集团　编著

重庆大学出版社

图书在版编目（CIP）数据

Photoshop视觉设计 / 梦工场科技集团编著.--重庆：重庆大学出版社，2017.8
（移动电子商务运营师2.0）
ISBN 978-7-5689-0701-9

Ⅰ．①P… Ⅱ．①梦… Ⅲ．①图象处理软件 Ⅳ.
①TP391.413

中国版本图书馆CIP数据核字（2017）第182122号

Photoshop 视觉设计

梦工场科技集团 编著
策划编辑：田 恬 顾丽萍
责任编辑：顾丽萍 版式设计：顾丽萍
责任校对：张红梅 责任印制：赵 晟

*

重庆大学出版社出版发行
出版人：易树平
社址：重庆市沙坪坝区大学城西路21号
邮编：401331
电话：（023）88617190 88617185（中小学）
传真：（023）88617186 88617166
网址：http://www.cqup.com.cn
邮箱：fxk@cqup.com.cn（营销中心）
全国新华书店经销
重庆五洲海斯特印务有限公司印刷

*

开本：787mm×1092mm 1/16 印张：12 字数：249千
2017年8月第1版 2017年8月第1次印刷
ISBN 978-7-5689-0701-9 总定价：800.00 元（全5册）

前 言

在创意产业快速发展的今天，掌握软件应用技能、平面设计应用技能，提高艺术设计修养是每一个准备从事设计工作的人员应该关注的3个重要方面。要做好设计工作，这3方面的提升缺一不可。熟练的软件技能是实现创意的保证，对设计应用知识的掌握可快速制作出符合行业规范的作品，较好的设计修养是产生创意和灵感的基础。

随着电脑的日益普及，越来越多的人开始使用图像处理软件进行平面设计、网页设计、图像处理、影像合成和数码照片后期处理等。Adobe Photoshop就是一款功能强大、应用广泛的专业级图像处理软件。如今，Photoshop拥有大量的用户，除了专业级设计人员外，摄影室和影楼工作人员都普遍使用该软件进行图像修饰。

本书以"制作技能+设计应用"的全案例教学方式，系统地讲解了使用Photoshop进行图层编辑处理、文字编辑处理、通道与蒙版应用、绘图造型、滤镜视觉特效制作、数码照片处理、包装设计、海报招贴设计、平面广告设计等所需要的软件技能和设计知识。

本书以培养平面设计专业人才为目标。通过本书的系统学习，学员可在短期内掌握相关的设计原理、Photoshop软件等制图技术，以及掌握平面设计材料知识、操作流程、模块训练等内容，使学者具备实践操作的能力。

本书由张丽焕拟定编写大纲，并编写了第3章至第6章，李文强编写了第1章和第2章，侯丽珍、龚宁静、乐旭对全书文字进行了校正。

因时间仓促，加之水平有限，书中难免存在错误和疏漏之处，敬请广大读者批评指正。

编　者
2017年3月

目　录

第6章　Photoshop图层样式教程 ···················· 125

第1章 Photoshop 简介

1.1 Photoshop 简介

Adobe Photoshop简称"PS",是由Adobe Systems开发和发行的图像处理软件。

Photoshop主要处理以像素所构成的数字图像。使用其众多的编修与绘图工具,可有效地进行图片编辑工作。PS有很多功能,在图像、图形、文字、视频、出版等各方面都有涉及。

2003年, Adobe Photoshop 8被更名为Adobe Photoshop CS。2013年7月, Adobe公司推出了新版本的Photoshop CC,自此, Photoshop CS6作为Adobe CS系列的最后一个版本被新的CC系列取代。

截至2016年11月, Adobe PhotoshopCC2017为市场最新版本。

Adobe支持Windows操作系统、安卓系统与Mac OS,但Linux操作系统用户可通过使用Wine来运行Photoshop。

1.2 Coreldraw 简介

Coreldraw Graphics Suite是加拿大Corel公司的平面设计软件,该软件是Corel公司出品的矢量图形制作工具软件,这个图形工具给设计师提供了矢量动画、页面设计、网站制作、位图编辑和网页动画等多种功能。

该图像软件是一套屡获殊荣的图形、图像编辑软件,它包含两个绘图应用程序:一个用于矢量图及页面设计,一个用于图像编辑。这套绘图软件组合带给用户强大的交互式工具,使用户可创作出多种富于动感的特殊效果及点阵图像即时效果。通过Coreldraw的全方位设计及网页功能可以融合到用户现有的设计方案中,灵活性十足。

该软件套装更为专业设计师及绘图爱好者提供简报、彩页、手册、产品包装、标识、网页及其他;该软件提供的智慧型绘图工具以及新的动态向导可以充分降低用户的操控难度,允许用户更加精确地创建物体的尺寸和位置,减少点击步骤,节省设计时间。

第2章 工具箱介绍

2.1.1 移动工具

PS中的移动工具比较简单,在这里就不作论述了,现通过一个实例进行简单介绍。移动工具的快捷键是"V"。

移动工具的使用方法如下:

①先把下面这张图片保存,并且打开,如图2.1所示。

②使用之前先用磁性套索工具把花选出来,如图2.2所示。

③在工具箱中选择移动工具,如图2.3所示。

图2.1　　　　　　　　　图2.2　　　　　　　图2.3

④将光标移动到选区,拖动鼠标左键,将图形移动到所需部分,如图2.4所示。

⑤移动所选择的区域之后,露出了白色的背景色,如图2.5所示。

⑥此时,在使用移动工具时,同时按"Alt"键,被选择的部分不会露出背景色,而是对所选领域的图片进行复制移动,如图2.6所示。

⑦在使用这种移动工具时,如果持续按动键盘中的"Shift"键,即可准确地向垂直、水平以及对角线方向移动。

最后按"Ctrl+D"取消选区,如图2.7所示。

图 2.4

图 2.5

图 2.6

图 2.7

2.1.2 选框工具

Photoshop的选框工具内含4个工具，它们分别是矩形选框工具、椭圆选框工具、单行选框工具、单列选框工具，选框工具允许选择矩形、椭圆形以及宽度为1个像素的行和列。默认情况下，从选框的一角拖移选框。这个工具的快捷键是字母M，如图2.8所示。

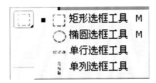
图 2.8

1）Photoshop的选框工具

使用矩形选框工具，在图像中确认要选择的范围，按住鼠标左键不松手来拖动鼠标，即可选出要选取的选区。椭圆选框工具的使用方法与矩形选框工具的使用方法相同，如图2.9、图2.10所示。

图 2.9

图 2.10

2）选框工具的使用方法

使用单行或单列选框工具，在图像中确认要选择的范围，点击鼠标一次即可选出一个像素宽的选区，对于单行或单列选框工具，在要选择的区域旁边点按，然后将选框拖移到确切的位置。如果看不见选框，则增加图像视图的放大倍数。

选框工具的属性栏，如图2.11所示。

图 2.11

3）Photoshop选框工具的工具属性栏

①新选区：可以创建一个新的选区。

②添加到选区：在原有选区的基础上，继续增加一个选区，也就是将原选区扩大。

③从选区减去：在原选区的基础上剪掉一部分选区。

④与选取交叉：执行的结果，就是得到两个选区相交的部分。

⑤样式：对于矩形选框工具、圆角矩形选框工具或椭圆选框工具，在选项栏中选取一个样式。

⑥正常：通过拖动确定选框比例。

⑦固定比例：设置高宽比。输入宽高比的值（在Photoshop中，十进制的值有效）。例如，若要绘制一个宽是高两倍的选框，请输入宽度2和高度1。

⑧固定大小：为选框的高度和宽度指定固定的值。输入整数像素值。记住，创建1 in（1 in=25.44 mm，下同）选区所需的像素数取决于图像的分辨率，如图2.12所示。

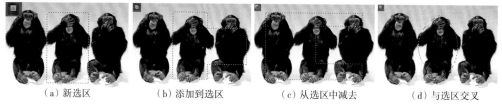

（a）新选区　　　　　（b）添加到选区　　　　　（c）从选区中减去　　　　　（d）与选区交叉

图 2.12

⑨羽化：实际上就是选区的虚化值，羽化值越高，选区越模糊。

⑩消除锯齿：只有在使用椭圆选框工具时，这个选项才可使用，它决定选区的边缘光滑与否，如图2.13所示。

⑪设置羽化值的效果。

图 2.13

[实践练习]

现要学习的是使用PS选框工具给照片加边框的方法。对照片本身的画面边缘作暗化及半透明处理，里面再勾一圈细细的白线，效果简洁又非常精致，如图2.14、图2.15所示。

图2.14　原图

图2.15　效果图

①在原图上点击右键，保存到本地计算机。

②在Photoshop中打开这张图片。

③给这张图片复制图层，快捷键为"Ctrl+J"，如图2.16所示。

④在工具箱中选择矩形选区工具，快捷键为"M"，如图2.17所示。

图2.16

图2.17

⑤在画布上把边框画出来，如图2.18所示。

⑥在菜单栏选择"编辑→描边"命令，如图2.19所示。

图2.18

图2.19

⑦设置描边宽度和颜色，如图2.20所示。

⑧在菜单栏选择"选择→反选"命令（Ctrl+Shift+I）选中白线框外面的部分，如图2.21所示。

图 2.20　　　　　　　　　　　　　　　图 2.21

⑨在菜单栏选择"图像→调整→亮度对比度"（这里大家直接操作，至于原理会在调色的部分进行讲解），让选择的这部分颜色变深就可以了，如图2.22所示。

⑩在弹出的窗口中降低亮度，如图2.23所示。

图 2.22　　　　　　　　　　　　　　　图 2.23

⑪确定后按"Ctrl+D"取消选区，然后保存即可，如图2.24所示。

图 2.24

2.1.3　套索工具

Photoshop的套索工具内含3个工具，它们分别是套索工具、多边形套索工具、磁性套索工具，套索工具是最基本的选区工具，在处理图像中起着很重要的作用。这个工具的快捷键是"L"，如图2.25所示。

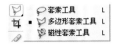
图2.25

1）Photoshop的套索工具

矩形椭圆选框工具都可以做选区，而它做的选区是规则的，对于抠不规则形的图来说，有一定难度，因此可用套索工具组里的3个工具。

套索工具组里的第一个套索工具用于做任意不规则选区，套索工具组里的多边形套索工具用于做有一定规则的选区，而套索工具组里的磁性套索工具是制作边缘比较清晰，且与背景颜色相差比较大的图片的选区。而且在使用时注意其属性栏的设置，如图2.26所示。

图2.26

2）Photoshop的套索工具的工具属性栏

①选区加减的设置：做选区的时候，使用"新选区"命令较多。

②"羽化"选项：取值范围在0~250，可羽化选区的边缘，数值越大，羽化的边缘越大。

③"消除锯齿"的功能是让选区更平滑。

④"宽度"的取值范围在1~256，可设置一个像素宽度，一般使用的默认值为10。

⑤"边对比度"的取值范围在1~100，它可以设置"磁性套索"工具检测边缘图像的灵敏度。如果选取的图像与周围图像间的颜色对比度较强，那么就应设置一个较高的百分数值；反之，输入一个较低的百分数值。

⑥"频率"的取值范围为0~100，它是用来设置在选取时关键点创建的速率的一个选项。数值越大，速率越快，关键点就越多。当图的边缘较复杂时，需要较多的关键点来确定边缘的准确性，可采用较大的频率值，一般使用默认的值为57。

在使用的时候，可以通过退格键或"Delete"键来控制关键点。

[实践练习]

原图如图2.27所示。

效果图如图2.28所示。

图 2.27

图 2.28

①还是先复制一层，如图2.29所示。

②在工具箱中选择磁性套索工具，如图2.30所示。

 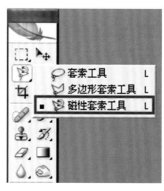

图2.29　　　　　　　　　　图2.30

③使用套索工具把人物选择出来，如图2.31所示。

④按"Ctrl+Enter"转换成选区，如图2.32所示。

图2.31　　　　　　　　　　图2.32

⑤按住"Shift"键，套索工具上会多出一个"+"号，然后把刚才没套好的地方选出来，如图2.33所示。

⑥另外还有一些位置是没办法一次套上的，按住"Alt"鼠标变成"-"号，框选出这些位置，如图2.34所示。

图2.33　　　　　　　　　　图2.34

⑦然后在菜单栏执行"选择→羽化"（快捷键为"Ctrl+Alt+D"），如图2.35所示。

⑧羽化半径为2。羽化是为了使边缘看上去不那么生硬，如图2.36所示。

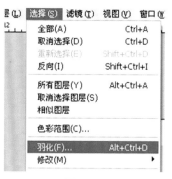

图 2.35   图 2.36

⑨打开一张背景图片,如图2.37所示。

⑩在工具箱中选择移动工具 ✛（快捷键"V"）,把抠出来的人物移动过去,如图2.38、图2.39所示。

⑪最后按"Ctrl+T"调整一下位置和大小就可以了,如图2.40所示。

⑫调整好后按回车键确定,最终效果如图2.41所示。

图 2.37

图 2.38

图 2.39

图 2.40

图 2.41

2.1.4 裁切工具

Photoshop的裁切工具就如同人们用的裁纸刀，可对图像进行裁切，使图像文件的尺寸发生变化。这个工具的快捷键为"C"，如图2.42所示。

图 2.42

Photoshop裁切工具的工具属性栏如下：

①宽度、高度：可输入固定的数值，直接完成图像的裁切。

②分辨率：输入数值确定裁切后图像的分辨率，后面可选择分辨率的单位。

③前面的图像：单击可调出前面图像的裁切尺寸。

④清除：清除现有的裁切尺寸，以便重新输入，如图2.43所示。

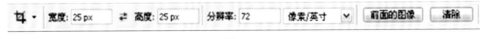

图 2.43

[实践练习]

裁切工具很简单，而如何裁切出一张好的图片呢？ 下面通过几个实例学习一下。

例：如何使用PS中的裁切工具对照片进行重新构图？

原图如图2.44所示。

效果图如图2.45所示。

图 2.44   图 2.45

①在原图上单击右键，保存到本地计算机。

②在Photoshop中打开这张图片。

③在工具箱中选择裁切工具（快捷键C），如图2.46所示。

④在画面上拖动鼠标，把想保留的部分框出来，如图2.47所示。

⑤按回车键确定即可，如图2.48所示。

图 2.46   图 2.47   图 2.48

例：如何构图？

这是一张匆忙拍摄的海港照片，可惜水平方向上没有什么视觉中心，许多高光和琐碎的元素让画面显得杂乱无章，看不到重要的或者有趣的点在哪，如图2.49所示。

现大刀阔斧地把照片裁成了纵向的，目的是把视觉中心集中到有高高的桅杆的船上，同时，背景是远处城市的灯光，近景和远景拉开距离又有所呼应，如图2.50所示。

图2.49　　　　　　　　　　　　图2.50

课后练习

操作题1

标志制作如图2.51所示。

1. 新建10 cm×10 cm，分辨率为72 px/in，色彩模式为RGB的文件。绘制右侧的图形。

2. 在视图菜单中打开标尺（Ctrl+R）、网格（Ctrl +'）和参考线，用矩形选框工具绘制以参考线交点为中心的矩形，并填充红色。

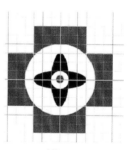

图2.51

3. 用椭圆选框工具绘制以参考线交点为中心的正圆选区，按"Delete"键删除。

4. 用椭圆选框工具绘制以参考线交点为中心的横向椭圆选区，填充蓝色。同样的方法绘制纵向的椭圆选区。

5. 中间部分的绘制方法同前，步骤略。

小技巧

取消选区："Ctrl+D"；填充前景色："Alt+Delete"；填充背景色："Ctrl+Delete"。绘制选区时结合下列键：

1.按住"Shift"键，长宽比为1：1。

2.按住"Alt"键：以开始点为中心选择区域。

操作题2

制作折页效果如图2.52所示。

1. 使用矩形选区工具选中三折页的3个部分，并通过剪切建立3个图层。

2. 使用变形工具分别将3个部分进行变形，制作出三折效果

3. 分别选中3个图层，使用"图像→调整→亮度对比度"命令，对三折页调整明暗。

4. 复制三折页，并变形翻转，利用蒙版制作倒影效果。

5. 制作背景，将最终结果以"学号+折页.psd"为文件名保存。

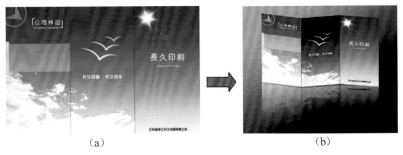

(a)   (b)

图 2.52

2.2 编辑类 🔍

2.2.1 修复画笔工具

Photoshop的修复画笔工具内含4个工具，它们分别是污点修复画笔工具、修复画笔工具、修补工具、红眼工具，这个工具的快捷键是"J"，如图2.53所示。

图 2.53

1）污点修复画笔工具

污点修复画笔工具可以快速移去照片中的污点和其他不理想部分。污点修复画笔的工作方式与修复画笔类似：它使用图像或图案中的样本像素进行绘画，并将样本像素的纹理、光照、透明度和阴影与所修复的像素相匹配。与修复画笔不同，污点修复画笔不要求指定样本点。污点修复画笔将自动从所修饰区域的周围取样。

2）修复画笔工具

修复画笔工具的使用如下：

①选择修复画笔工具 。

②点击选项栏中的画笔样本，并在弹出式调板中设置画笔选项。

从选项栏的"模式"菜单中选取混合模式。选取"替换"可以保留画笔描边边缘处的杂色、胶片颗粒和纹理。

在选项栏中选取用于修复像素的源："取样"可以使用当前图像的像素，而"图案"可以使用某个图案的像素。如果选取了"图案"，请从"图案"弹出式调板中选择一个图案。

③在选项栏中选择"对齐"，会对像素连续取样，而不会丢失当前的取样点，即使松开鼠标按键时也是如此。如果取消选择"对齐"，则会在每次停止并重新开始绘画时使用初始取样点中的样本像素。

④如果在选项栏中选择"对所有图层取样"，可从所有可见图层中对数据进行取样。如果取消选择"对所有图层取样"，则只从现用图层中取样。

⑤对于处于取样模式中的修复画笔工具，可以这样来设置取样点：将指针置于任何打开的图像中，然后按住"Alt"键并点按。

⑥在图像中拖移。每次释放鼠标按钮时，样本像素都会与现有像素混合。检查状

态栏可以看到混合过程的状态，如图2.54所示。

图 2.54

3）修补工具

通过使用修补工具，可以用其他区域或图案中的像素来修复选中的区域。像修复画笔工具一样，修补工具会将样本像素的纹理、光照和阴影与源像素进行匹配。还可以使用修补工具来仿制图像的隔离区域。

4）红眼工具

红眼工具可移去用闪光灯拍摄的人物照片中的红眼，也可以移去用闪光灯拍摄的动物照片中的白、绿色反光。

①选择红眼工具。

②在红眼中点按。如果对结果不满意，请还原修正，在选项栏中设置一个或多个以下选项，然后再次点按红眼。

瞳孔大小：设置瞳孔（眼睛暗色的中心）的大小。

变暗量：设置瞳孔的暗度，如图2.55所示。

图 2.55

2.2.2　画笔工具

在Photoshop中，画笔是一个比较常用的工具，但要想真正用好画笔工具其实并不容易，主要原因是其属性相当复杂多样。很多人学习PS只是应用画笔的表面功能，实际上画笔的功能非常丰富，下面具体介绍画笔的常见属性设置及效果，如图2.56所示。

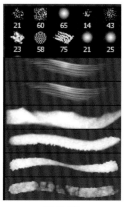

图 2.56

①新建一个500×300的空白文档，选择常用工具栏中的画笔工具，如图2.57所示。

②选中画笔工具后，在菜单栏的下方会有画笔的常用属性，最常见的设置就是"主直径"和"硬度"，一个决定了画笔的大小，一个决定了画笔的边缘过渡效果，如图2.58所示。

图 2.57　　　　　　　　　　　　　　　　图 2.58

③当画笔的硬度为100％时,画出的效果如图2.59所示,之后将硬度调整为0。

④当画笔的硬度调为0时,画出的效果就有明显的差别,如图2.60所示。

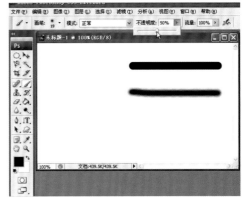

图 2.59　　　　　　　　　　　　　　　　图 2.60

⑤第三条是将不透明度调为50％的效果,如图2.61所示。

⑥第四条是将流量调整为50％的效果,如图2.62所示。

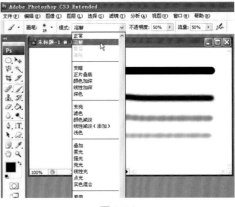

图 2.61　　　　　　　　　　　　　　　　图 2.62

⑦第五条是将模式设置为"溶解"的效果,如图2.63所示。

⑧以上常见的属性可能大部分读者都用过,不过在最靠右边还有一个设置属性,如图2.64光标所在的位置,这个设置一般人可能并没有在意,其实这个属性包含众多的功能。

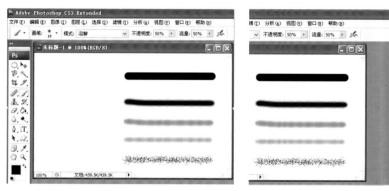

图 2.63　　　　　　　　　　　图 2.64

⑨在这个画笔的属性里，可以进行很多设置，比如"形状动态"可以让画笔的形状动画变化，特别适用于不规则画笔，"散布"可以让画笔随机分布等，将这两者打钩，画笔的效果就变成如图2.65的形态。

⑩将"纹理""颜色动态"打钩，效果如图2.66所示。当然，对于黑白画笔，"颜色动态"可能看不见效果，其主要应用于一些彩色画笔。

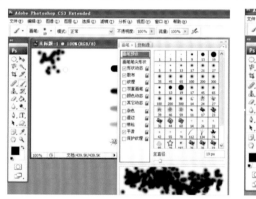

图 2.65

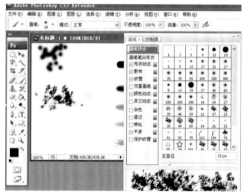

图 2.66

⑪将"杂边""喷枪"打钩，效果如图2.67所示。

⑫其实画笔配合自定义画笔以及各种彩色方案，可以制作出许多特殊的效果，其功能绝对不简单，这里因为是新手入门教程，所以并不进行扩展，后续其他例子中会涉及，如图2.68所示。

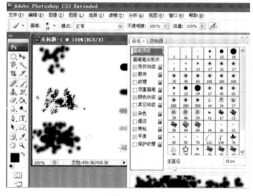

图 2.67

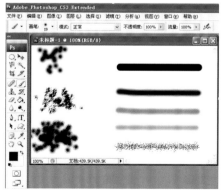

图 2.68

⑬以下是选择"枫叶"画笔进行相应设置得到的效果,如图2.69所示。

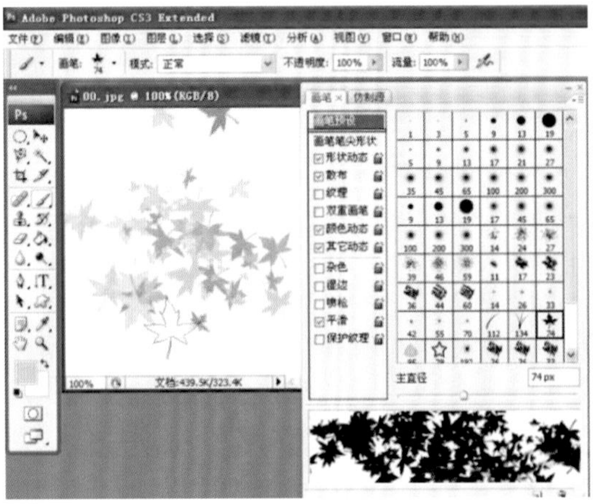

图 2.69

2.2.3 修复、修补、图章工具

所有的修复或修补工具都会把样本像素的纹理、光照、透明度和阴影与所修复的像素相匹配,而使用复制的方法或使用仿制图章工具却不会。当这组工具配合选区使用时,仅对选区内的对象起效果。

1)污点修复画笔(J)

(1)污点的概念

污点指包含在大片相似或相同颜色区域中的其他颜色。不包括在两种颜色过渡处出现的其他颜色。

(2)修复的原理

使用图像或图案中的样本像素进行绘画,并将样本像素的纹理、光照、透明度和阴影与所修复的像素相匹配。

(3)样本像素的确定方法

①在"近似匹配"模式下:

a.如果没有为污点建立选区,则样本自动采用污点外部四周的像素。

b.如果选中污点,则样本采用选区外围的像素。

②在"创建纹理"模式下:使用选区中的所有像素创建一个用于修复该区域的纹理。如果纹理不起作用,请尝试再次拖过该区域。

(4)选项栏

①在选项栏中选取一种画笔大小。如果没有建立污点选区,则画笔比要修复区域稍大一点最为适合,这样,只需点按一次即可覆盖整个域。

②从选项栏的"模式"菜单中选取混合模式。选取"替换"可以保留画笔描边边缘处的杂色、胶片颗粒和纹理。

③如果在选项栏中选择"对所有图层取样",可从所有可见图层中对数据进行取样。如果取消选择"对所有图层取样",则只从现用图层中取样。点按要修复的区域,或点按并在较大的区域上拖移。

2）修复画笔工具（J）

（1）设置取样点

按"Alt"键并单击。如果在被修复处单击且在选项栏中未选中"对齐"，则取样点一直固定不变；如果在被修复处拖动或在选项栏中选中"对齐"，则取样点会随着拖动范围的改变而相对改变（取样点用十字形表示）。

说明：如果要从一幅图像中取样并应用于另一幅图像，则这两幅图像的颜色模式必须相同，除非其中一幅图像处于灰度模式中。

（2）选项栏

①模式：如果选用"正常"，则使用样本像素进行绘画的同时把样本像素的纹理、光照、透明度和阴影与所修复的像素相融合；如果选用"替换"，则只用样本像素替换目标像素且与目标位置没有任何融合。也可以在修复前先建立一个选区，则选区限定了要修复的范围在选区内而不在选区外。

②源：如果选择"取样"，必须按"Alt"单击取样并使用当前取样点修复目标，如果选择"图案"，则在"图案"列表中选择一种图案并用该图案修复目标。

③对齐：不选该项时，每次拖动后松开左键再拖动，都是以按下"Alt"时选择的同一个样本区域修复目标；而选该项时，每次拖动后松开左键再拖动，都会接着上次未复制完成的图像修复目标。

④如果在选项栏中选择"对所有图层取样"，可从所有可见图层中对数据进行取样。如果取消选择"对所有图层取样"，则只从现用图层中取样。

3）修补工具（J）

修补工具会将样本像素的纹理、光照和阴影与源像素进行匹配。

选项栏具有以下选项：

（1）修补

①源：指要修补的对象是现在选中的区域。方法是先选中要修补的区域，再把选区拖动到用于修补的区域。

②目标：与"源"相反，要修补的是选区被移动后到达的区域而不是移动前的区域。方法是先选中好的区域，再拖动选区到要修补的区域。

（2）透明

如果不选该项，则被修补的区域与周围图像只在边缘上融合，而内部图像纹理保留不变，仅在色彩上与原区域融合；如果选中该项，则被修补的区域除边缘融合外，还有内部的纹理融合，即被修补区域好像作了透明处理。

（3）使用图案

选中一个待修补区域后，点"使用图案"命令，则待修补区域用这个图案修补。

4）仿制图章（S）

用法类似于"修复画笔工具"，完全复制对象，对象和目标区域不融合，作用相当于使用"修复画笔工具"时在选项栏中选中"替换"模式。

使用修复和图章工具时有以下区别：

①修复时选中和不选中不一样。

②修复时对齐和不对齐不一样。

③画笔笔头大和笔头小不一样。

④画笔硬度大和硬度小不一样。

⑤修复时拖动和不拖动不一样。

⑥透明和不透明不一样。

2.2.4 填充工具

填充是以指定的颜色或图案对所选区域的处理,常用有4种方法:删除、颜料桶、填充和渐变。

1)删除工具

使用"Ctrl+Delete"可对所选区域进行基本填充操作,操作步骤如下:

①选择所需填充的区域。

②按"Ctrl+Delete"键将使用背景色进行填充,按"Alt+Delete"键则用前景色进行填充。

2)颜料桶工具

颜料桶工具是一款填色工具。这款工具可以快速对选区、画布、色块等填色或填充图案。选择这款工具,操作较为简单。在相应的地方点击鼠标右键即可填充。如果要在色块上填色,需要设置好属性栏中的容差值,如图2.70所示。

图 2.70

具体操作步骤如下:

①选择工具盘中的颜料桶工具。

②如果使用前景色填充,选择前景;如果使用指定图案填充,则设置图案。

③如果需要,双击颜料桶工具,打开选项面板,进行工具选项设置。

3)填充命令

使用填充命令可以按用户所选颜色或定制图像进行填充,以制作出别具特色的图像效果。

(1)定制图案

定制图案本身在屏幕上不产生任何效果,它的作用是将定制的图案放在系统内存中,供填充操作。操作步骤如下:先在工具盘中选择矩形框工具,并确认工具选项面板中的"羽化"设置为0;然后在图像中选择将要作为图案的图像区域;再选择"编辑"菜单栏下的"定义图案"命令,完成定制图案操作。

(2)使用填充命令

操作步骤如下:先选择"编辑"菜单栏下的"填充"命令,打开填充对话框,然后在"填充内容"下拉列表中选择一种填充方式,再单击"确定"按钮,如图2.71所示。

图 2.71

4）渐变工具

使用工具盘中的"渐变"工具，可以产生两种以上颜色的渐变效果。渐变方式既可以选择系统设定值，也可以自定义。渐变方向有线性状、圆形放射状、方形放射状、角形和斜向等几种。如果不选择区域，将对整个图像进行渐变填充，如图2.72所示。

图 2.72

使用渐变工具操作步骤如下：

①单击工具盘中的"渐变"工具，选择一种渐变方向。

②选择渐变所需的前景色和背景色。

③根据需要，选择渐变区域。

④如果需要，双击"渐变"工具，打开渐变工具选项面板，进行渐变选项设置。

⑤在图像窗口的选择区域单击并拖动鼠标画一条直线，则产生渐变效果。

课后练习

操作题1

根据所提供的素材运用Photoshop的模糊工具、涂抹工具、减淡工具及加深工具等制作完成。在制作过程中，主要难点在于运用模糊工具和涂抹工具对人物的皮肤进行美化。重点在于结合画笔样式和减淡工具、加深工具为人物图像制作艺术化效果，如图2.73、图2.74所示。

最终结果如图2.75所示。

图 2.73　　　　　　　　　图 2.74　　　　　　　　　图 2.75

操作题2

通过PS中的污点修复画笔工具、修复画笔工具等的配合使用制作完成。在制作过程中，主要难点在于分别运用污点修复画笔工具和修复画笔工具修复人物皮肤的斑点。

素材图如图2.76、图2.77和图2.78所示。

最终效果如图2.79所示。

图 2.76

Life is sweet.
Introducing
pleasures
delight
ESTĒE LAUDER
Treat yourself to something irresistible.
图 2.77

图 2.78　　　　图 2.79

2.3　矢量与文字类

2.3.1　钢笔工具

钢笔工具是PS操作中最常用的工具之一，下面的教程将用实例详细说明钢笔工具的操作。

①在Photoshop中打开图2.80，重设想要的图片大小。现将图片大小重新调整为1 800 px×2 546 px。

将企鹅图像的透明度降到50%，这样更加容易看到创建的路径和曲线。为了做到这一点，只需要简单地复制图层，删除原始图层，然后设置不透明度到50%。

②创建一个新图层，命名为"Body"，选择钢笔工具 （钢笔工具的快捷键为"P"），如图2.81所示。

确认已经选择了路径模式，如图2.82所示。

图2.80　　　　　　　　图2.81

图 2.82

③首先开始身体的轮廓。在头顶上左击,会出现一个小正方形,称为锚点,这是路径的开始,如图2.83所示。

为了创建更大的区域,可以创造更大的线条,它创造了一条光滑的曲线,而不是创造了很多锚点。也可以创建较小的线条和使用更多的锚点。这两种方法都可以。

当创建更小和更详细的细节部位时,比如说脚,就要创建较小的线条和曲线,如图2.84、图2.85所示。

④点击并按住开始绘制胳膊,如图2.86所示。

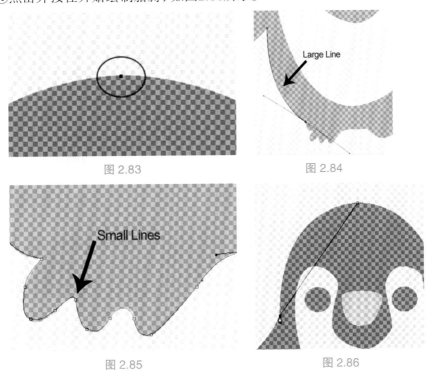

图 2.83

图 2.84

图 2.85

图 2.86

⑤往下拖动鼠标线条将会弯曲。拖动并释放鼠标按钮直至线条轮廓适合头部边缘的轮廓时,如图2.87所示。

⑥如果线条设置没有完全贴合,可以使用钢笔工具。

一种选择是删除最后创建的一个锚点。按"Delete"键,删除最后锚点。在删除锚点后必须记住单击最后锚点,否则将创建一个新的子路径,如图2.88所示。

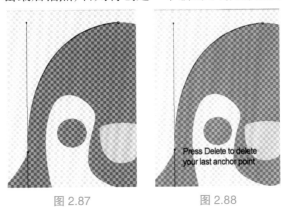

图 2.87

图 2.88

⑦也可以选择转换点工具编辑线条的角度。当创建了曲线，就可能发现这两行显示。这些被称为指南/方向线，它们控制曲线的角度和长度，如图2.89所示。

⑧保持钢笔工具仍处于选中状态，按住"Alt"键（这是转换点工具的快捷键）和悬停在顶端的方向线（其光标移动将不会改变，直到悬停在两端方向线或一个锚点）。

⑨现在单击上部并按住顶端方向线，即能编辑曲线，并对它进行任何微调。最后的编辑方法是按住"Ctrl"键，这样能够移动锚点和方向，并对线条和曲线作一些修改。

⑩如果不编辑的话，底部的方向将会如图2.90所示。

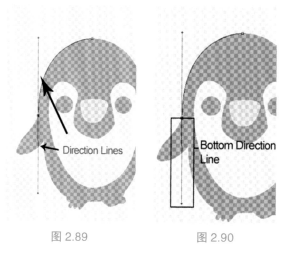

图 2.89   图 2.90

⑪按住"Alt"键，单击并拖动底部的方向线向上，使线条合理地贴近锚点，跟踪胳膊的方向，如图2.91所示。

⑫现在围着胳膊绘制曲线。使用不同的方法编辑线条或曲线，如图2.92所示。

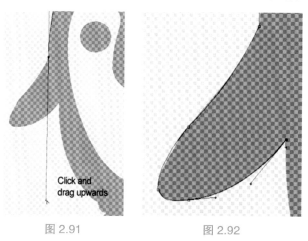

图 2.91   图 2.92

⑬当完成右胳膊后单击第一次创建的锚点，这样将会关闭完成路径。所绘图像如图2.93所示。

⑭现在将前景色设置为黑色，如图2.94所示。

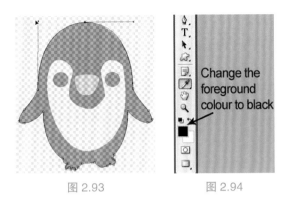

图 2.93 图 2.94

⑮现在右击（钢笔工具仍然选中）将会出现对话框，如图2.95所示。

⑯单击填充路径，使用如图2.96所示的设置。

图 2.95 图 2.96

⑰钢笔的轮廓将会围绕在身体周围，按下"Delete"键清除，如图2.97和图2.98所示。

图 2.97 图 2.98

⑱单击图层面板中的眼睛图标隐藏这个图层，如图2.99所示。

⑲在Body图层上创建一个新图层，命名为"Stomach"。使用钢笔工具描绘出身体上白色的部分，如图2.100所示。

图 2.99

图 2.100

⑳当完成时关闭路径，将前景色设置为白色，右击选择填充路径。单击"Delete"键清除钢笔轮廓，如图2.101所示。

㉑创建一个新的图层，命名为"Left Eye"，隐藏其他的图层，除了原始的企鹅图像。由于眼睛是圆的，可以选择圆角矩形工具，如图2.102所示。

图 2.101

图 2.102

㉒或者使用钢笔工具绘制眼睛并用黑色填充，在完成了左眼后，复制图层（Ctrl+J）移动到另一个眼睛。命名这个图层为"Right Eye"，如图2.103、图2.104所示。

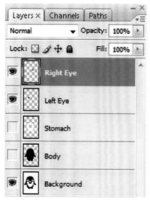

图 2.103

图 2.104

㉓创建另外一个图层，命名为"Beak"。再一次隐藏其他的图层，这样就可以跟踪鸟嘴。围绕着鸟嘴使用钢笔工具绘制并将前景色设置为"#fbdf26"，填充路径并按下"Delete"键，清除钢笔轮廓，如图2.105所示。

㉔删除背景图层（原来的企鹅图像）让所有的图像可见。可在底部添加一个图层，用白色填充和修改，使企鹅图像变得简洁，如图2.106所示。

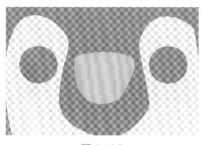
图 2.105

图 2.106

2.3.2 文本工具

Photoshop的文本工具内含4个工具，分别是横排文字工具、直排文字工具、横排文字蒙版工具、直排文字蒙版工具，这个工具的快捷键是"T"，如图2.107所示。

图 2.107

1）横排文字工具、直排文字工具

（1）输入文本

①选择文字工具。

②单击在图像上欲输入文字处，出现小的"I"图标，这就是输入文字的基线。

③输入所需文字，输入的文字将生成一个新的文字图层，如图2.108所示。

图 2.108

（2）在文本框中输入文字

①选择文字工具。

②在欲输入文字处用鼠标拖拉出文本框，在文本框中出现小的"I"图标，这就是输入文字的基线，如图2.109所示。

图 2.109

2）横排文本蒙版工具、竖排文本蒙版工具

（1）输入文本

①选择文字蒙版工具。

②单击在图像上欲输入文字处，出现小的"I"图标，这就是输入文字的基线。

③输入所需文字，与文字工具不同的是，文字蒙版工具得到的是具有文字外形的选区，不具有文字的属性，也不会像文字工具生成一个独立的文字层，如图2.110所示。

图 2.110

（2）创建变形字体

文本的输入和调整与Word中差不多，这里重点介绍创建文本变形，如图2.111所示。

①样式：包括无、扇形、下弧、上弧、拱形、凸起、贝壳、花冠、旗帜、波浪、鱼形、增加、鱼眼石、膨胀、挤压和扭转。

②水平和垂直：选择弯曲的方向。

弯曲、水平扭曲和垂直扭曲后面输入适当的数值，控制弯曲的程度，如图2.112所示。

文本工具的属性栏如图2.113所示。

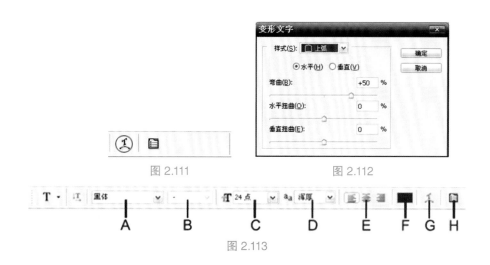

图 2.111　　　　　　　　　　　图 2.112

图 2.113

2.3.3　形状工具

在Photoshop9.0中直线工具包括矩形工具、圆角矩形工具、椭圆工具、多边形工具、直线工具和自定形状工具。这个工具的快捷键是字母U，如图2.114所示。

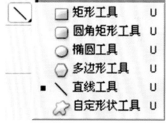

图 2.114

1）矩形工具

使用矩形工具可以很方便地绘制出矩形或正方形。使用矩形工具绘制矩形，只需选中矩形工具后，在画布上单击后拖拉光标即可绘出所需矩形。在拖拉时如果按住"Shift"键，则会绘制出正方形，如图2.115所示。

图 2.115

①创建新的形状图层、新的工作路径、填充区域：在使用矩形工具之前应先确定所需绘制的是层裁剪路径，还是装满区域。

②选择多边形工具种类：改变所需的工具种类无须再调用工具箱，可以在任务栏中直接替换。单击小三角会出现矩形选项菜单如图2.116所示。

图 2.116

③不受限制：矩形的形状完全由光标的拖拉决定。

④方形：绘制的矩形为正方形。

⑤固定大小：选中此项，可以在"W："和"H："后面填入所需的宽度和高度的值，默认单位为像素。

⑥比例：选中此项，可以在"W："和"H："后面填入所需的宽度和高度的整数比。

⑦从中心：选中此项后，拖拉矩形时光标的起点为矩形的中心。

⑧对齐像素：使矩形边缘自动与像素边缘重合。

当选择创建填充的区域时，任务栏如图2.117所示。

图 2.117

当选择创建新的形状图层时，任务栏如图2.118所示。

图 2.118

当选择创建路径图层时，任务栏如图2.119所示。

图 2.119

2）圆角矩形工具

使用圆角矩形工具可以绘制具有平滑边缘的矩形。使用方法与矩形工具相同，只需用光标在画布上拖拉即可。圆角矩形工具的任务栏与矩形工具的大体相同，只是多了半径一项。半径数值越大越平滑，0 px时则为矩形。

3）椭圆工具

使用椭圆工具可以绘制椭圆，按住"Shift"键可以绘制出正圆。状态栏如图2.120所示。

图 2.120

在这里只介绍椭圆选项菜单，如图2.121所示。

①不受限制：用光标可以随意拖拉出任何大小和比例的椭圆形。

②圆：用光标拖拉出正圆。

③固定大小：在"W："和"H："后面输入适当的数值可固定椭圆的长轴和短轴的长度。

④比例：在"W："和"H："后面输入适当的整数可固定椭圆的长轴和短轴的比例。

⑤从中心：光标拖拉的起点为椭圆形的中心。

图 2.121

4）多边形工具

可以绘制多边形、多边星形或具有平滑边缘的多边形、多边星形。使用方法与矩形、圆角矩形工具相同，此处将不在具体阐述。

5）自定形状工具

自定形状工具如图2.122所示，有两种使用方法：一种是使用形状库中现有形状进行使用, 点击形状图标如图2.123按钮, 出现形状, 选择所需形状; 另一种方式是使用钢笔等工具绘制所需形状, 然后点击菜单栏 "编辑→定义自定义形状" 后给所创建形状命名存储, 使用方法与第一种方法相同。

图 2.122

图 2.123

如何定义习惯性外形:

①选择任意一种路径工具绘制出路径。

②对路径进行调节, 使其形状达到所需要求。

③选中路径, 执行 "编辑→自定义形状"。

④将出现 "形状名称" 对话框, 输入名称, 如图2.124所示。

图 2.124

6) 直线工具

直线工具可以绘制直线或有箭头的线段。光标拖拉的起始点为线段起点, 拖拉的终点为线段的终点。按住 "Shift" 键, 可以使直线的方向控制在0, 45°或90°。

单击直线工具任务栏中的三角, 出现箭头菜单, 如图2.125所示。

①起点与终点: 两者可选择一项也可以都选, 以决定箭头在线段的哪一方。

②宽度: 箭头宽度和线段宽度的比值, 可输入10%~1 000%的数值。

图 2.125

③长度：箭头长度和线段宽度的比值，可输入10%～5 000%的数值。

④凹度：设定箭头中央凹陷的程度，可输入–50%～50%的数值。

2.3.4　前景色和背景色工具

1）前景色介绍

前景色图标表示油漆桶、画笔、铅笔、文字工具和吸管工具在图像中拖动时所用的颜色。

2）背景色介绍

在前景色图标下方的就是背景色，背景色表示橡皮擦工具所表示的颜色，简单说背景色就是纸张的颜色，前景色就是画笔画出的颜色。

3）切换颜色

用鼠标单击切换图标，或使用快捷键"J"。

4）默认颜色

用鼠标单击默认颜色图标，即恢复为前景色白色，背景色黑色。快捷键为"D"。

课后练习

操作题1

通过PS中添加锚点工具、直接选择工具、路径工具等的配合使用制作完成。在制作过程中，主要难点在于结合添加锚点工具、路径工具和路径选择工具，将简单的路径编辑为复杂的路径。重点在于结合路径和选区的运用，创建适量效果的各种图像。

素材文件如图2.126所示。

最终效果如图2.127所示。

图 2.126　　　　　　　　　　　　　　　图 2.127

操作题2

通过PS中将文字转换为工作路径、复制和粘贴图层样式、缩放层效果等的配合使用制作完成。在制作过程中，主要难点在于将文字转换为工作路径，结合直接选择工具的使用，改变文字的路径造型。重点在于结合复制和粘贴图层样式命令，为不同的文字应用相同的图层样式。

素材图像如图2.128所示。

最终效果图如图2.129所示。

图 2.128

图 2.129

第3章 图层、通道的运用

3.1 图层的定义

　　图层可以理解为一张透明的玻璃纸，透过上面的玻璃纸，可以看见下面纸上的内容，但是无论在上一层上如何画图都不会影响下面的玻璃纸，上面的一层会挡住下面的图像。最后将玻璃纸叠加起来，通过移动各层玻璃纸的相对位置或者增加更多的玻璃纸即可改变最后的合成效果。

3.1.1　图层可通过以下方法进行编辑

（1）新建图层的方法

①单击图层面板下方的创建新图层按钮。

②单击图层面板右上角的隐藏按钮，新建图层。

（2）复制图层的方法

①将图层用鼠标左键拖动到新建图层按钮即可复制一个新的图层。

②选择要复制的图层按"Ctrl+J"。

③选择图层，点击右键，选择"复制图层"。

④单击图层面板右上角的隐藏按钮，复制图层。

（3）删除图层的方法

①将图层用鼠标左键拖动到删除按钮即可删除图层。

②选择图层按键盘上的"Delete"键。

③选择图层，点击右键，选择"删除图层"。

④单击图层面板右上角的隐藏按钮，删除图层。

（4）调整图层顺序的方法

①用鼠标左键上下拖动。

②快捷键操作：

a."Ctrl+【"，下移一次。

b. "Ctrl+】", 上移一次。

c. "Ctrl+Shift+【", 将图层置于最底部。

d. "Ctrl+Shift+】", 将图层置于最顶部。

（5）图层填色方法

①前景色填充：

a. "Alt+Delete/Backspace", 填充前景色。

b. "Ctrl+Delete/Backspace", 填充背景色。

②背景色填充：

a. "Ctrl+Shift+Delete（Backspace）" = 在非透明区域填充背景色。

b. "Alt+Shift+Delete（Backspace）" = 在非透明区域填充前景色。

（6）显示或隐藏图层

①打开或关闭图层前面的"指示图层的可见性"按钮（俗称眼睛），即可实现图层的显示与隐藏功能。

②按"Alt"键单击图层前面的眼睛按钮，可以隐藏除该图层以外的其他图层；同样操作再次单击恢复图层的可见性。

（7）链接图层

①在处理多个图层中的内容时，可以使用链接图层按钮，方便快捷地对链接的多个图层同时进行移动、缩放、旋转或创建剪切蒙版等操作。

②选择图层单击图层面板下面的链接按钮或选择要链接的图层右击链接图层。

（8）锁定图层

①锁定透明像素：可锁定图层中的不透明区域，使用画笔工具涂抹锁定的不透明区域时，图层中的透明区域受到保护。

②锁定图像像素：可锁定图层中的图像像素，锁定图层后，只能对图层进行移动变换操作，不能在图层上绘画、擦出或应用滤镜。

③锁定位置：可锁定图像在窗口中的位置，锁定位置后，该图层中的图像不能被移动。

④锁定全部：可锁定以上全部选项。

（9）图层的对齐方式

对齐不同图层上的对象，要同时选择需要对齐的多个图层或连接图层，选择"图层→对齐"菜单项，在弹出的下拉列表中有对齐方式，如图3.1所示。

（10）更改透明度首选项

选择"编辑→首选项→透明度与色域"菜单项，在透明区域面板设置中设置网格大小、网格颜色选项，即可更改透明度首选项，如图3.2所示。

图3.1

（11）重命名图层

对图层重命名的目的是方便快速地查找图层，双击图层名称即可重命名。

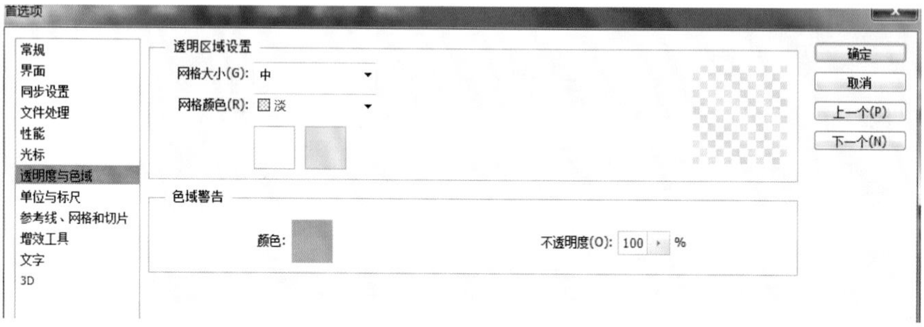

图 3.2

（12）为图层分配颜色

点击右键，选择"图层→选择颜色"。

（13）栅格化图层

①点击右键，选择"图层→栅格化"。

②在图层菜单中选择"栅格化"。

（14）导出图层

①将所有的图层或可见图层导出为单独的文件。

②选择"文件→脚本→将图层导出到文件菜单项→将图层导出到文件"。

（15）跟踪文件大小

①文件的大小取决于图像的像素和图像包含的图层数。

②可以在应用程序窗口的底部（左下角）查看文件的信息，如图3.3所示。

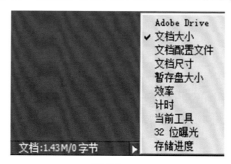

图 3.3

（16）合并和盖印图层

①合并图层：将当前或所有图像中的对象添加到一个新的图层中，这样图层数量减少，以便于管理。

②盖印图层：选择最上方的一个图层进行盖印，可以在保证原有图层不变的情况下盖印图层。在盖印的图层上进行画面效果的调整编辑，不会影响下层图像的效果。

③拼合图像：将所有的图层合并到背景图层中（右击"图层→拼合图像"）。

④快捷键：

a."Ctrl+E"向下合并。

b."Ctrl+Shift+E"合并可见图层。

c."Ctrl+Alt +E"盖印多个（同时选择多个图层）或向下盖印图层。

d."Ctrl+Alt+Shift+E"盖印可见图层。

3.2 通道的运用 🔍

3.2.1 通道是什么

简单来说,通道即选区。

3.2.2 通道可以做什么

在通道中,记录了图像的大部分信息,这些信息从始至终与操作密切相关。具体来说,通道的作用主要有以下几方面:

①表示选择区域,也就是白色代表的部分。利用通道,可以建立头发丝这样的精确选区。

②表示墨水强度。利用Info面板可以体会到这一点,不同的通道都可以用256级灰度来表示不同的亮度。在Red通道里的一个纯红色的点,在黑色的通道上显示就是纯黑色,即亮度为0。

③表示不透明度。

④表示颜色信息。如预览Red通道,无论鼠标怎样移动,Info面板上都仅有R值,其余的都为0。

3.2.3 通道的分类

通道作为图像的组成部分,是与图像的格式密不可分的,图像颜色、格式的不同决定了通道的数量和模式,在通道面板中可以直观地看到。

在Photoshop中涉及的通道主要有:

1)复合通道(Compound Channel)

复合通道不包含任何信息,实际上它只是同时预览并编辑所有颜色通道的一个快捷方式。它通常被用来在单独编辑完一个或多个颜色通道后使通道面板返回到它的默认状态。对于不同模式的图像,其通道的数量是不一样的。在Photoshop之中,通道涉及3个模式。对于一个RGB图像,有RGB,R,G,B 4个通道;对于一个CMYK图像,有CMYK,C,M,Y,K 5个通道;对于一个Lab模式的图像,有Lab,L,a,b 4个通道。

2)颜色通道(Color Channel)

当在Photoshop中编辑图像时,实际上就是在编辑颜色通道。这些通道把图像分解成一个或多个色彩成分,图像的模式决定了颜色通道的数量,RGB模式有3个颜色通道,CMYK图像有4个颜色通道,灰度图只有一个颜色通道,它们包含了所有将被打印或显示的颜色。

3)专色通道(Spot Channel)

专色通道是一种特殊的颜色通道,它可以使用除了青色、洋红(也称品红)、黄色、黑色以外的颜色来绘制图像。因为专色通道一般人用得较少且多与打印相关,所以现将它放在后面内容中讲述。

4）Alpha通道（Alpha Channel）

Alpha通道是计算机图形学中的术语，指的是特别的通道。有时，它特指透明信息，但通常的意思是"非彩色"通道。这是大家真正需要了解的通道，可以说在Photoshop中制作出的各种特殊效果都离不开Alpha通道，它最基本的用处在于保存选取范围，并不会影响图像的显示和印刷效果。当图像输出到视频，Alpha通道也可以用来决定显示区域。

5）单色通道

单色通道的产生比较特别，也可以说是非正常的。试一下，如果你在通道面板中随便删除其中一个通道，就会发现所有的通道都变成"黑白"的，原有的彩色通道即使不删除也变成灰度的了。

3.2.4　通道的编辑

在讲颜色通道时曾经涉及过了，对图像的编辑实质上不过是对通道的编辑。因为通道是真正记录图像信息的地方，无论色彩的改变、选区的增减、渐变的产生，都可以追溯到通道中去。

对于特殊的编辑方法，在此不作介绍，这里只介绍常规的编辑方法。

首先需要说明的是，鉴于通道的特殊性，它与其他很多工具有着千丝万缕的联系，比如蒙版。所以在这里，所谓的常规方法即通道比较普遍的编辑方法，也可以认为从单纯的选区来讲。其余的会在讨论其他工具的时候涉及。

现操作通道如下：

1）利用选择工具

Photoshop中的选择工具包括遮罩工具（Marquee）、套索工具（Lasso）、魔术棒（Magic Wand）、字体遮罩（Type Mask）以及由路径转换来的选区等，其中包括不同羽化值的设置。利用这些工具在通道中进行编辑与对一个图像的操作是相同的。你所需的仅仅是一点点勇气。

2）利用绘图工具

绘图工具包括喷枪（Airbrush）、画笔（Paintbrush）、铅笔（Pencil）、图章（Stamp）、橡皮擦（Eraser）、渐变 （Gradient）、油漆桶（PaintBucket）、模糊锐化和涂抹（Blur, Sharpen, Smudge）、加深减淡和海绵（Dodge, Burn, Sponge）。

利用绘图工具编辑通道的一个优势在于可以精确地控制笔触（虽然比不上绘图板），从而可以得到更为柔和以及足够复杂的边缘。

这里要提一下的是渐变工具。因为这种工具比较特别。不是说它特别复杂，而是说它特别容易被人忽视。但相对于通道却又是特别有用。它是Photoshop中严格意义上的一次可以涂画多种颜色而且包含平滑过渡的绘画工具，针对于通道而言，也就是带来了平滑细腻的渐变。

3）利用滤镜

在通道中进行滤镜操作，通常是在有不同灰度的情况下，而运用滤镜的原因，通常是因为人们刻意追求一种出乎意料的效果或者只是为了控制边缘。原则上讲，可以在通道中运用任何一个滤镜去试验，当然这只是在人们没有任何目的的时候，实际上大部分人在运用滤镜操作通道时通常有着较为明确的愿望，比如锐化或者虚化边缘，从而建立更适合的选区。各种情况比较复杂，需要根据不同的目的作相应处理。

4）利用调节工具

特别有用的调节工具包括色阶（Level）和曲线（Curves）。

在用这些工具调节图像时，会看到对话框上有一个Channel选单，在这里可以选择所要编辑的颜色通道。当选中希望调整的通道时，按住"Shift"键，再单击另一个通道，最后打开图像中的复合通道。这样就可以强制这些工具同时作用于一个通道。

对于编辑通道来说，这当然是有用的，但实际上也是并不常用的，因为大可建立调节图层而不必破坏最原始的信息。

再强调一点，单纯的通道操作是不可能对图像本身产生任何效果的，必须同其他工具结合，如选区和蒙版（其中蒙版是最重要的），所以再理解通道时最好与这些工具联系起来，才能知道精心制作的通道可以在图像中起到什么样的作用。

3.3 快速蒙版的使用方法 🔍

以前，一般用选框工具或套索工具来圈定所要留下的画面，就是画一个选区；或者通过选区的增加与减去来确定所要的画面，最后通过反选，把不要的部分清除掉，如图3.4所示。

图3.4

图3.4的边框杂乱无章，像用很粗糙的排刷刷过，刷到的地方就显示出来了，没刷到的地方就是白色的。这种样子在艺术图片中经常会使用到。

可是，这样的选区，用椭圆选框工具肯定不行，如果用套索工具细细地描，也很难画出刷子的效果。原来，它是用蒙版的方法制作出来的。

下面将介绍蒙版制作方法：

①打开一张照片，把照片放大到最佳大小。

②为了让大家方便理解，先来做个实验。大家可以先用椭圆选框工具或是套索工具，在图片上任意画一个选区。

③点一下工具栏中的"以快速蒙版模式编辑"，如图3.5所示。

现在画面上出现了大面积的半透明的红色毛玻璃，如图3.6所示。

注意看一下图层面板，这里并没有增加一层。这红色的东西就是快速

图 3.5

蒙版。在选区以内的画面，是没有红色的，只有选区以外才有红色。可以想到：这是选区的另一种表现形式。凡是需要的，就是完全透明，不发生任何变化。凡是不需要的，就用红色的蒙版给蒙起来了。那么，只要改变红色的区域大小形状或者是边缘，也就等于改变了选区的大小形状或边缘。因此，蒙版就是选区，只不过形式不一样而已。这是第一个要理解的。

图 3.6

④选区是很难改变它的边缘的，要细细地用套索工具来弯弯曲曲地画，而蒙版就方便多了。可以用画笔来画。点画笔工具，把前景色设为白色（为什么要选白色，下面内容会讲，这很重要），不透明度选为100%，再到上面属性栏的"画笔"后的下拉三角形菜单里找到"63"，这是一种大油彩蜡笔笔刷，如图3.7所示。

"63"是指它的粗细，可以任意改变，也可以选别的笔刷。现在就用这种笔刷在画面上画，把刚才的椭圆部分扩大。可以看出，画笔好像橡皮擦一样，把蒙版擦掉了，如图3.8所示。

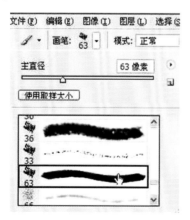

图 3.7

图 3.8

正是因为刚才选的是白色，才产生了所需要的选区。

如果觉得选区太大了，要改小，那就把前景色改成黑色再来画。现在画出来的是红色半透明的蒙版。这也是蒙板的好处，可以随意地修改，比套索工具画选区方便多了。注意一点：在蒙版上，是不能画上彩色的。（因为这只是选区，不是绘图。）用白色画，画出来的是透明部分，是我们要的部分。用黑色画，是半透明红色蒙版，是我们不要的。如果用灰色来画，就是羽化。如果用深红色来画，它会自动变成深灰色。如果用浅红色来画，它就会变成浅灰色。这里需要注意：白色是选中的，黑色是不要的。这一点千万不要搞反了，而且在今后的通道学习中也要用到的。（也可以用橡皮擦，橡皮擦与画笔是相反的，黑色的橡皮擦等于白色的画笔。）

⑤当觉得满意之后，点"以快速蒙版模式编辑"左边的按钮"以标准模式编辑"，蒙版变成了选区，然后反选、清除。如果要跟别的图合成，开始时选择"复制图层"，这样，清除的部分是完全透明的。

以后在做选区时，打开照片后，直接转入蒙版模式，用黑色画笔把不要的部分涂抹出来，再用白色画笔改，再转回到标准模式，选区就有了。或者是打开照片，进入蒙版模式后，给整个图片填充黑色，这样，全图都是半透明的红色，再用白色画笔画出需要保留的部分。这个方法用于抠图也是非常有效的。

课后练习

操作题

通过PS"通道"面板、单色通道，结合选择和复制等命令的配合使用制作完成。在制作过程中，主要难点在于将单色通道复制到其他文件的单色通道中，创建独特的通道合成效果，重点在于掌握单色通道的特点以及混合不同的通道得到不同的效果。

素材文件如图3.9所示。

最终效果如图3.10所示。

图 3.9

图 3.10

第4章 滤镜的应用

4.1 扭曲滤镜

Distort（扭曲）滤镜通过对图像应用扭曲变形实现各种效果。

4.1.1 Wave（波浪滤镜）

作用：使图像产生波浪扭曲效果。

调节参数：根据需要设置参数。

生成器数：控制产生波的数量，范围为1~999。

波长：其最大值与最小值决定相邻波峰之间的距离，两值相互制约，最大值必须大于或等于最小值。

波幅：其最大值与最小值决定波的高度，两值相互制约，最大值必须大于或等于最小值。

比例：控制图像在水平或垂直方向上的变形程度。

类型：有3种类型可供选择，分别是正弦、三角形和正方形。

随机化：每单击一下此按钮都可以为波浪指定一种随机效果。

折回：将变形后超出图像边缘的部分反卷到图像的对边。

重复边缘像素：将图像中因为弯曲变形超出图像的部分分布到图像的边界上。

4.1.2 Ripple（波纹滤镜）

作用：可以使图像产生类似水波纹的效果。

调节参数：根据需要设置参数。

数量：控制波纹的变形幅度，范围是–999%~999%。

大小：有大、中和小3种波纹可供选择。

4.1.3　Glass（玻璃滤镜）

作用：使图像看上去如同隔着玻璃观看一样，此滤镜不能应用于CMYK和Lab模式的图像。

调节参数：根据需要设置参数。

扭曲度：控制图像的扭曲程度，范围是0~20。

平滑度：平滑图像的扭曲效果，范围是1~15。

纹理：可以指定纹理效果，可以选择现成的结霜、块、画布和小镜头纹理，也可以载入别的纹理。

缩放：控制纹理的缩放比例。

反相：使图像的暗区和亮区相互转换。

4.1.4　Ocean Ripple（海洋波纹滤镜）

作用：使图像产生普通的海洋波纹效果，此滤镜不能应用于CMYK和Lab模式的图像。

调节参数：根据需要设置参数。

波纹大小：调节波纹的尺寸。

波纹幅度：控制波纹振动的幅度。

4.1.5　Polar Coordinates（极坐标滤镜）

作用：可将图像的坐标从平面坐标转换为极坐标或从极坐标转换为平面坐标。

调节参数：根据需要设置参数。

平面坐标到极坐标：将图像从平面坐标转换为极坐标。

极坐标到平面坐标：将图像从极坐标转换为平面坐标。

4.1.6　Pinch（挤压滤镜）

作用：使图像的中心产生凸起或凹下的效果。

调节参数：根据需要设置参数。

数量：控制挤压的强度，正值为向内挤压，负值为向外挤压，范围是–100%~100%。

4.1.7　Diffuse Glow（扩散亮光滤镜）

作用：向图像中添加透明的背景色颗粒，在图像的亮区向外进行扩散添加，产生一种类似发光的效果。此滤镜不能应用于CMYK和Lab模式的图像。

调节参数：根据需要设置参数。

粒度：为添加背景色颗粒的数量。

发光量：增加图像的亮度。

清除数量：控制背景色影响图像的区域大小。

4.1.8　Shear（切变滤镜）

作用：可以控制指定的点来弯曲图像。

调节参数：根据需要设置参数。

折回：将切变后超出图像边缘的部分反卷到图像的对边。

重复边缘像素：将图像中因为切变变形超出图像的部分分布到图像的边界上。

4.1.9　Spherize（球面化滤镜）

作用：可以使选区中心的图像产生凸出或凹陷的球体效果，类似挤压滤镜的效果。

调节参数：根据需要设置参数。

数量：控制图像变形的强度，正值产生凸出效果，负值产生凹陷效果，范围是−100%~100%。

正常：在水平和垂直方向上共同变形。

水平优先：只在水平方向上变形。

垂直优先：只在垂直方向上变形。

4.1.10　Zigzag（水波滤镜）

作用：使图像产生同心圆状的波纹效果。

调节参数：根据需要设置参数。

数量：为波纹的波幅。

起伏：控制波纹的密度。

围绕中心：将图像的像素绕中心旋转。

从中心向外：靠近或远离中心置换像素。

水池波纹：将像素置换到中心的左上方和右下方。

4.1.11　Twirl（旋转扭曲滤镜）

作用：使图像产生旋转扭曲的效果。

调节参数：根据需要设置参数。

角度：调节旋转的角度，范围是−999°~999°。

4.1.12　Displace（置换滤镜）

作用：可以产生弯曲、碎裂的图像效果。置换滤镜比较特殊的是设置完毕后，还需要选择一个图像文件作为位移图，滤镜根据位移图上的颜色值移动图像像素。

调节参数：根据需要设置参数。

水平比例：滤镜根据位移图的颜色值将图像的像素在水平方向上移动多少。

垂直比例：滤镜根据位移图的颜色值将图像的像素在垂直方向上移动多少。

伸展以适合：为变换位移图的大小以匹配图像的尺寸。

拼贴：将位移图重复覆盖在图像上。

折回：将图像中未变形的部分反卷到图像的对边。

重复边缘像素：将图像中未变形的部分分布到图像的边界上。

4.2 杂色滤镜

4.2.1 Dust&Scratches（蒙尘与划痕滤镜）

作用：可以捕捉图像或选区中相异的像素，并将其融入周围的图像中去。

调节参数：如图4.1所示。

半径：控制捕捉相异像素的范围。

阀值：用于确定像素的差异究竟达到多少时才被消除。

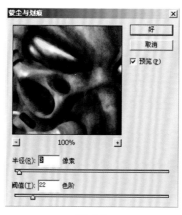

图 4.1

4.2.2 Add Noise（添加杂色滤镜）

作用：将添入的杂色与图像相混合。

调节参数：如图4.2所示。

图 4.2

数量：控制添加杂色的百分比。

平均分布：使用随机分布产生杂色。

高斯分布：根据高斯钟形曲线进行分布，产生的杂色效果更明显。

单色：选中此项，添加的杂色将只影响图像的色调，而不会改变图像的颜色。

4.3 模糊滤镜

Blur（模糊）滤镜主要是使选区或图像柔和，淡化图像中不同色彩的边界，以达到掩盖图像的缺陷或创造出特殊效果的作用。

4.3.1 Motion Blur（动感模糊滤镜）

作用：对图像沿着指定的方向（−360°~360°），以指定的强度（1~999）进行模糊。

调节参数：如图4.3所示。

图 4.3

角度：设置模糊的角度。

距离：设置动感模糊的强度。

4.3.2 Gaussian Blur（高斯模糊滤镜）

作用：按指定的值快速模糊选中的图像部分，产生一种朦胧的效果。

调节参数：如图4.4所示。

半径：调节模糊半径，范围是0.1~250像素。

4.3.3 Blur（模糊滤镜）

作用：产生轻微模糊效果，可消除图像中的杂色，如果只应用一次效果不明显，可重复应用。

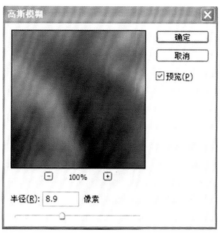

图 4.4

4.3.4 Blur More（进一步模糊滤镜）

作用：产生的模糊效果为模糊滤镜效果的3~4倍，可以与图4.4进行对比。

4.3.5 Radial Blur（径向模糊滤镜）

作用：模拟移动或旋转的相机产生的模糊。

调节参数：如图4.5所示。

数量：控制模糊的强度，范围是1~100。

旋转：按指定的旋转角度沿着同心圆进行模糊。

缩放：产生从图像的中心点向四周发射的模糊效果。

品质：有3种品质，即草图、好、最好，效果从差到好。

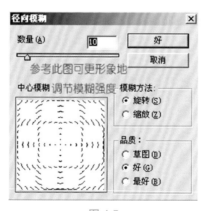

图 4.5

4.4 素描滤镜 🔍

　　Sketch（素描）滤镜用于创建手绘图像的效果，简化图像的色彩。（注：此类滤镜不能应用在CMYK和Lab模式下。）

4.4.1　Conte Crayon（炭精笔滤镜）

作用：可用来模拟炭精笔的纹理效果。在暗区使用前景色，在亮区使用背景色替换。

调节参数：如图4.6所示。

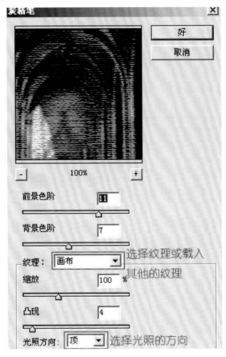

图 4.6

前景色阶：调节前景色的作用强度。

背景色阶：调节背景色的作用强度。

可以选择一种纹理，通过缩放和凸现滑块对其进行调节，但只有在凸现值大于零时纹理才会产生效果。

光照方向：指定光源照射的方向。

反相：可以使图像的亮色和暗色进行反转。

4.4.2　Note Paper（便条纸滤镜）

作用：模拟纸浮雕的效果。与颗粒滤镜和浮雕滤镜先后作用于图像所产生的效果类似。

调节参数：如图4.7所示。

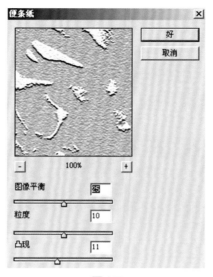

图 4.7

4.4.3 Chrome（铬黄滤镜）

作用：将图像处理成银质的铬黄表面效果。亮部为高反射点；暗部为低反射点。

调节参数：如图4.8所示。

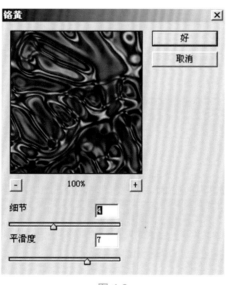

图 4.8

细节：控制细节表现的程度。

平滑度：控制图像的平滑度。

4.4.4 Bas Relief（基底凸现滤镜）

作用：变换图像使之呈浮雕和突出光照共同作用下的效果。图像的暗区使用前景色替换；浅色部分使用背景色替换。

调节参数：如图4.9所示。

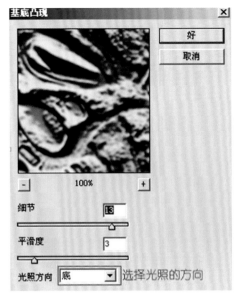

图 4.9

细节：控制细节表现的程度。

平滑度：控制图像的平滑度。

光照方向：可以选择光照射的方向。

4.4.5　Torn Edges（撕边滤镜）

作用：重建图像，使之呈现撕破的纸片状，并用前景色和背景色对图像着色。

调节参数：如图4.10所示。

图 4.10

图像平衡：控制前景色和背景色的平衡。

平滑度：控制图像边缘的平滑程度。

对比度：用于调节结果图像的对比度。

4.4.6　Plaster（塑料效果滤镜）

作用：模拟塑料浮雕效果，并使用前景色和背景色为结果图像着色。暗区凸起，亮区凹陷。

调节参数：如图4.11所示。

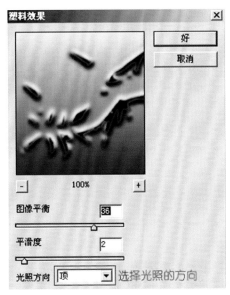

图4.11

图像平衡：控制前景色和背景色的平衡。

平滑度：控制图像边缘的平滑程度。

光照方向：确定图像的受光方向。

4.5　纹理滤镜 Q

Texture（纹理）滤镜为图像创造各种纹理材质的感觉。（注：此组滤镜不能应用于CMYK和Lab模式的图像。）

4.5.1　Craquelure（龟裂缝滤镜）

作用：根据图像的等高线生成精细的纹理，应用此纹理使图像产生浮雕的效果。

调节参数：如图4.12所示。

裂缝间距：调节纹理的凹陷部分的尺寸。

裂缝深度：调节凹陷部分的深度。

裂缝亮度：通过改变纹理图像的对比度来影响浮雕的效果。

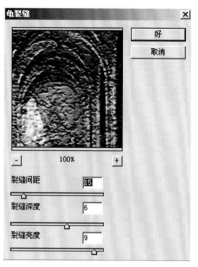

图 4.12

4.5.2 Mosaic Tiles（马赛克拼贴滤镜）

作用：使图像看起来由方形的拼贴块组成，而且图像呈现出浮雕效果。

调节参数：如图4.13所示。

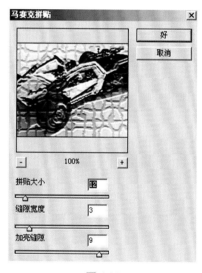

图 4.13

拼贴大小：调整拼贴块的尺寸。

缝隙宽度：调整缝隙的宽度。

加亮缝隙：对缝隙的亮度进行调整，从而起到在视觉上改变缝隙深度的效果。

4.5.3 Patchwork（拼缀图滤镜）

作用：将图像分解为由若干方形图块组成的效果，图块的颜色由该区域的主色决定。

调节参数：如图4.14所示。

平方大小：设置方形图块的大小。

凸现：调整图块的凸出效果。

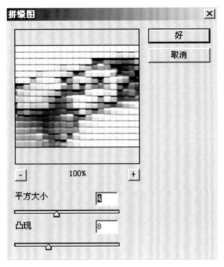

图 4.14

4.5.4　Stained Glass（染色玻璃滤镜）

作用：将图像重新绘制成彩块玻璃效果，边框由前景色填充。

调节参数：如图4.15所示。

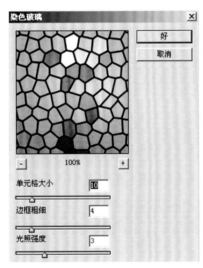

图 4.15

单元格大小：调整单元格的尺寸。

边框粗细：调整边框的尺寸。

光照强度：调整由图像中心向周围衰减的光源亮度。

4.6　锐化滤镜

Sharpen（锐化）滤镜通过增加相邻像素的对比度来使模糊图像变清晰。

4.6.1 Unsharp Mask（USM 锐化滤镜）

作用：改善图像边缘的清晰度。

调节参数：根据需要设置参数。

数量：控制锐化效果的强度。

半径：指定锐化的半径。

阀值：指定相邻像素之间的比较值。

4.6.2 Sharpen More（进一步锐化滤镜）

作用：产生比锐化滤镜更强的锐化效果。

调节参数：根据需要设置参数。

4.6.3 Sharpen Edges（锐化边缘滤镜）

作用：与锐化滤镜的效果相同，但它只是锐化图像的边缘。

调节参数：根据需要设置参数。

4.7 抽出滤镜

Extract（抽出）滤镜可以将对象与其背景分离，无论对象的边缘是多么细微和复杂，使用抽出命令都能够得到满意的效果。主要步骤为先标记出对象的边缘并对要保留的部分进行填充，可以进行预览，然后对抽出的效果进行修饰。

调节参数：根据需要设置参数。

A——边缘高光器工具：此工具用来绘制要保留区域的边缘。

B——填充工具：填充要保留的区域。

C——橡皮擦工具：可擦除边缘的高光。

D——吸管工具：当强制前景被勾选时可用此工具吸取要保留的颜色。

E——清除工具：使蒙版变为透明的，如果按住"Alt"键则效果正相反。

F——边缘修饰工具：修饰边缘的效果，如果按住"Shift"键可以移动边缘像素。

G——缩放工具：可以放大或缩小图像。

H——抓手工具：当图像无法完整显示时，可以使用此工具对其进行移动操作。

画笔大小：指定边缘高光器、橡皮擦、清除和边缘修饰工具的宽度。

高光：可以选择一种或自定一种高光颜色。

填充：可以选择一种或自定一种填充颜色。

智能高光显示：根据边缘特点自动调整画笔的大小绘制高光，在对象和背景有相似的颜色或纹理时勾选此项可以大大改进抽出的质量。

平滑：平滑对象的边缘。

通道：使高光基于存储在Alpha通道中的选区。

强制前景：在高光显示区域内抽出与强制前景色颜色相似的区域。

颜色：指定强制前景色。

显示：可从右侧的列表框中选择抽出后背景的显示方式。

显示高光：勾选此项，可以显示出绘制的边缘高光。

显示填充：勾选此项，可以显示出对象内部的填充色。

4.8 液化滤镜

使用Liquify（液化）滤镜所提供的工具，可以对图像任意扭曲，还可以定义扭曲的范围和强度，还可以将调整好的变形效果存储起来或载入以前存储的变形效果。总之，液化命令为人们在Photoshop中变形图像和创建特殊效果提供了强大的功能。

调节参数如图4.16所示。

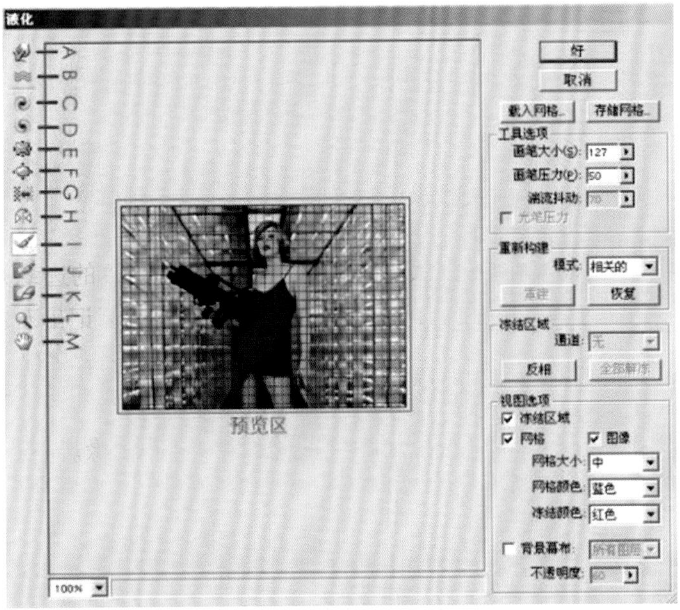

图 4.16

A——变形工具：可以在图像上拖曳像素产生变形效果。

B——湍流工具：可平滑地移动像素，产生各种特殊效果。

C——顺时针旋转扭曲工具：按住鼠标按钮或来回拖曳时顺时针旋转像素。

D——逆时针旋转扭曲工具：按住鼠标按钮或来回拖曳时逆时针旋转像素。

E——褶皱工具：按住鼠标按钮或来回拖曳时像素靠近画笔区域的中心。

F——膨胀工具：按住鼠标按钮或来回拖曳时像素远离画笔区域的中心。

G——移动像素工具：移动与鼠标拖动方向垂直的像素。

H——对称工具：将范围内的像素进行对称拷贝。

I——重建工具：对变形的图像进行完全或部分的恢复。

J——冻结工具：可以使用此工具绘制不会被扭曲的区域。

K——解冻工具：使用此工具可以使冻结的区域解冻。

L——缩放工具：可以放大或缩小图像。

M——抓手工具：当图像无法完整显示时，可以使用此工具对其进行移动操作。

载入网格：单击此钮，然后从弹出的窗口中选择要载入的网格。

存储网格：单击此钮可以存储当前的变形网格。

画笔大小：指定变形工具的影响范围。

画笔压力：指定变形工具的作用强度。

湍流抖动：调节湍流的紊乱度。

模式：可以选择重建的模式，共有恢复、刚硬的、僵硬的、平滑的、疏松的、置换、膨胀的和相关的8种模式。

重建：单击此钮，可以依照选定的模式重建图像。

恢复：单击此钮，可以将图像恢复至变形前的状态。

通道：可以选择要冻结的通道。

反相：将绘制的冻结区域与未绘制的区域进行转换。

全部解冻：将所有的冻结区域清除。

冻结区域：勾选此项，在预览区中将显示冻结区域。

网格：勾选此项，在预览区中将显示网格。

图像：勾选此项，在预览区中将显示要变形的图像。

网格大小：选择网格的尺寸。

网格颜色：指定网格的颜色。

冻结颜色：指定冻结区域的颜色。

背景幕布：勾选此项，可以在右侧的列表框中选择作为背景的其他层或所有层都显示。

不透明度：调节背景幕布的不透明度。

4.9　像素化滤镜

Filter（滤镜）是Photoshop的特色之一，具有强大的功能。滤镜产生的复杂数字化效果源自摄影技术，滤镜不仅可以改善图像的效果并掩盖其缺陷，还可以在原有图像的基础上产生许多特殊的效果。滤镜主要具有以下特点：

①滤镜只能应用于当前可视图层，且可以反复应用，连续应用，但一次只能应用在一个图层上。

②滤镜不能应用于位图模式、索引颜色和48 bit RGB模式的图像，某些滤镜只对RGB模式的图像起作用，如Brush Strokes滤镜和Sketch滤镜就不能在CMYK模式下使用。还有，滤镜只能应用于图层的有色区域，对完全透明的区域没有效果。

③有些滤镜完全在内存中处理，所以内存的容量对滤镜的生成速度影响很大。

④有些滤镜很复杂或是要应用滤镜的图像尺寸很大，执行时需要很长时间，如

果想结束正在生成的滤镜效果,只需按"Esc"键即可。

⑤上次使用的滤镜将出现在滤镜菜单的顶部,可以通过执行此命令对图像再次应用上次使用过的滤镜效果。

⑥如果在滤镜设置窗口中对调节的效果感觉不满意,希望恢复调节前的参数,可以按住"Alt"键,这时取消按钮会变为复位按钮,单击此钮就可以将参数重置为调节前的状态。

Photoshop共内置了17组滤镜,可以通过滤镜菜单进行访问,对于抽出、液化、图案生成器和Digimarc命令,将放在后面讲解,如图4.17所示。

图 4.17

4.9.1 Facet(彩块化滤镜)

作用:使用纯色或相近颜色的像素结块来重新绘制图像,类似手绘的效果。

4.9.2 Color Halftone(彩色半调滤镜)

作用:模拟在图像的每个通道上使用半调网屏的效果,将一个通道分解为若干个矩形,然后用圆形替换掉矩形,圆形的大小与矩形的亮度成正比。

调节参数:如图4.18所示。

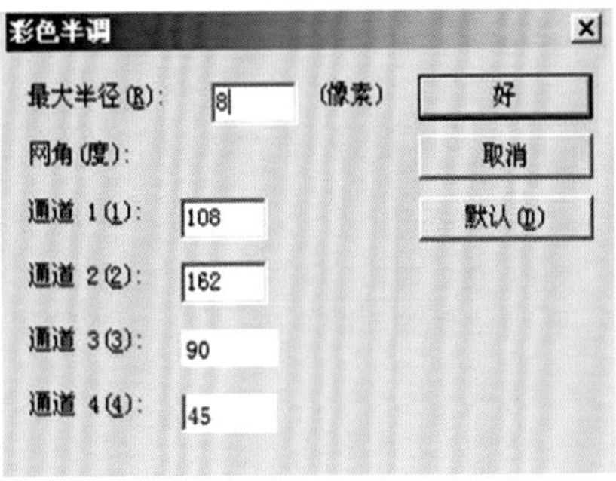

图 4.18

最大半径:设置半调网屏的最大半径。

对于灰度图像:只使用通道1。

对于RGB图像:使用1,2和3通道,分别对应红色、绿色和蓝色通道。

对于CMYK图像: 使用所有4个通道, 对应青色、洋红、黄色和黑色通道。

4.9.3　Pointillize（点状化）

作用: 将图像分解为随机分布的网点, 模拟点状绘画的效果。使用背景色填充网点之间的空白区域。

调节参数: 如图4.19所示。

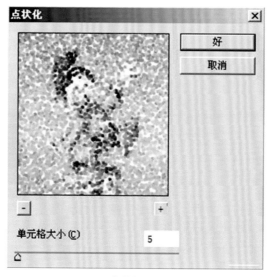

如图 4.19

单元格大小: 调整单元格的尺寸, 不要设得过大, 否则图像将变得面目全非, 范围是3~300。

4.9.4　Grystallize（晶格化滤镜）

作用: 使用多边形纯色结块重新绘制图像。

调节参数: 如图4.20所示。

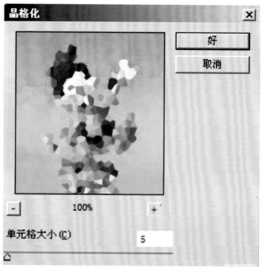

图 4.20

单元格大小：调整结块单元格的尺寸，不要设得过大，否则图像将变得面目全非，范围是3~300。

4.9.5　Mosaic（马赛克滤镜）

作用：众所周知的马赛克效果，将像素结为方形块。

调节参数：如图4.21所示。

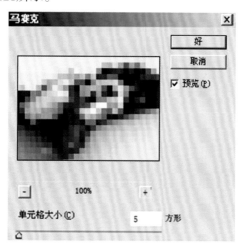

图 4.21

单元格大小：调整色块的尺寸。

4.10　风格化滤镜

Stylize（风格化）　滤镜主要作用于图像的像素，可以强化图像的色彩边界，所以图像的对比度对此类滤镜的影响较大，风格化滤镜最终营造出的是一种印象派的图像效果。

4.10.1　Find Edges（查找边缘滤镜）

作用：用相对于白色背景的深色线条来勾画图像的边缘，得到图像的大致轮廓。如果我们先加大图像的对比度，然后再应用此滤镜，可以得到更多更细致的边缘。

4.10.2　Wind（风滤镜）

作用：在图像中色彩相差较大的边界上增加细小的水平短线来模拟风的效果。

调节参数：如图4.22所示。

风：细腻的微风效果。

大风：比风效果要强烈得多，图像改变很大。

飓风：最强烈的风效果，图像已发生变形。

从左：风从左面吹来。

从右：风从右面吹来。

图 4.22

4.10.3 Emboss（浮雕效果滤镜）

作用：生成凸出和浮雕的效果，对比度越大的图像浮雕的效果越明显。

调节参数：如图4.23所示。

图 4.23

角度：为光源照射的方向。

高度：为凸出的高度。

数量：为颜色数量的百分比，可以突出图像的细节。

4.10.4 Tiles（拼贴滤镜）

作用：将图像按指定的值分裂为若干个正方形的拼贴图块，并按设置的位移百分比的值进行随机偏移。

调节参数：如图4.24所示。

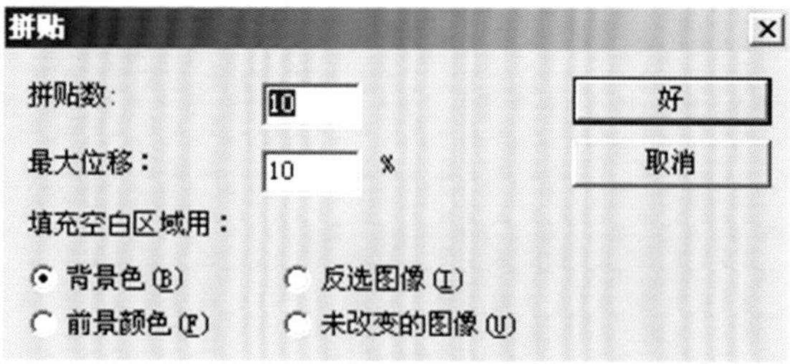

图 4.24

拼贴数：设置行或列中分裂出的最小拼贴块数。

最大位移：为贴块偏移其原始位置的最大距离（百分数）。

背景色：用背景色填充拼贴块之间的缝隙。

前景色：用前景色填充拼贴块之间的缝隙。

反选颜色：用原图像的反相色图像填充拼贴块之间的缝隙。

未改变颜色：使用原图像填充拼贴块之间的缝隙。

4.10.5　Extrude（凸出滤镜）

作用：将图像分割为指定的三维立方块或棱锥体。（注：此滤镜不能应用在Lab模式下。）

调节参数：如图4.25所示。

图 4.25

块：将图像分解为三维立方块，用图像填充立方块的正面。

金字塔：将图像分解为类似金字塔型的三棱锥体。

大小：设置块或金字塔的底面尺寸。

深度：控制块突出的深度。

随机：选中此项后使块的深度取随机数。

基于色阶：选中此项后使块的深度随色阶的不同而定。

立方体正面：勾选此项，将用该块的平均颜色填充立方块的正面。

蒙版不完整块：使所有块的突起包括在颜色区域。

4.10.6 Glowing Edges（照亮边缘滤镜）

作用：使图像的边缘产生发光效果。（注：此滤镜不能应用在Lab，CMYK和灰度模式下。）

调节参数：如图4.26所示。

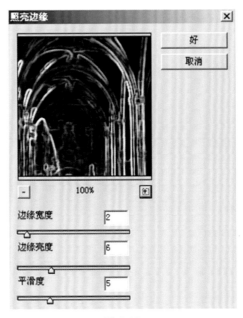

图 4.26

边缘宽度：调整被照亮的边缘的宽度。

边缘亮度：控制边缘的亮度值。

平滑度：平滑被照亮的边缘。

4.11 水印滤镜

Digimarc（水印滤镜）的功能主要是让用户添加或查看图像中的版权信息。

1）Read Watermark （读取水印滤镜）

作用：可以查看并阅读该图像的版权信息。

2）Embed Watermark（嵌入水印滤镜）

作用：在图像中产生水印。用户可以选择图像是受保护的还是完全免费的。水印是作为杂色添加到图像中的数字代码，它可以以数字和打印的形式长期保存，且图像经过普通的编辑和格式转换后水印依然存在。水印的耐用程度设置得越高，则越经得起多次的复制。如果要用数字水印注册图像，可单击个人注册按钮，用户可以访问Digimarc的Web站点获取一个注册号。

4.12 画笔描边滤镜

Brush Strokes（画笔描边滤镜）主要模拟使用不同的画笔和油墨进行描边创造出的绘画效果。（注：此类滤镜不能应用在CMYK和Lab模式下。）

4.12.1 Angled Strokes（成角的线条滤镜）

作用：使用成角的线条勾画图像。

调节参数：如图4.27所示。

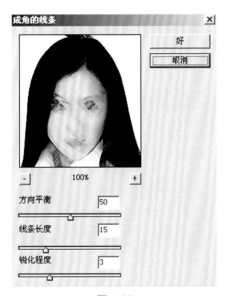

图4.27

方向平衡：可以调节向左下角和右下角勾画的强度。

线条长度：控制成角线条的长度。

锐化程度：调节勾画线条的锐化度。

4.12.2 Spatter（喷溅滤镜）

作用：创建一种类似透过浴室玻璃观看图像的效果。

调节参数：如图4.28所示。

喷色半径：为形成喷溅色块的半径。

平滑度：为喷溅色块之间的过渡的平滑度。

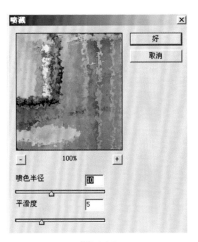

图4.28

4.12.3 Sprayed Strokes（喷色描边滤镜）

作用：使用所选图像的主色，并用成角的、喷溅的颜色线条来描绘图像，所以得到的与喷溅滤镜的效果很相似。

调节参数：如图4.29所示。

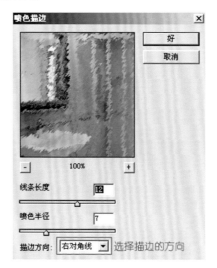

图4.29

4.12.4 Accented Edges（强化的边缘滤镜）

作用：将图像的色彩边界进行强化处理，设置较高的边缘亮度值，将增大边界的亮度；设置较低的边缘亮度值，将降低边界的亮度。

调节参数：如图4.30所示。

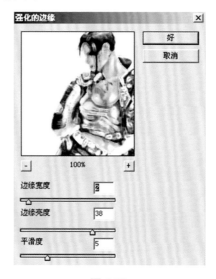

图4.30

边缘宽度：设置强化的边缘的宽度。

边缘亮度：控制强化的边缘的亮度。

平滑度：调节被强化的边缘，使其变得平滑。

4.12.5 Ink Outlines（油墨概况滤镜）

作用：用纤细的线条勾画图像的色彩边界，类似钢笔画的风格。

调节参数：如图4.31所示。

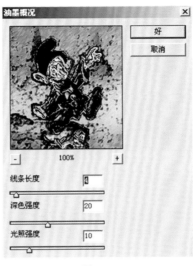

图 4.31

线条长度：设置勾画线条的长度。

深色强度：控制将图像变暗的程度。

光照强度：控制图像的亮度。

4.13 艺术效果滤镜 Q

Artistic（艺术效果滤镜）模拟天然或传统的艺术效果。（注：此组滤镜不能应用于CMYK和Lab模式的图像。）

4.13.1 Poster Edges（海报边缘滤镜）

作用：使用黑色线条绘制图像的边缘。

调节参数：如图4.32所示。

边缘厚度：调节边缘绘制的柔和度。

边缘强度：调节边缘绘制的对比度。

海报化：控制图像的颜色数量。

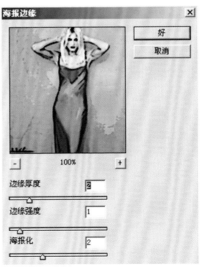

图 4.32

4.13.2 Sponge（海绵滤镜）

作用：顾名思义，使图像看起来像是用海绵绘制的一样。

调节参数：如图4.33所示。

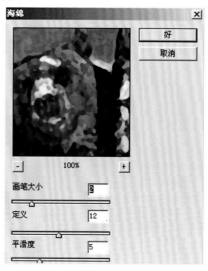

图 4.33

画笔大小：调节色块的大小。

定义：调节图像的对比度。

平滑度：控制色彩之间的融合度。

4.13.3 Paint Daubs（绘画涂抹滤镜）

作用：使用不同类型的效果涂抹图像。

调节参数：如图4.34所示。

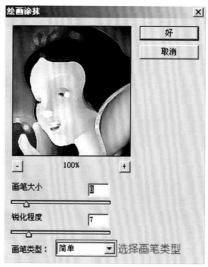

图 4.34

画笔大小：调节笔触的大小。

锐化程度：控制图像的锐化值。

画笔类型：共有简单、未处理光照、未处理深色、宽锐化、宽模糊和火花6种类型的涂抹方式。

4.13.4　Film Grain（胶片颗粒滤镜）

作用：模拟图像的胶片颗粒效果。

调节参数：如图4.35所示。

图4.35

颗粒：控制颗粒的数量。

高光区域：控制高光的区域范围。

强度：控制图像的对比度。

4.13.5　Cutout（木刻滤镜）

作用：将图像描绘成如同用彩色纸片拼贴的一样。

调节参数：如图4.36所示。

图4.36

色阶数: 控制色阶的数量级。

边简化度: 简化图像的边界。

边逼真度: 控制图像边缘的细节。

4.13.6　Neon Glow（霓虹灯光滤镜）

作用: 模拟霓虹灯光照射图像的效果, 图像背景将用前景色填充。

调节参数: 如图4.37所示。

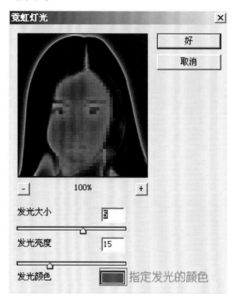

图 4.37

发光大小: 正值为照亮图像, 负值是使图像变暗。

发光亮度: 控制亮度数值。

发光颜色: 设置发光的颜色。

4.13.7　Water Color（水彩滤镜）

作用: 模拟水彩风格的图像。

调节参数: 如图4.38所示。

画笔细节: 设置笔刷的细腻程度。

暗调强度: 设置阴影强度。

纹理: 控制纹理图像的对比度。

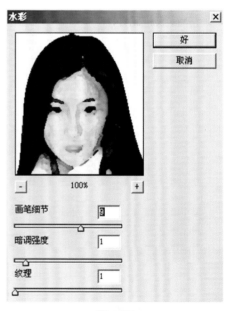

图 4.38

4.13.8　Plastic Warp（塑料包装滤镜）

作用：将图像的细节部分涂上一层发光的塑料。

调节参数：如图4.39所示。

图 4.39

高光强度：调节高光的强度。

细节：调节绘制图像细节的程度。

平滑度：控制发光塑料的柔和度。

4.13.9　Smudge Stick（涂抹棒滤镜）

作用：用对角线描边涂抹图像的暗区以柔化图像。

调节参数：如图4.40所示。

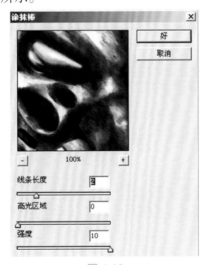

图 4.40

线条长度：控制笔触的大小。

高光区域：改变图像的对比度。

强度：控制结果图像的对比度。

4.14 图案生成器滤镜

Pattern Maker（图案生成器）滤镜根据选取图像的部分或剪贴板中的图像来生成各种图案，其特殊的混合算法避免了在应用图像时的简单重复，实现了拼贴块与拼贴块之间的无缝连接。因为图案是基于样本中的像素，所以生成的图案与样本具有相同的视觉效果。

调节参数：如图4.41所示。

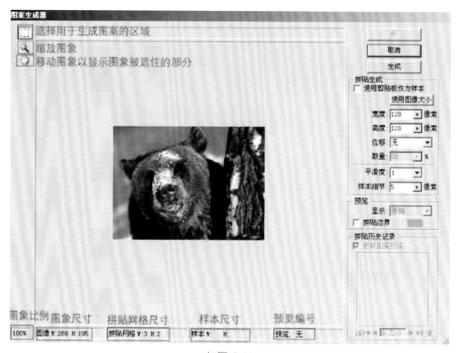

如图 4.41

使用剪贴板作为样本：勾选此项将使用剪贴板中的内容作为图案的样本。

使用图像大小：单击此钮将用图像的尺寸作为拼贴的尺寸。

宽度：设置拼贴的宽度。

高度：设置拼贴的高度。

位移：设置拼贴的移动方向（无、水平或垂直）。

数量：设置拼贴的移动距离百分比。

平滑度：控制拼贴的平滑程度。

样本细节：控制样本的细节，若值大于5会大大地延长生成图案的时间。

显示：选择显示原稿还是显示生成的图案效果。

拼贴边界：勾选此项可以显示出拼贴边界。

更新图案预览：勾选此项将自动更新图案的预览效果。

4.15 其他滤镜 🔍

1）High Pass（高反差保留滤镜）

作用：按指定的半径保留图像边缘的细节。

调节参数：如图4.42所示。

图 4.42

半径：控制过渡边界的大小。

2）Offset（位移滤镜）

作用：按照输入的值在水平和垂直的方向上移动图像。

调节参数：如图4.43所示。

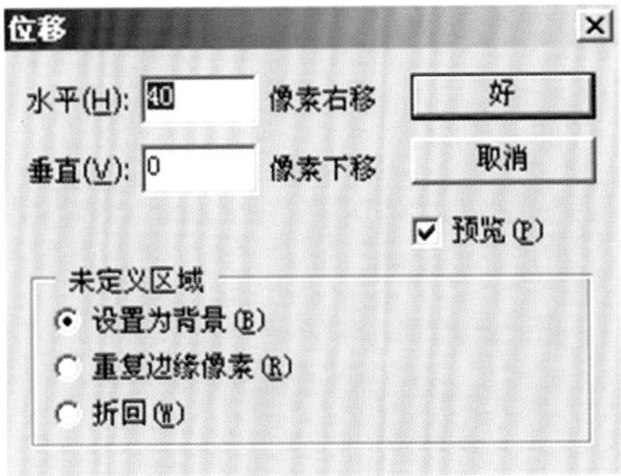

图 4.43

水平：控制水平向右移动的距离。

垂直：控制垂直向下移动的距离。

3）Custum（自定滤镜）

作用：根据预定义的数学运算更改图像中每个像素的亮度值，可以模拟出锐化、模糊或浮雕的效果。可以将预先设置的参数存储起来以备日后调用。

调节参数：如图4.44所示。

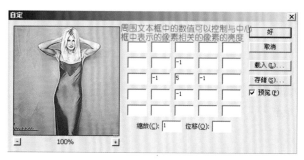

图 4.44

中心的文本框里的数字控制当前像素的亮度增加的倍数。

缩放：为亮度值总和的除数。

位移：为将要加到缩放计算结果上的数值。

4）Maximum（最大值滤镜）

作用：可以扩大图像的亮区和缩小图像的暗区。当前像素的亮度值将被所设定的半径范围内的像素的最大亮度值替换。

调节参数：如图4.45所示。

图 4.45

半径：设定图像的亮区和暗区的边界半径。

5）Minimum（最小值滤镜）

作用：效果与最大值滤镜刚好相反。

调节参数：如图4.46所示。

图 4.46

半径：设定图像的亮区和暗区的边界半径。

课后练习

操作题1

使用Photoshop滤镜打造炫目花朵。

最后效果如图4.47所示。

图4.47

操作题2

使用滤镜制作梦幻特效背景。

最终效果如图4.48所示。

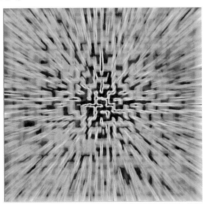

图4.48

操作题3

通过滤镜特效制作奔驰中的汽车。

最终效果如图4.49所示。

图4.49

第5章 调色教程

5.1 色彩的基础概念

　　色彩构成（Interaction of Color），可以理解为色彩的作用，是在色彩科学体系的基础上，研究符合人们知觉和心理原则的配色。配色有3类要素：光学要素（明度、色相、纯度）、存在条件（面积、形状、肌理、位置）、心理因素（冷暖、进退、轻重、软硬、朴素华丽）。设计的时候运用逻辑思维选择合适的色彩搭配，产生恰当的色彩构成。最优秀的配色范本是自然界里的配色，人们观察自然界里的配色，通过理性的提炼最终获得人们所需要的东西。

5.1.1 色彩构成三原理

1）色彩的印象方面

　　色彩的印象指从自然界的色彩效果入手去发现色彩的规律，对人们的视觉造成心理的反应。

　　①用色彩表现温度感肌理效果。

　　②体现喜怒哀乐。

　　③用色彩表现抽象效果。

　　④不同色彩对人的心理有不同的感受。

2）色彩的结构方面

　　美的结构是决定美的独立形式，是一种内在的色彩之间的关系表现。

3）色彩构成的原则

　　图形色和底形色：图形色要有前进感，底形色要有后退感，取决于色彩的明度、纯度。

　　①色彩的明度、纯度面积，图形色要比底形色更为明亮、鲜艳，明度、纯度比底形色略高一些。图形色和底形色的明度、纯度不能太接近。

　　②面积明亮颜色稍少一些，暗的稍大一些。

③色彩的平衡：有单纯视觉感强的感觉，属对称平衡；面积、方向、大小、形状相互平衡属非对称平衡。

5.1.2　色彩定义

人们四周不管是自然的或人工的物体，都有各种色彩和色调。这些色彩看起来好像附着在物体上，然而一旦光线减弱或成为黑暗，所有物体都会失去各自的色彩。

人们看到的色彩，事实上是以光为媒体的一种感觉。色彩是人在接受光的刺激后，视网膜的兴奋传送到大脑中枢而产生的感觉。

1）牛顿的光谱

光是电磁波，能产生色觉的光只占电磁波中的一部分范围。而其中人类可以感受到的范围（可见光），是380~780 mm。太阳光属于可见光，牛顿第一次实验时，利用棱镜分散太阳光，形成光谱。

2）单色光和复合光

单色光指单一频率（或波光）的光，不能产生色散。人们日常所见的光，大部分都是单色光聚合而成的光，称为复合光。复合光中所包含的各种单色光的比例不同，就产生不同的色彩感觉。

5.1.3　色彩的产生

1）光源光

光源发出的色光直接进入视觉。

2）透射光

光源光穿过透明或半透明物体后再进入视觉的光线，称为透射光。

3）反射光

反射光是光进入眼睛的最普遍的形式，在有光线照射的情况下，眼睛能看到的任何物体都是由于反射光进入视觉所致。

5.1.4　色彩的范畴

色彩分为无色彩与有色彩两大范畴。
①无色彩指无单色光，即：黑、白、灰。
②有色彩指有单色光，即：红、橙、黄、绿、蓝、紫。

5.1.5　色彩的三要素

1）明度

在无色彩中，明度最高的色为白色，明度最低的色为黑色，中间存在一个从亮到暗的灰色系列。在彩色中，任何一种纯度色都有着自己的明度特征。例如：黄色为明度最高的色，紫色为明度最低的色。

明度在三要素中具有较强的独立性，它可以不带任何色相的特征而通过黑白灰的关系单独呈现出来。色相与纯度则必须依赖一定的明暗才能显现，色彩一旦发生，明暗关系就会出现。可以把这种抽象出来的明度关系看作色彩的骨骼,它是色彩结构的关键。

2)色相

图 5.1

色相是指色彩的相貌。

如果说明度是色彩的骨骼,色相就很像色彩外表的华美肌肤。色相体现着色彩外向的性格,是色彩的灵魂。

色相环:在从红到紫的光谱中,等间地选择5个色,即红(R)、黄(Y)、绿(G)、蓝(B)、紫(P)。相邻的两个色相互混合又得到:橙(YR)、黄绿(GY)、蓝绿(BG)、蓝紫(PB)、紫红(RP),从而构成一个首尾相交的环,被称为孟赛尔色相环,如图5.1所示。

3)纯度

纯度指的是色彩的鲜浊程度。混入白色,鲜艳度降低,明度提高;混入黑色,鲜艳度降低,明度变暗;混入明度相同的中性灰时,纯度降低,明度没有改变。

不同的色相不但明度不等,纯度也不相等。纯度最高为红色,黄色纯度也较高,绿色纯度为红色的一半左右。

纯度体现了色彩内向的品格。同一色相,即使纯度发生了细微的变化,也会立即带来色彩性格的变化。

5.1.6　色彩表示

1)混色系统

混色系统分为色光混合与色彩混合。实际上,人们又把它们称作减色混合和加色混合。舞台灯光使用的色彩混合就是色光混合,而人们绘画时常用的调色法就是色彩混合。

2)显色系统

显色系统的理论依据是把现实中的色彩按照色相、明度、纯度3种基本性质加以系统地组织,然后定出各种标准色标,并标出符号,作为物体的比较标准。通常用三维空间关系来表示明度、色相与纯度的关系,因而获得立体的结构,称为色立体。

①明度进阶表位于色立体的中心位置,成为色立体垂直中轴,分别以白色和黑色为最高明度和最低明度的极点,在黑白之间依秩序划分出从亮到暗的过渡色阶,每一色阶表示一个明度等级。

②色相环:色相色阶是以明度色阶表为中心,通过偏角环状运动来表示色相的完整体系和秩序的变化。色相环由纯色组成。

③纯度色阶表呈水平直线形式,与明度色阶表构成直角关系,每一色相都有自己的纯度色阶表,表示该色相的纯度变化。以该色最饱和色为一极端,向中心轴靠近,含灰量不断加大,纯度逐渐降低,到达另一个极端,即明度色阶上的灰色。

④等色相面:在色立体中,由于每一个色相都具有横向的纯度变化和纵向的明

度变化,因此构成了该色相的两度空间的平面表示。该色相的饱和色依明度层次不断向上靠近白色,向下运动靠近黑色,向内运动靠近灰色,这样的关系构成了该色的等色相面。

⑤等明度面:若沿着明度色阶表成垂直关系的方向水平切开色立体,可以获得一个等明度面。

色立体主要有3种,即美国画家孟谢尔的孟谢尔色立体、奥斯特瓦德色立体、日本色彩研究会色立体。关于这几种色彩立体的详细说明十分复杂,请读者自己参阅相关书籍。

5.1.7 色彩混合

色彩有两个原色系统:色光的三原色、色素的三原色。色彩有3种混合方式:加法混合、减法混合、中性混合。

1)原色

不能用其他色混合而成的色彩称为原色。用原色却可以混出其他色彩。

原色有两个系统,一种是色光方面的,即光的三原色;另一种是色素方面的,即色素三原色。

色光的三原色:红光(Red)、绿光(Green)、蓝光(Blue)。(也就是人们常说的RGB模式。)

色素的三原色:品红(Magenta)、黄色(Yellow)、青色(Cyan)。(用于印刷的MCY。)

2)色彩的加法混合

加法混合指色光的混合。两色或多色光相混,混出的新色光,明度增高,明度是参加混合各色光明度之和。参加混合的色光越多,混出的新色光的明度就越高,如果把各种色光全部混合在一起则成为极强白色光。所以把这种混合称为正混合或加法混合。

电脑显示器的色彩是通过荧光屏的磷光片发出的色光通过正混合叠加出来的,它能够显示出百万种色彩,其三原色是红(Red)、绿(Green)、蓝(Blue),所以称之为RGB模式。

RGB是加法混合,这点一定要记住。

图片说明:相近的两种颜色相混合必得到它们中间的那种颜色,也就是说红色和绿色混合肯定是得到黄色。相对的是互补色,互补色混合会得到白色,如图5.2所示。

3)色彩的减法混合

减法混合指色素的混合。色素的混合是明度降低的减光现象,故称为负混合或减法混合。

因此要混合出纯度较高的新色彩,一定要选择在色环上距离较近的色,如用黄绿和蓝绿混出的绿色,一定比用黄色和蓝色混出的绿色的纯度高。

在理论上,将品红(Magenta)、黄色(Yellow)、青色(Cyan)3种色素均匀混合时,3种色光将全部吸收,产生黑色。但在实际操作中,因色料含有杂质而形成棕褐色，所以加入了黑色颜料（Black），从而形成CMYK色彩模式。这是电脑平面设计的专用色彩模式，在印前处理中有着重要作用，是四色印刷的基础，如图5.3所示。

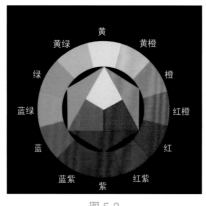
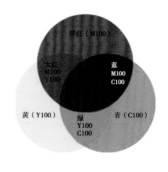

图 5.2   图 5.3

4）色彩的中性混合

中性混合是基于人的视觉生理特征所产生的视觉色彩混合。它包括回旋板的混合方法（平均混合）与空间混合（并置混合）。

（1）回旋板的混色

回旋板的混色是属于颜料的反射现象。如把红色和蓝色按一定的比例涂在回旋板上，以每秒40~50次以上的速度旋转则显出红紫灰色。可是如果把红和蓝两色光用加法混合则成为淡紫红色光，明度提高。把红和蓝颜料用减法混合，则成为暗紫红色，明度降低。通过以上不同方法的混合对比，发现用回旋板的方法混合出的色彩其明度基本为参加混合色彩明度的平均值，所以把这种混合方法称为中性混合。回旋板的中性混合实际是视网膜上的混合。正如上面举的例子，由于红、蓝两色经回旋板快速旋转，使红、蓝二色反复刺激视网膜同一部位，红、蓝，红、蓝，交替而连续不断，因此在视网膜上发生红、蓝两色光混合而产生红紫灰色的感觉。

（2）空间混合

将不同的颜色并置在一起，当它们在视网膜上的投影小到一定程度时，这些不同的颜色刺激就会同时作用到视网膜上非常邻近的部位的感光细胞，以致眼睛很难将它们独立地分辨出来，就会在视觉中产生色彩的混合，这种混合称空间混合，又称并置混合。

胶版印刷只用品红、黄、蓝三色网点和黑色网点便可印出各种丰富多彩的画面，除重叠部分的网点产生减色混合外，都是色点的并置混合，这种并置混合称为近距离空间混合。空间混合的距离是由参加混合色点（或块）面积的大小决定的，点或块的面积越大形成空间混合的距离越远。回旋板的混合和并置混合实际上都是视网膜上的混合。

这两种混合均为中性混合，混合出新色彩的明度基本等于参加混合色彩明度的平均值。

这点只要了解就行了。

5.1.8　色彩心理

1）色彩的物质性心理错觉

冷色与暖色是依据心理错觉对色彩的物理性分类，对于颜色的物质性印象，大致由冷暖两个色系产生。

红光和橙、黄色光本身有暖和感，照射任何色都会产生暖和感。相反，紫色光、蓝色光、绿色光有寒冷的感觉。

冷色和暖色除去温度不同的感觉外，还会有其他感受，如质量感、湿度感等。

暖色偏重，冷色偏轻；暖色密度强，冷色稀薄；冷色透明感强，暖色透明感较弱；冷色显得湿润，暖色显得干燥；冷色有退远感，暖色有迫近感。

色彩的明度与纯度也会引起对色彩物理印象的错觉。颜色的质量感主要取决于色彩的明度，暗色重，明色轻。纯度与明度的变化还会给人色彩软硬的印象，淡的亮色使人觉得柔软，暗的纯色则有强硬的感觉。

2）颜色的表情

色彩的情感是因为人们长期生活在色彩的世界中，积累了许多视觉经验，视觉经验与外来色彩刺激产生呼应时，就会在心理上引出某种情绪。

①红色：是强有力的色彩，是热烈、冲动的色彩，高度的庄严肃穆。

在深红的底子上，红色平静下来，热度在熄灭着。

在蓝色的底上，红色就像炽烈燃烧的火焰。

在黄绿色的底上，红色变成一个冒失的、鲁莽的闯入者，激烈而又寻常。

在橙色的底上，红色似乎被郁积着，暗淡而无生命，好像焦干了似的。

②橙色：是十分欢快活泼的光辉色彩，是暖色系中最温暖的色。

橙色稍稍混入黑或白色，会成为一种稳重、含蓄又明快的暖色，但混入较多黑色，就会成为一种烧焦的色。

橙色中加入较多的白色会带有一种甜腻的味道。

橙色与蓝色搭配，构成了最响亮、最欢快的色彩。

③黄色：是亮度最高的色，在高明度下能保持很强的纯度。

黄色的灿烂、辉煌有着太阳般的光辉，因此象征着照亮黑暗的智慧之光。

黄色有金色的光芒，因此又象征财富和权力，是骄傲的色彩。黑或紫色的衬托可以使黄色达到力量无限扩大的强度。

黄色最不能承受黑色或白色的侵蚀，稍微渗入，黄色即刻会失去光辉。

④绿色：鲜艳的绿色非常美丽，优雅，很宽容、大度，无论蓝色或黄色渗入，仍旧十分美丽。

黄绿色单纯、年青。

蓝绿色清秀、豁达。

含灰的绿色也仍是一种宁静、平和的色彩。

⑤蓝色：是博大的色彩，是永恒的象征。

蓝色是最冷的色，在纯净的情况下并不代表感情上的冷漠，只不过表现出一种平静、理智与纯净而已。

真正令人情感冷酷悲哀的色，是被弄混浊的蓝色。

⑥紫色：是非知觉的色，神秘，给人印象深刻，有时给人以压迫感，并且因对比不同，时而富有威胁性，时而又富有鼓舞性。

当紫色以色域出现时便可能明显产生恐怖感，在倾向于紫红色时更是如此。

紫色是象征虔诚的色相，当紫色深化暗化时又是蒙昧迷信的象征。一旦紫色被淡化，当光明与理解照亮蒙昧的虔诚之色时，优美可爱的晕色就会使人们心醉。

用紫色表现混乱、死亡和兴奋，用蓝紫色表现孤独与献身，用红紫色表现神圣、爱和精神的统辖领域——简而言之，这就是紫色色带的一些表现价值。

⑦黑、白、灰色：无彩色在心理上与有彩色具有同样价值。

黑和白是对色彩的最后抽象，代表色彩的阴极和阳极。

黑白所具有的抽象表现力以及神秘感，似乎能超越任何色彩的深度。

康丁斯基认为，黑色意味空无，像太阳的毁灭，像永恒的沉默，没有未来，失去希望。

而白色的沉默不是死亡，而是有无尽的可能性。

黑白两色是极端对立的色，然而有时又令人感到它们之间有难以言状的共性。

白色和黑色都可以表达对死亡的恐惧和悲哀，都具有不可超越的虚幻。

5.2 RGB 颜色模式

1）色光

在Photoshop中打开文件，打开的方法是通过菜单"文件→打开"或使用快捷键"Ctrl+O"，也可以直接从Windows目录中拖动图像到Photoshop。如果Photoshop窗口被遮盖或最小化，也可拖动到其位于任务栏的按钮上，待Photoshop窗口弹出后再拖动到窗口中。

按"F8"或从菜单"窗口→信息"调出信息调板，如图5.4所示。然后试着在图像中移动鼠标，会看到其中的数值在不断地变化。注意移动到蓝色区域的时候，会看到B的数值高一些；移动到红色区域的时候则R的数值高一些。

电脑屏幕上的所有颜色，都由这红色、绿色、蓝色3种色光按照不同的比例混合而成的。一组红色、绿色、蓝色就是一个最小的显示单位。屏幕上的任何一个颜色都可以由一组RGB值来记录和表达。那么，在下面所看到的图5.5所示的图片实际上是由图5.6、图5.7和图5.8组成的。

因此，这红色、绿色、蓝色又称为三原色光，用英文表示就是R（Red）、G（Green）、B（Blue）。可以把RGB想象为中国菜里面的糖、盐、味精，任何一道菜都是用这3种调料混合而成的。

在制作不同的菜时，三者的比例也不相同，甚至可能是迥异的。因此，不同的图像中，RGB各个的成分也不尽相同，可能有的图中R（红色）成分多一些，有的B（蓝

图 5.4　　　　　　　　　　　图 5.5

图 5.6　　　　　　　　图 5.7　　　　　　　　图 5.8

色）成分多一些。

　　做菜的时候，菜谱上会提示类似"糖3克，盐1克"等，来表示调料的多少，在电脑中，RGB的所谓"多少"就是指亮度，并使用整数来表示。通常情况下，RGB各有256级亮度，用数字表示为从0，1，2……直到255。注意虽然数字最高是255，但0也是数值之一，因此共256级。如同2000年到2010年共是11年一样。

　　按照计算，256级的RGB色彩总共能组合出约1 678万种色彩，即256×256×256=16 777 216。通常也被简称为1 600万色或千万色，也称24位色（2的24次方）。

　　这24位色还有一种较为怪异的称呼是8位通道色。为什么这样称呼呢？

　　这里的所谓通道，实际上就是指3种色光各自的亮度范围，我们知道其范围是256，256是2的8次方，就称为8位通道色。

　　为什么老是用2的次方来表示呢？因为计算机是二进制的，所以在表达色彩数量以及其他一些数量的时候，都使用2的次方。

　　这里的色彩通道，在概念上不是一件具体的事物。可以把三原色光比作三盏不同颜色的可调光台灯，那么通道就相当于调光的按钮。对于观看者而言，感受到的只是图像本身，而不会去联想究竟3种色光是如何混合的。正如同你只关心电影中演员的演出，而不会去想拍摄时导演指挥的过程。因此，通道的作用是"控制"，而不是"展现"。

　　以上所说的是色彩通道，和后面教程中的图像通道概念上不完全相同。

　　从Photoshop CS版本开始增强了对16位通道色的支持，这就意味着可以显示更多的色彩数（即48位色，约281万亿）。RGB单独的亮度值为2的16次方，等于65 536，65 536的三次方为281 474 976 710 656。但是由于人眼所能分辨的色彩数量还达不到24位的1 678万色，因此更高的色彩数量在人眼看来并没有区别。

　　可以用字母R，G，B加上各自的数值来表达一种颜色，如R32，G157，B95，或

r32g157b95。有时候为了省事也略去字母写32,157,95（分隔的符号不可标错），那么代表的顺序就是RGB。另外还有一种16进制的表达法将在以后叙述 。

那么这些数字和颜色究竟如何对应起来呢，或者说，怎样才能从一组数字中判断出是什么颜色呢？

实际上，直接从数值中去判断出颜色对于初学者甚至是老手都是比较困难的。因为要考虑3种色光之间的混合情况，这需要一定的经验。不过这种能力并不是非具备不可的。即使无法做到，对于以后也无妨碍。

对于单独的R或G或B而言，当数值为0的时候，代表这个颜色不发光；如果为255，则该颜色为最高亮度。这就好像调光台灯一样，数字0就等于把灯关了，数字255就等于把调光旋钮开到最大。

现在离开教程思考一下：屏幕上的纯黑、纯白、最红色、最绿色、最蓝色、最黄色的RGB值各是多少？

思考完之后打开Photoshop，按"F6"调出颜色调板，并单击一下红色箭头处的色块，如图5.9左图。这个色块代表前景色。另一个位于其右下方的色块代表背景色。Photoshop默认是前景色黑，背景色白。快捷键"D"可重设默认颜色。

如果颜色调板中不是RGB方式，可单击颜色调板右上角那个小三角形按钮⊙，在弹出的菜单中选择"RGB滑块"，如图5.9和图5.10所示。

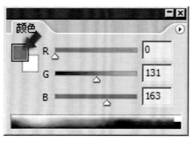

图 5.9

图 5.10

纯黑，是因为屏幕上没有任何色光存在，相当于RGB 3种色光都没有发光。所以屏幕上黑的RGB值是0，0，0。可相应调整滑块或直接输入数字，会看到色块变成了黑色，如图5.11所示。

而白正相反，是RGB 3种色光都发到最强的亮度，所以纯白的RGB值就是255，255，255，如图5.12所示。

最红色，意味着只有红色存在，且亮度最强，绿色和蓝色都不发光。因此最红色的数值是255，0，0，如图5.13所示。

同理，最绿色就是0，255，0，而最蓝色就是0，0，255。

图 5.11

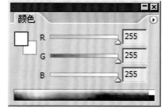

图 5.12

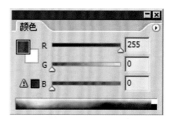

图 5.13

2）色相

所谓色相就是指颜色的色彩种类，分别是红色、橙色、黄色、绿色、青色、蓝色、紫色。这7种颜色头尾相接，形成一个闭合的环如图5.14所示。以X轴方向表示0°起点，按逆时针方向展开，如图5.15所示。

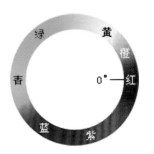

图 5.14　　　　　　　　图 5.15

在这个环中，位于180°夹角的两种颜色（也就是圆的某条直径两端的颜色），称为反转色，又称为互补色。互补的两种颜色之间是此消彼长的关系，现在把圆环中间的颜色填满，如图5.14所示。假设目前位于圆心的小框代表的就是要选取的颜色，那么，这个小框往蓝色移动的同时就会远离黄色，或者接近黄色同时就远离蓝色。就像在跷跷板上不可能同时往两边走一样，你不可能同时接近黄色和蓝色。

在图5.14中间是白色，可以看出，如要得到最黄色，就需要把选色框向最黄色的方向移动，同时也逐渐远离最蓝色。当达到圆环黄色部分的边缘时，就是最黄色，同时离最蓝色也就最远了。由此得出，黄色=白色-蓝色。为什么不是白色+黄色呢？因为蓝色是原色光，要以原色光的调整为准。因此，最黄色的数值是255，255，0，如图5.16所示。也可以得出：纯黄色=纯红色+纯绿色。

如果屏幕上的一幅图像偏黄色（特指屏幕显示，印刷品则不同），不能说是黄色光太多，而应该说是蓝色光太少。

再看一下色谱环，可以目测出三原色光各自的反转色。红色对青色、绿色对洋红色、蓝色对黄色，如图5.17所示。

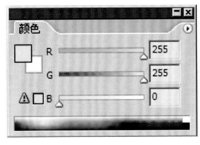

图 5.16　　　　　　　　图 5.17

除了目测，还可以通过计算来确定任意一个颜色的反转色。首先取得这个颜色的RGB数值，再用255分别减去现有的RGB值即可。比如黄色的RGB值是255，255，0，那么通过计算得：r（255-255），g（255-255），b（255-0）。互补色为：0，0，255，正是蓝色。

对于一幅图像，若单独增加R的亮度，相当于红色光的成分增加，那么这幅图像就会偏红色。

若单独增加B的亮度,相当于蓝色光的成分增加,那么这幅图像就会偏蓝色。

通过以上的内容,讲述了RGB色彩的概念,当然后面还会介绍其他的色彩模式。但请记住:RGB模式是显示器的物理色彩模式。这就意味着无论在软件中使用何种色彩模式,只要是在显示器上显示的,图像最终是以RGB方式出现的。因此使用RGB模式进行操作是最快的,因为电脑不需要处理额外的色彩转换工作。当然这种速度差异很难察觉,只是理论上的。

5.3 CMYK 色彩模式 🔍

前面都在学习有关RGB的内容,RGB色彩模式是最基础的色彩模式,所以RGB色彩模式是一个重要的模式。只要在电脑屏幕上显示的图像,就一定是RGB模式。因为显示器的物理结构就是遵循RGB的。我们还接触了灰度色彩模式,它有自身的一些特性,使得它也被应用在了对通道的描述上,以后还会学到有关它的其他的应用。

除此之外,还有一种CMYK色彩模式也很重要。CMYK也称作印刷色彩模式,顾名思义就是用来印刷的。

它和RGB相比有一个很大的不同:RGB模式是一种发光的色彩模式,你在一间黑暗的房间内仍然可以看见屏幕上的内容;CMYK是一种依靠反光的色彩模式,人们是怎样阅读报纸的内容的呢?是由阳光或灯光照射到报纸上,再反射到人们的眼中,才看到内容。它需要有外界光源。如果人在黑暗房间内是无法阅读报纸的。

前面说过,只要在屏幕上显示的图像,就是以RGB模式表现的。现在加上一句:只要是在印刷品上看到的图像,就是以CMYK模式表现的。比如期刊、报纸、宣传画等,都是印刷出来的,那么就是CMYK模式的了。

和RGB类似,CMY是3种印刷油墨名称的首字母:青色Cyan、洋红色Magenta、黄色Yellow。而K取的是Black最后一个字母,之所以不取首字母,是为了避免与蓝色(Blue)混淆。从理论上来说,只需要CMY3种油墨就足够了,它们3个加在一起就应该得到黑色。但是由于目前制造工艺还不能造出高纯度的油墨,CMY相加的结果实际是一种暗红色,因此还需要加入一种专门的黑墨来调和。

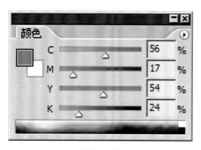

图 5.18

单击颜色调板的 ▶ 按钮,在菜单中选择"CMYK滑块",会看到CMYK是以百分比来选择的,相当于油墨的浓度,如图5.18所示。

和RGB模式一样,CMYK模式也有通道,而且是4个,C,M,Y,K各一个。在Photoshop中调入图5.19。注意上面的图像输入Photoshop后是RGB模式的。图像的色彩模式和其他一些信息可以从图像窗口的标题区看到。标题区显示着图像名称、缩放比例、色彩模式和颜色通道数。图中显示着RGB/8，就表示这是一个RGB模式的图像，颜色通道为8位，如图5.20所示。

图 5.19   图 5.20

在RGB模式下只能看到RGB通道，需要手动转换色彩模式到CMYK后才可以看到CMYK通道。转换图像色彩模式可以点击菜单栏"图像→模式→CMYK颜色"，注意图像色彩可能会发生一些变化，变化的原理在后面部分将提到。此时查看通道，就会看到CMYK各通道的灰度图像，如图5.21、图5.22、图5.23和图5.24所示。

图 5.21   图 5.22

图 5.23   图 5.24

CMYK通道的灰度图和RGB类似，是一种含量多少的表示。RGB灰度表示色光亮度，CMYK灰度表示油墨浓度。

但两者对灰度图中的明暗有着不同的定义：

①RGB通道灰度图中较白表示亮度较高，较黑表示亮度较低。纯白表示亮度最高，纯黑表示亮度为零。

②CMYK通道灰度图中较白表示油墨含量较低，较黑表示油墨含量较高，纯白

表示完全没有油墨，纯黑表示油墨浓度最高。

用这个定义来看CMYK的通道灰度图，会看到黄色油墨的浓度很高，而黑色油墨比较低。

在图像交付印刷的时候，一般需要把这4个通道的灰度图制成胶片（称为出片），然后制成硫酸纸等，再上印刷机进行印刷。

传统的印刷机有4个印刷滚筒（形象比喻，实际情况有所区别），分别负责印制青色、洋红色、黄色和黑色。

一张白纸进入印刷机后要被印4次，先被印上图像中青色的部分，再被印上洋红色、黄色和黑色部分，顺序如图5.25、图5.26、图5.27和图5.28所示。

图 5.25　　　　　　　　　　　　　　　　图 5.26

图 5.27　　　　　　　　　　　　　　　　图 5.28

从上面的顺序中，可以很明显地感到各种油墨添加后的效果。

在印刷过程中，纸张在各个滚筒间传送，可能因为热胀冷缩或者其他的一些原因产生了位移，这可能使得原本该印上颜色的地方没有印上。

为了检验印刷品的质量，在印刷各个颜色的时候，都会在纸张空白的地方印一个"+"号。

如果每个颜色都套印正确，那么在最终的成品上只会看到一个"+"号。如果有两个或三个，就说明产生了套印错误，将会造成废品。

不同用途的印刷品对套印错误造成的废品标准也不同。报纸等较低质的印刷品，"+"号误差0.5 mm甚至1 mm都允许。

但画册、精美杂志，尤其是地图等精细印刷品，对废品的标准就要严格得多。

正因为在印刷中可能出现的这种问题，使得人们在制作用作印刷的图像时要特别注意。

比如要画一条0.1 mm的很细的线条，那么如果套印错位0.1 mm，就会出现两条线了。那么如何避免呢？

这个时候，在用色上就应该避免使用多种颜色的混合色，如图5.29和图5.30所示。

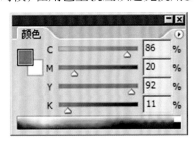

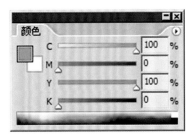

图 5.29   图 5.30

左边和右边都是绿色，左边的绿色在CMYK四色上都有成分，那么，使用这个颜色画的线将被印刷4次。而右边的绿色只使用了C和Y两种颜色，在印刷的时候只要被印两次就可以了。后者套印错误的机会自然比前者低得多。注意"只要被印两次"并不是说只需经过两个滚筒，同样还是要经过4个，但只有其中两个滚筒有图像印上而已。

由这个小例子可见，制作印刷品的时候，你所使用的颜色会影响成品的印刷成功率。如果是RGB模式，则完全不必当心这个问题，因为屏幕是不可能有套印错误的情形发生的。

那么普通家庭所使用的喷墨打印机，是什么色彩模式呢？它会不会有套印错误呢？

前面说过，只要是印刷品就是CMYK模式，喷墨打印机当然也是按照CMYK方式工作，它其中装着CMYK四色的墨盒（个别型号会更多但工作原理相同），和印刷机类似。但是喷墨打印机不会产生套印错误，这是为什么呢？前面说过印刷机的纸张要进出4个滚筒，套印错误就是在这进出之间产生的。而喷墨打印机是一次性打印，因此不存在套印错误。

那喷墨打印机如何实现一次性打印呢？

喷墨打印机将多个喷嘴前后依次排列，这样在打印的时候，纸张第一行先被喷上C，然后纸张向前移动一行，原先的第一行停在了M喷嘴下被喷上M色，同时新的空白的第二行被喷上C色。接着纸张再前移，已喷完C，M的那一行现在停在了Y色喷嘴下，被喷上Y色。而第二行被喷上M。新的空白第三行被喷上C。以此类推。

如果喷墨打印机打印到一半时需要取消打印，就会看到在图像的边缘分布着未完成的部分，效果类似图5.31所示。

既然喷墨打印机的原理并不复杂，为什么大型印刷机不采用这样印刷方式呢？

这是因为这种打印方式速度很慢，喷嘴在每行都需要有一个移动的过程，这需要时间，如果大幅面纸张耗时更久。而报纸等大量的印刷品都需要在短时间内

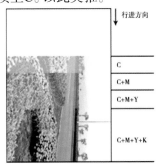

图 5.31

完成,所以这种打印方式是无能为力的,并且精度上也不及印刷机。因此,打印和印刷,这两者是有很大区别的。打印一般数量很少,质量和速度要求也不高,常见于个人及小型办公使用;印刷则正相反。

5.4 HSB 色彩模式

前面已经学习过了两大色彩模式——RGB和CMYK。色彩模式有很多种,但这两种是最重要和最基础的。其余的色彩模式,实际上在显示的时候都需要转换为RGB,在打印或印刷(又称为输出)的时候都需要转为CMYK。虽然如此,但这两种色彩模式都比较抽象,不符合人们对色彩的习惯性描述。

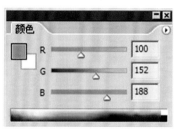

图 5.32

其实Photoshop和Illustrator以及GoLive的取色滑块都提供了色彩预见功能,即动态颜色滑块(可在"编辑→首选项"的常规选项中打开或关闭)。图5.32中,将R滑块往右拉就会得到粉红色;把B滑块向左拉会得到草绿色;把G滑块向右拉就可以得到浅绿色。但这种方式还是不够直观,最重要的是不方便修改,比如目前的蓝色,想要得到更浅更亮的蓝色,需要拉动三个滑杆才能得到,如图5.33所示。

习惯上人们都会说图片上的衣服是黄色的,或者说是亮黄色的。比如晴空,人们首先想到的是蓝色,然后是浅蓝色。比如湖水,首先想到的是绿色,进一步想到的是碧绿色。人类大脑对色彩的直觉感知,首先是色相,即红色、橙黄色、绿色、青色、蓝色、紫色中的一个,然后是它的深浅度。

HSB色彩就是由这种模式而来的,它把颜色分为色相、饱和度、明度3个因素。注意它将人脑的"深浅"概念扩展为饱和度(S)和明度(B)。所谓饱和度相当于家庭电视机的色彩浓度,饱和度高色彩较艳丽;饱和度低色彩就接近灰色。明度也称为亮度,等同于彩色电视机的亮度,亮度高色彩明亮,亮度低色彩暗淡,亮度最高得到纯白,最低得到纯黑。

如果需要一个浅绿色,那么先将H拉到绿色,再调整S和B到合适的位置。一般浅色的饱和度较低,亮度较高。如果需要一个深蓝色,就将H拉到蓝色,再调整S和B到合适的位置,一般深色的饱和度高而亮度低,如图5.34所示。这种方式选取的颜色修改方便,比如要将深蓝色加亮,只需要移动B就可以了,既方便又直观。

如果要选择灰度,只需要将S放在0%,然后拉动B滑杆就可以了,如图5.35所示。注意,HSB方式得到的灰度,与灰度滑块K的数值是不同的。在Photoshop中选择灰度时,应以灰度滑块为准。

在HSB模式中,S和B的取值都是百分比,唯有H的取值单位是度,这个度是什么意思呢?度是指角度,表示色相位于色相环上的位置,将前面学过的色相环加上角度标志就明白了。

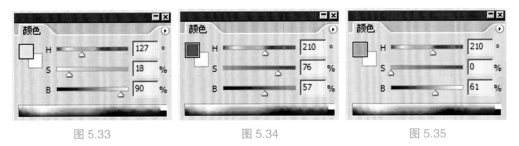

| 图 5.33 | 图 5.34 | 图 5.35 |

如图5.36，从0°的红色开始，逆时针方向增加角度，60°是黄色，180°是青色等，360°又回到红色。可以自己调节H滑块对照一下。需要注意的是，由于在Photoshop的HSB模式中只能输入整数，因此能够选择的色彩数量是360万种。虽然在数量上不及RGB模式，但对于人们来说也是足够使用了。

再看一下Photoshop的拾色器，拾色器的H方式其实就是HSB取色方式。色谱就是色相，而大框就包含了饱和度和明度（横方向是饱和度，竖方向是明度），如图5.37所示。

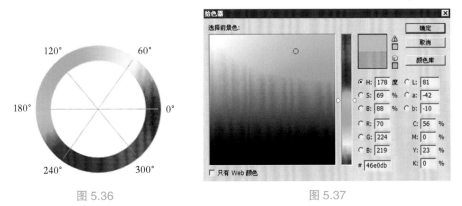

| 图 5.36 | 图 5.37 |

5.5 灰度色彩模式 🔍

Photoshop有色彩管理功能，这主要用在印刷品制作上。这里针对网页设计，因此可以选择"显示器颜色"，如图5.38所示。对于Photoshop CS版本，可选择"色彩管理关闭"，如图5.39所示。

图 5.38

图 5.39

可从菜单"编辑→颜色设置"打开色彩管理,在顶部的"设置"中选择"色彩管理关闭"。

在前面讲述RGB色彩,以及在颜色调板选取颜色的时候,有没有想过RGB值相等的情况下是什么颜色?那是一个灰度色,如图5.40所示。

现在将颜色调板切换到灰度方式,可看到灰度色谱,如图5.41所示。

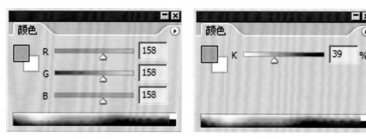

图5.40　　　　　　　　　　图5.41

所谓灰度色,就是指纯白、纯黑以及两者中的一系列从黑到白的过渡色。人们平常所说的黑白照片、黑白电视,实际上都应该称为灰度照片、灰度电视才确切。灰度色中不包含任何色相,即不存在红色、黄色这样的颜色。灰度隶属于RGB色域(色域指色彩范围)。

在RGB模式中三原色光各有256个级别。由于灰度的形成是RGB数值相等,而RGB数值相等的排列组合是256个,那么灰度的数量就是256级。其中除了纯白和纯黑以外,还有254种中间过渡色。纯黑和纯白也属于反转色。

灰度的通常表示方法是百分比,范围从0%到100%。Photoshop中只能输入整数,在Illustrator和GoLive允许输入小数、百分比。

注意这个百分比是以纯黑为基准的百分比。与RGB正好相反,百分比越高颜色越偏黑,百分比越低颜色越偏白。

灰度最高相当于最高的黑,就是纯黑,如图5.42所示;灰度最低相当于最低的黑,也就是"没有黑",那就是纯白,如图5.43所示。

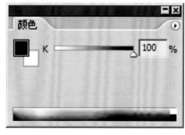

图5.42　　　　　　　　　　图5.43

既然灰度和RGB一样,是有数值的,那么这个数值和百分比是怎么换算的?比如18%的灰度,是256级灰度中的哪一级呢?是否是256×18%呢?没错,灰度的数值和百分比的换算就是相乘后的近似值,由于灰度与RGB是"黑白颠倒"的,因此18%的灰度等于82%的RGB亮度。

256×82%=209.92,近似算作210,可以先在灰度滑块选择18%,再切换到RGB滑块看数值,如图5.44和图5.45所示。

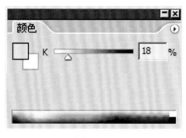 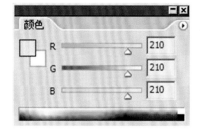

图 5.44　　　　　　　　　　　　图 5.45

注意如果没有关闭色彩管理功能，在颜色设置中的灰度标准就有可能不是GrayGamma2.2，那么上面的等式就不成立了。比如，灰度的标准如果是GrayGamma1.8，18%的灰度换算成RGB就是218，218，218。

印刷品与网页的区别在于色彩模式不同，印刷品必须是CMYK色彩模式，而网页主要使用RGB色彩模式。Photoshop的色彩管理功能主要是针对印刷品的，而我们目前针对网页，因此可以关闭这个功能。不用担心，即使不了解色彩管理的具体内容和灰度Gamma的标准，也不影响后面的学习和操作。在教程以后的内容中，默认都是在关闭色彩管理的前提下进行的。如果需要开启的话，会特别提到。

虽然灰度共有256级，但是由于Photoshop的灰度滑块只能输入整数百分比，因此实际上从灰度滑块中只能选择出101种（0%也算一种）灰度。大家可以在灰度滑块中输入递增的数值然后切换到RGB滑块查看，可以看到：0%灰度的RGB数值是255，255，255；1%灰度的RGB数值是253，253，253；2%灰度的RGB值为250，250，250。也就是说，252，252，252这样的灰度是无法用Photoshop的灰度滑块选中的。相比之下Illustrator的灰度允许输入两位小数，使得选色的精确性大大提高了。

由于灰度色不包含色相，属于"中立"色，因此它常被用来表示颜色以外的其他信息。比如下面要讲到的通道，灰度在其中已经不是作为一种色彩模式存在，而是作为判断通道饱和度的标准。而在以后的蒙版中，灰度又被用作判断透明度的标准。

5.6　图像的通道 🔍

在Photoshop中有一个很重要的概念称为图像通道，在RGB色彩模式下就是指那单独的红色、绿色、蓝色部分。也就是说，一幅完整的图像，是由红色、绿色、蓝色3个通道组成的。回顾一下前面的3张通道图（顺序为RGB），它们共同作用产生了完整的图像，如图5.46、图5.47和图5.48所示。

大家也许会问：如果图像中根本没使用蓝色，只用了红色和绿色，是不是就意味着没了蓝色通道？

黄色和蓝色是互补色，那么一幅全部是纯黄色的图像中，是不是就不包含蓝色通道？

这是错误的概念，一幅完整的图像，红色、绿色、蓝色3个通道缺一不可。即使图像中看起来没有蓝色，只能说蓝色光的亮度均为0，但不能说没有蓝色通道存在。

图 5.46　　　　　　　图 5.47　　　　　　　图 5.48

"存在、亮度为零"和"不存在"是两个不同的概念。

现在大家在Photoshop中调入上面那幅完整的图片，再调出通道调板。一般来说通道调板和图层调板是拼接在一起的，可以通过调出图层调板按"F7"后切换到通道。也可以使用菜单"窗口→通道"。如果调板中没有显示出缩览图，可以右键单击调板中蓝色通道下方的空白处，在弹出的菜单中选择"小""中"或"大"。看到的通道调板类似图5.49。

图 5.49

此时注意红色、绿色、蓝色3个通道的缩览图都是以灰度显示的。如果单击通道名字，就会发现图像也同时变为了灰度图像。快捷键分别是："Ctrl+~""Ctrl+1""Ctrl+2""Ctrl+3"。单击通道图片左边的眼睛图标，可以显示或关闭那个通道。可以动手试试不同通道组合的效果。

注意不要混淆：最顶部的RGB不是一个通道，而是代表3个通道的总合效果。如果关闭了红色、绿色、蓝色中任何一个通道，最顶部的RGB也会被关闭。单击了RGB后，所有通道都将处在显示状态。

如果关闭了红色通道，那么图像就偏青色，如图5.50所示。如果关闭了绿色通道，那么图像就偏洋红色，如图5.51所示。如果关闭了蓝色通道，那么图像就偏黄色，如图5.52所示。

这个现象再次印证了反转色模型：红色对青色、绿色对洋红色、蓝色对黄色。

现在单击查看单个通道，发现每个通道都显示为一幅灰度图像（不能说是黑白图像），从左至右分别是灰度的红色、绿色、蓝色通道图像，如图5.53、图5.54和图5.55所示。

图 5.50

图 5.51

图 5.52

图 5.53　　　　　　　　　图 5.54　　　　　　　　　图 5.55

　　乍一看似乎没什么不同,仔细一看却又有很大不同。虽然都是灰度图像,但是为什么有些地方灰度的深浅不同呢? 这种灰度图像和RGB又是什么关系呢?

　　在回答这些问题之前先复习一下前面的一些概念:

　　电脑屏幕上的所有颜色,都由红色、绿色、蓝色3种色光按照不同的比例混合而成。这就是说,实际上图像是由3幅图像(红色图、绿色图和蓝色图)合成的。

　　对于红色而言,它在图像中的分布是不均匀的,有的地方多些,有的地方少些,相当于有的地方红色亮度高些,有的地方红色亮度低些。

　　现在再来看红色通道的灰度图,可以看到,有的地方偏亮些,有的地方偏暗些。

　　那么把两者对应起来看,这幅灰度图实际上等同于红色光的分布情况图。

　　在红色通道灰度图中,较亮的区域说明红色光较强(成分较多),较暗的区域说明红色光较弱(成分较少)。

　　纯白的区域说明那里红色光最强(对应于亮度值255),纯黑的地方则说明那里完全没有红色光（对应于亮度值0）。

　　某个通道的灰度图像中的明暗对应该通道色的明暗，从而表达出该色光在整体图像上的分布情况。由于通道共有3个，因此也就有了3幅灰度图像，如图5.56所示。

　　从上面的红色通道灰度图中，可以看到车把上挂着的帽子较白，说明红色光在该区域较亮。那么，是否可以凭借这个红色通道的灰度图像，就断定在整个图像中，帽子就是红色的呢？还不能，完整图像是由3个通道综合的效果，因此还需要参考另外两个通道才能够定论。下面再次列出RGB 3个通道的灰度图，如图5.57、图5.58和图5.59所示。

图 5.56

图 5.57

图 5.58

图 5.59

　　从中可以分析出：

　　①3个通道中帽子部分都是白色。代表这个地方的RGB都有最高亮度，那么可以判断出这个地方是白色的（或较白）。

　　②3个通道中坐垫下的挂包中部都是黑色，代表这个地方RGB都不发光，可以判定这个地方是黑色的（或较黑）。

　　③R通道中的前轮圈是白色，G和B通道中为黑色，说明这个地方只有红色，没有绿色和蓝色，那么这个地方应该是红色的（或较红色）。

　　④3个通道中后轮胎都是差不多的灰度，说明这个地方RGB值较为接近，那么这个地方应该是灰色的（或接近灰色）。

　　做完以上的推理分析后，可以回到前面原图部分去对照一下。

　　现在来明确几个概念：

　　①通道中的纯白，代表了该色光在此处为最高亮度，亮度级别是255。

　　②通道中的纯黑，代表了该色光在此处完全不发光，亮度级别是0。

也可以这样记忆：在通道中，白（或较白）代表"光明的""看得见的""有东西"；黑（或较黑）代表"黑暗的""看不见的""没东西"。

下面在图像上用不同的颜色写4个字母：青色A、洋红色B、白色C、绿色D。注意所有颜色均为纯色。请说出ABCD在RGB 3个通道中的颜色分别是什么？如图5.60所示。

图 5.60

来看一下推理过程，首先要确定ABCD的颜色值：

A是青色，青色是红色的反转色，那么它的RGB值就应该是：0，255，255。

B是洋红色，洋红色是绿色的反转色，那么RGB值就是：255，0，255。

C是白色，白色代表RGB均为最大值，RGB值为：255，255，255。

D是绿色，意味着没有R和B的成分，RGB值为：0，255，0。

再看刚提到过的概念：亮度255在通道灰度图中显示为白色，亮度0在通道灰度图中显示为黑色。得出结论：

A（0，255，255）在RGB中顺序为：黑、白、白。

B（255，0，255）在RGB中顺序为：白、黑、白。

C（255，255，255）在RGB中顺序为：白、白、白。

D（0，255，0）在RGB中顺序为：黑、白、黑。

对照一下RGB通道的灰度图，如图5.61、图5.62和图5.63所示。

图 5.61   图 5.62   图 5.63

再在图像中打上字母E（200，0，255）和F（127，0，255），如图5.64所示。那么这两个字母在R通道中应该是什么颜色呢？

前面只针对纯黑和纯白两种极端状态作出了定义，而在现实图像中，大部分色彩并不是这么极端的。查看前面图像各个通道，就会发觉纯黑和纯白的部分极少，大部分都是中间的过渡灰色，亮度值介于1~254，在通道灰度图中就呈现灰色，切换到R通道，如图5.65所示。

同样是灰色，E却要比F亮一些。比较两者在R的亮度数值就会看到，E的亮度为200，F为127。亮度值越高，说明色光成分越多，因此通道灰度图中就越偏白。

为何通道用灰度表示呢？因为通道中色光亮度从最低到最高的特性，正符合灰度模式从黑到白过渡的表示。正是因为灰度的这种特性，使得它在以后还被应用到其他地方。通道中的灰度与颜色调板的灰度滑块是对应的。

在理解了以上的内容后，有一个随之而来的疑问：通道有什么用？通道不是拿来

图 5.64   图 5.65

"用"的，而是整个Photoshop显示图像的基础。人们在图像上做的所有事情，都可以理解为色彩的变动，比如你画了一条黑色直线，就等同于直线的区域被修改成了黑色。而所有色彩的变动，其实都是间接在对通道中的灰度图进行调整，如图5.66所示。

1）使用色彩平衡命令

在Photoshop中打开图5.66，使用快捷键"Ctrl+B"或菜单"图像→调整→色彩平衡"，将绿色滑块拉到最右边，下方的色调平衡先不要去管，如图5.67所示。这时看到图像明显偏绿色了，如图5.68所示。

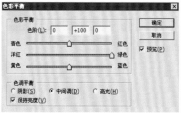

图 5.66   图 5.67   图 5.68

那么图像是怎么变成绿色的呢？其实就是绿色通道发生了改变，增强了绿色光在图像中的亮度。那么思考一下，如果单独比较绿色通道在调整前后的灰度图，现在应该是变得更亮，还是变得更暗？

对照前面总结过的4条定义：灰度中越偏白的部分，表示色光亮度值越高，越偏黑的部分则表示亮度值越低。

那么反过来，如果亮度值高，就意味着通道的灰度图像偏白。下面对比一下调整前后绿色通道的灰度图，可以看到后者要显得明亮一些，如图5.69和图5.70所示。

图 5.69   图 5.70

这就是图像偏绿色的最基本原理。在操作中，之所以不必直接去修改通道，是因为Photoshop做了那些工作。它通过一些使用起来较为方便和直观的工具（如刚才的色彩平衡），来间接地修改通道从而改变图像色彩。

既然通过色彩平衡工具的调整，把图像色彩调整成偏绿色，导致绿色通道变亮，那么反过来，增亮绿色通道能否使图像偏绿色呢？首先前半句的陈述是错误的，通道是图像的基础，是通道改变了图像，而不是图像改变了通道。

至于这个问题，可以动手来验证。首先把这幅原图调入Photoshop，如图5.71所示。调出通道调板，单击绿色通道，此时图像显示出绿色通道的灰度图。然后使用菜单"图像→调整→亮度/对比度"，将亮度增加到+35，对比度不变，这样得到了与之前使用色彩平衡工具调整效果类似的灰度图，如图5.72所示。

现在切换回RGB总体效果"Ctrl+~"，就可以看到图像色彩改动的效果了，如图5.73所示。

图 5.71   图 5.72   图 5.73

这又证明了前面的叙述：通道是整个Photoshop显示图像的基础。色彩的变动，实际上就是间接地在对通道灰度图进行调整。

通道是Photoshop处理图像的核心部分，所有的色彩调整工具都是围绕在这个核心周围使用的。

想象一下，如果在3个通道中相同的地方都画上一条白线，那么在整体图像中，这个地方就多出了一条白线，如图5.74所示。

如果在R通道画白线，而在G通道和B通道画黑线，那么整体图像中就多出了一条红色的线，如图5.75、图5.76和图5.77所示。

图 5.74   图 5.75

图 5.76   图 5.77

由此可见，不仅是色彩的调整，连绘图工具都是通过改变通道来达到目的的。绘图工具将在后面的课程中介绍。

既然通道是基础，单独加亮绿色通道可以起到与色彩平衡工具相同的效果，那为什么还要其他工具呢？这是因为直接调整通道不方便，效果也不直观，比如人们增亮绿色通道的时候看到的只是灰度图，无法准确判断最终的调整效果。如果要看效果，必须确认操作后切换回RGB观看，如果不满意还要重复操作步骤，较为不便。而色彩平衡工具在拉动滑块的时候，就能够实时地把最终效果显示出来，让人们可以准确地感受从而判断。因此那些各种各样的调整工具是为了让人们使用起来更加方便和快速。

2）显示彩色通道

另外，可通过调整Photoshop预置让通道显示出色彩。通过菜单"编辑→预置→显示与光标"打开预置调板，也可以用快捷键"Ctrl+K"调出预置常规后切换到显示与光标。将"通道用原色显示"打上钩，如图5.78所示。这样通道调板就变成彩色的了，如图5.79所示。

   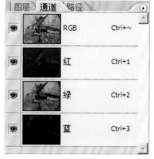

图 5.78   图 5.79

此时单击单个通道，图像也会以带有色彩的图像来显示，如图5.80、图5.81和图5.82所示。效果类似前面看到过的这3张图。不过，这种显示方式反而不如灰度图像来得准确，因为加上了色彩的干扰，层次不再那么分明，因此不建议使用带色彩的通道图。在后面的内容中，也都是以灰度图作为标准的，所以从预置中再将它关闭。

有关通道的具体应用，将在以后的内容中介绍。

图 5.80

图 5.81

图 5.82

5.7 色彩模式的选择 🔍

应该如何选择适当的色彩模式呢？先来明确一下RGB与CMYK这两大色彩模式的区别：

①RGB色彩模式是发光的，存在于屏幕等显示设备中，不存在于印刷品中。CMYK色彩模式是反光的，需要外界辅助光源才能被感知，它是印刷品唯一的色彩模式。

②色彩数量上RGB色域的颜色数比CMYK多出许多。但两者各有部分色彩是互相独立（即不可转换）的。

③RGB通道灰度图中偏白表示发光程度高，CMYK通道灰度图中偏白表示油墨含量低；反之亦然。

特别注意第2条：两者各有部分色彩是互相独立（即不可转换）的。如图5.83中绿色大圆表示RGB色域，蓝色小圆表示CMYK色域。这一大一小表示RGB的色域范围（即色彩数量）要大于CMYK。而在转换色彩模式后，只有位于混合区的颜色可以被保留，位于RGB特有区及CMYK特有区的颜色将丢失。

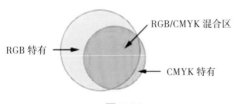
图 5.83

这意味着如果你用RGB模式去制作印刷用的图像，那么你所用的某些色彩也许是无法被打印出来的。一般来说，RGB中一些较为明亮的色彩无法被打印，如艳蓝色、亮绿色等。如果不作修改地直接印刷，印出来的颜色可能和原先有很大差异。

同样，以下是一幅在RGB模式下制作的图像，在转换为CMYK模式后的比较，如图5.84和图5.85所示。

可以看出，原先较为鲜亮的一些颜色都变得黯淡了，这就是因为CMYK的色域要小于RGB，因此在转换后有些颜色丢失了。

注意，此时再把CMYK模式转为RGB模式，丢失掉的颜色也找不回来了。因此，不要频繁地转换色彩模式。

图 5.84

图 5.85

虽然理论上RGB与CMYK的互转都会损失一些颜色，但是从CMYK转为RGB时损失的颜色较少，在视觉上有时很难看出区别。而从RGB转为CMYK颜色将损失较多，视觉大部分都可以明显分辨出来。因此，习惯上也有CMYK转RGB时颜色无损的说法，其实这种说法的真正所指是：宁可CMYK转RGB，不可RGB转CMYK。

明白了以上道理，对如何选择图像的色彩模式就有了一个概念了：

①如果图像只在电脑上显示，就用RGB模式，这样可以得到较广的色域。

②如果图像需要打印或者印刷，就必须使用CMYK模式，才可确保印刷品颜色与设计时一致。

从此之后，每当我们要开始新图像制作的时候，首先就要确定好色彩模式。

目前我们偏重的是网页设计和制作，由于网页一般只是显示在屏幕上的，因此可以舒心地使用RGB模式。

那么，RGB模式的图像能否直接打印呢？

可以在Photoshop中直接把一幅RGB图像输出给打印机，系统会自动在中间转换色彩模式。但不建议这样做，因为前面提到过的色域问题，可能打印出来的图像和设计中的颜色有偏差。

5.8 颜色的选取

图 5.86

Photoshop中提供了3种选择任意色彩的方式：

第一种方法是使用颜色调板，按"F6"，拉动滑块确定颜色。Photoshop中颜色分为前景色和背景色，如图5.86所示。位于左上的色块代表前景色，位于其右下方的色块代表背景色。通过单击可以在两者间切换选取颜色。

注意有时候会出现一个感叹号标志，这是在警告该颜色不在CMYK色域，单击右边的色块就可切换到离目前颜色最接近的CMYK可打印色。

滑块分为灰度、RGB、HSB、CMYK、Lab、Web颜色，可单击调板右上角的右三角号从弹出菜单中切换，其中一些模式将在以后介绍，如图5.87、图5.88、图5.89、图5.90、图5.91和图5.92所示。

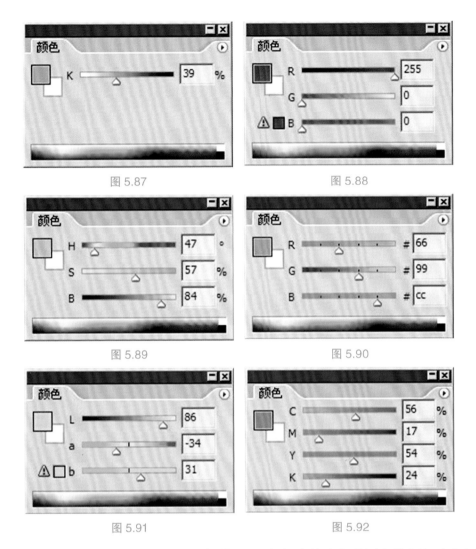

图 5.87

图 5.88

图 5.89

图 5.90

图 5.91

图 5.92

第二种方法是使用滑块下方的色谱图，用鼠标直接在色谱图中单击即可选中颜色。也可以按住鼠标在色谱中拖动，松手确定颜色。选中颜色的同时，上方的滑块会跟着变换读数。色谱最右方是一个纯白和纯黑区域。色谱分为RGB，CMYK，灰度，如图5.93、图5.94和图5.95所示。可以明显感觉到RGB色谱比CMYK明亮。

图 5.93　　　　　　　　图 5.94　　　　　　　　图 5.95

色谱中还有一种"当前颜色"，是指从已选颜色到纯白的过渡，效果类似灰度。一般用于制作印刷图像时选取淡印色。

第三种方法是使用Photoshop的拾色器，方法是单击工具栏上的前景色或背景色色块（单击颜色调板上的也可），如图5.96所示，就会出现拾色器，如图5.97所示。其中感叹号标志的作用和小色块的用法与前面颜色调板中相同。在"！"标志下方的小立方体标志、拾色器最底部的"只有Web颜色"和"#"后面的一组数字和字母，这将在以后介绍。

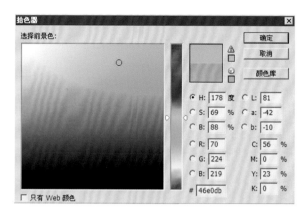

图 5.96 图 5.97

这个拾色器功能强大,使用方法也很多,图示的是最通常的用法。左边那个大方框是鼠标色彩选取区,使用鼠标像前面色谱中那样选色即可。也可以在右边直接填入数字。大框右边那一竖条是色谱,注意右边HSB方式的H目前被选择,那么现在这个色谱就是色相色谱,即:红色、橙色、黄色、绿色、青色、蓝色、紫色。

除了H, S, B, R, G, B, L, a, b都可以作为色谱的标准,但那些方式较为难懂,目前不必去深究。只要知道H色相方式就够了。比如,现在要选择一个深绿色,就先把色相移动到绿色那一段,然后在大框中移动鼠标到较深的区域即可完成。

纯白在大框最左上角,注意那个选色的小圈的心才是选中的颜色,因此要选择最左上角的那个点,小圈要移出大框四分之三才可以,如图5.98所示。注意RGB的数值,均为255说明就已经是纯白了。

色谱右上方有一个从中间一分为二的方框,里面是这次选择前后颜色的对比。比如下半部显示着刚才选中的青色。单击这个颜色就可以回到刚才的选择。同样,要在这里选取灰度必须在大框最左边的那一条竖线中,小圈只能看到一半,同时RGB值应相等,如图5.99所示。

图 5.98 图 5.99

除了使用Adobe的拾色器外,还可以通过改变预置选项切换到Windows拾色器。方法是使用菜单"编辑→预置→常规"或快捷键"Ctrl+K"打开预置,更改拾色器项目,如图5.100所示。相比Adobe拾色器,Windows拾色器较为粗糙,选色的精度也不高,如图5.101所示。因此在大多数情况下都使用Adobe拾色器来选取颜色。

Illustrator提供了与Photoshop相同的选取任意颜色的方式,可以由颜色调板直接拉动滑块,也可单击下方的色谱。颜色调板下方的滑块和色谱是一起变化的,当切

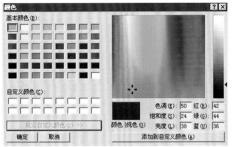

图 5.100　　　　　　　　　　　　　　　　图 5.101

换到RGB滑块的时候色谱也切换到RGB色谱。这点与Photoshop将两者分开来的做法不同。色谱的最左方那个带斜线的框代表无色方式,这种方式将在以后学习。另外,Illustrator的颜色分为填充色和边界色,这与Photoshop的分法和概念完全不同。这将在以后介绍。

需要强调的是,在Illustrator颜色调板中允许输入两位小数,这是Photoshop不具备的,因此Illustrator在取色精度上要高于Photoshop。图5.102分别为Illustrator不同方式的颜色调板。

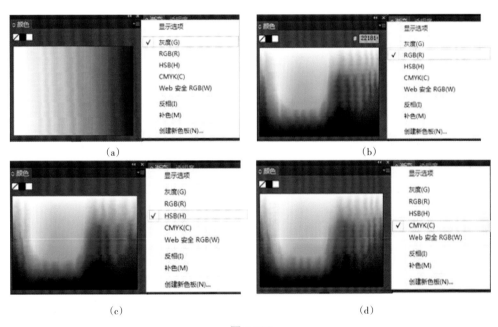

图 5.102

Illustrator的调板是可以多级折叠的,如果调板中没有出现数值滑杆的话,可以通过单击位于左上角的箭头标志来折叠或展开,如图5.103红色箭头处。

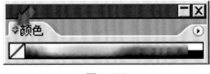

图 5.103

与Photoshop相同，Illustrator也提供了拾色器，也可以通过双击（Photoshop是单击）色块来启用拾色器，使用方法与Photoshop相似，如图5.104所示。

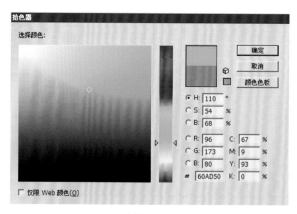

图 5.104

相对于刚才两个制作图像的软件，GoLive虽然是网页制作软件，但在颜色的选取上也大同小异，同样具有大型拾色器，其中还加入了Photoshop和Illustrator拾色器没有的色谱，如图5.105所示。

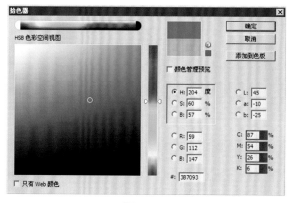

图 5.105

颜色调板的滑块分为：灰度，RGB，CMYK，HSB，HSV，如图5.106所示。考虑到制作网页的实际需要，在颜色调板最下方一排的位置中记录着先前用过的一些色彩，只需单击即可再次使用。得益于Photoshop的概念，GoLive的拾色方式非常容易上手甚至更加方便。这也使得Photoshop使用者可以较容易地掌握它。其中，最后一个HSV选取方式其实就是前面所学的大型拾色器的H取色方式，只不过这里小型化了，并且把色相色谱拼接成了环状。

以上3个软件还有很多的间接颜色选取功能，有的甚至比起直接选取来得更加重要。这将在以后的内容中逐渐介绍。

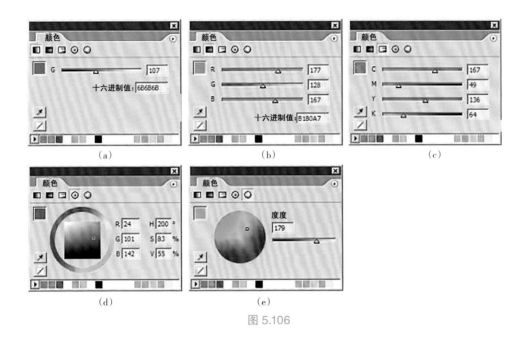

（a） （b） （c）

（d） （e）

图 5.106

5.9 图像的像素亮度 Q

通过色彩基础知识的学习可知，每个像素都有相应的亮度，这个亮度和色相是没有关系的，同样的亮度既可以是红色也可以是绿色，就如同黑白（灰度）电视机中的图像一样，单凭一个灰度并不能确定是红色还是绿色。因此，像素的亮度和色相是无关的。不能说绿色比红色亮，这是错误的说法。可以动手来做一下，使用矩形工具的第三种绘图方式，通过颜色调板（按"F6"）的HSB方式将S和B的数值固定，只变化H数值（注意S的数值不能是0%，B的数值不能是0%和100%，否则会得到同样的黑色、白色或灰度色），挑选3种颜色。然后新建一层，用这3种颜色在同一层中画3个矩形，如图5.107所示的上半部分。

接着将这个图层复制并移动到下方，然后使用去色命令"图像→调整→去色"或按"Ctrl+Shift+U"将图层转为灰度，调出信息调板（按"F8"）切换到RGB方式，将鼠标在3个灰度方块上移动，可以看到3个方块的颜色相同，如图5.107所示的下半部分。矩形的排列并不需要像图5.107中那么整齐，只要看得出区别就可以了。

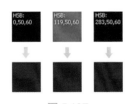

图 5.107

其实亮度就和灰度差不多，灰度的黑白就如同亮度的明暗，在"色相无关性"方面两者也是一致的，因此灰度也常被用来表示亮度。那么，将图像转为灰度，就可以看出图像中像素的亮度分布。比如上面使用过的去色命令，就可以将图像转为灰度。注意这句话："将图像转为灰度。"这其实是不严谨的，因为去色命令并不是针对所有图层有效。所以应该说"将图层转为灰度"。事实上色彩调整命令只能针对单个图层，即使有图层链接或图层组存在也是一样。

像素亮度如何而来呢？在RGB模式下，像素亮度公式为：

$$L=R×0.3+G×0.59+B×0.11$$

简称305911公式，从公式可以看出，像素亮度不同于LAB中的亮度，也不同于灰度中的灰度，也不同于HSB模式中的明度，而是一个独立的概念，只代表RGB模式中的亮度。

如果要将整个图像转为灰度，要更改色彩模式（"图像→模式→灰度"）才能做到。更改色彩模式的时候会提示是否合并图层。注意，"图像→模式→灰度"与去色命令的算法不同。如果对上图的3个彩色矩形使用"图像→模式→灰度"的话，将得到不同灰度的3个矩形。在这里先以去色命令的效果，以及色相/饱和度（按"Ctrl+U"）中将饱和度降至最低的效果作为灰度标准。下面以图5.108为例转换灰度色彩模式。因为只有一个图层，所以使用去色命令即可改变全图。

图像的高光/中间调/暗调：由于灰度等同于亮度，因此图5.108右边的灰度图像实际就代表了图像中的像素亮度。Photoshop将图像的亮度大致地分为三级：暗调、中间调、高光。这是Photoshop很重要的一个理念。画面中较黑的部位属于暗调，较白的部位属于高光，其余的过渡部分属于中间调。

图 5.108

像素的亮度值为0~255，靠近255的像素亮度较高，靠近0的亮度较低，其余部分就属于中间调。这种亮度的区分是一种绝对区分，即255附近的像素是高光，0附近的像素是暗调，中间调在128左右。

5.10 古典暖色调

本Photoshop教程介绍古典暖色照片调节色调方法。本节以通道混合器调节色调为主，虽然很少用到，但操作还是非常快捷的。色彩调好后还需要用滤镜等加上一些简单的杂色，增强照片的古典韵味。

原图如图5.109所示。

最终效果如图5.110所示。

图 5.109 图 5.110

①打开原图素材，创建通道混合器调整图层，对红、蓝进行调整，参数及效果如图5.111所示。

图 5.111

②创建色彩平衡调整图层，对中间调进行调整，参数设置如图5.112所示。确定后把图层混合模式改为"正片叠底"。

图 5.112

③创建曲线调整图层，对RGB进行调整，参数及效果如图5.113所示。

图 5.113

④创建可选颜色调整图层，在相对模式下对红、黄进行调整，参数及效果如图5.114所示。

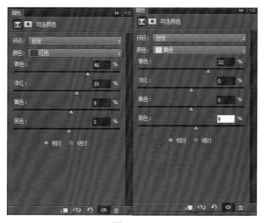

图 5.114

⑤创建可选颜色调整图层，在绝对模式下对红、黄进行调整，参数及效果如图5.115所示。

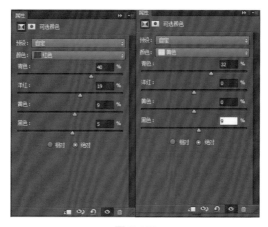

图 5.115

⑥创建渐变映射调整图层，颜色设置如图5.116左上。确定后把图层混合模式改为"正片叠底"，不透明度改为80%。

图 5.116

⑦创建通道混合器调整图层，对红、绿、蓝进行调整，参数设置如图5.117所示。确定后把图层混合模式改为"滤色"。

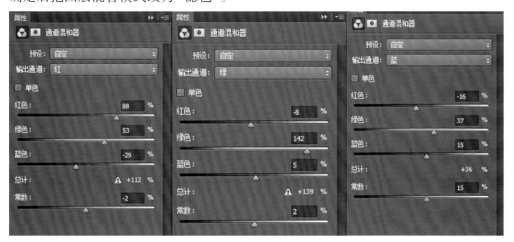

图 5.117

⑧创建通道混合器调整图层，对滤镜进行调整，参数设置如图5.118所示。

图 5.118

⑨新建一个图层，按"Ctrl + Alt + Shift + E"盖印图层。执行：滤镜→艺术效果→胶片颗粒，参数设置如图5.119所示。

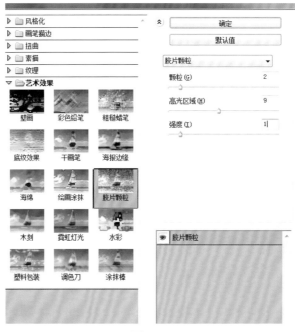

图 5.119

⑩执行：滤镜→锐化→智能锐化，参数设置如图5.120所示。

图 5.120

⑪最终效果如图5.121所示。

图 5.121

5.11 超酷褐色调

本Photoshop教程主要分为两部分来制作：人物质感部分的处理，需要用滤镜及图层叠加来完成；调出质感后再整体润色即可。

原图如图5.122所示。

图 5.122

最终效果如图5.123所示。

图 5.123

①打开原图素材，把背景图层复制一层，得到背景副本图层。执行：图像→应用图像，参数及效果如图5.124和图5.125所示。这一操作目的是提高亮部。

图 5.124

图 5.125

②复制背景副本两次，生成背景副本2和背景副本3。对背景副本2执行：滤镜→其他→高反差保留，并修改图层样式和不透明度，如图5.126所示。

添加图层蒙版，选择黑色柔角画笔并设置适当不透明度，擦除人物皮肤部分，如图5.127所示。

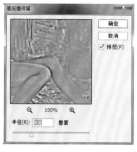

图 5.126

图 5.127

对背景副本3执行：滤镜→其他→高反差保留，设置参数，如图5.128所示。

添加图层蒙版，选择黑色柔角画笔并设置适当不透明度，擦除人物皮肤部分，如图5.129所示。

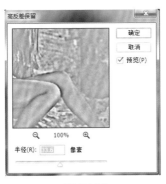

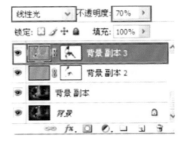

图 5.128　　　　　　　　　　　　　图 5.129

③新建一个图层，得到图层1，按"Ctrl + Alt + Shift + E"盖印图层。创建通道混合器调整图层，勾选"单色"，红色70%，绿色30%，蓝色0%。确定后把图层混合模式改为"叠加"，不透明度改为71%，加上图层蒙版，用黑色画笔把人物部分擦出来，如图5.130和图5.131所示。

图 5.130　　　　　　　　　　　　　图 5.131

④创建色相/饱和度调整图层，适当降低全图饱和度，参数及效果如图5.132和图5.133所示。

图 5.132　　　　　　　　　　　　　图 5.133

⑤创建通道混合器调整图层，分别对红、蓝进行调整，参数设置如图5.134所示。确定后把图层不透明度改为90%，如图5.135所示。

（a） （b）

图 5.134

图 5.135

⑥新建一个图层，盖印图层。生成图层2，并复制生成图层2副本，将图层2副本图层样式改为"亮度"，执行：滤镜→锐化→USM锐化，选择黑色柔角画笔和适当的不透明度，擦除人物部分。新建一个图层，盖印图层，生成图层3，选择仿制图章工具，修复照片不需要的文字，再添加需要的文字即可，如图5.136所示。

最终效果如图5.137所示。

图 5.136 图 5.137

5.12 优雅暖色调

本Photoshop教程虽然是用曲线来调节色调，但本节选用通道选区来控制调节色调的范围。需要把不同通道的高光或暗调选区部分选取出来，再用曲线来调整，调出的颜色会更加精准。

原图如图5.138所示。

最终效果如图5.139所示。

图 5.138

图 5.139

①使用PS打开原图,先把原图调清晰点,转入通道面板,载入RGB选区(Crtl+鼠标左键RGB层),得到选区后回到图层面板,执行"选择→反选",然后建立曲线调整层。参数如图5.140所示。黑线为RGB下调整,红线为红通道下,绿线为绿通道下,蓝线为蓝通道下。

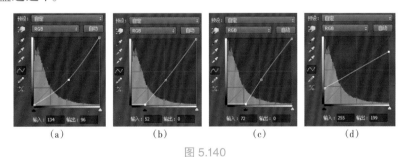

图 5.140

②处理完第一步之后,去掉选区再次转入通道面板,载入RGB选区(Crtl+鼠标左键RGB层),得到选区后回到图层面板,执行"选择→反选",然后建立曲线调整层。参数如图5.141所示。黑线为RGB下调整,红线为红通道下,绿线为绿通道下,蓝线为蓝通道下。

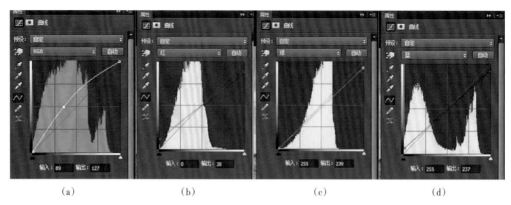

(a)　　　　　　　(b)　　　　　　　(c)　　　　　　　(d)

图 5.141

③再次转入通道面板，载入红通道（Crtl+鼠标左键红通道层），得到选区后回到图层面板，执行"选择→反选"，然后建立曲线调整层，参数如图5.142所示。黑线为RGB下调整，红线为红通道下，绿线为绿通道下，蓝线为蓝通道下。

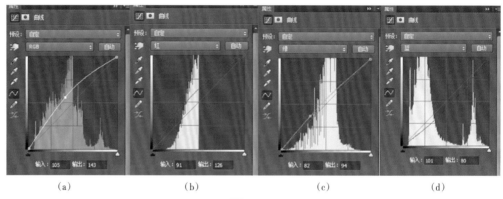

(a)　　　　　　　(b)　　　　　　　(c)　　　　　　　(d)

图 5.142

④再次进入通道，但是这次选择绿通道来载入选区，反选后建立曲线调整，如图5.143所示。

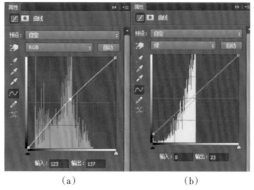

(a)　　　　　　　　(b)

图 5.143

⑤最后进入通道，选择蓝通道载入选区，反选后建立曲线调整，参数如图5.144所示。

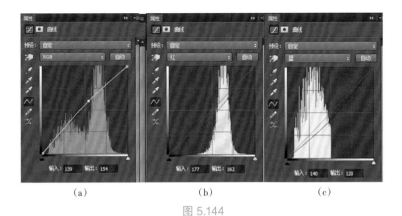

<table>
<tr><td>(a)</td><td>(b)</td><td>(c)</td></tr>
</table>

图 5.144

⑥盖印图层得到图层1，执行"滤镜→纹理→颗粒"，稍微加一些颗粒即可，参数自定，效果如图5.145所示。

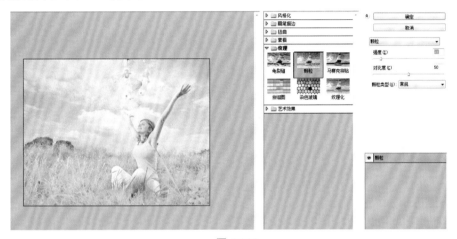

图 5.145

⑦再次盖印图层得到图层2，执行"滤镜→模糊→动感模糊"，参数小一些，然后把图层模式改为柔光，完成效果图，如图5.146所示。

图 5.146

5.13 柔美暖色调 🔍

图片调色并不是过程越复杂越好，而是对颜色的把握。构思好想要的颜色后，可以用调色工具精确、快速调出想要的效果，高光及暗部可以根据需要渲染。

原图如图5.147所示。

最终效果如图5.148所示。

图 5.147　　　　　　　　　　　　　　图 5.148

①这张照片是以RAW格式拍摄的，在转换格式的时候，提高了色彩细节的饱和度，JPG调整的步骤如下：创建可选颜色调整图层，对黄、绿进行调整，参数设置如图5.149和图5.150所示。

图 5.149

图 5.150

②用曲线工具分别调整红、绿、蓝通道，协调整体的色调。最后微调一下颜色，完成最终效果，如图5.151所示。

图 5.151

5.14 梦幻冷色调 🔍

室内人像一般都会缺少质感，调色之前需要进行简单的磨皮，并把肤色的质感刻画出来。尤其背景较暗的图片，肤色质感刻画好，人物会干净漂亮很多。至于主色可以根据背景及人物衣服颜色进行搭配。

原图如图5.152所示。

最终效果如图5.153所示。

图 5.152 图 5.153

①打开素材图片，拷贝背景图层，图层模式为滤色，不透明度为75%，目的是提亮人像，如图5.154所示。

②创建灰色图层，图层模式为颜色，不透明度为25%，其目的是降低图像纯度，效果如图5.155所示。

图 5.154 图 5.155

③建立"可选颜色"调节层，对红色、黄色进行调节，其目的是使肤色通透，如图5.156和图5.157所示。

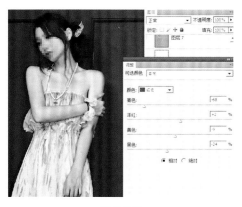

图 5.156　　　　　　　　　　　　　图 5.157

④从图层4到图层7，主要为人像修型，如图5.158所示。

⑤将修型图层进行编组，按"Ctrl+G"，如图5.159所示，注意图层11、图层12可以不做，所以这里忽略。

图 5.158　　　　　　　　　　　　　图 5.159

⑥选背景图层，提取高光选区后反选拷贝得到图层13，移至最上面层，模式为滤色，不透明度为11%，其目的是提亮暗的区域，如图5.160所示。

⑦建立"可选颜色"调节层，对黑色调节，其目的是将画面暗调进行变色处理，如图5.161所示。

图 5.160　　　　　　　　　　　　　图 5.161

⑧创建"曲线"调节层,对红、绿、蓝通道分别调节,其目的是改变色彩,如图 5.162、图5.163和图5.164所示。

⑨创建组命令为光,里面为两个图层,一个图层用白色画笔在右上角喷涂即可;另一个图层为黑色填充,滤色模式,执行光晕效果,如图5.165所示。

图 5.162   图 5.163

图 5.164   图 5.165

⑩创建红色图层,图层模式为滤色,不透明度为5%,其目的是让画面略偏红,如图5.166所示。

⑪盖印图层,得到图层22,图层模式为滤色,不透明度为48%,如图5.167所示。

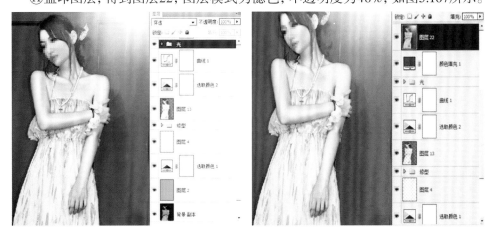

图 5.166   图 5.167

⑫打开天空图片,拖移过来,图层模式为柔光,目的是与原图混合在一起,如图5.168和图5.169所示。

图 5.168

图 5.169

⑬建立"曲线"调节层,压暗RGB通道,使用黑色画笔涂抹图像中间,其目的是压暗图像四周,使人物突出,如图5.170所示。

⑭创建"可选颜色"调节层,调节图片,最终效果如图5.171所示。

图 5.170

图 5.171

课后练习

操作题1

冷色唯美蓝色调

冷色图片看上去简单,处理起来还是挺复杂的。首先需要对图片的局部进行美化,修复图片的不足之处。然后再整体润色,色调不能太生硬了,以柔和、梦幻为佳。最后还需要装饰一些冬天的元素,如雪花等。

原图如图5.172所示。

最终效果如图5.173所示。

图 5.172　　　　　　　　　　　图 5.173

重点提示:

打开原图素材,分析图片需要美化的部分:人物皮肤部分不够干净,曝光度不够,色彩略显平淡,气氛不够。

①首先磨皮,简单修复一下光照效果。

②用套索工具选取色彩突出的部分,用色彩平衡将图层调成统一的颜色。

③同样的方法,用色彩平衡调整左手的色温,打造和面部肤色基本统一的效果。

④局部调整好后再来整体调色,创建色彩平衡调整图层。

⑤创建曲线调整图层,整体调亮一点。

⑥用选区选取衣服部分,适当羽化后调整色阶。

⑦用套索选取人物脸部选区,羽化后用曲线调亮。

⑧创建纯色调整图层,颜色设置为#ffcc00,确定后把图层混合模式改为"正片叠底"。

⑨创建纯色调整图层,颜色设置为#49213d,确定后把混合模式改为"滤色"。

⑩创建色彩平衡调整图层。

⑪创建纯色调整图层,颜色设置为暗蓝色#1d1c50,确定后把图层混合模式改为"排除",不透明度改为15%。

⑫创建色彩平衡调整图层,对中间调、阴影、高光进行调整。

⑬创建可选颜色调整图层,对黑色进行调整。

⑭创建曲线调整图层。

⑮最后加上文字和其他装饰,完成最终效果。

操作题2

梦幻唯美紫色调

本Photoshop教程的调节色调方法非常独特，基本上不需要什么调节色调工具，只需要把照片反相，然后再适当调整图层混合模式，即可得到紫色的效果。方法非常快捷。

原图如图5.174所示。

最终效果如图5.175所示。

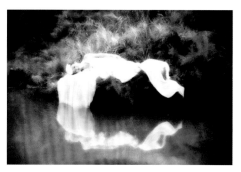

图 5.174   图 5.175

重点提示：

①打开原图素材。

②创建反相调整图层，确定后再创建反相调整图层。把第二个反相调整图层混合模式改为"明度"。

③新建一个图层，按"Ctrl + Alt + Shift + E"盖印图层。将刚才创建的两个反相调整图层删除，回到盖印图层，加上图层蒙版，用黑色画笔把人物脸部及肤色部分擦除。

④新建一个图层，盖印图层。执行："滤镜→模糊→高斯模糊"，数值自定。确定后把图层混合模式改为"柔光"，加上图层蒙版，用黑色画笔把人物皮肤部分擦出来。

⑤用曲线调一下柔光层的发差，提高色彩饱和度，完成最终效果。

最终效果如图5.176所示。

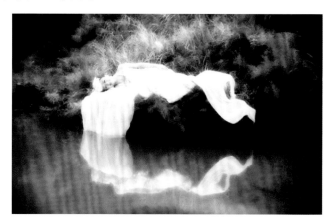

图 5.176

操作题3

耀眼金色质感色调

制作得好的金色图片往往需要暗色背景的配合。因为暗色背景可以非常清晰地表现出金色效果所特有的光泽和质感，显得更为华丽，如图5.177和图5.178所示。

图 5.177　原图　　　　　　图 5.178　最终效果图

重点提示：

①先在PS中打开原图，用"曲线"分别调整不同的通道照片。使原本暗红发灰的照片变得亮丽、通透（分别调整RGB红、绿、蓝3个通道），调整后合并图层。

②选择"图像→调整→可选颜色"分别调整红、黄、白、中性色、黑色，让画面整体色调成金黄色。

③选择"图像→调整→色相饱和度"，让整体色调暗一点，拉开画面层次对比，将黄色调成艳而不暗的色调。根据画面情况用"曲线"或"色阶"调整画面色彩明暗度，然后合并图层。

④复制图层，选择"图像→应用图像"，调整里面的参数，让人物肤色有对比强烈的质感。

⑤选择"图像→调整→照片滤镜"让面部肤色出现金黄色调。颜色填充黄色，浓度为40%。再通过"图像→调整→亮度/对比度"使画面出现高光和暗部。

⑥建立图层，选择"滤镜→锐化→USM锐化"让皮肤有强烈的金黄色质感，使画面出现空间感。

⑦打开"滤镜→水倒影插件"使镜子里面的人物像在水里的倒影一样，做出水波的倒影效果。

⑧然后再打开水滴素材添加在画面的右下角，让画面更加生动，给观者一些联想的空间。

⑨最后合并所有图层，调整色彩和细节修饰完成效果图。

第6章 Photoshop图层样式教程

6.1 添加图层样式

在本节中将了解Photoshop图层样式的添加，教程详细讲解了图层样式的添加方法，对PS初学者了解PS的图层样式有很大帮助。

图层样式是Photoshop中制作图片效果的重要手段之一，图层样式可以运用于一幅图片中除背景层以外的任意一个层。如果要对背景层使用图层样式，可以在背景层上双击鼠标并为其另外命名。

可以使用多种方式为层添加图层样式：

①首先选中图层，然后单击图层面板下方的"样式"按钮，选择需要添加的样式。

②在图层面板中双击图层图片，打开"图层样式"对话框，在"图层样式"设置对话框中可以通过勾选样式前的复选框添加或者清除样式。

③如果要重复使用一个已经设置好的样式，可以在图层面板中拖动这个样式的图标，然后将其释放到其他的层上。

用菜单"图层→图层样式→复制/粘贴样式"可以实现同样的效果，不过后面这种方法只能用于拷贝一个图层的所有样式，而不能用来拷贝某一个样式。如果只需要复制一个样式应该使用拖动的方式。如果要通过拖动拷贝所有的图层样式，可以拖动图层右侧的"样式"图片来实现。

同样，要删除样式可以将其直接拖放到图层面板下边的垃圾桶图标上。

④将样式面板中Photoshop预定义的样式直接拖动到图层面板中的图层上。

图层面板左侧的"眼睛"图标是用来设置样式为可见或者不可见的，如果设置为"不可见"，样式的效果将不会显示在图片中，但是可以随时使其重新显示出来。

6.2 外发光 🔍

在本节中将了解Photoshop图层样式中的外发光选项，教程讲解了外发光的各个选项的设置和效果，对PS初学者了解PS的图层样式有一定帮助。

添加了"外侧发光"效果的图层好像下面多出了一个图层，这个假想图层的填充范围比上面的略大，设混合模式为"屏幕"（Screen），默认透明度为75%，从而产生图层的外侧边缘"发光"的效果。

由于默认混合模式是"屏幕"，因此，如果背景层被设置为白色，那么不论如何调整外侧发光的设置，效果都无法显示出来。要想在白色背景上看到外侧发光效果，必须将混合模式设置为"屏幕"以外的其他值，如图6.1所示。

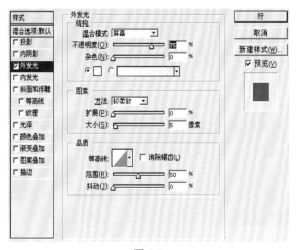

图 6.1

外侧发光可以设置的参数包括结构、混合模式（Blend Mode）、不透明度（Opactity）、杂色（Noise）、渐变和颜色（Gradient or Color）、图案、方法（Technique）、扩展（Spread）、大小（Size）、品质、等高线（Contour）、范围（Range）和抖动（Ditter）。

1）混合模式

默认的混合模式是"屏幕"，前文所述，外侧发光层如同在图层的下面多出了一个图层，因此这里设置的混合模式将影响这个虚拟的图层和再下面的图层之间的混合关系，如图6.2所示。

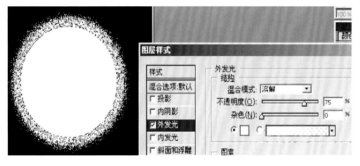

图 6.2

2）不透明度

光芒一般不会是不透明的，因此这个选项要设置小于100%的值。光线越强（越刺眼），应当将其不透明度设置得越大。

3）杂色

杂色用来为光芒部分添加随机的透明点。杂色的效果和将混合模式设置为"溶解"产生的效果有些类似，但是"溶解"不能微调，因此要制作细致的效果还是要使用"杂色"，如图6.3所示。

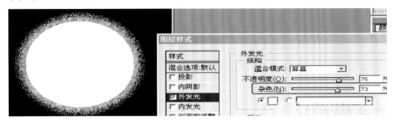

图 6.3

4）渐变和颜色

外侧发光的颜色设置稍微有一点特别，可以通过单选框选择"单色"或者"渐变色"。即便选择"单色"，光芒的效果也是渐变的，不过是渐变至透明而已。如果选择"渐变色"，你可以对渐变进行随意设置，如图6.4所示。

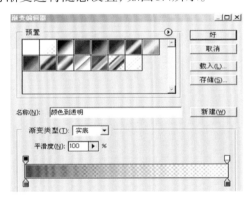

图 6.4

5）方法

方法的设置值有两个，分别是"柔和"与"精确"，一般用"柔和"就足够了，"精确"可以用于一些发光较强的对象，或者棱角分明、反光效果比较明显的对象。下面是两种效果的对比图，前一种使用了"柔和"，后一种使用了"精确"，如图6.5所示。

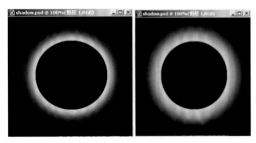

图 6.5

6）扩展

"扩展"用于设置光芒中有颜色的区域和完全透明的区域之间的渐变速度。它的设置效果和颜色中的渐变设置以及下面的大小设置都有直接的关系，3个选项是相辅相成的。比如下面的例子中，前一幅的扩展为0，因此光芒的渐变是和颜色设置中的渐变同步的，而第二幅的扩展设置为40%，光芒的渐变速度要比颜色设置中的快。

7）大小

设置光芒的延伸范围，不过其最终的效果和颜色渐变的设置是相关的。

8）等高线

等高线的使用方法和前面介绍的一样，不过效果还是有一些区别的，如图6.6和图6.7所示。

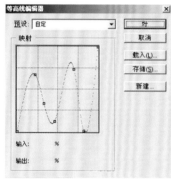 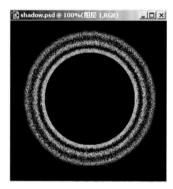

图 6.6　　　　　　　　　　　　　　　　图 6.7

9）范围

"范围"选项用来设置等高线对光芒的作用范围，也就是说对等高线进行"缩放"，截取其中的一部分作用于光芒上。调整"范围"和重新设置一个新等高线的作用是一样的，不过，当我们需要特别陡峭或者特别平缓的等高线时，使用"范围"对等高线进行调整可以更加精确。

10）抖动

"抖动"用来为光芒添加随意的颜色点，为了使"抖动"的效果能够显示出来，光芒至少应该有两种颜色。比如，首先将颜色设置为黄色、蓝色渐变，然后加大"抖动"值，这时就可以看到光芒的蓝色部分中出现了黄色的点，黄色部分中出现了蓝色的点，如图6.8所示。

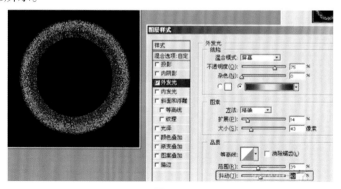

图 6.8

6.3 混合选项 Q

在本节中将了解Photoshop图层样式中的混合选项，教程详细讲解了设置和效果，对PS初学者了解PS的图层样式有很大帮助。

图层样式是Photoshop中制作图片效果的重要手段之一，图层样式可以运用于一幅图片中除背景层以外的任意一个图层。本节主要介绍图层样式中的混合选项（Blending Options）的设置和效果，如图6.9所示。

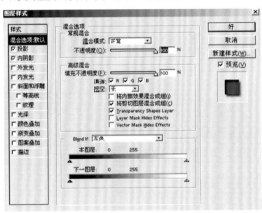

图 6.9

图层样式对话框左侧列出的选项最上方就是"混合选项：默认"，如果你修改了右侧的选项，其标题将会变成"混合选项：自定义"。右侧的选项包括：

1）不透明度

这个选项的作用和图层面板中的一样。在这里修改不透明度的值，图层面板中的设置也会有相应的变化。这个选项会影响整个图层的内容。

2）填充不透明度

这个选项只会影响图层本身的内容，不会影响图层的样式。因此，调节这个选项可以将图层调整为透明的，同时保留图层样式的效果。在填充不透明度的调整滑杆下面有3个复选框，用来设置填充不透明度所影响的色彩通道。

3）只混合

这是一个相当复杂的选项，通过调整这个滑动条可以让混合效果只作用于图片中的某个特定区域，可以对每一个颜色通道进行不同的设置，如果要同时对3个通道进行设置，应当选择"Gray"。"只混合"功能可以用来进行高级颜色调整。

在"本图层"（This Bar）上有两个滑块，比左侧滑块更暗或者比右侧滑块更亮的像素将不会显示出来。在"下一图层"（Underlying Layer）上也有两个滑块，但是作用和上面的恰恰相反，图片上在左边滑块左侧的部分将不会被混合，相应的，亮度高于右侧滑块设定值的部分也不会被混合。如果当前层的图片和下面的图层内容相同，进行这些调整可能不会有效果，不过有时候也会出现一些奇怪的效果。

下面通过一个实例介绍"只混合"的使用方法。调整前的效果如图6.10所示。

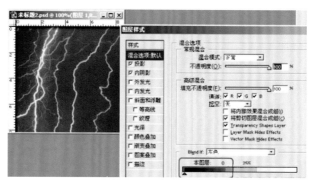

图 6.10

调整后的效果图, 图片中颜色较深的部分(红色部分)变成了透明的, 而中间闪电的颜色较浅(白色)仍然保留, 如图6.11所示。

图 6.11

图片花了, 留下的部分周围出现了明显的锯齿和色块, 可能会感到这个功能用处不会太大, 其实它的强大功力还远没有发挥出来。假设想要将这个闪电的背景颜色换成黑色, 只需要对"只混合"进行调整就可以实现。首先在这个图层的下面建立一个用黑色填充的图层, 然后选中"闪电"层, 打开图层样式对话框, 首先拖动"只混合"下"本图层"左边的滑块, 使背景显露出来, 但是现在效果还不是很好, 如图6.12所示。

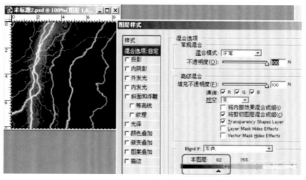

图 6.12

为了使混合区域和非混合区域之间平稳过渡, 可以将滑动块分成两个独立的小滑块进行操作, 方法是按住"Alt"键拖动滑块, 如图6.13所示。

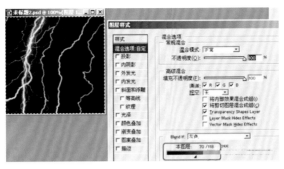

图 6.13

现在闪电周围的锯齿少了很多，继续进行调整可以获得更佳的效果。

4）挖空

挖空方式有3种：深、浅和无，用来设置当前层在下面的层上"打孔"，并显示下面图层内容的方式。如果没有背景层，当前层就会在透明层上打孔。

要想看到"挖空"效果，必须将当前层的填充不透明度（而不是普通图层不透明度）设置为0或者小于100%来使其效果显示出来，如图6.14所示。

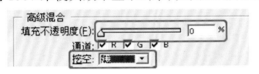

图 6.14

如果对不是图层组成员的图层设置"挖空"，这个效果将会一直穿透到背景层，也就是说当前层中的内容所占据的部分将全部或者部分显示背景层的内容（按照填充不透明度的设置不同而不同）。在这种情况下，将"挖空"设置为"浅"或者"深"是没有区别的。但是如果当前层是某个图层组的成员，那么"挖空"设置为"深"或者"浅"就有了区别。如果设置为"浅"，打孔效果将只能进行到图层组下面的一个图层，如果设置为"深"，打孔效果将一直深入背景层。下面通过一个例子来说明。

这幅图片由5个图层组成，背景层为黑色，背景层上面是图层4（灰色），再上面是图层3、2、1（颜色分别是蓝、绿和红），最上面的3个图层组成了一个图层组，如图6.15所示。

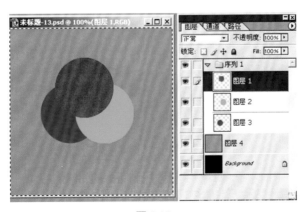

图 6.15

现在选择"图层1",打开图层样式对话框,设置"挖空"为"浅"并将"填充不透明度"设置为0,可以得到图6.16的效果。

图 6.16

可以看到,图层1中红色圆所占据的区域打了一个"孔",并深入"图层4"上方,从而使"图层4"的灰色显示出来。由于填充不透明度被设置为0,图层1的颜色完全没有保留。如果将填充不透明度设置为大于0的值,会有略微不同的效果。

如果再将"挖空"方式设置为"深",将得到图6.17的效果。

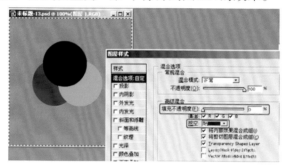

图 6.17

现在红色圆占据的部分"击穿"了图层4,深入到背景层的上方从而使背景的黑色显示了出来。

5)混合剪切图层

选中这个选项可以将构成一个剪切组的图层中最下面的那个图层的混合模式样式应用于这个组中的所有的图层。如果不选中这个选项,组中所有的图层都将使用自己的混合模式。

为了演示这个效果,首先在上面的那个例子中将图层1和图层2转换成图层3的剪切图层(方法是按住"Alt"键单击图层之间的横线),如图6.18所示。

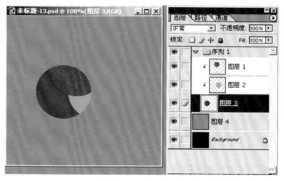

图 6.18

接下来双击图层3打开其图层样式对话框，选中"混合剪切图层"选项，然后减小"填充不透明度"，可以得到图6.19的效果（注意其中的红色区域和绿色区域分别是图层1和图层2的内容，它们也受到了影响）。

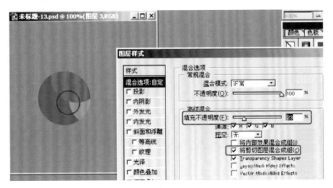

图 6.19

如果不选中"混合剪切图层"选项，调整"填充不透明度"会得到图6.20的效果（注意图层1和图层2的内容没有受到影响）。

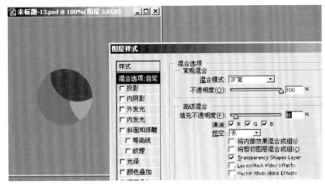

图 6.20

6）混合图层内部效果

这个选项用来使混合模式影响所有落入这个图层的非透明区域的效果，比如内侧发光、内侧阴影、光泽效果等都将落入图层的内容中，因而会受到其影响。但是其他在图层外侧的效果（比如投影效果）由于没有落入图层的内容中，因此不会受到影响。例如，首先为图层1添加一个"光泽"效果，如图6.21所示。

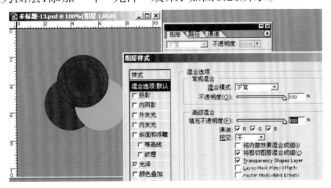

图 6.21

然后到混合选项中调整"填充不透明度",首先选中"将内部效果混合成组",然后将"填充不透明度"设置为0,得到的效果如图6.22所示(红色部分完全消失了)。

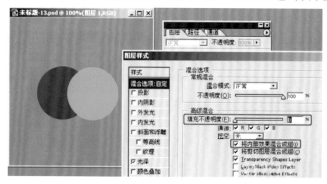

图 6.22

如果不选中"将内部效果混合成组",效果如图6.23所示(虽然红色部分消失了,但是"光泽"效果仍然保留了下来)。

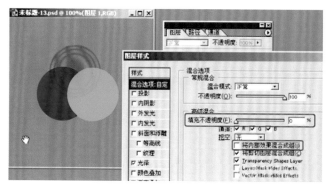

图 6.23

6.4 内发光

在本节中将了解Photoshop图层样式中的内发光选项,教程讲解了内发光的各个选项的设置和效果,对PS初学者了解PS的图层样式有一定帮助。

添加了"内侧发光"样式的图层上方会多出一个"虚拟"的图层,这个图层由半透明的颜色填充,沿着下面图层的边缘分布。

内侧发光效果在现实中并不多见,可以将其想象为一个内侧边缘安装有照明设备的隧道的截面,也可以理解为一个玻璃棒的横断面,这个玻璃棒外围有一圈光源。内侧发光可以选择的参数包括:混合模式、不透明度、杂色、颜色、方法、源、阻塞、大小、等高线和抖动。

1)混合模式

发光或者其他高光效果一般都用混合模式"屏幕"来表现,内侧发光样式也不例外。

2）不透明度

不透明度是指"虚拟层"的不透明度，默认值是75%。这个值设置得越大，光线显得越强，反之光线显得越弱。

3）杂色

杂色用来为光线部分添加随机的透明点，设置值越大，透明点越多，可以用来制作雾气缭绕或者毛玻璃的效果。

4）颜色

颜色设置部分的默认值是从一种颜色渐变到透明，单击左侧的颜色框可以选择其他颜色。也可以单击右边的渐变色框选择其他的渐变色。

5）方法

方法的选择值有两个，"精确"和"较柔软"，"精确"可以使光线的穿透力更强一些，"较柔软"表现出的光线的穿透力则要弱一些。

6）源

"源"的可选值包括"居中"和"边缘"，"边缘"很好理解，就是说光源在对象的内侧表面，这也是内侧发光效果的默认值。如果选择"居中"，光源则似乎到了对象的中心，显然这和内侧发光就大异其趣了，不过可以将其理解为光源和介质的颜色调换了一下。

7）阻塞

"阻塞"的设置值和"大小"的设置值相互作用，用来影响"大小"的范围内光线的渐变速度，比如在"大小"设置值相同的情况下，调整"阻塞"的值可以形成不同的效果。

8）大小

"大小"设置光线的照射范围，它需要"阻塞"配合。如果阻塞值设置得非常小，即便将"大小"设置得很大，光线的效果也出不来，反之亦然。

9）等高线

等高线选项可以为光线部分制作出光环效果。

10）抖动

抖动可以在光线部分产生随机的色点，制作出"抖动"效果的前提是在颜色设置中必须选择一个具有多种颜色的渐变色。如果使用默认的由某种颜色到透明的渐变，不论怎样设置"抖动"都不能产生预期的效果。

6.5 投影

在本节中将了解Photoshop图层样式中的投影，教程详细讲解了投影的各个选项的作用以及设置，对PS初学者了解PS的图层样式有很大帮助。

添加投影（Dropshadow）效果后，图层的下方会出现一个轮廓和图层的内容相同的"影子"，这个影子有一定的偏移量，默认情况下会向右下角偏移。阴影的默认混合模式是正片叠底（Multiply），不透明度为75%。

投影效果的选项有：混合模式（Blend Mode）、颜色设置（Color）、不透明度（Opacity）、角度（Angle）、距离（Distance）、扩展（Spread）、大小（Size）、等高线（Contour）、杂色（Noise）和图层挖空阴影（Layer Knocks Out Drop Shadow）。

1）混合模式

由于阴影的颜色一般都是偏暗的，因此这个值通常被设置为"正片叠底"，不必修改。

2）颜色设置

单击混合模式的右侧颜色框可以对阴影的颜色进行设置。

3）不透明度

默认值是75%，通常这个值不需要调整。如果要阴影的颜色显得深一些，应当增大这个值，反之减少这个值。

4）角度

设置阴影的方向，如果要进行微调，可以使用右边的编辑框直接输入角度。在圆圈中，指针指向光源的方向，显然，相反的方向就是阴影出现的地方。

5）距离

距离是阴影和图层的内容之间的偏移量，这个值设置得越大，会让人感觉光源的角度越低，反之越高。就好比傍晚时太阳照射出的影子总是比中午时的长。

6）扩展

这个选项用来设置阴影的大小，其值越大，阴影的边缘显得越模糊，可以将其理解为光的散射程度比较高（比如白炽灯）；反之，其值越小，阴影的边缘越清晰，如同探照灯照射一样。注意：扩展的单位是百分比，具体的效果会和"大小"相关，"扩展"的设置值的影响范围仅仅在"大小"所限定的像素范围内，如果"大小"的值设置比较小，扩展的效果不会很明显。

7）大小

这个值可以反映光源距离图层内容的距离，其值越大，阴影越大，表明光源距离图层的表面越近；反之，阴影越小，表明光源距离图层的表面越远。

8）等高线

等高线用来对阴影部分进行进一步的设置，等高线的高处对应阴影上的暗圆环，低处对应阴影上的亮圆环，可以将其理解为"剖面图"。如果不好理解等高线的效果，可以将"图层挖空阴影"前的复选框清空，就可以看到等高线的效果了。

9）杂色

杂色对阴影部分添加随机的透明点。

10）图层挖空阴影

如果选中了这个选项，当图层的不透明度小于100%时，阴影部分仍然是不可见的，也就是说使透明效果对阴影失效。例如，将图层的不透明度设置为小于100%的值，按说下面的阴影也会显示出来一部分，但是当选中了"图层挖空阴影"，阴影将不会被显示出来。通常必须选中这个选项，道理很简单，如果物体是透明的，它怎么会留下阴影呢？

6.6 光泽 🔍

在本文中将了解Photoshop图层样式中的光泽选项，光泽（Satin）的选项虽然不多，但是很难准确把握，微小的设置差别会导致截然不同的效果，教程讲解了光泽的各个选项的设置和效果，对PS初学者了解PS的图层样式有很大帮助。

光泽有时也译作"绸缎"，用来在图层的上方添加一个波浪形（或者绸缎）效果。可以将光泽效果理解为光线照射下的反光度比较高的波浪形表面（比如水面）显示出来的效果。

为了说明清楚，将以矩形图层的光泽效果为例对主要选项进行说明。光泽效果的选项包括混合模式（Blend Mode）、颜色、不透明度（Opacity）、角度（Angle）、距离、大小和等高线（Contour）。

1）混合模式

默认的设置值是"正片叠底"（Multiply）。

2）颜色

修改光泽的颜色，由于默认的混合模式为"正片叠底"，修改颜色产生的效果一般不会很明显。不过如果将混合模式改为"普通"后，颜色的效果就很明显了。

3）不透明度

设置值越大，光泽越明显；反之，光泽越暗淡。

4）角度

设置照射波浪形表面的光源方向。

5）距离

设置两组光环之间的距离（注意：光泽样式中的光环显示出来的部分都是不完整的，比如矩形的光环只有一个角），尝试分别设置3个值，观察光环逐步靠近的效果。

6）大小

大小用来设置每组光环的宽度，如大小设置值较小或较大等。

7）等高线

等高线用来设置光环的数量，比如设置这样的等高线（含两个波峰）时，得到的光环有两个，如图6.24所示。

如果将等高线调整为含有3个波峰，如图6.25所示，那么光环将相应地变成3个，如图6.26所示。

总的来说，光泽效果无非就是两组光环的交叠，但是由于光环的数量、距离以及交叠设置的灵活性非常大，制作的效果可以相当复杂，这也是光泽样式经常被用来制作绸缎或者水波效果的原因。

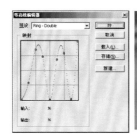
图 6.24

图 6.25

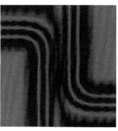
图 6.26

6.7 内阴影

在本节中将了解Photoshop图层样式中的内阴影，教程讲解了内阴影的各个选项的设置和效果，对PS初学者了解PS的图层样式有很大帮助。

添加了"内侧阴影"的图层上方好像多出了一个透明的图层（黑色），混合模式是正片叠底（Multiply），不透明度为75%，如图6.27所示。

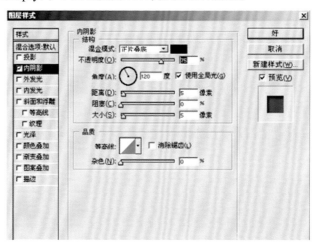
图 6.27

内侧阴影的很多选项和投影是一样的，这里只作简单的介绍。前面的投影效果可以理解为一个光源照射平面对象的效果，而"内侧阴影"则可以理解为光源照射球体的效果。

内侧阴影的选项包括混合模式（Blend Mode）、颜色设置、不透明度（Opacity）、角度（Angle）、距离（Distance）、阻塞（Choke）、大小（Size）和等高线（Contour）。

1）混合模式

默认设置是正片叠底（Multiply），通常不需要修改。

2）颜色设置

设置阴影的颜色如图6.28所示。

图 6.28

3）不透明度

默认值为75%，可根据自己的需要修改。

4）角度

调整内侧阴影的方向，也就是和光源相反的方向，圆圈中的指针指向阴影的方向，原理和"投影"是一样的，如图6.29所示。

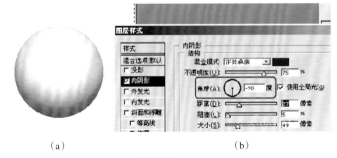

（a）   （b）

图 6.29

5）距离

用来设置阴影在对象内部的偏移距离，这个值越大，光源的偏离程度越大，偏移方向由角度决定（如果偏移程度太大，效果就会失真），如图6.30所示。

图 6.30

6）阻塞

设置阴影边缘的渐变程度，单位是百分比，和"投影"效果类似，这个值的设置也是和"大小"相关的，如果"大小"设置得较大，阻塞的效果就会比较明显。

7）大小

设置阴影的延伸范围，这个值越大，光源的散射程度越大，相应的阴影范围也会越大。

8）等高线

用来设置阴影内部的光环效果，可以自己编辑等高线。比如编辑图6.31的等高线。

可以得到的效果如图6.32所示。

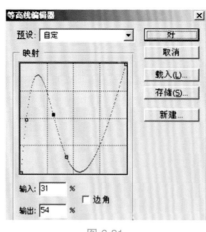

图 6.31   图 6.32

6.8 描边

描边样式很直观简单，就是沿着图层中非透明部分的边缘描边，这在实际应用中很常见，如图6.33所示。

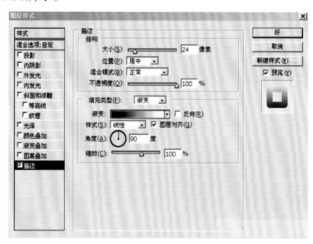

图 6.33

描边样式的主要选项包括大小（Size）、位置（Position）和填充类型（Fill Type）。

1）大小

该选项用来设置描边的宽度。

2）位置

设置描边的位置，可以使用的选项包括内部、外部和居中，注意看边和选区之间的关系。

3）填充类型

填充类型用来设定边的填充方式，有3种可供选择，分别是颜色、渐变和图案。

6.9 斜面和浮雕

在本节中将了解Photoshop图层样式中的斜面和浮雕选项。教程讲解了斜面和浮雕的各个选项的设置和效果，对PS初学者了解PS的图层样式有很大帮助。

斜面和浮雕（Bevel and Emboss）可以说是Photoshop图层样式中最复杂的，其中包括内斜面、外斜面、浮雕、枕形浮雕和描边浮雕，虽然每一项中包含的设置选项都是一样的，但是制作出来的效果却大相径庭，如图6.34所示。

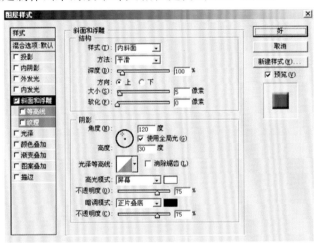

图 6.34

1）斜面和浮雕的类型

斜面和浮雕的样式包括内斜面、外斜面、浮雕、枕形浮雕和描边浮雕。虽然它们的选项都是一样的，但是制作出来的效果却大相径庭。

（1）内斜面

首先来看内斜面，添加了内斜面的图层好像同时多出一个高光层（在其上方）和一个投影层（在其下方），显然这就比前面介绍的那几种只增加一个虚拟层的样式要复杂了。投影层的混合模式为"正片叠底"（Multiply），高光层的混合模式为"屏幕"（Screen），两者的透明度都是75%。虽然这些默认设置和前面介绍的几种层样式都一样，但是两个层配合起来，效果就多了很多变化。

（2）外斜面

被赋予了外斜面样式的图层也会多出两个"虚拟"的层，一个在上，一个在下，分别是高光层和阴影层，混合模式分别是正片叠底（Multiply）和屏幕（Screen），这些和内斜面都是完全一样的，下面将不再赘述。

（3）浮雕

前面介绍的斜面效果添加的"虚拟"层都是一上一下的，而浮雕效果添加的两个"虚拟"图层则都在图层的上方，因此不需要调整背景颜色和图层的填充不透明度就可以同时看到高光层和阴影层。这两个"虚拟"图层的混合模式以及透明度仍然和斜面效果是一样的。

（4）枕形浮雕

枕形浮雕相当复杂，添加了枕形浮雕样式的层会一下子多出4个"虚拟"层，两个在上，两个在下。上下各含有一个高光层和一个阴影层。因此枕形浮雕是内斜面和外斜面的混合体。

2）调整参数

（1）样式（Style）

样式包括外斜面、内斜面、浮雕、枕形浮雕和描边浮雕。

（2）方式（Technique）

这个选项可以设置3个值，包括平滑（Soft）、雕刻柔和（Chisel Soft）和雕刻清晰（Chisel Hard）。其中"平滑"是默认值，选中这个值可以对斜角的边缘进行模糊，从而制作出边缘光滑的高台效果。

（3）深度（Depth）

"深度"必须和"大小"配合使用，"大小"一定的情况下，用"深度"可以调整高台的截面梯形斜边的光滑程度。比如在"大小"值一定的情况下，不同的"深度"值产生的效果不同。

（4）方向（Direction）

方向的设置值只有"上"和"下"两种，其效果和设置"角度"是一样的。在制作按钮的时候，"上"和"下"可以分别对应按钮的正常状态和按下状态，比使用角度进行设置更方便，也更准确。

（5）大小（Size）

大小用来设置高台的高度，必须和"深度"配合使用。

（6）柔化（Soften）

柔化一般用来对整个效果进行进一步的模糊，使对象的表面更加柔和，减少棱角感。

（7）角度（Angle）

这里的角度设置要复杂一些。圆当中不是一个指针，而是一个小小的十字，通过前面的效果可知，角度通常可以和光源联系起来，对于斜角和浮雕效果也是如此，而且作用更大。斜角和浮雕的角度调节不仅能够反映光源方位的变化，而且可以反映光源和对象所在平面所成的角度，具体来说就是那个小小的十字和圆心所成的角度以及光源和图层所成的角度（后者就是高度）。这些设置既可以在圆中拖动设置，也可以在旁边的编辑框中直接输入。

（8）使用全局光（Use Global Light）

"使用全局光"这个选项一般都应当选上，表示所有的样式都受同一个光源的照射，也就是说，调整一种图层样式（比如投影样式）的光照效果，其他图层样式的光照效果也会自动进行完全一样的调整。当然，如果需要制作多个光源照射的效果，可以清除这个选项。

（9）光泽等高线（Gloss Contour）

"斜角和浮雕"的光泽等高线效果不太好把握，比如设计了如图6.35的等高线。

得到的效果如图6.36所示。

到"角度"中去将"角度"和"高度"都设置为90°（将光源放到对象正上方去），就可以明白光泽等高线究竟是怎样作用于对象的了，如图6.37所示（效果和前面介绍的几种等高线其实是一样的）。

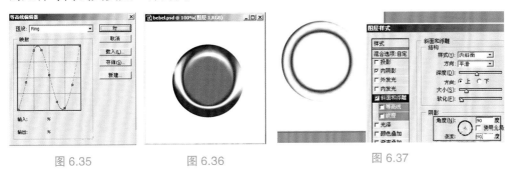

图 6.35　　　　　　　图 6.36　　　　　　　图 6.37

（10）高光模式和不透明度（Hightlight Mode and Opacity）

前面已经提到，"斜角和浮雕"效果可以分解为两个"虚拟"的层，分别是高光层和阴影层。这个选项就是调整高光层的颜色、混合模式和透明度的，如图6.38所示。

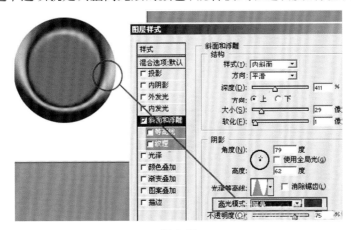

图 6.38

将对象的高光层设置为红色实际等于将光源颜色设置为红色，注意混合模式一般应当使用"屏幕"，因为这样才能反映出光源颜色和对象本身颜色的混合效果。

（11）阴影模式和不透明度（Shadow Mode and Opacity）

阴影模式的设置原理和上面是一样的，但是由于阴影层的默认混合模式是正片叠底（Multiply），有时候修改了颜色后看不出效果，因此将图层的填充不透明度设置为0。

3）等高线和纹理

（1）等高线

"斜面和浮雕"样式中的等高线容易让人混淆，除了在对话框右侧有"等高线"设置，在对话框左侧也有"等高线"设置。其实仔细比较一下就可以发现，对话框右侧的"等高线"是"光泽等高线"，这个等高线只会影响"虚拟"的高光层和阴影层。而对话框左侧的等高线则是用来为对象（图层）本身赋予条纹状效果。这两个"等高线"混合作用的时候经常会产生一些让人不太好琢磨的效果。

（2）纹理

纹理用来为图层添加材质，其设置比较简单。首先在下拉框中选择纹理，然后按纹理的应用方式进行设置。

常用的选项包括以下几个：

①缩放：对纹理贴图进行缩放。

②深度：修改纹理贴图的对比度。深度越大（对比度越大），图层表面的凹凸感越强；反之，凹凸感越弱。

③反向：将图层表面的凹凸部分对调。

④与图层连接：选中这个选项可以保证图层移动或者进行缩放操作时纹理随之移动和缩放。

6.10 三种叠加

在本节中将了解Photoshop图层样式中的三种叠加选项，教程讲解了颜色叠加、渐变叠加、图案叠加的各个选项的设置和效果，对PS初学者了解PS的图层样式有很大帮助。

1）颜色叠加

这是一个很简单的样式，作用实际就相当于为图层着色，也可以认为这个样式在图层的上方加了一个混合模式为"普通"、不透明度为100%的"虚拟"层。

注意，添加了样式后的颜色是图层原有颜色和"虚拟"层颜色的混合（这里的混合模式是"正常"）。

2）渐变叠加

"渐变叠加"和"颜色叠加"的原理是完全一样的，只不过"虚拟"层的颜色是渐变的而不是平板一块。"渐变叠加"的选项中，混合模式以及不透明度和"颜色叠加"的设置方法完全一样，不再介绍。"渐变叠加"样式多出来的选项包括渐变（Gradient）、样式（Style）和缩放（Scale），下面来一一讲解。

（1）渐变（Gradient）

设置渐变色，单击下拉框可以打开"渐变编辑器"，单击下拉框的下拉按钮可以在预设置的渐变色中进行选择。在这个下拉框后面有一个"反色"复选框，用来将渐变色的"起始颜色"和"终止颜色"对调。

（2）样式（Style）

设置渐变的类型，包括线性、径向、对称、角度和菱形。这几种渐变类型都比较直观，不过"角度"稍微有点特别，它会将渐变色围绕图层中心旋转360°展开，也就是沿着极坐标系的角度方向展开，其原理和在平面坐标系中沿X轴方向展开形成的"线性"渐变效果一样。

如果选择了"角度"渐变类型"与图层对齐"这个复选框就要特别注意，它的作用是确定极坐标系的原点，如果选中，原点在图层的内容（在以上例子中就是那个圆）的中心上；否则，原点将在整个图层（包括透明区域）的中心上。

清除"与图层对齐"复选框之后，极坐标的原点将略向下移动一点。

（3）缩放（Scale）

缩放用来截取渐变色的特定部分作用于"虚拟"层上，其值越大，所选取的渐变色的范围越小，否则范围越大。

3）图案叠加

"图案叠加"样式的设置方法和前面在"斜面与浮雕"中介绍的"纹理"完全一样，这里将不再作介绍。

6.11 缩放效果 Q

很多人都会用到Photoshop的图层样式，但却很少有人会用到图层样式的缩放效果。使用Photoshop图层样式中的"缩放效果"命令，可以同时缩放图层样式中的各种效果，而不会缩放应用了图层样式的对象。当对一个图层应用了多种图层样式时，"缩放效果"则更能发挥其独特的作用。由于"缩放效果"是对这些图层样式同时起作用，能够省去单独调整每一种图层样式的麻烦。

"缩放效果"命令隐藏在"图层→图层样式"子菜单中，位于"图层样式"菜单的底部，如图6.39所示。

图 6.39

课后练习

操作题1

图层样式——水滴文字制作

实现这一"水滴字"效果的步骤全部是在一个"图层样式"中完成的。因此，一旦创建好这一效果,就可将它存储并应用到任何透明区域上具有硬边不透明的图层中。这也意味着可在带有样式的图层上绘画,并呈现出栩栩如生的效果,看上去非常棒。

图 6.40

建议采用以下字体和文档规格。该技术采用了一些基于像素的滤镜和基于点的文字,所以这些规格对于重现效果是很重要的。图像规格为: 1 117 px×865 px, RGB 颜色。字体规格: Present,常规,60点,如图6.40所示。

①在要制作湿润效果的图层上方添加新的图层,并绘制出初始的水滴形状。

现在,选择"图层→新建→图层"并点按"好",或点按"图层"调板底部的"创建新的图层"图标,这将创建"图层 1"。

按快捷键"D"设置默认颜色,此时前景色色板将变成黑色。

按快捷键"B"激活"画笔"工具,然后在上方的选项栏中进行如下设置: 19 像素的硬边画笔、正常模式、100%不透明度。

现在在"图层 1"中画一个小黑点并在画的时候稍微摆动一下画笔。现将利用这个初始形状构建图层样式。

按快捷键"Z"激活"缩放"工具,并点按所画的水滴进行放大,这样可以看得更清楚。

②通过减少填充不透明度来构建图层样式。

在"图层"调板中两次点按"图层 1"缩览图,打开"图层样式"对话框。

向下找到"高级混合"部分,将"填充不透明度"更改为 3%。这会减少填充像素的不透明度,但保持图层中所绘制的形状。注意:该步骤会使先前在"图层 1"中绘制的黑色几近于消失。

③添加一小块浓厚的投影。

在对话框左侧的效果列表中点按"投影"名称(不是复选框)。

在右侧的"投影"部分,设置"不透明度"为 100%,将"距离"更改为 1 像素,"大小"更改为 1 像素。

在"品质"部分,点按"等高线"曲线缩览图右侧的向下小箭头并选择"高斯"曲线。这是一条看起来像平滑的倾斜的"S"字母的曲线。

④添加一个柔和的内阴影。

在对话框左侧的效果列表中点按"内阴影"名称。

在"结构"部分,将"混合模式"设置为"颜色加深","不透明度"设置为43%,"大小"设置为10像素。

⑤在形状边缘周围另外添加一个内阴影。

在对话框左侧的效果列表中点按"内发光"名称。

在"结构"部分,将"混合模式"设置为"叠加","不透明度"设置为 30%,颜色色板设置为黑色。

若要更改颜色色板,可点按颜色色板打开拾色器,将光标拖动到黑色,然后点按"好"。

⑥在形状中添加高光和内发光。

在对话框左侧的效果列表中点按"斜面和浮雕"名称。

在"结构"部分，将"方法"设置为"雕刻清晰"，"深度"设置为 250%，"大小"设置为 15 像素，"软化"设置为 10 像素。

在"阴影"部分，将"角度"设置为 90°，"高度"设置为 30，"不透明度"设置为 100%。然后将"暗调模式"设置为"颜色减淡"，其颜色色板设置为白色，"不透明度"设置为 37%。

现在已完成了图层样式的设置，但先不要点按"好"。

⑦存储此图层样式备以后使用。

按"图层样式"对话框右侧的"新建样式"按钮，这将打开一个对话框，可在其中命名该样式并点按"好"进行存储。

注意：存储完样式后，可通过选择"窗口→样式"，在打开的"样式"调板中最后一个缩览图的位置找到该样式。

现在点按"好"退出"图层样式"对话框。在"图层"调板中，点按图层样式（f）图标旁边的箭头来隐藏样式。注意：可在"图层1"上再绘制一些水滴。只需确保画笔工具处于活动状态并且在希望出现水滴的位置进行绘制。也可使用"橡皮擦"工具来编辑或移去现有的水滴。

⑧在文档中添加文本图层。

按快捷键"T"激活"文字工具"。

在上方的选项栏中，点按"调板"按钮打开"字符"调板。

在"字符"调板中选择所需的字体，将颜色设置为黑色，然后点按"段落"选项卡并点按调板左上部分的"居中文本"按钮。

现在点按文档中心并输入"Rain Drops"。若要重新放置键入的文本，可将光标移动到文本之外直到光标变成一个移动图标，然后点按拖动。

若要应用文本，可点按选项栏右上方的对钩或按"Enter"键（Mac）或"Ctrl-Enter"键（Windows）。这样将会生成文字图层"Rain Drops"。

⑨在文字图层下方添加新的白色图层并合并到文字图层中。

保持"Rain Drops"文字图层处于活动状态，按住"Command 键（Mac）"或"Ctrl"键（Windows）点按"图层"调板底部的"创建新的图层"图标，在文字图层下方创建一个新的图层，此时将创建"图层 2"。

通过按快捷键"D"载入默认颜色，用白色填充"图层 2"。然后选择"编辑→填充→背景色"或按"Command+Delete"键（Mac）或"Ctrl+Backspace"键（Windows），用背景色填充图层。

点按"Rain Drops"图层来激活该图层。

选择"图层→向下合并"或按"Command+E"键（Mac）或"Ctrl+E"键（Windows），这将移去"Rain Drops"图层并将其向下合并到"图层 2"中。

⑩使用滤镜硬化合并图层的边缘。

保持"图层2"处于活动状态，选择"滤镜→像素化→晶格化"，将"单元格大小"

设置为10, 然后点按"好"。

⑪模糊硬化后的文本/图像。

保持"图层 2"处于活动状态, 选择"滤镜→模糊→高斯模糊"。

在对话框中将"半径"设置为 5.0 像素, 然后点按"好"。

⑫选中柔化后的文本图像, 通过增加对比度来硬化边缘。

保持"图层2"处于活动状态, 选择"图像→调整→色阶"。在"色阶"对话框中将"输入色阶"设置为 160, 1.00, 190, 然后点按"好"。

⑬从文本/图像中载入一个选区并删除白色区域。

若要从"图层2"中载入一个选区, 可按"Command+Option+~"键(Mac)或"Ctrl+Alt+~"键(Windows)。也可以通过点按"通道"选项卡, 然后点按调板底部的"将通道作为选区载入"图标来完成该操作。该操作将载入选区并选定白色区域。按"Delete"键(Mac)或"Backspace"键(Windows)移去黑色文本周围的白色区域。现在可选择"选择→取消选择"来取消选择。

⑭将所存储的图层样式应用到黑色文本图层。

保持"图层2"处于活动状态, 选择"窗口→样式"来打开"样式"调板。

在缩览图列表的末尾找到所存储的"Rain Drops"样式, 点按该样式将其应用到"图层2"。

操作题2

图层样式——晶莹润泽珍珠制作

先看一张完成后的效果图, 如图6.41所示。

图 6.41

新建一个文档, 在工具栏中选择椭圆工具, 在工具栏中选择"创建新的形状图层"。打开信息面板, 按住Shift键, 在画面上拖出一个正圆形, 在拖动鼠标的同时, 注意观察信息面板, 看到圆形的长和宽均为24像素时, 放开鼠标。这样, 一个以前景色为填充色的小圆出现在画布上, 同时图层面板上也会出现名为"形状1"的图层。这里, 前景色和最终结果可以说没有太大的关系, 所以不必理会。

如果不习惯这种图层剪贴路径的方式, 也可以用老方法: 新建一层, 我们要用图层样式来实现这个效果, 因此, 新图层是一定不能少的。用椭圆选框工具绘制一个24 px×24 px的圆形, 方法和上面的一样, 填充颜色后取消选择即可。

如果采用的是第二种方法, 那么双击图层缩略图, 调出图层样式菜单。如果采用了第一种方法, 那么双击图层名称, 调出图层样式菜单, 为图层添加样式。首先是阴影, 单击投影样式, 将距离改为3 px, 大小为6 px, 其他保持默认不变。

接下来是内发光, 这是为了强调圆形的边缘。将发光的混合模式由屏幕改为正片叠底, 不透明度改为40%, 光源色改为黑色; 在图索中, 将大小改为1 px; 品质中, 将范围加大到75%, 其他保持不变。

下面是斜面和浮雕。注意: 在这个例子中, 这是最关键的一步, 珍珠的形态绝大多数由它来表现。结构面板中，将样式选择为内斜面，方法为"雕刻清晰"，深度为610%，方向为上，大小为9 px，软化为3 px；阴影面板中，角度为–60°，取消全局光，高度为65°，在光泽等高线类型中，首先选择预设的"滚动斜坡—递减"模式。

修改映射曲线，取消"消除锯齿"选项，保持默认高光和暗调的颜色和模式，但将不透明度分别改为90%和50%。

单击等高线面板，单击等高线，显示等高线编辑器进行设置。

等高线的作用非常明显，它赋予珍珠强烈的反光作用，同时，珍珠的圆润也被很好地表现出来。

在应用了浮雕效果和等高线之后，图像的情况就和底色有了很大的关系。如果一开始用的是深色填充，那么现在图像看起来并不太像是珍珠，反而像是金属小球，底色越深，金属效果越明显；如果用的是浅色的填充，那么图像就可能看起来很接近珍珠色了；如果一开始用的是白色，那么几乎已经得到了一颗完美的白色珍珠了。如果想改变颜色，只需双击图层缩略图，弹出Photoshop的拾色器，在此可以选择改变图层的颜色。下面的过程，是针对那些过深的颜色而设定的。

一般浅色珍珠具有特殊的珍珠光泽，晶莹而柔和，深色珍珠具有金属光泽，但仍不失柔和色泽，所以可用颜色叠加来消除过重的色彩。选择颜色叠加样式，设置混合模式为变亮，颜色为白色，不透明度为52%。

颜色叠加的效果对深色珍珠尤其明显。由于海水中所含的矿物元素不同，珍珠会有多种颜色。如果想得到一些彩色珍珠的话，在这里就可以得到了，奶黄色、丁香紫、粉红色、玫瑰色、古铜色、深蓝色、黑色，都可以选择。不过要想得到极品珍珠，还有些任务需要完成。

喜欢珍珠的人都知道，浅色珍珠中以白色稍带玫瑰红色的珍珠为最佳，下面就来制作这种珍珠。选择渐变叠加样式，按照默认设定，结果可能有些令人泄气——似乎有些像小钢珠了。

可以用另一种图层样式为它找回光泽，即"光泽"样式。在结构的混合模式中选择"叠加"，颜色为RGB（225，159，159），不透明度为72%，角度为135°，距离为8 px，大小为9 px，在等高线样式中选择"锥形—反转"，选择消除锯齿选项。这样，就能表现出珍珠表面经过反射、折射和干涉混合作用，所产生的色彩了。

至此，珍珠样式就全部完成了。可单击样式面板中的新建样式按钮，将其保存下来，命名为"Pearl"。最好再用预设管理器永久保存，这样就不用担心因重装Photoshop而丢失了。

现在来检验一下效果。新建一层，单击刚保存的样式，将这一层应用这种样式。选择喷枪工具，将画笔大小设为24，硬度设为100，在画布上随意喷涂，一串珍珠就出现了。Photoshop会在图层内重新分配样式，这样，珍珠就会从浅色到深色自然过渡。要绘制珍珠项链的话，还需要增大画笔间距，图6.42中的画笔间距为107%，再加上一根链子，就可以了。如果觉得单调了些，就用深蓝色作为背景，再加上一些杂色和模糊效果，仿制丝绒衬底，这样能将珍珠衬托得愈加流光溢彩。

如果想要大一些或小一点的珍珠呢？缩小或放大画笔后，在设定了样式的图层上绘制,却发现样式出现了变形,珍珠变得面目全非。

难道只能制作单一直径的珍珠吗? 当然不是。Photoshop提供了一种方法,使我们可以机动灵活地应用图层样式。在图层面板上,右击指示图层效果的图标,从弹出菜单中选择"缩放效果"。

图 6.42

小画笔的直径是12像素,将缩放设为50%,图层样式就能与图像完全吻合了。同样,较大的画笔直径为48像素,那么就将缩放值设为200%。这样很容易就能得到一颗大珍珠了。

得到的效果如图6.42所示。

操作题3

图层样式——五彩水晶字体制作

最终效果如图6.43所示。

利用PS图层样式简单制作一款漂亮的五彩水晶字体:

①新建页面,尺寸随意(不要太小),背景填黑色。

②打上字,如果用素材的就选用字体("Ctrl+J")。

③双击字体层,弹出图层样式窗口,做渐变样式。

六色数值如下:#9ecaf0、#a5f99e、#f5b3f1、#f8ae97、#faf18e、#9df7fa。

④添加光泽。

⑤内发光。

⑥内阴影。

⑦斜面与浮雕,给字体添加点光感。

⑧最后给字体加上光影效果——外发光。

操作题4

图层样式——打造可爱的水晶小脚丫

最终效果如图6.44所示。

图 6.43

图 6.44

第7章 基本绘图的综合运用

图 7.1

①选择"贝塞尔工具",大致地用一些直线段勾勒出一个形状。暂时不用管形状是否精确,节点的多少是否合理,后面还要继续修改的。

②选择"形状工具",框取图形的所有节点。属性工具栏显示节点编辑的控制。然后按"到曲线"按钮,把所有直线段都转换成为曲线段。

③逐个节点、逐条线段编辑,慢慢调整出形状。必要时可以删除一些节点,使图形看上去简洁明了。节点少了也可以减少运算的负担。最后填充上褐色,作为猴头,如图7.2所示。

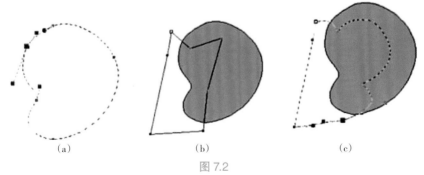

(a)　　　　　　　　(b)　　　　　　　　(c)

图 7.2

④制作脸部,还是先用直线段勾勒一个和头部重叠的大致轮廓,然后所有线段都转换成曲线段。

⑤修改出脸部的形状。只需要修改和头部重叠的部分就可以了，外面的部分不用管它。

⑥同时选择这两个图形，然后按"相交"按钮，产生一个新的图形，这个图形就作为脸部，填充上皮肤的颜色，如图7.3所示。

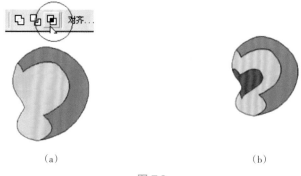

（a）　　　　　　　　　　　　　（b）

图 7.3

⑦如法制作脸部的红斑。画简单轮廓，细致修改，然后和脸部图形进行相交操作，最后填充上红色。

⑧画一个椭圆，旋转一定角度，和红斑进行相交操作，得出只在红斑内部的一个图形，如图7.4所示。

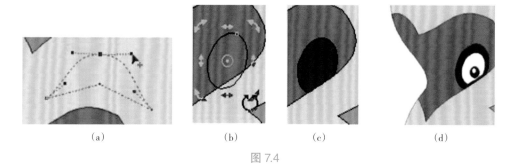

（a）　　　　　（b）　　　　　（c）　　　　　（d）

图 7.4

⑨眼睛的白色部分是复制黑色部分的缩小，然后用一黑一白的两个小圆制作眼珠。

⑩画眉毛。也是用"贝塞尔工具"简单地画一个直线的图形。选择"形状工具"，把所有节点都转换成为曲线节点。

⑪调整曲线，成为弯弯的眉毛。注意：如果想得到平滑的效果，一些节点要转换成为平滑节点。

⑫再多制一个眉毛，移动到另一边，稍微压缩一下，这个眉毛和脸部图形进行相交操作，如图7.5所示。

图 7.5

⑬画上鼻孔。嘴和猴腮都是用直线修改弯曲而成。

⑭画帽子。基本上成型的方法都是先用直线段勾勒出大致形状，然后再修改成为曲线，再按"Shift+Pagedown"，调到最底层。

⑮用"贝塞尔工具"，画一条红色的带子，也是先用直线段，然后再全部转换成为曲线段，调整好形状，如图7.6所示。

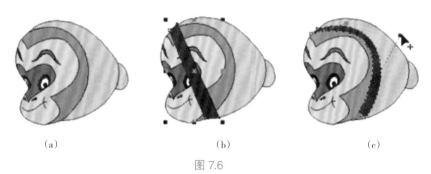

(a)   (b)   (c)

图 7.6

⑯结子。就是两个简单的图形，一个在下层，一个在上层。做法也是先用"贝塞尔工具"勾勒简单形状，然后再转换成曲线，如图7.7所示。

图 7.7

⑰用多个图形对象组成一个领巾，然后把这些对象组成群组，方便以后操作，如图7.8所示。

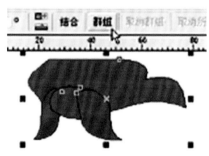

图 7.8

⑱选择这个领巾群组，选择菜单"排列→顺序→到此对象后"，出现一个大箭头，用这个箭头选择猴头。领巾就放到猴头下面，但是却又在黄帽子的前面。

⑲开始画耳朵。画之前先要做一点设置。选择菜单"工具"选项，打开选项对话框，设置"填充开放式曲线"，如图7.9所示。

图 7.9

⑳在耳朵的位置画一条直线，然后转换成为曲线，调整出耳朵的形状，如图7.10所示。

 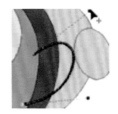 

图 7.10

㉑由于已经设置了"填充开放式曲线"，因此这个图形可以填充上褐色，看上去就和头部很好地衔接上了。

不管是简单还是复杂的作品，都是由一个个简单的基本图形对象堆砌而成，关键是如何合理地安排好每一个图形对象的位置和层次。对于初学者来说，可能还不习惯这样的绘画方法，但是只要练习多了，就会慢慢掌握其中的窍门。所谓熟能生巧，相信到时候，运用Coreldraw一定会像用画笔一样得心应手。

7.1 透视变形 🔍

透视变形是Photoshop中的工具之一，通过调整透视效果，达到调整角度，创建广角效果、快速匹配透视效果等目的。

7.1.1 封套变形

1）手工调整

输入文字，然后选择交互封套工具，如图7.11所示。

文字四周会出现一个红色虚线的封套，上面还有一些节点，用形状工具可以像编辑其他曲线图形那样编辑这个封套，包括可以增加节点、使边线平滑等。封套的形状改变，文字的形状也跟着改变。

图 7.11

把封套调整得像一股缥缈的烟,这些文字就成了缥缈的文字了,如图7.12所示。

图 7.12

注意封套和文字路径的区别。文字封套只是封套功能的一种特例。封套改变的是整个图形对象的外形轮廓,而文字路径只是文字的一种属性,改变的是文字的排列。

虽然文字的外观变了,但是依然具有文字的属性,还可以继续编辑修改。但是有一点差别。选择文字工具,在这个对象上点一下,会出现一个文字编辑框。修改文字后,点击"确定",封套内的文字才发生变化,如图7.13所示。

图 7.13

2) 预设封套

Coreldraw中预先设定了一些基本图形作为封套。选择需要进行封套操作的对象,单击"添加预设",拉出一个列表,选择一个心形图案,如图7.14所示。

图 7.14

然后点一下"应用"按钮,这个封套就运用到图形对象中,如图7.15所示。

图 7.15

利用预设的封套功能可以做出很多有趣的效果。

3)自绘封套

除了预先设置的图案,还可以随时利用当前画着的图形作为封套。

将美术字转换成为竖排,然后画一个不规则的图形。选择美术字对象,单击"封套"上面的吸管按钮,出现选择对象的黑色大箭头,如图7.16所示。

图 7.16

用这个黑色大箭头选择右边的不规则图形,则此图形马上就设置为美术字对象的封套。单击"应用",美术字就按照封套的轮廓变形,如图7.17所示。

图 7.17

4）交互变形

交互变形是Coreldraw 8新增加的功能，可以迅速制作出一些意想不到的效果。

画一个黑色背景，随意地画一些矩形、多边形，填充成为不同的颜色，组成一个群组，选择交互变形工具，如图7.18所示。

交互变形有以下3种方式：

第一种变形是推拉变形。

选择推拉变形，在图形对象上拖拉，拉出一条方向线，方向线的长短决定变形的幅度，如图7.19所示。

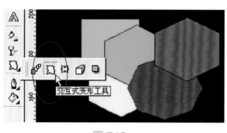

图 7.18   图 7.19

注意：拖拉的起始位置不同，变形的效果也不同。图7.20的变形是在图形的左上角开始拖拉。

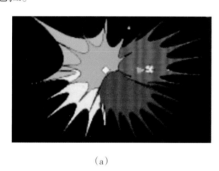   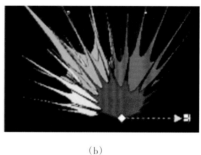

（a）   （b）

图 7.20

第二种变形是拉链变形。继续选择拉链变形，然后在图形上拖拉。拉链变形的拖拉与起始位置无关，如图7.21所示。

拉链变形会沿着图形的边缘产生锯齿形状的变形。

拖拉的幅度越大，出来的效果越奇特、越复杂，如图7.22所示。

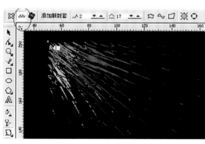

图 7.21   图 7.22

第三种变形是旋涡变形。在刚才拉链变形的基础上继续选择旋涡变形。旋涡变形的操作不仅仅是拖拉，同时还要用鼠标指针绕圈，如图7.23所示。

每绕一圈，就多一层旋涡。但是要注意，旋涡的层越多，计算就越复杂。

再复杂的图形对象也能进行变形。下面将一个CD运用拉链变形，马上就变成了一个齿轮，如图7.24所示。

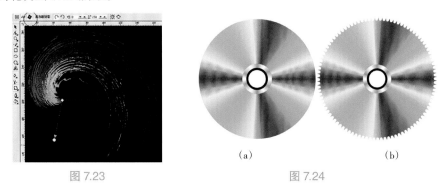

图7.23   (a)   (b)   图7.24

7.1.2 透明特效

1) 均匀透明

画3个图形，两个蓝色，一个白色，选择中间大的图形，再选择交互透明工具。

属性工具栏上显示与透明设置有关的控制，选择"透明度类型"中的"均匀"，如图7.25所示。

图7.25

调节"透明度"为70。透明度中，数值越高，透明度越高，如图7.26所示。

图7.26

另外一个蓝色的图形也同样设置为透明。把几个图形放在一起，去掉边线。留意：由于变成了透明，图形的颜色也发生了变化。

2) 渐变透明

继续上面的例子，把白色的图形移动到另外两个图形上，然后选择透明工具，在这个白色图形上拖拉，可以拉出渐变透明。白色图形沿着方向线，由白色逐渐变得完全透明，如图7.27所示。

图 7.27

把这3个图形组成一个群组，防止散架，然后把这个群组复制多个，其中一些稍微改变一下形状，然后加上文字和背景，如图7.28所示。

3）简单阴影

制作一个材质背景，选择文字工具，输入文字，选择字体，填充颜色，如图7.29所示。

图 7.28

图 7.29

选择这个文字对象，按"Ctrl+D"，再多制一个，然后用选择工具进行倾斜变形，填充上黑色，如图7.30所示。

选择交互透明工具，在这个黑色文字上拖拉，拉出渐变透明，如图7.31所示。

图 7.30

图 7.31

按"Ctrl+Pagedown"，把这个图形放到下一层。移动好位置，就好像原来的文字带有阴影了，如图7.32所示。

图 7.32

7.1.3 图案透明

图样透明和图样填充的制作差不多，但是效果截然不同。

画一个缤纷的材质背景，输入文字，选择交互透明工具，选择透明类型为"图样"，如图7.33所示。

设置图样花纹的大小。这里与图样填充不同的是：不能设置前景颜色和背景颜色。因为透明只有灰度。黑色是全透明，白色是不透明。这个圆点图样作为透明图样，就形成了圆点镂空的效果，如图7.34所示。

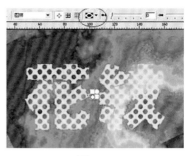

图 7.33　　　　　　　　　　　　　　图 7.34

　　还可以设置成全色图样透明。Coreldraw自动把全色图样转换成为灰度图样，因此全色图样透明的效果更细致，更富有变化，如图7.35所示。

　　选择交互透明工具，然后在属性工具栏上面选择透明的类型，选择底纹透明，如图7.36所示。

图 7.35　　　　　　　　　　　　　　图 7.36

　　选择 Sample底纹库中的Stucco底纹，把透明度设置为30，如图7.37所示。

　　如果在属性工具栏中难以确定到底选哪个底纹，可以单击"编辑透明度"按钮，打开渐变透明对话框，进行细致的设置，如图7.38所示。

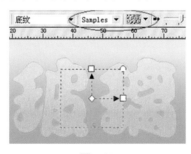

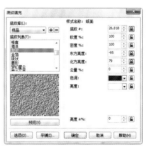

图 7.37　　　　　　　　　　　　　　图 7.38

　　为这个文本对象设置一种和背景相衬颜色较深的颜色，然后用交互阴影工具拖拉出阴影，阴影的颜色根据背景设置为墨绿色，如图7.39所示。

图 7.39

　　这个文字还可以继续进行编辑，例如在前面插入文字，新插入的文字会跟随带有透明和阴影的属性。

7.1.4 透镜特效

某些透镜特效与均匀透明特效有些相似,在运用过程中要注意与透明的区别。选择菜单"效果→透镜",可以打开一个效果下拉卷帘窗。

现用一个脸谱演示一下几种透镜效果。先画一个矩形盖住一半脸谱,然后选择这个矩形。在透镜卷帘窗上依次选择几种透镜效果,如图7.40所示。

图 7.40

"使明亮"透镜可以制造出明亮和阴暗效果,正比率为明亮化,负比率为阴暗化。利用"使明亮"透镜,可以制造简单的明暗立体效果。

例如这个例子,先制作脸谱的暗面。红色边线的图形作为遮盖脸谱的透镜。先选择"使明亮",比率设置为-40,再选择"移除表面",这样在脸谱外面的部分就会隐藏起来。

制作亮面的原理也是一样。如图7.41,把比率设置为50。

(a)

(b)

图 7.41

7.1.5　酒杯

①画酒杯的另一半，注意画中线时要按住"Ctrl"键，保证画出的是垂直的线段。然后用"再制"再复制一个，并反过来。将菜单"版面→对齐对象"项打钩。抓住第二个对象的左上角移动，使两个对象紧贴在一起。再把"对齐对象"的钩取消。

②同时选择两个图形，用焊接把它们焊接在一起。

③用形状工具调整出酒杯的形状。

④再复制一个，把新的图形的瓶口调节成内凹。两个都设置为渐变过渡，过渡的方向相反，如图7.42所示。

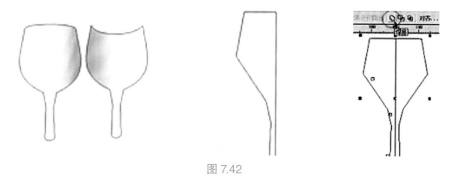

图 7.42

⑤两个对象对齐。

⑥画一个方形，同时选择这个方形和第二个图形对象，用"相交"制作出酒杯的腿，如图7.43所示。

图 7.43

⑦把酒杯腿的上面调节成内凹，然后按"Ctrl+Pagedown"，把它移动到最下面，如图7.44所示。

图 7.44

⑧画杯座,是一个弧形,设置为渐变透明。然后画一些背景。这是为后面画杯里面的酒的折射效果做好准备,如图7.45所示。

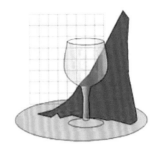

图 7.45

⑨画一个矩形,然后同时选择这个矩形和某一个酒杯的图形,进行相交操作,得出一个新的图形,作为里面的酒,如图7.46所示。

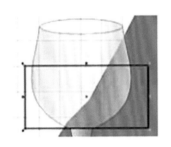

图 7.46

⑩把新建的图形修改一下,再复制一个同样的。

⑪其中一个设置为"鱼眼"透镜,如图7.47所示。

⑫另一个图形设置为"颜色限度"透镜,并和刚才的透镜图形对齐,如图7.48所示。

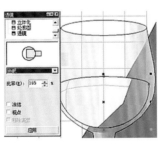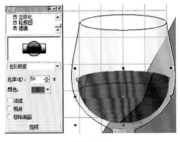

图 7.47　　　　　　　　　图 7.48

7.2 布局和排列 🔍

1)"顺序"命令

绘制一个图形时,图形和图形之间就会有前后顺序的排列,当图形重叠时,最后绘制的图形将覆盖最先绘制的图形。使用"顺序"命令,可以对图形进行前后顺序的排列。

选取菜单栏中"安排"/"排列→顺序"命令，将弹出"顺序"子菜单，如图7.49所示。

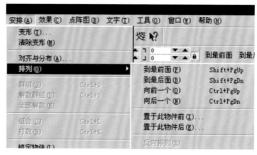

图 7.49

"到前面"命令：当在绘图窗口中绘制了多个图形时，使用此命令可以将选择的图形移动到所有图形的最上面。

"到后面"命令：与"到前面"命令正好相反。

2）"整形（造形）"命令

"整形（造形）"命令可以将绘图窗口中选择的多个图形进行焊接和修剪等运算，从而生成新的图形。选取菜单中的"安排"/"造形"命令，将弹出如图7.50所示的子菜单。

图 7.50

①【焊接】命令：在绘图窗口中同时选择两个或两个以上的图形时，选取此命令或单击属性栏中的按钮，可以将选择的图形焊接为一个图形。此命令相当于多个图形相加运算后得到的形态。

②【修剪】命令：在绘图窗口中同时选择两个或多个图形时，可以将选择的图形进行修剪运算，即下方的图形减去与上方图形重合的部分生成相减后的形态。

3）"色彩调整"命令

在"效果"菜单栏中的"色彩调整"命令的子菜单中，选择"亮度—对比—强度""色彩平衡""伽玛值"和"色相—彩度—明度"命令可用。当选择位图图像时，"调整"菜单中的所有命令都可用。

4）高反差

"高反差"命令可以将图像从最暗区到最亮区重新分布颜色，来调整图像的阴影、中间色和高光区域的明度对比，选择此命令弹出如图7.51所示的"高反差"选项设

置对话框。

图 7.51

7.3　图纸工具的运用和打散位图方法

重点是要掌握图纸工具对位图进行剪裁的方法，以及对打散单元格进行移动的技巧。

①打开Coreldraw 12中文版，单击菜单栏中的"文件→新建"命令，建立一个新的空白文档，同时单击工具栏中的"横向"按钮，使工作区变成横向版式。

②接着单击菜单栏中"文件→导入"命令，在弹出的"导入"对话框的"查找范围"下拉列表框中找到一幅人物图像的位图，并选中该图，在"文件类型"后面的第二个下拉列表框中选择"裁剪"选项。接着单击"导入"按钮，在弹出的"裁剪图像"对话框中确定裁剪范围，将位图裁剪成为一个正方形，然后单击"确定"按钮进入工作区中。当鼠标指针变成标尺包围位图名称的图样时，在页面中单击鼠标左键并拖动鼠标，绘制一个位图导入框。释放鼠标左键，将位图导入指定的范围中，同时调整导入的位图的位置，使位图位于页面中央。

③接着单击工具箱中的图纸工具，在出现的属性工具栏中设置图纸的行数和列数均为30。然后在位图上单击鼠标左键并拖动鼠标，绘制一个网格轮廓，尺寸与位图的大小相等。

④在位图上单击鼠标的右键并将其拖至网格轮廓框之中，释放鼠标右键，在弹出的快捷菜单中选择"图框精确剪裁内部"选项。

⑤单击工具箱中的挑选工具选中工作区中的所有物体对象，接着单击菜单栏中的"排列→取消全部组合"命令，这样就将单元格打散了，打散后可以看见每个单元格都有一个白点，这些白点就表示每个单元格都可以单独地操作。

⑥使用挑选工具一一移动那些单元格，将其分散开来。在操作过程中一定要耐心，并按照已经在脑海中形成的影像来移动每个小单元格。实际操作过程中可以借助放大镜工具来完成。

⑦将单元格移动完毕后，接着再使用挑选工具选中工作区中的所有单元格对象，然后用鼠标左键按住工具箱中的轮廓工具按钮不放，在弹出的工具中单击"无轮廓"按钮，将工作区中的所有单元格的边框都去掉。

⑧接下来再次全选工作区中的所有单元格对象，单击菜单栏中的"位图→转换为

位图"命令,在弹出的转换为位图对话框中,设置颜色参数为RGB色(24位),分辨率300 dpi,再自行选择"光滑处理""透明背景"等选项,单击"确定"按钮。这样就完成了飘散的记忆场景的设计。

7.4　Coreldraw 文字排版实战技巧 🔍

7.4.1　页面设置

选择"布局→页面设置"命令,在弹出的"选项"对话框中可以进行页面的大小设置。

"纵向":选中该单选框,页面为纵向。

"横向":选中该单选框,页面为横向。

"纸张":单击该下拉列式按钮,在弹出的下拉选项中可以选择页面的类型。

"宽度→高度":在右侧的文本框中输入数值,可以自定义页面的宽度和高度。单击"宽度"选项右侧的下拉式按钮,在弹出的下拉列表中可以选择页面所使用的单位。

"仅调整当前页面":选中该复选项,仅仅调整当前的页面。

"分辨率":单击该下拉式按钮,在弹出的下拉列表中选择作品的输出分辨率。选择"其他"选项,将会弹出"编辑像素分辨率"对话框,在该对话框中可以设置页面的水平分辨率和垂直分辨率。选中"相同值"复选框,"垂直分辨率"将变为不可编辑状态,自动与"水平分辨率"保持一致。取消选择"相同值"复选框,可以单独设置"垂直分辨率"。

"出血":设置页边缘的出血值,一般超出页边缘3 cm。

"从打印机设置":单击该按钮,可以返回到默认的页面设置——A4纸大小。

"添加页框":单击该按钮,可以为页面添加页边框。

"保存自定义页面":单击该按钮,将会弹出"自定义页面类型"对话框,在该对话框中的文本框中为自定义的页面命名后,单击"确定"按钮即可将其保存。保存的页面类型将会出现在"纸张"选项的下拉式列表中。

7.4.2　版面设置

选择"布局→页面设置"命令,在弹出的"选项"对话框左侧的树目录中选中"版面"命令,将会显示版面设置选项。

单击"版面"下拉式按钮,在弹出的下拉列表中可以选择不同的版面。在该命令右侧的预览框中,可以预览所选择版面的装订方式和拼版方式。

勾选"对开页"复选框,下面的"开始于"下拉按钮将被激活。单击"开始于"下拉式按钮,在弹出的下拉选项中可以选择是左边还是右边作为文件的起始页面。

7.4.3　标签设置

选择"布局→页面设置"命令,在弹出的"选项"对话框左侧的树目录中选中"标签"命令,将会显示出标签设置选项。

单击"自定义标签"按钮,将会弹出"自定义标签"对话框,在对话框的左侧是一个标签预览框,用于显示标签的大小和排列情况。在右侧的设置栏中,用户可以自定义设置标签。

①弹出"自定义标签"对话框。

②单击"标签样式"下拉式按钮,在弹出的下拉列表中选择一种标签的样式作为模板,以便在此标签的基础上进行修改。

③在预览框下方"版面"选项组中的"行"和"列"文本框中定义标签的行数和列数。

④在对话框右侧"标签大小"选项组中的"宽度"和"高度"文本框中定义标签的宽度和高度,以设置页面中每个标签的大小。

⑤勾选"圆形边角"复选框,标签的形状将由矩形变为圆角化矩形。

⑥在"边界"选项组中的"左""右""上""下"文本框中输入数值,可以设置标签距离页面边缘的距离。

⑦勾选"边界一致"复选框,只需设置左边距和上边距,右边距和下边距将自动改变,使上下、左右两边边距对称。

⑧勾选"自动边界"复选框,系统将根据页面和标签的大小自动设置标签与页面的边距。

⑨在"栏间距"选项组中的"水平"和"垂直"文本框中输入数值,可以设置标签和标签之间的间距。

⑩勾选"自动间距"复选框,系统将自动设置标签和标签之间的间距。

⑪设置完毕,单击"确定"按钮,将会弹出"保存设置"对话框,在"另存为"文本框中为标签命名。

⑫单击"确定"按钮,将自定义的标签保存。

7.4.4 背景设置

默认情况下,图形页面的背景为白色,用户可以将页面的背景设置为不同的颜色,也可以为背景设置一幅位图图像。

选择"布局→页面背景"命令,将会弹出"选项"对话框,该对话框中可以自定义背景的内容。

"无背景":页面的背景颜色显示为白色。

"原色":选中该单选框,单击右侧的按钮,将会弹出"颜色列表",在该颜色列表中选择一种颜色,即可作为页面背景的颜色。

"位图":选中该单选框,单击右侧的"浏览"按钮,在弹出的"导入"对话框中选择一幅图片,该图片即可作为页面背景图像。

"来源":设置位图图像的载入方式,包括"链接的"和"嵌入"两个选项。当选中"链接的"方式时,位图文件仍存在于原来的位置,当打开Coreldraw文件时,才到图像文件所在的位置进行读取。当选中"嵌入"方式时,位图文件将直接被导入文件中,此种方式比"链接的"方式占用的文件数据量大。

"位图大小"：设置位图添加到页面后的尺寸。选中"默认大小"单选框，位图将保持原来的大小。选中"自定义大小"单选框，允许自定义位图的宽度。勾选"保持纵横比"选项，在自定义位图的大小时，保持位图原来的宽高比。

"打印和导出背景"：选中该选项，页面的背景则可以输出到打印机，若取消选择该选项，则只能在页面中观看，不能输出到打印机。

7.4.5　文本编辑

1）字体设置

选择"工具→选项"命令，在弹出的"选项"对话框中选择"工作区→文本"树目录下的"字体"命令，在右侧出现的字体选项中可以对文本的字体进行设置。

"字体列表内容"：选中该命令下的复选框可以显示相应的字体或符号。

"仅显示文件所使用的字体"：勾选该复选框，只能显示当前文档中所使用的字体，默认时该复选框被禁用。

"在下拉式字体列表中显示字体示例"：勾选该复选框，在选择字体时将显示出选中字体的示例。

"显示"：设置在字体列表框上方显示的最近使用的字体数目。

"不使用字体导航器目录"：勾选该单选框，在字体列表框中只显示已安装的字体。

"使用打开的字体导航器目录"：勾选该单选框，可以在打开使用了未安装字体的文件时显示"字体匹配结果"对话框。

"Panose字体匹配"：单击该按钮，将会弹出"Panose字体匹配参数选项"对话框，在该对话框中可以设置字体的匹配参数。

"从不使用字体匹配"：不进行字体匹配。如果选中该单选框，则下面的字体匹配选项将被禁用。

"在文本中使用字体匹配"：选中该单选框，允许使用字体匹配。

"在文本中使用字体匹配和样式"：选中该单选框，使用字体匹配和样式。

"显示映射结果"：选中该复选框，在打开系统未安装字体的文档时显示"字体匹配结果"对话框。

"字体替换容限"：拖动该选项下的滑块可以改变字体替换的精度。左移滑块可以高精度替代；右移滑块可以低精度替代。

"默认字体"：单击该下拉按钮，在弹出的下拉列表中可以选择默认的替代字体。

2）字体样式

（1）设置字体样式

如需为文本设置样式，首先选中文本，然后单击"属性栏"中的粗体、斜体、下划线按钮。用户也可以在"编辑文本"对话框和"对象属性"卷帘窗中设置字体的样式。

（2）使用"格式化"文本对话框

选择"文字→格式"命令，调出"格式化文本"对话框。在该对话框中可以进行以下

设置:

① "字体": 为所选文本设置字体。

② "大小": 设置文本的字号。

③ "样式": 设置字体的样式。如果当前文本已经使用了样式,可以在此修改。

④ "脚本": 设置字体的适用范围,是拉丁、亚洲还是中东字符。

⑤ "下划线": 为文本添加下划线。

⑥ "位置": 用于设置文字的显示位置,可以为文字制作上下标效果。

3)使用"格式化"文本对话框

选中一段文本,选择"文字→格式"命令,在弹出的"格式化文本"对话框中单击"段落"标签,在显示的段落选项中单击"对齐"下拉式按钮,在弹出的列表中同样可以设置文本的对齐方式。

当在"对齐"下拉式按钮中选择"两端对齐"和"分散对齐"两种对齐方式时,右侧的"设置"按钮将被激活。单击"设置"按钮,将会弹出"间距设置"对话框,在该对话框中可以设置单词之间的最大字间距、最小字间距、最大字符间距。

自动断字是指Coreldraw自动将单词在行尾分开,而不是将它们换到下一行。单击"格式化"文本对话框中的"断字设置"按钮,在弹出的"断字设置"对话框中勾选"自动断字"复选框,用户可以使用自动断字功能。

"自动断字": 在所选段落文本中插入连字符,为英文单词自动断字。

"拆分大写字母": 为大写单词设置自动断字。

"对齐区域": 设置下一行第一个词断字之前行尾与右边的距离。较小的断字区域产生较多的连字符,并能沿页边距更好地分布字间距。

"最小文本长度": 设置使用单词断字的最小长度。

"最少前导字符数": 设置断字连接符前面的字符数。

"最少后置字符数": 设置断字连接符后面的字符数。

(1)间距与缩进

选中文本对象,选择"文字→格式"命令,在弹出的"格式化文本"对话框中单击"段落"标签,在显示的选项中可以精确地设置文本间的各种间距。

"字符间距": 指定各字符间的间距值。

"字间距": 指定单词或汉字间的间距值。

"语言间距": 设置不同语言间的间距值。

"段前": 设置该段文本与前段文本之间的距离。

"段后": 设置该段文本与后段文本之间的距离。

"行": 设置段落中的行间距。

"首行": 设置段落文本的首行缩进值。

"左": 设置段落文本的左缩进值。

"右": 设置段落文本的右缩进值。

（2）段落文本换行

在"矩形"工具选择"段落文本换行"按钮。当绘图窗口中有文本和图形时，为了不使图形将文本覆盖，可以使用此按钮将选取段落文本与图形进行组合。单击"段落文本换行"按钮，将弹出"段落文本换行形式"对话框。

在此对话框中包括多种文本换行的方式：

①当选取"无"选项时，段落文本不会因为图形的存在而进行换行。段落文本已经使用了换行操作后，再次选取"无"选项时，可以使原有的换行操作去除。

②在"轮廓图"选项中包括"文本向左绕流""文本向右绕流"和"文本分叉"3种段落文本绕流图形方式。当选取不同的选项时，段落文本绕流图形的方式将会不同。

③在"方形"选项中包括"文本向左绕流""文本向右绕流""文本分叉"和"上／下"4种段落文本绕流图形方式。当选取不同的选项时，段落文本绕流图形的方式将会不同。

（3）创建制表位

使用"格式化文本"对话框创建制表位步骤如下：

①选择工具箱中的文本工具"字"在页面中拖出一段文本框。此时绘图窗口上方的标尺中将出现多个L形的制表位。

②单击"属性栏"中的格式化文本按钮"F"，或者选择"文字→格式"命令，在弹出的"格式化文本"对话框中单击"制表位"标签，显示出制表位设置选项。

③在"制表位"列表中的数值项上单击，在激活的数值中输入数值，可以设置制表位的距离。

④单击"对齐"列表中的某个设置框，在出现的下拉按钮中可以改变字符出现在制表位上的位置，如图7.52所示。

图 7.52

⑤勾选"前导"列表中某个制表位的□选项，单击"后缀前导符"选项下的"字符"列表，可以选择制表位的前导符。也可以在右侧"字符"文本框中输入前导符序号，指定需要的前导符。

⑥在"间距"文本中输入数值，可以设置前导符之间的间距。在下方的预览框中显示出了前导符的设置效果。

后缀前导符是在特定的两个制表位之间产生某种样式的连线，以便阅读和查询。

⑦如需在段落文本中以均匀的间距设置制表位，在"添加制表位"文本框中输入制表位的间距值，单击"添加制表位"按钮即可。

⑧选中"制表位"列表中的某个制表位，单击▤按钮可将当前制表位删除。单击▦按钮，可以添加制表位。单击☐按钮可以将列表中全部制表位删除。

⑨单击"确定"按钮完成制表位的设置。

⑩在段落文本框中输入光标，配合键盘中的"Tab"键输入文本，每按一次"Tab"键，插入的光标就会按照所设置的制表位移动。

7.4.6 竖排字符

选择一个文本框对象，然后按属性工具栏上的竖排按钮。

注意：变成竖排后，设置行距、间距的方式没有变，依然是向下的箭头设置行距，向右的箭头设置间距，与竖排的方向刚好相反。

7.4.7 图文混排

在文字旁边画一些图画，也可以从其他文件中导入。注意：这里的图画都是矢量图形。如果是点位图还要经过一些特殊处理，如图7.53所示。

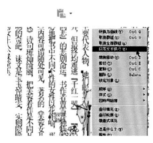

图 7.53

选择这幅图画，然后按鼠标右键，弹出一个菜单，选择"段落文本换行"。

文本框里面的文字碰到图画的边缘就会自动环绕。

7.4.8 图形文本框

输入一个英文字母，现在要用这个字母作为文本框。首先要把这个美术字对象转换成为普通曲线对象。选择这个字母，然后单击属性工具栏上的"到曲线"按钮。

选择文本工具，然后同时按着"Shift"键，把指针移动到这个图形对象的边缘。按下鼠标左键，就可以在图形里面输入文本了，如图7.54所示。

图 7.54

在图形对象里面有一个虚线框，就是文本框。

如果文本较多，一个图形对象放不下，在文本框底端就会出现一个标志 ▼ ，称为文本流标签，说明后面还有一些文字。

输入另外一个字母，也转换成为普通曲线图形。然后再选择字母"A"，用鼠标在文本流标签上点一下，鼠标指针变成 ◥ ，如图7.55所示。

图 7.55

把鼠标指针移动到字母"Z"上，指针变成一个大箭头，点一下字母"Z"，选择它。

原来在字母"A"中没有显示出来的文字，流动到字母"Z"上继续。两个图形之间有一条蓝色的细线，表示两者之间的关系。

再增加一个"C"，继续把文字流动到"C"上显示，如图7.56所示。

图 7.56

7.4.9 美术字

选择文本工具，在空白处单击一下，出现输入光标就可以输入文字了。

这时，属性工具栏也显示和文本有关的控制。这是简单的文本输入模式，Coreldraw称为美术字模式。可以输入数量较少的文字。输入的文字不会自动换行，需按回车键换行。

一个美术字对象处于选择状态，属性工具栏上就会显示相应的控制按钮，可以设置美术字的字体、大小。也可以通过调色板设置美术字的颜色。美术字是一个图形对象，像其他图形对象那样也可以进行拉伸和旋转、倾斜。

1）间距和行距

利用形状工具可以很方便地调节美术字的间距和行距。

首先要弄清楚间距的概念。对于中文字来说，没有字符距和字距的分别，如图7.57所示。

图 7.57

选择一个美术字对象，然后选择形状工具，处于选择状态的美术字右下角出现两个箭头，拖动向右的箭头可以调节间距，拖动向下的箭头可以调节行距，如图7.58所示。

调节行距、段距   调节字距、字符距

图 7.58

注意：一般只是调整字距，要同时按住"Ctrl"，才可以调节字符距。

2）文字的位置

Coreldraw中对文字的编辑是很灵活的，例如可以改变文字的位置而不影响文字编辑的顺序，也是用形状工具。这时每一个文字的左下角都有一个小方框，这是抓取点。抓住这个点可以拖动单个文字，改变文字的位置。文字的位置虽然变了，但是编辑顺序没有变，如图7.59所示。

图 7.59

3）文字路径

先画一条曲线，然后选择文本工具，把指针移动到这条曲线上，就会在这条曲线上出现输入光标。输入的文字会沿着这条曲线摆放。

这些文字还可以很方便地进行间距、行距和位置的调整。但是要编辑路径就要细心一点。其实路径是和文字组成一组了。所以要同时按住"Ctrl"来选择曲线路径，而这条曲线有时候被文字遮住了，所以要细心一点来选择。编辑路径后，文字也会跟着改变。通过设置属性工具栏上面的控制，还可以制作出更多的效果。

①画一个圆形，然后作为路径输入文字，调整好字体和字体大小。

②单击"将文本放在另一侧"按钮，文本在另一个方向上沿圆形排列。

③选择一种恰当的垂直放置类型，如图7.60所示。

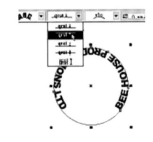 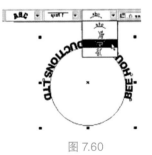 

图 7.60

④选择排列类型。

⑤调整字符距和字距。

⑥把圆形边线设置为无填充，把边线隐藏起来，然后把图形旋转一定角度，加上图形，标志制作完成。

课后练习

操作题

本例运用Coreldraw来制作《茶道人生》书籍的封面，该封面与封底的创意，使用了简单的配色，突出幽雅的设计理念，呼应图书主题，并且加入了茶叶与茶用器具素材，突出图书中心内容，吸引读者，提高市场的占有率，非常适合初学者学习。

最终平面效果图如图7.61所示。

最终立体效果图如图7.62所示。

图 7.61

图 7.62

设计规格

1.开本尺寸: 16开本。

2.版心: 184 cm×260 cm。

3.用纸: 封面用纸250 g铜版纸, 内页用纸60 g胶版纸。

4.页码: 270页。

5.书脊厚度: 20 mm。

6.装帧: 平装。

7.风格类型: 生活艺术类。

第8章 综合实例

8.1 制作超酷 Q 版卡通人物画 🔍

本教程主要是介绍 Q 版卡通人物画的制作, 这种类型的画风非常夸张, 人物的头像非常大, 动作形态都极为风趣。

具体制作流程如下:

①先用简单的线条勾出基本的动作, 如图8.1所示。

②面部刻画抓住欧洲人的特征: 高高的鼻子和深邃的眼窝, 如图8.2所示。

图 8.1   图 8.2

③接下来勾出下半身的轮廓, 脚部可以画得大一些, 如图8.3所示。

④去除轮廓基线, 打形到这一步基本上完成了, 如图8.4所示。

图 8.3　　　　　　　　　　图 8.4

⑤接下来新建一层开始上色，先给皮肤上色，如图8.5所示。

⑥头发部分先用钢笔勾出选区，然后用渐变色填充，如图8.6所示。

图 8.5　　　　　　　　　　图 8.6

⑦衣服与鞋子先铺上单一的色彩，如图8.7所示。

⑧接下来铺出衣服与面部的阴影以突出人物的立体感，完成最终效果，如图8.8所示。

图 8.7　　　　　　　　　　图 8.8

8.2 Photoshop 使用图片设计杂志封面 🔍

当图片是封面希望展示的重点对象时, 在设计中, 就要考虑如何让图片最大程度地展示给读者。而有时, 人们经常会使用某些自以为漂亮的效果来装点一些细节, 实际上出来的效果却事与愿违, 导致整个版面变得缺乏吸引力。

如何展示一张很不错的照片呢? 非常简单, 保持清晰, 所有无关的元素都不要出现在页面上, 如图 8.9 所示。

图 8.9

Ambient 摄影俱乐部出版了他们自己的月刊杂志来提升俱乐部的影响力。因此, 他们希望杂志的视觉效果能够显得更加专业, 以迎合范围更广的读者。Ambient 是一本内部自己使用大幅激光打印机打印的杂志, 这也意味着打印的质量相当高, 而且能够使用全幅面无边距输出。版面主要以相片为主, 文字为辅。

那如何展示那些摄影作品? 其实这与你要展示其他东西一样——将所有无关元素清理出版面! 具体在这个案例中, 就是将那些边界、阴影、复杂的字体及暧昧的信息传达替换成简洁的字体及干净开阔的空间, 如图 8.10 所示。

修改前

图 8.10

该杂志有很好的名称,有很好的照片及少量的文字,但上面的设计,却显得过于喧哗。版面上有太多复杂的元素使读者无法将注意力放在照片上。柯达黄如果是小面积使用效果很不错,但在这里,却显得过于抢眼。杂志名称使用粗体及全大写字母,而且还有描边及阴影效果,这与"Ambient"一词所传达的意义是背道而驰的。而照片,漂浮的效果及加边框的设计,再加上那些过于飘逸的字体,都使整个版面显得过于造作及不真实。可以将这些复杂琐碎的东西通通扔掉,直接让相片成为一号主角。

1)烦琐复杂的设计

Ambient杂志的封面有太多毫无必要的细节,这些细节除了让读者感到眼花缭乱外,对信息的传达毫无用处,如图8.11所示。

图 8.11

（1）描边及阴影

描边及阴影效果是一把双刃剑,一不留神,就会造成不好的效果。在人们的想象中,这些效果应该是一种悦目的装饰,会让元素显得更加整齐并且让文字更加突出。但在原设计中,人们的眼睛领悟不到这种悦目。与轻易直观的边距设计相比,人们在看原设计时,眼睛"穿越"了3个不连贯的区域及3条边界线,再加上阴影及3种颜色。而字母还有很多角位区域阻碍了人们的视线。一句话:版面拥挤并且涣散。

（2）互相抵触的字体

不协调的字体——大而无当的杂志名称区域与矫揉造作的花体标题放在一起,使整个版面显得杂乱不堪,如图8.12所示。

图 8.12

作为名称的字体,采用粗体并没有什么不妥,但问题是这种字体在这里并不起作用。Bauer Bodoni Condensed字体显得过于厚重及拥挤,其中的粗壮区域阻碍了阅读的节奏（图8.12）。而那些细小的衬线及非常幼细的线条也让眼睛无从适应。字母所形成的正负区域基本一致, 也增加了整体视觉的平淡感。描边效果使视觉效果显得更差, 如图8.13所示。

图 8.13

图 8.13 所显示的文字负空间区域的形状让人们可更加清晰地观看到其中所形成的一些琐碎及毫无意义的凹位及突出的细小元素, 如图 8.14 所示。

图 8.14

标题采用了 Apple Chancery 字体, 它给人卖弄姿色及浮夸的感觉, 这种字体多见于一些邀请函、宣言及私人文件中。问题在于这种字体过于活跃及没有半点正经, 像钢笔效果的线条随意飘散, 而且其角位的形状也是千奇百怪, 使文字形成不了一种节奏感。这两种字体加在一起, 只会让读者的眼睛受不了, 如图 8.15 所示。

图 8.15

2) 轻易化

改造从清理这些无关元素开始, 如图 8.16 所示。

图 8.16

过程 1: 将字体扔掉; 过程 2: 将颜色及阴影去掉; 过程 3: 将白色边框拆掉, 将相片放下来, 扩至边缘上。这时, 仍然形成了两个区域, 相片不再 "放在" 白色背景上, 人们开始留意到照片的美感, 如图 8.17 所示。

图 8.17　　　　　　　　　　　图 8.18

（1）选择颜色

在照片上不同区域取色会形成不同的视觉感观，如图8.18所示。

（2）设计名称

使用一种简洁的字体来与轻易的版面相呼应。Helvetica Neue Ultra Light作为一种经典字体，既传达出空灵的感觉，也具有精致感，如图8.19所示。

（3）调整文字

为了使整个版面的"声音"降低，呈现一种优雅的视觉感，整个杂志封面都使用了Helvetica字体系列。文字后退，照片成为主角，如图8.20所示。

图 8.19

图 8.20

原设计的版面中, 文字只是轻易地放上去, 缺乏精心的设计。

原来的文字排版是任何一人都可做到的, 这里左对齐, 那里右对齐, 然后个别再缩进一些。这样的文字排版仅仅是起到传达信息的作用, 但没有吸引力。通过对文字的精心安排, 可使文字传达出一种美感、优雅及权威。在图 8.21 中, 标题文字均采用同一种尺寸, 只是粗细的区别, 并且采用了中间对齐的排版, 像电影职员表的设计。其中的文字长度会随着内容不同而调节, 整个文字区域显得非常有趣, 而且每一期给人的感觉都有所不同。几个小标题就已经对整个背景空间形成了不规则的分割。期刊号、出版日期及价格等文字尽量缩小, 放在了上方名称的字母间, 而且文字采用了细体, 并呈灰色, 由于位置的独特, 它们虽然尺寸很小, 但仍然能够轻易阅读, 并且成为了一视觉点。

图 8.21

（4）视觉统一

对于杂志来说, 每一期的相片、标题及颜色都会有所不同, 但整体结构却是固定的。重复版面的构成会快速创建强有力而且连贯的视觉形象, 如图 8.22 所示。

图 8.22

在白色背景上放置照片效果永远出色。就算在高对比的版面上, 纤细的杂志名称仍然统领着整个空间。标题（留意其呈现后退的浅色）在使用时为了使边距统一, 左右会适当作移动。留意上方两个封面设计中, 字体颜色均来自于相片中的颜色, 这可确保任何时间, 整个版面都形成一种和谐的视觉效果。

对于一些打印机来说, 可能不能实现无边距打印, 那下方的版面结构就非常适合。让照片与纸张保留清晰的边距, 一般来说, 大约 1/4 in, 如图 8.23 所示。

图 8.23

应用白色背景，使其设计可适用于在任何打印机上输出。如果有一系列非常棒的照片按这种版式排版，出来的效果将具有一种强烈的画廊展示氛围。

这个版面的结构及 Helvetica 字体已经足够应付任何长度的名称。如果名称太长，不要将文字随意挤窄或者变成两行，只需要将文字变小一点即可，如图 8.24 所示。

两个词中间不要留间距，使整体看起来更具现代感。而两个词所用的颜色略有差别，传达出文字的两个意思。在这里，采用类比色关系的红色及橙色，使整个相片显得温暖热烈，如图8.25所示。

图 8.24

根据色轮取色：

如果你所选择的颜色不是来自于图片，那你需要利用色轮来选择。在这里，冷色系蓝色与橙色为分裂补色关系，而WEST减淡50%应用，因为蓝色与图片颜色有很大区别，所以文字的颜色可以固定应用，使其与杂志的整体结合感更强。

图 8.25

移动电子商务运营师2.0

HTML5+CSS3
交互设计开发

梦工场科技集团　编著

重庆大学出版社

内容提要

本书从实用角度出发,详细讲解了HTML,CSS和JavaScript的基本语法和设计技巧,通过一个实用的购物网站的规划、设计、实现到发布的全过程,将各章的知识点贯穿起来,各章均配有习题和实验,力求达到理论知识与实践操作完美结合的效果。本书内容翔实,行文流畅,讲解清晰,介绍全面,具有很强的可读性。

本书可作为高职高专教材,还可供从事网页设计与制作、网站开发、网页编程等行业人员参考。

图书在版编目(CIP)数据

HTML5+CSS3交互设计开发/ 梦工场科技集团编著.
--重庆:重庆大学出版社,2017.8
(移动电子商务运营师2.0)
ISBN 978-7-5689-0701-9

Ⅰ.①H… Ⅱ.①梦… Ⅲ.①超文本标记语音—程序设计②网页制作工具③HTML5 Ⅳ.①TP312.8
②TP393.092.2

中国版本图书馆CIP数据核字(2017)第182130号

HTML5+CSS3交互设计开发

梦工场科技集团 编著
策划编辑:顾丽萍
责任编辑:陈 力 姜 凤 版式设计:顾丽萍
责任校对:关德强 责任印制:赵 晟
*
重庆大学出版社出版发行
出版人:易树平
社址:重庆市沙坪坝区大学城西路21号
邮编:401331
电话:(023)88617190 88617185(中小学)
传真:(023)88617186 88617166
网址:http://www.cqup.com.cn
邮箱:fxk@cqup.com.cn(营销中心)
全国新华书店经销
重庆五洲海斯特印务有限公司印刷
*
开本:787mm×1092mm 1/16 印张:16 字数:332千
2017年8月第1版 2017年8月第1次印刷
ISBN 978-7-5689-0701-9 总定价:800.00元(全5册)

前　言

　　互联网的飞速发展对人类的各种活动产生了深刻的影响，其已成为当前最重要的信息传播手段。无论是个人、企业，还是政府、媒体，没有谁会忽略互联网因此基于互联网的开发已成为现今软件开发的主流，甚至大量传统的信息系统也已经开始向新的运行模式进行移植。

　　本书主要介绍浏览器端开发技术，也就是 HTML 页面制作技术。早期只需要使用 HTML 即可单独完成前台网页制作，而今天需要学习整个 Web 标准体系才能完成规范的网页制作。在 Web 标准中，HTML/XHTML 负责页面结构，CSS 负责样式表现，JavaScript 负责动态行为。本书的主要特色不仅在于通过提供丰富的小实例来介绍HTML/CSS/JavaScript 的基本语法，而且将一个完整的案例——购物网站，贯穿于全书始终，教会读者如何将各个知识点应用于一个实用系统中。避免学习的知识停留于表面、局限于理论，使读者学习的知识可以马上应用于相关实际的工作中。本书涉及技术面较广，故难以做到面面俱到，但力求让读者掌握最实用的核心技术，通过实践加深对知识的灵活应用。

　　本书由徐贝拟定编写大纲，并编写了第 3 章至第 9 章，崔倍倍编写了第 1 章和第 2 章，翁列编写了第 10 章和第 11 章，崔倍倍、龚宁静、侯利珍、李文强对全书文字进行了校正。

　　因时间仓促，加之水平有限，书中难免存在错误和疏漏之处，敬请广大读者批评指正。

编　者
2017 年 3 月

目　录

第4章 表 单

第5章 初识CSS

第6章 使用CSS美化网页

第7章 盒子模型

第8章 浮 动

第9章 定位网页元素

第10章 JavaScript基础

第11章 综合案例——购物网站的设计

参考文献

1.1 网站基本概念

1.1.1 什么是网页与网站

1）网页

网页是构成网站的基本元素，是承载各种网站应用的平台。一般情况，网页中包括文字、图像、声音、动画和视频等多种媒体内容，如图1.1所示。

图1.1　网页

2）网站

网站的英文名字为Website，起源于美国国防部高级研究计划管理局建立的阿帕网。它是指在因特网上根据一定的规则，使用HTML等工具制作的用于展示特定内容相关网页的集合。简单地说，网站是一种通信工具，人们可以通过网站来发布自己想要公开的资讯，或者利用网站来提供相关的网络服务。人们可以通过网址（网络中的地址）来访问网站，获取自己需要的资讯或者享受网络服务。网址可以是4部分数字组成的IP地址，如211.100.38.96；也可以是由字母、数字组成的域名，如www.baidu.com。一般来说，域名便于记忆，人们上网输入域名后计算机服务器会将其转换成IP地址。但是网站的域名与IP地址也不是绝对的一一对应，利用虚拟技术，一个IP地址可以对应多个域名。

1.1.2　认识网站的构成

网站主要由3部分构成，即网页、域名、服务器或主机空间。

1）网页

一般情况，网站是由若干个网页集合而成的，大家通过浏览器看到的画面就是网页，网页其实就是一个文件，文件类型可以是HTML，SHTML，PHP，JSP，ASPX或者ASP，浏览器是用来查看这份文件的。

2）域名

域名就是网站的名字，由一串用点分割的名字组成的Internet上某一台计算机或者计算机组的名称，通过域名就可以访问企业的网站，比如，域名www.baidu.com。在我国，域名的管理由中国互联网络信息中心负责，使用者需要申请并每年付给中国互联网中心域名使用费。

3）服务器或主机空间

服务器或主机空间是用于存储网页内容的计算机，它在用户提出访问请求时，查找相对应的网页文件并通过HTTP（协议）传送给客户端的网页浏览器。有些服务器是一台连接到互联网上且具有相当存储能力并具有良好性能的计算机，但是也有些服务器是虚拟主机，如网站空间，因为有些企业因某些原因不架构自己的服务器，选择虚拟主机空间作为放置网站内容的网站空间。

1.1.3　熟悉网站常用术语

为了更好地理解网站的制作过程，有必要了解一些网站的常用术语。

1）静态网页

静态网页是相对于动态网页而言的，是指没有后台数据库和不可交互的网页。静态网页相对更新起来比较麻烦，适用于一般更新较少的展示型网站。

2）动态网页

动态并不是指放于网页上的GIF动态图片，而是符合以下几条规则的网页。

①网页会根据用户的要求和选择而动态改变和响应，将浏览器作为客户端界面，这将是今后Web发展的大势所趋。

②无须手动更新HTML文档，便会自动生成新的页面，可以大大节省工作量。

3）超链接

超链接在本质上属于一个网页的一部分，它是一种允许同其他网页或站点之间进行连接的元素。各个网页链接在一起后，才能真正构成一个网站。所谓的超链接是指从一个网页指向一个目标的连接关系，这个目标可以是另一个网页，也可以是相同网页上的不同位置，还可以是一幅图片、一个电子邮件、一个文件甚至是一个应用程序。而在一个网页中用来超链接的对象，可以是一段文本或者是一幅图片。当浏览者单击已链接的文字或图片后，链接目标将显示在浏览器上，并且根据目标的类型来打开或运行。

4）IP地址

在Internet上有千百万台主机空间，为了区分这些主机，人们给每台主机都分配了一个专门的地址，称为IP地址，通过IP地址就可访问每一台主机。IP地址由4部分数字组成，每部分都不大于256，各部分之间用小数点分开。例如，"百度"主机的IP地址是"202.108.22.5"，在浏览器上输入这个IP地址，就可以访问百度的主页。

5）域名系统（DNS）

因为IP地址是由简单的没有任何含义的数字组成的，如果只能通过IP上网，则人们需要记住很多的数字，这无疑是很困难的。而事实上人们不需要记住IP地址，只需要记住一组有含义的字符串即可。这就是域名。因为域名是有含义的，所以相对于IP地址容易记忆。但机器间互相只认IP地址，域名与IP地址之间是一一对应的，它们之间的转换工作称为域名解析，域名解析需要由专门的域名解析服务器来完成，整个过程是自动进行的。上网时，只需在地址栏中输入域名，就会由系统将域名转换成IP地址，从而进行相应网页的调用。

6）虚拟主机

虚拟主机（Virtual Host/Virtual Server）是使用特殊的软硬件技术，把一台计算机主机分成多台"虚拟"主机，每一台虚拟主机都具有独立的域名和IP地址（或共享的IP地址）并有完整的Internet服务器（WWW，FTP，E-mail等）功能。在同一硬件、同一操作系统上，运行着为多个用户打开的不同的服务器程序，互不干扰；而各个用户拥有自己的一部分系统资源（IP地址、文件存储空间、内存、CPU时间等）。虚拟主机之间完全独立，并可由用户自行管理，在外界看来，每一台虚拟主机和一台独立的主机的表现完全一样。虚拟主机属于企业在网络营销中比较简单的应用，适合初级建站的小型企事业单位。这种建站方式，适用于企业宣传、发布比较简单的产品和经营信息。

7）租赁服务器

租赁服务器是通过租赁ICP的网络服务器来建立自己的网站，使用这种建站方式，无须购置服务器，只需租用ICP的线路、端口、机器设备和所提供的信息发布平台就能够发布企业信息、开展电子商务。它能替企业减轻初期投资的压力，减少对硬件长期维护所带来的人员及机房设备的投入，使企业既不必承担硬件升级负担又同样可以建立一个功能齐全的网站。

8）主机托管

主机托管是企业将自己的服务器放在ICP的专用托管服务器机房，利用他们的线路、端口、机房设备为信息平台建立自己的宣传基地和窗口。使用独立主机是企业开展电子商务的基础。虚拟主机会被共享环境下的操作系统资源所限，因此，当企业站点需要满足其组织日益发展的要求时，虚拟将不再满足其需要，这时企业需要选择使用独立的主机。

9）FTP

FTP的全称是File Transfer Protocol（文件传输协议），顾名思义，就是专门用来传输文件的协议。FTP的主要作用就是让用户连接上一个远程计算机（这些计算机上运行着FTP服务器程序）查看远程计算机有哪些文件，然后将文件从远程计算机上复制到本地计算机，或把本地计算机的文件传送给远程计算机。

1.2 网站的种类及特点

不同类型的网站，其设计风格、颜色搭配、适合人群、网页布局和功能等都会截然不同。优秀的网站设计人员需要根据网站的类型及其面向的人群进行个性化的风格设计、颜色搭配。

1.2.1 电子商务类网站

电子商务网站是指一个企业、机构或公司在互联网上建立的站点，是企业、机构或公司开展电子商务的基础设施和信息平台，是实施电子商务的公司或商家与客户之间的交互界面，是电子商务系统运行的承担者和表现者。常见的电子商务网站类型有B2B，B2C，C2C，B2G，B2E，如图1.2所示。

①B2B：企业与企业之间的交易，如阿里巴巴交易平台等。

②B2C：企业与消费者之间的交易，如卓越亚马逊、当当网、红孩儿等。

③C2C：消费者与消费者之间的交易，如淘宝网等。

④B2G：同城交易，如58同城等。

⑤B2E：企业内部员工之间的交流。

图1.2 电子商务类网站

1.2.2 门户类网站

门户类网站是指通向某类综合性互联网信息资源并提供有关信息服务的应用系统。门户网站最初提供搜索服务和目录服务，后来由于市场竞争日益激烈，门户网站不得不快速地拓展各种新的业务类型，希望通过诸如提供数据资源、信息服务甚至休闲娱乐等门类众多的业务来吸引和留住互联网用户，以至于目前门户网站的业务包罗万象，成为网络世界的"百货商场"或者"网络超市"。常见的门户类网站有新浪、搜狐、网易等，如图1.3所示。

图 1.3　门户类网站

1.2.3　休闲娱乐类网站

休闲娱乐类网站是指提供休闲娱乐方式的网络平台，一般包括视频、游戏、音乐等。其常见的有视频网站，如土豆网、优酷网等；游戏网站，如4399小游戏网等；音乐网站，如九天音乐网等，如图1.4所示。

图 1.4　休闲娱乐类网站

1.2.4　资源服务类网站

资源服务类网站是指着重提供Internet网络免费资源和免费服务的网站。资源包括电子刊物、自由软件、图片、电子图书、技术资料、音乐和影视等；服务包括电子邮件、BBS、虚拟社区、免费主页、传真等。免费资源服务有很大的公益性质，比较受欢

图 1.5　艾瑞网

迎,如艾瑞网(见图1.5)。

1.2.5　学习教育类网站

学习教育类网站是服务于教育活动的网络平台。教育行政部门的网站如中华人民共和国教育部网,介绍部门的结构和职能,提供与教育有关的政策法规和时事要闻,面向的对象为教育工作者。教育研究机构的网站如中小学信息技术教育网,提供最新的教科研动态、专业讨论社区、教育教学资源,面向的对象为教育工作者。如图1.6所示为中国教育和科研计算机网的主页。民间教育机构的网站数量众多,如新东方、泸江网校、启航教育等。

图 1.6　中国教育和科研计算机网

1.3　网站建站流程

要设计出一个精美的网站,前期的规划是必不可少的,此时往往需要和客户进行沟通并确定网站的风格,然后就是搜集、整理素材从而可以减少后期制作网页的工作量，接下来就可以规划站点并制作网页，完成之后进行网站的测试并发布，最后便是后期的更新、维护及推广工作。

1.3.1 确定网站风格和布局

"风格"是抽象的，是指站点的整体形象给浏览者的综合感受。这个"整体形象"包括站点的CI（标志、色彩、字体、标语）、版面布局，以及交互性、文字、语气、内容价值等诸多因素。网站可以是平易近人、生动活泼的，也可以是专业严肃的。不管是色彩、技术、文字、布局，还是交互方式，只要能让浏览者明确分辨出这是网站独有的，这就形成了网站的"风格"。

一个网站风格的确定主要和网站类型、服务对象有很大的关系。如果网站面向的对象是儿童，很明显应该是生动活泼的风格，如图1.7所示；如果面向的对象是女性朋友，则温婉、清新秀丽的风格很明显是受人们欢迎的。

图 1.7　网站风格

打开一个网站，首先呈现在眼前的就是网站的布局，同样也可以使访问者比较容易在站点上找到他们所需要的信息。网页布局大致可分为"国"字型、拐角型、标题正文型、左右框架型、上下框架型、综合框架型、封面型、Flash型、变化型等。

（1）"国"字型

"国"字型也可以称为"同"字型，是一些大型网站所喜欢的类型，即最上面是网站的标题以及横幅广告条，接下来是网站的主要内容，左右分列一些小条内容，中间是主要部分，与左右一起罗列到底，最下面是网站的一些基本信息、联系方式、版权声明等。这种结构是在网上常用的一种结构类型，如图1.8所示。

（2）拐角型

拐角型与"国"字型只是形式上的区别，其实是很相近的。拐角型上面是标题及广告横幅，接下来的左侧是一窄列链接等，右列是很宽的正文，下面也是一些网站的辅助信息，如图1.9所示。

图1.8 "国"字型网站

图1.9 拐角型网站

（3）标题正文型

这种结构最上面是标题或类似的一些内容，下面是正文。例如，一些文章页面或注册页面等采用这种类型，如图1.10所示。

（4）左右框架型

这是一种左右分为两栏的框架结构，一般左边是导航链接，有时最上面会有一个小的标题或标志，右边是正文。大部分的大型论坛都是这种结构，也有一些企业网站喜欢采用这种结构。这种结构的优点是非常清晰，一目了然。

（5）上下框架型

上下框架型与左右框架型类似，区别仅在于是一种上下分为两页的框架。

（6）综合框架型

综合框架型由左右框架型和上下框架型两种结构结合，是相对复杂的一种框架结构，较常见的框架是类似于"拐角型"结构。

（7）封面型

这种类型基本上是出现在一些网站的首页，大部分为一些精美的平面设计结合一些小的动画，放上几个简单的链接或者仅是一个"进入"的链接甚至直接在首页

图 1.10　标题正文型网站

的图片上做链接而无任何提示。这种类型大部分出现在企业网站和个人主页,如果处理得好,会给人带来赏心悦目的感觉。

（8）Flash型

这种类型与封面型结构是类似的,只是这种类型采用了Flash动画。与封面型不同的是,由于Flash强大的功能,页面所表达的信息更丰富,其视觉效果及听觉效果如果处理得当,绝不差于传统的多媒体。

（9）变化型

变化型即上面几种类型的结合与变化,在视觉上很接近拐角型,但所实现的功能的实质是那种上、左、右结构的综合框架型。

一个好的网站风格和布局要起到的作用:加强视觉效果、加强文案的可认度和可读性,页面具有统一感,鲜明的个性。

在实际应用中,可根据自己的需要将各种网页布局进行交叉融合,发展特色的网页布局类型。

1.3.2　搜集、整理素材

要想设计出漂亮的页面,素材的搜集和整理是首先要学会的基本功之一。学会将网上的素材下载整理,在有需要时可以不费太长时间找到所需的素材或参考模板,这无疑会使网站设计事半功倍。

素材的搜集是不难理解的,就是在平时看到吸引人眼球的图片或网页模板时下载保存起来。保存方法可以是保存单张图片或者保存整个页面（可以使用360浏览器中自带的功能或图片另存操作）。

当然,如果只是杂乱保存的话,后期在使用时查找是很费时的。因此对素材的整理方法及归类方式有很多,大家可以在不断地摸索中总结出适合自己的收集整理素材的方式。常用的方法包括将素材分类放在不同的文件夹中,如矢量和PSD文件,然后又可分为花纹类、背景类、标志类、炫光类等;或者按照素材的用途进行分类,如新年图片、日落图片、大海图片、高山图片等;或者按图片颜色分类,如红色、蓝色、紫色等。人们可以根据自己的喜爱选择不同的方法。

1.3.3　规划站点并制作网页

通常，一个站点包含的文件很多，大型站点更是需要对站点的内部结构进行规划。应该将各个文件分门别类地放到不同的文件夹中，如果将所有的文件混杂在一起，则整个站点显得杂乱无章，且不易管理。因此，站点结构要条理清晰、井然有序，使人们通过浏览站点的结构，就可知道该站点的大概内容。一般情况下，将站点中所用的图片和按钮等图形元素放在Images文件夹中，HTML文件放在根目录下，而动画和视频等放在Flash文件夹中。对站点中的素材进行详细的规划，是为网页设计人员在修改管理页面文件时提供方便。在计算机中，除C盘外都要新建一个站点的文件夹，命名如Myweb，也可称为"我的站点"。

制作网页是一个复杂而细致的过程，一定要按照先大后小、先简单后复杂的顺序来制作。所谓先大后小，就是在制作网页时，先把大的结构设计好，然后再逐步完善小的结构设计。所谓先简单后复杂，就是先设计出简单的内容，然后再设计复杂的内容，以便出现问题能及时修改。

在网页排版时，要尽量保持网页风格的一致性，不至于在网页跳转时产生不协调的感觉。在制作网页时灵活地运用模板，可以大大地提高制作效率。将相同版面的网页做成模板，基于此模板创建网页，以后想改变网页时，只需修改模板即可。

1.3.4　网站的测试与发布

网站的测试包括以下几个方面：

（1）网页测试

一般的网页设计工具中均自带有测试工具，如Dreamweaver的"文件"菜单中的"检查目标浏览器"子菜单即可完成测试功能。

（2）本地站点测试

本地站点测试主要包括检查链接、检查浏览器兼容性、检查多余标签、检查语法错误等。

（3）用户测试

用户测试是以用户身份测试网站的功能。其主要测试内容有评价每个页面的风格、颜色搭配、页面布局、文字的字体和大小等方面与网站的整体风格是否统一、协调，页面布局是否合理，各种链接所放的位置是否合适，页面切换是否简便，对于当前访问位置是否明确等。

（4）负载测试

安排多个用户访问网站，让网站在高强度、长时间的环境中进行测试，其主要测试内容有网站在多个用户访问时访问速度是否正常，网站所在服务器是否会出现内存溢出、CPU资源是否不正常等。

网站的发布是指将网站内容使用FTP上传到网站空间中，网站空间可以在网络上的一些网页空间提供商处购买。若制作的网站还需要数据库，但购买的网站空间不自带数据库，就需要另外购买数据库。FTP、数据库的账号和密码信息都会在申请网站空间时得到。

1.3.5 后期更新与维护

网站制作好后,日后的更新和维护才是最重要的。更新和维护的目的是为了能够使网站长期稳定地在互联网上运行,并为用户持续不断地提供新的网站内容。一个好的网站需要定期或不定期地更新内容,才能不断地吸引更多的浏览者,只有不断地更新内容,才能保证网站的生命力。

更新和维护的主要工作内容包括对网站重新进行规划与设计、增加网站内容、扩大服务范围以及增添服务项目等。

1.3.6 网站推广

网站制作好后,还要不断地对其进行宣传,这样才能让更多的朋友认识它,以提高网站的访问率和知名度。推广的方法有很多,如到搜索引擎上注册、与别的网站交换链接或加入广告链接等。

网站推广是企业网站获得有效访问的重要步骤,合理而科学的推广计划能令企业网站收到接近期望值的效果。网站推广作为电子商务服务的一个独立分支正显示出其巨大的魅力,并越来越引起企业的高度重视和关注。

1.4 网页制作开发工具和网页浏览工具 Q

1.4.1 网页制作开发工具

很多软件可以制作网站,而且网页制作的过程中还可以用到很多辅助软件,比如调色板软件、模板类软件等,这里只介绍常用的软件。

1)记事本

HTML代码可以使用Windows操作系统中自带的记事本进行编辑。如果用户正在使用的话,可以使用它自带的记事本(Notepad)程序(依次单击菜单"开始程序附件"可找到该程序),如图1.11所示。

图1.11 打开"记事本"

在记事本中输入以下代码，如图1.12所示。

图 1.12　输入代码

这是一个简单的HTML代码，从菜单选择"文件"→"另存为"，将该文本文件命名为 "index.html"。在文件夹中双击index. html，用IE浏览器打开该网页文件，网页效果如图1.13所示。

图 1.13　网页效果

不仅在记事本中可以编写HTML代码，任何文本编辑器都可以编写HTML代码，如写字板、Word等，但必须保存为.html或.htm格式。

2）EditPlus

一些专业的文本编辑器提供了更便捷的功能，如自动添加标记，高亮显示一些代码等。EditPlus取代记事本的文字编辑器，拥有无限制地撤销与重做、英文拼写检查、自动换行、列数标记、搜寻取代、同时编辑多文件、全屏幕浏览等功能，是一款非常好用的 HTML编辑器，它除了支持颜色标记和HTML标记，同时还支持C，C++，PerUava等其他语言。另外，它还内建完整的HTML & CSS指令功能，对习惯用记事本编辑网页的朋友，它能节省一半以上的网页制作时间；若用户安装有IE 3.0及以上版本，它还可以将IE浏览器集成于EditPlus窗口中，让用户可以直接预览编辑好的网页（若没安装IE，也可指定相应的浏览器路径）。

3）Dreamweaver

一般人刚开始学习网页设计时会觉得比较困难，尤其是没有写过程序的人。但是现在很多的可视化网页开发工具，强调的是"WYSWYG（What You See is What You Get!）"， 即使一个不懂得HTML语法的人也可以设计出很复杂的网页，例如，微软推出的 FrontPage、Adobe公司推出的 Dreamweaver 等。Dreamweaver 是一款专业的 HTML 编辑器，用于设计网页和Web应用程序，它提供了很多实用工具，利用这些工具，可以更加方便、快速地制作网页，它可以与其他Adobe产品配合使用，为用户提供全面的网页制作功能。

1.4.2　网页浏览工具

访问WWW只需要有浏览器。浏览器是阅读WWW上的信息资源的一个软件，它的作用是在网络上与WWW服务器打交道，从服务器上下载文件，如果是一个HTML文件，浏览器就会翻译那个文件中的HTML代码，进行格式化，并显示文件内容，如果文件中包含图像及其他类型文件的链接，它也能处理相应的图像及其他类型的文件等信息，例如，调用事先安装好的播放软件播放视频等特殊资源。

浏览器产品有很多可供选择，它们都可以浏览WWW上的内容。目前，最普及的浏览器当属微软（Microsoft）公司的Internet Explorer（俗称"IE"），它是和Windows系统绑定在一起的，其他一些浏览器包括Opera、Mozilla Firefox（俗称"火狐狸"或"火狐"）、腾讯TT 等。这些浏览器的基本功能都是浏览网页，因此，具体使用哪个浏览器没有特别限制，除非需要访问一些使用了某个浏览器专有技术开发的网页。

1.5　网页制作相关技术 🔍

HTML，CSS，JavaScript是制作网页的三大法宝，它们在网页设计中扮演了重要的角色。HTML 是基础架构，CSS用来美化页面，而JavaScript用来实现网页的动态性和交互性。

1.5.1　HTML

在网上，如果要向全球范围内发布信息，需要有一种能够被广泛理解的语言，即所有的计算机都能够理解的一种用于发布信息的"母语"。这种WWW所使用的母语就是HTML语言。HTML是Hypertext Markup Language的英文缩写，即超文本标记语言，它是构成Web页面的主要工具。

设计HTML语言的目的是为了能把存放在一台计算机中的资料与另一台计算机中的资料方便地联系在一起，形成有机的整体，人们不用考虑具体信息是在网络的哪台计算机上。只需使用鼠标在某一文档中单击一个链接，Internet就会将与此链接相关的内容下载并显示出来。

用HTML编写的超文本文档称为HTML文档,它是由很多标记组成的一种文本文件,HTML标记可以说明文字、图形、动画、声音、表格、链接等,HTML在WWW上取得了巨大成功,它令人们可以在因特网上展示任何信息。使用HTML语言描述的文件,能独立于各种操作系统平台(如UNIX,Windows等),访问它只需要一个WWW浏览器,人们所看到的网页,是浏览器对HTML文件进行解释的结果,如图1.14所示为腾讯网的首页。

可以通过浏览器直接查看一个页面的HTML源代码,例如,在IE浏览器菜单栏上选择"查看源文件"即可。下面是腾讯网首页的代码片段,如图1.15所示。

图 1.14 腾讯网首页

图 1.15 代码片段

1.5.2 CSS

CSS就是一种叫作样式表(Style Sheet)的技术。也有人称为层叠样式表(Cascading Style Sheet, CSS)。CSS语言是一种标记语言,它不需要编译,属于浏览器解释型语言,可以直接由浏览器解释执行,CSS是由W3C的CSS工作组制定和维护的。

在主页制作时采用CSS技术,可以有效地对页面的布局、字体、颜色、背景和其他效果实现更加精确的控制。只要对相应的代码作一些简单的修改，就可以改变同一页面的不同部分，或者页数不同的网页的外观和格式，其作用如下：

①在几乎所有的浏览器上都可以使用。

②以前一些必须通过图片转换实现的功能，现在只要用CSS就可以轻松实现，从而更快地下载页面。

③使页面的字体变得更漂亮、更易于编排，使页面真正赏心悦目。

④可以轻松地控制页面的布局。

⑤可以将许多网页的风格格式同时更新，不需再一页一页地更新了。可以将站点上所有的网页风格都使用一个CSS文件进行控制，只要修改这个CSS文件中相应的行，整个站点的所有页面都会随之发生变动。

1.5.3　JavaScript

JavaScript就是适应动态网页制作的需要而诞生的一种新的编程语言，如今越来越广泛地应用于Internet网页制作上。JavaScript是由Netscape公司开发的一种脚本语言（Scripting Language）。

在HTML基础上，使用JavaScript可以开发交互式Web网页，例如，可以在线填写各类表格、联机编写文档并发布等。JavaScript的出现使得网页和用户之间实现了一种实时性、动态性、交互性的关系，使网页包含更多活跃的元素和更加精彩的内容。

一个JavaScript程序其实是一个文档、一个文本文件，它需要嵌入HTML文档中。因此，任何可以编写HTML文档的软件都可以用来开发JavaScript。

1.6 实验 Q

打开记事本，编写第一个页面。

①打开记事本：单击"开始"—"程序"—"附件"—"记事本"命令。

②输入以下代码：

```
<html>
<head>
    <title>欢迎你光临我的第一个网页</title>
    <style>
h1 {
font-family:幼圆;
font-size: x-large;
color: red;
}
</style>
</head>
```

```
<body>
<hl>当你进入html编程世界时, 你的<br>感觉是全新的! </hl>
<script language = "JavaScript">
alert ("welcome! 朋友们")
</script>
</body>
</html>
```

③单击"文件"—"选择"—"保存"命令, 选择文件类型为"所有文件", 文件名输入"index.html", 并选择文件保存地址(记住一定要把文件的后缀存为.html或.htm, 否则网页无法显示)。

④用浏览器打开这个文件, 看看其效果。

⑤由于使用了JavaScript的代码, 浏览器出于安全设置会在地址栏下方出现"为帮助保护你的安全, Internet Explorer已经限制此文件显示可能访问您的计算机的活动内容"的提示信息。单击提示条选择"允许阻止的内容"选项即可。

第2章 HTML 基础介绍

2.1 HTML 文档的基本结构和 W3C 标准 🔍

2.1.1 HTML 简介

在学习使用HTML之前，大家经常会问，什么是HTML？HTML是用来描述网页的一种语言，它是一种超文本标记语言（Hyper Text Markup Language），也就是说，HTML不是一种编程语言，仅是一种标记语言（Markup Language）。

既然HTML是标记语言，那么HTML就是由一套标记标签（Markup Tag）组成，在制作网页时，HTML使用标记标签来描述网页。

在明白了什么是HTML之后，简单介绍一下HTML的发展历史，让大家了解HTML的发展历程，以及目前最新版本的HTML，使大家在学习时有明确的学习目标和方向。

①超文本置标语言：在1993年6月，互联网工程工作小组工作草案发布（并非标准）。

②HTML 2.0：1995年11月，作为RFC 1866发布，在RFC 2854于2000年6月发布之后被宣布过时。

③HTML 3.2：1996 年 1 月 14 日，W3C 推荐标准。

④HTML 4.0：1997年12月18日，W3C推荐标准。

⑤HTML 4.01（微小改进）：1999年12月24日，W3C推荐标准；2000年5月15日发布基本严格的HTML 4.01语法，是国际标准化组织和国际电工委员会的标准。

⑥XHTML 1.0：发布于2000年1月26日，是W3C推荐标准，后来经过修订于2002年 8月1日重新发布。

⑦XHTML 1.1：2001 年 5 月 31 日发布。

⑧XHTML 2.0是W3C的工作草案，由于改动过大，学习这项新技术的成本过高而最终胎死腹中，因此，现在最常用的还是XHTML 1.0标准。

⑨当前的HTML 5，它于2004年被提出；2007年被W3C接纳并成立新的HTML工作团队；2008年1月22日公布HTML 5第一份正式草案；2012年12月17日HTML 5规范

正式定稿；2013年5月6日，HTML 5.1正式草案公布。

HTML没有1.0版本是因为当时有很多不同的版本，第一个正式规范为了和当时的各种HTML标准区分开，使用2.0作为其版本号。

HTML 5作为最新版本，提供了一些新的元素和一些有趣的新特性，同时也建立了一些新的规则。这些元素、特性和规则的建立，提供了许多新的网页功能，如使用网页实现动态渲染图形、图表、图像和动画，以及不需要安装任何插件直接使用网页播放视频等。

虽然HTML 5提供了许多新的功能，但是它目前仍在完善之中，新的功能还在不断地被推出，纯HTML 5的开发还处于尝试阶段。虽然大部分现代浏览器已经具备了某些HTML 5的支持，但是还不能完全支持HTML 5，支持HTML 5大部分功能的浏览器仅是一些高版本，如IE 9及更高版本。因此，鉴于以上原因，本课程在讲解时，是以XHTML 1.0为标准进行介绍。大家若有兴趣，可以在学习完本门课程之后，以本门课程内容为基础，自学HTML 5的相关新功能。

2.1.2　HTML 文件基本结构

HTML的基本结构分为两部分，如图2.1所示，整个HTML包括头部（Head）和主体（Boby）两部分。头部包括网页标题（title）等基本信息，主体包括网页的内容信息，如图像、文字等各部分内容都在对应的标签中，如网页以\<html>开始，以\</html>结束；网页头部以\<head>开始，以\</head>结束；页面主体部分以\<body>开始，以\</body>结束，在网页中所有的内容都放在\<body>和\</body>之间。注意HTML标签都以"\< >"开始，以"\</>"结束，要求成对出现，标签之间有缩进，体现层次感，方便阅读和修改。

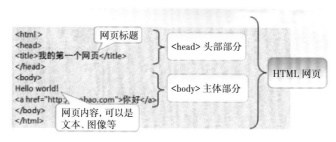

图2.1　网页基本框架

2.1.3　网页基本信息

使用火狐浏览器打开网页，显示结果如图2.2所示；页面标题和网页内容均显示乱码，如图2.3所示，为什么会出现这样的情况？

图2.2　Dreamweaver 软件编写

图2.3 页面出现乱码

在前面的例子中只编写了网页的基本结构，实际上一个完整的网页除了基本结构之外，还包括网页声明、<meta>标签等其他网页基本信息，如图2.4所示。

```
1   <!DOCTYPE html PUBLIC "-//W3C//DTD XHTML 1.0 Transitional//EN" "http://www.w3.org/TR/xhtml1/DTD/xhtml1-transitional.dtd">
2   <html xmlns="http://www.w3.org/1999/xhtml">
3   <head>
4   <meta http-equiv="Content-Type" content="text/html; charset=utf-8" />
5   <title>无标题文档</title>
6   </head>
7
8   <body>
9   </body>
10  </html>
11
```

图2.4 网页结构

1）DOCTYPE声明

从图2.4中可以看出，最上面有两行关于"DOCTYPE"文档类型的声明，其约束结构、检验是否符合相关Web标准，同时告诉浏览器，使用哪种规范来解释这个文档中的代码 DOCTYPE声明必须位于HTML文档的第一行，XHTML 1.0规定了3种级别的声明。

（1）Strict（严格类型）

这种声明完全符合W3C的标准，但要求比较严格。对应的声明为：

<!DOCTYPE html PUBLIC "-//W3C//DTD XHTML 1.0 Strict//EN" "http: //www.w3.org/TR/xhtml1/DTD/xhtml1-strict.dtd">

（2）Transitional（过渡类型）

Transitional也称松散（loose）声明。相比Strict而言，要求相对宽松对应的声明为：

<!DOCTYPE html PUBLIC "-//W3C//DTD XHTML 1.0 Strict//EN""http: //www.w3.org/TR/xhtml1/DTD/xhtml1-transitional.dtd">

（3）Frameset（框架类型）

Strict声明中不允许使用框架，当页面中需要使用框架时，则使用声明。框架页将在后续章节讲解，对应的声明为：

<!DOCTYPE html PUBLIC "-//W3C//DTD XHTML 1.0 Strict//EN""http: //www.w3.org/TR/xhtml1/DTD/xhtml1-frameset.dtd">

Strict语法较为严格，对代码的编写要求较高；Frameset在一些浏览器中不支持。因此在使用时受到浏览器的限制，所以并不常用；因此，使用最多的是Transitional，一个符合XHTML基本规范的 HTML文档，如图2.4所示。

目前，建议使用XHTML 1.0 Transitional（XHTML 1.0过渡类型），这样可以按照XHTML的标准书写符合Web标准的网页代码，同时在一些特殊情况下，还可以使用传统的做法。

2）<title>标签

使用<title>标签描述网页的标题，类似一篇文章的标题，一般为一个简洁的主题，并能吸引读者的兴趣读下去。例如，SOHU网站的主页，对应的网页标题为：

\<title>搜狐-中国最大的门户网站\</title>

打开网页后，将在浏览器窗口的标题栏显示网页标题，如图2.5所示。

图2.5 标题

2.1.4 W3C标准

如前所述，发明HTML的初衷是实现信息资料的网络传播和共享，希望HTML文档具有平台无关性，即同一HTML文档，在不同的浏览器上看到同样的页面内容和效果。但遗憾的是，随着浏览器市场的激烈竞争，各大浏览器厂商为了吸引用户，都在早期HTML版本的基础上进行扩展各类标签，各浏览器之间互不兼容，导致HTML编码规则混乱，违背了 HTML发明的初衷，因此，需要一个组织来制定和维护统一的国际化Web开发标准，确保多个浏览器都兼容，HTML内容结构都是语义化的。在这样的背景下，W3C（World Wide Web Consortium，万维网联盟）诞生了，因此由W3C组织制定和维护的Web开发标准，也称为W3C标准。

2.2 网页的基本标签

任何一个网页基本上都是由一个个标签构成的，网页的基本标签包括标题标签、段落标签、换行标签、水平线标签等。

2.2.1 标题标签

标题标签表示一段文字的标题或主题，并且支持多层次的内容结构。例如，一级标题采用\<h1>、二级标题则采用\<h2>，其他以此类推。HTML共提供了 6级标题\<h1>~\<h6>，并赋予了标题一定的外观，所有标题字体加粗，\<h1>字号最大，\<h6>字号最小。例如，示例1描述了各级标题对应的 HTML标签。

示例1

```
<!DOCTYPE html PUBLIC "-//W3C//DTD XHTML 1.0 Transitional//EN"
"http://www.w3.org/TR/xhtml1/DTD/xhtml1-transitional.dtd">
<html xmlns="http://www.w3.org/1999/xhtml">
<head>
<meta http-equiv="Content-Type" content="text/html"; charset="gb2312" />
<title>不同等级的标题标签对比</title>
</head>
<body>
<h1>一级标题</h1>
<h2>二级标题</h2>
```

```
<h3>三级标题</h3>
<h4>四级标题</h4>
<h5>五级标题</h5>
<h6>六级标题</h6>
</body>
</html>
```

在浏览器中打开示例1的预览效果，如图2.6所示。

图 2.6　不同级别的标题标签输出结构

示例1中的网页结构显示了DOCTYPE声明等，在本书后面的例子中，不再显示此部分内容，仅显示基本的页面结构内容，但在实际开发中，这些内容一定不能省略。

2.2.2　段落和换行标签

顾名思义，段落标签<p>…</p>表示一段文字等内容。例如，希望描述"北京欢迎你"这首歌，包括歌名（标题）和歌词（段落），则对应的HTML代码如示例2所示。

示例2

```
<!DOCTYPE html PUBLIC "-//W3C//DTD XHTML 1.0 Transitional//EN"
"http://www.w3.org/TR/xhtml1/DTD/xhtml1-transitional.dtd">
<html xmlns="http://www.w3.org/1999/xhtml">
<head>
<meta http-equiv="Content-Type" content="text/html"; charset="gb2312"/>
<title>段落标签的应用</title>
</head>
<body>
<h1>北京欢迎你</h1>
<p>北京欢迎你,有梦想谁都了不起 </p>
<p>有勇气就会有奇迹</p>
</body>
</html>
```

示例2中使用了\<h1\>标签来表示标题,使用\<p\>标签表示一个段落,这里就对应了上面介绍的 HTML内容语义化,需要注意的是,本例的段落只包含一行文字,实际上,一个段落中可以包含多行文字,文字内容将随浏览器窗口的大小自动换行。

在浏览器中打开示例2的预览效果,如图2.7所示。

图 2.7　段落标签的应用

换行标签\<br/\>表示强制换行显示,该标签比较特殊,没有结束标签,直接使用\<br/\>表示标签的开始和结束,例如,希望"北京欢迎你"的歌词紧凑显示,每句间要求换行,则对应的HTML代码如示例3所示。

示例3

```
<!DOCTYPE html PUBLIC "-//W3C//DTD XHTML 1.0 Transitional//EN"
"http://www.w3.org/TR/xhtml1/DTD/xhtml1-transitional.dtd">
<html xmlns="http://www.w3.org/1999/xhtml">
<head>
<meta http-equiv="Content-Type" content="text/html";  charset="gb2312" />
<title>段落标签的应用</title>
</head>
<body>
<h1>北京欢迎你</h1>
<p>北京欢迎你, <br/>
有梦想谁都了不起<br/>
有勇气就会有奇迹</p>
</body>
</html>
```

在浏览器中打开示例3的预览效果,如图2.8所示。

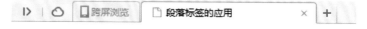

图 2.8　段落标签的应用

2.2.3　水平线标签

顾名思义,水平线标签<hr/>表示一条水平线,注意该标签与
标签一样,比较特殊,没有结束标签。为了让版面更加清晰直观,可以在歌名和歌词间加一条水平分隔线,对应的HTML代码如示例4所示。

示例4

```
<!DOCTYPE html PUBLIC "-//W3C//DTD XHTML 1.0 Transitional//EN"
"http://www.w3.org/TR/xhtml1/DTD/xhtml1-transitional.dtd">
<html xmlns="http://www.w3.org/1999/xhtml">
<head>
<meta http-equiv="Content-Type" content="text/html";  charset="gb2312" />
<title>段落标签的应用</title>
</head>
<body>
<h1>北京欢迎你</h1>
<hr/>
<p>北京欢迎你, <br/>
有梦想谁都了不起<br/>
有勇气就会有奇迹</p>
</body>
</html>
```

在浏览器中打开示例4的预览效果,如图2.9所示。

北京欢迎你

北京欢迎你,
有梦想谁都了不起
有勇气就会有奇迹

图 2.9　段落标签的应用

2.2.4　文字样式标签

在网页中,经常会遇到字体加粗或斜体字,字体加粗的标签是…,斜体字的标签是…。例如,在网页中介绍徐志摩,其中人物简介加粗显示,介绍中出现的日期使用斜体,对应的HTML代码如示例5所示。

示例5

```
<html>
<head>
```

```
<meta http-equiv="Content-Type" content="text/html"; charset="gb2312" />
<title>字体样式标签</title>
</head>
<body>
<strong>徐志摩人物简介</strong>
<p>
<em>1910</em>年入杭州学堂<br/>
<em>1918</em>年赴美国克拉大学学习银行学<br/>
<em>1921</em>年开始创作新诗<br/>
<em>1922</em>年回国后在报刊上发表大量诗文<br/>
<em>1927</em>年参加创办新月书店<br/>
<em>1931</em>年由南京乘飞机到北平,飞机失事,因而遇难<br/>
</p>
</body>
</html>
```

在浏览器中打开示例5的预览效果, 如图2.10所示。

图 2.10　字体样式标签

2.2.5　注释和特殊符号

HTML中的注释是为了方便获码阅读和调试。当浏览器遇到注释时会自动忽略注释内容。HTML的注释格式如下:

```
<!--注释内容-->
```

当页面的HTML结构复杂或内容较多时, 需要添加必要的注释, 方便代码阅读和维护。同时, 有时为了调试, 需要暂时注释掉一些不必要的HTML代码。例如, 将示例5中的一些代码注释掉, 如示例6 所示。

示例6

```
<html>
<head>
<meta http-equiv="Content-Type" content="text/html";   charset="gb2312" />
<title>字体样式标签</title>
```

```
</head>
<body>
<strong>徐志摩人物简介</strong>
<p>
<!-- <em>1910</em>年入杭州学堂<br/> -- >
<em>1918</em>年赴美国克拉大学学习银行学<br/>
<em>1921</em>年开始创作新诗<br/>
<em>1922</em>年回国后在报刊上发表大量诗文<br/>
<!--<em>1927</em>年参加创办新月书店<br/>
<em>1931</em>年由南京乘飞机到北平,飞机失事,因而遇难<br/>-->
</p>
</body>
</html>
```

在浏览器中打开的预览效果,与图2.10相同,被注释掉的内容在页面上不显示。

由于大于号（>）、小于号（<）等已作为HTML的语法符号,因此,如果要在页面中显示这些特殊符号,就必须使用相应的HTML代码表示,这些特殊符号对应的HTML代码被称为字符实体。

在HTML中常用的特殊符号及对应的字符实体见表2.1,这些实体符号都以"&"开头,以";"结束。

表 2.1 字符实体

结果	描述	实体名称	实体编号
"	quotation mark	&quot;	&#34;
'	apostrophe	&apos;	&#39;
&	ampersand	&amp;	&#38;
<	less-than	&lt;	&#60;
>	greater-than	&gt;	&#62;

2.3 图像标签

在浏览网页时,随时都可以看到页面上的各种图像,图像是网页中不可缺少的一种元素,下面介绍常见的图像格式和如何在网页中使用图像。

2.3.1 常见的图像格式

在日常生活中,使用比较多的图像格式有4种,即JPG,GIF,BMP,PNG。在网页中使用比较多的是JPG,GIF和PNG,大多数浏览器都可以显示这些图像,PNG格式新,部分浏览器不支持此格式。下面分别介绍这4种常用的图像格式。

1）JPG

JPG（JPEG）格式图像是在互联网上被广泛支持的图像格式,它是联合图像专家组（Joint Photographic Experts Group）文件格式的英文缩写。JPG格式采用的是有损压缩，会造成图像画面失真，不过压缩之后的体积很小，而且比较清晰，所以比较适合在网页中应用。

此格式最适合用于摄影或连续色调图像的高级格式，这是因为JPG文件可以包含数百万种颜色。随着JPG文件品质的提高，文件的大小和下载时间也会随之增加。通常可以通过压缩JPG文件在图像品质和文件大小之间达到良好的平衡。

2）GIF

GIF图像是网页中使用较广泛、普遍的一种图像格式，是Graphics Interchange Format的英文首字母缩写。GIF文件支持透明色，使得GIF在网页背景和一些多层特效的显示上用得非常多，还支持动画，这是它最突出的一个特点，因此，GIF图像在网页中应用非常广泛。

3）BMP

BMP图像在Windows操作系统中使用得比较多，它是位图（Bitmap）的英文缩写。BMP图像文件格式与其他Microsoft Windows程序兼容。它不支持文件压缩，也不适用于Web页。

4）PNG

PNG是 20世纪90年代中期开始开发的图像文件存储格式，它兼有GIF和JPG的优势，同时具备GIF文件格式不具备的特性，流式网络图形格式（Portable Network Graphic Format, PNG）名称来源于非官方的 "PNG's、Not GIF"，读成 "ping"。唯一遗憾的是，PNG是一种新兴的Web图像格式，还存在部分旧版本浏览器（如IE5,IE6等）不支持的问题。

2.3.2　图像标签的基本语法

<img src="图片地址" alt="图像的替代文字" title="鼠标悬停提示文字" width="图片宽度" height="图片高度"/>

其中，src表示图片路径；alt属性指定的替代文本，表示图像无法显示时（如图片路径错误或网速太慢等）替代显示的文本，这样，即使当图像无法显示时，用户还是可以看到网页丢失的信息内容，如图2.11所示，因此alt属性在制作网页时和 "src" 配合使用。

title属性可以提供额外的提示或帮助信息，当鼠标移至图片上时显示信息，如图2.12所示，方便用户使用。

图 2.11　alt 属性显示效果　　　　图 2.12　title 属性显示效果

width和height两个属性分别表示图片的宽度和高度, 有时可以不设置, 那么图片默认显示原始大小。图2.12对应的HTML代码如示例7所示, 图片和文本使用<p>标签进行排版, 换行使用
标签。

示例7

```
<html>
<head>
<meta http-equiv="Content-Type" content="text/html";  charset="gb2312" />
<title>图像标签的应用</title>
</head>
<body>
<p> <img src="img/new3.jpg" alt="鲜花" title="超值优惠鲜花"></p>
<p>
超值优惠鲜花<br/>
￥48.8</p>
</body>
</html>
```

在实际的网站开发中, 通常会把网站应用到的图片统一存放在image或images文件夹中, 本书示例应用到的图片也按此规则放在image或images文件夹中。

2.4 链接标签 Q

大家在上网时, 经常会通过超链接查看各个页面或不同的网站, 因此超链接标签在网页中极为常用。超链接常用来设置到其他页面的导航链接。下面介绍超链接的用法和应用场合。

2.4.1 超链接的基本用法

超链接包含两部分内容: 一是链接地址, 即链接的目标, 可以是某个网址或文件的路径, 对应为<a>标签的href属性; 二是链接文本或图像, 单击该文本或图像, 将跳转到href属性指定的链接地址, 超链接的基本语法如下:

<a href="链接地址" target="目标窗口位置">链接文本或图像</a>

Href: 表示链接地址的路径。

target: 指定链接在哪个窗口打开, 常用的取值有_self(自身窗口)、_blank(新建窗口)。

超链接也可以是图像超链接。例如, 示例8中两个链接分别表示文本超链接和图像超链接, 单击这两个超链接均能够在一个新的窗口中打开xianhua.html页面。

示例8

```
<html>
<head>
<meta http-equiv="Content-Type" content="text/html";  charset="gb2312" />
<title>超链接的应用</title>
</head>
<body>
<a href="xianhua.html" target="_blank"></a><br/><br/>
<a href="xianhua.html" target="_blank" >
 <img src="img/new3.jpg" alt="鲜花" title="超值优惠鲜花" width="171" height="107" /></a>
</body>
</html>
```

在浏览器中打开页面并单击超链接,显示效果如图2.13所示。

图 2.13　打开超链接示意图

示例8中超链接的路径为文件名称,这里表示本页面和跳转页面在同一个目录下,那么,如果两个文件不在同一个目录下,该如何表示文件路径呢?

网页中,当单击某个链接时,将指向万维网上的文档,万维网使用URL(Uniform Resource Location, 统一资源定位器)的方式来定义一个链接地址。例如,一个完整的链接地址的常见形式为 http://www.bdqn.cn。

根据链接地址是指向站外文件还是站内文件,链接地址又分为绝对路径和相对路径。

绝对路径: 指向目标地址的完整描述,一般指向本站点外的文件。

例如, <a href="http://www.souhu.com/index.html">搜狐</a>。

相对路径: 相对当前页面的路径,一般指向本站点内的文件,所以一般不需要一个完整的URL地址形式。

例如, <a href="login/login.html">登录</a>表示链接地址为当前页面所在路径的 "login" 目录下的 "login.html" 页面。假定当前页面所在的目录为 "D:\root",则链接地址对应的页面为 "D:\root\login\login.htm"。

另外, 站内使用相对路径时常用到两个特殊符号: "../" 表示当前目录的上级目录, "../../" 表示当前目录的上上级目录。假定当前页面中包含两个超链接,分别指向上级目录的web1.html及上上级目录的web2.html,如图2.14所示。

上级目录 上上级目录

图 2.14　相对路径

当前目录下index.html网页中的两个链接，即上级目录中web1.html及上上级目录中web2.html，对应的HTML代码如下：

<a href="../web1.html" target="_blank">上级目录</a>

<a href="../../web2.html" target="_blank">上上级目录</a>

当超链接href链接路径为"#"时，表示空链接，如<a href="#">首页</a>。

2.4.2　超链接的应用场合

在上网时，会发现不同的链接方式，有的链接到其他页面，有的链接到当前页面，还有单击一个链接直接打开邮件，实际上根据超链接的应用场合，可将链接分为以下3类。

页面间链接：A页到B页，最常用于网站导航。

锚链接：A页甲位置到A页乙位置或A页甲位置到B页乙位置。

功能性链接：在页面中调用其他程序功能，如电子邮件、QQ、MSN等。

1）页面间链接

页面间链接就是从一个页面链接到另一个页面。

2）锚链接

常用于目标页的内容很多，有时需定位到目标页内容中的某个具体位置。例如，网上常见的新手帮助页面，当单击某个超链接时，将跳转到对应帮助的内容介绍处，这种方式就是前面说的从A页面的甲位置跳转到本页中的乙位置，做起来很简单，需要两个步骤。

第一步，在页面的乙位置设置标记：

<a name="marker">目标位置乙</a>

"name"为<a>标签的属性，"marker"为标记名，其功能类似古时用于固定船的锚（或钩），所以也称为锚名。

第二步，在甲位置链接路径href属性值为"#标记名"，语法如下：

<a href="# marker">当前位置甲</a>

上面这个例子是同页面间的锚链接，那么，如果要实现不同页面间的锚链接。即从A页面甲位置跳到B页面乙位置，如单击A页面上的"用户登录帮助"链接，将跳转到帮助页面的对应用户登录帮助内容处，该如何实现呢？实际上实现步骤与同页面间的锚链接一样，同样首先在B页面（帮助页面）对应位置设置锚标记，如<a name="login">登录</a>，然后在A页面设置锚链接，假设B页面（帮助页面）名称为help.html，那么锚链接为<a href="help.html#login">用户登录帮助</a>。

3）功能性链接

功能性链接比较特殊，当单击链接时不是打开某个网页，而是启动本机自带的某个应用程序,如网上常见的电子邮件、QQ、MSN等链接。接下来以最常用的电子邮件链接为例,当单击"联系我们"邮件链接,将打开用户的电子邮件程序,并自动填写"收件人"文本框中的电子邮件地址。电子邮件链接的用法是"mailto: 电子邮件地址",完整的HTML代码如示例9所示。

示例9

```
<html>
<body>
<p>
这是邮件链接:
<a href="mailto:someone@microsoft.com?subject=Hello%20again">发送邮件</a>
</p>
<p>
<b>注意: </b>应该使用 %20 来替换单词之间的空格,这样浏览器就可以正确地显示文本了。
</p>
</body>
</html>
```

浏览器中实现的结果,如图2.15所示。

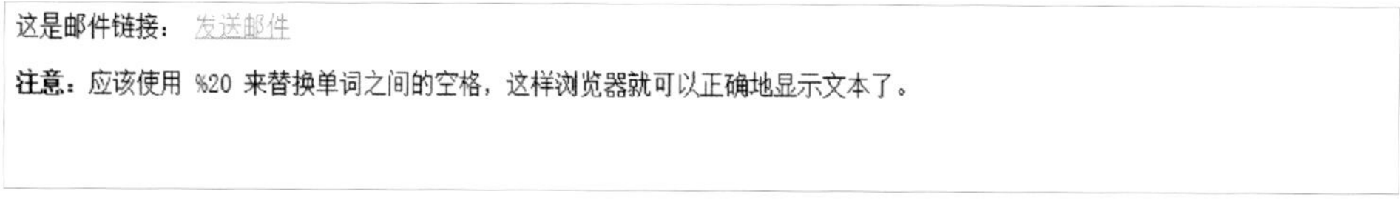

这是邮件链接: 发送邮件

注意: 应该使用 %20 来替换单词之间的空格,这样浏览器就可以正确地显示文本了。

图 2.15 电子邮件链接

2.5 HTML5 新增标签简介

1)<article> 标签定义外部的内容

外部内容可以是来自一个外部的新闻提供者的一篇新的文章,或者来自 Blog 的文本,或者是来自论坛的文本,抑或是来自其他外部源内容,如示例10所示。

示例10

```
<!DOCTYPE html>
<html>
<body>
<article>
  <h1>apple Safari introduce</h1>
  <p>Safari 5 released<br />
7 Jun 2010. Just after the announcement of the new iPhone 4 at WWDC,
```

Apple announced the release of Safari 5 for Windows and Mac...</p>

</article>

</body>

</html>

浏览器中实现的结果，如图2.16所示。

apple Safari introduce

```
Safari 5 released
7 Jun 2010. Just after the announcement of the new iPhone 4 at WWDC,
Apple announced the release of Safari 5 for Windows and Mac...
```

<p align="center">图 2.16 <article> 标签运行结果</p>

2）<aside>定义和用法

HTML5提供的<aside>元素标签用来表示当前页面或文章的附属信息部分，可以包含与当前页面或主要内容相关的引用、侧边栏、广告、nav元素组，以及其他类似的有别于主要内容的部分。

根据目前的规范，<aside>元素有两种使用方法：

①被包含在<article>中作为主要内容的附属信息部分，其中的内容可以是与当前文章有关的引用、词汇列表等。

②在<article>之外使用，作为页面或站点全局的附属信息部分；最典型的形式是侧边栏（sidebar），其中的内容可以是友情链接、附属导航或广告单元等。

下面的代码示例综合了以上两种使用方法，如示例11所示。

示例11

```
<body>
<header>
    <h1>My Blog</h1>
</header>
    <article>
        <h1>My Blog Post</h1>
        <p>Lorem ipsum dolor sit amet, consectetur adipisicing elit, sed do eiusmod tempor
            incididunt ut labore et dolore magna aliqua.</p>
        <aside>  <!--first application-->
        <h1>Glossary</h1>
        <dl>
                <dt>Lorem</dt>
                <dd>ipsum dolor sit amet</dd>
        </dl>
        </aside>
```

```
    </article>
    <aside>  <!--second application-->
        <h2>Blogroll</h2>
      <ul>
          <li><a href="#">My Friend</a></li>
          <li><a href="#">My Other Friend</a></li>
          <li><a href="#">My Best Friend</a></li>
      </ul>
    </aside>
</body>
```

3）<audio>标签定义及使用说明

<audio> 标签定义声音，如音乐或其他音频流。目前，<audio> 元素支持的3种文件格式，即MP3，WAV，OGG。各种浏览器支持的文件格式见表2.2。

表2.2　各种浏览器的文件格式

浏览器	MP3	WAV	OGG
Internet Explorer 9+	YES	NO	NO
Chrome 6+	YES	YES	YES
Firefox 3.6+	NO	YES	YES
Safari 5+	YES	YES	NO
Opera 10+	NO	YES	YES

<audio>在HTML5 中的新属性，见表2.3。

表2.3　<audio> 在 HTML5 中的新属性

属　性	值	描　述
autoplay	autoplay	如果出现该属性，则音频在就绪后马上播放
controls	controls	如果出现该属性，则向用户显示音频控件（如播放 / 暂停按钮）
loop	loop	如果出现该属性，则每当音频结束时重新开始播放
muted	muted	如果出现该属性，则音频输出为静音
preload	auto metadata none	规定当网页加载时，音频是否默认被加载以及如何被加载
src	URL	规定音频文件的 URL

提示：可以在 <audio> 和 </audio> 之间放置文本内容，这些文本信息将会被显示在那些不支持 <audio> 标签的浏览器中。

<audio>在HTML5开发中的运用，如示例12所示。

示例12

```
<!DOCTYPE html>
<html>
```

```
<body>
    <audio src="/i/horse.ogg" controls="controls">
      Your browser does not support the audio element.
    </audio>
</body>
</html>
```

4）<video>标签定义及使用说明

<video>标签定义视频，如电影片段或其他视频流。目前，<video> 元素支持3种视频格式，即MP4，WebM，OGG。各种浏览器支持的视频格式见表2.4。

表 2.4　各种浏览器支持的视频格式

浏览器	MP4	WebM	OGG
Internet Explorer 9+	YES	NO	NO
Chrome 6+	YES	YES	YES
Firefox 3.6+	NO	YES	YES
Safari 5+	YES	NO	NO
Opera 10.6+	NO	YES	YES

注：①MP4 = MPEG 4文件使用 H264 视频编解码器和AAC音频编解码器。
②WebM = WebM 文件使用 VP8 视频编解码器和 Vorbis 音频编解码器。
③OGG = OGG 文件使用 Theora 视频编解码器和 Vorbis音频编解码器。

<video> 在HTML5 中的新属性，见表2.5。

表 2.5　<video> 在 HTML5 中的新属性

属　性	值	描　述
autoplay	autoplay	如果出现该属性，则视频在就绪后马上播放
controls	controls	如果出现该属性，则向用户显示控件，如播放按钮
height	pixels	设置视频播放器的高度
loop	loop	如果出现该属性，则当媒介文件完成播放后再次开始播放
muted	muted	如果出现该属性，视频的音频输出为静音
poster	URL	规定视频正在下载时显示的图像，直到用户单击播放按钮
preload	auto metadata none	如果出现该属性，则视频在页面加载时进行加载，并预备播放。如果使用"autoplay"，则忽略该属性
src	URL	要播放的视频 URL
width	pixels	设置视频播放器的宽度

提示：可以在 <video> 和 </video> 标签之间放置文本内容，这样不支持 <video> 元素的浏览器就可以显示出该标签的信息。

<video> 在 HTML5 开发中的运用如示例 13 所示。

示例13

```
<!DOCTYPE html>
<html>
<body>
    <video width="640" height="480" controls>
        <source src="movie.mp4" type="video/mp4">
        <source src="movie.ogg" type="video/ogg">
        您的浏览器不支持 HTML5 video 标签。
    </video>
</body>
</html>
```

5）<source> 标签定义及使用说明

<source> 标签为媒体元素（如 <video> 和 <audio>）定义媒体资源。<source> 标签允许你规定两个视频 / 音频文件供浏览器根据它对媒体类型或者编解码器的支持进行选择。

<source> 在 HTML5 中的新属性，见表2.6。

表 2.6　<source> 在 HTML5 中的新属性

属　　性	值	描　　述
media	media_query	规定媒体资源的类型，供浏览器决定是否下载
src	URL	规定媒体文件的 URL
type	MIME_type	规定媒体资源的 MIME 类型

6）<nav>标签定义及使用说明

<nav>标签定义导航链接的部分。并不是所有的 HTML 文档都要使用到 <nav> 元素。<nav>元素只是作为标注一个导航链接的区域。在不同设备上（手机或者PC）可以制定导航链接是否显示，以适应不同屏幕的需求。目前大多数浏览器支持 <nav> 标签。

<nav>在HTML5 中的新属性，见表2.7。

表 2.7　<nav> 在 HTML5 中的新属性

属　　性	描　　述
contenteditable	规定是否可编辑元素的内容
contextmenu	指定一个元素的上下文菜单。当用户右击该元素时，出现上下文菜单
data-*	用于存储页面的自定义数据
draggable	指定某个元素是否可以拖动
dropzone	指定是否将数据复制、移动，或链接，或删除
hidden	hidden 属性规定对元素进行隐藏
spellcheck	检测元素是否拼写错误
translate	指定是否一个元素的值在页面载入时是否需要翻译

提示说明：<nav> 标签用来将具有导航性质的链接划分在一起，使代码结构在语义化方面更加准确，同时对于屏幕阅读器等设备的支持也更好。一直以来，我们习惯于使用形如 <div id="nav"> 或 <ul id="nav"> 这样的代码来写页面的导航；在 HTML5 中，可以直接将导航链接列表放到 <nav> 标签中，如下列代码所示。

```
<nav>
    <a> 首页 </a>
    <a> 文章 </a>
    <a> 关于 </a>
</nav>
```

跟以前用 <div> 标签是一样的用法：

```
<div class="nav">
    <a> 首页 </a>
    <a> 文章 </a>
    <a> 关于 </a>
</div>
```

只不过使用 <nav> 标签更有利于代码的阅读和搜索引擎的识别。当然，还是接着使用 <div> 是对的，只不过代码里都是 <div>，得需要更多的信息才能知道这个 <div> 是干什么用的。例如上面的代码，添加一个 "class=nav" 后才知道这段代码是导航。

7）<header>、<footer> 标签定义及使用说明

<header> 标签定义文档或者文档的一部分区域的页眉。<header> 元素应作为介绍内容或导航链接栏的容器。在一个文档中，你可以定义多个 <header> 元素。

<footer> 标签定义文档或者文档的一部分区域的页脚。 <footer> 元素应包含它所包含的元素的信息。在典型情况下，该元素会包含文档创作者的姓名、文档的版权信息、使用条款的链接、联系信息等。在一个文档中，您可以定义多个 <footer> 元素。目前大多数浏览器支持 <footer> 标签。

注释：<header> 标签不能被放在 <footer>、<address> 或者另一个 <header> 元素内部。

<header> 在 HTML5 中的新属性，见表 2.8。

表 2.8　<header> 在 HTML5 中的新属性

属　　性	描　　述
contenteditable	规定是否可编辑元素的内容
contextmenu	指定一个元素的上下文菜单。当用户右击该元素时，出现上下文菜单
data-*	用于存储页面的自定义数据
draggable	指定某个元素是否可以拖动
dropzone	指定是否将数据复制、移动，或链接，或删除
hidden	hidden 属性规定对元素进行隐藏
spellcheck	检测元素是否拼写错误
translate	指定是否一个元素的值在页面载入时是否需要翻译

<footer> 在 HTML5 中的新属性，见表 2.9。

表 2.9　<footer> 在 HTML5 中的新属性

属　　性	描　　述
contenteditable	规定是否可编辑元素的内容
contextmenu	指定一个元素的上下文菜单。当用户右击该元素时，出现上下文菜单
data-*	用于存储页面的自定义数据
draggable	指定某个元素是否可以拖动
dropzone	指定是否将数据复制、移动，或链接，或删除
hidden	hidden 属性规定对元素进行隐藏
spellcheck	检测元素是否拼写错误
translate	指定是否一个元素的值在页面载入时是否需要翻译

<header>、<footer> 在 HTML5 开发中的运用如示例 14 所示。

示例 14

```
<!DOCTYPE html>
<html>
    <body>
        <header>
            <h1>Welcome to my homepage, i'm header</h1>
            <p>My name is wjy</p>
        </header>
        <footer>
                <div class="tags">
            <p>Author: wjy</p>
        </div>
        <div class="message">
            <a href=""> 联系我们 </a>
        </div>
        </footer>
    </body>
</html>
```

8）<canvas> 标签定义和用法

<canvas> 标签定义图形，如图表和其他图像。<canvas> 标签只是图形容器，你必须使用脚本来绘制图形。

注释：<canvas> 元素中的任何文本将会被显示在不支持 <canvas> 的浏览器中。

```
<!DOCTYPE html>
<html>
<body>
```

```
<!-- 判断浏览器是否支持 <canvas>-->
<canvas id="myCanvas" width="500" height="500">your browser does not support the
canvas tag </canvas>
<!--<canvas> 标签通过脚本（通常是 JavaScript）来绘制图形 -->
<script type="text/javascript">
    var canvas=document.getElementById('myCanvas');
    var ctx=canvas.getContext('2d');
    ctx.fillStyle='#FF0000';
    ctx.fillRect(0,0,80,100);
</script>
</body>
</html>
```

<canvas> 在 HTML5 中的新属性，见表 2.10。

表 2.10　<canvas> 在 HTML5 中的新属性

属　　性	值	描　　述
height	pixels	规定画布的高度
width	pixels	规定画布的宽度

（1）HTML 窗口事件属性（Window Event Attributes）

由窗口触发该事件（适用于 <body> 标签），见表 2.11。

表 2.11　HTML 窗口事件属性

属　　性	值	描　　述
onafterprint	script	在打印文档之后运行脚本
onbeforeprint	script	在文档打印之前运行脚本
onbeforeonload	script	在文档加载之前运行脚本
onblur	script	当窗口失去焦点时运行脚本
onerror	script	当错误发生时运行脚本
onfocus	script	当窗口获得焦点时运行脚本
onhaschange	script	当文档改变时运行脚本
onload	script	当文档加载时运行脚本
onmessage	script	当触发消息时运行脚本
onoffline	script	当文档离线时运行脚本
ononline	script	当文档上线时运行脚本
onpagehide	script	当窗口隐藏时运行脚本
onpageshow	script	当窗口可见时运行脚本
onpopstate	script	当窗口历史记录改变时运行脚本
onredo	script	当文档执行再执行操作（redo）时运行脚本
onresize	script	当调整窗口大小时运行脚本
onstorage	script	当 Web Storage 区域更新时（存储空间中的数据发生变化时）运行脚本
onundo	script	当文档执行撤销时运行脚本
onunload	script	当用户离开文档时运行脚本

（2）表单事件（Form Events）

表单事件在 HTML 表单中触发（适用于所有 HTML 元素，但该 HTML 元素需在 <form> 表单内），见表 2.12。

表 2.12　表单事件

属　　性	值	描　　述
onblur	script	当元素失去焦点时运行脚本
onchange	script	当元素改变时运行脚本
oncontextmenu	script	当触发上下文菜单时运行脚本
onfocus	script	当元素获得焦点时运行脚本
onformchange	script	当表单改变时运行脚本
onforminput	script	当表单获得用户输入时运行脚本
oninput	script	当元素获得用户输入时运行脚本
oninvalid	script	当元素无效时运行脚本
onreset	script	当表单重置时运行脚本。HTML5 不支持
onselect	script	当选取元素时运行脚本
onsubmit	script	当提交表单时运行脚本

（3）键盘事件（Keyboard Events）

键盘事件，见表 2.13。

表 2.13　键盘事件

属　　性	值	描　　述
onkeydown	script	当按下按键时运行脚本
onkeypress	script	当按下并松开按键时运行脚本
onkeyup	script	当松开按键时运行脚本

（4）鼠标事件（Mouse Events）

通过鼠标触发事件，类似用户的行为，见表 2.14。

表 2.14　鼠标事件

属　　性	值	描　　述
onclick	script	当单击鼠标时运行脚本
ondblclick	script	当双击鼠标时运行脚本
ondrag	script	当拖动元素时运行脚本
ondragend	script	当拖动操作结束时运行脚本
ondragenter	script	当元素被拖动至有效的拖放目标时运行脚本
ondragleave	script	当元素离开有效拖放目标时运行脚本
ondragover	script	当元素被拖动至有效拖放目标上方时运行脚本
ondragstart	script	当拖动操作开始时运行脚本
ondrop	script	当被拖动元素正在被拖放时运行脚本

属　　性	值	描　　述
onmousedown	script	当按下鼠标按钮时运行脚本
onmousemove	script	当鼠标指针移动时运行脚本
onmouseout	script	当鼠标指针移出元素时运行脚本
onmouseover	script	当鼠标指针移至元素之上时运行脚本
onmouseup	script	当松开鼠标按钮时运行脚本
onmousewheel	script	当转动鼠标滚轮时运行脚本
onscroll	script	当滚动元素的滚动条时运行脚本

此处罗列了<canvas>属性事件,<canvas>标签的使用是结合脚本语言定义在通过画布的getContext()方法获得的一个"绘图环境"对象上绘制图形及效果。在此仅介绍<canvas>标签的使用及属性事件。

说明:此处列举了HTML5新增的部分标签,因篇幅有限其他新增标签暂未列举。

2.6 编写 HTML 文件的注意事项

1)页面编码基本规则

HTML语法是网页开发时所遵循的基本规则,以一种规范的方法编写代码有助于减少页面中存在的缺陷。下面是页面编码时需要注意的几点基本要求。

①"<"和">"是任何标记的开始和结束。元素的标记要用这对尖括号括起来,并且结束的标记总是在开始的标记前加一个斜杠"/"。

②标记可以嵌套使用,但不能交叉使用,如:

<h2> 我的第一个网页 </h2>

③在源代码中不区分大小写,如以下几种写法都是正确的并且相同的标记:<HEAD>,<head>,<Head>,但是推荐在一个项目中使用同一种风格。

④任何回车符和空格在HTML代码中都不起作用。为了代码清晰,建议不同的标记都单独占一行。

⑤标记中可以放置各种属性,属性值都用""""括起来。

⑥文件编写代码,一般应使用缩进风格,以便更好地理解页面的结构,便于阅读和维护。

2)命名规则

为了使浏览器能正常浏览网页,在用记事本或别的HTML开发工具编写HTML文档后,在保存HTML时,对HTML文件的命名要注意以下几点:

①文件的扩展名为htm或html结束,建议统一使用html作为文件名的后缀。

②文件名中只可由英文字母、数字或下画线组成。

③文件名中不要包含特殊符号,如空格、$等。

④文件名区分大小写。

⑤网站首页文件名一般是index.html或default.html。

2.7 实 验 🔍

使用本章节学过的知识点，完成如图2.17所示的页面效果图。

平板电脑品牌排行榜

1	苹果		共35款	
2	三星		共39款	
3	华为		共13款	
4	联想		共41款	
5	台电		共37款	
6	酷比魔方		共26款	
7	昂达		共26款	
8	华硕		共15款	
9	诺基亚		共1款	

图 2.17　页面效果图

第3章 列表、表格与框架

列表在网页制作中占据着重要的位置，许多精美、漂亮的网页中都使用了列表。本章将向大家介绍列表的概念及相关的使用方法，通过练习掌握列表应用的技巧，从而可以制作出精美的网页。同时，在制作网页时，表格是一种不可或缺的数据展示工具，使用表格可以灵活地实现数据展示，表格在很多页面中还发挥着页面排版的作用。对页面的排版和设计，框架也是网页制作过程中一种普遍采用的方式，使用框架可以极大地提高页面的复用程度，减少重复开发，因此，掌握框架技术也是网页制作人员应该具备的基本技能。

3.1 列 表

在网页制作中，有很多使用列表的场合，如常见的树形可折叠菜单、购物网站的商品展示等。既然列表可以发挥如此巨大的作用，那么应先了解什么是列表。

3.1.1 列表简介

什么是列表? 简单地说，列表就是数据的一种展示形式。接下来看，在HTML中，列表是如何进行分类的。

3.1.2 列表的分类

HTML支持的列表形式有以下3种类型。

1) 无序列表

无序列表是一个项目列表，使用项目符号标记无序的项目。在无序列表中，各个列表项之间没有顺序级别之分，它通常使用一个项目符号作为每个列表项的前缀。

2) 有序列表

同样，有序列表也由一个个列表项目组成，列表项目既可使用数字标记，也可使用字母进行标记。

3）定义列表

定义列表是当无序列表和有序列表都不适合时，通过自定义列表来完成数据展示，所以定义列表不仅仅是一个项目列表，而是项目及其注释的组合。定义列表在使用时，在每一列项目前不会添加任何标记。

3.1.3　列表的应用

通过前面的列表介绍，大家已经了解了 HTML中列表的作用及使用列表的效果。那么，该如何使用列表呢？这就是下面将要讲解的内容——列表的使用方法。

1）无序列表

无序列表使用<ul>和<li>标签组成，使用<ul>标签作为无序列表的声明，使用<li>标签作为每个列表项的起始，在浏览器中查看到的页面效果如图3.1所示，可以看到3个列表项前面均有一个实体圆心。

图 3.1　页面效果

页面对应的代码实现，如示例1所示。

示例1

```
<!DOCTYPE html PUBLIC"-//W3C//DTD XHTML 1.0 Transitional//EN"
"http://www.w3.org/TR/xhtml1/DTD/xhtml1-transitional.dtd">
<html xmlns="http://www.w3.org/1999/xhtml">
<head>
<meta http-equiv="Content-Type" content="text/html"; charset=utf-8" />
<title>无序列表</title>
</head>
<body>
<ul>
```

```
    <li>橘子</li>
    <li>香蕉</li>
    <li>苹果</li>
</ul>
</body>
</html>
```

如果希望使用无序列表时，列表项前的项目符号改用其他项目符号怎么办呢？<ul>标签有一个type属性，这个属性的作用就是制定在显示列表时所采用的项目符号的形状也不同，取值说明见表3.1。

表 3.1　type 属性的取值

取值	说　明
Disc	项目符号显示为实体圆心，默认值
Square	项目符号显示为实体方心
Circle	项目符号显示为空心圆

在示例2中分别使用了不同的type属性取值来定义列表的项目符号显示。

示例2

```
<!DOCTYPE html PUBLIC"-//W3C//DTD XHTML 1.0 Transitional//EN"
"http://www.w3.org/TR/xhtml1/DTD/xhtml1-transitional.dtd">
<html xmlns="http://www.w3.org/1999/xhtml">
<head>
<meta http-equiv="Content-Type" content="text/html";  charset="utf-8" />
<title>无序列表</title>
</head>
<body>
<h4> type=circle时的无序列表：</h4>
<ul type="circle">
    <li>橘子</li>
    <li>香蕉</li>
    <li>苹果</li>
</ul>
<h4> type=disc时的无序列表：</h4>
<ul type="disc">
    <li>橘子</li>
    <li>香蕉</li>
    <li>苹果</li>
</ul>
<h4> type=square时的无序列表：</h4>
```

```
<ul type="square">
    <li>橘子</li>
    <li>香蕉</li>
    <li>苹果</li>
</ul>
</body>
```

在浏览器中查看页面效果，如图3.2所示。

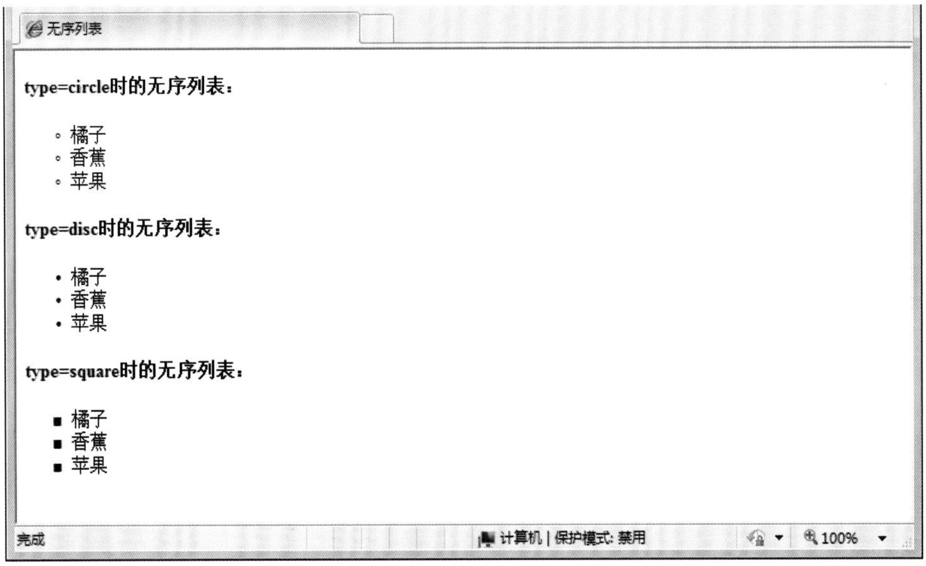

图 3.2　无序列表的 type 属性

2）有序列表

无序列表与有序列表的区别在于有序列表的各个列表项有先后顺序，所以会使用数字进行标识，有序列表使用<ol>和<li>标签组成，使用<ol>标签作为有序列表的声明，同样使用<li>标签作为每个列表项的起始。

有序列表的代码应用如示例3所示。

示例3

```
<body>
<p>有序列表: </p>
<ol>
    <li>橘子</li>
    <li>香蕉</li>
    <li>苹果</li>
</ol>
</body>
```

在浏览器中查看页面效果，如图3.3所示。

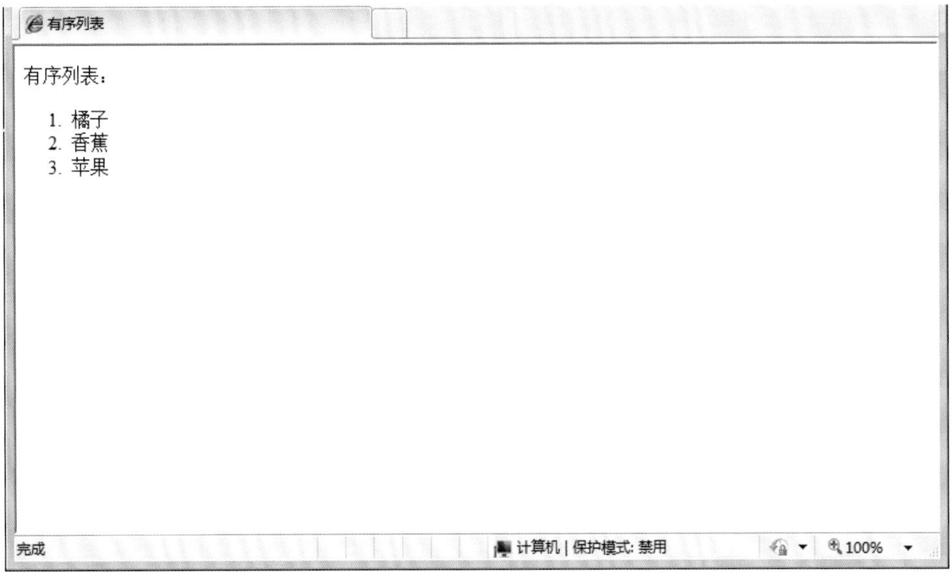

图 3.3　有序列表

与无序列表一样，有序列表的项目符号也可以进行设置。在<ol>中也存在一个type属性，作用同样是用于修改项目列表的符号。属性值的说明见表3.2。

表 3.2　type 属性的取值

取　值	说　明
1	使用数字作为项目符号
A/a	使用大写 / 小写字母作为项目符号
Ⅰ /i	使用大写 / 小写罗马数字作为项目符号

不同的type属性取值会导致列表显示的效果不同，代码如示例4所示。

示例4

```
<body>
<h4>type=1时的有序列表: </h4>
<ol type="1">
    <li>橘子</li>
    <li>香蕉</li>
    <li>苹果</li>
</ol>
<h4>type=A时的有序列表: </h4>
<ol type="A">
    <li>橘子</li>
    <li>香蕉</li>
    <li>苹果</li>
</ol>
```

```
<h4>type=i时的有序列表: </h4>
<ol type="i">
    <li>橘子</li>
    <li>香蕉</li>
    <li>苹果</li>
</ol>
</body>
```

在浏览器中查看页面效果，如图3.4所示。

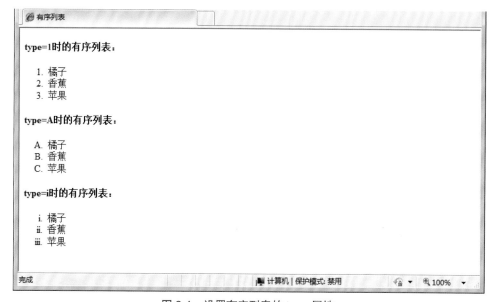

图 3.4 设置有序列表的 type 属性

3）定义列表

定义列表是一种很特殊的列表形式，它是标题及注释的结合。定义列表的语法相对无序和有序列表不太一样，它使用<dl>标签作为列表的开始，使用<dt>标签作为每个列表项的起始，而对每个列表项的定义则使用<dd>标签来完成。下面以图3.5的效果为例，使用定义列表的方式来完成。

从图3.5中可知，第一行文字"所属学院"类似于一个题目，而第二行的文字"计算机应用"属于对第一行题目的解释，这种显示风格就是定义列表，其代码实现如示例5所示。

示例5

```
<body>
<dl>
    <dt>所属学院</dt>
    <dd>计算机应用</dd>
    <dt>所属专业</dt>
    <dd>计算机软件工程</dd>
```

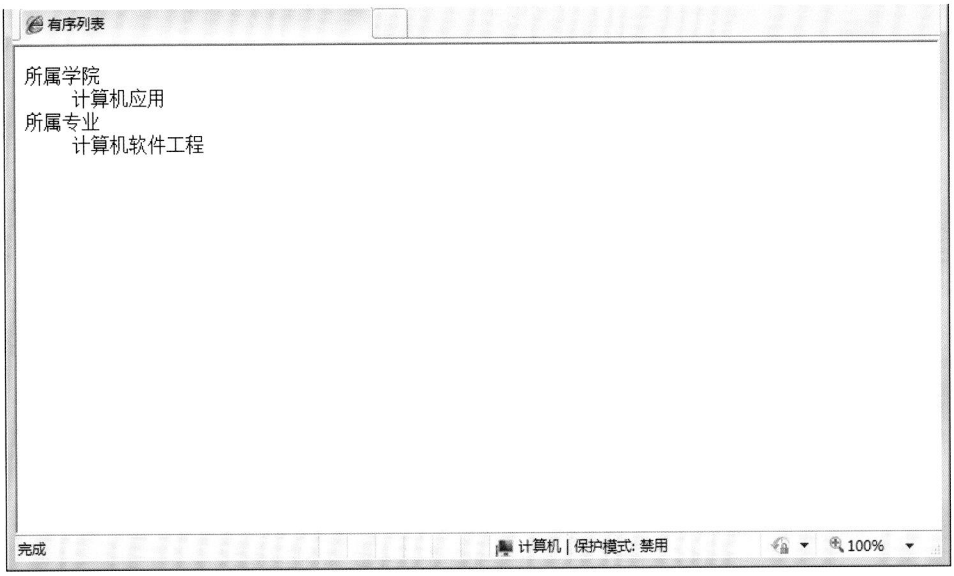

图 3.5　定义列表

</dl>

</body>

到这里，已经学习了在HTML中3种列表的使用方式。

最后总结一下列表常用的一些技巧，包括列表常用场合及列表使用中的注意事项。

无序列表中的每项都是平级的，没有级别之分，并且列表中的内容一般都是相对简单的标题性质的网页内容。而有序列表则会依据列表项的顺序进行显示。

在实际的网页应用中，无序列表ul-li比有序列表ol-li应用得更加广泛，有序列表ol-li一般用于显示带有顺序编号的特定场合。

定义列表dl-dt-dd一般适用于带有标题和标题解释性内容或者图片和文本内容混合排列的场合。

3.2　表　格

表格是块状元素，发明该标签的初衷是用于显示表格数据。例如，学校中常见的考试成绩单、选修课课表、企业中常见的工资单等。

3.2.1　为什么使用表格

1) 简单通用

由于表格行列的简单结构，以及在生活中的广泛使用，对它的理解和编写都很方便。

2) 结构稳定

表格每行的列数通常一致，同行单元格高度一致且水平对齐，同列单元格宽度一致且垂直对齐，这种严格的约束形成了一个不易变形的长方形盒子结构，堆叠排列起来结构很稳定。

3.2.2 表格的基本结构

先看表格的基本结构，表格是由指定数目的行和列组成的，如图3.6所示。

图 3.6　表格的基本结构

1）单元格

表格的最小单位，一个或多个单元格纵横排列组成了表格。

2）行

一个或多个单元格横向堆叠形成了行。

3）列

由于表格单元格的宽度必须一致，所以单元格纵向排列形成了列。

3.2.3 表格的基本语法

创建表格的基本语法如下：

```
<table>
 <tr>
    <td>第一个单元格的内容</td>
    <td>第二个单元格的内容</td>
    <td>第三个单元格的内容</td>
 </tr>
 <tr>
    <td>第一个单元格的内容</td>
    <td>第二个单元格的内容</td>
    <td>第三个单元格的内容</td>
 </tr>
</table>
```

创建表格一般分为以下3个步骤：

第一步：创建表格标签<table>…</table>。

第二步：在表格标签<table>…</table>里创建行标签<tr>…</tr>，可以有多行。

第三步：在行标签<tr>…</tr>里创建单元格标签<td>…</td>，可以有多个单元格。

为了显示表格的轮廓，一般还需要设置<table>标签的"border"边框属性，指定边框的宽度。例如，在页面中添加一个2行3列的表格，对应的HTML代码如示例6所示。

示例6

```
<body>
<table border="2">
  <tr>
     <td>1行1列的单元格</td>
     <td>1行2列的单元格</td>
     <td>1行3列的单元格</td>
  </tr>
  <tr>
     <td>2行1列的单元格</td>
     <td>2行2列的单元格</td>
     <td>2行3列的单元格</td>
  </tr>
</table>
</body>
```

在浏览器中查看页面效果，如图3.7所示。

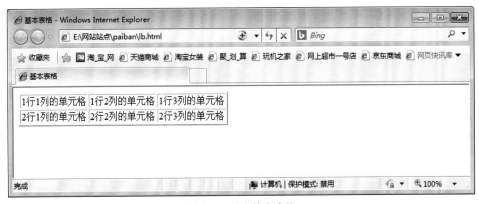

图3.7　创建基本表格

3.2.4　表格的对齐方式

表格的对齐方式用来控制表格在网页中的显示位置，常见的对齐方式有默认对齐、左对齐、居中对齐和右对齐。而实现表格对齐的属性就是align属性，align属性有3个值，分别对应左对齐、居中对齐、右对齐，当省略该属性时，则系统自动采用默认对齐方式。

1）默认对齐

表格一经创建，便显示为默认对齐。默认对齐状态下表格以实际尺寸显示在左侧，如果旁边有内容，这些内容会显示在表格的下方，不会在表格的两侧进行排列。

2）居中对齐

有时候，希望表格显示在页面的中间位置，这样会使页面显得对称，浏览效果较好，这时就需要对表格设置居中对齐。

3）左对齐、右对齐

如果对表格设置左对齐或者右对齐，表格会显示在页面的左侧或者右侧，其他内容会自动排列在表格旁边的空白位置。

表格的左对齐和右对齐在网页应用中相对比较少，一般用于显示广告，如网页中常见的画中画广告等。

4）单元格对齐

除了表格可以设置对齐方式，对单元格也同样可以设置对齐方式，单元格对齐则分为水平对齐和垂直对齐两个方向。水平对齐与垂直对齐的属性及取值，见表3.3。

表 3.3　单元格的对齐方式

属　性	值	说　明
Align（水平对齐方式）	Left	左对齐
	Center	居中对齐
	Right	右对齐
Valign（垂直对齐方式）	Top	顶端对齐
	Middle	居中对齐
	Bottom	底端对齐
	Baseline	基线对齐

例如，下面的代码将单元格的对齐方式改为水平右对齐、垂直底端对齐。

```
<table width="500" border="1">
  <tr>
    <td align="right" valign="bottom">1行1列的单元格</td>
    <td>1行2列的单元格</td>
    <td>1行3列的单元格</td>
  </tr>
</table>
```

注意：在实际开发过程中，表格的对齐方式通常会使用CSS样式表进行控制，使用属性进行对齐控制的场合比较少。

3.2.5　表格的跨行与跨列

上面介绍了简单表格的创建，而现实中往往需要较复杂的表格，有时需要将多个单元格合并为一个单元格，也就是要用到表格的跨行跨列功能。

1）表格的跨列

跨列是指单元格的横向合并，语法如下：

```
<table>
<tr>
<td colspan="所跨的列数">单元格内容</td>
```

```
</tr>
</table>
```

col为column（列）的缩写，span为跨度，所以colspan的意思为跨列。下面通过示例7来说明colspan属性的用法，对应的页面效果如图3.8所示。

示例7

```
<html>
<head>
<title>跨多列的表格</title>
</head>
<body>
<table width="200"border="1">
 <tr>
<td colspan="2">学生成绩</td>
</tr>
<tr>
<td>语文</td>
<td>98</td>
</tr>
<tr>
<td>数学</td>
<td>95</td>
</tr>
</table>
</body>
</html>
```

图 3.8　跨列的表格

2）表格的跨行

跨行是指单元格在垂直方向上合并，语法如下：

```
<table>
<tr>
<td rowspan="所跨的列数">单元格内容</td>
```

```
</tr>
</table>
```

row为行，span为跨度，所以rowspan的意思为跨行。

下面通过示例8来说明rowspan属性的用法，页面对应的效果如图3.9所示。

示例8

```
<body>
<table width="500" border="1">
 <tr>
<td rowspan="2">张三</td>
<td>语文</td>
<td>98</td>
</tr>
<tr>
<td>数学</td>
<td>95</td>
</tr>
<tr>
<td rowspan="2">李四</td>
<td>语文</td>
<td>98</td>
</tr>
<tr>
<td>数学</td>
<td>95</td>
</tr>
</table>
</body>
```

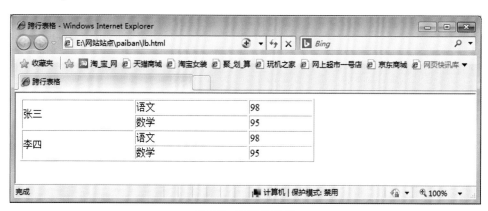

图 3.9　跨行的表格

一般而言,跨行或跨列操作时,需要以下两个步骤:

①在需要合并的第一个单元格,设置跨列或跨行属性,如colspan="3"。

②删除被合并的其他单元格,即把某个单元格看成多个单元格合并后的单元格。

3)表格的跨行与跨列

有时表格中既有跨行又有跨列的情况,从而形成了相对复杂的表格显示,代码如示例9所示。

示例9

```
<html>
<head>
<meta http-equiv="Content-Type" content="text/html";  charset="gb2312" />
<title>跨行跨列的表格</title>
</head>
<body>
<table width="200" border="1">
<tr>
<td colspan="3">学生成绩</td>
</tr>
<tr>
<td rowspan="2">张三</td>
<td>语文</td>
<td>98</td>
</tr>
<tr>
<td>数学</td>
<td>95</td>
</tr>
<tr>
<td rowspan="2">李四</td>
<td>语文</td>
<td>88</td>
</tr>
<tr>
<td>数学</td>
<td>91</td>
</tr>
</table>
</body>
</html>
```

在浏览器中查看页面效果，如图3.10所示。

图 3.10　跨行跨列的表格

3.3　框　架

3.3.1　为什么使用框架

框架是HTML早期的应用技术，但目前还有部分网站在使用。如图3.11所示，粗线标识的部分就代表一个"框架"，每一个框架对应一个页面，使用框架技术具有如下好处：

①在同一个浏览器窗口中显示多个页面，使用框架能有机地把多个页面结合在一起，但各个页面间相互独立。

②可以实现页面复用，例如，为了保证统一的网站风格，网站每个页面的底部和顶部一般都相同，因此，可以利用框架技术，将网站的顶部或底部单独作为一个页面，方便其他页面复用。

③实现典型的"目录结构"，即左侧目录、右侧内容，当用户单击左侧窗口的目录时，在右侧窗口中显示具体内容，如网上在线学习教程、论坛、后台管理、产品介绍等网页都是这样的页面结构。当然，这种结构除了能使用框架技术实现外，还可采用其他技术实现。

图 3.11　框架页面

常用的框架技术有以下两种：

①框架（<frameset>）：这是早期的框架技术，页面各窗口全部用<frame>实现，形成一个框架。这种结构相当清晰，适用于整个页面都用框架实现的场合。

②内联框架（<iframe>）：页面中的部分内容用框架实现，一般用于在页面中引用站外的页面内容，使用比较方便、灵活。

3.3.2 <frameset> 框架

框架包含<frameset>和<frame>两个标签，其中<frameset>描述窗口的分割，<frame>定义放置在每个框架中的HTML页面，基本语法如下：

```
<frameset cols="25%,50%,*" rows="50%,*" border="5">
  <frame src="first.html" />
  <frame src="second.html"/>
</frameset>
```

其中，<frameset>标签的cols属性表示将页面横向分割为几列。例如，cols="25%，50%，*"表示将页面分割为3列，第一列占浏览器窗口总宽度的25%，第二列占宽度的50%，第三列占剩余部分。各列的宽度值也可使用具体数值（单位为px）。同理，"rows"属性表示将页面纵向分割为几行。另外，<frame>标签的"src"属性类似于<img>标签的"src"，表示页面的路径。

1）纵向分割窗口

例如，要实现如图3.12所示的纵向分割页面效果，则有以下两种情况。

①页面窗口的划分情况：页面纵向被分割为3个窗口，即3行，显然应使用<frameset>标签的"rows"行数属性。

②各框架对应的页面情况：使用<frame>标签的"src"属性引用各框架对应的页面文件，同时还可使用"name"属性标识各框架窗口。

需要注意的是，<frameset>标签和<body>标签不能同时使用，所以需要使用

图 3.12 纵向分割为上、中、下 3 个窗口

"<frameset>"代替页面中的"<body>"标签。对应的HTML代码如示例10所示。

示例10

<html>

<head>

<title>纵向分割为3个窗口</title>

</head>

<frameset bordercolor="red" rows="25%,50%, *" border="5">

<frame src="subframe/the_first.html" name="top" />

<frame src="subframe/the_second.html" name= "middle" />

<frame src="subframe/the_third.html" name="bottom" />

</frameset>

</html>

其中,为了突出显示各框架,加了宽度为5的红色边框。另外,由于框架网页包含多个页面,为了分清框架结构页及各框架窗口对应的子页面,特意将各子页面单独放到文件夹"subframe"中。

2）横向分割窗口

横向分割窗口的思路与纵向分割窗口很相似,例如,要实现如图3.13所示的横向分割的页面效果,只需要设置"cols"列数属性即可,完整的HTML代码如示例11所示。

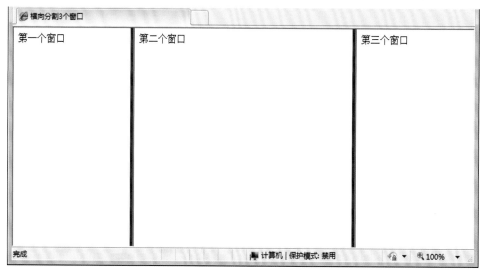

图 3.13　横向分割为左、中、右 3 个窗口

示例11

<html>

<head>

<title>横向分割3个窗口</title>

</head>

<frameset cols="200,*,200" border="5" bordercolor="#FF0000">

<frame name="leftFrame" src="subframe/the-first.html"/>

```
<frame name="mainFrame" src="subframe/the-second.html" />
<frame name="rightFrame" src="subframe/the-third.html" />
</frameset>
</html>
```

3）横向和纵向同时分割窗口

以图3.14中典型的2行2列结构为例分析其实现思路。

（1）页面结构分析

如图3.14所示，对整个页面结构的分析如下：

①整个页面纵向分割为上、下两个部分，高度分别为窗口的20%和80%，对应的关键代码如下：

```
<frameset rows="20%,*" >
<frame src="Top 窗口对应文件"/>
<frame src="下部分窗口对应文件"/>
</frameset>
```

图 3.14 典型的 2 行 2 列结构示意图

②下部分再次横向分割为左、右两个部分，宽度分别为窗口的20%和80%。即需要把上述第二行<frame>改为<frameset>实现，对应的关键代码如下：

```
<frameset rows®"20%,*">
<frame src="Top 窗口对应文件"/>
<frameset cols="20%,*">
<frame src="Left 窗口对应文件"/>
<frame src="Left 窗口对应文件"/>
</frameset>
</frameset>
```

（2）框架修饰分析

要实现上述框架效果，除边框外，还需用到框架的其他修饰属性。例如，是否允许调整各框架窗口的大小，则使用"noresize"属性设置；当框架内的页面内容较多时，是否需要显示滚动条，则使用"scrolling"属性设置。框架<frame>的常用属性，见表3.4。

表 3.4   框架 <frame> 的常用属性

属 性	作 用	举 例
frameborder	是否显示框架周围的边框	frameborder="1"
name	框架标识名	name="mainFrame"
scrolling	是否显示滚动条	scrolling="no"
noresize	是否允许调整框架窗口大小	noresize="noresize"

图3.14对应的HTML代码如示例12所示，使用"name"属性标识各窗口的名称，用于后续建立框架窗口间的关联。

示例12

```
<html>
<head>
<title>创建多框架页面</title>
</head>
<frameset rows="20%" frameborder="0">
<frame src="subframe/top.html" name="topframe"
Scrolling="no" noresizes="noresize" />
<frameset cols="20%,*">
<frame src="subframe/left.html" name= "leftframe"
Scrolling="no" noresizes="noresize" />
<frame src="subframe/right.html" name="rightframe" />
</frameset>
</frameset>
</html>
```

（3）如何实现框架窗口间的关联

学习了如何使用框架创建多个窗口后，下面介绍如何建立窗口间的关联。例如，单击如图3.15所示的左侧窗口中的导航栏链接，在右侧窗口将显示对应的内容。

图 3.15　框架窗口间的关联

要实现框架窗口间的关联,关键在于设置超链接的"target"目标窗口属性,具体实现思路如下:

①在框架页面中,为右侧框架窗口添加"name"名称标识,如rightframe,这一步在示例12中已实现,关键代码如下:

`<frame src="subframe/right.html" name="rightframe" >`

②在左侧窗口对应的页面中,设置超链接、目标窗口属性为希望显示的框架窗口名,在右侧窗口显示的代码如下:

`<a href="right.html" target="rightFrame">…</a>`

左侧窗口对应的页面(left.html),其关键代码如示例13所示。

示例13

```
<! --省略部分HTML代码-->
<span>
<a href="right.html" target="rightFrame">
<img src="images/reg.jpg" alt="注册"/></a>
</span>
<!--省略部分HTML代码-->
```

在前面章节,曾学习过<a>链接标签的target属性,其用法见表3.5。

表 3.5　target 属性的取值

属性值	含　义
_blank	在新窗口中打开链接
_self	在链接所在页面的自身窗口中打开链接
框架窗口名	在指定的框架窗口中打开链接
_parent	在父框架集中打开链接,如果不是框架网页,则含义同"_self"
_top	在顶级窗口(即整个浏览器窗口)中打开链接

除_parent和_top两个属性值外，其他属性值都学过，下面讲解_parent和_top两个属性值的用法。修改本例左侧窗口对应的lefthtml页面，分别设置链接打开的目标窗口为"_parent和"_top"，对应的HTML代码分别如下：

<a href = "buy.html" target=_parent>…</a>

<a href = "buy.html" target=_top >…</a>

上面两行代码的运行效果一样，都在整个框架页的浏览器窗口中显示。究其原因，是因为本例只有两个层次的二级框架，所以框架页所在的浏览器窗口是左侧窗口的父窗口，同时也是框架页面的顶级窗口。

3.3.3 <iframe> 内联框架

前面学习了框架<frameset>，它适用于整个页面都用框架实现的场合，本节将学习<iframe>内联框架，它适用于将部分框架内嵌入页面的场合，一般用于引用其他网站的页面。例如，在自己制作的网页中引用搜狐网页的新闻页面等。

1）<iframe>的用法

<iframe>的用法和<frame>比较类似，其语法如下：

<iframe src="引用页面地址", name="框架标识名" frameborder="边框" scrolling="是否出现滚动条"…></iframe>

如图3.16所示的页面，对应的HTML代码如示例14所示。

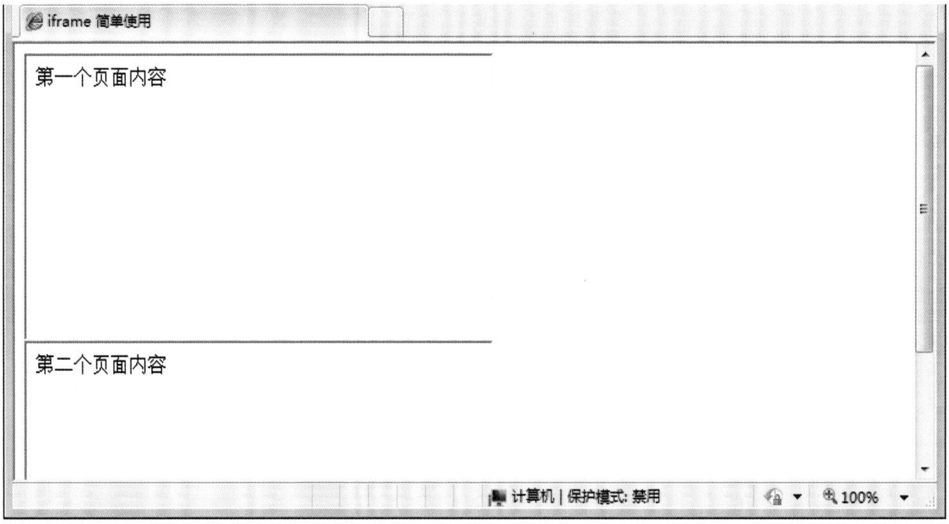

图 3.16 <iframe> 的简单使用

示例14

```
<html>
<head>
<title>iframe 简单使用</title>
</head>
<body>
<iframe src="subframe/the_one.html" width="400px" height="236px"
```

frameborder="1" scrolling="no" />

    <iframe src="subframe/the_second.html" width="400px" height="236px" scrolling="no" />

    </body>

    </html>

2）常用属性

类似于前面学习的<frameset>框架，<iframe>内联框架的常用属性包括name, scrolling, noresize 和frameborder。其中name, noresize和scrolling与表3.5所列<frame>属性的作用一样，例如，实现链接在<iframe>内联框架中打开的效果，如图3.17所示，对应的HTML代码如示例15所示。

示例15

<html>

<head>

<title>iframe常用属性</title>

</head>

<body>

<h1>上方导航条</h1>

<p>

<a href="one.html" target="mainFrame">下边显示第一页</a>

<a href="two.html" target="mainFrame">下边显示第二页</a>

</p>

<iframe name="mainFrame" width="800px" height="150px" frameborder="1" scrolling="yes" noresize="noresize" src="two.html" />

</body>

</html>

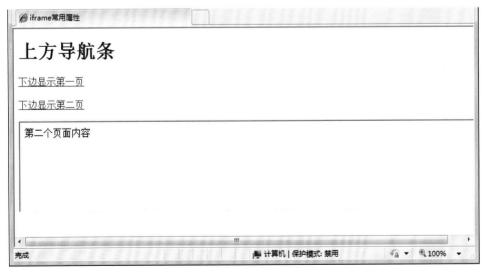

图3.17　<iframe> 的常用属性

3.4 实　验

完成如图3.18所示的页面效果图。

图 3.18　页面效果图

第4章 表 单

表单是实现用户与网页之间信息交互的基础,通过在网页中添加表单可以实现诸如会员注册、用户登录、提交资料等交互功能。本章将主要讲解如何在网页中制作表单,并使用表单元素创建表单,为了能够提供对当前互联网搜索引擎的支持,还讲解了如何制作符合语义化规范要求的表单。

4.1 表 单

表单在网页中应用比较广泛,如申请电子邮箱,用户需要先填写注册信息,然后才能提交申请。又如,希望登录邮箱收发电子邮件,也必须在登录页面中输入用户名密码才能进入邮箱,这就是典型的表单应用。

通俗地讲,表单就是一个将用户信息组织起来的容器。将需要用户填写的内容放置在表单容器中,当用户单击"提交"按钮时,表单会将数据统一发送给服务器。

表单的应用比较常见,典型的应用场景如下:

①登录、注册:登录时填写用户名、密码;注册时填写姓名、电话等个人信息。

②网上订单:在网上购买商品,一般要求填写姓名、联系方式、付款方式等信息。

③调查问卷:回答对某些问题的看法,以便形成统计数据,方便分析。

④网上搜索:输入关键字,搜索想要的可用信息。

为了方便用户操作,表单提供了多种表单元素,如图4.1所示的页面中,除了最常见的单行文本框之外,还有密码框、单选按钮、下拉列表框、提交按钮等。图4.1所示的是百度用户注册页面,该页面就是由一个典型的表单构成的。

4.1.1 表单内容

创建表单后,就可以在表单中放置控件以接受用户的输入。这些控件通常放在<from>标签对之间一起使用,也可以在表单之外用来创建用户界面。在网上冲浪

图 4.1　典型的表单

时，经常会见到一些常用的控件，例如，让用户输入姓名的单行文本框，让用户输入密码的密码框，让用户选择性别的单选按钮，以及让用户提交信息的提交按钮等。

不同的表单控件有不同的用途，如果要求用户输入的仅仅是一些文字信息，如"姓名""备注""留言"等，一般使用单行文本框或多行文本框，如果要求用户在指定的范围内作出选择，一般使用单选按钮、复选框和下拉列表框。如果要把填写好的表单信息提交给服务器，一般使用"提交"按钮。除此之外，还有一些不太常用的表单控件，在这里就不一一列举了。

4.1.2　表单标签及表单属性

在HTML中，使用<form>标签来实现表单的创建，该标签用于在网页中创建表单区域，属于一个容器标签，其他表单标签需要在它的范围中才有效，<input>便是其中的一个，用以设定各种输入资料的方法。表单标签有两个常用的属性，见表4.1。

表 4.1　<form> 标签的属性

属　性	说　明
Action	此属性指示服务器上处理表单中输出的程序。一般来说，用户单击表单上的"提交"按钮后，信息会发送到 Web 服务器上，由 action 属性所指定的程序处理。语法为 action ="URL"。如果 action 属性的值为空，则默认表单提交到本页
Method	此属性告诉浏览器如何将数据发送给服务器，它指定向服务器发送数据的方法（用 post 方法还是用 get 方法）。如果值为 get，浏览器将创建一个请求，该请求包含页面 URL、一个问号和表单的值。浏览器会将该请求返回给 URL 中指定的脚本，以进行处理。如果将值指定为 post，表单上的数据会作为一个数据块发送到脚本，而不使用请求字符串。语法为 method =（get ｜ post）

4.1.3　表单元素及格式

在图4.1中,可以看到实现用户注册时,需要输入很多注册信息,而装载这些数据的控件,就称为表单元素。有了这些表单元素,表单才会有意义。那么如何在表单中添加表单元素呢? 其实添加方法很简单,就是使用<input>标签,如示例1中就使用了<input>标签实现了向表单添加文本输入框、提交按钮、重置按钮的功能。

<input>标签中有很多属性,下面对一些比较常用的属性进行整理,见表4.2。

表 4.2　<input> 元素的属性

属　性	说　明
type	此属性指定表单元素的类型。可用的选项有 text, password, checkbox, radio, submit, reset, file, hidden, image 和 button。默认选择为 text
name	此属性指定表单元素的名称。例如, 如果表单上有几个文本框, 可以按名称来标识它们, 如 text1, text2 等
value	此属性是可选属性, 它指定表单元素的初始值。但如果 type 为 radio, 则必须指定一个值
size	此属性指定表单元素的初始宽度。如果 type 为 text 或 password, 则表单元素的大小以字符为单位。对其他输入类型, 宽度以像素为单位
maxlength	此属性用于指定可在 text 或 password 元素中输入的最大字符数。默认值为无限大
checked	指定按钮是否是被选中的。当输入类型为 radio 或 checkbox 时, 使用此属性

常用的表单元素类型及常用的属性如下:

1) 文本框

在表单中最常用、最常见的表单输入元素就是文本框(text),它用于输入单行文本信息,如用户名的输入框。若要在文档的表单里创建一个文本框,将表单元素type属性设为text即可。

示例1

```
<form>
<p>名字:<input type="text" name="fname"/></p>
<p>姓氏:<input type="text" name="lname" value="张"/></p>
<p>登录名: <input name="sname" type="text" size="30"/></p>
</form>
```

在示例1的代码中还分别使用size属性和value属性对登录名的长度及姓氏的默认值进行了设置,在浏览器中查看示例1的页面效果,如图4.2所示。

在文本框控件中输入数据时,还可使用maxlength属性指定输入的数据长度。例如,登录名的长度不得超过20个字符,代码如下:

```
<p>登录名:
<input name="sname" type="text" size="30" maxlength="20">
</p>
```

上面代码的设置结果是文本框显示的长度为30,而允许输入的最多字符个数为20。

图 4.2　文本框的效果

对size属性和maxlength属性一定要能够严格地进行区分作用，size 属性用于指定文本框的长度，而maxlength属性用于指定文本框输入的数据长度，这就是二者的区别。

2）密码框

在一些特殊情况下，用户希望输入的数据被处理，以免被他人得到，如密码。这时使用文本框就无法满足要求，需要使用密码框来完成。

密码框与文本框类似，区别在于需要将文本框控件的属性设为Password。设置了type属性后，在密码框输入的字符全都以黑色实心的圆点来显示，从而实现了对数据的处理。

示例2

```
<form>
<p>用户名:<input type="text"  name="fname" size="21"/></p>
<p>密码: <input type="password" name="pass" size="22"/></p>
</form>
```

运行示例2的代码，在页面中输入密码123456，页面显示效果如图4.3所示。

图 4.3　密码框效果

[想一想]

密码框能保证输入数据的安全吗？

不能，密码框仅仅使周围的人看不见输入的符号，它不能保证输入的数据安全，为了使数据安全，应加强人为管理，采用数据加密技术等。击前还是单击后样式都是一样的，只有鼠标悬浮在超链接上时，样式才有所改变，为什么？

3）单选按钮

单选按钮控件用于一组相互排斥的值，组中的每个单选按钮控件应具有相同的名称，用户一次只能选择一个选项。只有从组中选定的单选按钮才会在提交的数据中提交对应的数值,在使用单选按钮时,需要一个显式的value属性。

示例3

```
<form method="post" action="">
性别:
<input type="radio"  name="sex" class="input" value="男"/>男
<input type="radio"  name="sex" class="input" value="女"/>女
</form>
```

运行示例3的代码,在浏览器中预览效果,如图4.4所示。

图 4.4　单选按钮效果

如果希望在页面加载时,单选按钮有一个默认的选项,那么可以使用checked属性。例如,性别选项默认选中为"男",则修改代码如下:

```
<form method="post" action="">
性别:
<input type="radio"  name="sex" class="input" value="男" checked="checked"/>男
<input type="radio"  name="sex" class="input" value="女"/>女
</form>
```

此时,再次运行示例3,则页面效果如图4.5所示。

图 4.5　使用 checked 属性设置默认选项

4)复选框

复选框与单选按钮有些类似,只不过复选框允许用户选择多个选项。复选框的类型是checkbox,即将表单元素的属性设为checkbox就可以创建一个复选框。复选框的命名与单选按钮有些区别,可以多个复选框选用相同的名称,也可以各自具有不同的名称,关键是看如何使用复选框。用户可以选中某个复选框,也可以取消选中。一旦用户选中了某个复选框,在提交表单时,会将该复选框的name值和对应的value值一起提交。

示例4

```
<form method="post" action="">
爱好:
<input type="checkbox"  name="interest" value="sports"/>跑步
<input type="checkbox"  name="interest" value="TV"/>看电视
```

```
<input type="checkbox" name="interest" value="play"/>玩游戏
</form>
```

示例4在浏览器中的预览效果，如图4.6所示。

图 4.6　复选框效果

与单选按钮一样，checkbox复选框也可以设置默认选项，同样使用checked属性进行设置。例如，将爱好中的"运动"选项默认选中，则代码修改如下：

```
<input type="checkbox" name="interest" value="sports" checked="checked"/>
跑步
```

运行效果如图4.7所示。

图 4.7　设置默认选中的复选框

单选按钮应与其有相同的名字，便于互斥选择；而复选框的名称则要根据应用环境来确定是否相同。通常情况下，如果选项之间是并列关系，就需要设置为相同的名称，以便能够同时获取。例如兴趣爱好，一个人有多个兴趣爱好，这样复选框设置相同名称，以使在提交数据时能够一次性得到所有选择的兴趣爱好选项。否则，每个选项都需要单独进行读取，从而降低了效率。

5）列表框

列表框主要是为了用户快速、方便、正确地选择一些选项，并且节省页面空间，它是通过<select>标签和<option>标签来实现的。<select>标签用于显示可供用户选择的下拉列表，每个选项由一个 <option>标签表示，<select>标签必须包含至少一个<option>标签。

语法如下：

```
<select name="指定列表名称" size="行数">
<option value="可选项的值" selected="selected"></option>
<option value="可选项的值">…</option>
</select>
```

其中，在有多条选项可供用户滚动查看时，size确定列表中可同时看到的行数；selected表示该选项在默认情况下是被选中的，而且一个列表框中只能有一个列表项被默认选中，如同单选按钮组那样。

示例5

```
<form method="post" action="">
```

出生日期：

```
<input type="text"  name="byear" value="yyyy" size="4" maxlength="4"/>年
<select name="csrq">
    <option value="">[选择月份]</option>
    <option value="1">一月</option>
    <option value="2">二月</option>
    <option value="3">三月</option>
    <option value="4">四月</option>
    <option value="5">五月</option>
    <option value="6">六月</option>
    <option value="7">七月</option>
    <option value="8">八月</option>
    <option value="9">九月</option>
    <option value="10">十月</option>
    <option value="11">十一月</option>
    <option value="12">十二月</option>
</select>月
<input name="day" value="天" size="2" maxlength="2" />日
</form>
```

示例5在浏览器中的预览效果，如图4.8所示。

图 4.8　列表框效果

下拉列表框中添加的option选项会按照顺序进行排列，但是如果希望其中某个选项默认显示，就需要使用selected属性来进行设置。例如，让月份默认显示十月，则相应代码修改如下：

<option value="10" selected="selected">十月</option>

设置了 selected属性后, 则下拉列表会默认显示十月, 如图4.9所示。

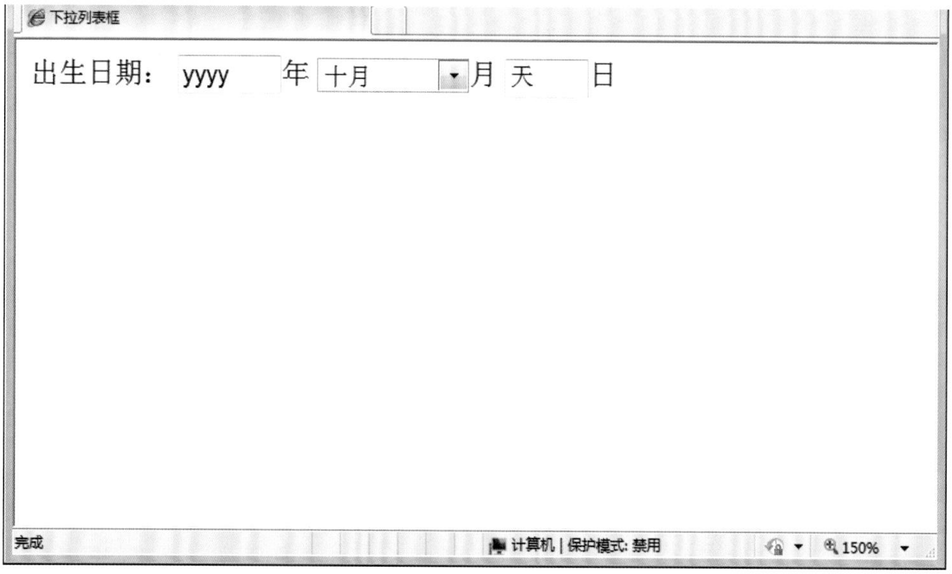

图4.9　设置下拉列表的默认显示

6) 按钮

按钮在表单中经常用到, 在HTML中按钮分为3种, 分别是普通按钮(button)、提交按钮(submit)和重置按钮(reset)。普通按钮主要用来响应onclick事件, 提交按钮用来提交表单信息, 重置按钮用来清除表单中已填信息。

语法如下:

<input type="reset" name="Reset" value="重填">

其中, type="button"表示普通按钮, type="submit"表示提交按钮, name用来给按钮命名, value用来设置显示在按钮上的文字。

示例6

<form method="post" action="">

<p>用户名: <input name="name" type="text"/></p>

<p>密码: <input name="pass" type="password"/></p>

<p><input type="reset" name="butreset" value="reset按钮"/>

<input type="submit" name="butsubmit" value="submit按钮"/>

<input type="button" name="butbutton" value="button按钮" onclick="alert(this.value)" /></p>

</form>

示例6在浏览器中的预览效果, 如图4.10所示。

图 4.10　按钮预览效果

针对示例6中的按钮，各自的作用是不相同的，区别如下：

①reset按钮：用户单击该按钮后，不论表单中是否已经填写或输入数据，表单中各个表单元素都会被重置到最初状态，而填写或输入的数据将被清空。

②submit按钮：用户单击该按钮后，表单将会提交到action属性所指定的URL，并传递表单数据。

③button按钮：属于普通按钮，需要与事件关联使用。

在示例6的代码中，为普通按钮添加了一个onclick事件，当用户单击button按钮时，将会显示该按钮的value值，页面效果如图4.11所示。

图 4.11　普通按钮的 onclick 事件

说明：onclick事件是表单元素被点击时所激发的事件，并只限于按钮。在事件中可以调用相应的脚本代码，执行一些特定的客户端程序。这部分内容在后续的JavaScript课程中会进行讲解。

7）多行文本域

当需要在网页中输入两行或两行以上的文本时，怎么办？显然，前面学过的文本框及其他表单元素都不能满足要求，这就应该使用多行文本框，它使用的标签是<textarea>。

语法如下：

<textarea name="textarea" cols="显示列的宽度" rows="显示的行数">文本内容 </textarea>

其中，cols属性用来指定多行文本框的列的宽度，rows属性用来指定多行文本框的行数。在<textarea>…</textarea>标签对中不能使用value属性来赋初始值。

示例7

<form method="post" action="">

<h4>填写个人评价</h4>

<p>

<textarea name="textarea" cols="40" rows="6">自信、活泼、善于思考……

</textarea></p>

</form>

示例7在浏览器中的预览效果，如图4.12所示。

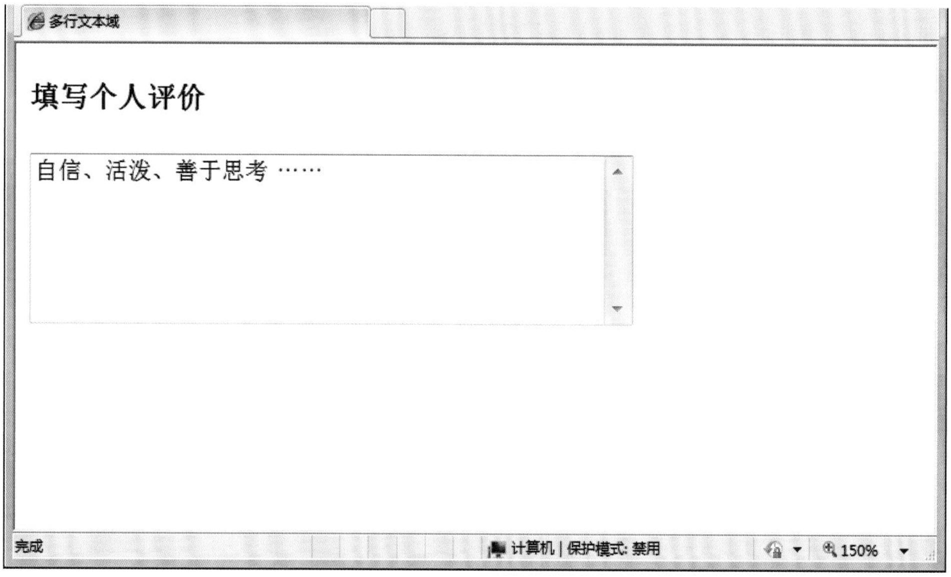

图 4.12　多行文本框效果

8）文件域

文件域的作用是实现文件的选择，在应用时只需把type属性设为"file"即可。在实际应用中，文件域通常应用于文件上传的操作，如选择需要上传的文本、图片等。

示例8

<form action="" method="post" enctype ="multipart/form-data">

<p><input type="file" name="files"/>

< input type= "submit" name ="upload" value ="上传"/></p> </form>

运行示例8的代码，在浏览器中的预览效果，如图4.13所示。

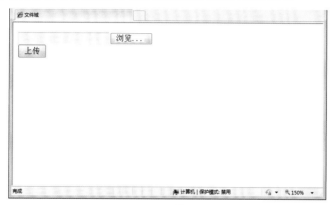

图 4.13　文件域效果

如图4.13所示，文件域会创建一个不能输入内容的地址文本框和一个 "浏览"按钮。单击"浏览..."按钮，将会弹出"选择要加载的文件"窗口。选择文件后，路径将显示在地址文本框中，执行效果如图4.14所示。

图 4.14　文件域与上传操作

在使用文件域时，需要特别注意的是，包含文件域的表单，由于提交的表单数据包括普通的表单数据、文件数据等多部分内容，因此必须设置表单的"enctype"编码属性为"multipart/form-data"，表示将表单数据分为多部分提交。

4.2 表单的高级应用 🔍

4.2.1 设置表单的隐藏域

网站服务器端发送到客户端（用户计算机）的信息，除了用户直观看到的页面内容外，可能还包含一些"隐藏"信息。例如，用户登录后的用户名、用于区别不同用户的用户ID等。这些信息对用户可能没用，但对网站服务器有用。所以一般"隐藏"起来，而不在页面中显示。

将"type"属性设置为"hidden"隐藏类型即可创建一个隐藏域。例如，在登录页中使用隐藏域保存用户的userid信息，代码如示例9所示。

示例9

```
<form action="" method="get">
<p>用户名: <input name="name" type="text" /></p>
<p>密码: <input name="pass" type="password" /></p>
<p><input type="submit"  value ="提交" /></p>
<p><input type="hidden" value="666" name="useid" /></p>
</form>
```

运行示例9的代码，页面显示的结果，如图4.15所示。

图 4.15　隐藏域并不显示在页面中

在图4.15中无法看到隐藏域的存在，但是通过查看页面源代码是可以看到的。为了验证隐藏域中的数据能够随表单一同提交，将表单的提交方式改为get方式，单击"提交"按钮，就可以从地址栏中查看到隐藏域的数据，如图4.16所示。

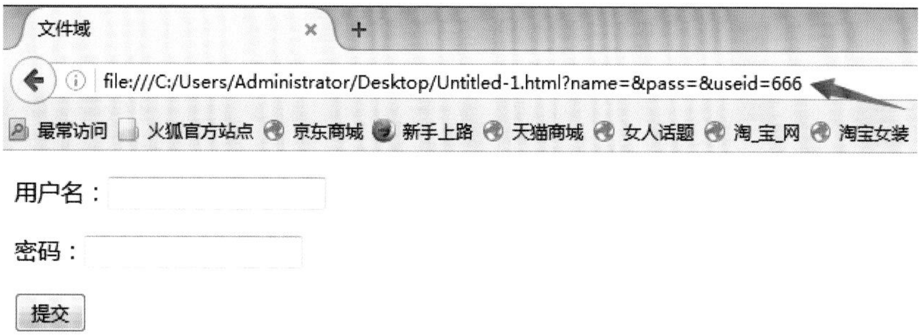

图 4.16　使用隐藏域传递数据

4.2.2　表单的只读与禁用设置

在某些情况下，需要对表单元素进行限制，即设置表单元素为只读或禁用。常见的应用场景如下：

①只读场景：网站服务器方不希望用户修改的数据。这些数据在表单元素中显示，例如，注册或交易协议、商品价格等。

②禁用场景：只有满足某一个条件后，才能选用某项功能。例如，只有用户同意注册协议后，才允许单击"注册"按钮，播放器控件在播放状态时，不能再单击"播放"按钮等。

只读和禁用效果分别通过设置"readonly"和"disabled"属性来实现。例如，要实现对文本框只读，对按钮的禁用效果，如图4.17所示，对应的HTML代码如示例10所示。

示例10

```
<form action="" method="get">
<p>用户名: <input name="name" type="text" value="张丽" readonly="readonly" /></p>
<p>密码: <input name="pass" type="password" /></p>
<p><input type="submit"  value="修改" disabled="disabled"/></p>
</form>
```

运行示例10的代码，在浏览器中的预览效果如图4.17所示。

在图4.17中，用户名采用了默认设置的方式，且无法进行修改。而提交按钮则采

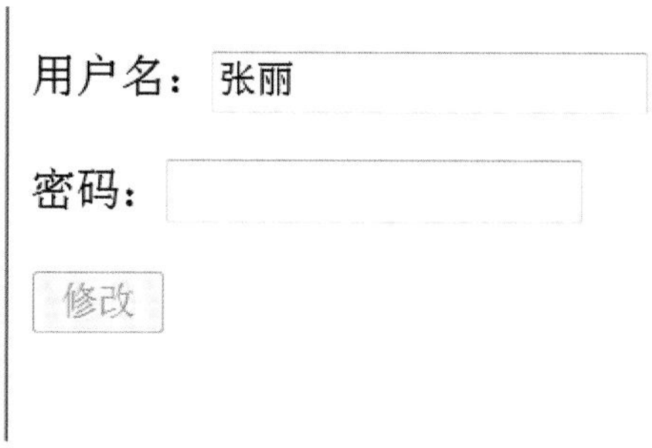

图 4.17　设置只读和禁用属性

用了禁用的设置,所以按钮呈浅色显示,表示无法使用。

通常只读属性用于不希望用户对数据进行修改的场合,而禁用则可以配合其他控件使用。最常见的就是在安装程序时,如果用户不选中"同意安装许可协议"的复选框,则"安装"或"下一步"按钮无法使用。

W3C XHTML标准中,规定属性值不能省略,要求写为属性="属性值"的形式。

例如,下拉列表框的默认选中,应写为selected="selected",而不能仅写selected。同理,复选框的默认选中,应写为checked="checked",只读应写为readonly="readonly",禁用应写为 disabled="disabled"。

4.3 语义化的表单 🔍

4.3.1 关于语义化

随着互联网技术的发展,尤其是网络搜索的应用普及,设计并制作符合W3C标准的网页已经被越来越多的网页制作人员所遵循。即便如此,在实现某种表现的过程中,依然可有多种结构和标签进行选择,而此时语义化的标签就格外重要,因为它更易被浏览器所识别。

那么,该如何理解什么是语义化呢?语义化其实没有一个非常明确的概念或者定义,但是需要明确语义化的目的是什么。就是要达到结构合理、代码简洁的要求。

了解未使用语义化的标签和使用语义化的标签在应用中的区别。首先完成一个简单案例,代码如示例11所示。

示例11

```
<table>
    <tr>
        <td>姓名</td>
        <td>职务</td>
    </tr>
    <tr>
        <td>张丽</td>
        <td>网站推广员</td>
    </tr>
</table>
```

示例11的代码运行效果如图4.18所示。

图4.18　未使用语义化的标签

4.3.2　语义化的表单

1）域

在表单中，可以使用<fieldset>标签实现域的定义。什么是域？简单地说，就是将一组表单元素放到<fieldset>标签内时，浏览器就会以特殊方式来显示它们，这些表单元素可能有特殊的边界效果。

使用<fieldset>标签后，该标签会将表单内容进行整合，从而生成一组与表单相关的字段。

2）域标题

所谓域标题就是给创建的域设置一个标题。设置域标题需要使用一个新的标签，即<legend>标签，在该标签内的内容就被视为域的标题。

通常<fieldset>标签与<legend>标签会一起使用，简单的应用代码如示例12所示。

示例12

```
<form>
    <fieldset>
        <legend>用户信息</legend>
            姓名：<input type="text"/>
            年龄：<input type="text"/><br/>
            手机：<input type="text"/>
            邮箱：<input type="text"/><br/>
    </fieldset>
</form>
```

运行示例12所示的代码，在浏览器中预览的效果如图4.19所示。

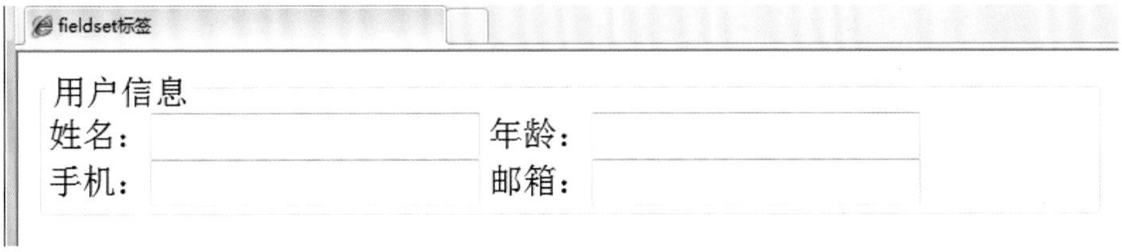

图4.19　IE浏览器显示语义化的表单

需要在这里说明的是，本门课程使用的浏览器都是IE8版本，如果采用其他版本的IE浏览器，或者其他类型的浏览器，则图4.19所示的效果会略有一些区别，如在火狐浏览器的效果如图4.20所示。

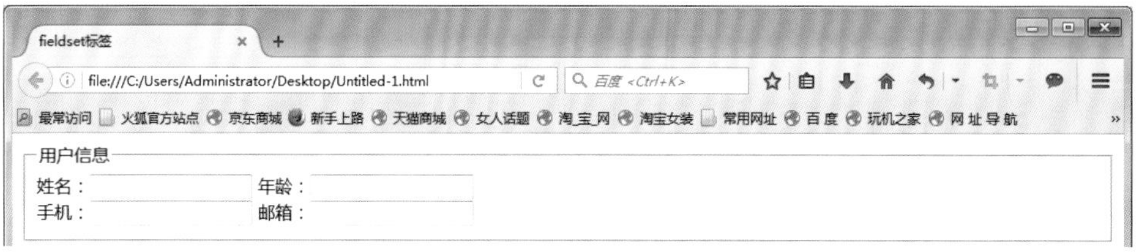

图 4.20　火狐浏览器显示语义化的表单

对比图4.19和图4.20的效果，区别很明显。这种显示的区别并不是代码上的问题，也不是语义化的问题，而仅仅是浏览器自身的问题。

4.3.3　表单元素的标注

对表单元素进行标注，这样做的目的就是增强鼠标的可用性。这是因为使用表单元素标注时，在客户端呈现的效果不会有任何特殊的改进。但是当用户使用鼠标单击标注的文本内容时，浏览器会自动将焦点转移到与该标注相关的表单元素上。

为表单元素进行标注时，需要使用<label>标签，该标签的语法如下：

<label for="表单元素的id">标注的文本</label>

在<label>标签中，使用了 for属性来指定当鼠标单击标注文本时，焦点对应的表单元素。下面通过示例13进行说明。

示例13

```
<form>
    请选择性别：
    <label for="male">男</label>
    <input type="radio" name="sex" id="male"/>
    <label for="female">女</label>
    <input type="radio" name="sex" id="female"/>
</form>
```

在示例13的代码中，对表单元素而言，其name属性与id属性都是必需的。name属性由表单处理，而id属性是给<label>标签和表单元素进行关联使用的。

运行示例13的代码，在浏览器中预览的页面效果如图4.21所示。

图 4.21　使用 <label> 标签进行标注

在图4.21中，用户在选择性别时，可以不用单击单选按钮，而是用鼠标直接单击与单选按钮对应的文本。例如，在本例中，鼠标单击文本"男"时，则性别男对应的单选按钮被自动选中。

如果将计算机系统的显示风格设置为相对明亮或鲜艳的格式，可以发现当鼠标移动到标注文本上方时，对应的单选按钮样式会有所改变，显示焦点已经移动到该按钮上，只要用户单击文本，该按钮也随之获得实际的焦点。

针对语义化的内容进行如下梳理。

①语义化的目标是使页面结构更加合理。

②建议在设计和开发过程中，使用语义化的标签，从而达到见名知义的作用。

③语义化的结构更加符合Web标准，更利于当今搜索引擎的抓取（SEO的优化）和开发维护。

表单主要用来制作动态网页，以便和用户进行交流，例如，会员注册、购物订单、调查问卷、搜索等页面都会用到表单。

4.4 实 验 🔍

制作搜狐注册页，效果如图4.22所示。

图 4.22　搜狐注册页

第5章 初识 CSS

前面章节已经讲述了制作网页使用W3C标准，实际上使用W3C标准制作网页还有一个非常重要的作用，那就是网页内容和样式可以实现分离，其中XHTML负责组织内容结构，CSS负责表现样式。

本章将介绍CSS基本语法、CSS选择器，以及如何在网页中应用CSS样式，最后讲解CSS复合选择器和CSS的继承特性。重点掌握CSS基本语法、CSS的3种基本选择器，以及在HTML页面添加CSS的方式。

5.1 使用 CSS 的意义

根据前面所学知识，首先看如图5.1所示的页面中推荐的红钻特权页面，然后回答一个问题，使用前面学习过的HTML知识能实现这样的页面效果吗？当然不能，单纯地使用HTML标签是不能实现的，如果要实现这样精美的网页就需要借助CSS。

图 5.1　京东猜你喜欢的部分页面

通过上面展示的页面，大家已经大致了解了 CSS的作用，那么，再来看如图5.2和图5.3所示的两个页面有什么区别？

想必大家已经看出来了，图5.2非常杂乱，看不出页面想要表达的内容，而图5.3的页面非常清晰，能一眼看出此页面的结构、内容模块，以及页面表达的内容。这就是页面使用了CSS 和没有使用CSS的效果。

- 首页
- 新疆简介
- 风土人情
- 吃在新疆
- 路线选择
- 自助行
- 摄影摄像
- 游记精选
- 资源下载
- 雁过留声

天气查询

- 乌鲁木齐　　雷阵雨　20～31℃
- 吐鲁番　　多云转阴　20～28℃
- 喀什　阵雨转多云　25～32℃
- 库尔勒　阵雨转阴　21～28℃
- 克拉马依　雷阵雨　26～30℃

图 5.2　没有使用 CSS

图 5.3　使用了 CSS

5.1.1 什么是 CSS

CSS全称为层叠样式表（Cascading Style Sheet），通常又称为风格样式表（Style Sheet），它是用来进行网页风格设计的。例如，在上述例子中，页面下面部分的图片和文本使用了 CSS 混排效果，使得整个页面非常清晰。

5.1.2 CSS 在网页中的应用

既然CSS可以设计网页风格，那么在网页中，CSS如何应用呢？通过设立样式表，可以统一地控制HTML中各标签的显示属性，如设置字体的颜色、大小、样式等。使用CSS还可设置文本居中显示、文本与图片的对齐方式、超链接的不同效果等，这样层叠样式表就可以更有效地控制网页外观了。

使用层叠样式表，还可以精确地定位网页元素的位置、美化网页外观，如图5.4和图5.5所示，CSS在网页中的具体应用在以后章节中会详细介绍。

图 5.4 天猫首页部分页面

图 5.5 唯品会首页部分页面

5.1.3　CSS 的优势

以上给出了许多使用CSS制作页面的效果图,那么,使用CSS制作网页还有哪些好处呢?使用CSS的优势如下:

①内容与表现分离,也就是使用前面学习的HTML语言制作网页、使用CSS设置网页样式、风格,并且CSS样式单独存放在一个文件中。这样HTML文件引用CSS文件就可以了,网页的内容(XHTML)与表现就可以分开,便于后期CSS样式的维护。

②表现的统一,可以使网页的表现非常统一,并且容易修改,把CSS写在单独的页面中,可以对多个网页应用其样式,使网站中的所有页面表现的风格统一,并且若需要修改CSS样式,所有的页面样式就能同时修改。

③丰富的样式,使得页面布局更加灵活。

④减少网页的代码量,增加网页的浏览速度,节省网络带宽。在网页中只写HTML代码,在CSS样式表中编写样式,这样可以减少页面代码量,并且使页面清晰,同时一个合理的层叠样式表,还能有效地节省网络带宽,提高用户体验。

⑤运用独立于页面的CSS,还有利于网页被搜索引擎收录。

其实使用CSS远不止这些优点,在以后的学习中,大家会深入地了解CSS在网页中的优势,现在进入本章的重点内容,学习CSS的基本语法。

5.2　CSS 的基本语法

学习CSS,首先就要学习它的语法,以及如何把它与HTML联系起来,达到布局网页、美化页面的效果。后续将学习CSS的语法结构和如何在页面中应用CSS样式。

5.2.1　CSS 基本语法结构

CSS和HTML一样,都是浏览器能够解析的计算机语言。因此,CSS也有自己的语法规则和结构。CSS规则由两部分构成,即选择器和声明。声明必须放在大括号{ }中,并且声明可以是一条或多条,每条声明由一个属性和值组成,属性和值用冒号分开,每条语句以英文分号结尾。如图5.6所示,h1表示选择器,"font-size: 14px;"和"color: red;"表示两条声明,声明中 font-size 和 color 表示属性,而14px和red则是对应的属性值。

提示:请使用花括号来包围声明。

图 5.6　CSS 基础语法

注意：在CSS的最后一条声明中，用以结束的";"可写也可不写，但是，基于W3C标准规范考虑，建议最后一条声明的结束";"都要写上。

5.2.2 认识 <style> 标签

学习了 CSS基本语法结构，学会了如何定义CSS样式，那么，如何将定义好的CSS样式应用到HTML中，将是本部分要解决的问题。

在HTML中，通过使用<style>标签引入CSS样式。<style>标签用于为HTML文档定义样式信息。<style>标签位于<head>标签中，它规定浏览器中如何呈现HTML文档。在<style>标签中，type属性是必需的，它用来定义style元素的内容，唯一值是"text/css"，如图5.7所示。

```
1   <!DOCTYPE html PUBLIC "-//W3C//DTD XHTML 1.0 Transitional//EN"
    "http://www.w3.org/TR/xhtml1/DTD/xhtml1-transitional.dtd">
2   <html xmlns="http://www.w3.org/1999/xhtml">
3   <head>
4   <meta http-equiv="Content-Type" content="text/html; charset=utf-8" />
5   <title>style标签的用法</title>
6   <style type="text/css">
7   h1{
8       font-size:14px;
9       color:red;
10      }
11  </style>
12  </head>
13  <body>
14  </body>
15  </html>
```

图 5.7 <style> 标签的用法

掌握了如何在HTML中编辑CSS样式，那么，如何把样式应用到HTML标签中呢？这就需要学习CSS选择器。

5.2.3 CSS 选择器

选择器（selector）是CSS中非常重要的概念，所有HTML语言中的标签样式，都是通过不同的CSS选择器进行控制的。用户只需通过选择器，就可以对不同的HTML标签进行选择，并赋予各种样式声明，即可以实现各种效果。

在CSS中，有3种最基本的选择器，分别是标签选择器、类选择器和ID选择器，下面分别进行详细介绍。

1）标签选择器

一个HTML页面由很多标签组成，如<h1>~<h6>、<p>、CSS标签选择器就是用来声明这些标签的。因此，每种HTML标签的名称都可作为相应的标签选择器的名称。例如，h3 选择器就是用于声明页面中所有<h3>标签的样式风格。同样，可以通过p选择器来声明页面中所打<p>标签的CSS风格，示例1声明了<h1>、<h2>和<p>标签选择器。

示例1

<html>

```
<head>
<style type="text/css">
html{color:black;}
p{color:blue;}
h2{color:silver;}
</style>
</head>
<body>
<h1>这是 heading 1</h1>
<h2>这是 heading 2</h2>
<p>这是一段普通的段落。</p>
<p>这是段落。</p>
</body>
```
</html>

示例1中CSS代码声明了 HTML页面中所有的<h1>标签和<p>标签。每个CSS选择器都包含选择器本身、属性和值，其中，属性和值可以设置多个，从而实现对同一个标签声明多种样式风格，标签选择器的语法结构如图5.8所示。在浏览器中打开页面，效果如图5.9所示。从页面效果图中可以看出，标签选择器声明之后，会立即对HTML 中的标签产生作用。

selector {property: value}

图 5.8　标签选择器

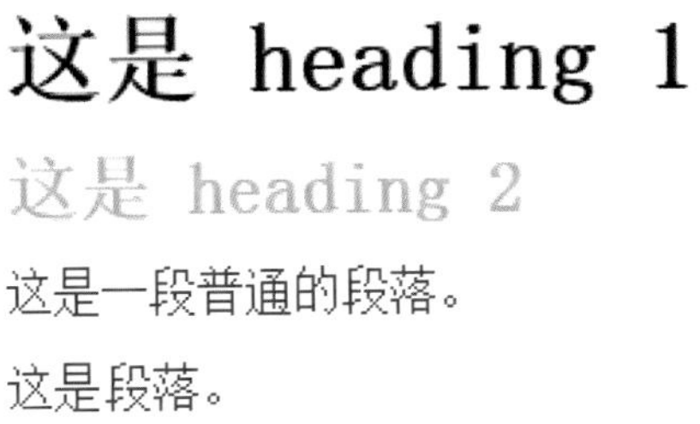

这是 heading 1

这是 heading 2

这是一段普通的段落。

这是段落。

图 5.9　标签选择器效果图

标签选择器是网页样式中经常用到的，通常用于直接设置页面中的标签样式。例如，页面中有 <h1>、<h4>、<h5>标签，如果相同的标签内容的样式一致，那么使用标签选择器就非常方便了。

2）类选择器

在标签选择器中看到，标签选择器一旦声明，那么页面中所有的该标签，都会相应地发生变化。例如，当声明了<p>标签都为红色时，页面中所有的<p>标签都将显示为红色。但是，如果希望其中的某个<p>标签不是红色，而是绿色，仅依靠标记选择器是不够的，还需引入类（class）选择器。

类选择器的名称可以由用户自定义，属性和值跟标签选择器一样，必须符合

CSS规范，类选择器的语法结构如图5.10所示。

在 CSS 中，类选择器以一个点号显示：

.center {text-align: center}

图 5.10　类选择器

设置了类选择器后，就要在HTML标签中应用类样式。使用标签的class属性引用类样式，即<标签名 class="类名称">标签内容</标签名>。

例如，要使示例1中的两个<p>标签中的文本分别显示不同的颜色，就可以通过设置不同的类选择器来实现，代码如示例2所示，增加了 green类样式，并在<p>标签中使用class属性应用了类样式。

示例2

```
<html>
<head>
<style type="text/css">
html{color:black;}
p{color:blue;}
h2{color:silver;}
.one{color:green;}
</style>
</head>
<body>
<h1>这是 heading 1</h1>
<h2>这是 heading 2</h2>
<p class="one">这是一段普通的段落。</p>
<p class="two">这是段落。</p>
</body>
</html>
```

在浏览器中打开页面，效果如图5.11所示。

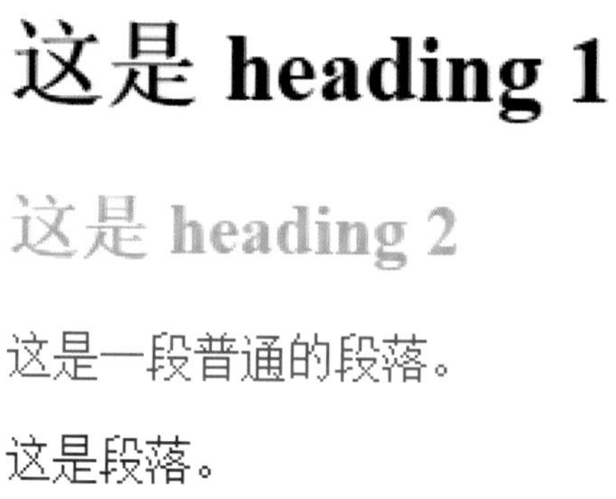

这是 heading 1

这是 heading 2

这是一段普通的段落。

这是段落。

图 5.11　类选择器效果图

类选择器是网页中最常用的一种选择器,设置了一个类选择器后,只要页面中某个标签需要相同的样式,直接使用class属性调用即可。类选择器在同一页面中可以频繁地使用,应用起来非常方便。

3)ID选择器

ID选择器的使用方法与类选择器基本相同,不同之处在于ID选择器只能在HTML页面中使用一次,因此它的针对性更强。在HTML标签中,只要在HTML中设置了ID属性,就可直接调用CSS中的ID选择器。下面两个ID选择器,第一个定义元素的颜色为红色;第二个定义元素的颜色为绿色。ID选择器的语法结构如图5.12所示。

ID选择器以"#" 来定义。

```
#red {color:red;}
#green {color:green;}
```

图 5.12 ID 选择器

举例说明ID选择器在网页中的应用。设置两个id属性,在样式表中设置两个ID选择器,代码如示例3所示。

示例3

```
<!DOCTYPE html PUBLIC "-//W3C//DTD XHTML 1.0 Transitional//EN" "http://www.w3.org/TR/xhtml1/DTD/xhtml1-transitional.dtd">
<html xmlns="http://www.w3.org/1999/xhtml">
    <head>
    <meta http-equiv="Content-Type" content="text/html"; charset="utf-8"/>
    <title>无标题文档</title>
    <style type="text/css">
    #first{font-size:12px;}
    #second{font-size:24px;}
    </style>
    </head>
    <body>
    <p id="first">This is a paragraph of introduction.</p>
    <p id="second">This is a paragraph.</p>
    <p>This is a paragraph.</p>
    <p>This is a paragraph.</p>
    <p>…</p>
    </body>
    </html>
```

在浏览器中打开的页面效果如图5.13所示,由于第一个<p>标签设置了id为first,它的字体大小为12px,第二个<p>标签设置了id为second,它的字体大小为24px。由此可以看出,只要在 HTML标签中设置了id属性,那么此标签可以直接使用CSS中对应的ID选择器。

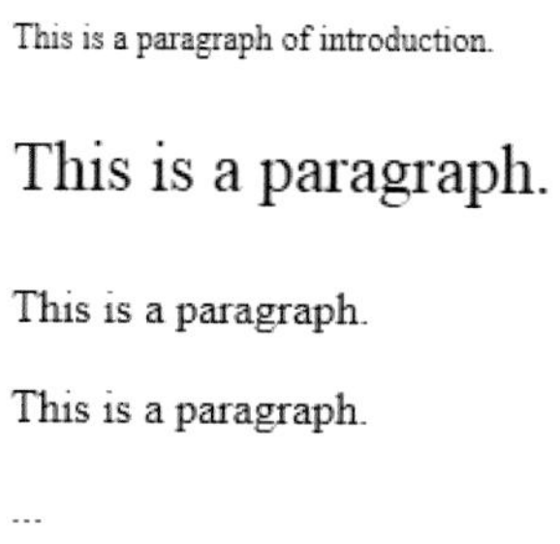

This is a paragraph of introduction.

This is a paragraph.

This is a paragraph.

This is a paragraph.

...

图 5.13　ID 选择器的效果图

ID选择器与类选择器不同,同一个id属性在同一个页面中只能使用一次,虽然这样,但是它在网页中也是经常用到的。例如,在布局网页时,页头、页面主体、页尾或者页面中的菜单、列表等通常使用id属性,这样看到id名称就知道此部分的内容,使页面代码具有非常高的可读性。

注意:ID选择器在页面中只能使用一次,也就是说,在同一个页面中同一个id属性只能设置一次;而类选择器可以在页面中多次使用。

5.3　在 HTML 中引入 CSS 样式

在前面的几个例子中,所有的CSS样式都是通过<style>标签放在HTML页面的<head>标签中,但是在实际制作网页时,这种方式并不唯一,还有其他两种方式应用CSS样式。在HTML中引入CSS样式的方法有3种,分别是行内样式、内部样式表和外部样式表。

5.3.1　行内样式

行内样式就是在HTML标签中直接使用style属性设置CSS样式。style属性提供了一种改变所有HTML元素样式的通用方法。style属性的用法如下所示:

<h1 style="color:red;">style 属性的应用</h1>

直接在HTML标签中设置的样式

这种使用style属性设置CSS样式仅对当前的HTML标签起作用,并且是写在HTML标签中的,因此,这种方式不能使内容与表现相分离,本质上没有体现出CSS的优势,因此不推荐使用。

5.3.2　内部样式表

正如前面讲到的所有示例一样,把CSS代码写在<head>的<style>标签中,与HTML内容位于同一个HTML文件中,这就是内部样式表。

这种方式方便在同页面中修改样式,但不利于在多页面间共享复用代码及维护，对内容与样式的分离也不够彻底。实际开发时，会在页面开发结束后，将这些样式代码保存到单独的CSS文件中，将样式和内容彻底分离开，即下面介绍的外部样式表。

5.3.3 外部样式表

外部样式表是将CSS代码保存为一个单独的样式表文件，文件扩展名为.CSS，在页面中引用外部样式表即可。HTML文件引用外部样式表有两种方式，分别是链接式和导入式。

1）链接外部样式表

链接外部样式表就是在HTML页面中使用<link/>标签链接外部样式表，这个<link/>标签必须放在页面<head>标签内，语法如下所示。

```
<head>
……
<link href="style.css" rel="stylesheet" type="text/css" />
……
</head>
```

其中，rel="stylesheet"是指在页面中使用这个外部样式表；type="text/css"是指文件的类型是样式表文本；href="style.css"是文件所在的位置。

外部样式表实现了样式和结构的彻底分离，一个外部样式表文件可以应用于多个页面。当改变这个样式表文件时，所有页面的样式都会随之改变。这在制作大量相同样式页面的网站时，非常有用，不仅减少了重复的工作量，利于保持网站的统一样式和网站维护，同时用户在浏览网页时也减少了重复下载代码，提高了网站的速度。

现在把示例3的内部样式表改变为外部样式表的引用方式，步骤如示例4所示。

示例4

把页面中的CSS代码单独保存在CSS文件夹下的common.css样式表文件中，文件代码如下。在CSS文件中不需要<style>标签，直接编写样式即可。

```
#first{font-size:16px;}
#second{font-size:24px;}
```

在所见文件中使用<link/>标签引用common.css样式，代码如下所示。

```
<html>
<head>
<meta http-equiv="Content-Type" content="text/html"; charset="utf-8" />
 <title>ID 选择器的应用 </title>
<link href ="css/common.css" rel="stylesheet" type="text/css" />
</head>
<body>
<h1>北京欢迎你</h1>
<p id="first">北京欢迎你，有梦想谁都了不起！</p>
<p id="second">有勇气就会有奇迹。</p>
```

```
<p>北京欢迎你,为你开天辟地</p>
<p>流动中的魅力充满朝气。< /p>
</body>
```

使用链接外部样式表的方式与前面示例3的内部样式表一样,在浏览器中打开页面显示的效果与示例3打开的效果一样,这里不再重新展示。

2)导入外部样式表

导入外部样式表就是在HTML网页中使用@import导入外部样式表,导入外部样式表的语句必须放在<style>标签中,而<style>标签必须放到页面的<head>标签内,语法如下所示。

```
<head>
<style type="text/css">
<!--
@import url("style.css");
-->
</style>
</head>
```

其中,@import表示导入文件,前面必须有一个@符号,url("style.css")表示样式表文件位置,示例5中改为使用@import导入文件,代码如下所示。

示例5

```
<html>
<head>
<meta http-equiv="Content-Type" content="text/html"; charset="utf-8" />
<title>ID选择器的应用</title>
<style type="text/css">
<!--
@import url("css/common.css");
-->
</style>
</head>
</html>
```

3)链接式与导入式的区别

以上讲解了两种引用外部样式表的方式,它们的本质都是将一个独立的CSS样式表引用到 HTML页面中,但两者还是有一些差别的,其不同之处在于:

①<link/>标签属于XHTML范畴,而@import是CSS 2.1中特有的。

②使用<link/>链接的CSS是客户端浏览网页时先将外部CSS文件加载到网页中,再进行编译显示,所以这种情况下显示出来的网页与用户预期的效果一样,即使网速再慢也是一样的效果。

③使用@import导入的CSS文件，客户端在浏览网页时先将HTML结构呈现出来，再将外部 CSS文件加载到网页中，当然最终的效果也与使用<link/>链接文件效果一样，只是当网速较慢时会先显示没有CSS统一布局的HTML网页，这样就会给用户很不好的感觉。这也是目前大多数网站采用链接外部样式表的主要原因。

④由于@import是CSS 2.1中特有的，因此，对不兼容CSS 2.1的浏览器来说就是无效的。

综合以上几个方面的因素，大家不难发现，现在大多数网站还是比较喜欢使用链接外部样式表的方式引用外部CSS文件的。

5.3.4　样式优先级

前面一开始就提到了CSS的全称为层叠样式表，因此，对页面中的某个元素，它允许同时应用多个样式（即叠加），页面元素最终的样式即为多个样式的叠加效果。但这存在一个问题，一旦同时应用上述3类样式时，页面元素将同时继承这些样式，但样式之间如有冲突，应继承哪种样式？这就存在样式优先级的问题。同理，从选择器的角度，当某个元素同时应用标签选择器、ID选择器、类选择器定义的样式时，也存在样式优先级的问题。CSS中规定的优先级规则如下所示：

行内样式 >内部样式表 >外部样式表

ID选择器 > 类选择器 > 标签选择器

行内样式>内部样式表>外部样式表，即"就近原则"。如果同一个选择器中样式声明层叠，那么后写的会覆盖先写的样式，即后写的样式优先于先写的样式。关于样式优先级的问题，在以后讲解到具体应用时，会详细说明。

5.4　CSS 的高级应用 Q

5.4.1　CSS 复合选择器

CSS复合选择器是以标签选择器、类选择器、ID选择器这3种基本选择器为基础，通过不同方式将两个或多个选择器组合在一起而形成的选择器。这些复合而成的选择器，能实现更强、更方便的选择功能。布局和实现页面的精美效果时，通常会应用这些复合选择器。复合选择器分为后代选择器、交集选择器和并集选择器。

1）后代选择器

在HTML中经常有标签的嵌套使用，那么，在CSS选择器中，就可以通过嵌套的方式，对特殊位置的HTML标签进行声明。例如，当<h3>…</h3>标签之间包含…标签时，就可以使用后代选择器来控制相应的内容了。

后代选择器的写法就是把外层的标签写在前面，把内层的标签写在后面，之间用空格分隔。当标签发生嵌套时，内层的标签就成了外层标签的后代。

在一段文字中，通过后代选择器改变最内层标签中的文本颜色和字体大小，如示例6所示。

示例6

```
<html>
<head>
<meta http-equiv="Content-Type" content="text/html"; charset="utf-8" />
<title>后代选择器</title>
<style type="text/css">
h3 strong{color:blue; font-size:36px;}
 strong{color: red; font-size:16px;}
</style>
</head>
<body>
<strong>问君能有几多愁, </strong>
<h3>恰似一江<strong>春水</strong>向东流。</h3>
</body>
</html>
```

从代码中可以看出, <h3>是外层标签, <strong>是内层标签。通过将strong选择器嵌套在h3选择器中进行声明, 显示效果只适用于<h3>和</h3>之间的<strong>标签, 而其外的<strong>标签只显示对应的strong标签选择器效果。

在浏览器中打开页面, 效果如图5.14所示, 第一行<strong>标签中的文本字体颜色为红色, 字体大小为16px; 显然第二行<strong>标签中的文本"春水"按照后代选择器的规则显示预期效果, 字体颜色为蓝色, 字体大小为36px。

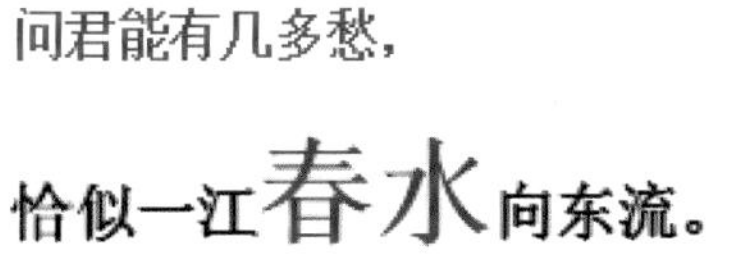

问君能有几多愁,

恰似一江春水向东流。

图 5.14　后代选择器页面效果图

后代选择器是CSS应用中非常常用的, 通常用在HTML标签嵌套时, 常用情况如下:

①按标签的嵌套关系, 如本例中<h3>标签嵌套<strong>, 直接按标签的嵌套关系编写样式。

②按选择器的嵌套关系, 当最外层的类选择器名称为head, 它里面嵌套类选择器、ID选择器时, 直接按样式的嵌套关系编写, 如.head.menu或.head#menu。

③3种选择互相嵌套关系, 当最外层ID选择器名称为nav, 它里面嵌套类选择器和标签选择器, 如#nav.title 或#nav li。

2) 交集选择器

交集选择器是由两个选择器直接连接构成, 其结果是选中二者各自元素范围的交集。其中第一个必须是标签选择器, 第二个必须是类选择器或者ID选择器。这两个选择器之间不能有空格, 必须连续书写。

这种方式构成的选择器, 将选中同时满足前后两者定义的元素, 也就是前者所定义的标签类型，并且制订了后者的类型或者id的元素，因此被称为交集选择器。

以欧阳修的词《蝶恋花·庭院深深深几许》为例，词的所有内容写在<p>标签内，其中一句词写在<p>标签的嵌套标签<strong>中，两个标签均加上类样式txt;两个类样式txt分别是后代选择器和交集选择器，代码如示例7所示。

示例7

```
<html>
<head>
<meta http-equiv="Content-Type" content="text/html"; charset="utf-8" />
<title>交集选择器</title>
<style type="text/css">
p.txt{color:red;}
p.txt{color:blue;line-height:28px;}
</style>
</head>
<body>
<h2>蝶恋花·庭院深深深几许</h2 >
<p class="txt">庭院深深深几许, 杨柳堆烟, 帘幕无重数。玉勒雕鞍游冶处, 楼高不见章台路。<strong class="txt">雨横风狂三月暮, 门掩黄昏, 无计留春住。</strong>泪眼问花花不语, 乱红飞过秋千去。</p>
</body>
</html>
```

在浏览器中打开页面效果如图5.15所示，<p>标签应用了txt样式表本是交集选择器，其中的文本为蓝色字体。而<strong>标签是在<p>标签中嵌套，因此符合后代选择器的规则，因此它的字体显示红色。

蝶恋花·庭院深深深几许

庭院深深几许, 杨柳堆烟, 帘幕无重数。玉勒雕鞍游冶处, 楼高不见章台路。**雨横风狂三月暮, 门掩黄昏, 无计留春住。**泪眼问花花不语, 乱红飞过秋千去。

图 5.15　交集选择器效果图

交集选择器在实际开发中应用并不广泛，通常在列表中突出某部分内容时使用，并且这种方式并不是唯一的方式，所以实际网页制作中并不常用，这里不作详细介绍。

3）并集选择器

与交集选择器相对应，还有一种并集选择器，它的结果是同时选中各个基本选择器所选择的范围。任何形式的选择器（包括标签选择器、类选择器、ID选择器等）都可以作为并集选择器的一部分。

并集选择器是多个选择器通过逗号连接而成的，在声明各种CSS选择器时，如果某些选择器的风格是完全相同或者部分相同，这时便可以利用并集选择器同时声明风格相同的CSS选择器，同样以欧阳修的词《蝶恋花·庭院深深深几许》为例，把诗词的每句放在不同的标签中，然后将这些标签设置相同的样式，代码如示例8所示。

示例8

```
<html>
<head>
<meta http-equiv="Content-Type" content="text/html"; charset="utf-8" />
<title>并集选择器</title>
<style type="text/css">
H3,.first,.second,#end{font-size:6px; color:green; font-weight:normal;}
</style>
</head>
<body>
<h2>蝶恋花·庭院深深深几许</h2>
<h3>庭院深深深几许, 杨柳堆烟, 帘幕无重数。</h3>
<p class="first">玉勒雕鞍游冶处, 楼高不见章台路。</p>
<p class="second">雨横风狂三月暮, 门掩黄昏, 无计留春住。</p>
<p id= "end" >泪眼问花花不语, 乱红飞过秋千去。</p>
```

从代码中可以看出, 第一句放在<h3>标签中, 其他3句均放在<p>标签中, 但是分别引用不同的类选择器和ID选择器。在浏览器中打开的页面效果如图5.16所示, 4句诗词显示的颜色和样式均一样, 这是因为所有选择器设置的CSS样式都是一样的, 这种集体声明的并集选择器与分开一个一个声明选择器的效果是一样的。

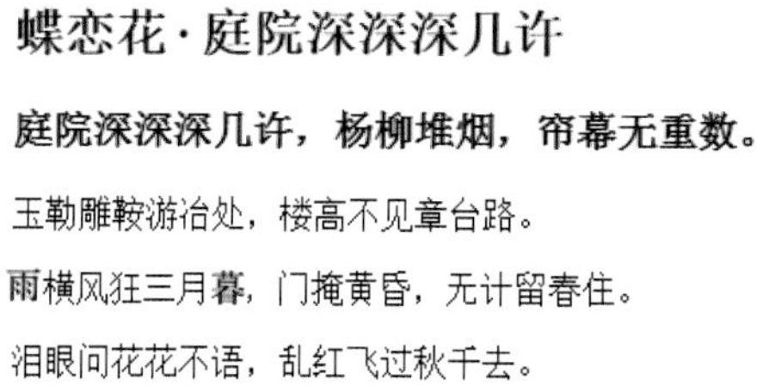

蝶恋花·庭院深深深几许

庭院深深深几许, 杨柳堆烟, 帘幕无重数。

玉勒雕鞍游冶处, 楼高不见章台路。

雨横风狂三月暮, 门掩黄昏, 无计留春住。

泪眼问花花不语, 乱红飞过秋千去。

图 5.16　并集选择器效果图

在实际应用中, 并集选择器经常会用在对页面中所有标签进行全局设置样式上。例如, CSS文件一开始设置页面标签的全局样式, 当页面<li>、<dt>、<dd>等标签内的文本字体大小、行距一样时, 这时使用并集选择器集体设置这些标签内容一样的样式, 就非常方便了。这一点在后面的章节会经常应用到。

掌握了以上3种CSS样式的编写方法, 在以后编写CSS代码时, 根据需要编辑不同的选择器就能符合页面的需求, 对CSS代码进行优化, 对CSS代码"减肥", 加速客户端页面下载速度并提高用户体验。

5.4.2　CSS 继承特性

在CSS语言中继承(inheritance)的概念并不复杂, 简单地说, 就是将各个HTML标签看成一个个容器, 其中被包含的小容器会继承包含它的大容器的风格样式, 也称包含与被包含的标签为父子关系, 即子标签会继承父标签的风格样式, 这就是CSS中的继承。

1）继承关系

所有的CSS语句都是居于各个标签之间的继承关系，为了更好地理解继承关系，首先应从文件的组织结构入手，如示例9所示。

示例9

```
<html>
<head>
<meta http-equiv=" Content-Type" content="text/html";  charset="gb2312" />
<title>继承的应用</title>
</head>
<body>
<h1>学习平台</h1>
<p>这里将为您提供丰富的学习内容。</p>
<ul>
<li>网页制作</li>
<li>使用 Dreamweaver 制作网页</li>
<li>使用CSS布局和美化网页
<ul>
<li>CSS 初级</li>
<li>CSS 中级</li>
<li>CSS 高级</li>
</ul>
</li>
<li>使用JavaScript制作网页特效</li>
</ul>
<ul>
<li>平面设计</li>
<li>美术基础</li>
<li>使用Photoshop处理图形图像</li>
<li>使用 Illustrator设计图形</li>
<li> 制作 Flash动画 </li>
</ul>
<p>如果您有任何问题，欢迎给我们留言。</p>
</body>
</html>
```

在浏览器中打开的页面效果如图5.17所示，可以看到在这个页面中，标题使用了标题标签，后面使用了列表结构，其中最深的部分使用了3级列表。

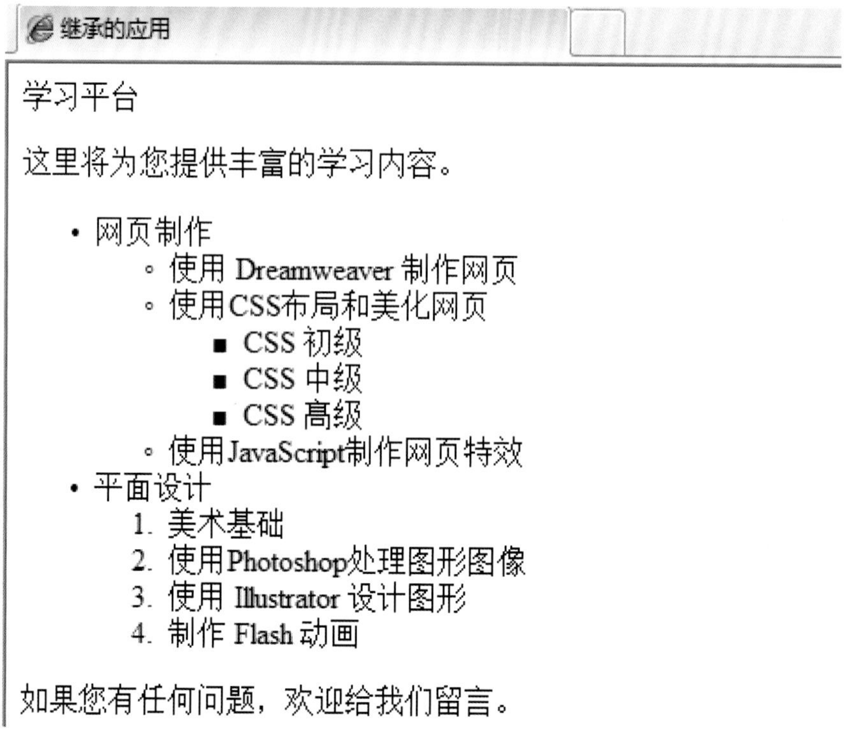

继承的应用
学习平台
这里将为您提供丰富的学习内容。
网页制作
使用 Dreamweaver 制作网页
使用CSS布局和美化网页
CSS 初级
CSS 中级
CSS 高级
使用JavaScript制作网页特效
平面设计
1. 美术基础
2. 使用Photoshop处理图形图像
3. 使用 Illustrator 设计图形
4. 制作 Flash 动画
如果您有任何问题，欢迎给我们留言。

图 5.17　继承关系效果图

这里着重从“继承”的角度来考虑各个标签之间的“树”型关系，如图5.18所示。在这个树型关系中，处于最上端的<html>标签称为“根（root）”,它是所有标签的源头，往下层包含。在每个分支中，称上层标签为其下层标签的“父”标签，相应地，下层标签称为上层标签的“子标签”。例如，<ul>标签是<body>标签的子标签，同时它也是<h>标签的父标签。

html
head
body
title
h1
p
ul
p
li
li

图 5.18　继承关系结构图

2）继承的应用

通过前面的讲解，大家已经对各个标签之间的父子关系有了认识，下面进一步讲解CSS继承的运用。CSS继承是指子标签的所有样式风格，可以在父标签样式风格的基础上再加以修改，产生新的样式，而子标签的样式风格完全不会影响父标签。

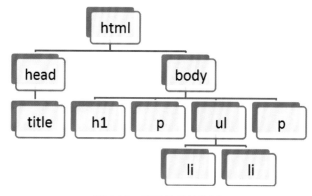

　　例如，在示例9中加入继承关系的CSS代码，设置所有列表的字体大小为12px，字体颜色为蓝色，列表"使用CSS布局和美化网页"下一级列表字体颜色为红色，"平面设计"下一级列表字体颜色为绿色，代码如示例10所示。

　　示例10

```
<style type="text/css">
li {
color: blue;
font-size: 12px;
}
ul li ul li ul li{color: red; }
ul li ul li{color: green; }
</style>
```

　　在浏览器中打开的页面效果如图5.19所示，"CSS初级"等3个列表字体颜色为红色，"美术基础"等4个列表字体颜色为绿色。从这个例子中，充分体现了标签继承和CSS样式继承的关系。

　　以上讲解完CSS的集中复合选择器和继承特性，在以后的学习中，大家要通过各种练习对所学的知识进行巩固和应用。

图 5.19　增加继承后的效果图

5.5　实　验 Q

　　制作天猫底部导航，如图5.20所示。

图 5.20　天猫底部导航

第6章 使用 CSS 美化网页

大家在浏览网页时会发现,任何一个网页的内容基本上都是以文本和图片传达信息的,因此,文本和图片是网页设计不可缺少的元素,也是网页重要的表现形式。

本章从基础的文字样式设置开始,详细讲解使用CSS设置文字的各种效果,文字与图片的混排效果,使用CSS设置超链接的各种方式,最后讲解网页中背景颜色、背景图片的各种设置方法和列表样式的设置方法。

通过本章的学习,读者可以对网页的文本、图片、列表、超链接设置各种各样的效果,使网页看起来美观大方、赏心悦目。

6.1 使用 CSS 编辑网页文本

文字是网页最重要的组成部分,通过文字可以传递各种信息,因此,本节将学习使用CSS设置字体大小、字体类型、文字颜色、字体风格等字体样式,通过CSS设置文本段落的对齐方式,行高、文本与图片的对齐方式及文字缩进方式来排版网页。

6.1.1 文本在网页中的意义

在浏览网页时,看到最多的就是文字,那么文字在网页中除了传递信息外,还有其他什么意义吗?

经过分析可以看出,大家看到的都是字体较大的、经过CSS美化的文本,这些文本突出了页面的主题。因此,使用CSS美化网页文本具有如下意义:

①有效地传递页面信息。

②使用CSS美化过的页面文本,使页面漂亮、美观,吸引用户。

③可以很好地突出页面的主题内容,使用户第一眼就可以看到页面的主要内容。

④具有良好的用户体验。

6.1.2 ＜span＞标签

在HTML中，＜span＞标签是被用来组合HTML文档中的各类元素的，它没有固定的格式表示，只有对它应用CSS样式时，才会产生视觉上的变化。例如，示例1中的文本"电子商务""IT梦想"突出显示，就是＜span＞标签的作用。

示例1

```
<html>
<head>
<meta http-equiv="Content-Type" content="text/html"; charset="utf-8" />
<title>span 标签的应用 </title>
<style type="text/css">
p{font-size: 14px; }
p.show,.bird span{font- size: 36px;font-weight: bold;color: blue;}
#dream{font-size: 24px; font-weight: bold;color: red;}
</style>
</head>
<body>
<p>享受<span class="show">"电子商务" </span>教育服务</p>
<p>有一群人默默支持你成就<span id="dream">IT梦想</span></p>
<p class="bird">选择<span>放飞梦想</span>, 成就你的梦想</p>
</body>
</html>
```

由上述代码可以看出，使用CSS为＜span＞标签添加样式，既可使用类选择器和ID选择器，也可使用标签选择器，在浏览器中打开的页面显示效果如图6.1所示。

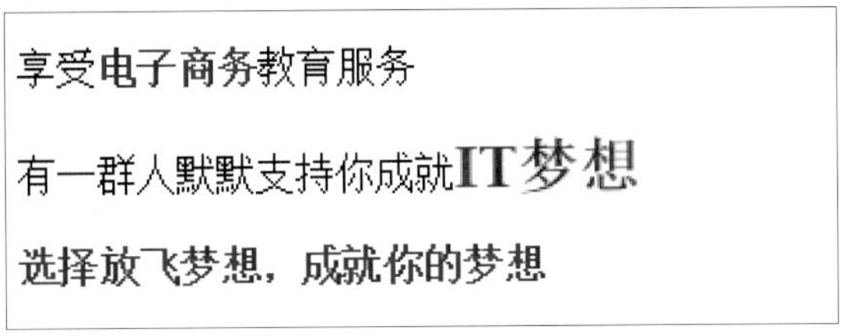

享受**电子商务**教育服务

有一群人默默支持你成就**IT梦想**

选择放飞梦想，成就你的梦想

图 6.1 ＜span＞标签显示效果

由页面效果图可以看出，＜span＞标签可以为＜p＞标签中的部分文字添加样式，而且不会改变文字的显示方向。它不同于＜p＞标签和标题标签，每对标签独占一个矩形区域。

6.1.3 字体样式

CSS字体属性，定义字体类型、字体大小、字体是否加粗、字体风格等，常用的字体属性、含义及用法见表6.1。

表 6.1　常用字体属性

属性名	含　义	举　例
font-family	设置字体类型	font-family:" 隶书 ";
font-size	设置字体大小	font-size:12px;
font-style	设置字体风格	font-style:italic;
font-weight	设置字体的粗细	font-weight:bold;
font	在一个声明中设置所有字体属性	font:italic bold 12px " 宋体 ";

为了帮助大家深入地理解这几个常用的字体属性,在实际应用中灵活地运用这些字体属性,使网页中的文本发挥其最大作用,下面对这几个字体属性进行详细介绍。

1)字体类型

在CSS中,字体类型是通过font-family属性来控制的。例如,将HTML中所有\<p\>标签中的英文和中文分别使用Verdana和楷体字体显示,则可通过标签选择器来定义\<p\>标签中元素的字体样式,其CSS设置如下所示:

p{font-family: Verdana,"楷体"; }

这句代码声明了 HTML页面中\<p\>标签的字体样式,并同时声明了两种字体,分别是Verdana 和楷体,这样浏览器会优先用英文字体显示文字,如果英文字体里没有包含的字符(通常英文字体不支持中文),则从后面的中文字体里面找,这样就达到了英文使用Verdana、中文使用楷体的不同字体效果。

这样设置的前提是要确定计算机中有Verdana、楷体这两种字体。如果计算机中没有Verdana,中文和英文都将以楷体显示;如果计算机中没有楷体,那么中文、英文将以计算机默认的某种字体显示。所以在设置中文、英文以不同字体显示时,尽可能地设置计算机中有的字体,这样就可以实现中文、英文显示不同字体效果了。

font-family属性,可以同时声明多种字体,字体之间用英文输入模式下的逗号分隔开。另外,一些字体的名称中间会出现空格,如Times New Roman字体或者中文,如楷体,这时需要用双引号将其引起来,使浏览器知道这是一种字体的名称。

现在以一个常见的购物商城商品分类的页面来演示一下字体类型的效果,页面代码如示例2 所示。

示例2

```
<body>
<h1>京东商城——全部商品分类</h1>
<h2>图书、音像、电子书刊</h2>
<p><span>电子书刊</span>电子书网络原创数字杂志多媒体图书目<br/>
<span>音像</span>音乐影视教育音像<br/>
<span>管励志</span>经济金融与投资管理励志与成功</p>
<h2>家用电器</h2>
<p><span>大家电</span>平板电视空调冰箱DVD播放机<br/>
```

```
<p><span>生活电器</span>净化器电风扇饮水机电话机</p>
</body>
</html>
```

上面是商品分类页面的HTML代码，从代码中可以看出，页面标题放在<h1>标签中，商品分类名称放在<h2>标签中，商品分类内容放在<p>标签中，而商品分类中的小分类放在<span>标签中。了解了页面的HTML代码，下面使用外部样式表的方式创建CSS样式，样式表名称为font.css，由于页面中所有文本均在<body>标签中，因此设置<body>标签中所有字体样式如下。

body{font-family: Times,"Times New Roman", "楷体"; }

在浏览器中查看页面，效果如图6.2所示，页面中中文字体为"楷体"，英文字体显示为"Times New Roman"。

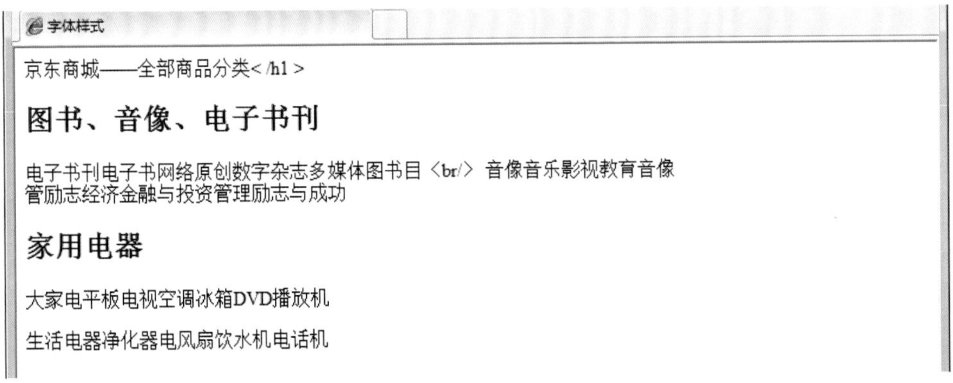

图 6.2　字体类型页面效果图

注意：

①当需要同时设置英文字体和中文字体时，一定要将英文字体设置在中文字体之前，如果中文字体设置在英文字体之前，英文字体设置将不起作用。

②在实际网页开发中，网页中的文本如果没有特殊要求，通常设置为"宋体"；宋体是计算机中默认的字体，如果需要其他比较炫的字体则使用图片来替代。

2）字体大小

在网页中，通过文字的大小来突出主体是非常常用的方法，CSS是通过font-size属性来控制文字大小的，常用单位是px（像素）。在font.css文件中设置<h1>标签字体大小为24px，<h2>标签字体大小为16px，<p>标签字体大小为 12px，代码如下所示：

body{font-family: Times, "Times New Roman", "楷体"; }

h1{font-size: 24px; }

h2{font-size: 16px; }

p{font-size: 12px; }

由于在前面章节对字体大小的效果已演示很多，这里不再展示页面效果图。

在CSS中设置字体大小还有一些其他的单位，如in、cm、mm、pt、pc。有时也会用百分比（％）来设置字体大小，但是在实际网页制作中，这些单位并不常用，在此不再赘述。

3）字体风格

人们通常会用高、矮、胖、瘦、匀称来形容一个人的外形特点，字体也是一样，也有自己的外形特点，如倾斜、正常，这些都是字体的外形特点，也就是通常所说的字体风格。

在CSS中，使用font-style属性设置字体的风格，font-style属性有3个值，分别是normal、italic 和oblique，这3个值分别告诉浏览器显示标准字体样式、斜体字体样式、倾斜字体样式。font-style 属性的默认值为normal。其中，italic和oblique在页面中显示的效果非常相似。

为了看italic和oblique的效果，在HTML页面中标题代码增加<span>标签，修改代码如下所示。

<h1>京东商城 <span>全部商品分类</span></h1>

在font.css中增加字体风格的代码，如下所示。

body{font-family: Times, "Times New Roman"，"楷体"; } h1{font-size: 24px; font-Style: italic;} h1 span{font-Style: oblique;} h2{font-size: 16px; font-Style: normal;} p{font-size: 12px; }

在浏览器中查看的页面效果如图6.3所示，标题全部斜体显示，italic和oblique两个值的显示效果有点相似，而normal显示字体的标准样式，因此，依然显示<h2>标准的字体样式。

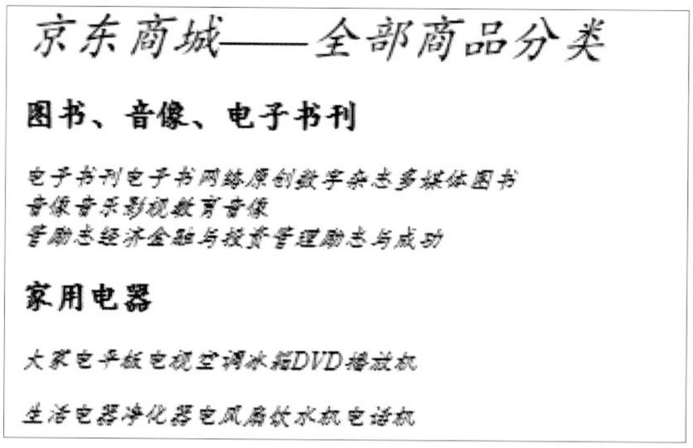

图 6.3　字体风格效果图

4）字体的粗细

在网页中字体加粗突出显示，也是一种常用的字体效果。CSS中使用font-weight属性控制文字粗细，重要的是CSS可以将本身是粗体的文字变为正常粗细。font-weight属性值见表6.2。

表 6.2　font-weight 属性值

值	说　明
Normal	默认值，定义标准字体
Bold	粗体字体
Bolder	更粗的字体
Lighter	更细的字体
500，600，700，800，900	定义由细到粗的字体，400 等同于 normal，700 等同于 bold

修改font.css样式表中字体样式，代码如下所示。

body{font-family: Times,"Times New Roman","楷体";} h1{font-size: 24px; font-style: italic;} h1 span {font-style: oblique; font-weight: normal;} h2{font-size: 16px; font-style: normal;} p{font-size: 12px; }

p span{font-weight: bold;}

标题后半部分变为字体正常粗细显示，商品分类中的小分类字体加粗显示。font-weight属性也是CSS设置网页字体常用的一个属性，通常用来突出显示字体。

5）字体属性

前面讲解的几个字体属性都是单独使用的，实际上在CSS中如果对同一部分的字体设置多种字体属性时，需要使用font属性来进行声明，即利用font属性依次设置字体的所有属性，各个属性之间用英文空格分开，但需要注意这几种字体属性的顺序，依次为字体风格、字体粗细、字体大小、字体类型。

例如，在上面的例子中，标签中嵌套的<span>标签设置了字体的类型、大小、风格和粗细，使用font属性可表示如下：

p span {font: oblique bold 12px "楷体";}

在网页实际应用中，使用最为广泛的元素，除了字体之外，就是由一个个字体形成的文本，大到网络小说、新闻公告，小到注释说明、温馨提示、网页中的各种超链接等，这些都是互联网中最常见的文本形式。

6.1.4 使用 CSS 排版网页文本

在网页中，用于排版网页文本的样式有文本颜色、水平对齐方式、首行缩进、行高、文本装饰、垂直对齐方式。常用文本属性、含义及用法，见表6.3。

表6.3 文本属性

属 性	含 义	举 例
color	设置文本颜色	color:#00C;
text-align	设置元素水平对齐方式	text-align:right;
text-indent	设置首行文本的缩进	text-indent:20px;
line-height	设置文本的行高	line-height:25px;
text-decoration	设置文本的装饰	text-decoration:underline;

1）文本颜色

在HTML页面中，颜色统一采用RGB格式，也就是通常人们所说的"红绿蓝"三原色模式。每种颜色都由这3种颜色的不同比例组成，按十六进制的方法表示，如"#FFFFFF"表示白色、"#000000"表示黑色、"#FF0000"表示红色。在这十六进制的表示方法中，前两位表示红色分量，中间两位表示绿色分量，最后两位表示蓝色分量。

虽然在第5章使用color时，都是用英文单词表示颜色，但是使用英文单词表示是有限的，因此，在网页制作中基本上都使用十六进制方法表示颜色。使用十六进制可以表示所有的颜色，如"#A983D8""#95F141""#396""#906"等。从中可以看出，有的颜色为6位，有的为3位，为什么？因为用3位表示颜色值是颜色属性值的简写，当这6位颜色值相邻数字两两相同时，可两两缩写为一，如"#336699"可简写为"#369"，"#EEFF66"可简写为"#EF6"。

2）水平对齐方式

在CSS中，文本的水平对齐是通过text-align属性来控制的，通过它可以设置文本左对齐、居中对齐、右对齐和两端对齐。text-align属性常用值，见表6.4。

表6.4　text-align 属性常用值

值	说　明
left	把文本排列在左边。默认值由浏览器决定
right	把文本排列在右边
center	把文本排列在中间
justify	实现两端对齐文本效果

通常大家浏览网页新闻页面时会发现，标题居中显示，新闻来源会居中或居右显示。

3）首行缩进和行高

在使用Word编辑文档时，通常会设置段落的行距，并且段落的首行缩进两个字符，在CSS中也有这样的属性来实现对应的功能。CSS中通过line-height属性来设置行高，通过text-indent属性设置首行缩进。

line-height属性的值与font-size的属性一样，也是以数字来表示的，单位也是px。除了使用像素表示行高外，也可以不加任何单位，按倍数表示，这时行高是字体大小的倍数。例如，<p>标签中的字体大小设置为12px，它的行高设置为"line-height: 1.5;"，那么它的行高换算为像素则是18px。这种不加任何单位的方法在实际网页制作中并不常用，通常使用像素的方法表示行高。

在CSS中，text-indent直接将缩进距离以数字表示，单位为em或px。但是对中文网页，em 用得较多，通常设置为"2em"，表示缩进两个字符，如p{text-indent: 2em;}。

这里缩进距离的单位em是相对单位，其表示的长度相当于中文字符的倍数。无论字体大小如何变化，它都会根据字符的大小，自动适应、空出设置字符的倍数。

按照中文排版的习惯，通常要求段首缩进两个字符，因此，在进行段落排版，通过text-indent 属性设置段落缩进时，使用em为单位的值，再合适不过了。

4）文本装饰

网页中经常发现一些文字有下画线、删除线等，这些都是文本的装饰效果。在CSS中是通过 text-decoration属性来设置文本装饰。表6.5列出了text-decoration常用值。

表 6.5　text–decoration 常用值

值	说　明
none	默认值，定义的标准文本
underline	设置文本的下画线
overline	设置文本的上画线
line-through	设置文本的删除线
blink	设置文本闪烁。此值只在 Firefox 浏览器中有效，在 IE 中无效

text-decoration属性通常用于设置超链接的文本装饰，因此，这里不详细讲解，大家知道每个值的用法即可。在后面讲解使用CSS设置超链接样式时，会经常用到这些属性。其中none和underline 是常用的两个值。

5）垂直对齐方式

在CSS中，通过vertical-align设置垂直方向对齐方式。但是在目前的浏览器中，只能对表格单元格中的对象使用垂直对齐方式属性，而对一般标签，如<h1>～<h6>、<p>及后面要学习的<div> 标签都是不起作用的，因此，vertical-align在设置文本标签中垂直对齐时并不常用，它反而经常用来设置图片与文本的对齐方式。

在网页实际应用中，通常使用vertical-align属性设置文本与图片的居中对齐，此时它的值为 middle，如示例3所示设置图片与文本居中对齐。

示例3

……

<title>垂直对齐方式</title>

<style type="text/css">

p img{vertical-align：middle;}

　</style>

</head>

<body>

<p><img src="image/icon.gif" Width="129" height="121" />图片与文本居中对齐</p> </body>

在浏览器中查看的页面效果如图6.4所示，实现了图片与文本居中对齐。

　图片与文本居中对齐

图 6.4　图片与文本居中对齐效果图

除了 middle之外，vertical-align属性还有其他值，如top，bottom等，只是这些值并不常用，因此这里不再赘述。

6.2 使用CSS设置超链接

在任何一个网页上，超链接都是最基本的元素，通过超链接能够实现页面的跳转、功能的激活等。

6.2.1 超链接伪类

在前面章节已经学习了超链接的用法，作为HTML中常用的标签，超链接的样式有其显著的特殊性；当为某文本或图片设置超链接时，文本或图片标签将继承超链接的默认样式。如图6.5所示，文字添加超链接后将出现下画线，图片添加超链接后将出现边框，单击链接前文本颜色为蓝色，单击链接后文本颜色为紫色。

为防止图片加上超链接后出现边框，通常会在CSS文件开头加入"img{border:0px;}"来消除图片添加超链接后出现的边框。

超链接单击前和单击后的不同颜色，其实是超链接的默认伪类样式。所谓伪类，就是不根据名称、属性、内容而根据标签处于某种行为或状态时的特征来修饰样式。也就是说，超链接将根据用户未单击访问前、鼠标悬浮在超链接上、单击未释放、单击访问后的4个状态显示不同的超链接样式。伪类样式的基本语法为"标签名:伪类名{声明;}"，如图6.5所示。

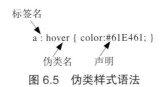

图 6.5　伪类样式语法

最常用的超链接伪类见表6.6。

表 6.6　超链接伪类

伪类名称	含　义	示　例
a:link	未单击访问时超链接样式	a:link{color:#9EF5F9;}
a:visited	单击访问后超链接样式	a:visited{color:#333;}
a:hover	鼠标悬浮其上的超链接样式	a:hover{color:#FF7300;}
a:active	鼠标单击未释放的超链接样式	a:active{color:#999;}

既然超链接伪类有4种，那么在对超链接设置样式时，有没有顺序区别？当然有，CSS设置伪类的顺序为：a:link→a:visited→a:hover→a:active，如果先设置"a:hover"再设置"a:visited"，在正中的"a:hover"就不起作用了。

[想一想]

　　如果设置4种超链接样式，那么页面上超链接的文本样式就有4种，这样就与大家浏览网页时常见的超链接样式不一样了，大家在上网时看到的超链接无论单击前还是单击后样式都是一样的，只有鼠标悬浮在超链接上时，样式才有所改变，为什么？

在实际页面开发中, 仅设置两种超链接样式: 一种是超链接<a>标签选择器样式; 另一种是鼠标悬浮在超链接上的样式, 代码如示例4所示。

示例4

```
<html>
<head>
<style type="text/css">
a:link {color: #FF0000}
a:visited {color: #00FF00}
a:hover {color: #FF00FF}
a:active {color: #0000FF}
</style>
</head>
<body>
<p><b><a href="/index.html" target="_blank">这是一个链接。</a></b></p>
<p><b>注释: </b>在 CSS 定义中, a:hover 必须位于 a:link 和 a:visited 之后, 这样才能生效! </p>
<p><b>注释: </b>在 CSS 定义中, a:active 必须位于 a:hover 之后, 这样才能生效! </p>
</body>
</html>
```

在浏览器中查看的页面效果如图6.6所示, <a>标签选择器样式表示超链接在任何状态下都是这种样式, 而之后设置a:hover超链接样式, 表示当鼠标悬浮在超链接上时显示的样式, 这样既减少了代码量, 使代码看起来一目了然, 又实现了想要的效果。

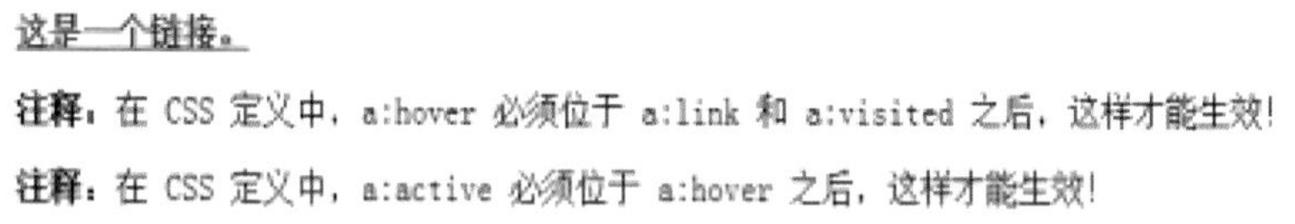

这是一个链接。

注释: 在 CSS 定义中, a:hover 必须位于 a:link 和 a:visited 之后, 这样才能生效!

注释: 在 CSS 定义中, a:active 必须位于 a:hover 之后, 这样才能生效!

图 6.6 超链接样式效果

6.2.2 使用 CSS 设置鼠标形状

在浏览网页时, 通常看到的鼠标指针形状有箭头、手形和I字形, 这些效果都是CSS通过cursor 属性设置的各式各样的鼠标指针样式。cursor属性可以在任何选择器中使用, 来改变各种页面元素的鼠标指针效果。cursor属性常用值见表6.7。

表 6.7　cursor 属性常用值

属　性	说　明
default	默认光标
pointer	超链接的指针
wait	指示程序主在忙
help	指示可用的帮助
text	指示文本
crosshair	鼠标呈现十字状

cursor属性的值有许多,大家根据页面制作的需要来选择使用合适的值即可。但是在实际网页制作中,常用的属性只有pointer,它通常用于设置按钮的鼠标形状,或者设置某些文本在鼠标悬浮时的形状。例如,当鼠标移至示例5页面中没有加超链接文本上时,鼠标呈现手状,则需要为页面中<span>标签增加如下所示的CSS代码。

b{cursor: pointer; }

当鼠标移至文本"这是一个链接。"上时,鼠标变成了手状,这就表示添加的代码生效了。

①cursor定义的鼠标样式,一部分在不同的机器或者操作系统中显示的效果可能存在差异,用户可根据需要适当选用。

②大多时候浏览器调用的是操作系统的鼠标指针效果,因此,同一用户浏览器之间的差别很小,但不同操作系统的用户之间还是存在差异的。

6.3　背景样式

在浏览网页时,我们能看到各种各样的页面背景,有页面整体的图像背景、颜色背景,也有部分的图像背景、颜色背景等。

总之,只要浏览网页,背景在网页中便无处不在,如图6.7所示的网页菜单导航背景、搜索按钮、图标背景,如图6.8所示的文字背景、标题背景、图片背景、列表背景,如图6.9所示的页面整体背景、按钮背景,以及如图5.21所示的表格背景。所有这些背景都为浏览者带来了丰富多彩的视觉感受以及良好的用户体验。

图 6.7　菜单导航背景

热卖 吃货季开始啦！每日一款1分钱美味！

疯抢 春夏彩妆新趋势 美瞳专场满199-200

活动 全球购夏日直供，国外大牌送到家

卖场 服饰大清仓，秒1元包邮

爆款 天猫端午节，与粽不同，送粽机送袁礼

特价 汤尤杯30张免票送送送

图 6.8　文本和列表背景

图 6.9　页面背景

通过上面的几个页面展示，大家已经看到背景是网页中最常用的一种技术，无论是单纯的背景颜色，还是背景图像，都能为整体页面带来丰富的视觉效果。既然背景如此重要，那么下面就详细介绍背景在网页中的应用。

6.3.1　认识 <div> 标签

在学习背景属性之前，先认识一个网页布局中常用的标签——<div>标签。<div>标签可以将HTML文档分割成独立的、不同的部分，因此，<div>标签常被用来进行网页布局。<div>标签与<p>标签一样，也是成对出现的，其语法如下：

网页内容

一对没有添加内容和CSS样式的<div>标签，在Dreamweaver中独占一行。只有

在使用了 CSS 样式后，对其进行控制，才能像报纸、杂志版面的信息块那样，对网页进行排版，制作出复杂多样的网页布局来。此外，在使用<div>布局页面时，它可以嵌套<div>标签，同时也可以嵌套列表、段落等各种网页元素。

关于使用CSS控制<div>标签进行网页布局，将在后续章节中进行讲解。本章先认识使用CSS中控制网页元素宽、高的两个属性，分别是width和height。这两个属性值均以数字表示，单位为 px。例如，设置页面中id名称为header的<div>的宽和高，代码如下所示。

```
#header {
width: 200px;  height: 280px;
}
```

6.3.2 背景属性

在CSS中，背景包括背景颜色（background-color）和背景图像（background-image）两种方式。

1）背景颜色

在CSS中，使用background-color属性设置字体、<div>、列表等网页元素的背景颜色，表示方法与color表示方法一样，也是用十六进制的方法表示背景颜色值，但是它有一个特殊值——transparent，即透明的意思，它是background-color属性的默认值。

理解了 background-color的用法，现在来制作某购物网站的商品分类导航。导航标题可用不同的颜色显示，页面的HTML代码和CSS代码如示例5所示。

示例5

……

```
<title>背景颜色</title>
<link href="css/background.css" rel="stylesheet" type="text/css" />
 </head>
<body>
<div id="nav">
<div clas="title">全部商品分类</div>
<ul>
<li><a href="#">家用电器</a></li>
<li><a href="#">手机</a> <a href="#">数码</a> <a href="#">京东通信 </a></li>
<li><a href="#">电脑</a><a href="#">办公</a></li>
……
 </ul>
</div>
</body>
</html>
```

从HTML代码中可以看出，页面中所有内容都在ID为nav的<div>中包含着，导航标题在类名为title的层<div>中，导航内容在无序列表中，下一步就是根据HTML代码编写CSS样式，首先设置最外层<div>的宽度、背景颜色；然后设置导航标题的背景颜色、字体样式；最后设置导航内容的样式，代码如下所示。

```
#nav {
width:230px;
background-color:red;
}
.title {
Background-color:#C00;font-size:18px;
font-weight:bold;
color:#FFP;
text-indent:left;
line-height:35px;
}
#nav ul li {
height: 25px;
line-height:25px;
}
A{
font-size:14px; text-decoration:none;color:#000;}
a:hover {
color:#F60; text-decoration:underline;}
```

在浏览器中查看的页面效果如图6.10所示，导航标题背景颜色为红色，导航内容背景颜色为红色。

图6.10　背景颜色效果图

注意：在CSS中的注释符号是"/* */"，把注释内容放在"/*"与"*/"之间，注释的内容将不起作用。

2）背景图像

在网页中不仅能为网页元素设置背景颜色，还可以使用图像作为某个元素的背景，如整个页面的背景使用背景图像设置。在CSS中，可使用 background-image属性设置网页元素的背景图像。

使用background-image属性，设置背景图像的方式是background-image:url（图片路径）。

在实际工作中，图片路径通常写相对路径；此外，background-image还有一个特殊的值，即none，表示不显示背景图像，只是实际工作中这个值很少用。

（1）背景重复

在网页中设置背景图像时，通常会与背景重复（background-repeat）和背景定位（background-position）两个属性一起使用，下面详细介绍这两个属性。

如果仅设置了 background-image，那么背景图像默认自动向水平和垂直两个方向重复平铺。如果不希望图像平铺，或者只希望图像沿着一个方向平铺，可使用background-repeat属性来控制，该属性有4个值为实现不同的平铺方式。

①repeat:沿水平和垂直两个方向平铺。

②no-repeat:不平铺，即背景图像只显示一次。

③repeat-x:只沿水平方向平铺。

④repeat-y:只沿垂直方向平铺。

在实际工作中，repeat通常用于小图片铺平整个页面的背景或铺平页面中某一块内容的背景；no-repeat通常用于小图标的显示或只需显示一次的背景图像，repeat-x通常用于导航背景、标题背景；repeat-y在页面制作中并不常用。

（2）背景定位

在CSS中，使用background-position来设置图像在背景中的位置。背景图像默认从被修饰的网页元素的左上角开始显示图像，但也可以使用background-position属性设置背景图像出现的位置，即背景出现一定的偏移量。可以使用具体数值、百分比、关键词3种方式表示水平和垂直方向的偏移量，见表6.8。

表 6.8　background-position 属性对应的取值

值	含　义	示　例
Xpos Ypos	使用像素值表示，第一个值表示水平位置，第二个值表示垂直位置	① 0px 0px（默认，表示从左上角出现背景图像，无偏移 ） ② 30px 40px（正向偏移, 图像向下和向右移动） ③ –50px –60px（反向偏移, 图像向上和向左移动）
X% Y%	使用百分比表示背景的位置	36% 50%（垂直方向居中, 水平方向偏移 30%）
X，Y 方向关键词	使用关键词表示背景位置，水平方向的关键词有: left, center, right;垂直方向的关键词有: top, center, bottom	使用水平和垂直方向的关键词进行自由组合, 如省略, 则默认为 center。例如, right top（右上角出现）, left bottom（左下角出现）, top（上方水平居中位置出现）

了解了设置背景图像的几个属性值后，给商品分类导航添加背景图标，给导航标题右侧添加向下指示的三角箭头，给每行的导航菜单添加向右指示的三角箭头，HTML代码不变，在CSS中添加背景图像样式，添加的代码如示例6所示。

示例6

.title {

background-color: #c00; font-size: 18px; font-weight: bold;

color: #FFF; text - indent: lem; line-height: 35px;

background-image: url（../image/arrow-down.gif）, background-repeat: no-repeat; background-position: 205px 10px;

　　}

#nav ul li {

height: 30px; line-height: 25px;

background-image: url（. ./image/arrow-right.gif）,background-repeat: no-repeat;

background-position: 170px 2px;

　　}

3）背景

　　如同之前讲解过的font属性在CSS中可以把多个属性综合声明一起实现简写一样，背景样式的CSS属性也可以简写，可使用background属性简写背景样式。

　　上面在类title样式中声明导航标题的背景颜色和背景图像使用了4条规则，使用background属性简写后的代码如下。

　　.title {

font-size: 18px;

font-weight: bold;

color:#FFF;

text-indent: lem;

line-height: 35px;

background:#C00 url（../image/arrow-down.gif） 205px 10px no-repeat;

　　}

　　由上述代码可知，使用属性可以减少许多代码，在后期的CSS代码维护中会非常方便，因此，建议使用background属性来设置背景样式。

6.3.3　设置超链接背景

　　超链接是网页中最基本的元素，任何页面的跳转、提交都会用到超链接。为了使超链接更加美观，CSS中常使用背景颜色或背景图像的方式设置超链接背景。由于设置按钮背景样式和导航菜单背景样式需要用到盒子模型属性、浮动或其他CSS属性，因此本章不作详细讲解。

6.4　列表样式 🔍

　　在浏览网页时，使用列表组织网页内容是无处不在的。例如，横向导航菜单、竖向菜单、新闻列表、商品分类列表等，基本都是使用ul-li结构列表实现的，如示例7中的商品分类。但是和实际网页应用的导航菜单（见图5.26）相比，样式方面但比较难看,传统网页中的菜单、商品分类使用中的列表均没有前面的圆点符号,该如何去掉这个默认的圆点符号呢?

CSS列表有4个属性来设置列表样式,分别是list-style-type,list-style-image,list-style-position和list-style。下面分别介绍这4个属性。

6.4.1 list-style-type

list-style-type属性设置列表项标记的类型。常用的属性值见表6.9。

表 6.9　list-style-type 常用属性

值	说　明	语法示例
none	无标记符号	list-style-type：none;
disc	实心圆	list-style-type：disc;
circle	空心圆	list-style-type：circle;
square	实心正方形	list-style-type：square;
decimal	数字	list-style-type:decimal;

6.4.2 list-style-image

list-style-image属性是使用图像来替换列表项的标记,当设置了 list-style-image 后,list-style-type 属性都将不起作用,页面中仅显示图像标记。但在实际网页浏览中,为了防止个别浏览器可能不支持list-style-image属性,网页浏览都会设置一个list-style-type属性以防图像不可用。例如,把某图像设置为列表中的项目标记,代码如下所示。

```
li {
list-style-image：url（image/arrow-right.gif）; list-style-type：circle;
}
```

6.4.3 list-style-position

list-style-position属性设置在何处放置列表项标记,它有两个值,即Inside和Outside。Inside表示项目标记放置在文本以内,且环绕文本根据标记对齐;Outside是默认值,它保持标记位于文本的左侧,列表项标记放置在文本以外,且环绕文本不根据标记对齐。例如,设置项目标记在文本左侧,代码如下所示。

```
li {
list-style-image：url（image/arrow-right.gif）; list-style-type：circle; list-style-position:outside;
}
```

6.4.4　list-style

与背景属性一样，设置列表样式也有简写属性。list-style简写属性表示在一个声明中设置所有列表的属性。list-style 简单按照list-style-type→list-style-position→list-style-image 顺序设置属性值。例如，上面的代码可简写如下：

li {

list-style：outside url（image/arrow-right.gif）；

}

使用list-style设置列表样式时，可以不设置其中某个值，未设置的属性会使用默认值。例如，"list-style：circle outside；" 默认没有图像标记。在上网时，人们都会看到浏览的网页中，用到列表时很少使用CSS自带的列表标记，而是设计的图标。可是list-style-position不能准确地定位图像标记的位置，通常网页中图标的位置都是非常精确的。因此在实际的网页制作中，通常使用list-style 或者list-style-type设置项目无标记符号，然后通过背景图像的方式将设计的图标设置成列表项标记。所以在网页制作中list-style和list-style-type两个属性是大家经常用到的，而另两个属性则不太常用，因此，牢记list-style和list-style-type的用法即可。

现在用所学的CSS列表属性修改示例7，把商品分类中前面默认列表符号去掉，并且使用背景图像设置列表前的背景小图片。由于HTML代码没有变，现在仅需要修改CSS代码，代码如示例7所示。

示例7

……

#nav ul li {

padding-left:10px;

height:25px;

line-height:25px;

list-Style-type:none;

background:url（icon2.gif） 0px 7px no-repeat;

}

……

在浏览器中查看的页面效果如图6.11所示，列表前已无默认的列表项标记符号。列表前显示了设计的小三角图标，通过代码可以精确地设置小三角的位置。

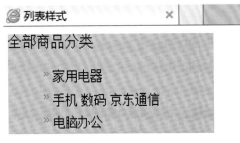

图 6.11　列表样式效果图

6.5 CSS3 的运用

6.5.1　CSS3 的简介

CSS3 是 CSS 技术的升级版本，CSS3 语言开发是朝着模块化发展。CSS 即层叠样式表（Cascading Style Sheet），是在网页制作时采用的层叠样式表技术，可以有效地对页面的布局、字体、颜色、背景和其他效果实现更加精确地控制。CSS 庞大而且比较复杂，CSS3 把 CSS 分解为一些小的模块，更多新的模块也被加入进来。CSS3 中的模块包括盒子模型、列表模块、超链接方式、语言模块、背景和边框、文字特效、多栏布局等。一些最重要的 CSS3 模块如下：

①选择器；

②盒模型；

③背景和边框；

④文字特效；

⑤ 2D/3D 转换；

⑥动画；

⑦多列布局；

⑧用户界面。

6.5.2　CSS3 的 <Borders>

用 CSS3，你可以创建圆角边框，添加阴影框，并作为边界的形象而不使用设计程序，如 Photoshop。

在本章中，你将了解以下的边框属性：border-radius；box-shadow；border-image。

border-color: 控制边框颜色，并且有了更大的灵活性，可以产生渐变效果。

①border-color:<color>

/*其中可以上一个值，也可以上多个值*/。

/*可以分别给各边上色*/。

②border-top-color:<color>/*给上边框上色*/。

③border-right-color:<color>/*给右边框上色*/。

④border-bottom-color:<color>/*给下边框上色*/。

⑤border-left-color:<color>/*给左框上色*/。

⑥border-image:控制边框图像。

⑦border-corner-image:控制边框边角的图像。

⑧border-radius:能产生类似圆角矩形的效果。

浏览器 CSS3 的 <border> 属性的兼容问题如下：

Internet Explorer 9+ 支持 border-radius 和 box-shadow。

Firefox，Chrome 和 Safari 支持所有最新的 <border> 属性。

注意: 前缀是 -webkit- 的 Safari 支持阴影边框。

　　　　前缀是 -o- 的 Opera 支持边框图像。

6.5.3 CSS3 的背景设置

①background-origin:决定了背景在盒模型中的初始位置,提供了3个值,分别为border, padding和content。

②border:控制背景起始于左上角的边框。

③padding:控制背景起始于左上角的留白。

④content:控制背景起始于左上角的内容。

⑤background-clip:决定边框是否覆盖住背景(默认是不覆盖),提供了两个值,即border和padding。

⑥border:会覆盖背景。

⑦padding:不会覆盖背景。

⑧background-size:可以指定背景大小,以像素或百分比显示。当指定为百分比时,大小会由所在区域的宽度、高度以及background-origin的位置决定。

⑨multiple backgrounds:多重背景图像,可以把不同背景图像只放到一个块元素里。

6.6 CSS3 的属性

6.6.1 CSS3 的动画属性

CSS3 的动画属性,包括变形(transform)、转换(transition)和动画(animation)。

transform:rotate | scale | skew | translate | matrix;

旋转(rotate)、扭曲(skew)、缩放(scale)和移动(translate)以及矩阵变形(matrix)。

"transition"主要包含4个属性值,即执行变换的属性: transition-property;变换延续的时间: transition-duration;在延续时间段,变换的速率变化:transition-timing-function;变换延迟时间: transition-delay。下面分别来看这4个属性值。

Keyframes具有其自己的语法规则,它的命名是由"@keyframes"开头,后面紧接着是这个"动画的名称"加上一对花括号"{}",括号中就是一些不同时间段的样式规则,与CSS的样式写法一样。对于一个"@keyframes"中的样式规则是由多个百分比构成的,如"0%"到"100%"之间,我们可以在这个规则中创建多个百分比,分别给每个百分比中需要有动画效果的元素加上不同的属性,从而让元素达到一种在不断变化的效果,比如说,移动,改变元素颜色、位置、大小、形状等,不过有一点需要注意的是,可以使用"fromt""to"来代表一个动画是从哪开始到哪结束,也就是说,这个"from"就相当于"0%"而"to"相当于"100%",值得一提的是,其中"0%"不能像别的属性取值一样把百分比符号省略,在这里必须加上百分符号("%"),如果没有加上,则"keyframes"是无效的,不起任何作用。因为"keyframes"的单位只接受百分比值。表6.10中列出了所有的动画属性。

表 6.10　动画属性

属　性	描　述	CSS
@keyframes	规定动画	3
animation	所有动画属性的简写属性，除了 animation-play-state 属性	3
animation-name	规定 "@keyframes" 动画的名称	3
animation-duration	规定动画完成一个周期所花费的秒或毫秒，默认为 "0"	3
animation-timing-function	规定动画的速度曲线，默认为 "ease"	3
animation-delay	规定动画何时开始，默认为 "0"	3
animation-iteration-count	规定动画被播放的次数，默认为 "1"	3
animation-direction	规定动画是否在下一周期逆向地播放，默认为 "normal"	3
animation-play-state	规定动画是否正在运行或暂停，默认为 "running"	3
animation-fill-mode	规定对象动画时间之外的状态	3

下面的两个例子设置了所有动画属性：

实例6.1

运行名为 "myfirst" 的动画，其中设置了所有动画属性：

```
div
{
animation-name: myfirst;
animation-duration: 5s;
animation-timing-function: linear;
animation-delay: 2s;
animation-iteration-count: infinite;
animation-direction: alternate;
animation-play-state: running;
/* Firefox: */
-moz-animation-name: myfirst;
-moz-animation-duration: 5s;
-moz-animation-timing-function: linear;
-moz-animation-delay: 2s;
-moz-animation-iteration-count: infinite;
-moz-animation-direction: alternate;
-moz-animation-play-state: running;
/* Safari 和 Chrome: */
-webkit-animation-name: myfirst;
-webkit-animation-duration: 5s;
-webkit-animation-timing-function: linear;
```

```
-webkit-animation-delay: 2s;
-webkit-animation-iteration-count: infinite;
-webkit-animation-direction: alternate;
-webkit-animation-play-state: running;
/* Opera: */
-o-animation-name: myfirst;
-o-animation-duration: 5s;
-o-animation-timing-function: linear;
-o-animation-delay: 2s;
-o-animation-iteration-count: infinite;
-o-animation-direction: alternate;
-o-animation-play-state: running;
}
```

实例6.2

与上面的动画相同, 但是使用了简写的动画 animation 属性:

```
div
{
animation: myfirst 5s linear 2s infinite alternate;
/* Firefox: */
-moz-animation: myfirst 5s linear 2s infinite alternate;
/* Safari 和 Chrome: */
-webkit-animation: myfirst 5s linear 2s infinite alternate;
/* Opera: */
-o-animation: myfirst 5s linear 2s infinite alternate;
}
```

6.6.2　什么是 CSS3 中的动画

动画是使元素从一种样式逐渐变化为另一种样式的效果。你可以改变任意多的样式、任意多的次数。

请用百分比来规定变化发生的时间或用关键词 "from" 和 "to", 等同于 0% 和 100%。

0% 是动画的开始, 100% 是动画的完成。

为了得到最佳的浏览器支持, 你应该始终定义 0% 和 100% 选择器。

实例6.3

当动画为 25% 及 50% 时改变背景色, 然后当动画 100% 完成时再次改变:

```
@keyframes myfirst
{
0%    {background: red;}
```

```
25%  {background: yellow;}
50%  {background: blue;}
100% {background: green;}
}


@-moz-keyframes myfirst /* Firefox */
{
0%   {background: red;}
25%  {background: yellow;}
50%  {background: blue;}
100% {background: green;}
}


@-webkit-keyframes myfirst /* Safari 和 Chrome */
{
0%   {background: red;}
25%  {background: yellow;}
50%  {background: blue;}
100% {background: green;}
}


@-o-keyframes myfirst /* Opera */
{
0%   {background: red;}
25%  {background: yellow;}
50%  {background: blue;}
100% {background: green;}
}
```

6.6.3　CSS3 新增的选择器

CSS3增加了更多的CSS选择器,可以实现更简单但更强大的功能,如:nth-child( )等。详细列表如图6.12所示。

Attributeselectors:在属性中可以加入通配符,包括^,$,*。

[att^=val]:表示开始字符是val的att属性。

[att$=val]:表示结束字符是val的att属性。

[att*=val]:表示包含至少有一个val的att属性。

其他模块:

mediaqueries:可以为网页中不同的对象设置不同的浏览设备。例如,可以为某一块分别设置屏幕浏览样式和手机浏览样式，以前则只能设置整个网页。

multi-columnlayout:多列布局，让文字以多列显示，包括column-width、column-count、column-gap 3个值。

column-width:指定每列宽度。

column-count:指定列数。

column-gap:指定每列之间的间距。

column-rule-color:控制列间的颜色。

column-rule-style:控制列间的样式。

column-rule-width:控制列间的宽度。

column-space-distribution:平均分配列间距。

*	E	.class
#id	E F	E > F
E + F	E[attribute]	E[attribute=value]
E[attribute~=value]	E[attribute|=value]	:first-child
:lang()	:before	::before
:after	::after	:first-letter
::first-letter	:first-line	::first-line
E[attribute^=value]	E[attribute$=value]	E[attribute*=value]
E ~ F	:root	:last-child
:only-child	:nth-child()	:nth-last-child()
:first-of-type	:last-of-type	:only-of-type
:nth-of-type()	:nth-last-of-type()	:empty
:not()	:target	:enabled
:disabled	:checked	

图 6.12　选择器列表图

下面先看看图6.12中基本选择器的使用方法和其所起的作用，为了更好地说明问题，先创建一个简单的DOM结构，如下：

```
<div class="demo">
    <ul class="clearfix">
        <li id="first" class="first">1</li>
        <li class="active important">2</li>
```

```
        <li class="important items">3</li>
        <li class="important">4</li>
        <li class="items">5</li>
        <li>6</li>
        <li>7</li>
        <li>8</li>
        <li>9</li>
        <li id="last" class="last">10</li>
    </ul>
</div>
```

1）通配符选择器（*）

通配符选择器用来选择所有元素，也可选择某个元素下的所有元素，如：

```
        *{
            marigin: 0;
            padding: 0;
        }
```

上面代码大家在<reset>样式文件中看到的肯定不少，它所表示的是所有元素的"margin"和"padding"都设置为0；另一种就是选择某个元素下的所有元素：

.demo * {border:1px solid blue;}

只要是div.demo下的元素，边框都加上了新的样式。所有浏览器支持通配符选择器。

2）元素选择器（E）

元素选择器是CSS选择器中最常见且最基本的选择器，所有浏览器均支持该元素。元素选择器其实就是文档的元素，如html，body，p，div等，例如，demo中的元素包括了div，ul，li等。

li {background-color: grey;color: orange;}//表示选择页面的<li>元素，并设置了背景色和前景色。

3）类选择器（.className）

类选择器是以一独立于文档元素的方式来指定样式，使用类选择器之前需要在<html>元素上定义类名，换句话说，需要保证类名在<html>标记中存在，这样才能选择类，如：

<li class="active important items">2</li>

其中"active important items"就是以类给<li>加上一个类名，以便类选择器能正常工作，从而更好地将类选择器的样式与元素相关联。

.important {font-weight: bold; color: yellow;}

上面代码是给有important类名的元素加上一个"字体为粗体，颜色为黄色"的样式，类选择器还可以结合元素选择器来使用，比如说，你文档中有好多个元素使用了类名"items"，但你只想在p元素这个类名上修改样式，那么，你可以这样进行选择并加上相应的样式：

p.items {color: red;}

上面代码只会匹配<class>属性包含important 的所有<p>元素，但其他任何类型的元素都不匹配，包括有"items"这个类名的元素，上面也提及"p.items"只会对<p>元素并且是其有一个类名称"items"。不符合这两个条件的都不会被选择。

类选择器还可以具备多个类名，由上述可知，<li>元素中同时有两个或多少类名，其中它们之间以空格隔开，那么选择器也可以使用多类连接在一起，如：

.important {font-weight: bold;}

.active {color: green;background: lime;}

.items {color: #fff;background: #000;}

.important.items {background:#ccc;}

.first.last {color: blue;}

正如上面的代码所示，".important.items"这个选择器只对元素中同时包含了"important"和"items"两个类的起作用。

有一点大家需要注意，如果一个多类选择器包含的类名中其中有一个不存在，那么这个选择器将无法找到相匹配的元素。比如说，下面这句代码，它就无法找到相对应的元素标签，因为，列表中只有一个"li.first"和一个"li.last"，不存在有一个称"li.first.last"的列表项：

.first.last {color: blue;}

所有浏览器都支持类选择器，但多类选择器（.className1.className2）不被IE6支持。

4）ID选择器（#ID）

ID选择器和上面说的类选择器是很相似的，在使用ID选择器之前也需要先在html文档中加注ID名称，这样在样式选择器中才能找到相对应的元素，不同的是ID选择器是一个页面中唯一的值，在类使用时是在相对应的类名前加上一个"."号（.className）而ID选择器是在名称前使用"#"，如（#id）。

#first{background: lime;color: #000;}

#last{background: #000;color: lime;}

上面的代码就是选择了ID为"first"和"last"的列表项。

ID选择器有几个地方需要特别注意：第一，一个文档中一个ID选择器只允许使用一次，因为ID在页面中是唯一的；第二，ID选择器不能像类选择器一样多个合并使用，一个元素只能命名一个id名；第三，可以在不同的文档中使用相同的id名，比如说，在"test.html"中给h1定义"#important"，也可给"test1.html"定义p的ID为"#important"，但前提是不管在test.html还是test1.html中只允许有一个ID叫"#important"的存在。

所有浏览器都支持ID选择器。

那么，什么时候采用ID命名？什么时候采用类命名？关键就是具有唯一性使用

ID选择器；公用的、类似的使用类选择器。使用这两个选择器时，最好区别大小写。

5）后代选择器（E F）

后代选择器也被称为包含选择器，所起的作用就是可以选择某元素的后代元素，比如，E F，前面E为祖先元素，F为后代元素，所表达的意思就是选择了E元素的所有后代F元素，请注意它们之间需要一个空格隔开。这里F不管是E元素的子元素或者是孙元素或者是更深层次的关系，都将被选中，换句话说，不论F在E中有多少层关系，都将被选中：

.demo li {color: blue;}

上面的代码表示的是，选中div.demo中所有的<li>元素。

所有浏览器都支持后代选择器。

6）子元素选择器(E>F)

子元素选择器只能选择某元素的子元素，其中，E为父元素，而F为子元素，其中E>F所表示的是选择了E元素下的所有子元素F。这和后代选择器（E F）不一样，在后代选择器中F是E的后代元素，而子元素选择器E > F，其中，F仅仅是E的子元素而已。

ul > li {background: green;color: yellow;}

上面的代码表示选择<ul>下的所有子元素<li>，如：

IE6不支持子元素选择器。

7）相邻兄弟元素选择器(E + F)

相邻兄弟元素选择器可选择紧接在另一元素后的元素，而且它们具有一个相同的父元素，换句话说，EF两元素具有一个相同的父元素，而且F元素在E元素后面且相邻，这样我们就可以使用相邻兄弟元素选择器来选择F元素。

li + li {
    background: green;color: yellow;
        border: 1px solid #ccc;
}

上面的代码表示选择<li>的相邻元素<li>，这里一共有10个<li>，那么，上面的代码选择了从第2个<li>到第10个<li>，一共9个。

因为上面的"li+li"，其中第二个<li>是第一<li>的相邻元素，第三个又是第二个的相邻元素。因此，第三个也被选择，以此类推，所以后面9个<li>都被选中了，如果换一种方式来看，可能会更好理解：

.active + li {
    background: green;color: yellow;
    border: 1px solid #ccc;
}

按照前面所讲的知识，这句代码很明显选择了li.active后面相邻的<li>元素，注意和"li.active"后面相邻的元素有且只有一个。

IE6不支持相邻兄弟元素选择器。

8）通用兄弟元素选择器（E~F）

通用兄弟元素选择器是CSS3新增的一种选择器，这种选择器将选择某元素后面的所有兄弟元素，它们也和相邻兄弟元素类似，需要在同一个父元素之中，换句话说，E和F元素是属于同一父元素之内，并且F元素在E元素之后。那么，E ~ F 选择器将选中所有E元素后面的F元素。比如下面的代码：

```
.active ~ li {
    background: green;
    color: yellow;
    border: 1px solid #ccc;
}
```

上面的代码所表示的是，选择中了"li.active"元素后面的所有兄弟元素<li>。

通用兄弟元素选择器和相邻兄弟元素选择器极其相似，只不过相邻兄弟元素选择器仅选中的是元素与其相邻的后面元素（选中的仅一个元素）；而通用兄弟元素选择器选中的是元素相邻的后面兄弟元素。

IE6不支持通用兄弟元素选择器。

9）群组选择器（selector1,selector2,...,selectorN）

群组选择器是将具有相同样式的元素分组在一起，每个选择器之间使用"，"隔开，如上所示的selector1,selector2,...,selectorN。这个逗号告诉浏览器，规则中包含多个不同的选择器，如果没有这个逗号，那么，所表达的意思就完全不同了，省去逗号就成了前面所说的后代选择器，这一点大家在使用中千万要小心。我们来看一个简单的例子：

```
.first, .last {
    background: green;
    color: yellow;
    border: 1px solid #ccc;
}
```

因为"li.first"和"li.last"具有相同的样式效果，所以把它们写到一个组里。

所有浏览器都支持群组选择器。

上面9种选择器是CSS3中的基本选择器，而最常用的是元素选择器、类选择器、ID选择器、后代选择器、群组选择器，同时大家可以在实际应用中把这些选择器结合起来使用，达到目的即可。

6.7 实 验

制作京东网站首页商品分类导航，如图6.13所示。

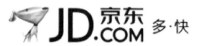

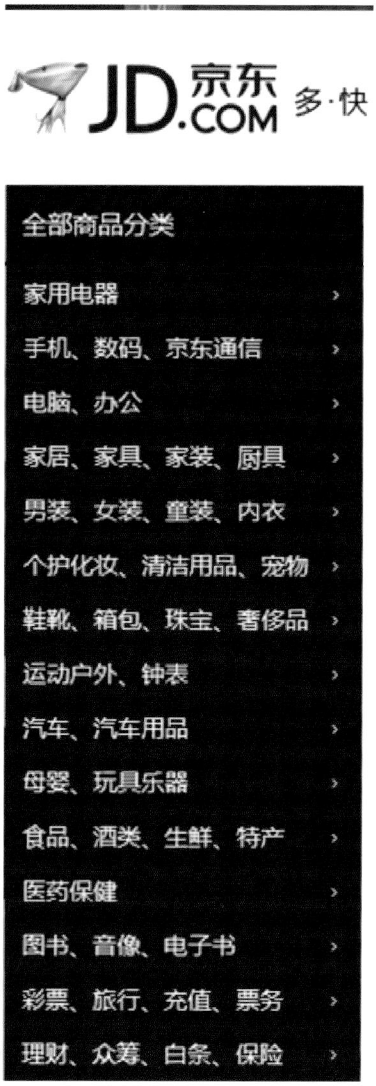

JD.京东.COM 多·快
全部商品分类
家用电器
手机、数码、京东通信
电脑、办公
家居、家具、家装、厨具
男装、女装、童装、内衣
个护化妆、清洁用品、宠物
鞋靴、箱包、珠宝、奢侈品
运动户外、钟表
汽车、汽车用品
母婴、玩具乐器
食品、酒类、生鲜、特产
医药保健
图书、音像、电子书
彩票、旅行、充值、票务
理财、众筹、白条、保险

图 6.13　商品分类导航

第7章 盒子模型

通过本章的学习，掌握盒子模型的概念及用法，你会惊奇地发现，盒子模型在网页上的应用无处不在。

盒子模型是CSS控制页面的一个很重要的概念。只要用到DIV布局页面，那么，必然会用到盒子模型的知识。所以掌握了盒子模型的属性及用法，才能真正地控制好页面中的各个元素。

本章主要介绍盒子模型的基本概念，盒子模型的边框、内边距和外边距，以及它们在网页中的实际应用，最后介绍标准文档流和display属性在网页中的用法。

7.1 盒子模型

盒子模型是网页制作中的一个重要的知识点。在使用DIV+CSS制作网页的过程中，无时无刻不在应用着盒子模型。那么，什么是盒子模型呢？

7.1.1 盒子模型的概念

盒子的概念在生活中随处可见。如图7.1所示的化妆品包装盒。

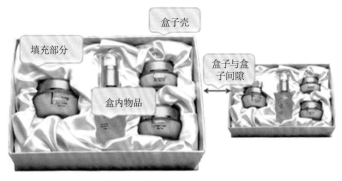

图 7.1　生活中的盒子模型

　　CSS中盒子模型的概念与此类似,CSS将网页中所有元素都看成一个个盒子。例如,如图7.2所示的网页中显示一幅图片,它被放在了一个<div>中,<div>设置了一个背景色和一个虚边线,里面的图片与<div>的边沿有一定的距离,并且<div>与浏览器的边沿也有一定的距离,这些距离与图片就构成了一个网页中的盒子模型结构。也就是说,<div>虚线、<div>与浏览器的距离和<div>图片的距离就是由盒子模型的属性形成的。盒子模型属性有边框、内边距和外边距3个部分。

　　①边框(border):对应包装盒的纸壳,它一般具有一定的厚度。

　　②内边距(padding):位于边框内部,是内容与边框的距离,即对应包装盒的填充部分,故也称为"填充"。

　　③外边距(margin):位于边框外部,边框外面周围的间隙,故也称为"边界"。

　　盒子模型除了边框、内边距、外边距之外,还应包括元素内容本身,所以完整的盒子模型平面结构图如图7.2所示。

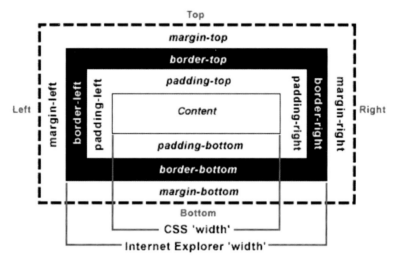

图 7.2　盒子模型平面结构图

　　因为盒子是矩形结构,所以边框、内边距、外边距这些属性都分别对应上(top)、下(bottom)、左(left)、右(right)4条边,这4条边的设置可以不同。

　　盒子模型除平面结构图外,还包括三维的立体结构图,如图7.3所示,从上往下看,它表示的层次关系如下。

　　①首先是盒子的主要标志:边框(border),位于盒子第一层。

　　②其次是元素内容(content)、内边距(padding),两者同位于第二层。

　　③再次是前面着重讲解的背景图(background-image),位于第三层。

　　④背景色(background-color),位于第四层。

　　⑤最后是整个盒子的外边距(margin)。

　　在网页中看到的页面内容,都是盒子模型的三维立体结构多层叠加的最终效果,从这里可以看出,若对某个页面元素同时设置背景图像和背景颜色,则背景图像将在背景颜色的上方显示。

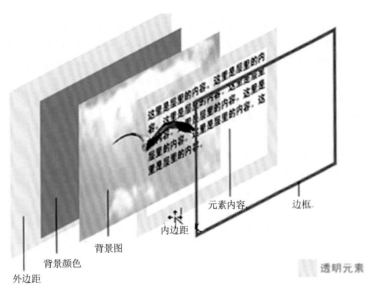

内边距

元素内容 边框

背景图

背景颜色

外边距

透明元素

图 7.3 盒子模型的三维立体层次结构图

7.1.2 边框

边框（border）有3个属性，分别是color（颜色）、width（粗细）和style（样式）。网页中设置边框样式时，常常需要将这3个属性很好地配合起来，才能达到良好的页面效果。在使用CSS设置边框时，分别使用border-color，border-width和border-style设置边框的颜色、粗细和样式。

1）border-color

border-color的设置方法与文本的color属性或背景颜色background-color属性完全一样，也是使用十六进制设置边框的颜色，如红色为#FF0000。

由于盒子模型分为上、下、左、右4个边框，因此在设置边框颜色时，可以按上、下、左、右的顺序设置4个边框的颜色，也可以同时设置4个边框的颜色。border-color属性的设置方式见表7.1。

表 7.1 border-color 属性的设置方法

属　性	说　明	示　例
border-top-color	设置上边框颜色	border-top-color:#369;
border-right-color	设置右边框颜色	border-right-color:#369;
border-bottom-color	设置下边框颜色	border-bottom-color:#FAE45B;
Border-left-color	设置左边框颜色	border-left-color:#EFCD56;
border-color	设置 4 个边框为同一颜色	border-color:#EEFF34;
	上、下边框颜色为 #369 右边框颜色为 #000	border-color:#369 #000;
	上边框颜色为 #369 左、右边框颜色为 #000 下边框颜色为 #F00	border-color:#369 #000 #F00;
	上、右、下、左边框颜色分别为： #369、#000、#F00、 #00F	border-color:#369 #000 #F00 #00F;

使用border-color属性同时设置4条边框的颜色时，设置顺序按顺时针方向"上、右、下、左"设置边框颜色，属性值之间，以空格隔开。例如，"border-color:#369 #000 #F00 #00F;"，#369对应上边框，#000对应右边框，#F00对应下边框，#00F对应左边框。

2）border-width

border-width用来指定border的粗细程度，其值有thin, medium, thick和像素值。

①thin:设置细的边框。

②medium:默认值，设置中等边框，一般浏览器都将其解析为2px。

③thick:设置粗边框。

④像素值: 表示具体的数值，自定义设置边框的宽度，如1px和5px等，使用像素为单位设置 border粗细程度，是网页中最常用的一种方式。

border-width属性用法与border-color一样，既可以分别设置4个边框的粗细，也可以同时设置4个边框的粗细。下面以像素值设置为例，具体设置方法见表7.2。

表7.2　border-width 属性设置方法

属　性	说　明	示　例
border-width	4个边框粗细都为5px	border-width:5px;
	上、下边框粗细为20px	border-width:20px 2px;
	左、右边框粗细为2px	
	上边框粗细为5px	border-width:5px 1px 6px;
	左、右边框粗细为1px	
	下边框粗细为6px	
	上、右、下、左边框粗细分别为1、3、5、2px	border-width: 1px 3px 5px 2px;

3）border-style

border-style 用来指定 border 的样式，其值有none, hidden, dotted, dashed, solid, double, groove, ridge和outset等，其中，none, dotted, dashed, solid在实际网页制作中是经常用到的值。none表示无边框，dotted表示点线边框，dashed表示虚线边框，solid表示实线边框。由于dotted和dashed 在大多数浏览器中显示的为实线，因此，在实际网页应用中，为了浏览器之间的兼容性，常用的值基本为none和solid。其他值的用法在这里不再赘述。

border-style属性用法与border-color和border-width一样，也是既可以分别设置4个边框的样式，也可以同时设置4个边框的样式。border-style的具体设置方法，见表7.3。

表 7.3 border-style 属性设置方法

属 性	说 明	示 例
border-top-style	设置上边框为实线	border-top-style:solid;
border-right-style	设置右边框为实线	border-right-style: solid;
border-bottom-style	设置下边框为实线	border-bottom-style:solid;
border-left-style	设置左边框为实线	border-left-style:solid;
border-style	设置 4 个边框均为实线	border-style: solid;
	上、下边框为实线	border-style:solid dotted;
	左、右边框为点线	
	上边框为实线	border-style:solid dotted dashed;
	左、右边框为点线	
	下边框为虚线	
	上、右、左边框分别为实线、点线、虚线、双线	border-style:solid dotted dashed double;

4）border简写属性

以上讲解了边框的border-color, border-width, border-style这3个属性的设置方法，掌握了使用这3个属性设置边框的颜色、粗细和样式。其实在实际的网页制作中，通常使用border-top, border-right, border-bottom和border-left来单独设置各个边框的样式。例如，设置某网页元素的下边框为红色、9px、虚线显示，代码如下。

border-bottom：9px #F00 dashed;

同时设置3个属性时，border-color, border-width, border-style顺序没有限制，可以任意顺序设置，但是通常的顺序为粗细、颜色和样式。

同时设置一条边框的3个属性的问题解决了，如果4个边框的样式相同，需要同时设置4个边框的样式，该怎样处理？其实很简单，直接使用border属性设置4个边框的样式。

上述代码表示某网页元素的4个边框均为红色、9px、虚线显示。同时设置4个边框的3个属性时，这3个属性的顺序也没有限制，并且使用border同时设置4个边框的样式也是网页制作中经常用到的方法。

浏览网页时，可以看到注册、登录、问卷调查页面中的文本输入框的样式都是经过美化的，有时提交、注册按钮也是使用图片代码，这些都是使用了border属性。下面通过示例1学习border 的用法，制作一个注册页面，其代码如下所示。

首先编写HTML代码，把注册内容放在一个边框为实线、蓝色的<div>中，标题使用<h1>实现，注册内容放在表格中，关键代码如下所示。

```
<!DOCTYPE html PUBLIC "-//W3C//DTD XHTML 1.0 Transitional//EN"
"http://www.w3.org/TR/xhtml1/DTD/xhtml1-transitional.dtd">
<html xmlns="http://www.w3.org/1999/xhtml">
<head>
<meta http-equiv="Content-Type" content="text/html"; charset="utf-8" />
```

```
<title>无标题文档</title>
<link href="style.css" type="text/css" rel="stylesheet" />
</head>
<body>
<div id="regist">
<h1><img src="logo.png" /></h1>
<form action="" method="post" name ="myform" >
    <table width= "100%" border="0" cellspacing="0" cellpadding="0">
      <tr>
        <td class="leftTitle">手机号: </td>
        <td><input name="user" type="text" class="textInput"/></td>
      </tr>
      <tr>
        <td class="leftTitle">密码: </td>
        <td><input name=" " type="reset" value="注册" class="btnRegist"/></td>
      </tr>
    </table>
</form>
</body>
</html>
```

使用CSS设置id为regist的<div>边框样式为1px、蓝色、实线, 标题背景颜色为蓝色, 注册内容背景颜色为浅蓝色, 文本输入框的边框样式为1px、深灰色、实线, 同时设置注册按钮以背景图片的方式显示, 当鼠标移至按钮上时显示手状, CSS代码如示例1所示。

示例1

```
#regist {
width:300px;
border:#09F 1px solid;
}
h1{
    text-align:center;
    font-size:16px;
    line-height:35px;
    color:#FFF;
    background-color:#CC9;
    }
#regist table{
    background:#FFC;
```

```
}
#regist table td {
height:28px;
font: 12px "宋体";}
.leftTitle {
width:80px;
text-align:right;
}
.textInput {
border:1px #7B7B7B solid; /*设置文本输入框的样式*/
width:130px;        /*设置文本输入框的宽度*/
height:17px;        /*设置文本输入框的高度*/
}
.btnRegist{
Background:url（…/image/btnRegist.jpg） 0px 0px no-repeat; /*设置按钮的样式*/
Width:100px;/*设置按钮的宽度*/
Height:32px;/*设置按钮的高度*/
Border:0px;/*设置按钮边框为无*/
Cursor:pointer;/*设置鼠标手状显示*/
}
```

在浏览器中查看的页面效果如图7.4所示，页面内容均在一个蓝色框中，所有文本输入框的样式相同，鼠标移至注册按钮上时显示手状。

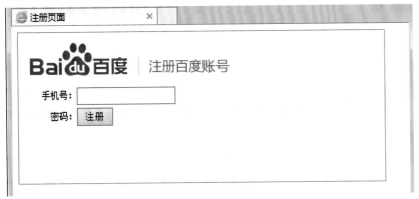

图 7.4　注册页面效果图

从上面的HTML代码中可以看出，<h1>标签与其外层的<div>标签，以及下面的<form>标签之间均无内容，可是页面显示却出现了空隙，为什么？答案就是<h1>标签的外边距使页面有了与上下内容之间的空隙。

7.1.3　外边距

外边距（margin）位于盒子边框外，指与其他盒子之间的距离，也就是指网页中元素与元素之间的距离。例如，标题与<div>上边框之间的距离，以及标题与下方表单之间的距离都是由<h1>外边距产生的。从图7.4中也可以看出，页面内容并没有紧贴浏览器，而是与浏览器有一定的距离，这是因为body本身也是一个盒子，也有一个外边距，也是由body的外边距产生的。

外边距与边框一样，也分为上外边距、右外边距、下外边距、左外边距，设置方式和设置顺序也基本相同，具体属性设置见表7.4。

表7.4 外边距属性设置方法

属 性	说 明	示 例
margin-top	设置上外边距	margin-top：1px；
margin-right	设置右外边距	margin-right：2px；
margin-bottom	设置下外边距	margin-bottom：2px；
margin-left	设置左外边距	margin-left：1px；
margin	上、右、下、左外边距分别为：3、5、7、4px	margin：3px 5px 7px 4px；
	上、下外边距为3px	margin：3px 5px；
	左、右外边距为5px	
	上外边距为3px	margin：3px 5px 7px；
	左、右外边距为4px	
	下外边距为7px	
	上、右、下、左外边距均为8px	margin：8px；

通过学习外边距的用法，在网页制作过程中，根据页面制作的需要，合理地设置外边距即可。

但是在实际应用中，网页中很多标签都有默认的外边距。例如，标题标签<h1>~<h6>，段落标签<p>，列表标签<ul>、<ol>、<li>、<dl>、<dt>、<dd>，页面主体标签<body>，表单标签<form>等，都有默认的外边距，并且在不同的浏览器中，这些标签默认的外边距也不一样。因此，为了使页面在不同浏览器中显示的效果一样，通常在CSS中通过并集选择器统一设置这些标签的外边距为0px，这样页面中不会因为外边距而产生不必要的空隙，各浏览器显示的效果也会一样。

了解了外边距的用法，现在修改上面的例子，去掉页面中的空隙。由于注册按钮与上面的文本输入框和下面边框都贴得较近，现在通过margin设置按钮与上下内容有一定的距离。修改后的CSS代码如示例2所示。

示例2

```
body, h1{margin: 0px; }   /*并集选择器*/
.btnRegist {
background: url（../image/btnRegist.jpg） 0px 0px no-repeat;
width: 100px;
height: 32px;
border: 0px;
cursor: pointer;
```

margin: 5px 0px; }

在浏览器中查看页面效果，如图7.5所示，<body>和<h1>产生的外边距已去掉，而且注册按钮的上下产生了5px的外边距，使它与其他内容之间有一定的距离，使页面看起来更舒服。

从图7.4中可以看出，页面内容在浏览器的左上角开始显示，而实际上，大家在浏览网页时会发现，大多数网页内容都是在浏览器中间显示，那么通过CSS设置是否也能使这个注册页面在浏览器中居中显示呢？当然了，使用margin就可以设置页面居中显示。

在CSS中，margin除了使用像素值设置外边距之外，还有一个特殊值——auto，这个值通常用在设置盒子在其父容器中居中显示时才使用。例如，设置图7.5中页面内容居中显示，在id为regist的DIV样式中增加居中显示样式，代码如下所示。

```
*{
    margin:0;
    padding:0;
    }
#regist{
width:500px;
height:200px;
border:#09F 1px solid;
margin:0 auto;
}
```

在浏览器中查看页面效果，如图7.5所示，页面内容距浏览器上下边为0px，左右居中显示。

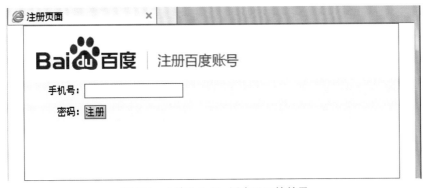

图 7.5 去掉外边距、居中显示的效果

7.1.4 内边距

内边距（padding）用于控制内容与边框之间的距离，以便精确控制内容在盒子中的位置。内边距与外边距一样，也分为上内边距、右内边距、下内边距、左内边距，设置方式和设置顺序与具体属性设置见表7.5。

表7.5　内边距属性设置方法

属　性	描　述
padding	简写属性，作用是在一个声明中设置元素的内边距属性
padding-bottom	设置元素的下内边距
padding-left	设置元素的左内边距
padding-right	设置元素的右内边距
padding-top	设置元素的上内边距

使用学习过的padding属性，设置列表内边距为0px，设置页面内容居中显示，同时对页面中能够产生外边距的元素统一使用并集选择器设置其外边距为0px。由于HTML代码没有改变，这里仅修改CSS代码，关键代码如示例3所示。

示例3

```
*{
    padding:0px;
    margin:0px;
    }
#nav {
width：230px;
background-color：#D7D7D7;
margin:0px auto;   /*页面居中显示*/
```

在浏览器中查看页面效果，如图7.6所示，列表内容居左显示，内边距没有了，并且页面内容居中显示。

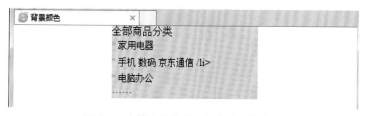

图7.6　去掉内外边距、居中显示的效果

7.1.5　盒子模型的尺寸

刚开始使用CSS+DIV制作网站时，可能有不少人会因为页面元素没有按预期的在同一行显示，而是折行了，或是将页面撑开了而感到迷惑。导致页面元素折行显示或撑开页面的原因，主要还是由于盒子模型尺寸的问题。

在CSS中，width和height指的是内容区域的宽度和高度。增加了边框、内边距和外边距后不会影响内容区域的尺寸，但是会增加盒子模型的总尺寸。

假设盒子的每个边上有10px的外边距和5px的内边距，如果希望这个盒子宽度总共达到100px，就需要将内容的宽度设置为70px，如图7.7所示。

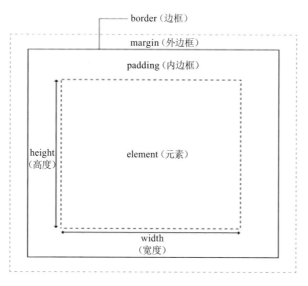

图 7.7　盒子模型尺寸

如果在上述条件的基础上，再为盒子左右各增加1px的边框，要是盒子总尺寸还是100px，内容宽度又该设置为多少像素呢？根据以上讲述的内容不难看出，应将内容的宽度设置为68px，从而可以得出盒子模型总尺寸是内容宽度、外边距、内边距和边框的总和。盒子模型的计算方法如下：

盒子模型总尺寸=border-width+padding+margin+内容宽度

在精确布局的页面中，盒子模型总尺寸的计算，显得尤为重要，因此，一定要掌握其计算方法。

7.2 标准文档流 🔍

根据标准文档流的排列规则，标准文档流由块级元素和内联元素组成。

7.2.1　标准文档流的组成

1）块级元素

从前面学习过的列表可知，每个\<li\>都占据着一个矩形区域，并且和相邻的\<li\>依次竖直排列，不会排在同一行中。\<ul\>与\<li\>一样也具有同样的性质，因此，这类元素称为"块级元素（block level）"。它们总是以一个块级形式表现出来，并且跟同级的兄弟块依次竖直排列，左右撑满，如前面学习过的标题标签、段落标签、\<div\>标签都是块级元素。

2）内联元素

对文字这类元素，各个字母之间横向排列，到最右端自动折行，这就是另一种元素，称为"内联元素（inline）"。

例如，\<span\>…\</span\>标签就是一个典型的内联元素，这个标签本身不占有独立的区域，仅仅在其他元素的基础上指定一定的范围。再比如，最常用的<a>标签、<img>标签、<strong>标签都是内联元素。

已知块级元素独占一行，拥有自己的区域，而内联元素则没有自己的区域，那么除了这个区别，它们之间还有其他区别吗？

根据以前学过的关于<span>和<div>的知识可知，<span>标签可以包含于<div>标签中，成为它的子元素，而反过来则不成立。从<div>和<span>之间的区别，就可以更深刻地理解块级元素和内联元素的区别了。

7.2.2 display 属性

通过前面的讲解，已知标准文档流有两种元素：一种是以<div>为代表的块级元素；另一种是以<span>为代表的内联元素。

事实上，对这些标签还有一个专门的属性来控制元素的显示方式，是像<div>块状显示，还是像<span>行内显示，这个属性就是display属性。

在CSS中，display属性用于指定HTML标签的显示方式，其值有很多，但是网页中常用的只有3个，见表7.6。

表 7.6　display 属性常用值

值	说　明
block	块级元素的默认值，元素会被显示为块级元素，该元素前后会带有换行符
inline	内联元素的默认值，元素会被显示为内联元素，该元素前后没有换行符
none	设置元素不会被显示

display属性在网页中用得比较多，下面以歌曲《栀子花开》为例，演示display设置不同值的效果，歌词的前5句放在<span>标签中，第6至第9句放在<div>标签中，HTML代码如示例4所示。

示例4

```
<div id="music">
    <h1>栀子花开</h1>
    <p>演唱：何炅</p>
    <span>栀子花开 so beautiful so white</span>
    <span>这是个季节我们将离开</span>
    <span>难舍的你害羞的女孩</span>
    <span>就像一阵清香萦绕在我的心怀</span>
    <div>栀子花开如此可爱</div>
    <div class="song-1">挥挥手告别欢乐和无奈</div>
    <div class="song-2">光阴好像流水飞快</div>
    <div class="song-3">日日夜夜将我们的青春灌溉</div>
</div>
```

使用CSS设置标题、文本样式后在浏览器中查看页面效果，如图7.8所示。从页

面中可以看出，前4句歌词放在<span>标签中，它们顺序显示，第5至第8句歌词放在
<div>标签中，每句独占一行。

图 7.8 未设置 display 属性

使用display设置<span>标签为块级元素，设置第6句歌词所在的<div>为内联
元素，并且设置第8句歌词不显示，CSS关键代码如下所示。

```
#music span{
    display:block;
    padding-left:5px;
    }
#music div{
    padding-left:5px;
    }
#music.song-1{
    display:inline;
    }
#music.song-3{
    display:none;
    }
```

在浏览器中查看页面效果，如图7.9所示，第1至第4句歌词均独占一行，第8句歌
词不再显示。

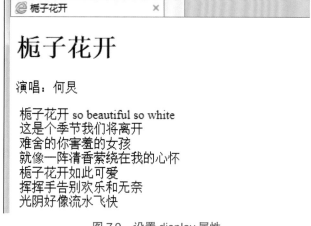

图 7.9 设置 display 属性

从该例中可以看出，通过设置display属性，可以改变某个标签本来的元素类型，或者把某个元素隐藏起来。其实在实际的网页制作中，display属性通常会用来设置某个元素的显示或隐藏。如果经常上网购物，会发现浏览商品列表时常常会有这样一个现象：当鼠标放在某个商品上时会出现商品的价格、简单介绍、热卖程度等，有时鼠标放在一个商品名称上时出现商品图片、价格等商品详细情况，这些都是互联网经常用到的display属性实现的页面效果。

7.3 实 验 🔍

制作如图7.10所示的效果图。

极限进口周 全球必买爆款

图 7.10 制作效果图

第8章 浮 动

使用DIV+CSS进行网页布局,实际上是使用CSS定位、排版网页元素,这是一种很新的排版理念,完全有别于传统的排版习惯,它首先对\<div\>标签进行分类,然后使用CSS对各个\<div\>进行定位,最后再在各个\<div\>中编辑页面内容,这样就实现了表现与内容分离,在后期维护CSS十分容易。那么,如何使用CSS定位网页元素呢?

这就是本章重点要讲解的内容——浮动,使用浮动定位网页元素,并根据网页布局需要对浮动进行清除或处理溢出内容,因此,本章主要学习的内容有以下3点。

①使用float属性定位网页元素。

②使用clear属性清除浮动。

③使用overflow属性进行溢出处理。

8.1 网页布局

在上述章节中已经学习了使用HTML标签制作网页和使用CSS美化网页元素,课堂上讲解的案例或是技能训练都是网页中的一部分,那么,如何布局并制作一个完整的网页呢?一个完整的页面至少包含哪些内容?

大家见到的网站基本上都包括网站导航、网页主体内容、网站版权这3个部分。网站导航一般包括网站logo、导航菜单及其他信息;主体内容是网页上要呈现给浏览者的内容;网站版权包括网站声明、一些相关链接等。如图8.1所示的麦当劳网站的主页,最上方是网站导航,包括页面logo、导航菜单、其他链接;中间是网站的主体内容;最下方是网站版权,包括网站的版权声明。

图 8.1　网页的基本结构

虽然互联网上的页面基本上都包括这3个部分,但在布局上也各不相同,网页布局类型有"国"字型、拐角型、标题正文型、左右框架型、上下框架型、综合框架型、封面型、Flash型、变化型等。

"国"字型和拐角型是大多数网站比较喜欢的类型,也是大家上网时经常见到的网页类型,因此,这里主要介绍这两种网页类型,其他的不作详细讲解。

"国"字型也可称为"1-3-1"型,最上面是网站导航,中间主体部分为左、中、右布局,其中,左、右分列两小条内容,中间是主要部分,与左右一起罗列到底,最下面是网站版权,图8.1就是这种布局。

拐角型与"国"字型只是形式上的区别,其实是很相近的。拐角型页面上方的网站导航包括logo、一些链接或广告横幅等内容,接下来的左侧是一窄列网站链接,右侧是很宽的正文,下面是网站版权部分,因此,拐角型也可称为"1-2-1"型,如图8.2所示的当当网页面就是典型的"1-2-1"型页面。

到这里,大家已经了解了网页的基本布局,但在真正地使用CSS布局网页时可能会遇到一个最大的问题,那就是如何让两个<div>或3个<div>在同一行显示,实现页面的"1-2-1"或"1-3-1"布局,这就涉及本章要重点讲解的浮动。

图 8.2 拐角型页面

8.2 浮 动

在标准文档流中,一个块级元素在水平方向会自动伸展,直到包含它的元素的边界,在竖直方向和其他块级元素依次排列。那么,如何才能实现如图8.2所示的网页布局呢?这就需要使用"浮动"属性了。

要实现浮动需要在CSS中设置float属性,默认值为none,也就是标准文档流块级元素通常显示的情况。如果将float属性的值设置为left或right,元素就会向其父元素的左侧或右侧浮动,同时在默认情况下,盒子的宽度不再伸展,而是根据盒子里的内容和宽度来确定,这样就能够实现网页布局中的"1-2-1"或"1-3-1"布局类型。

8.2.1 浮动在网页中的应用

在CSS中,使用浮动(float)属性,除了可以建立网页横向多列布局,还可以实现许多其他的网页内容的布局,如图8.3所示的横向导航菜单,图8.4所示的商品列表展示,这些都是使用float属性设置浮动实现的效果。

服装城　美妆馆　超市　全球购　闪购　团购 `5周年`　拍卖　金融

图8.3　横向导航菜单

美国aden anais竹纤维　小哈尼天然有机彩棉婴　全棉时代（PurCotton）　小猪艾文 婴儿衣服 婴儿　美国aden anais 婴儿洗　【全球购】美国直邮
裸裸包巾抱被 婴儿盖被　儿礼盒 宝宝内衣新生儿　盒装水洗纱布手帕　连体衣 护臀爬服婴儿哈　脸洗澡毛巾 纯棉 3只装　skip hop 婴儿围嘴 宝宝
¥337.25　　　　　¥278.00　　　　　¥98.00　　　　　¥87.00　　　　　¥145.00　　　　　¥69.00

图8.4　商品列表

从这些例子中可以看出，float属性在网页布局中起着非常重要的作用，它不仅能从全局来布局网页，还可对网页中的导航菜单、栏目标题、商品列表等内容进行排版，可见float属性在网页中的重要作用，下面介绍float属性。

8.2.2　float 属性

在CSS中，通过float属性定义网页元素在哪个方向浮动。常用属性值有左浮动、右浮动和不浮动3种，具体属性值见表8.1。

表8.1　float 属性值

属性值	说　明
left	元素向左浮动
right	元素向右浮动
none	默认值。元素不浮动，并会显示在其文本中出现的位置

浮动在网页中的应用比较复杂，为了将浮动演示清楚，首先制作一个基础页面，后面一系列的属性设置将基于该页面进行，具体代码如示例1所示。

示例1

```
<body>
<div id="father">
    <div class="layer01"><img src="jiaju.png" alt="用品"/></div>
    <div class="layer02"><img src="shu.png" alt="图书" /></div>
    <div class="layer03"><img src="xiezi.png" alt="鞋子"/></div>
    <div class="layer04">浮动的盒子</div>
</div>
</body>
</html>
```

在这段代码中定义了 5个<div>，其中最外层<div>的id为father，另外4个<div>是它的子块。为了便于观察，使用CSS设置所有<div>都有一个外边距和内边距，并且设置最外层<div>为实线边框，内层的4个<div>为虚线边框，代码如下所示。

```
div{margin:10px;padding:5px;}
#father{border:#000 1px solid;}
.layer01{border:#F00 1px dashed;}
.layer02{border:#00F 1px dashed;}
.layer03{border:#060 1px dashed;}
.layer04{
    border:#666 1px dashed;
    font-size:12px;
    line-height:20px;
    }
```

在浏览器中查看页面效果,如图8.5所示,由于没有设置浮动,则3个图片和文本所在<div>各自向右伸展,并且在竖直方向依次排列。

图 8.5　没有设置浮动效果

145

学习float属性在网页中的应用，在学习如何设置float属性的同时，将充分体会浮动具有哪些性质。为了描述方便，以下对这5个<div>分别以father，layer01，layer02，layer03，layer04来表示，下面分别设置它们的浮动，然后查看浮动效果。

1）设置layer01左浮动

在上面代码的基础上，通过float属性设置layer01左浮动，在类样式layer01中增加左浮动代码，如下所示。

.layer01 {

border: 1px #F00 dashed;

float:left;

}

在浏览器中查看设置完layer01左浮动的页面效果，如图8.6所示，可以看到layer01向左浮动，并且它不再向右伸展，而是仅能够容纳里面日用品图片的最小宽度。

图 8.6　设置 layer01 左浮动

思考一个问题，此时layer02左边框在哪里呢？仔细看图8.6可以发现，layer02的左边框、上边框分别与layer01的左边框和上边框重合，由此可知，设置完左浮动的layer01已经脱离标准文档流，所以标准文档流中的layer02顶到原来layer01的位置，layer03也随着layer02的移动而向上移动。

2）设置layer02左浮动

现在通过float属性设置layer02左浮动，在类样式layer02中增加左浮动的代码，如下所示。

.layer02 {

border: 1px #007 dashad;

```
float:left;
}
```

在浏览器中查看设置完layer02左浮动的页面效果如图8.7所示,可以看到layer02向左浮动,并且它也不再向右伸展,而是根据里面的图片宽度确定本身的宽度。

图 8.7　设置 layer02 左浮动

从图8.7中可以更清楚地看出,由于layer02左浮动后脱离了标准文档流,layer03的左边框与layer01左边框重合,layer04中的文本移了上来,并且围绕着几个图片显示。

3)设置layer03左浮动

现在通过float属性设置layer03左浮动,在类样式layer03中增加左浮动的代码,如下所示。

```
.layer03 {
border: 1px #060 dashed;
float: left;
}
```

在浏览器中查看设置完layer03左浮动的页面效果,如图8.8所示,可以看到layer03向左浮动,并且它也不再向右伸展,而是根据里面的图片宽度确定本身的宽度。

图 8.8　设置 layer03 左浮动

　　这时可以清楚地看出，文字所在的layer04左边框与layer01的左边框重合，并且它里面的文字围绕着这几张图片排列。

　　4）设置layer01右浮动

　　以上都是设置<div>左浮动，现在改变浮动方向，把layer01的左浮动改变为右浮动，代码如下所示。

.layer01{

border: 1px #060 dashed;

float: right;

}

　　在浏览器中查看设置完layer01右浮动的页面效果，如图8.9所示，layer01浮动到father右侧，layer02和layer03向左移动，layer04中的文本依然环绕着几张图片。

　　5）设置layer02右浮动

　　现在改变layer02的浮动方向，把layer02的左浮动改变为右浮动，代码如下所示。

.layer02{

border: 1px #00F dashed;

float: right;

}

　　在浏览器中查看设置完layer02右浮动的页面效果，如图8.10所示，layer01位置没有改变，layer02向右浮动，它与layer01交换了位置，layer04中的文本依然环绕着几张图片，如图8.11所示。

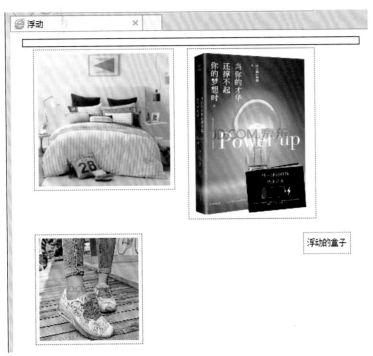

图 8.9　设置 layer01 右浮动

图 8.10　设置 layer01 右浮动

图 8.11　设置 layer02 右浮动

无论如何改变layer01，layer02和layer03的浮动情况，layer04中的文本总是环绕图片显示。那么，如何设置才能使文本在所有图片的下方显示，这时clear属性就要闪亮登场了。

8.3　清除浮动

在前面的讲解中，全面地剖析了CSS中的浮动属性，并且知道由于某些元素设置了浮动，在页面排版时会影响其他元素的位置，如果使它后面标准文档流中的元素不受其他浮动元素的影响，该怎么办呢? clear属性在CSS中正是起到这样的作用，它正是为了消除浮动元素对其他元素的影响。

8.3.1　清除浮动影响

在CSS中clear属性规定元素的那一侧不允许其他浮动元素，其常用值见表8.2。

表 8.2　clear 属性值

值	说　明
left	在左侧不允许浮动元素
right	在右侧不允许浮动元素
both	在左、右两侧不允许浮动元素
none	默认值，允许浮动元素出现在两侧

如果要将 <img> 标签两侧的浮动元素清除，使用 clear 设置代码如下所示。

img {

clear:both;

}

clear属性常用于清除浮动带来的影响和扩展盒子模型的高度，下面通过例子来进行详细讲解。

1）清除左侧浮动

现在使用clear属性清除文本左侧的浮动内容，代码如示例2所示。

示例2

.layer04 {

border: 1px #666 dashed;

font-size: 12px;

line-height: 23px;

}

在浏览器中，查看设置了清除文本左侧浮动内容的代码，页面效果图如图8.12所示。

图 8.12 清除文本左侧浮动

2）清除右侧浮动

由于文本左侧浮动的内容只有layer03，现在layer04清除了左侧浮动的内容，右侧浮动的内容不受影响，因此，文本在layer03的下方显示，但是还是环绕着另两个图片显示。那么，下面修改代码清除layer04右侧浮动内容，代码如下所示。

```
.layer04 {
border: 1px #666 dashed;
font-size: 12px;
line-height: 23px;
clear: right;
}
```

在浏览器中查看设置了清除文本右侧浮动内容的代码，页面效果如图8.13所示。

图 8.13　清除文本右侧浮动

由于文本右侧浮动的内容有layer01和layer02，现在layer04清除了右侧浮动的内容，因此，文本在最高的图片下方显示，与希望的文本在所有图片下方显示的效果一致。但这样做，真的能保证任何时候文本都在所有浮动的内容下方显示吗？

下面做一个实验，把layer01设置为左浮动，代码如下所示。

```
.layer01 {
border: 1px #F00 dashed;
float:left;
}
```

重新在浏览器中查看将layer01设置为左浮动的页面效果，如图8.14所示。

图 8.14　重新设置 layer01 左浮动

从页面效果可以看出，现在文本左侧浮动的是layer01和layer03，右侧浮动的是layer02，而设置了清除文本右侧浮动后，仅清除了右侧浮动，左侧浮动是不受影响的，并且左侧的图片高于右侧浮动的图片，所以，文本依然环绕左侧比较高的图片显示。

那么，如何设置才能确保文本总是在所有图片下方显示呢？当然是将两侧的浮动全部清除了。

3）清除两侧浮动

当某一盒子两侧都有浮动元素时，并且需要清除元素两侧的浮动，就需要使用clear属性的值both了。修改代码清除layer04两侧的浮动，代码如下所示。

.layer04 {

border：1px #666 dashed；

font-size：12px；

line-height：23px；

clear：both；

}

在浏览器中查看清除了文本两侧浮动的页面，效果如图8.15所示。

8.3.2　扩展盒子高度

关于clear属性的作用，除了用于清除浮动影响之外还能用于扩展盒子高度。下面仍以图8.15所示的代码为例，将文本所在的layer04也设置为左浮动，代码如示例3所示。

示例3

.layer04 {

border：1px #666 dashed；

font-size：12px；

图 8.15　清除文本两侧浮动

line-height：23px；

clear：both；

float：left；

}

　　这时在father里的4个<div>都设置了浮动，它们都不在标准文档流中，在浏览器中查看页面效果，如图8.16所示。

图 8.16　设置 layer04 左浮动

从图8.16中可以看出，layer04设置左浮动之后，father的范围缩成一条，是由padding和border构成的。浮动的元素脱离了标准文档流，所以它们包含的图片和文本不占据空间。也就是说，一个<div>的范围是由它里面的标准文档流的内容决定的，与里面的浮动内容无关。

那么如何让father在视觉上包围浮动元素呢？clear属性可以实现这样的效果。使用clear属性能够实现外层元素从视觉效果上包围里面浮动元素这样的效果，那就是在所有浮动的<div>后面再增加一个<div>，HTML代码如下所示。

```
<div id="father">
    <div class="layer01"><img src="jiaju.png" width="200" alt="用品"/></div>
    <div class="layer02"><img src="shu.png" width="180" alt="图书" /></div>
    <div class="layer03"><img src="xiezi.png" width="150" alt="鞋子"/></div>
    <div class="layer04">浮动的盒子</div>
    <div class="clear"></div>
</div>
</body>
</html>
```

在CSS增加类样式clear，由于受到CSS继承特性的影响，前面代码设置了所有的<div>都有一个10px的外边距和5px的内边距，这里的<div>作用主要是扩展外层father的高度，因此在这里还需要把内边距和外边距设置为0px，代码如下所示。

```
.clear {
clear: both;
 margin: 0px;
 padding:0px;
 }
```

在浏览器中查看页面效果，如图8.15所示。从上面的代码中可以看出，虽然使用clear属性达到了想要的效果，但是HTML却不完美，出现了一些不"优雅"的副作用——增加了 HTML的代码量。那么，如何在不增加HTML代码的情况下，仅通过CSS设置可实现同样的效果呢？overflow的出现将完美地解决这一问题。

8.4 溢出处理 Q

在网页制作过程中，有时需要将内容放在一个宽度和高度固定的盒子中，超出部分隐藏起来，或者以带滚动条的窗口显示等，有时还需要外层的盒子从外观上包含它里面代码浮动的盒子，这些都需要CSS中的overflow属性来实现。

8.4.1 overflow 属性

在CSS中，处理盒子中的内容溢出，可以使用overflow属性。它规定当内容溢出盒子时发生的事情，如内容不会被修剪而呈现在盒子之外，或者内容会被修剪，修剪内容隐藏等。overflow属性的常见值见表8.3。

表 8.3　overflow 属性的常见值

属性值	说　　明
visible	默认值，内容不会被修剪，会呈现在盒子之外
hidden	内容会被修剪，并且其余内容是不可见的
scroll	内容会被修剪，但是浏览器会显示滚动条以便查看其余内容
auto	如果内容被修剪，则浏览器会显示滚动条以便查看其余内容

下面通过一个例子，分别设置overflow的几个常用属性值，来深入理解overflow属性在网页中的应用。页面的HTML代码如示例4所示。

示例4

```
<body>
<div id="content"><img src="image/wine.jpg" alt="?@" />
<p>在 CSS 中使用 overflow 属性</p>
</div>
</body>
</html>
```

页面中有个id为content的<div>，里面是一个图片和一段文本，为了能更清楚地看出设置了overflow属性之后对盒子内元素的影响，使用CSS为盒子设置宽度、高度和边框，代码如下所示。

```
body {
font-size:12px; line-height: 22px;
}
#content {
width:200px;
height:300px;
border:1px #660000 solid;
}
```

由于visible是overflow的默认值，因此，设置overflow的值为visible与不设置overflow属性是一样的。在浏览器中查看页面效果，如图8.17所示。

下面在#content中增加overflow属性，将其值设置为hidden，具体代码如下所示。

```
#content {
width: 200px;
height: 150px;
border: 1px #000 solid;
overflow: hidden;
}
```

在浏览器中查看页面效果，如图8.18所示。

图 8.17　没有设置 overflow 属性　　　　图 8.18　设置 overflow 属性值为 hidden

由图8.18可以看出，超出盒子高度的文本被隐藏起来了，只有盒子内的图片和文本被显示。现在修改上述代码，如果将overflow属性的值设置为scroll和auto，然后在浏览器中查看页面效果，如图8.19所示。

图 8.19　设置 overflow 属性值为 scroll

从页面效果中可以看出，两者在处理盒子内元素溢出时，都出现了滚动条，以便查看盒子尺寸之外的内容。唯一不同的是overflow属性值设置为scroll时，没有在X方向上产生内容溢出，也在底部显示了不可用的滚动条；而设置为auto时，仅在内容有溢出的高度部分产生了滚动条，底部的滚动条只在X方向出现内容溢出时，才会显示。

8.4.2　overflow 属性的妙用

在CSS中，overflow属性除了可以对盒子内容溢出进行处理之外，还可与盒子宽度配合使用，清除浮动来扩展盒子的高度。由于这种方法不会产生冗余标签，仅需要设置外层盒子的宽度和overflow属性值为hidden即可，因此，这种方法常用来设置外层盒子包含内层浮动元素的效果。

下面仍以示例3为基础，使用overflow属性完成清除浮动和扩展盒子高度。其设置方法非常简单，只需为浮动元素的外层元素father设置宽度和将overflow属性设置为hidden，同时使用清除浮动的代码 "<div class="clear"></div>" 就可以完全删除，也不需要添加到HTML代码中了。详细的HTML代码如示例1所示的原始HTML代码。

下面修改示例4中的CSS代码，首先删除类样式clear，然后修改father代码，增加盒子宽度和 overflow属性，其代码如示例5所示。

示例5

```
#father {
border: 1px #000 solid;
width: 300px;
overflow: hidden;
}
```

由上述代码可以看出，实现同样的效果，使用overflow属性配合宽度清除浮动和扩充盒子高度，比使用clear属性代码量大大减少，也减少了空的HTML标签。这样做的好处是使代码更加简洁、清晰，从而提高了代码的可读性和网页性能。

但是如果页面中有绝对定位（后面讲解）元素，并且绝对定位元素超出了父级的范围，这里使用overflow属性就不合适了，而需要使用clear属性来清除浮动。

因此，通过clear属性和overflow属性实现清除浮动来扩充盒子高度，要根据它们各项的特点和网页实际需求来设置扩充盒子高度。

8.5 实 验

制作唯品会首页横向导航栏，如图8.20所示。

图 8.20　横向导航栏

第9章 定位网页元素

在前面章节中讲解了浮动的概念,以及使用浮动布局网页、定位网页元素,本章将要讲解网页制作中另一个重要属性position,介绍使用position定位网页元素,以及设置元素堆叠顺序的z-index属性。

通过本章的学习,将能够完成网页中更为复杂的布局和元素定位。本章主要学习的内容有以下两点。

①使用position属性定位网页元素。

②使用z-index属性设置元素的堆叠顺序。

9.1 定位在网页中的应用

在CSS中有3种基本的定位机制,分别是标准流、浮动和绝对定位。通常在网页中除非专门指定某种元素的定位,否则所有元素都在标准流中定位。也就是说,标准流中元素的位置由在XHTML中的位置决定。

在前面章节中已经学习了标准流和浮动,使用浮动的方式可以定位网页元素。若是仅使用浮动中的一种方式,完成不了网页中很多更为复杂的网页效果。

从图9.1、图9.2中可以看出,无论是弹出的选择框窗口,还是下拉菜单和浮动图片,它们都有一个共同特点,即都脱离了原有的页面,浮动在网页之上。对这样的网页元素定位,使用position 属性或position属性与z-index属性结合来实现,下面分别进行详细讲解。

图 9.1　下拉列表菜单　　　　　　图 9.2　地点选择框

9.2　position 属性

position属性与float属性一样，都是CSS排版中非常重要的概念。从字面意思上看就是指定盒子的位置，指它相对其父级的位置和相对它自身应该在的位置。position属性有4个属性值，这4个值分别代表着不同的定位类型。

static：默认值，没有定位，元素按照标准流进行布局。

relative：相对定位，使用相对定位的盒子位置常以标准流的排版方式为基础，然后使盒子相对它在原本的标准位置偏移指定的距离。相对定位的盒子仍在标准流中，其后面的盒子仍以标准流方式对待它。

absolute：绝对定位，盒子的位置以包含它的盒子为基准进行偏移。绝对定位的盒子从标准流中脱离。这意味着它们对其后的其他盒子的定位没有影响，其他盒子就好像这个盒子不存在一样。

fixed：固定定位，它和绝对定位类似，只是以浏览器窗口为基准进行定位，也就是当拖动浏览器窗口的滚动条时，依然保持对象位置不变。

fixed属性值目前在一些浏览器中还不被支持，在实际网页制作中也不常应用，因此这里就不再赘述。下面通过实例讲解position属性的其他3个值在网页中的应用。

9.2.1　static 属性

static属性为默认值，它表示盒子保持在原本应该在的位置上，没有任何移动的效果。因此，前面章节讲解的例子实际上都是static方式。

为了讲解后面其他比较复杂的定位方式，现在给出一个基础的页面，讲解其他定位方式时在此基础上进行修改。

页面中有一个id为father的<div>，里面嵌套3个<div>，HTML代码如示例1所示。

示例1

……

```
<div id="father">
<div id="first">第1个盒子</div>
<div id="second" >第2个盒子</div>
<div id="third">第3个盒子</div>
</div>
```

……

使用CSS设置father的边框样式和嵌套的几个<div>背景颜色及边框样式，关键代码如下所示。

```
 div {
margin：10px; padding: 5px; font-size：12px; line-height：25px;
#father {
border:1px #666 solid; padding：0px;
background-color:#FC9;
border:1px #B55A00 dashed;
 }
```

在浏览器中查看页面效果，如图9.3所示，由于没有设置定位，3个盒子在父级盒子中以标准文档流的方式呈现。

图9.3　没有设置定位

9.2.2　relative 属性

使用relative属性值设置元素的相对定位，除了将position属性设置为relative之外，还需要指定一定的偏移量，水平方向使用left或right属性来指定，垂直方向使用top或bottom属性来指定。下面将第1个盒子的position属性值设置为relative，并设置偏移量，代码如示例2所示。

示例2

```
#first {
background-color:#FC9;
border:1px #B55A00 dashed;
position:relative;
top:-20px;
```

```
left:20px;
}
```

在浏览器中查看页面效果，如图9.4所示，第1个盒子的新位置与原来的位置相比可以看出，它向上和向右均移动了20px。也就是说，"top:20px"的作用是使它的新位置在原来位置的基础上向上移动了20px，"left:20px"的作用是使它的新位置在原来位置的基础上向右移动了20px。

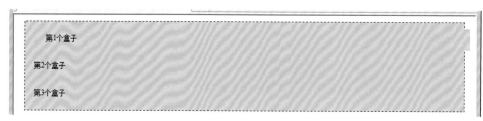

图9.4　第1个盒子向上向右偏移

这里用到了 top和left两个CSS属性，前面已经提过在CSS中一共有4个属性配合position属性来进行定位，除了top和left外，还有right和bottom。这4个属性只有当position属性设置为absolute，relative或fixed时才有效。并且position属性取值不同时，它们的含义也是不同的。top，right，bottom 和left这4个属性除了可以设置为像素值，还可以设置为百分数。

从图9.5中可以看到第1个盒子的宽度依然是未移动前的宽度，只是向上、向右移动了一定的距离。虽然它移出了父级盒子，但是父级盒子并没有因为它的移动而有任何影响，它依然在原来的位置。同样地，第2个、第3个盒子也没有因为第1个盒子的移动而有任何改变，它们的宽度、样式、位置都没有改变。

上面的例子是一个盒子设置了相对定位后，对其他盒子没有影响，如果有两个盒子设置了相对定位，对其他盒子会有影响吗？它们相互之间会有影响吗？下面使用相对定位设置第3个盒子，代码如下所示。

```
#third {
background-color:#C5DECC;
border: 1px #395E4F dashed;
 position:relative;
 right:20px; bottom:30px;
}
```

在浏览器中查看页面效果，如图9.5所示，第3个盒子的新位置与原来的位置相比，它向上和向左分别移动了30，20px。也就是说，"right:20px"的作用是使它的新位置在原来位置的基础上向左移动了20px，"bottom:30px"的作用是使它的新位置在原来位置的基础上向上移动了30px。

图9.5 第3个盒子向上向左偏移

从图9.5中可以看出，第3个盒子设置相对定位后，它向左、向上移动了一定的距离，但是自身的宽度并没有改变，同时它的父级盒子、第1个和第2个盒子也没有因为它的移动而有任何改变，至此可以总结出设置了相对定位元素的规律。

①设置相对定位的盒子会相对它原来的位置，通过指定偏移到达新的位置。

②设置相对定位的盒子仍在标准流中，它对父级盒子和相邻的盒子都没有任何影响。

需要指出的是，上面的例子都是针对标准流方式进行的。实际上，对浮动的盒子使用相对定位也是一样的。

为了验证上述说法，以示例1的网页代码为基础设置第2个盒子右浮动，关键代码如示例3所示。

示例3

```
#first {
background-color: #FC9;
border: 1px #B55A00 dashed;
}
#second {
background-color: #CCF;
 border: 1px #0000A8 dashed;
 float:right;
}
#third {
background-color: #C5DECC;
border: 1px #395E4P dashed;
}
```

在浏览器中查看页面效果，如图9.6所示。

图9.6 第2个盒子右浮动

现在设置第1个盒子向上向左偏移，第2个盒子向上向右偏移，代码如下所示。

```
#first {
background-color: #FC9;
border: 1px #B55A00 dashed;
position:relative;
right:20px;
bottom:20px;
}
#second {
background-color: #CCF;
border:1px #0000A8 dashed;
float:right;
position:relative;
left:20px;
top:-20px;
}
```

在浏览器中查看页面效果，如图9.7所示，第1个盒子向上向左各偏移20px，第2个盒子向上向右各偏移20px。

图 9.7　在浮动下偏移

从图9.7可以看出，第1个盒子没有设置浮动，它的偏移对父级盒子和相邻两个盒子都没有影响，第2个盒子设置了浮动，但是它的偏移依然对父级盒子和相邻盒子没有影响。由此可以得出一个结论，设置了position属性的网页元素，无论是在标准流中还是在浮动时，都不会对它的父级元素和相邻元素有任何影响，它只针对自身原来的位置进行偏移。

9.2.3　absolute 属性

了解了相对定位以后，下面开始分析absolute定位方式，它表示绝对定位。通过上面的学习，可以了解到设置position属性时，需要配合top，right，bottom，left属性来实现元素的偏移量，而其中核心的问题就是以什么作为偏移的基准。

针对相对定位，就是以盒子本身在标准流中或者浮动时原本的位置作为偏移基准的，那么，绝对定位以什么作为定位基准呢？

下面还是以示例1的网页代码为基础，通过一个个例子来演示讲解绝对定位在页面中的用法。设置<body>、内嵌的3个<div>外边距均为0px，关键代码如示例4所示。

示例4

```css
body{margin:0px;}
 div {
padding:5px;
font-size:12px;
line-height:25px; }
#father {
border:1px #600 solid;
margin:10px;
}
#first {
background-color:#FC9;
border:1px #3366FF dashed;
}
#second {
background-color:#CCF;
border:1px #990000 dashed;
position:absolute;
top:0px;
right:0px;
}
#third {
background-color:#63F;
border:1px #990000 dashed;
}
```

在浏览器中查看页面效果，如图9.8所示，内嵌的3个盒子以标准文档流的方式排列。

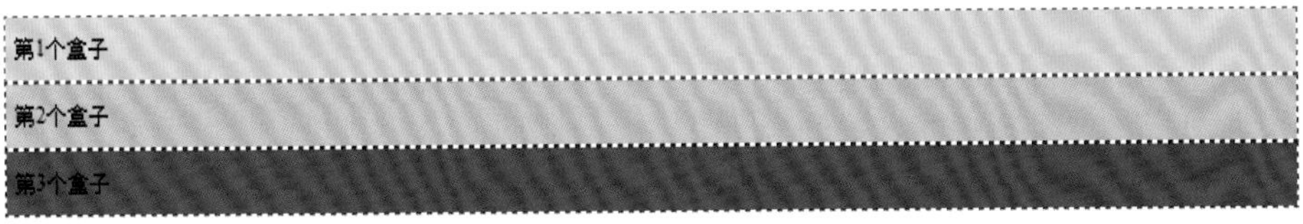

第1个盒子

第2个盒子

第3个盒子

图 9.8　未设置绝对定位

现在使用绝对定位来改变盒子的位置，将第2个盒子设置为绝对定位，代码如下所示。

```css
#second {
background-color: #CCF;
border: 1px #0000A8 dashed;
position:absolute;
```

```
top: 0px;
right:0px;
}
```

这里将第2个盒子的定位方式从默认的static改为absolute,在浏览器中查看页面效果, 如图9.9所示。由图可知, 第2个盒子彻底脱离了标准文档流, 它的宽度也变为仅能容纳里面的宽度, 并且以浏览器窗口作为基准显示在浏览器的右上角, 此时第3个盒子紧贴第1个盒子, 就好像第2个盒子不存在一样。

图 9.9　设置第 2 个盒子绝对定位

现在修改上述代码, 改变第2个盒子的偏移位置, 代码如下所示。

```
#second {
background-color: #CCF;
border: 1px #0000A8 dashed;
position：absolute;
top:30px;
right: 30px;
}
```

在浏览器中查看页面效果, 如图9.10所示。这时可以看到第2个盒子依然以浏览器窗口为基准, 从左上角开始向下和向左各移动了30px。

图 9.10　改变第 2 个盒子的偏移量

看到这里, 大家出现疑问了, 是不是所有的绝对定位都以浏览器窗口为基准来定位呢? 当然不是, 接下来对父级盒子father的代码进行修改, 增加一个定位样式, 修改后的关键代码如下所示。

```
#father {
border: 1px #666 solid;
margin:10px;
position:relative;
}
#second {
background-color: #CCF;
border: 1px #0000A8 dashed;
position：absolute;
top: 30px;
```

right:30px;

    }

此时在浏览器中查看页面效果，如图9.11所示。第2个盒子偏移的距离没有发生变化，但是偏移的基准不再是浏览器窗口，而是它的父级盒子father。

图9.11 设置父级元素定位

到了这里，对于绝对定位可以得出如下结论。

①使用了绝对定位的元素（第2个盒子）以它最近的一个"已经定位"的"祖先"元素（#father）为基准进行偏移。如果没有已经定位的祖先元素，那么会以浏览器窗口为基准进行定位。

②绝对定位的元素（第2个盒子）从标准文档流中脱离，这意味着它们对其他元素（第1个、第3个盒子）的定位不会造成影响。

关于上述第一条结论中，有两个带引号的定语，需要进行解释。

"已经定位"元素：position属性被设置，并且设置为除static之外的任意一种方式，那么该元素被定义为"已经定位"的元素。

"祖先"元素：就是从文档流的任意节点开始，走到根节点，经过的所有节点都是它的祖先，其中直接上级节点是它的父节点，以此类推。

回到这个实际的例子中，在父级<div>没有设置position属性时，第2个盒子的所有"祖先"都不符合"已经定位"的要求，因此，它会以浏览器窗口为基准来定位。而当父级<div>将position属性设置为relative以后，它就符合"已经定位"的要求了，并且又满足"最近"的要求，因此就会以它为基准进行定位了。

到了这里，绝对定位已经介绍清楚，相信大家已经掌握了如何在网页中应用绝对定位。但对绝对定位，还有一个特殊的性质需要介绍，那就是仅设置元素的绝对定位而不设置偏移量，会出现什么情况呢？下面就修改上述代码，仅设置第2个盒子在水平方向上的偏移量，代码如下所示。

#second {

background-color: #CCF;

border: 1px #0000A8 dashed;

position: absolute;

top: 30px;

    }

在浏览器中查看页面效果，如图9.12所示，由于没有在垂直方向上设置偏移量，因此在垂直方向上它还保持在原来的位置，仅在水平方向上向左偏移，距离父级右边框为30px。

图 9.12　仅设置水平方向的偏移置

通过上述的演示例子可以得出一个结论，如果设置了绝对定位，而没有设置偏移量，那么它将保持在原来的位置。这个性质在网页制作中可以用于需要使某个元素脱离标准流，而仍然希望它保持在原来的位置的情况。

9.3　z-index 属性

在CSS中，z-index属性用于调整元素定位时重叠层的上下位置。例如，上面例子中第2个盒子压住了第3个盒子，此时就可通过z-index属性改变层的上下位置。

z-index属性在立体空间中表示垂直于页面方向的Z轴。z-index属性的值为整数，可以是正数，也可以是负数。当元素被设置了 position属性时，z-index属性可以设置各元素之间的重叠高低关系。z-index属性默认值为0，z-index值大的层位于其值小的层上方。当两个层的z-index值一样时，将保持原有的高低覆盖关系。

z-index属性在网页中也是比较常用的，如图9.13所示的搜狗图片首页壁纸页面中图片上面的半透明层和文本层就使用了 z-index属性。

图 9.13　搜狗图片首页壁纸页面

下面通过制作图9.13页面中右侧下部分内容来演示z-index的应用。首先把所有内容放在一个id为content的\<div\>中，页面中图片、文本、透明层使用无序列表排版，HTML代码如示例5所示。

示例5

```
<div id="content">
 <ul>
    <li><img src="img/12640412.jpg" width="640" height="640" /></li>
    <li class="tiptext">久远的午后</li>
    <li class="tipbg"></li>
```

```
    </ul>
</div>
```

代码中<li class="tipbg"></li>用来创建半透明层, 在CSS中有两种方式设置元素的透明度, 具体的方法见表9.1。

表 9.1　设置元素的透明度方法

属　　性	说　　明	举　　例
opacity：x	x 值为 0~1, 值越小越透明	opacity：0.4
filter：alpha（opacity=x）	x 值为 0~100, 值越小越透明	filter：alpha（opacity=40）

由于这两种方法在使用中存在浏览器兼容的问题, IE9, Firefox, Chrome, Opera和Safari使用属性opacity来设定透明度, IE8.0及更早的版本使用滤镜filter: alpha（opacity=x）来设置透明度。但是在实际网页制作中, 并不能确定用户的浏览器, 因此,在使用CSS设定元素的透明度时, 通常在样式表中同时设置这两种方法, 以适应所有的浏览器。

学习创建网页元素透明度的设置方法后, 现在开始编写CSS排版、美化页面,需要设置以下几个方面的样式。

①设置外层content的边框样式、宽度、定位方式。

②由于文本层和半透明层在图片的上方, 所以需要设置它们的定位方式, 以及透明层的透明度。

③设置无序列表的一些样式、文本样式等,设置完成后的CSS代码如下所示。

```
ul,li{
    list-Style-type:none;
    padding:0px;
    margin:0px;
    }
#content{
    width:640px;
    overflow:hidden;
    padding:5px;
    font-size:14px;
    line-height:25px;
    border:1px #990000 solid;
    }
#content ul{
    position:relative;
    }
.tipbg,.tiptext{
    position:absolute;
```

```
            width:640px;
            height:30px;
            top:600px;
        }
    .tiptext{
            color:#FFF;
            text-align:center;
        }
    .tipbg{
            background:#000;
            opacity:0.5;
            filter:alpha（opacity=50）;
        }
```

在浏览器中查看页面效果，如图9.14所示，图片上方的文本显示得非常不清楚，为什么会这样呢？

图 9.14 没有设置属性 z–index

回顾HTML代码，透明层<div>在文本层<div>的后面编写，文本层和透明层都设置了绝对定位，而且都没有设置z-index属性，它们默认的值都为0。根据当两个层的z-index值一样时，将保持原有的高低覆盖关系，因此，透明层覆盖到了文本层的上方。

现在不改变HTML代码，仅通过CSS设置文本层到透明层的上方，这就需要设置z-index属性修改文本层样式，增加z-index属性，代码如下所示。

```
    .tiptext{
            color:#FFF;
            text-align:center;
```

z-index:1;

}

在浏览器中查看页面效果，如图9.15所示，文本清晰地显示在透明层的上方了。

图 9.15　增加了 z-index 属性页面

第10章 JavaScript 基础

JavaScript（JS）是一种解释性的、事件驱动的、面向对象的、安全的和与平台无关的脚本语言，是动态HTML（也称为DHTML）技术的重要组成部分，广泛应用于动态网页的开发。以浏览器平台为基础的现代JavaScript程序，提供类似于传统桌面应用程序的丰富功能和视觉体验，增强用户和Web站点之间的交互，提供高质量的Web应用体验。

10.1 JavaScript 起步

在组成互联网的难以计数的HTML页面中，JavaScript用来改进页面设计、响应用户操作、验证用户的输入动态维护页面内容和创建cookies，甚至和运行在服务器端的程序直接进行交互等。

10.1.1 JavaScript 简介

在早期的Internet中，浏览器本身并不具备运行程序的功能，只是简单地展示从服务器端接收的静态页面，页面上的任何工作都需要不断地和服务器进行交互，这就给用户使用带来了很大的麻烦。例如，当用户填好一个购物清单提交给服务器后，服务器却返回一条输入错误的提示，有可能因此网站就丧失了一次交易的机会。利用JavaScript，可以编写一段用于检查输入完整性和正确性的JavaScript程序嵌入HTML页面中，在提交之前可以即时执行这段验证代码，如果发现用户的输入错误，可以在提交之前告知用户，提示修改。

JavaScript为了适应动态网页制作的需要而诞生，如今越来越广泛地应用于Web开发之中，它是一种脚本语言（脚本语言是一种重量级的编程语言），也是一种解释性语言，对于网页中页面元素的操作可以直接响应；它也可以被看成是一种面向对象的语言，这不仅体现在它可以充分地利用运行环境存在的众多诸如代表网页的对象document以及一些基本对象，如string等，还可基于面向对象的思想进行程序设计，它也是一种安全的语言，运行于浏览器中的代码不能访问本地资源（除了cookie），从而保证了它不能实质性地影响计算机的软硬件资源。

JavaScript的出现使得网页和用户之间实现了一种实时性、动态性、交互性的关系，使网页包含更多活跃的元素和更加精彩的内容。但是它也存在一个令程序员头疼的问题，那就是JavaScript程序在不同浏览器软件中的兼容性问题。在IE浏览器中运行正常的程序在FireFox浏览器中可能就面目全非了，主要是因为不同浏览器对JavaScript的标准所遵循和实现的程度不同所导致的。因此，一个优秀的JavaScript程序员需要小心地应用那些可能会导致兼容性问题的特性。

10.1.2 JavaScript 实例

JavaScript脚本程序是嵌入在页面中的，通过一个<script>标记说明的，浏览器能够解释并运行包含在标记内的代码。基本语法如下：

<script type = "text/javascript" [src="外部 js文件"]> </script>

语法说明：

①script: 脚本标记。它必须以< script type="text/javascript">开头，以</script >结束，界定程序开始的位置和结束的位置。在一个页面内，可以放置任何数量的<script>标记。

②script页面中的位置决定了什么时候装载它们，如果希望在其他所有内容之前装载脚本，就要确保脚本在head部分。

③src属性不是必要的。它指定了一个要加载的外部js代码文件，一旦应用了这个属性，则<script>标签中的任何内容都将被忽略。

1）一个直接运行的JavaScript程序

下面通过例子简单介绍JavaScript程序的具体实现。假设要在页面中输出一段文本，效果如图10.1所示。

图 10.1　显示文本到页面

```
<!--程序10.1-->
<html>
<head><title>这是我的第一个JavaScript程序</title></head>
<body>
<script type="text/javascript">
document.write ("欢迎进入JavaScript学习之旅！")
</script>
</body>
</html>
```

在程序10.1中，5～7行的代码是以前的页面代码中所不曾出现的，具体的代码在第6行，document.write字段是标准的JavaScript命令，用来向页面写入输出。这行代码被包括在用\<script\>开始的标签内。也就是说，如果需要把一段JavaScript代码插入HTML页面中，我们需要使用\<script\>标签（同时使用type属性来定义脚本语言）。

这样，\<script type="text/javascript"\>和\</script\>就可以告诉浏览器 JavaScript 程序从何处开始到何处结束。如果没有了这个标签，浏览器就会把document和write（"欢迎进入JavaScript学习之旅！"）当作纯文本来处理，也就是说，会将这条命令本身写到页面上。

2）通过事件触发被调用的JavaScript程序

程序10.2是另一种类型的程序，它在页面加载时，弹出了一个对话框，如图10.2所示。

```
<!--程序10.2-->
<html>
<head>
<title>这是我的第一个JavaScript程序</title>
<script type="text/javascript">
    function show（  ）{
    alert（"欢迎进入JavaScript学习之旅！"）
}
</script>
</head>
<body onload="show（ ）">
</body>
</html>
```

图 10.2　页面加载时弹出的对话框

与程序10.1相比，除了JavaScript代码依然被包含在<script>标签内，需要注意的是，这段代码是一个函数，被命名为show（），其功能是弹出一个对话框，函数本身并不会自动执行，该执行依赖于第11行的<body onload="show（ ）">标签，onload是一个事件句柄，对应于页面加载的事件，onload告诉浏览器在加载时要调用执行一个名为"show"的函数。

看完以上实例，读者已经明白，不同的事件可以对应执行不同的函数，那么页面的功能就可以变得越来越丰富了。

10.1.3　JavaScript 放置

JavaScript程序本身不能独立存在，是依附于某个HTML页面，在浏览器端运行的。在程序10.1和程序10.2中，JavaScript的代码处在HTML页面不同的位置，程序JavaScript代码段处在body内，而程序10.2的JavaScript代码处在head内，JavaScript作为一种脚本语言可以放在HTML页面中的任何位置，但在实践中代码如何放置还是要遵循一定的规则。

1）位于head部分的脚本

在页面载入时，就同时载入了代码，在<body>区调用时就无须再载入代码，速度就提高了。当脚本被调用时，或事件被触发时，脚本代码就会被执行。通常这个区域的JavaScript代码是为body区域程序代码所调用的事件处理函数或一些全局变量的声明。

2）位于body部分的脚本

放置于body中的脚本，通常是一些在页面载入时需要同时执行的一些脚本，这些代码执行后的输出就成为页面的内容，在浏览器中可以即时看到。

一般的JavaScript代码放在<head></head>和放在<body></body>之间从执行结果来看是没有区别的，但是有如下规则：

①当JavaScript要在页面加载过程中动态建立一些Web页面的内容时，应将JavaScript 放在body中合适的位置，如程序10.1中的代码。

②定义为函数并用于页面事件的JavaScript代码应当放在head标记中，因为它会在 body之前加载。

3）直接位于事件处理部分的代码中

一些简单的脚本可以直接放在事件处理部分的代码中，如程序10.2的JavaScript函数 show中只是一条警告语句，可直接将该警告语句改写在事件中，如程序10.3中的代码所示。

```
<!--程序10.3-->
<html>
<head>
<title>这是我的第一个JavaScript程序</title>
</head>
<body onload='alert（"欢迎进入JavaScript学习之旅！"）'>
```

```
</body>
</html>
```

4）位于网页之外的单独脚本文件

除此之外，如果页面中包含了大量的JavaScript代码，将不方便页面的维护，或同样代码可能在很多页面中都需要，为了达到共享的目的，就可以把一些JavaScript代码放到一个单独的文本文件中，然后以js为后缀保存这个文件，当页面中需要这个js文件中的JavaScript代码时，通过指定script标签的src属性，就可以使用外链的JavaScript文件中包含的代码。例如，通过文本文件编辑器建立一个名为test.js的文件，其内容如下：

```
//一个外部的js文件代码，文件名为test.js
function show（）{
    alert("欢迎进入JavaScript学习之旅！")
    }
```

现在，修改程序10.2，加载上面的test.js文件的形式，修改后的程序见程序10.4。

```
<!--程序10.4-->
<html>
<head>
<meta http-equiv="Content-Type" content="text/html"; charset="utf-8" />
<title>这是我的第一个JavaScript程序</title>
    <script src="test.js" type="text/javascript"></script>
</head>
<body onload="show（）">
</body>
</html>
```

通过指定script标签的src属性，就可以使用外部的JavaScript文件了。在运行时，这个js文件中的代码全部嵌入包含它的页面内，页面程序可以自由使用，这样就可以做到代码的复用。而且，浏览器会缓存所有外部链接的js文件，这样如果多个页面共用一个js文件，只需下载一次即可，从而节省了下载时间。

另外，外部的JavaScript程序文件中并不需要使用<script>标签，此文件的内容仅含有JavaScript程序代码。

包含JavaScript代码的页面可在常见的浏览器中运行，如Internet Explorer，MoZilla，Firefox，NetScape和Opera。不过不同的浏览器在对标准的支持方面，在某些细微处存在一定的差异，导致同样的程序在不同的浏览器中效果不同，所以需要在实际编程中加以观察。

某些JavaScript程序可能含有恶意的代码影响用户系统环境，在运行含有JavaScript的HTML页面时，安全级别高的浏览器会阻止该程序的运行，如图10.3所示。需要用户对提示的警告信息作出一个响应，允许被阻止的内容运行，该页面才可以正常运行。

图 10.3　包含 JavaScript 代码的页面被浏览器阻止

10.2 JavaScript 程序

作为一种嵌入 html 页面内的解释型程序设计语言, JavaScript 脚本语言的基本构成是由语句、函数、对象、方法、属性等实现编程的, 在程序结构上同样是有顺序、分支和循环 3 种基本结构。

10.2.1　语句和语句块

JavaScript 语句是发给浏览器的命令, 这些命令的作用是告诉浏览器要做的事情。

1）语句

在 JavaScript 程序中, 语句的类型一般包括：

①变量声明语句。

②输入输出语句。

③表达式语句。

④程序流向控制语句。

⑤返回语句。

在程序中第 6 行 "document.write ("欢迎进入 JavaScript 学习之旅! ");" 就是一条输出语句, 这个语句就是告诉浏览器向网页输出 "欢迎进入 JavaScript 学习之旅! "

根据 JavaScript 标准, 通常要在每行语句的结尾加上一个分号, 但是分号是可选的, 浏览器默认把行末作为语句的结尾。但是在程序员看来, 加上分号是必要的, 因为明确地指明了语句的结束。

虽然, 在 JavaScript 程序中多条语句可以写在一行上, 但是那样会给其他人理解程序带来不便。因此, 没有人会在一行上编写多条语句。

2）语句块

语句块就是用 "{" 和 "}" 封闭起来的若干条语句。例如, 一个函数中的语句都包含在用括号封闭起来的函数体中, 同样地还有分支或循环控制的语句块, 这些语句块在逻辑上都属于一个整体。例如,下面的语句块是一个判断,这个判断语句的控制范围就是用括号封闭起来的语句块。

```
<script type="text/javascript">
var color="red";
if(color="red")
{document.write("现在的颜色是红色! ");
    alert("现在的颜色是红色! ");}
</script>
```

用"{…}"把相关代码封闭在一起的做法是一个很好的编程习惯,有助于更清晰和准确地定义逻辑边界。

3)代码

代码是由若干条语句或语句块构成的执行体。浏览器按照代码编写的返回语句。逻辑顺序逐行执行,直至碰到结束符号或返回语句。

10.2.2　函数

JavaScript的函数有系统本身提供的内部函数,也有系统对象定义的函数,还包括程序员自定义的函数。一个函数代表了一个特定的功能。例如,调用系统提供的alert函数时会弹出一个警告框,有时需要程序员自己编写能够实现特定目的的函数,例如程序10.4中的函数show。函数因为可以被多个地方重复调用以达到代码复用的目的,既减轻了开发人员的工作量,又降低了维护的难度。

1)函数的构成

函数一般是由若干条语句构成的。函数的基本语法如下。

```
function 函数名(参数1, 参数2, …, 参数N){
        函数体;
}
```

语法说明:

①function 是关键字,组成一个函数必须有function关键字开始。

②函数名是用来在调用时使用,命名必须符合有关标识符的命名规定。

③一个函数可以没有参数,但括号必须保留,函数也可以有一到多个参数,声明参数不必明确类型。

④大括号界定了函数的函数体。属于函数的语句只能出现在大括号内。

程序10.5中定义了一个根据收到颜色改变一个表格的背景色函数。

```
<!--程序10.5-->
<html>
<head>
<meta http-equiv="Content-Type" content="text/html"; charset="utf-8" />
<title>函数的例子</title>
<script type="text/javascript">
```

```
/*参数: color表格新的背景色
描述: 改变表格的背景颜色*/
function changeColor (color) {
    var table=document.getElementById ("colorTable");
    table.bgColor=color;
    }
</script>
</head>
<body>
<table border="1">
  <tr height="24">
    <td bgcolor="red" width="24" onclick="changeColor ('red') "> </td>
    <td bgcolor="orange" width="24" onclick="changeColor ('orange') "> </td>
    <td bgcolor="yellow" width="24" onclick="changeColor ('yellow') "> </td>
    <td bgcolor="green" width="24" onclick="changeColor ('green') "> </td>
    <td bgcolor="black" width="24" onclick="changeColor ('black') "> </td>
    <td bgcolor="blue" width="24" onclick="changeColor ('blue') "> </td>
    <td bgcolor="purple" width="24" onclick="changeColor ('purple') "> </td>
  </tr>
</table>
<table border="1" width="168" height="168" id="colorTable">
  <tr>
    <td> </td>
  </tr>
</table>
</body>
</html>
```

以上代码中, 在<scrip>标签内定义了一个函数changeColor, 其中:

①function是关键字, 表示开始一个函数的声明, changeColor是函数名。

②一个函数无论有没有要接收的参数, 函数名后都要有一个括号。changeColor函数在被调用时需要调用者传递一个值, 作为表格新的背景色, 所以在函数后的括号中加一个变量color用来接收调用者传来的参数值。

③调用函数时, 通过函数名确定要调用的具体函数。这里的单击某个颜色单元格发生时, 调用changeColor函数。因为changeColor函数运行需要一个颜色值, 所以在具体调用时, 把单元格对应的颜色作为颜色值传给了 changeColor函数。

④函数的功能, 也就是函数体内语句集要实现的目标。changeColor函数的功能很简单, 就是根据收到的新的颜色, 改变了一个表格的背景色。

在浏览器中显示这个页面, 如图10.4所示。单击选择任何一种颜色, 则下面的表

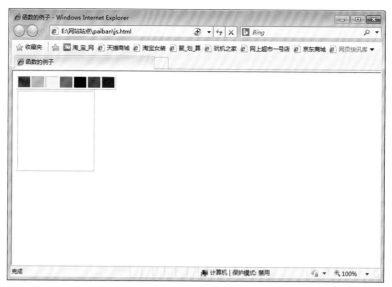

图10.4　按钮单击前的一个输入界面

格背景颜色都将会改变成所选择的颜色。

2）函数声明时的参数

在程序10.5中定义的函数是这样声明的：

function changeColor（color）

这里的color就是参数变量，也被称为"形参"。参数变量的作用就是用来接收函数调用者传递过来的参数。在编写函数时，程序员并不知道调用者会传递来什么样的值，因此只能用一个变量表示在具体执行时获得的值。所以，声明函数的形式参数时应事先明确每个参数在函数体中的作用。

程序10.5中，每个颜色单元格的单击事件都调用同一个改变颜色的函数，不同的是，彼此有不同的颜色值传递过去。但是不管调用者传递什么值，changeColor函数中的"table. bgColor= color；"这条语句只是用一个形式参数color表示表格新的背景色，从而达到"以不变应万变"。

3）调用函数

函数必须被调用才能发挥作用，前面多个程序已经展示了函数的调用过程。具体调用规则是：

①函数必须通过名字加上括号才能调用，如程序10.5中changeColor（），括号必不可少。

②函数调用时，应满足参数传递的要求，保证传递实参时的参数类型、顺序和个数（不是必须的）与形式参数的声明一致。

③程序员在使用一个函数时，应当了解这个函数的参数声明，确定应当在调用时传递给函数具体的参数值。例如，10.5中的changeColor函数在声明时，确定需要一个参数用来表示表格新的背景色，所以在程序10.5中，有这样一行代码：

<td bgcolor="orange" width="24" onclick="changeColor（'orange'）"> </td>

其中，onclick定义了单击按钮事件发生时要执行的JavaScript代码。该按钮单击

事件绑定要执行的动作是调用一个changColor函数，其中，red表示传给函数的参数，也被称为"实参"，实参应当对应于函数声明时的实参。

具体来讲，JavaScript函数的参数是可选的。具有以下几个特点：

①JavaScript本身是弱类型，因此，它的函数参数也没有类型检查和类型限定，一切都要编程者进行检查。

②一般情况下，实参和形参要一一对应，实现在类型、顺序、数量和内容上要一致。

③实参的个数和形参的个数不匹配，因为JavaScript仅通过函数名区别函数，并不考虑参数的异同，这与大多数语言是不一致的。

关于实参和形参不匹配的情况，在编程上并不鼓励使用。因为可能导致程序理解上的混乱和执行时的错误。例如，函数在执行时，发现参数不够，不够的参数被设置为 undefined类型，如果程序对此情况没有加以处理，则使用可能导致程序不能正常执行。

每个参数体内都内置地存在着一个对象arguments，它是一个类似数组的对象，通过它可以查看函数当前有几个传递来的参数（并非定义的形式参数），各个参数的值是什么。程序10.6给出了arguments的使用方法。

```
<!--程序10.6-->
<!DOCTYPE html PUBLIC "-//W3C//DTD XHTML 1.0 Transitional//EN"
"http://www.w3.org/TR/xhtml1/DTD/xhtml1-transitional.dtd">
<html xmlns="http://www.w3.org/1999/xhtml">
<head>
<meta http-equiv="Content-Type" content="text/html"; charset="utf-8" />
<title>一个JavaScript的例子</title>
<script language="javascript">
function testparams（  ）{
    var params="";
    for（var i=0;i<arguments.length;i++）{
        params=params+""+arguments[i];
        }
        alert（params）;
        }
</script>
</head>
<body onload=testparams（123,"张丽","李小璐"）>
</body>
</html>
```

在程序10.6中，实际调用函数时，它的参数是3个，但testparams函数声明时并没有规定有参数的要求，但这并不影响页面的显示和执行。这种变长参数的应用，通常适合于实参的内容和类型是一致的情况，如同时传递一批不知个数的同类型的数据需要函数处理。

4）用return返回函数的计算结果

函数可以在执行后返回一个值代表执行后的结果，当然有些函数基于功能的需要并不需要返回任何值。

程序10.7的功能是根据输入的圆半径计算圆面积并自动显示在面积文本框中。输入半径后，单击"计算"按钮，触发按钮的onClick事件，该事件调用方法show。在show方法的第二行语句"var area=compute（radius）"，调用了另一个函数compute，根据函数compute的定义，强调函数compute时需要传递一个半径值，compute函数计算面积后将面积值返回，保存在变量area中，然后show函数将收到的面积显示到指定的面积文本框中。

```
<!--程序10.7-->
<!DOCTYPE html PUBLIC "-//W3C//DTD XHTML 1.0 Transitional//EN" "http://www.w3.org/TR/xhtml1/DTD/xhtml1-transitional.dtd">
<html xmlns="http://www.w3.org/1999/xhtml">
<head>
<meta http-equiv="Content-Type" content="text/html"; charset="utf-8" />
<title>用return返回函数运行效果</title>
<script type="text/javascript">
//这里声明了一个全局变量pi供函数计算面积使用
    var pi=3.14;
    /*参数：name的接收半径
    描述：根据半径计算一个圆的面积
    返回：圆的面积*/
    function compute（radius）{
        var area=0;
        area=pi*radius*radius;
        return area;}
        /*描述：将计算出的面积显示在面积文本框中*/
    function show（）{
        //利用document对象，获得页面中半径文本框中的输入值
        var radius=document.getElementById（'radius'）.value;
        var area=compute（radius）;
        document.getElementById（'area'）.value=area;
        //将计算出的面积值显示到面积文本框中
        return;//此句可以省略
        }
</script>
```

```
</head>
<body>
<form>
<label>输入半径: </label><input type="text" name="radius" id="radius" />
<input type="button" value="计算" onclick="show（ ）" />
<br/>
<label>圆的面积: </label><input type="text" name="area" id="area" readonly=
"readonly" /></form>
</body>
</html>
```

函数返回一个值非常简单, 在compute函数代码最后一行是return语句, 其作用有两点: 一是结束程序的运行, 也就是说, return之后的语句就不会再执行了。二是利用return可以返回而且只能返回一个结果, 如compute函数的return area。

return语句后可以跟上一个具体的值, 也可以是简单的变量, 还可以是一个复杂的表达式。

当然, 一个函数也可以没有返回值, 但并不妨碍最后添加一条return语句, 明确表示函数执行结束, 像show一样。

5）函数变量的作用域

当代码在函数内声明了一个变量后, 就只能在该函数中访问该变量, 它们被称为"局部变量", 当退出函数后, 这个变量会被撤销。可以在不同的函数中使用名称相同的局部变量而互不影响, 这是因为一个函数能够识别它自己内部定义的每个变量。

如果程序在函数之外声明了一个变量, 则页面上的所有函数都可以访问变量, 它们被称为"全局变量", 这些变量的生存期从声明它们之后开始, 在页面关闭时结束。

程序10.7说明了全局变量和局部变量的区别, 它们的访问关系如图10.5所示。变量pi被声明在所有函数之外, 所以 pi是一个全局变量, 因此, 函数 compute可以找到并正常使用。函数compute和show分别定义了area和radius两个变量, 但它们互不影响, 只能在所属的各自函数中起作用。

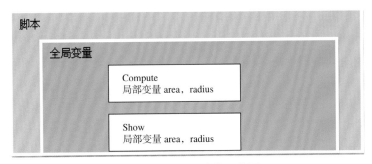

图 10.5　变量生存期示意图

10.2.3 常用系数函数

JavaScript中的系数函数又称内部方法,它与任何对象无关,可直接使用。

1)返回字符串表达式中的值

方法名: eval(字符串表达式)

eval接受一个字符串类型的参数,将这个字符串作为代码在上下文环境中执行,并返回执行结果,例如:

result = eval("8+9+5/2");

执行后,result的值是19.5。使用eval函数需要注意:

①它是有返回值的,如果参数字符串是一个表达式,就会返回表达式的值。如果参数字符串不是表达式,没有值,那么返回"undefined"。

②参数字符串作为代码执行时,是和调用eval函数的上下文相关的,即其中出现的变量或函数调用必须在调用eval的上下文环境中可用。

2)返回字符的编码

方法名: escape(字符串)

这里的参数,字符串是以ISO-Latin-1字符集书写的字符串,escape函数将参数字符串中的特定字符进行编码,并返回一个编码后的字符串。它可以对空格、标点符号及其他不位于ASCII字母表的字符进行编码,除了以下字符:" * @ — _ + . /",例如:

result = escape("&");

上句中,result的结果是"%26"。

result = escape("my name is 张华。")

上句中,result 的结果是"my%20name%20is%20%u5F20%u534E",20是空格的十六进制编码,%u5F20%u534E是汉字"张华"的Unicode编码。

3)返回字符串ASCII码

方法名: unescape(string)

unescape函数和escape函数相反,这里的参数string是一个包含形如"%xx"的字符的字符串,此处 xx为两位十六进制数值。unescape函数返回的字符串是一系列ISO-Latin-1字符集的字符,例如:

result = unescape("%26") i

上句中,result的结果是"&"。

result = unescape("my%20name%20is%20%u5F20%u534E"),

上句中,result的结果是"my name is 张华"。

4)返回实数

方法名: parseFloat(string);

parseFloat将其参数(一个字符串)处理后返回浮点数值。如果遇到了不是符号(+、-、0~9、小数点),也不是指数的字符,就会停止处理,忽略该字符及其以后的所有字符。如果第一个字符就不能转换为数值,parseFloat将返回NaN。

下面的例子都将返回3.14:

parseFloat（"3.14"）

parseFloat（"314e-2"）

parseFloat（"0.0314E+2"）

parseFloat（"3.14ab"）

warx = "3.14"

parseFloat（x）

下面的例子将返回NaN: parseFloat（"NaN"）。

5）返回不同进制的数

方法名: parseInt（numbestring, radix）;

parseInt函数返回参数numbestring的第一组连续数字，其中radix是数的进制：16 表示十六进制、10表示十进制、8表示八进制、2表示二进制; numbestring则是一个数值字符串，允许该字符串包含空格。

例如，下面的例子都返回15。

parseInt（"F", 16）

parseInt（"17", 8）

parseInt（"15.99", 10）

parseInt（"1111", 2）

parseInt（"15*3", 10）

在解析时，如果字符串的第一个字符不能被转换成数字，将返回NaN。下面的例子返回NaN。

peurseInt（"Hello", 8）

如果没有指定转换基数radix这个参数，parseInt将依照下列规则进行。

如果字符串以"0x"开始，视为十六进制;

如果字符串以"0" 开始，视为八进制;

其他的视为十进制。

6）判断是否为数值

方法名: isNaN（testValue）;

该方法对参数值进行判断，如果是NaN则返回true,否则为false，例如:

isNaN（"h78"）;　　　//结果为true

isNaN（78）;　　　//结果为false

isNaN（"78"）;　　　//结果为false

10.2.4 消息对话框

在程序10.3中，已经用alert语句实现了一个简单的信息告知功能，但alert语句只有一种操作，功能非常单一。实际上JavaScript中还有其他两种创建消息框的方法: 确认框和提示框，可用来同用户进行必要的交互。

1）确认框

方法：confirm（"文本"）

确认框是一个带有显示信息和"ok/确认"及"cancel/取消"两个按钮的对话框，用于使用户可以验证或接受某些信息。当确认框出现后，用户需要单击确定或取消按钮才能继续进行操作。

如果用户单击确认按钮，那么返回值为true。如果用户单击取消按钮，那么返回值为 false。

2）提示框

方法：prompt（"文本"，"默认值"）

提示框经常用于提示用户在进入页面前输入某个值。当提示框出现后，用户需要输入某个值，然后单击"ok/确认"或"cancel/取消"按钮才能继续操作。

如果用户单击确认按钮，那么返回值为输入的值；如果用户单击取消按钮，那么返回值为null。

10.2.5　注释

在程序代码中添加注释是为了让代码阅读起来更容易理解，良好的编码习惯其中就包括及时为自己编写的代码加上明确清晰的阅读说明。

1）单行注释

单行注释以//开始，一般对语句的含义进行说明，可以单独放在一行，也可以跟在代码后，放在同一行中。下面的代码就是使用单行注释的例子。

```
<script type="text/javascript">
//函数show（）是在页面加载时被调用。
function show（）{
    alert（"欢迎进入javascript学习之旅！"） //一个执行时弹出的信息框
    }
</script>
```

2）多行注释

多行注释以/*开头，以*/结尾，经常用来对一个函数或者语句块进行说明。

```
<script type="text/javascript">
/*参数：无
描述：函数show（　）是在页面加载时被调用。
返回值：无*/
function show（　）{
    alert（"欢迎进入JavaScript学习之旅！"）            //一个执行时弹出的信息框
    }
</script>
```

3）使用注释防止代码执行

注释的作用是为代码添加阅读说明，但有时也会用来屏蔽某些语句行的执行，例如：

```
<script type="text/javascript">
function show（  ）{
    //alert（"欢迎进入javascript学习之旅！"）    //一个执行时弹出的信息框
    }
</script>
```

在show函数中的alert语句前加了一个单行注释，表示该语句被注释了，执行时浏览器将忽略它。

多行语句也可以起同样的作用，如下面的代码段。

```
<script type="text/javascript">
function show（  ）{
    /*alert（"欢迎进入JavaScript学习之旅！"）    //一个执行时弹出的信息框*/
    }
</script>
```

10.3 标识符和变量 🔍

10.3.1　关于命名的规定

良好的命名方法有助于提高程序代码的可理解性和可维护性。

1）标识符

标识符是计算机语言关于命名的规定。例如，程序10.7中函数名show，变量名radius和area，这些名字都是标识符的实例。JavaScript关于标识符的规定如下：

①必须使用字母或下画线开始。

②必须使用英文字母、数字、下画线组成，不能出现空格或制表符。

③不能使用JavaScript关键词与JavaScript保留字。

④不能使用 JavaScript语言内部的单词，如Infinity，NaN，undefined。

⑤大小写敏感，也就是说x和X是不一样的两个标识符。

作为命名的一种规定，如同起名一样，也是很慎重的。总的来讲，标识符的确定应做到"见名知义"，如程序10.7中的函数名show，show表示动作，代表函数的功能是用于显示，而函数compute则是用来计算的，变量名radius和area就更容易理解了，一个代表半径，一个代表面积。

2）关键字

关键字对JavaScript程序有着特别的含义，它们可标识程序的结构和功能，所以在编写代码时，不能用它们作为自定义的变量名或者函数名。表10.1为JavaScript的关键字。

表 10.1　JavaScript 的关键字

break	case	catch	continue	default
delete	do	else	finally	for
function	if	in	instanceof	new
return	switch	this	throw	try
typeof	var	void	while	with

3）保留字

除了关键字，JavaScript还有一些可能未来扩展时使用的保留字，同样不能用于标识符的定义，表10.2为JavaScript的保留字。

表 10.2　JavaScript 的保留字

abstract	boolean	byte	char	class
const	debugger	double	enum	export
extends	final	float	goto	implements
import	int	interface	long	native
package	private	protected	public	short
static	super	synchronized	throws	transient
volatile				

10.3.2　JavaScript 的数据类型

虽然JavaScript变量表面上没有类型，但是JavaScript内部还是会为变量赋予相应的类型，在将来的版本会增加变量类型。

JavaScript有6种数据类型。主要类型有number、String、object以及Boolean类型，其他两种类型为null和undefined。

1）String字符串类型

字符串是用单引号或双引号来说明的。如 "张华" '张华'或者当字符串中需要出现引号时，可以使用另一种引号来界定包含引号的字符串，如希望输出一个用单引号包括的字符串'张华'时，就可以用双引号来界定。例如，"'张华'"，JavaScript会把双引号里面的东西统统视为字符串。

字符串中每个字符都有特定的位置,首字符从位置0开始,第二个字符在位置1,以此类推。这意味着字符串中的最后一个字符的位置一定是字符串的长度减1,如图10.6所示。

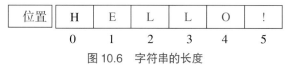

图 10.6　字符串的长度

2）数值数据类型

JavaScript支持整数和浮点数。整数可以为正数、0或者负数；浮点数可以包含小数点,也可以包含一个"e"（大小写均可, 在科学记数法中表示"10的幂"）, 或者同时包含这两项，下面是一些关于数的表示方法。

①正数：1，30，10.3。

②负数：–1，–30，–10.3。

③有理数：0、正数、负数统称为有理数。

④指数：2e3 表示 $2×10×10×10,5.1e4$ 表示 $5.1×10×10×10×10$。

⑤八进制数：八进制数是以0开头的数，如070代表十进制的56。

⑥十六进制数：十六进制数是以0x开头的数，如0x1f代表十进制的31。

⑦Infinity表示无穷大，这是一个特殊的Number类型。

⑧NaN，表示非数（Not a Number），这是一个特殊的Number类型。

3）Boolean 类型

可能的Boolean值有true和false，这是两个特殊值，不能用作1和0。

4）undefined数据类型

一个为undefined的值就是指在变量被创建后，但未给该变量赋值之前所具有的值。

5）null数据类型

null值就是没有任何值，什么也不表示。

6）object 类型

除上面提到的各种常用类型外，对象也是JavaScript中的重要组成部分，这部分将在后面章节中介绍。

10.3.3　变量

在前面的程序中已经看到，可用一个名字来表示一个值，而这个值可以随着程序的运行不断改变，例如：

var area = 0;

area = 3.14 *radius * radius;

这种可以保存执行时变化的值的名字被称为"变量"，每一个值都是被保存在计算机的一块内存（若干个字节中），而通过变量名就可以获得这个特定的值。var的作用就是声明（创建）变量，如var area=0就表明一个名字为area的变量，该变量的初始值为0。

1）声明变量

虽然JavaScript并不要求一定在使用之前声明变量，但是作为一个良好的编码习惯，每个程序员都会先声明变量，然后在后面的程序中去使用它。

基本语法：

var变量名[=初值][，变量名[=初值]…]

语法说明：

①var是关键字，声明变量时至少要有一个变量，每个变量要取一个合适的名字。

②变量的取名应符合标识符的规定，好的名字应该做到见名知义。

可以同时声明多个变量。

③可以在声明变量的同时，直接给变量赋予一个合适的初值。

以下是变量声明的实例。

var account;

var area = 0;

var name ="张华";

var status = true;

var a, b, c;

JavaScript是一种对数据类型变量要求不太严格的语言，所以不必声明每一个变量的类型。在变量声明时，可以不必考虑变量类型，根据需要直接赋值即可。

2）变量赋值

在前面已经多次出现为变量赋值的语句。例如，上面在声明area变量时直接赋了初值0。具体在为变量赋值时，需要注意以下几点。

变量名在赋值运算符"="符号的左边，而需要为变量赋的值在"="的右侧。

一个变量在声明后，可以多次被赋值或使用。

可以向一个变量随时赋值，而且可以赋以不同类型的值。

下面是一些赋值的例子。

①声明一个变量。

var test;

②定义一个数字类型的变量area。

var area = 0;

③定义一个字符串类型的变量name。

var name ="张华";

④另一种方法来定义一个字符串类型的变量name。

var str=new string("张华");

⑤定义一个逻辑类型的变量status。

var status = true;

⑥将一个表达式的计算结果赋值给变量area。

area = 3.14 * radius * radius;

⑦用一个var语句定义两个或多个变量，它们的类型不必一定相同。

var area = 0 , name = "张华";

另外，虽然一个变量在一个代码段中可以被赋予不同类型的值，但实际中要杜绝这样赋值，因为容易导致对代码理解上的混乱。

3）向未声明的变量赋值

如果在赋值时所赋值的变量还未进行过声明，该变量会自动声明，例如：

area=0;

name="张华";

等价于：

var area = 0;

var name = "张华";

但这种事先没有赋值却直接使用的情况，并不是一个优秀程序员的习惯。作为一种良好的编码规则，所有的程序员都认为，任何变量都要"先声明，后使用"。

10.3.4　转义字符

例如，向一个变量赋一个字符串，需要将该字符串用双引号或单引号括起来，如果需要在字符串中包含一个双引号或者单引号作为字符串的一个字符又该如何处理呢？使用这种不能在文字中直接出现的字符，就需要使用转义字符了，表10.3列出了主要的转义字符表示。"\"（反斜杠）在JavaScript字符串中表示转义字符。转义字符就是在字符串中无法直接表示的一种字符表示方式。

例如：

\u后面加4个十六进制数字可以表示一个字符，如\u03c6表示。

\r表示回车，而\n表示换行，\t表示光标移到下一个输出位。

var s = "Hello, \ "Mike"";则变量 s 的值是 "Hello, Mike"。

表 10.3　转义字符

字　符	转义字符	表　示	字　符	转义字符	表　示
n	\n	换行符	b	\b	退格符
r	\r	回车符	f	\f	换页符
t	\t	横向跳格	"	\ "	双引号
u	\u	编码转换	'	\ '	单引号
/	\ /	斜杠	\	\\	反斜杠

10.4　运算符和表达式 🔍

JavaScript运算符包括：算术运算符，赋值运算符，自增、自减运算符，逗号运算符，关系运算符，条件运算符，也可根据运算符需要操作数的个数，把运算符分为一元运算符、二元运算符或者三元运算符。

由操作数（变量、常量、函数调用等）和运算符结合在一起构成的式子称为"表达式"。对应的表达式包括：算术表达式、赋值表达式、自增、自减表达式、逗号表达式、关系表达式、逻辑表达式、条件表达式、位表达式。

10.4.1　算术运算符和表达式

JavaScript算术运算符负责算术运算，见表10.4。用算术运算符和运算对象（操作数）连接起来符合规则的式子，称为算术表达式。

表 10.4　算术运算符

运算符	描　述	例子（假定 a=2）	结　果
+	加	b=a+2	b=4
−	减	b=a−1	b=1
*	乘	b=a*2	b=4
/	除	b=a/2	b=1
%	取模（求余）	b=a%2	b=0
++	自增	b=a++	b=4
−−	自减	b=−−a	b=1

基本语法：

双元运算符：op1 operator op2

单元运算符：op operator

　　　　　　operator op

语法说明：

算术运算符是一种常见的运算符,其运算规则大家都很熟悉,但作为语言,还有些特殊的地方需要注意。

1）模运算符（求余运算符）

模运算符由百分号（%）表示,模运算符的操作数一般为整数。使用方法如下：

　var x= 26 % 5;　　　　　　　　　　//结果为 1

2）加法表达式中的字符串

如果两个操作数都是字符串,把第二个字符串连接到第一个上。如果只有一个操作数是字符串,把另一个操作数转换成字符串,结果是两个字符串连接成的字符串,例如：

var result1 =5 + 5;　　　　　　　　//两个数字相加,结果为10

var result2 = 5 + "5";　　　　　　　//一个数字和一个字符串连接, 结果为55

var result3 = 5 + 5 +"5";　　　　　　//两个数字之和与一个字符串连接, 结果为105

3）前增量/前减量运算符

所谓前增量运算符,就是数值上加1,形式是在变量前放两个加号（ + + ）,例如：

var a = 10

var b = ++a

第二行代码相当于下面两行代码：

a = a + 1;

var b=a;

++a的含义就是先将变量a自身的值加1之后再进行运算,同样,"−−a"中的"−−"是一个前减运算符,其含义是先将变量a的值减1之后再进行运算。

4）后增量/后减量运算符

所谓后减量运算符,就是数值上减1,形式是在变量后放两个减号（−−）,例如：

var a = 10;

var b =a--;

第二行代码相当于下面两行代码：

var b =a;

a = a –1;

"a--"的含义就是先将变量a的值进行运算，然后再自身减1，同样，"a++"中的"++"是一个后增运算符，其含义是先将变量a的值进行运算，然后再自身加1。

5）超出范围的运算

某个运算数是NaN，那么结果为NaN。如果结果太大或太小，那么生成的结果是 Infinity 或–Infinity。

10.4.2 赋值运算符和表达式

简单的赋值运算符由等号（=）实现，只是把等号右边的值赋予等号左边的变量。

基本语法：

简单赋值运算：<变量> = <变量> operator <表达式>

复合赋值运算：<变量> operator =<表达式>

语法说明：

赋值运算是最常用的一种运算符，通过赋值，可以把一个值用一个变量名来表示，例如前面已经多次出现：

area = 3.14 * radius * radius;

这里，经过计算一个圆的面积就可以用变量 area 来表示，在后续的程序中如果需要这个面积值的话，就可以用area来代替了，这也是变量的作用。

复合赋值运算是由算术运算符或位移运算符加等号（=）实现的，见表10.5。这些赋值运算符是下列这些常见情况的缩写形式：

var a = 10;

a = a + 10;

可以使用复合赋值运算简化上面的第二行代码：

a + 10;

需要注意的是，等号右侧的表达式在赋值表达式中被认为是一个整体，例如：

var a = 10, b=5; a*=10+b;

第二行的代码可以用标准的赋值改写，注意右侧作为一个整体参与运算：

 a = a *（10 + b）;   //而不是 a = a * 10 + b

表 10.5 赋值运算符

运 算 符	描　　述	例子（假定 a=2）	结　　果
=	赋值	a = 2	a=2
+=	加法赋值	a + =1	a=3
–=	减法赋值	a – =1	a=1
*=	乘法赋值	a * =1	a=4
/=	除法赋值	a / =1	a=1

续表

运算符	描　　述	例子（假定 a=2）	结　　果
%=	取模赋值	a % =1	a=0
<<=	左移赋值	a <<=1	a=4
>>=	有符号右移赋值	a >>=1	a=1
>>>=	无符号右移赋值	a >>>=1	a=1

10.4.3　关系运算符和表达式

关系运算符负责判断两个值是否符合给定的条件，包括的运算符见表10.6。用关系运算符和运算对象（操作数）连接起来并符合规则的式子，称为关系表达式，关系表达式返回的结果为true或false，分别代表符合给定的条件或者不符合。

表 10.6　关系运算符

运算符	描　　述	例　子	结　　果	判断内容
>	大于	6>5	true	数值
<	小于	6<5	false	数值
>=	大于或等于	6>=5	true	数值
<=	小于或等于	6<=5	false	数值
!=	不等于	6!=5	true	数值
= =	相等	6= =5	false	数值
= = =	恒等于	6= ==5	false	数值与类型
!= =	不恒等于	6!= =5	true	数值与类型

基本语法：

op1 operator op2

语法说明：

1）不同类型间的比较

当对两个不同类型的操作数进行比较时，遵循以下规则：

①无论何时比较一个数字和一个字符串，都会把字符串转换成数字，然后按照数字顺序比较它们，如果字符串不能转换成数字，则比较结果为false。

②如果一个运算数是Boolean值，在检查相等性之前，把它转换成数字值。false转换成0，true为1。

③如果一个运算数是对象，另一个是字符串，在检查相等性之前，要尝试把对象转换成字符串。

④如果一个运算数是对象，另一个是数字，在检查相等性之前，要尝试把对象转换成数字。

2）"="与"= ="的区别

"="是赋值运算符，用来把一个值赋予一个变量，如"var i=5；"。

"= ="是相等运算符，用来判断两个操作数是否相等，并且会返回true或false，如 a= = b。

3）"= = ="与"= ="

"= = ="代表恒等于，不仅判断数值，而且判断类型，例如：

var a = 5, b= "5";

var result1 = （a= =b）；   //结果是 true

var result2 = （a= = =b）； //结果是 false

这里，a是数值类型，b是字符串类型，虽然数值相等但是类型不等，同样地，"==="代表恒等于，也是要判断数值与类型。

4）相等性判断的特殊情况

除了对常见类型的值进行比较外，还存在着一些特殊值之间的比较，表10.7为这些特殊值之间进行相等性判断时的结果。

表 10.7　相等性判断的特殊情况

表达式	值	表达式	值	表达式	值
Null==undefined	true	"NaN"==NaN	false	false= =0	true
Null==0	false	NaN !=NaN	true	true= = 1	true
undefined==0	false	NaN= = NaN	false	true== 2	false
5==NaN	false	"5"= = 5	true		

关系表达式一般用于分支和循环控制语句中，根据逻辑值的真假来决定程序的执行流向，一个简单的判断最大值的例子见程序10.8。

```
<!--程序10.8-->
<!DOCTYPE html PUBLIC "-//W3C//DTD XHTML 1.0 Transitional//EN"
"http://www.w3.org/TR/xhtml1/DTD/xhtml1-transitional.dtd">
<html xmlns="http://www.w3.org/1999/xhtml">
<head>
<meta http-equiv="Content-Type" content="text/html"; charset="utf-8" />
<title>关系表达式</title>
<script type="text/javascript">
/*描述：将判断出的最大值显示在最大值的文本框中*/
function showMax( ){
/*利用document对象，分别获得页面中文本框中的两个待比较的输入值
    parseFloat( )函数可以将一个数值字符串解析为数值*/
    var v1=parseFloat(document.getElementById('v1').value);
    var v2=parseFloat(document.getElementById('v2').value);
    if(v1>v2){
        document.getElementById('max').value=v1;
    }else{
```

```
                document.getElementById('max').value=v2;}
            }
</script>
</head>
<body>
```
输入第一个数值：
```
<input type="text" name="v1" id="v1" />
<br/>
```
输入第二个数值：
```
<input type="text" name="v2" id="v2" />
<br/>
```
输入第三个数值：
```
<input type="button" value="计算最大值" onclick="showMax()" />
<br/>
```
最大值是：
```
<input type="text" name="max" id="max" readonly="readonly" />
</body>
</html>
```
关系表达式也经常与逻辑表达式结合使用来构造更复杂的逻辑控制。

10.4.4　逻辑运算符和表达式

基本语法：

双元运算符：boolean_expression operator boolean_expression

逻辑非运算符：! boolean_expression

语法说明：

逻辑运算符包括两个双元运算符逻辑或（||）和逻辑与（&&），要求两端的操作数类型均为逻辑值。逻辑非"!"则是一个单元运算符，它们的运算结果还是逻辑值，其使用场合和关系表达式类似，一般都用于控制程序的流向，如分支条件、循环条件等。表10.8是逻辑运算符的总结。

表 10.8　逻辑运算符

a	b	!b	a||b	a&&b
true	true	false	true	true
true	false	false	true	false
false	true	true	true	false
false	false	true	false	false

表10.8是一个逻辑运算表达式的值表，从而可以总结出如下规律。

①逻辑非：true 的"!"为 false，false 的"!"为 true。

②逻辑与：a&&b当操作数a，b全为true，则表达式为true；否则，表达式为false。

③逻辑：或a||b，当操作数a，b全为false，表达式为false；否则，表达式为true。

10.4.5 条件运算符和表达式

条件运算符是一个3元运算符，也就是该运算涉及了3个操作数。

基本语法：

variable =表达式1:表达式2:表达式3；

语法说明：

该条件表达式表示，如果表达式1的结果为true，则variable的值取表达式2，否则取表达式3。

例如，在程序10.8的showMax（）函数中的if（v1>v2）判断，可以改为如下代码：

var max =（v1 >v2）? v1: v2；

document.getElementById（'max'）.value = max；

10.4.6 其他运算符和表达式

除了算术运算符、赋值运算符、关系和逻辑运算符等外，JavaScript还有其他运算符。

1）逗号运算符

逗号运算符负责连接多个JavaScript表达式，允许在一条语句中执行多个表达式，例如：

var x =1 , y=2， z=3i

x= y + z , y = x + z；

2）一元加法和一元减法

一元加法和一元减法与数学上的用法是一致的，如：

var x=10；

x= +10；　　//x的值还是10，没有影响

x= –10；　　//x的值是–10，对值求反

但是当操作数是字符串时，其功能却有一些特别之处，如：

var s = "20"；

var x = +s；//这条语句把字符串s转换成了数值类型，赋值给变量x

var y = –s；//这条语句把字符串s转换成了数值类型，赋值给变量y，其值为–20

3）位运算符

位运算是在数的二进制位的基础上进行的操作，具体的位运算符见表10.9。

表 10.9　位运算符

运算符	含　义	运算符	含　义
~	位非	<<	左移
&	位与	>> 右移	有符号
|	位或	>>> 右移	无符号
^	位异或		

10.5 JavaScript 程序控制结构

从形式上看, 程序就是为了达到某种目的而将若干条语句组合在一起的指令集。JavaScript程序的主要特点是解决人机交互问题。编写任何程序时, 首先应弄明白要解决的问题是什么, 为了解决问题, 需要对什么样的数据进行处理, 这些数据是如何在程序中出现的(也就是如何获得它们), 又该用什么样的语句(也就是算法)来处理它们, 最后达到预期的目的。

JavaScript程序设计分为两种方式, 即面向过程程序设计和面向对象程序设计。每种方法都是对数据结构与算法的描述。数据结构包括前面介绍的各种数据类型以及后面将要介绍的更复杂的引用类型, 而算法则比较简单, 任何算法都可以由最基本的顺序、分支和循环3种结构组成。

10.5.1　顺序程序

顺序程序是最基本的程序设计思路。顺序程序执行是按照语句出现的顺序一步一步从上到下运行, 直到最后一条语句。从总体上看, 任何程序都是按照语句出现的先后顺序, 被逐句执行。例如, 程序10.7的show函数, 被调用后的具体执行过程如图10.7所示。

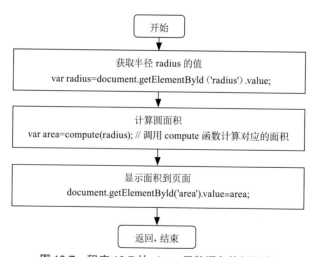

图 10.7　程序 10.7 的 show 函数语句执行顺序

10.5.2　分支程序

在编写代码时, 经常需要根据不同的条件完成不同的行为。可以在代码中使用条件语句来完成这个任务。在JavaScript中, 可以使用下面几种条件语句。

if语句: 在一个指定的条件成立时执行代码。

if…else语句: 在指定的条件成立时执行代码, 当条件不成立时执行另外的代码。

多重if…else语句: 使用这个语句可以选择执行若干块代码中的一个。

switch语句: 使用这个语句可以选择执行若干块代码中的一个。

1）if语句

如果希望指定的条件成立时执行代码，就可以使用这个语句。

基本语法：

if（条件）{

条件成立时执行代码；

}

语法说明：

假如条件成立，即条件的值为true，则执行大括号里面的语句，如果不成立，则跳过括号里面的语句，继续执行大括号后面的其他语句。这里的条件可以是一个关系表达式，如a>b；也可以是一个逻辑表达式，如a>b&&a<c，或者其他能够表示为真假的表达式或值。

注意：如果条件成立后的执行代码只有一条语句，可以不要前后的大括号，但为了阅读和维护的清晰和准确，建议任何情况下if后的语句都要加上大括号，其他控制语句也要如此。

程序10.9是一个根据情况显示早上好的程序例子。

```
<!--程序10.9-->
<!DOCTYPE html PUBLIC "-//W3C//DTD XHTML 1.0 Transitional//EN"
"http://www.w3.org/TR/xhtml1/DTD/xhtml1-transitional.dtd">
<html xmlns="http://www.w3.org/1999/xhtml">
<head>
<meta http-equiv="Content-Type" content="text/html"; charset="utf-8" />
<title>if程序演示</title>
</head>
<body>
<script type="text/javascript">
var d=new Date（）;          //创建一个日期对象
var time=d.getHours（）;              //得到当前时间的小时
if（time<10）{
    document.write（"<b>早上好</b>"）;
    }
    document.write（"<br>"）;
    document.write（"现在时间是："+d.toLocaleString（））;
</script>
</body>
</html>
```

掌握分支结构的关键需要了解两个问题，首先是弄清分支的条件，例如，程序10.9中，如果当前时间在10点之前，则条件成立；其次是理解分支语句影响的范围，如果分支条件后没有紧跟大括号，则影响只有一条语句，否则大括号中的所有语句被视为一个复合体,都受该分支条件的影响。

注意:作为一个良好的编程习惯,无论一个分支条件影响几条语句,哪怕只有一条,也需要用大括号将它们封闭起来,明确指出控制的边界,增加语义的清晰性,以减少出错的可能。

2)if…else 语句

程序10.9是一个单分支的情况。很多时候,并不只有一种情况。例如,程序10.9只是问候了早上好,但希望它也能问候下午好,这样就需要用到双分支语句。

基本语法:

if(条件){

条件成立时执行此代码;

}

else{

条件不成立时执行此代码;

}

语法说明:

假如条件成立,即条件的值为true,则执行其后大括号里面的语句;如果不成立,则执行else大括号中的语句。

改动后的程序,如程序10.10所示。

```html
<!--程序10.10-->
<!DOCTYPE html PUBLIC "-//W3C//DTD XHTML 1.0 Transitional//EN"
"http://www.w3.org/TR/xhtml1/DTD/xhtml1-transitional.dtd">
<html xmlns="http://www.w3.org/1999/xhtml">
<head>
<meta http-equiv="Content-Type" content="text/html"; charset="utf-8" />
<title>if程序演示</title>
</head>
<body>
<script type="text/javascript">
var d=new Date();        //创建一个日期对象
var time=d.getHours();   //得到当前时间的小时
if (time<10){
   document.write("<b>早上好</b>");
   }else{
     document.write("<b>下午好</b>")}
   document.write("<br>");
   document.write("现在时间是:"+d.toLocaleString());
</script>
</body>
```

</html>

程序10.10在运行时，根据当前时间，如果在10点之前，则输出"早上好"，否则输出"下午好"。

3）多重if…else语句

虽然程序10.10比程序10.9更进了一步，但是，依然还不完善，例如，没有对属于上午、中午和晚上的情况作出判断，这时，两种情况的判断语句显然已经不够用了，但可以使用多重的"if…else"语句来完成。

基本语法：

if（条件1）{

条件1成立时执行代码；

}

else if（条件2）{

条件2成立时执行代码；

}

else if（条件x）{

条件x成立时执行代码；

}else{

所有条件均不成立时执行代码；

}

语法说明：

这种多重if分支的语句可以适应多种情况下选择其中一种情况执行的问题。程序10.11可以继续改进，添加对下午6点后的问候。

```html
<!--程序10.11-->
<!DOCTYPE html PUBLIC "-//W3C//DTD XHTML 1.0 Transitional//EN"
"http://www.w3.org/TR/xhtml1/DTD/xhtml1-transitional.dtd">
<html xmlns="http://www.w3.org/1999/xhtml">
<head>
<meta http-equiv="Content-Type" content="text/html"; charset="utf-8" />
<title>if程序演示</title>
</head>
<body>
<script type="text/javascript">
var d=new Date（）；       //创建一个日期对象
var time=d.getHours（）；   //得到当前时间的小时
if（time<10）{
    document.write（"<b>Good morning</b>"）；
    }else if（time<18）{
        document.write（"<b>Good afternoon</b>"）}
```

```
        else{
                document.write ("<b>Good evening</b>") }
        document.write ("<br>") ;
        document.write ("现在时间是: "+d.toLocaleString ( ) ) ;
</script>
</body>
</html>
```

需要注意的是, 条件2 "if (time<18)" 实际上的条件就是 "time>= 10&&8time<18",
其他也是如此。

4) 嵌套的if···else语句

有时候, 在一种判断条件下的语句中, 根据情况可以继续使用if语句, 这种情况
称为if 的嵌套。

基本语法:

```
if (条件1) {
if (条件2) {
语句1;
}
else{    语句2;
}else{    //隐含的条件3
if (条件4) {
        语句4;
}else{
语句5;
}
}
```

语法说明:

这种嵌套可根据情况使用, 使用时需要注意嵌套语句的条件是层层满足的, 如
果执行条件2的语句, 必须先满足条件1。

5) switch语句

switch语句也是用于分支的语句, 与if语句不同的是, 它是用于对多种可能相等
情况的判断, 解决了 if···else语句使用过多、逻辑不清的弊端。

基本语法:

```
switch (变量或表达式) {
    case常量:
        {
                语句块a;
        }
        break;
```

```
            …
        case常量：
            {
                    语句块f；
            }
        break；
         default：
              {
                    语句块n；
              }
    }
```

语法说明：

在switch语句执行时，各个case判断后需要执行的语句都应放在紧随的一对大括号内，当switch的"变量或表达式"的值与某个case后面的常量相等时，就执行常量后面的语句，碰到break之后跳出switch分支选择语句，当所有的case后面的常量都不符合"条件表达式"时，执行default后面的语句n。

例如，程序10.12是对程序10.11的改写，就利用了switch进行判断。

```html
<!--程序10.12-->
<!DOCTYPE html PUBLIC"-//W3C//DTD XHTML 1.0 Transitional//EN"
"http://www.w3.org/TR/xhtml1/DTD/xhtml1-transitional.dtd">
<html xmlns="http://www.w3.org/1999/xhtml">
<head>
<meta http-equiv="Content-Type" content="text/html"; charset="utf-8" />
<title>if程序演示</title>
</head>
<body>
<script type="text/javascript">
var d=new Date（）；       //创建一个日期对象
var time=d.getHours（）；  //得到当前时间的小时
var r=time<10?"morning":time<18?"afternoon":"evening";
switch（r）{
    case "morning":
    document.write（"<b>早上好! </b>"）；
    break；
    case "afternoon":
    document.write（"<b>下午好! </b>"）；
    break；
    case "evening":
```

```
        document.write("<b>晚上好! </>");
        break;}
    document.write("<br>")
    document.write("现在时间是: "+d.toLocaleString());
</script>
</body>
</html>
```

程序10.12通过一个条件表达式 "time<10? "morning": time<18? "afternoon": "evening"" 将判断情况分成了3种, 利用switch语句, 分别针对每种情况作了说明, 从形式上看, 程序更容易理解, 也容易后期维护。

具体在使用switch语句时, 还需注意以下几点。

①顺序执行case后面的每个语句, 最后执行default下面的语句n。

②每个case后面的语句可以是一条, 也可以是多条, 但要使用{}括起来。

③每个case后面的值必须互不相同。

④关键字break会使代码结束一个case后的语句执行, 跳出switch语句。如果没有关键字break, 代码执行就会继续进入下一个case, 并且不会再对照判断, 依次执行后续所有case的语句, 直到switch语句结束, 或者碰到一个break。

⑤default语句并不是不可缺少的, 而且default语句也不必总在最后, 但建议放在最后。default语句表示其他情况都不匹配后, 默认执行的语句。

一般在使用switch语句时, case后面总跟一个常量, 但有时可以是一个有值的变量, 如:

```
var Blue="blue",Red="red",Green="green";
var sColor=Blue;
switch(sColor){
    case Blue:alert("blue");
    break;
    case Red:alert("red");
    break;
    case Green:alert("green");
    break;
    default:alert("Other");
    }
```

这里, switch语句用于字符串sColor, 声明case使用的是变量Blue, Red和Green, 这在 JavaScript中是完全有效的。

10.5.3　循环程序

通过前面的学习, 读者应该已经掌握了一些程序的概念, 编写分支程序, 是因为程序运行中存在一些需要根据不同情况来选择做什么事情。在实际中, 还有一种情况是要重复执行一组语句，直到达到目标，例如，显示一个集合内的所有元素到页面上，程序不可能把输出元素的代码重复写很多遍，而且事先还可能并不知道会有多少元素要输出，遇到这种情况，通常会用循环结构来完成这样的任务。

JavaScript提供了for，while，do和for…in 4种循环结构满足不同的循环情况。

1）for循环

现在，假定在页面上显示30个小工具图标供用户浏览，在页面上显示一个图片很简单，就是使用img标签即可。但是问题是需要显示30个，难道要连续写30个标签吗？一般不需要，假如我们的文件命名有一定的规律（从gif_001. gif~gif_030. gif），就可以用循环的方式来处理。

基本语法：

for（初始化表达式；判断表达式；循环表达式）{

需循环执行的代码

}

语法说明：

①初始化表达式在循环开始前执行，一般用来定义循环变量。

②判断表达式就是循环的条件，当表达式结果为true，循环继续执行；否则，结束循环，跳至循环后的语句继续执行程序。

③循环表达式在每次循环执行后都将被执行，然后再进行判断表达式的计算，来决定是否进行下次循环。

④当循环体只有一条语句时，可以不用大括号括起来（建议使用），但有一条以上时，必须用大括号起来，以表示一个完整的循环体。

程序10.13利用了 for语句完成了显示30张图片的任务。

```
<!--程序10.13-->
<!DOCTYPE html PUBLIC "-//W3C//DTD XHTML 1.0 Transitional//EN"
"http://www.w3.org/TR/xhtml1/DTD/xhtml1-transitional.dtd">
<html xmlns="http://www.w3.org/1999/xhtml">
<head>
<meta http-equiv="Content-Type" content="text/html"; charset="utf-8" />
<style>
    div#end{
        width:660px;
        margin:0px 10px 0px 0px;
        padding:0px;
        float:left;
        overflow:hidden;
        }
</style>
<title>for循环实例</title>
```

```
</head>
<body>
<div id="end">
<script type="text/javascript">
var fname="";
for (var i=1;i<=30;i++) {
    fname="gif/gif_"+((i<10)?"00"+i:"0"+i)+".gif";
    document.write("<img src=\""+fname+"\"/>");
    }
</script>
</div>
</body>
</html>
```

程序10.13中的for循环就是一个典型的应用。由于文件名中从1一直变化到30，存在一定的规律，所以这个程序中，用了一个for循环，每次产生1个文件名，并利用document.write输出语句向页面输出一个<img>的标记，这样就避免了重复写30个img标记的无聊工作。

```
for (var i=1;i<=30;i++) {
    fname="gif/gif_"+((i<10)?"00"+i:"0"+i)+".gif";
    document.write("<img src=\""+fname+"\"/>");
    }
```

其中：

①初始化表达式是var i = 1，定义了一个循环变量i。

②判断表达式是i< = 30，每次循环开始时，都要检查i的值是否小于等于30，当表达式结果为true，循环继续执行；否则，结束循环，跳至循环后的语句继续执行程序。

③循环表达式是i++，每次循环执行后都将变量i的值加 1，然后再进行判断表达式的计算，最后决定是否进行下次循环。

④循环体有两条语句，放在了一对大括号中，第一条语句生成规定的文件名，第二条语句用于向页面输出一个<img>标记，显示指定的图片。

图10.8显示了 for循环的执行流程。

使用for语句，需要注意的是：

首先，for循环一般用于循环次数一定的循环情况。其次，循环体的语句应使用大括号{}包含起来，哪怕只有一条语句也最好使用大括号。最后，初始化表达式可以

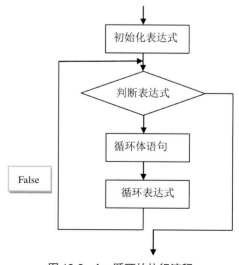

图 10.8　for 循环的执行流程

包含多个表达式, 循环表达式也可以包含多个表达式, 例如:

```
for(var i=1,sum=0;i<=50;i++){
    sum=sum+i;
}
```

⑤初始化表达、判断表达式、循环表达式都是可以省略的, 但程序需要在其他位置完成类似的工作。例如, 下面的代码省略了循环表达式部分, 但在循环体中改变了 i的值, 以便达到循环结束的条件。

```
for(var i=1;i<=30;i++){
    fname="gif/gif_"+((i<10)?"00"+i:"0"+i)+".gif";
    document.write("<img src=\""+fname+"\"/>");
i++;    //循环表达式的作用在这里就体现了
}
```

2) while循环

while循环用于在指定条件为true时循环执行代码。

基本语法:

```
while(表达式){
需要执行的代码;
}
```

语法说明:

while为不确定性循环, 当表达式的结果为true时, 执行循环中的语句; 表达式为false时不执行循环, 跳至循环语句后, 继续执行其他语句, 其执行流程如图10.9所示。

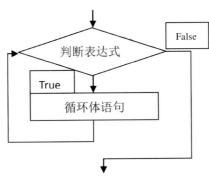

图 10.9　while 循环的执行流程

根据while的特性, 程序10.13的页面中, 脚本部分可以改写为:

```
<script>
var fname="";
var i=1;
while(i<=30){
    fname="gif/gif_"+((i<10)?"00"+i:"0"+i)+".gif";
    document.write("<img src=\""+fname+"\"/>");
```

```
    i++;
      }
</script>
```

由于while结构中,只能是一个循环条件表达式,不像for结构中比较齐全,所以完成同样的工作需要想办法在其他地方进行处理,例如,变量初始化部分移到了while循环开始之前。另外,循环表达式的工作改放在循环体内执行了。经过修改,这里用while语句同样完成了 for语句可以完成的工作,可以看出它们之间是可以互相替换的。

使用while语句,需要注意以下两点。

①应该使用大括号{}将循环体语句包含起来(一条语句也应使用大括号)。

②在循环体中,应该包含使循环退出的语句,例如,上例的 i++(否则,循环将无休止地运行)。

3)do…while 循环

do…while循环是while循环的变种。该循环程序在初次运行时会首先执行一遍其中的代码,然后当指定的条件为true 时,它会继续这个循环,其执行流程如图10.10所示。

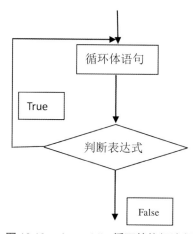

图 10.10　do…while 循环的执行流程

基本语法:

do{

需执行的代码;

} while(表达式)

语法说明:

和while 一样,在利用do…while构建循环时,同样需要注意以下两点。

①应该使用大括号{}将循环体语句包含起来(一条语句也应使用大括号)。

②在循环体中,应该包含使循环退出的语句,例如,上例的i++(否则,循环将无休止地运行)。

根据do…while循环的特点,程序11.13的页面中,脚本部分可以改写为:

```
<script>
var fname="";
```

```
var i=1;
do{
    fname="gif/gif_"+((i<10)?"00"+i:"0"+i)+".gif";
    document.write("<img src=\""+fname+"\"/>");
i++;
    }while(i<=30)
</script>
```

4）break 和 continue 的作用

前面介绍了3种类型的循环,每次循环都是从头执行到尾,然而情况并不都是如此,有时在循环中,可能碰到一些需要提前中止循环的情况,或者放弃某次循环的情况,程序10.14综合利用break和continue解决这些问题。

```
<!--程序10.14-->
<!DOCTYPE html PUBLIC "-//W3C//DTD XHTML 1.0 Transitional//EN"
"http://www.w3.org/TR/xhtml1/DTD/xhtml1-transitional.dtd">
<html xmlns="http://www.w3.org/1999/xhtml">
<head>
<meta http-equiv="Content-Type" content="text/html"; charset="utf-8" />
<script type="text/javascript">
    function searchFirst(){
        var str=document.getElementById('str').value;
        var ch=document.getElementById('ch').value.charAt(0);
        var pos=-1;     //记录首次出现的位置
        for(var i=0;i<str.length;i++){
            if(str.charAt(i)==ch){
                pos=i;
                break;   //假如发现了该字符,立即退出循环,执行循环后语句
                }
            }
            if(pos>=0)
            {
                document.getElementById('fp').value=pos;
                }else{
                document.getElementById('fp').value="没有发现! ";
                }
            }
    function total(){
        var str=document.getElementById('str').value;
        var ch=document.getElementById('ch').value.charAt(0);
```

```
            var amount=0;    //记录出现的次数
            for(var i=0;i<str.length;i++){
                if(str.charAt(i)!=ch){
                    continue;//当不等于查找字符时,本次循环剩余语句不再执行,
开始下一次
                }
                amount++;
                }
                document.getElementById('tp').value=amount;
            }
        </script>
        <title>break和continue实例</title>
        </head>
        <body>
        <form>
            <label>请输入字符串: </label><input type="text" id="str" />
            <br/>
            <label>输入查找字符: </label><input type="text" id="ch" />
            <br/>
            <label>第一次出现在: </label><input type="text" id="fp" readonly="readonly" />
            <br/>
            <input type="button" value="开始查找! " onclick="searchFirst()" />
            <br/>
            <label>字符总共出现: </label><input type="text" id="tp" readonly="readonly" />
            <br/>
            <input type="button" value="开始统计" onclick="tatal()" />
        </form>
        </body>
        </html>
```

在函数searchFirst中,可以看到循环中的break语句一旦被碰到,无论循环还有多少次,都不会再执行了,break语句的作用就是立即结束循环,转到循环后的语句继续执行。而在break函数中,continue语句的作用则是本次循环结束了,后面的语句本次不再执行,如果还有的话,开始下一次的循环。

5) for…in循环

for…in循环是另一种特殊用途的循环。

基本语法:

```
for(变量in变量){
        执行代码;
```

```
        }
```

语法说明：

该循环用来对数组或者对象的属性进行操作。

程序10.15的代码逐个将Windows对象的每个属性进行了输出。

```
<!--程序10.15-->
<!DOCTYPE html PUBLIC "-//W3C//DTD XHTML 1.0 Transitional//EN"
"http://www.w3.org/TR/xhtml1/DTD/xhtml1-transitional.dtd">
<html xmlns="http://www.w3.org/1999/xhtml">
<head>
<meta http-equiv="Content-Type" content="text/html"; charset="utf-8" />
<title>for-in循环的例子</title>
</head>
<body>
<script type="text/javascript">
    for(var prop in window){
        document.write(prop);
        document.write("<br>");
        }
</script>
</body>
</html>
```

6）循环的嵌套

一个循环内又包含着另一个完整的循环结构，称为循环的嵌套。内嵌的循环中还可以继续嵌套循环，这就是多层循环了。程序10.16通过双重循环在页面上输出了一个九九乘法表。

```
<!--程序10.16-->
<!DOCTYPE html PUBLIC "-//W3C//DTD XHTML 1.0 Transitional//EN"
"http://www.w3.org/TR/xhtml1/DTD/xhtml1-transitional.dtd">
<html xmlns="http://www.w3.org/1999/xhtml">
<head>
<meta http-equiv="Content-Type" content="text/html"; charset="utf-8" />
<title>循环嵌套</title>
</head>
<body>
<script type="text/javascript">
    for(var row=1;row<=9;row++){
        for(var col=1;col<=row;col++){
            document.write(col+"*"+row+"="+(row*col)+"\t");}
```

```
                document.write("<br>");
            }
</script>
</body>
</html>
```

顺序、分支和循环作为控制程序运行流向的语句, 在实践中, 可根据需要灵活地把这几种结构综合在一起使用来解决问题。

10.6 常用对象 🔍

JavaScript既支持传统的结构化编程, 同时也支持面向对象的编程, 用户在编程时可以定义自己的对象类型。本节将重点介绍内建的JavaScript对象, 使用浏览器的内部对象系统, 可实现与HTML文档乃至浏览器本身进行交互。

10.6.1　对象简介

建立对象的目的是将对象的属性和方法封装在一起提供给程序设计人员使用, 从而减轻编程人员的劳动, 提高设计Web页面的能力, 例如, 通过document对象, 可以获得页面表单内的输入内容, 也可以直接用程序更改一个表格的显示样式, 像程序10.5一样。

1）JavaScript的对象类型

简单来说, JavaScript的对象类型可分为以下4类:

①JavaScript本地对象（native object）, 本身提供的类型, 如Math等, 这种对象无须具体定义, 直接就可通过名称引用它们的属性和方法, 如Math. Random（）。

②JavaScript的内建对象（built-in object）, 如Array和String等。这些对象独立于宿主环境, 在JavaScript程序内由程序员定义具体对象, 并可以通过对象名来使用。

③宿主对象（host object）是被浏览器支持的, 目的是为了能和被浏览的文档乃至浏览器环境交互, 如document, window和frames等。

自定义对象是程序员基于需要自己定义的对象类型。

2）访问对象的属性和方法

访问一个对象的属性和方法都可以通过下面的方式进行。

基本语法:

对象名称.属性名

对象名称.方法名（）

语法说明:

①访问一个对象的属性和方法时, 一定要指明是哪一个对象, 通过圆点运算符来访问。

②访问对象的方法时, 括号是必须有的, 无论是否需要提供参数值。

例如，"vas="Welcome to you! ""；这条语句创建了一个字符串对象，通过变量名s来访问。要想知道它的字符个数，可以通过下列语句：

var len = s.length；

这里的length是s的一个属性，表示了它有几个字符，如果希望获得一个字符串某个位置的字符，可以这样：

var ch = s.charAt（3）；

通过调用s的charAt方法，根据给定的位置数字3，得到第4个字符"c"。

再例如，通过document对象的write方法，可直接向浏览器输出显示内容，利用getElementById（）则可以对指定的页面元素进行操作。

10.6.2　核心对象

JavaScript 的核心对象包括 Array，Boolean，Date，Function，Math，Number，Object 和 String等。这些对象同时在客户端和服务器端的JavaScript中使用。

1）Array

数组对象用来在单独的变量名中存储一系列的值，避免了同时声明多个变量，使得程序结构变得复杂，导致难以理解和维护。

数组一般用在需要对一批同类的数据逐个进行一样的处理中。通过声明一个数组，将相关的数据存入数组，使用循环等结构对数组中的每个元素进行操作（使用循环体的语句体）。

（1）定义数组并直接初始化数组元素

　var course=new Array（"Java程序设计"，"HTML开发基础"，"数据库原理"，"计算机网络"）；

或

var course=["Java程序设计"，"HTML开发基础"，"数据库原理"，"计算机网络"]；

以上两种形式都可以用来声明并且同时创建一个数组元素已经初始化好的元素对象，这里，course是数组对象的名字，在代码中可以通过它来访问里面的每个元素。

（2）先定义数组后初始化数组元素

上面声明数组的方式，同时也初始化了数组的元素，但是有时也可以先声明并创建一个数组对象，随后再向数组中指定位置赋值，例如：

var course=new Array（）；

course[0]="Java程序设计"；

course[1]=" HTML开发基础"；

course[2]="数据库原理"；

course[3]="计算机网络"；

（3）数组的长度

当定义数组时，并没有规定数组的长度，也就是没有规定这个数组可以容纳多少个元素。JavaScript 语言是一个弱类型的语言，对数组长度没有特别的限制，可以根据需要随时增加或减少。使用中，可以通过"数组名.length"来获得制订数组的实际长度,例如,在上面的例子中course.length返回值4。

（4）数组的元素

一般而言,数组中存放的应该都是同类型的数据,如字符串、整数、实数、同样类型的对象等,但由于JavaScript语言是一个弱类型的语言,JavaScript同样不检查存入数组的每个元素的类型是否一致,也就是说,可以不一样,例如:

course[4]=100

注意:作为一种良好的生活习惯,应该在程序中保证数组中存放的元素及其数据类型是一致的。

（5）访问/修改数组元素

访问数组的元素可以通过下标（也就是元素在数组中存放的顺序）来访问。

①数组的下标总是从0开始,也就是说,数组的第一个元素在下标为0的位置,访问第一个元素的代码可以这样写:

var cn = course[0];

同样,访问第3个元素的代码可以是:

var cn = course[2];

②大的数组元素下标总是"数组长度数–1",通常可以用类似下面的方式获得:

var last_positicsi = course.length–1;

③下标可以用变量替代,例如:

var I = 3;

var cn = course[i];

④如果指定的下标超出了数组的边界,则返回值为"undefined"。

⑤可以用再赋值的方式来修改数组对应位置的元素,例如: Course[2]="数据库原理与应用"。

（6）使用数组对象的属性和方法

length就是数组对象的一个属性,通过它可以获得一个数组的长度,除此之外,数组对象还有其他的属性和方法可供给程序员使用,具体可以查阅书后的附录。下面的例子代码介绍了几个最常用的属性和方法,例如:

join（separator）:把数组各个项用某个字符（串）连接起来,但并不修改原来的数组,如果省略了分隔符,默认用逗号分隔,例如:

var cn = course.join（' - '）　　//这里用一个短横线作为分隔符

则变量cn获得的值是"Java程序设计-HTML开发基础数据库原理计算机网络"。

pop（）:删除并返回数组的最后一个元素,例如:

var cn = course. pop（）;

则变量cn获得的值是"计算机网络"。

push（newelement1, newelement2, …, newelementX）:可向数组的末尾添加一个或多个元素,并返回新的长度,例如:

 var length = course.push（"软件工程", "人工智能"）;

则变量 length获得的值为6。

shift（）和unshift（）则是在数组的第一个元素之前删除和插入元素。

2）Date

Date对象用来处理和日期时间相关的事情。例如，两个日期间的前后比较等。

（1）定义日期对象

有以下几种定义日期对象的方法：

new Data（）

new Date（"month day,year hours:minutes:seconds"）

new Date（yr_num,mo_num,day_num）

new Date（yr_num,mo_num,day_num,hr_num,min_num,sec_num）

具体应用如下：

var today=new Date（）;//自动使用当前的日期和时间作为其初始值

var birthday=new Date（"December 17,1991 03:24:00"）;//按照日期字符串设置对象

birthday=new Date（1991,11,17）; //根据指定的年月日设置对象

birthday=new Date（1991,11,17,3,24,0）; //根据指定的年月日时分秒设置对象

（2）获得日期对象的各个时间元素

根据定义对象的方法，可以看出日期对象包括年月日时分秒等各种信息，Date对象提供了获得这些内容的方法，例如：

getDate（）:从Date对象返回一个月中的某一天（1～31）。

getDay（）:从Date对象返回一周中的某一天（0～6）。

getMonth（）: 从 Date 对象返回月份（0～11）。

getFullYear（）:从Date对象以四位数字返回年份。

getHours（）:返回 Date 对象的小时（0～23）。

getMinutes（）:返回Date对象的分钟（0～59）。

getSeconds（）:返回 Date对象的秒数（0～59）。

getMilliseconds（）: 返回Date对象的毫秒（0～999）。

例如，下面的语句分别获得当前日期对象的年月日3项值：

var today=new Date（）;

var year=today.getFullYear（）;

var month=today.getMonth（）;

var day=today.getDate（）;

使用Date对象时，需要注意以下两点：

①日期的1月到12月，用数字0到11对应。

②每周的星期日到星期六，用数字0到6表示。

（3）两个日期对象的比较

可以使用关系运算符来比较两个日期对象的时间先后，例如：

var today=new Date（）;

var oneDay=new Date（2016,5,1）;

```
if(today>oneDay){
    document.write("today is after 2016-5-1");
    }else{
    document.write("today is before 2016-5-1");
    }
```

（4）调整日期对象的日期和时间

虽然创建时可以指定日期对象的具体值，但依然可以单独调整其中的一项或几项，例如：

var today=new Date();

today.setDate(today.getDate()+5);//将日期调整到5天以后，如果碰到跨年月，自动调整

today.setFullYear(2016,5,1);//调整today对象到2016年5月1日，月和日期参数可以省略

3）Math

Math对象提供多种算术常量和函数，执行普通的算术任务。使用Math对象无须像数组和日期对象一样要首先定义一个变量，可以直接通过"Math"名来使用它提供的属性和方法。

（1）使用的Math常量

可以使用的Math常量，见表10.10。

表 10.10　Math 常量

常　　量	说　　明
Math.E	常量 e，自然对数的底数（约等于 2.718）
Math.LN2	返回 2 的自然对数（约等于 0.693）
Math.LN10	返回 10 的自然对数（约等于 2.302）
Math.LOG2E	返回以 2 为底的 e 的对数（约等于 1.414）
Math.LOG10E	返回以 10 为底的 e 的对数（约等于 0.434）
Math.PI	返回圆周率（约等于 3.14159）
Math.SQRT1_2	返回 2 的平方根除 1（约等于 0.707）
Math.SQRT2	返回 2 的平方根（约等于 1.414）

例如，计算一个圆的面积时，圆周率就可以用Math.PI来代替了。

var radius = 10;

var area = Math.PI * radius * radius;

（2）生成随机数

random方法可返回介于0.0～1.0的一个伪随机数，例如：

var r = Math.random();

（3）平方根函数

sqrt方法可返回一个数的平方根，如果给定的值小于0，则返回NaN，例如：

var x = Math.sqrt(100);　　　　　　　　//返回 10;

（4）最大与最小值函数

max和min函数返回给定参数之间的最大值或最小值，比较的参数个数可以是零到多个。如果没有参数，则返回Infinity，例如：

var max = Math. max（100,101, 102）; //结果是 102;

var min = Math. min（100,101, 102）; //结果是 100;

（5）取整函数

①ceil方法返回大于等于X，且与X最接近的整数，例如：

var x = Math. ceil（10. 5）;　　　　//返回的值是 11;

②floor方法返回小于等于X，且与X最接近的整数，例如：

var x = Math.floor（10.5）;　　　　//返回的值是 10;

③round方法返回一个数字舍入为最接近的整数，例如：

var x =Math. round（10.5）;　　　//返回的值是 11

var x =Math. round（10.2）;　　　//返回的值是 10

var x =Math. round（–10.5）;　　　//返回的值是–10

var x =Math. round（–10.2）;　　　//返回的值是–10

var x =Math. round（–10.6）;　　　//返回的值是–11

（6）指数、对数和幂函数

①exp（）:返回e的指数。

②log（）:返回数的自然对数（底为e）。

③pw（）:返回x的y次幂。

（7）其他数学函数

除了上述函数之外，Math对象还包括三角函数、求绝对值函数abs等。

4）Number

Number用来表示数值对象，JavaScript会自动在原始数据和对象之间转换，编程时无须考虑创建的数值对象，直接使用数值变量名即可。具体用Number对象可以:

①toString（radix）: 按照指定的进制，将数值转化为字符串，默认为十进制，例如:

var x=10;

var s = x.toString（2）;　　　//返回结果是二进制的1010

s = x.toString（）;　　　　　//返回结果是默认十进制的10

②toFixed（）:可把Number四舍五入为指定小数位数的数字，如果必要，多余的小数位被抛掉，或者不足的情况下后面补0，例如:

var x = 10.15;

var s = x. toFixed（1）;　　　//保留1位小数，返回结果是10.2

s = x. toFixed（3）;　　　//保留3位小数，返回结果是10.150

5）String

String是JavaScript程序中使用非常普遍的一种类型。JavaScript为String提供丰富的属性和方法来完成各种各样的要求。

（1）两种不同的定义字符串对象的方式。

var s1="Welcome to you! ";

var s2=new String（"Welcome to you!"）;

获取字符串的长度，每个字符串都有一个length属性来说明该字符串的字符个数，例如：

var s1="Welcome to you!";

var len=s1.length;   //s1.length返回15，也就是s1所指向的字符串中有15个字符

（2）获取字符串中指定位置的字符

通过charAt方法可以获得一个字符串指定位置上的字符，例如，要想获得"Welcome to you!"这个字符串中第4个字符c，方法如下：

var ch=s1. charAt（3）;

之所以取第4个字符，却给charAt方法传递了3这样的数值，是因为字符串的字符位置是从0开始的。

（3）字符串查找

字符串对象提供了在字符串内查找一个字串是否存在的方法。具体如下：

indexOf（searcftvalue, fromindex）:返回某个指定的字符串值在字符串中首次出现的位置，在一个字符串中的指定位置从前向后搜索，如果没有发现，返回-1。

lastIndexOf（）:可返回一个指定的字符串值最后出现的位置，在一个字符串中的指定位置从后向前搜索，如果没有发现，返回-1。

var s1="Welcome to you!";

var pos=s1.indexOf（"com"）;//也可以用s1.lastIndexOf（）

if（pos==-1）{

　document.write（"没有找到"）;

　}else{

　　document.write（"找到了，起始位置在"+pos）;

　　}

关于字符串的查找，还可以结合正则表达式，用match方法进行字符串的匹配。

（4）字符串的分割

split方法用于把一个字符串分割成字符串数组。例如，"Welcome to you!"中的3个单词之间都用空格间隔，就可以把这个字符串按照空格分成3个字符串，具体方法如下：

var s1="Welcome to you!";

var sub=s1.split（""）;//得到的sub是一个数组

for（var i=0;i<sub.length;i++）{

　document.write（sub[i]）;

　document.write（"<br>"）;

　}

split方法的返回值是一个字符串数组，要利用数组的方法来访问，除了上面按空

格拆分之外，还可以按照其他指定的分割方式来分割字符串，例如：

    var sub=s1.split("")，   //把字符串按字符分割，返回数组["w", "e", "1", …]

    var sub=s1.split("o")，   //把字符串按字符o分割，返回数组["Welc", "me t", "y", "u!"]

（5）字符串的显示风格

除了上述方法和属性之外，字符串对象还有很多其他的方法，其中一类重要的方法就是修改字符串在Web页面中的显示风格。程序10.17使用了几个该类的方法。

```
<!--程序10.17-->
<!DOCTYPE html PUBLIC "-//W3C//DTD XHTML 1.0 Transitional//EN"
"http://www.w3.org/TR/xhtml1/DTD/xhtml1-transitional.dtd">
<html xmlns="http://www.w3.org/1999/xhtml">
<head>
<meta http-equiv="Content-Type" content="text/html"; charset="utf-8" />
<title>循环嵌套</title>
</head>
<body>
<font size="4">
<script type="text/javascript">
var s1="Welcome to you!";
    document.write(s1.big());//比当前字号大一号输出
    document.write("<br>");
    document.write(s1.small());//比当前字号小一号输出
    document.write("<br>");
    document.write(s1.bold());//以粗体输出
</script>
</font>
</body>
</html>
```

（6）大小写转换

String还提供了字符串中的字符大小写互相转换的方法。

①toLowerCase():把字符串转换为小写。

②toUpperCase():把字符串转换为大写。

10.6.3 文档

在浏览器开始支持和操作文档对象模型（Document Object Model，DOM）时，JavaScript就开始变得更加有趣了，文档对象模型可以让用户与网页之间的交互变得丰富起来。

DOM是一种在加载Web页面时浏览器创建的HTML文档模型。JavaScript可以通过一个名为document的对象访问这个模型中的所有页面元素，包括style等。document对象是Window对象的一个部分，虽然可通过Window和document属性来访问，但在编程中，可以直接使用document名称来访问页面元素。

页面就是按照规则由一系列（如<html>、<body>、<form>、<input>等）各种标签组成的规范文档，这些标签之间存在着一定的关系，如<body>被<html>所包含，而<from>标签又被包含在<body>内，这些页面元素的关系好像倒垂的一棵树一样，顶端就是<html>，页面上的每个元素都是这棵树的一个结点（Node），每个结点有着包含自己的父结点，自己包含的子结点以及同属一个父结点的兄弟结点，如程序10.18所示。

```
<!--程序10.18-->
<!DOCTYPE html PUBLIC "-//W3C//DTD XHTML 1.0 Transitional//EN"
"http://www.w3.org/TR/xhtml1/DTD/xhtml1-transitional.dtd">
<html xmlns="http://www.w3.org/1999/xhtml">
<head>
<meta http-equiv="Content-Type" content="text/html"; charset="utf-8" />
<script type="text/javascript">
function login ( ) {
    //todo在此处插入用户单击登录按钮后的处理代码
    }
function changeTableColor ( ) {
    //todo在此处插入用户单击"背景颜色"按钮后的处理代码
    }
</script>
<title>Document的例子</title>
</head>
<body>
<form id="loginFrom" name="loginForm">
<table width="300" border="0" cellspacing="0" cellpadding="0" id="loginArea"
bgcolor="#FFFF99" align="left" valign="top">
  <tr>
    <td class="table-title" colspan="2" align="center" bgcolor="#FFFFCC">用户
登录</td>
  </tr>
  <tr>
    <td width="100" height="28" align="right">用户名</td>
    <td><input id="userName" name="userName" type="text" class="input" /></td>
  </tr>
  <tr>
    <td align="right">密  码</td>
```

```
        <td><input type="password" id="pwd" name="pwd" class="input" /> </td>
      </tr>
      <tr>
        <td></td>
        <td><input type="button" value="登录" onclick="login（）" />
        <input type="button" name="change" value="改变背景颜色" onclick=
"changeTableColor（）" /></td>
      </tr>
    </table>
  </form>
</body>
</html>
```

1）理解结点

通过对程序10.18的分析，可以看出对象document实际上就是该页面上所有页面元素对象的集合，它们的关系好像是一棵倒垂的树一样。可以理解document对象就是一个具体的HTML页面的对象表示，通过它可以遍历访问所有元素。

DOM树上的每个结点都是一个对象，代表了该页面上的某个元素。每个结点都知道自己与其他那些跟自己相邻的结点之间的关系，而且还包含着关于自身的大量信息。

①根节点：一个网页最外层的标记是<HTML>，实际上它也是页面所有元素的根，通过document对象的documentElement属性可以获得。

var root =document.documentElement;

②子结点：任何节点都可以通过集合（数组）属性childNodes来获得自己的子结点。例如，根节点包含两个子结点，也就是heada和body。

var aNodelist=root.childNodes;

一个结点的子结点，还可通过结点的fristChild和lastChild属性来获得它的第一个和最后一个子结点。

③父结点：DOM规定一个页面只有一个根结点，根结点是没有父结点的，除此之外，其他节点都可通过parentNode属性获得自己的父结点。

var parentNode=aNode.parentNode; // aNode是一个结点的引用

④兄弟结点：一个结点如果有父结点的话，那么这个父结点下的子结点之间就被称为"兄弟结点"，一个子结点的前一个结点可以用属性previousSibling获得，对应的后一个结点可以用nextSibling属性获得。如果没有前结点或者后结点，则返回null。

var prevNode=aNode. previousSibling;//返回aNode的前一个结点的引用

var nextNode=aNode. nextSibling;//返回aNode的后一个结点的引用

2）通过ID访问页面元素

程序10.18是一个用户登录的页面，当用户单击登录按钮后，触发该按钮上绑定的单击事件对应的函数login，函数login的主要功能是分析用户在两个文本输入域输入的用户名和密码是否符合预定义的输入规则,如果符合,允许登录,否则维持登录页。那么,在 login函数中怎么才能获得用户的输入?document对象的getElementById函数可以用来完成这一功能。

方法: document.getElementById(id)

参数: id.必选项,为字符串(String)

返回值: 对象。返回相同id对象中的第一个,如果无符合条件的对象,则返回null。例如,对程序10.18的脚本做下面的更改,可以显示获得的用户名和密码。

```
<script type="text/javascript">
    function login ( ) {
        var userName=document.getElementById ("userName").value;
        alert (userName);
        var pwd=document.getElementById ("pwd").value;
        alert (pwd);
        //todo在此插入其他代码
        }
</script>
```

getElementById函数在使用时,必须指定一个目标元素的id作为参数,例如,在程序10.18 中,用户名输入框的id是"userName",而密码输入框的id是"pwd"。在login函数中,想得到用户输入的用户名,首先要调用getElementById ("userName"),返回该id指向的页面元素对象(这里是<input>输入框),然后由于输入框对象有一个名为"value"的属性保存有用户输入的文本,因此,两条语句可以连写为:

var userName=document.getElementById ("userName").value;

这条语句执行后,变置userName就得到了该输入框的输入文本内容。当然上述一条语句可以拆分为两条语句,不如一条简洁,关键是不需要再单独设一个变量来引用输入框,因为后续程序并不需要继续使用这个值。

var userNameInput=document.getElementById ("userName"); //先获得对象

var userName=userNameInput.value;   //再获得对象的值

使用该方法需要注意以下几个问题:

①在页面开发时,最好给每一个需要交互的元素设定一个唯一的id便于查找。

②getElementById ( )返回的是一个页面元素的引用,例如,在程序10.18中出现的所有元素都可以通过它获得。

③如果页面上出现了不同元素使用了同一个id,则该方法返回的只是第一个找到的页面元素。

④如果给定的id,没有找到对应的元素,则返回值为null。

3)通过Name访问页面元素

除了通过一个页面元素的id可以得到该对象的引用,程序也可以通过名字来访问页面元素。

方法: document.getElementBysName (name)

参数：name:必选项为字符串（String）

返回值：数组对象；如果无符合条件的对象，则返回空数值

由于该方法的返回值是一个数组，因此，可以通过位置下标来获得页面元素，例如：

var inputs=document.getElementsByName（"userName"）;

var userName=userNameInput[0].value;

使用该方法需要注意以下问题。

①哪怕一个名字指定的页面元素确实只有一个，该方法也返回一个数组，所以在上面的代码段中，用位置下标0来获得"用户名输入框"元素，如userNameInput[0]。

②如果指定名字，在页面中没有对应的元素存在，则返回一个长度为0的数组，程序中可以通过判断数组的length属性值是否为0来判断是否找到了对应的元素。

4）通过标签名访问页面元素

除了通过id和name可以获得对应的元素外，还可通过指定的标签名称来获得页面上所有这一类型的元素，如input元素。

方法：document.getElementsByTagName（tagname）

参数：tagname:必选项为字符串（String）

返回值：数组对象；如果无符合条件的对象，则返回空数值

例如，在程序10.18的login（）函数中如果添加这样两行：

var inputs=document.getElementsByTagName（"input"）;

         alert（input.length）; //显示为4

很明显，在程序10.18中有4个<input>类型的元素，它们是两个文本输入框和两个按钮。

5）获得当前页面所有的Form对象

Form元素是HTML程序提供用户向系统提供的重要对象，里面一般会包含文本输入框、各种选项按钮等元素。通过获得一个form对象，最主要的是利用form的几个方法。

方法：document.forms

参数：无

返回值：数组对象；如果无符合条件的对象（forms对象），则返回空数值

例如，下面的代码段显示了如何获得程序10.18页面中的Form对象：

var inputs=document.forms; //先获得数组对象，注意不是方法，是属性

var loginform=forms[0];   //获得数组中的第一个form对象,如果存在的话

当然，除了利用forms属性来获得这个Form对象外，也可以用前面的getEleinemById（）、getElementByName（）等方法来获得。至于获得了 Form对象如何使用，可以参考本章关于 Form表单部分的内容。

6）获得对象之后做什么

前面介绍了几种获得页面内指定元素的方法，但得到了之后如何用呢，这主要取决于程序规定要实现哪些功能。例如，对程序10.19，如果单击"改变颜色背景"希望达到修改登录表格的背景色，则下面的程序就实现了这个要求。

<!--程序10.19-->

<script type="text/javascript">

function changeTableColor ( ) {

var newColor=prompt ("请在#后连续输入6个十六进制数字, 表示新颜色",

"#87ceeb") ;

　　var tb1=document.getElementById ("loginArea") ;//获得表格对象

　　tb1.Style.backgroundColor=newColor; 　　//用获得的颜色值更新表格的背景色

　　　}

</script>

这个程序非常简单, 当单击 "改变颜色" 按钮时, 页面弹出一个对话框, 提示用户输入的颜色值, 这个语句是:

var newColor=prompt ("请在#后连续输入6个十六进制数字, 表示新颜色",

"#87ceeb") ;

然后, 根据table的id来获得Table对象, 这个语句是:

var tb1=document.getElementById ("loginArea") ;//获得表格对象

最后, 修改Table对象的颜色属性值, 这里利用了 Table本身具有的Style对象, 这个语句是:

tb1.Style.backgroundColor=newColor; 　　//用获得的颜色值更新表格的背景色

除修改一个对象的属性值外, 如结点的removeNode方法可以将结点从当前页面中删除, 还可以利用attachEvent方法[此方法只能在IE中使用, 其他浏览器使用addEventListener ( )]动态设置一个页面元素的事件处理器等。

7) 判断页面中是否存在一个指定的对象

在一些特殊情况下, 通过变量所引用的对象可能并不存在, 如果不加检查, 直接通过一个名字去使用一个不存在的对象, 就会引发错误, 所以在程序中需要对获得的对象引用进行必要的检查, 以确保它是存在的。例如, 下面对程序10.19的changeTableColor函数增加了验证对象是否存在的功能。

function changeTableColor ( ) {

var newColor=prompt ("请在#后连续输入6个十六进制数字, 表示新颜色",

"#87ceeb") ;

　　var tb1=document.getElementById ("loginArea") ;//获得表格对象

　　if (tb1!=null) {

　　　tb1.Style.backgroundColor=newColor;

　　　}else{

　　　　alert ("目标对象不存在") ;

　　　　}

　　　}

这里根据获得的对象引用是否为 "null" 值来判断对象是否存在, 如果等于null, 则表示指定的对象并不存在, 这样后续施加在该对象上的操作就不能进行了。

10.6.4　窗口

Windows对象是JavaScript层级中的顶层对象, 这个对象会在一个页面中<body>或 <frameset>出现时被自动创建, 也就是一个浏览器中显示的网页会自动拥有相关的Windows对象。

使用Windows对象需要注意, 由于这是一个宿主对象, 这里介绍的功能能否实现和具体的浏览器有很大的关系, 不同的浏览器实现方法可能有很大的不同, 编程中需要考虑面对不同浏览器环境时的程序兼容性问题。例如, innerheight和innerwidth属性表示了当前窗口文档显示区的大小, 但IE浏览器对此并不支持, 它是用document, body.clientWidth和 document.body, clientHight来获得显示区的大小。

1) 框架程序中Windows对象的应用

程序10.20是一个框架示例程序, 介绍了有关窗口应用的主要特征, 图10.11是该程序的运行界面。

```
<!--程序10.20-->
<!DOCTYPE html PUBLIC "-//W3C//DTD XHTML 1.0 Frameset//EN" "http://
www.w3.org/TR/xhtml1/DTD/xhtml1-frameset.dtd">
<html xmlns="http://www.w3.org/1999/xhtml">
<head>
<meta http-equiv="Content-Type" content="text/html"; charset="utf-8" />
<title>Windows实例</title>
</head>
<frameset rows="80,*" frameborder="yes" border="1" framespacing="1">
    <frame src="title.html" name="mainFrame" id="mainFrame" scrolling="no"
noresize="noresize"/>
    <frameset cols="200,*" frameborder="yes" framespacing="1">
    <frame src="left.html" name="menuFrame" scrolling="no" noresize="noresize"
id="rightFrame" />
    <frame src="right.html" name="workFrame" scrolling="no" noresize="noresize"
id="bottomFrame" />
  </frameset>
 </frameset>
 <noframes><body>
 </body></noframes>
 </html>
```

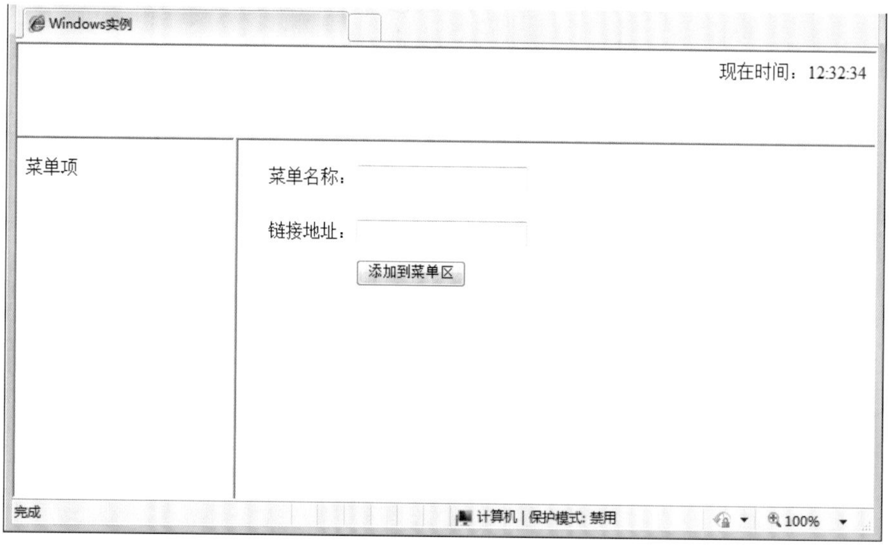

图 10.11　Windows 对象的应用

　　组成上述框架的页面有4个：1个框架集主页面，3个子框架页面。上方的窗口显示了一个不断变化的时钟，左边的窗口是一个菜单列表窗口，其内容是通过右边窗口输入的名称和链接地址由JavaScript程序控制添加过来的。

　　这个页面定义了一个框架集，包含了3个子窗口，见程序10.21至程序10.23。这里的每一个子窗口都有一个自己的名字，分别是titleFrame，menuFrame和workFrame。

　　<!--程序10.21-title-->

　　<!DOCTYPE html PUBLIC "-//W3C//DTD XHTML 1.0 Transitional//EN" "http://www.w3.org/TR/xhtml1/DTD/xhtml1-transitional.dtd">

　　<html xmlns="http://www.w3.org/1999/xhtml">

　　<head>

　　<meta http-equiv="Content-Type" content="text/html"; charset="utf-8" />

　　<title>无标题文档</title>

　　<script type="text/javascript">

　　function start（）{

　　　　var now=new Date（）；　//得到当前时间对象

　　　　var hr=now.getHours（）；　//得到当前时间的小时数，0~23

　　　　var min=now.getMinutes（）；　//得到当前时间的小时分钟数，0~59

　　　　var sec=now.getSeconds（）；　//得到当前时间的秒数，0~59

　　　　var clocktext="现在时间："+hr+":"+min+":"+sec；　//显示时间字符串

　　　　var timeTD=document.getElementById（"timeArea"）；　//获得准备放置时间的单元格

　　　　timeTD.innerText=clocktext；　//将时间字符串作为单元格的显示文本内容

　　　　}

```
    //设定每1000ms执行一次start方法, 重新刷新显示窗口中的时间
    window.setInterval("start()",1000);
</script>
</head>
<body>
<table width="100%" height="100%" border="0" cellspacing="0" cellpadding="0">
    <tr width="100%" height="100%">
     <td> </td>
      <td id="timeArea" align="right" valign="bottom"> </td>
   </tr>
</table>
</body>
</html>
```

上面的页面title.html（注意文件名要和framset中指定的保持一致）的作用是在上方窗口显示一个时钟。setInterval方法用于指定一个精确的间隔时间, 定时执行参数中定义的方法, 这里是"start()", 这个方法是Windows对象的一个方法, 还有另一个类似, 但时间并不精确的方法setTimeout()也可以使用。

```
<!--程序10.22-left-->
<html>
<head>
</head>
<body>
<div>
    <dl id="menuList">
        <dt>
          菜单项
        </dt>
    </dl>
</div>
</body>
</html>
```

left.html在左边的窗口显示, 只是一个简单的、空的列表, 其内容等待插入, 注意<dl>标签, 页面设定了它的id为"menuList", 在右边的窗口页面将通过这个id获得<dl>元素, 并将新的菜单项作为一个<DD>元素插入进来。

```
<!--程序10.23-right-->
<!DOCTYPE html PUBLIC "-//W3C//DTD XHTML 1.0 Transitional//EN"
"http://www.w3.org/TR/xhtml1/DTD/xhtml1-transitional.dtd">
<html xmlns="http://www.w3.org/1999/xhtml">
```

```html
<head>
<meta http-equiv="Content-Type" content="text/html"; charset="utf-8" />
<title>无标题文档</title>
<script type="application/javascript">
    function add ( ) {
        var oNewNode=parent.menuFrame.document.createElement ("DD") ;
        oNewNode.innerHTML="<a href='"+document.getElementById ("loc") .value+"
'target='workFrame'>"+document.getElementById ("menuList") .value+"</a>";
        var menu=parent.menuFrame.document.getElementById ("menuList") ;
        menu.appendChild (oNewNode) ;
        document.getElementById ("menuName") .value="";
        document.getElementById ("loc") .value="";
    }
</script>
</head>
<body>
<form name="menuedit">
<table width="100%" border="0" cellspacing="0" cellpadding="0" id="menuTable"
align="left" valign="top">
    <tr>
        <td width="100" height="48" align="right">菜单名称：</td>
        <td><input id="menuName" name="menuName" type="text" class="input" /></td>
    </tr>
    <tr>
        <td width="100" height="48" align="right">链接地址:</td>
        <td><input id="loc" name="loc" type="text" class="input" /></td>
    </tr>
    <tr>
        <td align="right"> </td>
        <td><input type="button" value="添加到菜单区" onclick="add ( )" /></td>
    </tr>
</table>
</form>
</body>
</html>
```

right.html在右边的窗口显示，主要提供给用户输入新的菜单项和单击菜单后的链接地址。具体来讲，这里在一个子窗口中如何访问另一个窗口内的页面元素问题需要注意。

var oNewNode=parent.menuFrame.document.createElement("DD");

这条语句中，parent是Window对象的一个属性，代表当前窗口对象（也就是右边窗口）的父窗口，这里表示整个窗口，也就是顶层窗口，也可以用"top"来直接表示顶层窗口。parent.menuFrame表示父窗口下的左边子窗口对象，parent.menuFrame.document表示左窗口对象拥有的文档对象。这条语句的含义是在窗口中创建了一个新的元素，其类型是<DD>。

随后，利用document对象的getElementById()方法，获得了输入的菜单名称和链接地址，并组合成一个文本串，作为上述创建的<DD>元素的HTML文本，并赋值给刚创建的<DD>元素的innerHTML属性（oNewNode，innerHTML）。

var menu=parent.menuFrame.document.getElementById("menuList");

这条语句获得了左窗U文档对象包含的<dl>元素，然后利用<dl>元素对象的方法appendChild将刚刚创建的<DD>元素追加进来。

最后两句是将右边窗口的两个的文本输入框中的原输入内容清空。

2）Window对象中的主要属性

除了screenLeft（或screenX）、screenTop（或screenY）、name等这些用来表示窗口的状态的基本属性外，Window对象还拥有一些重要的属性，例如，在前面的程序中频繁出现的document对象，就属于Window对象所有，另外还有：

①history：该对象记录了一系列用户访问的网址，可通过history对象的back，forward和go方法来重复执行以前的访问。

②location：Window对象的location表示本窗口中当前显示文档的Web地址，如果把一个含有URL的字符串赋予location对象或它的href属性，浏览器就会把新的URL所指的文档装载进来，并显示在当前窗口，例如：

Window.location="/index.html";

③navigator：一个包含有关浏览器信息的对象，例如：

var browser=navigator.appName; //IE的返回"Microsoft Internet Explorer"

因为不同的浏览器以及同一浏览器的不同版本支持JavaScript的程度和范围不一样，如果JavaScript程序希望更好地兼容不同的环境，就需要在程序中考虑浏览器产品和版本的问题。

④screen：每个Window对象的screen属性都引用一screen对象。screen对象中存放着有关显示浏览器屏幕的信息。JavaScript程序将利用这些信息来优化它们的输出，以达到用户的显示要求。如程序10.24根据屏幕尺寸的信息将窗口定位在屏幕中间。

<!--程序10.24 -->

<!DOCTYPE html PUBLIC "-//W3C//DTD XHTML 1.0 Transitional//EN" "http://www.w3.org/TR/xhtml1/DTD/xhtml1-transitional.dtd">

<html xmlns="http://www.w3.org/1999/xhtml">

<head>

<meta http-equiv="Content-Type" content="text/html"; charset="utf-8" />

<title>使用Screen定位窗口显示位置</title>

```
</head>
<body>
<script type="application/javascript">
    windows.resizeTo（500,300）；   //设定当前窗口的显示大小
    var top=（（window.screen.availHeight–300）/2）；
    //计算窗口居中后左上角的垂直坐标
    var left=（（window.screen.availWidth–500）/2）；
    //计算窗口居中后左上角的水平坐标
    window.moveTo（left,top）；   //调整当前窗口左上角的显示坐标位置
</script>
</body>
</html>
```

⑤parent:获得当前窗口的父窗口对象引用。

⑥top:窗口可以层层嵌套,典型的如框架,top表示最高层的窗口对象引用。

⑦self:返回对当前窗口的引用,等价于Window属性。由于Window对象属于一个顶级对象,所以引用窗口的属性和方法可以省略对象名,例如,前面频繁使用的document.write（）,实际上是window, document, write（）,但Window名字完全可以省略,调用Window的方法也是如此,如前面介绍的对话框方法,如alert（）, prompt（）等。

3）Window对象中的主要方法

前面在介绍Window对象时,陆续介绍了很多属于Window对象的方法,如3种类型的对话框,设置按时间重复执行某个功能的stetlmerval（）,移动窗口位置的moveTo（）等。除此之外,Window对象还有一些主要的方法可供使用,例如:

①close（）:关闭浏览器窗口。

②createPopup（）:创建一个右键弹出窗口。

③open（）:打开一个新的浏览器窗口或查找一个已命名的窗口。

10.7) 事件编程 ◯

事件编程是JavaScript中最吸引人的地方,因为它提供了一个平台,让用户不仅能够浏览页面中的内容,而且还可以和页面元素进行交互。

10.7.1 事件简介

事件是可以被JavaScript侦测到的行为。网页中的每个元素都可以产生某些可以触发 JavaScript函数的事件,例如,程序10-23-right,当用户单击"添加到菜单区"这个按钮时,就会产生一个Click事件,而根据input标记的定义,当Click事件发生时,调用add函数。

了解事件编程,首先应该清楚页面元素(事件源)会产生哪些事件(Event),其

次当事件发生时,该元素提供了什么样的事件句柄(Event Handler)可以让开发人员利用对页面元素进行控制,最后就是编写对应的事件处理代码。

1)常见的事件

根据事件触发的来源不同,可以分为鼠标事件、键盘事件和浏览器事件3种主要类型。

①鼠标事件:如单击按钮、选中checkbox复选框和radio单选按钮等元素时产生Click事件,当鼠标进入、移动或退出页面的某个热点(如鼠标停在一个图片上方或者进入table的范围时)分别触发MouseOver, MouseMove和MouseOut这样的事件。

②键盘事件:在页面操作键盘时,常用的事件包括KeyDown, KeyUp和KeyPress。

③浏览器事件:当一个页面或图像载入时会产生Load事件,浏览器前加载另一个网页时,当前网页上会产生一个UnLoad事件,当准备提交表单的内容会产生Submit事件,在表单中改变文本框中的内容会产生Change事件等。

当事件发生时,浏览器会创建一个名为event的Event对象供该事件处理程序使用,通过这个对象可以了解到事件类型、事件发生时光标的位置、键盘各个键的状态、鼠标上各个按钮的状态等。

2)主要事件

当事件发生时,浏览器会自动查询当前页面上是否指定了对应的事件处理函数,如果没有指定,则什么也不会发生,如果指定了,则会调用执行对应的事件代码处理,完成一个事件的响应。通过设置页面元素的事件处理句柄可以将一段事件处理代码和该页面元素的特定事件关联起来。表10.11为典型的事件和事件句柄的对照关系。

表 10.11　事件和事件句柄的对照表

事件分类	事　件	事件句柄
窗口事件	当文档载入时执行脚本	Onload
	当文档卸载时执行脚本	Onunload
表单元素事件	当元素改变时执行脚本	Onchange
	当表单被提交时执行脚本	Onsubmit
	当表单被重置时执行脚本	Onreset
	当元素被选取时执行脚本	Onselect
	当元素失去焦点时执行脚本	Onblur
	当元素获得焦点时执行脚本	Onfocus
鼠标事件	被单击时执行脚本	Onclick
	被双击时执行脚本	Ondblclick
	当鼠标按钮被按下时执行脚本	Onmousedown
	当鼠标指针移动时执行脚本	Onmousemove
	当鼠标指针移出某元素时执行脚本	Onmouseout
	当鼠标指针悬停于某元素之上时执行脚本	Onmouseover
	当鼠标按钮被松开时执行脚本	Onmouseup

续表

事件分类	事 件	事件句柄
键盘按钮	当键盘被按下时执行脚本	Onkeydown
	当键盘被按下后又松开时执行脚本	Onkeypress
	当键盘被松开时执行脚本	Onkeyup

3）指定事件处理程序

当一个事件发生时，如果需要截获并处理该事件，只需定义该事件的事件句柄所关联的事件处理函数或者语句集，具体关联方法包括以下两种方式。

（1）直接在HTML标记静态指定

基本语法：

<标记…事件句柄="事件处理程序"[事件句柄="事件处理程序"…]>

语法说明：

这是一种静态的指定方式，可以为一个元素同时指定一到多个事件处理程序，事件处理程序既可以是<script>标记中的自定义函数，还可以直接将事件处理代码写在此位置，例如：

<input type="button" onclick="createOrder（）" value="发送教材选购单" />

这里当鼠标单击按钮事件onclick发生时，指定事件处理程序是函数createOrder（）。

<body onload="aler（'网页读取完成！'）" onunload="alert（'再见！'）">

这里当页面加载和关闭该页面时均会弹出一个警告框。可直接利用一条JavaScript语句关联对应的事件，当然可以用多条语句来关联，语句间用分号来间隔。

（2）在 JavaScript 中动态指定

基本语法：

<事件对象>.<事件> = <事件处理程序>;

语法说明：

这种用法中，"事件处理程序"是真正的代码，而不是字符串形式的代码。如果事件处理程序是一个自定义函数，如无使用参数的需要，就不要加"（）"，例如：

```
<html>
<head>
<script type="text/javascript">
 function m（）{
    alert（"再见"）;
    }
    window.onload=function（）{
        alert（"网页读取完成"）;
        }
        window.onunload=m;    //这里制订了页面加载时, 执行函数m
</script>
```

```
</head>
<body>
</body>
</html>
```

这里的window, onload事件发生时, 执行其后关联的函数中的语句, 注意这个函数并没有明确的名称, 因此, 无法在其他地方共享; 而window, onunload的定义则表示, 当浏览器跳转到新的页面时, 当前页面要执行一个名为m的函数。

除了上述两种指定事件处理函数的方法外, 还有其他的方法, 例如, 在IE中使用attachEvent方法为一个页面元素动态添加时间处理方法, 而在FireFox等Mozilla系列的浏览器中是通过使用页面元素的addEventListener方法为页面元素动态添加事件处理机制。

10.7.2　表单事件

Form表单是网页设计时一种重要的和用户进行交互的工具, 它用于搜集不同类型的用户输入。一般来讲, 在浏览器端对用户输入的内容进行有效性检查是非常有必要的(如必填项是否都有输入, 输入的内容是否符合格式要求等), 因为它可以减少服务器端的某些工作压力, 同时也能充分利用浏览器端的计算能力, 避免了由于服务器端进行验证导致客户端提交以后响应时间延长。

Form表单本身支持很多事件, 典型的有两个: 一个是Submit; 另一个是Rest。程序10.25模拟了一个登录过程, 当单击登录按钮时, 触发Submit事件, 执行login函数, 如果验证合法, 进入程序10.22框架页面, 否则继续保持登录页。

```html
<!--程序10.25-->
<!DOCTYPE html PUBLIC "-//W3C//DTD XHTML 1.0 Transitional//EN"
"http://www.w3.org/TR/xhtml1/DTD/xhtml1-transitional.dtd">
<html xmlns="http://www.w3.org/1999/xhtml">
<head>
<meta http-equiv="Content-Type" content="text/html"; charset="utf-8" />
<title>无标题文档</title>
<script type="text/javascript">
    function login ( ) {
        var userNmae=document.getElementById ("userName").value;
        var pwd=document.getElementById ("pwd").value;
        var matchResult=true;
        if (userName==""||pwd=="") {
            alert ("请确认用户名和登录密码输入正确! ");
            matchResult=false;}
            return matchResult;
            }
```

```
    </script>
    </head>
    <body>
    <form action="right.html" name="loginForm" onsubmit="return login ( ) "
method="post">
    <table width="300" border="0" cellspacing="0" cellpadding="0" bgcolor="#87ceed">
     <tr>
      <td colspan="2" align="center" class="table-title" bgcolor="#4682b4">用户
登录</td>
     </tr>
     <tr>
      <td width="100" height="28" align="right">用户名</td>
      <td><input id="userName" name="userName" type="text" class="input" /></td>
     </tr>
     <tr>
      <td width="100" height="28" align="right">密  码</td>
      <td><input id="pwd" name="pwd" type="password" class="input" /></td>
     </tr>
     <tr>
      <td width="100" height="28" align="right"> </td>
      <td><input type="submit" value="登录" />
      <input type="button" value="取消" onclick="reset ( ) " /></td>
     </tr>
    </table>
    </form>
    </body>
    </html>
```

理解上述事件处理程序,需要关注以下两点:

①确定事件源:"登录"按钮的类型是submit,单击按钮,触发form的Submit事件,对button类型的input,捕获单击事件只能依赖于定义OnClick事件句柄。

②注册处理器:<form>标签定义中需要指定Submit事件触发时的动作,一般是指定一个处理函数。在此程序中,规定事件触发时执行login函数,如果login函数的返回值为true,则执行下一步动作,即进入action指定的下一个页面"10.20html",如果login函数的返回值为false,则保持当前页面。

10.7.3 鼠标事件

鼠标事件除了最典型的Click之外,还有鼠标进入页面元素MouseOver,退出页面元素MousOut和鼠标按键检测MouseDown等事件,程序10.26演示了鼠标事件的简单应用。

```
<!--程序10.26-->
<html>
<head>
<script type="text/javascript">
    function mouseOver ( ) {
        document.mouse.src="gif/mouse_over.jpg"
        }
    function mouseOut ( ) {
        document. mouse.src="gif/mouse_out.jpg"
        }
    function mousePressd ( ) {
        if (event.button==2) {
                alert ("您单击了鼠标右键! ")
                }else{
                alert ("您单击了鼠标左键! ")
                    }
        }
</script>
</head>
<body onmouseDown="mousePressd ( )">
    <img border="0" src="gif/mouse_out.jpg" name="mouse" onmousemover=
"mouseOver ( )" onmouseout="mouseOut ( )" />
</body>
</html>
```

程序实现了当鼠标移向图片时，触发MouseOver事件，调用函数MouseOver（）执行，程序就更换新的图片，当鼠标移出图片时，触发MouseOut事件，调用函数MouseOut执行，程序恢复为原来的图片；另外，当按下鼠标按键时，触发body的MouseDown事件，调用函数mousePressd，弹出警告框。

10.7.4　键盘事件

键盘共有3类事件，分别用来检测键盘按下、按下松开及松开这些动作，按键的信息被包含在事件发生时创建的事件对象event中，用"event. keyCode"可以获得，例如：

```
<input type="text" id="stuName" value="请在此输入学生姓名"size="28"
onkeypress="if (event.keyCode==13{alert (this.value);})" />
```

这里当键盘按下松开时，触发KeyPress事件，执行检查，如果刚刚按下的是"回车键"（回车键的代码是13），则执行大括弧中的语句集。

```
<input type="text" id="IDCARD" value="请在此输入身份证号" size="28"
onkeypress="if(event.keycode<45||event.keyCode>57){event.returnValue=false;}" />
```

上面的代码，则是当事件触发时，检查按下的键是否是数字，如果不是，输入框不接收。这样就实现了只允许输入框输入数字。

10.7.5 页面载入和离开

如果希望在页面加载或者转换到其他页面时做些工作，就可以利用Load和Unload两个事件，这两个事件和<body>及<frameset>有关，例如：

```
<body onload="javascript:alert('enter'); "onunload="javascript:alert('exit');">
</body>
```

这里只是简单的实例，实际上完全可以根据任务的需要在这两个特殊的时间点上做一些更复杂的工作，例如，当进入网站时向服务器报告，这样服务器可以对访问的用户进行有关的检查，也可利用Load事件来检测访问者的浏览器类型和版本，然后根据这些信息载入特定版本的网页。

Load和Unload事件也常被用来处理用户进入或离开页面时所建立的Cookies。例如，当某用户第一次进入页面时，可以使用消息框来询问用户的姓名。姓名会保存在 Cookie中。当用户再次进入这个页面时，可以使用另一个消息框来和这个用户打招呼："Welcome 李小璐! "。

10.8 实 验 🔍

制作京东首页滑动栏，如图10.12所示。

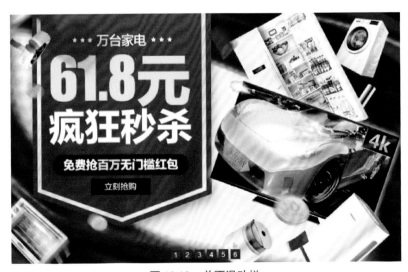

图 10.12 首页滑动栏

第11章 综合案例——购物网站的设计

一个优秀的网站表现在很多方面，要有引人入胜的外观、有价值的内容、条理清晰的网站架构、易于使用的导航设计、方便快捷的交互方式等，本章用最简洁的语言对这些方面作了基本的分析。

11.1 网站规划

11.1.1 网站制作流程

网站的开发需要有一个好的开发流程，根据不同的应用需要，不同网站的功能和内容会有一定的差别，但网站规划的基本步骤是类似的，一般来说，一份完整的网站规划书包括以下内容。

1）网站整体规划

在做网站之前，必须要弄清楚建立网站的目的是什么？这要通过与用户进行沟通，了解用户的需求，分析用户的目标，了解用户想从网站获得什么样的信息。为此，要对网站做一个初步方案，确定网站主题、网站风格、页面需要的元素及网页的框架等，当然，可能还包括完成的时间和预算。

2）内容设计

内容决定一切，如果网站没有好的内容，即使有华丽的外表，也不会吸引长久的用户。内容设计应由网站的宗旨和网站的目标用户来决定，网站所提供的内容应该是对用户有价值的，与同类竞争者相比，要找出优于它们的地方，重点突出自己的特色。

另外，内容设计还要考虑后续的补充、完善等更新工作，使得用户保持新鲜感。

3）网站设计

根据确定的网站规划和内容设计，考虑网站的可用性及可访问性要求、合理地组织网站的设计。网站的设计可以从3个方面来考虑：信息架构、行为模式、视觉设计。信息架构是指以符合访问者容易理解和接受的方式对内容进行组织、归类，从而使复杂的信息结构化、可视化；行为模式考虑的是如何使访问者感觉网站是为自己设计的，用起来得心应手，行为设计中关键的是导航的设计、功能的操作流程和表单填写方式等；视觉设计是指网站合适的外观和感觉，包含了色彩的选择、页面的布局、图形图像的应用、字体设计、输入表单和导航等。除了内容，视觉设计是一个网站区别于另一个网站最重要的设计因素。

4）网站开发

网站开发不是一个一蹴而就的过程，需要经历反复的讨论、修改、完善和发布的循环过程。一般而言，网站开发通常采用原型开发技术，通过一些可视化页面设计和开发工具，尽早地勾勒出网站的草图，在此基础上进行完善，直到达到网站目标受众的要求。总的来讲，包括以下工作：基于规划和设计确定开发标准、规划网站目录结构、选择实现技术和工具、按照设计要求完成页面开发。

5）测试网页兼容性

为了达到好的兼容性，需要在多个浏览器上进行页面测试，除了页面的显示效果外，还要测试分辨率、JavaScript和Flash等。根据需要进行调整，以达到理想的效果。

6）发布站点

购买网站的空间域名，利用FTP上传软件，把制作好的网页上传到服务器。

11.1.2　风格设计

这是网站给用户呈现的第一印象，主要体现在两个方面：一是网站质量的权衡，用户第一次看到网站后，首先会根据感觉对网站有个上、中、下的评判；二是网站类型的归属，例如，资讯型、形象型等。因而网站在设计之前，必须明确目标客户群体，并针对目标客户的审美喜好进行分析，网站设计要符合目标客户的审美预期和类型归属。一个网站，如果拥有别的网站所没有的风格，就会让访问者愿意多停留一些时间，详细浏览该站的内容，从而赢得更多人的关注。网站风格可以从以下几个方面来探讨。

1）色系

色系包括网页的底色、文字字型、图片的色系、颜色等。不同的色系体现不同的风格。网站使用的颜色大概被分为3种类型。

（1）公司色

在现代企业中，公司的CI（企业形象）显得尤其重要，每一个公司的CI设计必然要有标准的颜色。例如，腾讯网的主色调是一种水蓝的颜色，同时，形象宣传、海报、广告使用的颜色都和网站的颜色一致。

（2）风格色

许多网站使用颜色秉承的是公司的风格。例如，蒙牛使用的颜色是一种草的绿色，既充满朝气又不失自己的创新精神；女性网站使用粉红色的较多；大公司使用蓝色的较多等，这些都是在突出自己的风格。

（3）习惯色

网站的颜色使用很大，一部分是凭自己的个人爱好，以个人网站较多使用，例如，自己喜欢黄色、红色、灰色等，在做网站时就倾向于这种颜色。每一个人都有自己喜欢的颜色, 因此这种类型被称为习惯色。

所有网页上的颜色, 在HTML下看到的是以颜色英文单词或者十六进制的表示方法 (如#000000表示黑色)。不同的颜色有着不同的含义, 给人以各种丰富的感觉和联想。

①红色: 热情、活泼、热闹、温暖、幸福、吉祥、奔放、喜悦、庄严。

②橙色: 光明、华丽、兴奋、甜蜜、快乐。

③黄色: 明朗、愉快、高贵、希望、富有、灿烂、活泼。

④黑色: 崇高、坚实、严肃、刚健、粗莽、夜晚、沉着。

⑤白色: 纯洁、纯真、朴素、神圣、明快、简单、洁净。

⑥蓝色: 深远、永恒、沉静、理智、诚实、寒冷、天空、清爽、科技。

⑦绿色: 新鲜、平静、和平、柔和、安逸、青春、植物、生命、生机。

⑧灰色: 忧郁、消极、谦虚、平凡、沉默、中庸、寂寞、庄重、沉稳。

⑨紫色: 优雅、高贵、魅力、自傲、浪漫、富贵。

⑩棕色: 大地、厚朴。

当给自己的网站配色时, 一定要清楚网站所要传达的信息和目标。一旦用户了解要传达的信息后, 就可以开始进行调色工作了。调色是一个极具创意的过程, 要多尝试使用颜色组合, 选择自己满意的颜色。

2) 排版

排版包括表格、框架的应用、文字缩排、段落等。

网站的排版是让用户阅读方便, 要做到主题明确, 网站的排版经过精心规划, 将会使用户更能迅速地找到所需的资料。排版不仅仅做到整齐就足够, 还要有明确的分类, 以及主题的适当规划。

表格一般是大型网站最常见到的编排方式, 表格能使多段文字统一整理, 达到清楚易懂的效果。对于架设于较慢的网站空间的网页, 较适合框架的应用, 框架可避免相同网页重复读取, 影响下载速度。框架编排, 最需要注意的是左右滚动条应尽量避免, 若一个网页在阅读上, 要不断地移动滚动条, 将会对浏览者造成很大的不便。

3) 窗口

窗口效果的妥善运用, 可以使网页富有特色, 但过度的应用反而会使人厌倦, 甚至关闭网页不再访问。

用户一般都不太喜欢全屏幕的窗口, 尤其是强制性的全屏幕浏览, 对于图片浏览的网站, 可以采用此种方式, 以方便浏览一些大的图片。

有的网站则是过小的超迷你窗口。窗口小到几乎无法浏览, 字体小、图形小、内容更少, 这种窗口让浏览者的第一感觉就是网站没内涵。

一个成功的网站, 并不单就窗口特效来加强, 而应先注重内容, 并根据其网站内容来决定如何采用一些特殊的窗口, 达到整个网站的风格一致性。花样多并不能让网页显得技巧高明, 内容与窗口效果的完美更为重要一些。

4）动态网页

动态网页是与静态网页相对应的，网页文件的后缀不是.htm，.html，.shtml，.xml等静态网页的常见形式，而是以.asp，.jsp，.php，.perl，.cgi等形式为后缀，目前常用的动态网页的开发语言有JSP，ASP，PHP等。

这些动态网页开发程序，都能使网页"动"起来。网站不仅让用户来"看"，也可以与用户进行交互操作。

动态页面的程序也是网页的一部分，只是它们除了网页显示代码外，还有处理数据的程序代码，所以在程序的应用上必须要谨慎地配合整个网站的风格。

5）特效

特效就是让网页看起来生动活泼的各种应用，常用的开发技术有Flash，JavaScript，Java applets等。适当地使用这些网页小技巧，如同蜻蜓点水般地不着痕迹带过，往往能让这些小特效发挥最大的效果，使网页创造出独特的风格。值得注意的是：浏览者并不会因为五花八门的特效觉得这个网站的技巧非常高明，让特效自然地融入页面之中，才是成功的设计。

6）目录规划

网站的目录是指建立网站时创建的目录。目录的结构是一个容易忽略的问题，大多数网站都是未经规划随意创建子目录。目录结构的好坏，对浏览者来说并没有什么太大的感觉，但是对于站点本身的上传维护，内容未来的扩充和移植有着重要的影响。下面是建立目录结构的一些建议。

①不要将所有文件都存放在根目录下：有的开发人员为了方便，将所有文件都放在根目录下：这样做容易造成文件管理混乱。常常搞不清哪些文件需要编辑和更新，哪些无用的文件可以删除，哪些是相关联的文件，影响工作效率；另外，也影响上传速度。服务器一般都会为根目录建立一个文件索引。当所有文件都放在根目录下，那么即使只上传更新一个文件，服务器也需要将所有文件再检索一遍，建立新的索引文件。很明显，文件量越大，等待的时间也将越长。所以，尽可能减少根目录的文件存放数。

②按栏目内容建立子目录，子目录的建立，首先按主菜单栏目建立。例如，网页教程类站点可以根据技术类别分别建立相应的目录，如Flash，DHtml，JavaScript等；企业站点可以按照公司简介、产品介绍、价格、在线订单、反馈联系等建立相应目录。其他的次要栏目，需要经常更新的可以建立独立的子目录，而一些相关性强，不需要经常更新的栏目，例如，关于本站，站点经历等可以合并放在一个统一目录下。所有程序一般都存放在特定目录下，例如，把CGI程序放在cgi-bin目录下，便于维护管理。所有需要下载的内容也最好放在一个目录下。

③在每个主目录下建立独立的images目录：通常一个站点根目录下都有一个images目录。刚开始学习主页制作时，有人习惯将所有图片都存放在这个目录里。但是当需要将某个主栏目打包下载时，或者将某个栏目删除时，图片的管理相当麻烦。经过实践发现：为每个主栏目建立一个独立的images目录是最方便管理的。

7）内容

内容包括网站主题、整体实用性、文件关联性、内容切合度、是否有不必要的内容等。

①网站应该都有一个明确的主题,而网站的整体内容都会围绕这个主题来发展。没有主题的网站很难拥有固定的用户,一般的用户,查询资料者居多,当然也是希望查询到精确且多量的资料。

②网站的整体实用性,包含了资料的实用性及参考价值,若网站有明确的主题,应尽量避免不相关的其他主题出现。

③文件的关联性也是考虑的重点问题,在一个大主题下,往往能分很多相关联的小主题。此时就应该对其详加分类统合,明确地让浏览者知道这些小主题相互之间的关联性,而不是东一堆、西一堆的文件,就算与主题有部分上的关联性,在一般的浏览者眼中,也都会成为没有用的垃圾,这样实在是非常可惜。

④网站的内容,当然越多会越好,只是在资料多的同时,也要注意到这个资料是否切合主题、是否对网站有用、归纳得是否妥当明了、有没有不必要的内容,这样网页的内容才能真正迈向量多质精之路,也才能走出自己的风格。

11.1.3 栏目设计

栏目是网站的骨架,必须认真地设计。一般应该从网站的类型、希望表达的内容、信息的分类以及同类网站的设计几个方面来考虑,栏目设计的基线应该是以用户为中心,以一种访问者容易、直观、可预期的方式来设计网站的结构。

例如,一个向公众提供服务的网站,其导航栏目通常以服务的重要性和使用频率分类设计;而一个计算机零售商则通常为以产品分类的方式组织网站的栏目。

为了更好地进行栏目设计,需要收集大量的相关资料,并对其整理。整理以后再找出重点,根据重点以及网站的侧重点,结合网站定位来敲定网站的分栏目需要有哪几项,可以参考一下其他类似网站的栏目,然后一起反复比较,最后确定网站相关的栏目,形成网站栏目的树状列表,用以清晰地表达站点结构。

然后以同样的方法,来讨论二层栏目下的子栏目,对它进行归类,并逐一确定每个二级分栏目的主页面需要放哪些具体的东西,二级栏目下面的每个小栏目需要放哪些内容,能够很清楚地了解本栏目的每个细节。

11.1.4 网页布局

网页布局是整个界面的核心,在这里就体现了一切以用户为中心,以及如何与用户沟通,要让用户把注意力集中到浏览内容上,网站的内容让人易懂,既能准确快速表达网站的主要内容,还能维持整体外形上的稳定。在布局时,一定要注意网页的统一、协调和均衡。

1)首页设计

首页是网站和用户沟通的第一印象,是整个网站设计最有价值的地方。一个好的首页要做到以下几点:

①提供简洁明了的导航设计,便于用户清晰地了解网站架构。

②让用户一眼就可以看出这个网站的内容类别和特点。

③不要把不经常更新的内容放在首页上。

④把用户经常浏览和操作的内容放在首页。

⑤最近更新的内容和主要推荐的内容尽量要在第一屏可以看到。

⑥通过首页可以完成所有重要的操作。

⑦兼容于主流的浏览器。

图11.1是淘宝网的首页，对照上面的原则可以看出，网站的主题很明显，突出了"买与卖"的特征，其导航设计层次清晰，重要的功能如搜索、最新推出的服务、用户注册、产品广告等都体现在第一屏上。

图 11.1　淘宝网首页

11.1.5　网页基本元素设计

网页的基本元素包括Logo、导航栏、Banner、按钮、文本、图像。

1）Logo设计

Logo是标志、徽标的意思，是互联网上一个网站用来与其他网站链接的图形标志，是网站形象的重要体现，也是网站对外传播的形象标识，务必要仔细斟酌，不仅要简洁得体，还要符合网站的定位和目标。

为了便于在Internet上传播信息，对Logo设定一个统一的国际标准是有必要的。实际上，已经有了这样一整套标准的Logo国际标准规范，其中关于网站的Logo，目前有3种规格。

①88*31，这是互联网上最普遍的Logo规格。

②120*60，这种规格用于一般大小的Logo。

③120*90，这种规格用于大型Logo。

2）导航栏设计

导航栏能让用户在浏览网页时容易到达不同的页面，是网页元素非常重要的部分，所以导航栏的设计一定要清晰、醒目。一般来讲，导航栏要在"第一屏"能显示出来，基于这点考虑，那种横向放置的导航栏要优于纵向放置的导航栏。如果浏览者的第一屏很矮，横向的仍能全部看到，而纵向的就很难说了，因为窗口的宽度一般是不会受浏览器设置影响的，而纵向的不确定性要大得多。

3）Banner设计

Banner可位于网页顶部、中部、底部任意一处，是横向贯穿整个或者大半个页面的广告条，其目的是吸引用户单击，目前它的国际尺寸有许多，可根据页面的需要来制订大小。

4）按钮设计

按钮的大小没有具体的规定，一般要注意和网页的整体协调，要注意颜色有比较强的对比，能吸引用户的注意。

5）文本

网页排版最主要的内容是文本，若页面排版不合理，容易产生视觉上的疲劳感。一般来说，要注意以下几点。

①文本的颜色要与背景颜色对比明显，使浏览者可以清楚地看到文本。

②文本的字体最好用宋体。

③合理的行距，每行文字的长度不可过长，以便于阅读。

6）图像

网页中经常会用到图片，图片也会直接影响网站的浏览速度和浏览者的第一感觉，目前网页中最常用的两种图像格式是GIF和JPEG。GIF格式适用于动画或者字体图像等内容，具有文件小的特点，JEPG（简称JPG）格式适用于照片，具有像素高、显示效果好的特点。

网页中的图像要注意以下两点。

①不要用小图片直接拉大来使用，这样会使图片显示质量明显下降，影响浏览效果。

②保证图片质量的同时，尽可能压缩，以提高访问速度。

7）页脚

一般使用标准的页脚，提供版权信息、最后更新的日期或隐私和法律声明。另外，还可使用和页面顶端相同的导航设计等。

8）留白

留白就是在页面上留有空间。一个网页版面中，不能只看到图形、文字组合而不注重空白。不能只看到字体的笔画，而忽略笔画之间的空白。正是由于空白的衬托，才使视觉得以集中，从而提高了"间隔醒目价值"。

国画创作中有句描述空间布局的话，就是"计白当黑"。好的空白设计不仅要重视版心周围空白的安排，还要讲究字组与图片之间的空白，以及字行之间、单个文字之间的空白，甚至一个字内的笔画之间的空白也不可忽视，当然，最终还要注重它们之间组合后在网页中所形成的整体感觉。

在网页设计中，空白的形状、大小、方向、色彩，以及大大小小空白在一个网页中形成的整体感觉,直接影响网页的质量、水平,同时也影响访问者的视觉心理。

总的来讲,一个有效的页面设计取决于能否在短时间让访问者得到所需的信息。为此,在保证构成页面基本构成要素齐全的情况下,适当采用变化和对比以突出页面的主题内容,为此应做到以下几点:

①保持整个网站页面结构的基本统一。

②适当地组织内容,不要在页面中添加过多的元素、适当地留有一定的空白和间隙,使访问者浏览页面时有足够的活动空间。

③使用线条、表格、div、色彩等建立起页面的视觉层次。

④网页内容布局以规范为主,适当地采取变化和对比,突出页面主题。

⑤重要的信息和操作放在页面的第一屏,尽量避免滚动操作,尤其避免左右滚动。

11.2 案例分析 🔍

京东商城是专业的综合性网上购物商城,拥有百万种商品,包括家用电器、手机数码、服装、电脑、母婴、化妆、图书等十几大类。众所周知,电子商务网站,就是可以用于商品展示、会员注册、登录、在线购买商品的网站。

在京东商城网站中,除了电器、服装、数码等商品类栏目外,还有一些服务性页面,如帮助中心、登录、注册页面。本次实验案例大家需要制作的是一个简化版的京东商城网站,包括首页、商品购买详情页、登录、注册页,效果图如图11.2至图11.5所示。

图 11.2　京东首页部分页面

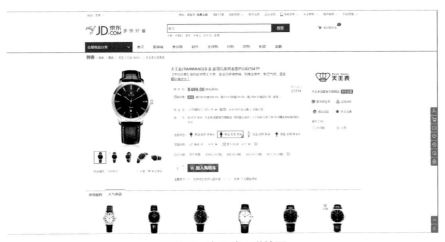

图 11.3 商品购买详情页

图 11.4 用户登录页

图 11.5 用户注册页

参考文献

[1] 胡崧.HTML从入门到精通[M].北京: 中国青年出版社, 2007.

[2] 任学文, 范严.网页设计与制作[M].北京: 中国科学技术出版社, 2006.

[3] 庄王健.网页设计三剑客白金教程[M].北京: 电子工业出版社, 2006.

[4] 孙强, 李晓娜, 黄艳.JavaScript从入门到精通[M].北京: 清华大学出版社, 2008.

[5] 杨选辉.网页设计与制作教程[M].北京: 清华大学出版社, 2009.

[6] 梁景红.网站设计与网页配色[M].北京: 人民邮电出版社, 2008.

移动电子商务运营师2.0

移动互联网开发

梦工场科技集团　编著

重庆大学出版社

图书在版编目（CIP）数据

移动互联网开发/ 梦工场科技集团编著.--重庆：
重庆大学出版社，2017.8
（移动电子商务运营师2.0）
ISBN 978-7-5689-0701-9

Ⅰ.①移⋯ Ⅱ.①梦⋯ Ⅲ.①移动网 Ⅳ.
①TN929.5

中国版本图书馆CIP数据核字（2017）第182071号

移动互联网开发

梦工场科技集团 编著
策划编辑：田 恬 顾丽萍

责任编辑：文 鹏 邓桂华 版式设计：顾丽萍
责任校对：关德强 责任印制：赵 晟

*

重庆大学出版社出版发行
出版人：易树平
社址：重庆市沙坪坝区大学城西路21号
邮编：401331
电话：（023）88617190 88617185（中小学）
传真：（023）88617186 88617166
网址：http://www.cqup.com.cn
邮箱：fxk@cqup.com.cn（营销中心）
全国新华书店经销
重庆五洲海斯特印务有限公司印刷

*

开本：787mm×1092mm 1/16 印张：12.75 字数：264千
2017年8月第1版 2017年8月第1次印刷
ISBN 978-7-5689-0701-9 总定价：800.00 元（全5册）

前 言

　　本书将 PHP 开发与 MySQL 应用相结合, 分别对 PHP 和 MySQL 作了深入浅出的分析, 不仅介绍了 PHP 和 MySQL 的一般概念, 而且对 PHP 和 MySQL 的 Web 应用作了较全面的阐述。本书列举了实际开发的实例, 包括 PHP 最新改进的特性、MySQL 开发中的实际应用。因 PHP 是目前流行的开源技术, 也是针对非计算机语言基础学生的编程课程, 易学、易用; PHP 作为电子商务专业学生学习的入门应用技术, 可为后期制作动态应用型电子商务网站奠定基础。PHP 同时是一种功能强大的脚本语言, 专门用于快速创建高性能的 Web 应用, 而 MySQL 能很好地与 PHP 集成, 适用于基于互联网的动态应用。本书介绍了如何使用这些工具创建高效和交互式的 Web 应用, 清晰地介绍了 PHP 语言的基础, 解释了如何设置和使用 MySQL 数据, 以及如何使用 PHP 与数据库和服务器进行交互。本书通俗易懂, 包括大量实际应用中的例子。更多的商务模块的实际案例读者或任课教师可到资源网(www.baidu.com)免费下载使用。

　　本书由乐旭拟定编写大纲, 并编写了第5章至第8章, 翁列编写了第1章至第4章以及第9章, 崔倍倍、孙飞、李文强对全书文字进行了校正。

　　因时间仓促, 加之水平有限, 书中难免存在错误和疏漏之处, 敬请广大读者批评指正。

编　者

2017 年 4 月

目　录

第 4 章　PHP 与 Web 页面交互

第 5 章　cookie 与 session

第 6 章　MySQL 数据库基础

第 7 章　PHP 操作 MySQL 数据库

第 8 章　PHP 网络开发

第 9 章　实用案例——电子商务网站开发

参考文献

第1章 PHP 环境搭建和开发工具

学习或使用PHP首先要了解PHP的环境及环境搭建。本章主要讲解Windows环境下PHP的搭建，PHP有很好的延展性，可以跨平台运行，不仅可以在WinNT中运行，也可以在Linux和MAC平台运行。

1.1 PHP 开发环境和准备工作

PHP和MySQL作为黄金搭档带来动态网站的开发，结合Apache来搭建动态的交互环境。本章介绍PHP，MySQL，Apache在WinNT环境下的搭建，为了让初学者能够掌握，本教程将按照Windows操作系统下的开发环境讲述PHP语言及编程。

1.2 Windows 下 Apache+MySQL+PHP 的安装

Apache是Linux下的Web服务器，它相当于WinNT IIS；MySQL也是Linux系统下的数据库，它们很大程度被印上了Linux的印记。

安装前的准备工作：

①Apache_Server_2.2.12.rar，下载网址：http://httpd.apache.org/download.cgi。

②Mysql-5.7.12-win32/64.zip，下载网址：http://www.mysql.com/downloads/。

③php-5.5.15-Win32-VC11-x86.zip，下载网址：http://php.net/downloads.php。

1.2.1 安装 Apache

①解压.rar文件，双击下载的文件进行安装，出现Apache HTTP Server 2.2-Installation Wizard的安装向导。首先是欢迎页如图1.1所示。

②单击"Next"，出现协议页License Agreement，如图1.2所示。

图 1.1   图 1.2

③同意协议，选择I accept the terms in the license agreement后，单击"Next"，出现Read This First页，如图1.3所示，单击"Next"，出现Server Information，如图1.4所示，然后对信息进行说明及设置如下：Network Domain——本台服务器的域名；Server Name——本台服务器的名字；Administrator's Email Address——服务器的管理员的邮件地址，当系统出现问题时提供给访问者。以上信息无效也可以。For All Users, on Port 80, as a Service—Recommended.——为系统所有用户安装，使用默认的80端口，作为系统服务自动启动。Only for the Current User, on Port 8080, when started Manually.——仅为当前用户安装，使用8080端口，需要手动启动。

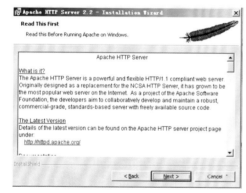

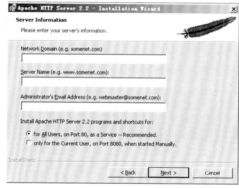

图 1.3   图 1.4

④填写相应信息如下：

Network Domain — yuexu.net；

Server Name — www.yuexu.net；

Administrator's Email Address — ygmail.com。

⑤选择for All Users, on Port 80, as a Service — Recommended.单击"Next"，进入安装选项。Typical——典型安装；Custom——自定义安装，如图1.5、图1.6所示。

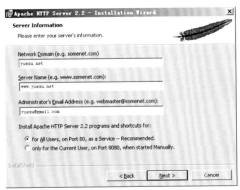

<table>
<tr><td>图 1.5</td><td>图 1.6</td></tr>
</table>

⑥选择Custom自定义安装后，单击"Next"，进入自定义安装，如图1.7所示。

⑦单击Apache HTTP Server 2.2.25后选择This feature, and all subfeatures, will be installed on local hard drive，选择本地安装路径，如图1.8所示。

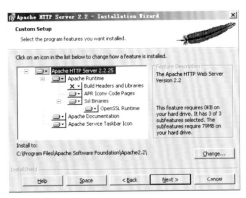
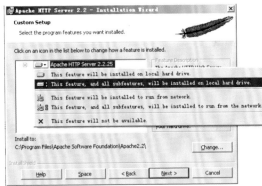

<table>
<tr><td>图 1.7</td><td>图 1.8</td></tr>
</table>

⑧设置完成后单击"Next"，出现准备安装页，如图1.9所示。

⑨确认无误后单击"Next"，开始Apache的安装，如图1.10所示。

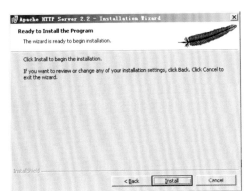
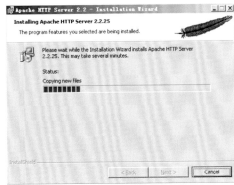

<table>
<tr><td>图 1.9</td><td>图 1.10</td></tr>
</table>

⑩等待安装完成，如图1.11所示。单击"Finish"，完成Apache的安装，在浏览器中的结果如图1.12所示。

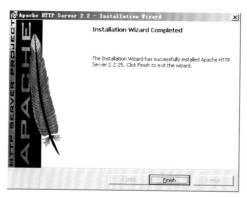

图 1.11

图 1.12

1.2.2 安装 PHP5

安装PHP5的操作步骤如下：

①将PHP-5.5.15-Win32-VC11-x64解压到本地磁盘，这里将放在D:\PHP5目录下。

②将该目录下的dll文件复制到系统盘C:\Windows\System32目录下。

③将文件php.ini-dist复制到系统盘C:\Windows目录下，并重新命名为php.ini。

④打开php.ini文件找到"extension_dir='./'"这行，修改为"extension_dir='d:/PHP5/ext'"。

⑤查找";extension=php_mysql.dll"这行编码，将前面的分号";"去掉，PHP方可支持MySQL数据库。

⑥保存文件并退出，PHP5安装完成。

1.2.3 安装 MySQL

MySQL是很受学者青睐的开源数据库，市场占有率很高，故受数据库使用者的喜爱，一直被认为是PHP的黄金搭档。具体安装步骤如下：

①双击mysql-5.7.17.msi文件，运行MySQL数据库，如图1.13所示

图 1.13

②单击"finding all installed packages"，检查完所需安装包后出现如图1.14所示界面。

③选择图1.14中"I accept the license terms"前面的选框，单击"Next"按钮进入如图1.15所示界面。

图 1.14

图 1.15

④选择默认模式，单击"Next"按钮进入如图1.16所示界面。

⑤检查需求页面，如需要产品，则单击"Execute"按钮，不需要则单击"Next"按钮。此处我们单击"Execute"按钮，出现如图1.17所示界面，然后直接单击"Execute"按钮执行安装，安装完成后出现如图1.18所示界面。

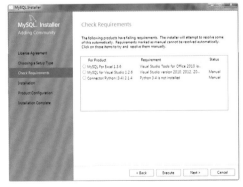

图 1.16

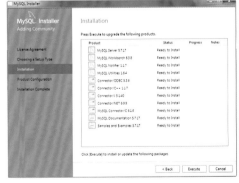

图 1.17

⑥单击"Next"按钮出现产品配置界面，如图1.19所示。

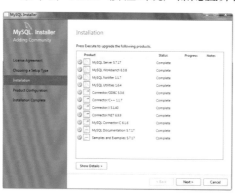 

图 1.18　　　　　　　　　　　　　　　　图 1.19

⑦单击"Next"按钮，出现如图1.20所示界面。

⑧在图1.20中进行网络配置，此处我们采取默认方式进行安装，单击"Next"按钮，进入如图1.21所示界面。

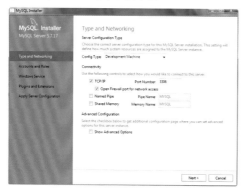 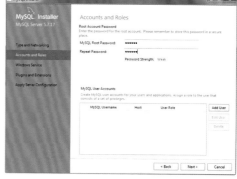

图 1.20　　　　　　　　　　　　　　　　图 1.21

⑨在图1.21所示界面中设置数据库用户密码，密码最小长度为4个字符，此处也可以添加用户，我们采取使用默认root用户，单击"Next"按钮进入如图1.22所示Windows服务界面。

⑩安装使用默认root账户，此处采取默认方式，单击"Next"按钮进入如图1.23所示应用服务界面，直接单击"Excute"按钮进行安装，安装完成如图1.24所示。

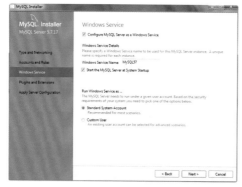 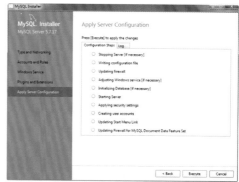

图 1.22　　　　　　　　　　　　　　　　图 1.23

⑪完成"windows service"后测试下服务连接，界面如图1.25所示。

图 1.24

图 1.25

⑫输入用户名和密码，单击图1.25中"Check"按钮进行检查连接，查看连接是否成功，成功则显示"Connection successful "，然后单击"Next"按钮进入如图1.26所示界面。

⑬单击图1.26所示的"Finish"按钮，完成 MySQL数据库安装。

图 1.26

1.3 配置 Apache 和 PHP5

配置Apache文件，在httpd.conf中作一些设置。该文件在Apache的conf目录下，设置如下：

①前面将Apache解压安装在D磁盘下，修改D:\Apache\conf\httpd.conf文件。把ServerRoot这行修改为 ServerRoot "D:\Apache"， 双引号之间是Apache放置的位置。

②修改D:\Apache\conf\httpd.conf文件。把DocumentRoot按照下面的内容修改：DocumentRoot "D:/Apache24/htdocs", <Directory"D:/Apache/htdocs">把Listen Port修改为Listen 8080。

③添加下面几行，增加对PHP5的支持：

```
# php5 support
LoadModule php5_module D:/php/php5apache2_4.dll
AddType application/x-httpd-php .php .html .htm
# configure the path to php.ini
PHPIniDir "D:/php"
```

小技巧

D:\apache24\bin\httpd.exe-k install, 这句可以把 Apache 添加到系统服务里去。

④保存httpd.conf，重启Apache服务。

⑤PHP配置如下：添加环境变量在计算机→属性→高级设置→高级→环境变量→新建，如图1.27所示。

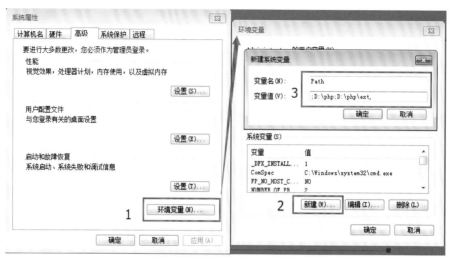

图1.27

1.4 在 Windows 下搭建 WAMP 集成开发环境

以上是3个项目工具独立的安装配置的开发环境，随着开发速度加快，现在有更优秀的集成环境支持PHP的开发，WAMP就是一个小巧、方便的集成开发环境，它是由Apache，MySQL，PHP集成的开发环境，搭建环境简单、易操作，具体安装如下：

①下载最新版本WAMP Server，下载地址：http://www.wampserver.com/。

②双击下载wampserver.exe文件，运行如图1.28所示，单击"立即安装"进行安装，如图1.29所示。

图1.28   图1.29

③选择"I accept the agreement"，按照要求进行，单击"Next"安装，如图1.30—图1.34所示。

图 1.30　　　　　　　　　　　图 1.31

图 1.32　　　　　　　　　　　图 1.33

图 1.34　　　　　　　　　　　图 1.35

　　④安装过程中选择默认浏览器，按照默认安装操作，如需使用其他浏览器可以在开发过程中进行选择设置。此处单击"打开"，如图1.35所示。然后继续安装，如图1.36所示，直至安装完成，如图1.37所示。

图 1.36　　　　　　　　　　　　　　　　　　　图 1.37

⑤安装完成后在D: \wamp\www\生成文件夹, 开发工程中将文件存放在此文件夹下, 新安装完成启动wamp环境, 测试在浏览器地址栏输入127.0.0.1或localhost, 按回车键查看结果, 如图1.38、图1.39所示。

图 1.38　　　　　　　　　　　　　　　　　　　图 1.39

至此, WAMP Server集成开发环境安装完毕, 集成环境已经将配置设置完毕。

1.5　Linux 环境下的安装配置

Linux下安装环境相对Windows要复杂很多, 除了安装相应的Apache和MySQL外还有其他工具, 并且需要设置, Linux下安装没有图形化界面操作需使用命令进行操作。作为非开源跨平台软件开发学者只需要对Linux环境进行了解, 可不作重点学习。

1.5.1　安装 Apache 服务器

安装Apache服务器, 在Linux终端安装, 打开终端按照以下安装步骤进行安装:
①进入Apache安装文件的目录下, 如usr/local/work。命令如下:

cd/usr/local/work

②解压安装包。解压完成后，进入httpd2.2.12目录中。命令如下：

tar xfz httpd2.2.12.tar.gz

cd httd2.2.12

③建立 makefile，将 Apache 服务器安装到usr/local/Apache下。命令如下：

./configure -prefix=/usr/local/Apache -enable-module=so

④编译文件。命令如下：

make

⑤开始安装。命令如下：

make install

⑥安装完成后，将Apache服务器添加到系统启动项中，重启服务器。命令如下：

/usr/local/Apache/bin/Apachectl start>>/ect/rc.d/rc.local

/usr/local/Apache/bin/Apachectl restart

⑦安装完成在浏览器中运行结果，如图1.12所示。

1.5.2　安装 MySQL 数据库

安装MySQL需要创建账号，并将账号加入组群。安装步骤如下：

①创建MySQL账号，并加入组群。命令如下：

groupadd mysql

useradd -g mysql mysql

②进入MySQL的安装目录，将其解压（如目录为/usr/local/mysql）。命令如下：

cd /usr/local/mysql

tar xfe /usr/local/work/mysql-5.2.151a-Linux-i686.tar.gz

③因MySQL数据库升级的需要，通常以链接的方式建立/usr/local/mysql目录。命令如下：

in -s mysql-5.2.15a-Linux-i686.tar.gz mysql

④进入 MySQL 目录，在/usr/local/mysql/data 中建立 MySQL 数据库。命令如下：

cd mysql

scripts/mysql_ijistall_db-user=mysql

⑤修改文件权限。命令如下：

chown -R root

chown -R mysql data

chgrp -R mysql

⑥MySQL安装成功。用户可以通过在终端中输入命令启动MySQL服务。命令如下：

/usr/local/mysqI/bin/mysqld_safe -user=mysql &

启动后输入命令，进入MySQL。命令如下：

/url/local/mysql/bin/mysql -uroot

1.5.3 安装 PHP5 语言

安装PHP5之前，需查看libxml的版本号。如果libxml版本号小于2.5.10，则需要先安装 libxml高版本。安装libxml和PHP 5的步骤如下（如果不需要安装libxml,直接执行PHP 5的安装步骤即可）：

①将libxml和PHP 5复制到/usr/local/work目录下，并进入该目录。命令如下：

```
mv php-5.2.5.tar.gz libxml2-2.6.26.tar.gz/usr/local/work
cd/usr/local/work
```

②分别将libxml2和php解压。命令如下：

```
tar xfz libxml2-2.6.62.tar.gz
tar xfz PHP-5.2.5.tar.gz
```

③进入 libxml2 目录，建立 makefile，将 libxml 安装到usr/local/libxml2 下。命令如下：

```
cd libxml2-2.6*62
./configure -prefix=/usr/local/libxml2
```

④编译文件。命令如下：

```
Makefile
```

⑤开始安装。命令如下：

```
make install
```

⑥libxml2安装完毕后，开始安装PHP5。进入php-5.2.5目录下。命令如下：

```
cd ../php-5.2.5
```

⑦建立 makefile。命令如下：

```
./configure -with-apxs2=/usr/locaI/Apache/bin/apxs
—with-mysql=/usr/locaI/mysql
—with-libxml-dir=/usr/local/libxml2
```

⑧开始编译。命令如下：

```
make
```

⑨开始安装。命令如下：

```
make install
```

⑩复制 php.ini-dist 或 php.ini-recommended 到/usr/local/lib 目录，并命名为php.inicp php.ini-dist/usr/local/lib/php.ini。

⑪更改httpd.conf文件相关设置，该文件位于/usr/local/Apache/conf中。命令如下：

```
AddType application/x-gzip.gz.tgz
```

在该指令后加入以下指令：

```
AddType application/x-httpd-php .php
```

⑫重新启动Apache，并在Apache主目录下建立文件phpinfo.php。命令如下：

```
<?php
    phpinfo();
?>
```

在浏览器地址栏输入localhost或127.0.0.1,运行结果如图1.40所示。

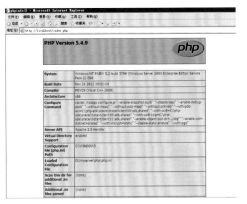

图 1.40

1.6 PHP 常用开发工具

随着PHP的发展,越来越多的PHP优秀开发工具为人们提供帮助和方便,找到一个适合自己的工具,不仅可以加快学习进度,还可以提高工作效率。

1.6.1 Eclipse

Eclipse是著名的跨平台的自由集成开发环境(IDE),虽然大多数用户很乐于将Eclipse 当作 Java 集成开发环境(IDE)来使用,但 Eclipse 的目标却不仅限于此。尽管 Eclipse 是使用Java语言开发的,但它的用途并不限于 Java 语言,例如,支持诸如C/C++, COBOL, PHP, Android等编程语言的插件已经可用。本节主要推荐Eclipse for PHP工具。

下载地址:http://www.eclipse.org/downloads/。

Eclipse for PHP编辑界面如图1.41所示。

图 1.41

1.6.2　ZendStudio

Zend Studio是Zend Technologies公司开发的PHP语言集成开发环境(IDE)。它除了有强大的PHP开发支持外也支持HTML，JS，CSS，但只对PHP语言提供调试支持。Studio5.5系列后，官方推出了基于Eclipse平台的Zend Studio。Zend Studio 是专业开发人员在使用PHP整个开发周期中唯一的集成开发环境 (IDE)，它包括了PHP所有必需的开发部件。通过一整套编辑、调试、分析、优化和数据库工具，Zend Studio加速开发周期，并简化复杂的应用方案，目前是开发PHP最优秀的IDE。

下载地址：http://www.zend.com/en/products/studio/downloads#Windows。

ZendStudio编辑界面如图1.42所示。

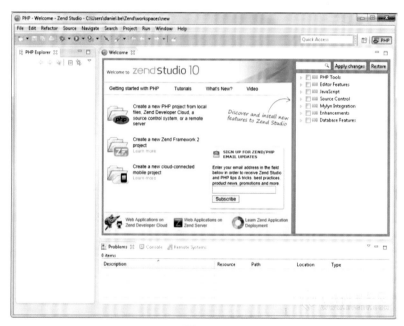

图 1.42

1.6.3　NuSphere PhpED

PhpED 通过无与伦比的PHP调试和压缩能力,以及一个新的NuSOAP Web服务向导成为了PHP领域的领军产品。更加强大的Project Manager使得发布站点和应用程序比以前更容易。现在可以在运行的多线程程序或者开发中的程序进行测试和调试，而且,对PostgreSQL和MySQL数据库的本地支持为PHP使用开源数据库提供了一个广泛的环境。

下载地址：http://www.nusphere.com/download.php.ide.htm。

NuSphere PhpED编辑界面如图1.43所示。

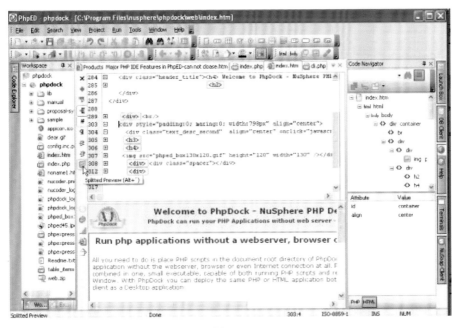

图 1.43

1.6.4　Delphi for PHP

Delphi for PHP拥有一个称为Visual Component Library (VCL for PHP)的整合PHP 5类库。在其可定制的板块上，有超过50个可复用的组件，包括按钮、标签、复选框、图像、DHTML菜单、Flash对象、栅格、树视图、列表框等。数据库组件也可以用于访问数据库、表格、查询、存储过程、DBGrid和导航。还可以随时使用自己的组件或通过开放源PHP平台提供的组件，对VCL for PHP进行延展。能够轻松地在IDE中创建自己的组件并安装可定制包。VCL for PHP使得开发新程序的工作变得简单，这是因为每个组件都是在纯PHP中构建的。仅需将组件置于表格中，并在应用程序中使用即可。VCL for PHP具有内置的属性、方法和事件，使得Web接口开发变得轻而易举。Delphi for PHP是构建强大和可靠的PHP Web应用程序的快捷方法。

下载地址：http://www.crsky.com/soft。

Delphi编辑界面如图1.44所示。

1.6.5　Dreamweaver

Adobe Dreamweaver，简称"DW"，是美国Macromedia公司开发的集网页制作和管理网站于一身的所见即所得网页编辑器，DW是第一套针对专业网页设计师特别发展的视觉化网页开发工具，利用它可以轻而易举地制作出跨越平台限制和跨越浏览器限制的充满动感的网页，DW支持PHP+MySQL可视化开发，对初学者是比较好的选择，但不适合比较复杂的程序开发。

下载地址：http://www.adobe.com/downloads.html。

Dreamweaver编辑界面如图1.45所示。

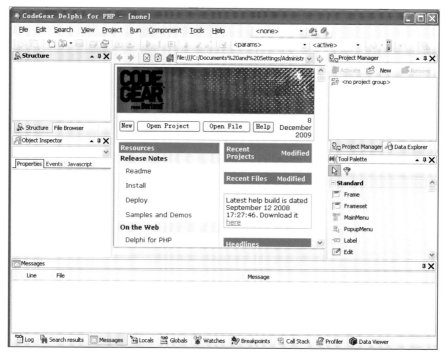

图 1.44

图 1.45

1.7 第一个 PHP 实例

本实例通过DW来创建一个PHP实例，输出"这是我们使用DW编辑的第一个网页"，具体操作如下：

①启动DW工具。

②新建文件命名为index.php，保存在Apache服务器WWW文件夹下。

③在DW代码模式下输入如图1.46所示代码。

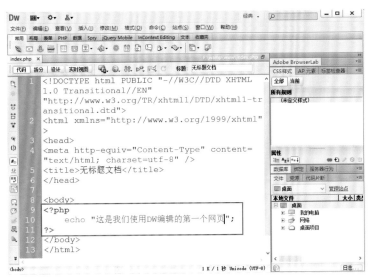

图 1.46

④在浏览器地址栏输入localhost或127.0.0.1，在浏览器中的运行结果如图1.47所示。

图 1.47

1.8 小结

本章主要介绍了PHP的环境搭建，包括PHP, Apache, MySQL环境安装及搭建等知识。同时也介绍了几款当前比较流行的PHP开发工具(IDE)，读者可以根据实际情况选择一款适合自己的开发工具。

课后作业

1.使用WAMPServer安装PHP运行环境，并配置开发环境。

2.使用搭建配置好的环境开发个人第一个如图1.47所示的PHP页面，并查看运行情况。

学习笔记

第2章 PHP 语言基础

通过对第1章的学习，对PHP有了初步的了解，本章中我们将讲解PHP的基础知识。此基础知识是后续课程的基石。掌握坚实的理论知识，才能将知识全面深入，达到融会贯通。

2.1 PHP 标记风格

PHP和其他几种Web语言一样，都是使用一对标记将PHP代码部分包含起来，以便和html代码相区分，PHP一共有4种标记风格。

①xml风格（标准风格推荐使用），代码如下：

```
01  <?php
02    echo"这是xml风格的标记";
03  ?>
```

②脚本风格，代码如下：

```
01  <script languange="php">
02    echo'这是脚本风格的标记';
03  </script>
```

③简短风格，代码如下：

```
01  <?
02    这是简短风格的标记;
03  ?>
```

④asp风格，代码如下：

```
01  <%
02    echo'这是asp风格的标记';
03  %>
```

注: asp风格需要在 php.ini 配置文件中开启 asp_tags=on; xml风格的标记是常用的标记, 也是推荐使用的标记, 服务器不能禁用, 该风格标记在xml, xhtml中都可以使用。简短风格需要在php.ini中设置short _open_tag=on, 默认是on,或在PHP 编译时加入enable-short-tags 选项。

asp风格与简短风格需要在php.ini中设置。默认不支持这两种风格。

2.2 PHP 的数据类型

在计算机的世界里, 计算机操作的对象是数据, 而每一个数据都有其类型, 具备相同类型的数据才可以彼此操作。PHP的数据类型可以分为标量数据类型、复合数据类型、特殊数据类型、转换数据类型和检测数据类型。

2.2.1 标量数据类型

标量数据类型是数据结构中最基本的单元, 只能存储一个数据。PHP中的标量数据类型包括4种, 见表2.1。

表2.1

类 型	说 明
boolean（布尔型）	这是最简单的类型, 只有两个值, 真（true）和假（false）
string（字符串型）	字符串就是连续的字符序列, 可以是计算机所能表示的一切字符的集合
integer（整型）	整型数据类型只能包含整数, 这些数据类型可以是正数或负数
float（浮点型）	浮点数据类型用来存储数字, 和整型不同的是它有小数位

1）布尔型（boolean）

布尔型是PHP中较为常用的数据类型之一。它保存一个真值（true）或者假值（false）。布尔型数据的用法见例2.1。

例2.1 通常布尔型变量都是应用在条件或循环语句的表达式中。在if条件语句中判断变量$a中的值是否为true, 如果为true,则输出"变量$a为真! ", 否则"变量$a为假! "。

```
<?php
$a = true;
$b = false;
if($a==true){
        echo "变量$a为真! ";
}else{
        echo "变量$a为假! ";
}
```

```
?>
```

输出结果如下：

　　变量$a为真！

2）字符串型（string）

字符串是连续的字符序列，由数字、字母和符号组成。字符串中的每个字符只占用一个字节。字符包含以下几种类型：

①数字类型。如1, 2, 3等。

②字母类型。如a, b, c, d等。

③特殊字符。如#, $, %, ^, &等。

④不可见字符。如\n（换行符），\r（回车符），\t（Tab字符）等。

其中，不可见字符是比较特殊的一组字符，是用来控制字符串格式化输出，在浏览器上不可见，只能看到字符串输出的结果。

例2.2　通过不可见字符输出一组字符串，程序代码如下：

```
<?php
    echo"Web电子商务网站开发\r ASP从入门到精通\n JSP程序开发范例宝典\t PHP函数参考大全";    //输出字符串
    ?>
```

程序执行结果如下：

Web电子商务网站开发

ASP从入门到精通

JSP程序开发范例宝典　　　　PHP函数参考大全

在PHP中，定义字符串有3种方式：

①单引号（'）。

②双引号（"）。

③界定符（<<<）。

单引号和双引号是经常被使用的定义方式，定义格式如下：

$a ='字符串'；

或

$a ="字符串"；

注：两者的不同之处是双引号中所包含的变量会自动被替换成实际数值，而单引号中包含的变量则按普通字符串输出。

例如，下面分别使用单引号、双引号、界定符输出变量的值，具体代码如下：

```
<?php
    $a="你好！"；
    echo "$a"."<br/>";        //使用双引号输出变量
    echo'$a'."<br/>";         //使用单引号输出$a
    $a；
    ?>
```

程序执行结果如下：

你好！

$a

注：使用界定符输出字符串时，结束标志符必须单独另起一行，并且不允许有空格。如果在标志符前后有其他符号或字符，则会发生错误。

3）整型（integer）

整型数据类型只能包含整数。在32位的操作系统中，有效的范围是-2 147 483 648~ +2 147 483 647。整型数可以用十进制、八进制和十六进制来表示。如果用八进制，数字前面必须加0，如果用十六进制，则需要加0x。

例2.3 分别输出八进制、十进制和十六进制的结果，具体代码如下：

```php
<?php
        $str1 = 1234; //十进制变量
        $str2 = 01234; //八进制变量
        $str3 = 0x1234; //十六进制变量
        echo"数字1234不同进制的输出结果:";
        echo"十进制的结果是: ".$str1."<br>";
        echo"八进制的结果是: ".$str2."<br>";
        echo"十六进制的结果是: ".$str3;
    ?>
```

程序执行结果如下：

数字1234不同进制的输出结果：

十进制的结果是：1234；

八进制的结果是：668；

十六进制的结果是：4660

注：如果给定的数值超出了int型所能表示的最大范围，将会被当作float型处理，这种情况称为整数溢出。同样，如果表达式的最后运算结果超出了int型的范围，也会返回float型结果。

4）浮点型（float）

浮点数据类型可以用来存储整数，也可以保存小数。它提供的精度比整数大得多。在32位的操作系统中，有效的范围是1.7E–308~1.7E+308。在PHP 4.0以前的版本中，浮点型的标志为double，也称为双精度浮点数，两者没什么区别。

浮点型数据默认有两种书写格式，一种是标准格式：

3.1415

0.333

–35.8

还有一种是科学计数法格式：

3.58E1

849.72E-3

例如：

```php
<?php
    $a=1.036;
    $b=2.035;
    $c=3.58E1;        //该变量的值为3.58*10¹
?>
```

注：浮点型的数值只是一个近似值，要尽量避免两个浮点型数之间比较大小，因为最后的结果往往是不准确的。

2.2.2 复合数据类型

复合数据类型包括两种：array（数组）和object（对象）。

1）数组（array）

数组是一组数据的集合，它把一系列数据组织起来，形成一个可操作的整体。数组中可以包括很多数据：标量数据、数组、对象、资源，以及PHP中支持的其他语法结构等。

数组中的每个数据称为一个元素，每个元素都有一个唯一的编号，称为索引。元素的索引只能由数字或字符串组成。元素的值可以是多种数据类型。定义数组的语法格式如下：

$array[key] = "value";

或

$array(key1 => value1, key2 => value2...)

其中，参数key是数组元素的索引，value是数组元素的值。

例2.4 一个简单的数组应用示例，具体代码如下：

```php
<?php
    $array[0]="四维梦工厂 ";    //定义array数组的第1个元素
    $array[1]="编程词典";      //定义array数组的第2个元素
    $array[2]="编程无忧";      //定义array数组的第3个元素
    $number=array(0=>'四维梦工厂 ', 1=>'编程词典', 2=>'编程无忧');
                            //定义number数组的所有元素
    echo $array[0]."<br />";    //输出array数组的第1个元素值
    echo $number[1];           //输出number数组的第2个元素值
?>
```

程序执行结果如下：

```
四维梦工厂
编程词典
```

2）对象（object）

现在的编程语言用到的方法有两种：面向过程和面向对象。在PHP中，用户可以自由地使用这两种方法。

2.2.3 特殊数据类型

PHP还有一些特殊的数据类型，这些数据类型主要提供某种特殊的用途，无法归入任何类别。

PHP的特殊数据类型主要包括资源和空(null)数据类型。

1) Resource：资源

资源是PHP内的几个函数所需要的特殊数据类型，由编程人员来分配。

2) Null：空值

空值是最简单的数据类型，表示没有为该变量设置任何值。另外，空值（null）不区分大小写。

例2.5 在以下代码中将空值赋给变量$a。

```php
<?php
    $a = "我喜欢PHP"; //为变量赋值非空值
    $a = null;//将变量值赋值为空,
    if(is_null($a)){
        echo "变量值是空值";
    }
?>
```

程序执行结果如下：

变量值是空值

2.2.4 转换数据类型

PHP中的类型转换和C语言一样，非常简单。在变量前面加上一个小括号，并把目标数据类型写在小括号中即可。

PHP中允许转换的类型见表2.2。

表 2.2

转换函数	转换类型	举 例
(boolean),(bool)	将其他数据类型强制转换成布尔型	$a=1; $b=(boolean)$a; $b=(bool)$a;
(string)	将其他数据类型强制转换成字符串型	$a=1; $b=(string)$a;
(integer),(int)	将其他数据类型强制转换成整型	$a=1; $b=(int)$a; $b=(integer)$a;
(float),(double),(real)	将其他数据类型强制转换成浮点型	$a=1;$b=(float)$a;$b=(double)$a;$b=(real)$a;
(array)	将其他数据类型强制转换成数组	$a=1; $b=(array)$a;
(object)	将其他数据类型强制转换成对象	$a=1; $b=(object)$a;

在进行类型转换的过程中应该注意以下几点：

①转换成interger型：null, 0和未赋值的变量或数组，会被转换为false，其他的

为true。

②转换成boolean型：布尔型的false转为0，true转为1。

③浮点float型：小数部分被舍去。

④字符串string型：如果以数字开头，就截取到非数字位，否则输出0。当字符串string型转换为整integer型或浮点float型时，如果字符是以数字开头，会先把数字部分转换为整型，再舍去后面的字符串。如果数字中含有小数点，则会取到小数点前一位。

例2.6　使用制订数据类型字符串进行类型转换，比较方法之间的不同。代码如下：

```php
<?php
    $num = "3.1415926";
    echo '使用(integer)操作转换变量：$num类型：  ';
    echo '(integer)$num ';
    echo '<p> ';
    echo '输出$num变量的值：  '.$num;
    echo '<p> ';
    echo '使用settype函数转换变量$num类型 ';
    echo settype($num, 'integer ');
    echo '<p> ';
    echo '输出$num变量的值：  '.$num;
?>
```

程序执行结果如下：

使用(integer)操作转换变量$num类型：3

输出$num变量的值：3.1415926

使用settype函数转换变量$num类型:1

输出$num变量的值：3

2.2.5　检测数据类型

PHP中提供了很多检测数据类型的函数，可以对不同类型的数据进行检测，判断其是否属于某个类型。检测数据类型的函数见表2.3。

表 2.3

函　数	检测类型	举　例
is_bool	检测变量是否为布尔型	is_bool($a);
is_string	检测变量是否为字符串型	is_string($a);
is_float/is_double	检测变量是否为浮点型	is_float($a); is_double($a);
is_integer/is_int	检测变量是否为整型	is_integer($a); is_int($a);
is_null	检测变量是否为空	null is_null($a);

续表

函　　数	检测类型	举　　例
is_array	检测变量是否为数组类型	is_array($a);
is_object	检测变量是否为对象类型	is_object($a);
is_numeric	检测变量是否为数字或由数字组成的字符串	is_numeric($a);

例2.7　通过几个检测数据类型的函数来检测相应的字符串类型, 具体代码如下:

```php
<?php
    $a=true;
    $b="你好PHP";
    $c=123;
    echo"变量是否为布尔型: ".is_bool($a)."<br>"; //检测变量是否为布尔型
    echo"变量是否为字符串型: ".is_string($b)."<br>"; //检测变量是否为字符串型
    echo"变量是否为整型: ".is_int($c)."<br>"; //检测变量是否为整型
    echo"变量是否为浮点型: ".is_float($c)."<br>"; //检测变量是否为浮点型
?>
```

程序执行结果如下:

变量是否为布尔型: true;

变量是否为字符串型: true;

变量是否为整型: true;

变量是否为浮点型: null;

由于变量C不是浮点型, 因此返回值为空值。

2.3 PHP 常量

2.3.1　声明和使用常量

1) 使用define()函数声明常量

在PHP中使用define()函数来定义常量。

语法: define(string constant_name,mixed vale,case_sensitive=true)

define()函数中,constant_name为必选参数,常量名称,即标志符;value为必选参数,常量的值;case_sensitive为可选参数,指定是否大小写, 设定为true, 表示不敏感。

对大小写不敏感常量如下:

```php
01 <?php
02    define("CONSTANT", "Welcome to PHP web!", true);
03    echo greeting;
04 ?>
```

对大小写敏感常量

```
01 <?php
02   define("CONSTANT", "Welcome to PHP web!");
03   echo GREETING;
04 ?>
```

注：①自定义必须用函数define()定义；②定义完后其值不能再改变；③使用时直接用常量名，不能像变量一样在前面加$S。

2）使用constant()函数获取常量的值

获取指定常量的值和直接使用常量名输出的效果一样,但函数可以动态地输出不同常量,在使用上灵活、方便。

语法：mixed constant(string const_kname)

说明：参数const_name为要获取常量的名称, 如果成功, 则返回常量的值; 失败, 则提示错误信息常量没有被定义。

constant()函数获取常量的值代码如下：

```
01 <?php   //define a constant
02   define("GREETING","Hello you! How are you today?");
03   echo constant("GREETING");
04 ?>
```

3）使用define()函数判断常量是否已经被定义

语法:bool defined(string constant_name)

说明:参数constan_name为要获取常量的名称, 成功则返回true,否则返回false,提示错误信息常量没有被定义, 如果成功则返回常量的值,要判断一个常量是否已经定义, 可以使用defined()函数。函数的语法格式为：

```
bool defined(string constant_name);
```

参数constant_name为要获取常量的名称, 成功则返回true,否则返回false。

例2.8 为了更好地理解如何定义常量, 这里给出一个定义常量的实例。在实例中使用上述的3个函数：define()函数、constant()函数和defined（）函数, 使用define()函数来定义一个常量, 使用constant() 函数来动态获取常量的值, 使用defined（）函数来判断常量是否被定义。实例代码如下：

```
<?php
    define ("MESSAGE","能看到一次");
    echo MESSAGE."<BR>";            //输出常量MESSAGE
    echo Message."<BR>";            //输出"Message",表示没有该常量
    define ("COUNTM", "能看到多次" ,true);
    echo COUNT."<BR>";             //输出常量COUNT
    echo Count."<BR>";        //输出常量Count,因为设定大小写不敏感
    $name = "counf";
    echo constant ($name)."<BR>";      //输出常量COUNT
```

```
    echo (define("MESSAGE"))."<BR>";
    ?>
```
程序执行结果如下：

　　　　能看到一次

　　　　Message

　　　　能看到多次

　　　　能看到多次

　　　　能看到多次

　　　　1

2.3.2　预定义常量

PHP中可以使用预定义常量获取PHP中的信息，常用的预定义常量见表2.4。

表 2.4

常量名	功　能
FILE	默认常量，PHP 程序文件名
LINE	默认常量，PHP 程序行数
PHP_VERSION	内建常量，PHP 程序版本，如 3.0.8_dev
PHP_OS	内建常量，执行 PHP 解析器的操作系统名称
TRUE	该常量是一个真值
FALSE	该常量是一个假值
NULL	一个 null 值
E_ERROR	该常量指到最近的错误处
E_WARNING	该常量指到最近的警告处
E_PARSE	该常量指到解析语法有潜在的问题处
E_NOTICE	该常量为发生不寻常的提示但不一定是错误处

注意：_FILE_和_LINE_中的"_"是前后两条下画线。

例2.9　预定义常量与用户自定义常量在使用上没什么差别。下面是用预定义常量输出PHP中的信息。实例代码如下：

```
    <?php
    echo "文件当前路径为: "._FILE_;
    echo "<br>当前行数: "._LINE_;
    echo "<br>当前PHP版本信息: ".PHP_VERSION;
    echo "当前操作系统: ".PHP_OS;
    ?>
```
程序执行结果如下：

文件当前路径为: C:\Users\Administrator\Desktop\APMServ5.2.6\www\htdocs

当前行数: 30

当前PHP版本信息: 5.2.6

当前操作系统: WINNT

2.4 PHP 变量 🔍

变量是指在程序执行过程中数值可以变化的量。变量通过一个名字(变量名)来标识。系统为程序中的每一个变量分配一个存储单元,变量名实质上就是计算机内存单元的命名。因此,借助变量名即可访问内存中的数据。

2.4.1 变量声明及使用

和很多语言不同,在PHP中使用变量之前不需要声明变量(PHP4之前需要声明变量),只需为变量赋值即可。PHP中的变量名称用$和标识符表示,变量名是区分大小写的。

变量赋值,是指给变量一个具体的数据值,对于字符串和数字类型的变量,可以通过 "=" 来实现。 格式为:

```php
<?php
    $name = value;
?>
```

对变量赋值时,要遵循变量命名规则。如下面的变量命名是合法的:

```php
<?php
    $thisCup="MILK";
    $_Class="FLOOT";
?>
```

下面的变量命名是非法的:

```php
<?php
    $11112_var = 11112; //变量名不能以数字字符开头
    S$spcn = "spcn";    //变量名不能以其他字符开头
?>
```

除了直接赋值外,还有两种方式可为变量声明或赋值。

一种是变量间的赋值。

例2.10 变量间的赋值是指赋值后两个变量使用各自的内存,互不干扰,实例代码如下:

```php
<?php
    $stringl = "span";              //声明变量 1: $Stringl
```

```php
$string2 = "$string1";        //使用$string1 初始化$string2
$string1 = "zhuding";         //改变变量1: $string1的值
echo $string2;                //输出变量$string2的值
?>
```

程序执行结果如下：

span

另一种是引用赋值。从PHP 4开始，PHP引入了"引用赋值"的概念。引用的概念是，用不同的名字访问同一个变量内容。当改变其中一个变量的值时，另一个也跟着发生变化。使用&符号来表示引用。

例2.11　在本例中，变量$j是变量$i的引用，当给变量$i赋值后，$j的值也会跟着发生变化。实例代码如下：

```php
<?php
$i = "span";                  //声明变量$i
$j = &$i;                     //使用引用赋值
$i = "hello, $i";             //重新给$i赋值
echo $j;                      //输出变量$j
echo "<br>";
echo $i;                      //输出变量$i
?>
```

程序执行结果如下：

    hello, span
    hello, span

2.4.2　变量作用域

PHP变量的4个作用域在PHP脚本的任何位置都可以声明变量，但是，声明变量的位置会大大影响访问变量的范围。这个可以访问的范围称为作用域。

PHP变量有4种作用域：局部变量、函数参数、全局变量、静态变量。

1）局部变量

在函数内部声明的变量就是局部变量，它保存在内存的栈中，速度很快。局部变量很有用，因为它消除了意外副作用的可能性。

2）函数参数

参数可以按值传递，也可以按引用传递。任何接受参数的函数都必须在函数首部中声明这些参数。

3）全局变量

与局部变量相反，全局变量可以在程序的任何地方访问。只要在变量前面加上关键字GLOBAL，就可以将其识别为全局变量。

例2.12　GLOBAL使用代码如下：

```php
<?php
```

```
        $var = 15;
        function add() {
            GLOBAL $var;
            $var++;
            print "var is $var";
        }
        add();
    ?>
```

如果省略 "GLOBAL $var;" 这行代码, 变量$var的值在程序运行后的值为1, 因为$var在函数add()中被认为是一个局部变量。这个局部声明将隐含地设置为0, 然后是1, 最后显示的值就是1。

4) 静态变量

函数参数在函数退出时会撤销, 而静态变量则不同, 静态变量在函数退出时不会丢失值, 并且再次调用此函数时还能保留这个值。

例2.13　在变量名前加上关键字STATIC就可以声明一个静态变量, 代码如下:

```
<?php
    function keep_track() {
    STATIC $count = 0;
    $count++;
    print $count;
    print "<br>";
    }
    keep_track();
    keep_track();
    keep_track();
?>
```

注: 如果变量$count未指明为STATIC, $count就会成为一个局部变量, 输出将会是 "1 1 1", 但是, 因为$count是静态的, 它会在每次执行函数时保留前面的值, 所以输出为 "1 2 3"。静态作用域对递归函数很有用, 递归函数recursive function是一个功能强大的编程概念,它是一个可以重复调用自身的函数,直到满足某个条件为止。

2.4.3　可变变量

例2.14　先看下列代码以及执行结果。

```
<?php
    $v1 = "";
    $flute = "v1";
    $$flute = "Apple";
    echo ("There is an ${$flute}.<br />");
```

```
        echo ("There is an $v1.<br />");
    ?>
```
程序运行结果如下：

There is an Apple.

There is an Apple.

从上面看出，变量$flute的初始值等于v1，在该变量前加$，对其进行赋值，则相当于给变量$v1赋值。从结果可以看出，最后$v1的值等于${flute}。实践中可变变量的使用方式为：

（1）获取传入的参数

例如，有两个通过POST传递的参数：v1和v2。若在程序中接受这两个参数值需要以下代码：

$v1 = $_POST["v1"];

$v2 = $_POST["v2"];

若需要接收20个或者更多的参数时，这段代码要写很长。那么有什么简便的方式呢？

可以用下列代码来实现：

```
foreach($_POST as $key=>$value){
    $$key=$value;
}
```

上述代码实现了遍历所有POST传入的参数，并将值传递给与key相同的变量名。

（2）动态指定对象的属性

例2.15 以下程序回显属性信息时，属性名称是由传入的参数$attr决定的。

```
<?php
    class student{
        public $name = "David";
        public $sex = "male";
    }
    function show($attr){
        $people = new student();
        echo ($people->$attr . "<br />");
    }
    show("name");
    show("sex");
?>
```

程序执行结果如下：

David

male

2.4.4 预定义变量

PHP 提供了大量的预定义变量。通过这些预定义变量可以获取用户会话、用户操作系统的环境和本地操作系统的环境等信息。常用的预定义变量见表2.5。

表 2.5

变量名称	说　明
$_SERVER['SERVER_ADDR']	当前运行脚本所在服务器的 IP 地址
$_SERVER['SERVER_NAME']	当前运行脚本所在服务器主机的名称
$_SERVER['REQUEST_METHOD']	访问页面时请求的方法，如 get，post，put 等
$_SERVER['REMOTE_ADDR']	正在浏览当前页面用户的 IP 地址
$_SERVER['REMOTE_HOST']	正在浏览当前页面用户的主机名
$_SERVER['REMOTE_PORT']	用户连接到服务器时所使用的端口
$_SERVER['SCRIPT_FILENAME']	当前执行脚本的绝对路径
$_SERVER['SERVER_PORT']	服务器所使用的端口默认为 80
$_SERVER['SERVER_SIGNATURE']	包含服务器版本和虚拟主机名的字符串
$_SERVER['DOCUMENT_ROOT']	当前运行脚本所在的文档根目录，在服务器配置文件中定义
$_COOKIE	通过 HTTPCookie 传递到脚本的信息
$_SESSION	包含所有绘画变量有关信息
$_GET	包含通过 get 方法传递的参数的相关信息
$_POST	包含通过 post 方法传递的参数的相关信息
$GLOBALS	由所有已定义全局变量组成的数组

2.5 PHP 运算符

运算符是用来对变量、常量或数据进行计算的符号，它对一个值或一组值执行一个指定的操作。PHP的运算符包括算术运算符、字符串运算符、赋值运算符、位运算符、逻辑运算符、比较运算符、递增或递减运算符、错误控制运算符、三元运算符。

2.5.1 算术运算符

算术运算（Arithmetic Operators）符号是处理四则运算的符号。在数字的处理中应用得最多。常用的算术运算符见表2.6。

表 2.6

名　　称	操作符	举　　例
加法运算	+	$a+$b
减法运算	−	$a−$b
乘法运算	*	$a*$b
除法运算	/	$a/$b
取余运算	%	$a%$b
递增运算	++	$a++，++$a
递减运算	−−	$a−−，−−$a

关于上表说明：

①在算术运算符中使用%求余，如果被除数（$a）是负数，那么取得的结果也是一个负值。

②两个递增/递减运算符，主要是对单独一个变量进行操作。

递增/递减运算符有两种使用方法：一种是先将变量增加或者减少1，然后再将值赋给原变量，称为前置递增或递减运算符；另一种是将运算符放在变量后面，即先返回变量的当前值，然后再将变量的当前值增加或者减少1，称为后置递增或递减运算符。

例2.16　本例分别使用上述几种运算符进行运算，实例代码如下：

```php
<?php
    $a=−100;                               //声明变量$a;
    $b = 50;                               //声明变量$b;
    $c = 30;                               //声明变量$c;
    echo "\$a = ".$a.",";                  //输出变量
    echo "\$b = ".$b.",";
    echo "\$b = ".$b."<p>";
    echo "\$a + \$b = ".($a+$b)."<br>"; //计算$a+$b
    echo "\$a − \$b = ".($a-$b)."<br>";
    echo "\$a * \$b = ".($a*$b)."<br>";
    echo "\$a / \$b = ".($a/$b)."<br>";
    echo "\$a % \$b = ".($a%$b)."<br>";
    echo "\$a++ =".$a++." ";               //对变量$a进行后置递增运算
    echo "运算后\$a的值为: ".$a."<br>";
    echo "\$b−− =".$b−−." ";
    echo "运算后\$b的值为: ".$b."<br>";
    echo "++\$c=".++$c." ";
    echo "运算后\$c的值为: ".$c;
?>
```

程序执行结果如下：

$a = –100,$b = 50,$b = 50

$a + $b = –50

$a - $b = –150

$a * $b = –5000

$a / $b = –2

$a % $b = 0

$a++ =–100 运算后$a的值为：–99

$b––=50 运算后$b的值为：49

++$c=31 运算后$c的值为：31

2.5.2　字符串运算符

字符串运算符只有一个，即英文的句号"."。它将两个字符串连接起来，结合成一个新的字符串。使用过C或Java的读者应注意，这里的"+"号只用作赋值运算符使用，而不能用作字符串运算符。

例2.17　本实例用于对比"."和"+"两者之间的用法。代码如下：

```php
<?php
    $a = "3.1415926";  //声明一个字符串变量，以数字开头
    $b = 1;
    $ab = $a.$b;            //使用"."运算符将两个变量连接
    echo $ab."<br>";
    $ba = $a + $b;        //使用"."运算符将两个变量连接
    echo $ba."<br>";
?>
```

程序执行结果如下：

3.14159261

4.1415926

2.5.3　赋值运算符

赋值运算符是把基本赋值运算符"="右边的值赋给左边的变量或者常量。在PHP中的赋值运算符见表2.7。

表 2.7

操　作	符　号	举　例	展开形式
赋值	=	$a = b	$a = b
加	+=	$a += b	$a = $a + b
减	–=	$a –= b	$a = $a – b
乘	*=	$a *= b	$a = $a * b

操　作	符　号	举　例	展开形式
除	/=	$a /= b	$a = $a / b
连接字符	.=	$a .= b	$a = $a . b
取余数	%	$a % b	$a = $a % b

2.5.4　位运算符

位运算符是指对二进制位从低位到高位对齐后进行运算。在PHP中的位运算符见表2.8。

表 2.8

符号	作用	举例
&	按位与	$a & %b
|	按位或	$a | %b
^	按位异或	$a ^ %b
~	按位取反	$a ~ %b
<<	向左移位	$a << %b
>>	向右移位	$a >> %b

例2.18　本实例使用位运算符对变量中的值进行位运算操作,代码如下:

```php
<?php
    $a = 8;
    $b = 12;
    $ab = $a & $b;
    echo $ab."<br>";
    $ab = $a | $b;
    echo $ab."<br>";
    $ab = $a ^ $b;
    echo $ab."<br>";
    $ab = ~$a;
    echo $ab."<br>";
?>
```

程序执行结果如下:

8

12

4

–9

2.5.5　逻辑运算符

逻辑运算符用来组合逻辑运算的结果,是程序设计中一组非常重要的运算符。PHP的逻辑运算符见表2.9。

表 2.9

运算符	举例	结果为真
&& 或 and(逻辑与)	$a and $b	$a 和 $b 都为真
|| 或 or(逻辑或)	$a || $b	$a 或 $b 中一个为真
xor(逻辑异或)	$a xor $b	$a, $b 互异
!(逻辑非)	!$a	$a 为假

在逻辑运算符中,逻辑与和逻辑或这两个运算符有4种运算符号(&&, and, ||和or),其中属于同一个逻辑结构的两个运算符号(如&&和and)之间却有着不同的优先级。

例2.19　本实例分别使用逻辑或中的运算符号 "||" 和 "or" 进行相同的判断,级别的不同输出的结果也不相同,实例代码如下:

```php
<?php
    $a = true;
    $b = true;
    $c = false;
    if($a or $b and $c){  //用or作判断
        echo "true"; //如果为真输出true
    }else{
        echo "false";
    }
    echo "<br>";
    if($a || $b and $c){  //用||作判断
        echo "true";   //如果为真输出true
    }else{
        echo "false";
    }
    echo "<br>";
?>
```

程序执行结果如下:

        true

        false

2.5.6 比较运算符

比较运算符就是对变量或表达式的结果进行大小、真假等比较，如果比较结果为真，则返回true，如果为假，则返回false。PHP中的比较运算符见表2.10。

表 2.10

运算符	说明	举例
<	小于	$a < %b
>	大于	$a > %b
<=	小于等于	$a <= %b
>=	大于等于	$a >= %b
==	相等	$a == %b
!=	不等	$a != %b
===	恒等	$a === %b
!==	非恒等	$a !== %b

说明：其中，不太常见的是= = =和!= =。$a = = = $b，说明$a和$b不只是数值上相等，而且两者的类型也一样。!= =和= = =的意义相近，$a != = $b 是说$a和$b或者数值不等，或者类型不等。

例2.20　本例使用比较运算符对变量之间进行比较，使用if条件语句来判断，如果为真输出true，否则输出false，代码如下：

```php
<?php
    $a = 3;
    $b = 8;
    $c = 6;
    if($a > $b){  //用>作比较
        echo "true";
    }else{
        echo "false";//如果为真输出false
    }
    echo "<br>";
    if($b == $c){  //用||作判断
        echo "true";
    }else{
        echo "false"; //如果为真输出false
    }
    echo "<br>";
    if($b >= $c){  //用>=作判断
```

```
        echo "true"; //如果为真输出true
    }else{
        echo "false";
    }
    echo "<br>";
?>
```

程序执行结果如下:

```
        false
        false
        true
```

2.5.7 错误控制运算符

@错误屏蔽,可以对程序中出现错误的表达式进行操作,进而对错误信息进行屏蔽,其使用的方法就是在错误的表达式前加上@符号即可。@仅是对错误信息进行屏蔽,并没有真正解决错误。

经常在程序中使用的默写函数出现一些不必要(不影响程序运行的错误)的错误信息时,使用该运算符进行屏蔽。针对程序中的一些影响程序运行的错误,@并不能起到解决问题的作用,不推荐使用。

例2.21 本实例了解错误控制运算的使用方法。在进行数学计算时会发生一些错误,例如:

```
<?php
    $err = 5 / 0;
?>
```

程序执行结果如下:

这时屏幕上会显示错误信息:

```
        Warning:Division by zero in……\index.php on line 12.
```

如果不要显示这行代码可以在语句前加上@符号。当然错误是存在的,只是看不到而已。

2.5.8 三元运算符

三元运算符(?:),也称为三目运算符,用于根据一个表达式在另两个表达式中选择一个,而不是用来在两个语句或者程序中选择。三元运算符最好放在括号里使用。

例2.22 本实例应用三元运算符实现一个简单的判断功能,如果正确则输出"三元运算符",否则输出"没有该值"。实例代码如下:

```
<?php
    $values = 100;
    Echo ($values==true)?三元运算符:没有该值;
?>
```

程序执行结果如下：

三元运算符

2.5.9　运算符的优先顺序和结合规则

所谓运算符的优先级，是指在应用中哪一个运算符先计算，哪一个后计算，与数学的四则运算遵循的"先乘除，后加减"是一个道理。

PHP的运算符在运算中遵循的规则是：优先级高的运算先执行，优先级低的操作后执行，同一优先级的操作按照从左到右的顺序进行。也可以像四则运算那样使用小括号，括号内的运算最先进行。PHP运算符优先级见表2.11。

表 2.11

优先级别	运算符
1	or,and,xor
2	赋值运算符 (=)
3	||,&&
4	|,^
5	&,.
6	+,–(递增或递减运算符)
7	/,*,%
8	<<,>>
9	++,--
10	+，–(正、负号运算符)，！，~
11	==, !=, <>
12	<,<=,>,>=
13	?:
14	->
15	=>

这么多的级别，如果想都记住是不太现实的，也没有必要。如果写的表达式真的很复杂，而且包含较多的运算符，不妨多使用括号。例如：

```
<php
    $a and ((@b!=$c)or(5*(50-$d)))
?>
```

这样就会减少出现逻辑错误的可能。

2.6 PHP 的表达式 🔍

在PHP中，几乎所写的任何东西都是一个表达式。简单但却最精确地定义一个表达式的方式就是"任何有值的东西"。表达式是由具体的代码来实现，是多个符号集合起来组成的代码，而这些符号是一些对PHP解释程序有具体含义的最小单元。它们可以是变量名、函数名、运算符、字符串、数值和括号等。

当键入"$a = 5"，即将值"5"分配给变量 $a。换句话说，"$a"是一个值为 5 的表达式（在这里，"5"是一个整型常量）。

赋值之后，所期待的情况是 $a 的值为 5，因此如果写下 $b = $a，犹如 $b = 5 一样。换句话说，$a 先赋值为5，然后将$a的值赋值给$b，意味着$b=5。

例如，考虑下面的函数：

```php
<?php
    function foo (){
        return 5;
    }
?>
```

假定已经熟悉了函数的概念，那么键入 $c = foo()从本质上来说就如写下 $c = 5。函数也是表达式，表达式的值即为它们的返回值。既然 foo() 返回 5，表达式 "foo()" 的值也是 5。通常函数不会仅仅返回一个静态值，而可能会计算一些东西。

```php
<?PHP
    $b=$a=5;
?>
```

因为PHP赋值操作的顺序是由右到左的，所以变量$b和$a被赋值5。

在PHP代码中，使用 "；" 来区分表达式，表达式也可以包含在括号内。可以这样理解：一个表达式再加上一个分号，就是一条PHP语句。

2.7 PHP 函数 🔍

在开发中，常会反复重复某种操作和处理，如数据查询、字符查询、字符操作等，如果每个模块的操作都要重新输入一次代码，不仅令程序员头痛不已，而且对于代码的后期维护及运行效果也有较大的影响，使用PHP函数即可使这些问题迎刃而解。

2.7.1　定义和调用函数

函数，就是将一些重复使用到的功能写在一个独立的代码块中，在需要时单独调用。创建函数的基本语法格式为：

```php
function fun_name($strl,$stgr2*,*$stm){
    fun_body;
}
```

其中，function为声明自定义函数时必须使用到的关键字；fun_name为自定义函数的名称；$strl...$stn为函数的参数；fon_body为自定义函数的主体，是功能实现部分。

当函数被定义好后，所要做的就是调用这个函数。调用函数的操作十分简单，只需要引用函数名，并赋予正确的参数即可完成函数的调用。

例2.23　在本例中定义了一个函数siwei()，计算传入的参数的平方，然后连同表达式和结果全部输出。实例代码如下：

```php
<?php
/* 声明自定义函数 */
function siwei($num) {
    return"$num * $num =".$num * $num;           //返回计算后的结果
}
    echo siwei(10);           //调用函数
?>
```

程序执行结果如下：

```
10*10 = 100
```

2.7.2　在函数间传递参数

在调用函数时，需要向函数传递参数，被传入的参数称为实参，而函数定义的参数为形参。参数传递的方式有按值传递、按引用传递和默认参数3种。

1）按值传递方式

将实参的值复制到对应的形参中，在函数内部的操作针对形参进行，操作的结果不会影响到实参，即函数返回后，实参的值不会改变。

例2.24　本例首先定义一个函数siwei()，功能是将传入的参数值作一些运算后再输出。然后在函数外部定义一个变量，也就是要传进来的参数。最后调用函数siwei()，输出函数的返回值 $m和变量$m的值。实例代码如下：

```php
<?php
function siwei($a) {      //定义一个函数
    $a = $a *5 + 10;
    echo"在函数内:\$a = ".$a;           //输出形参的值
}
    $m3=51;
    siwei($a);                 //传递值,调用函值将值传递给形参$a
    echo "<p>在函数外\$a = $a </p>";  //实参的值没有发生变化,输出a=1
?>
```

程序执行结果如下：

在函数内:$a = 15

在函数外:$a = 1

2）按引用传递方式

按引用传递就是将实参的内存地址传递到形参中。这时，在函数内部的所有操作都会影响到实参的值，返回后，实参的值会发生变化。引用传递方式就是传值时在原基础上加&号即可。

例2.25 使用前例的代码，唯一不同的地方就是多了一个&号。实例代码如下：

```php
<?php
    function siwei( &$a ){
        $a = $a * 5 + 10;   echo "在函数内: \$a = ".$a;
    }
        $a =1;
    siwei( $a );
    echo "<p>在函数外: \$a = $a <p>";
?>
```

程序执行结果如下：

在函数内:$a = 15

在函数外:$a = 15

3）默认参数（可选参数）

还有一种设置参数的方式，即可选参数。可以指定某个参数为可选参数，将可选参数放在参数列表末尾，并且指定其默认值为空。

例2.26 本实例使用可选参数实现一个简单的价格计算功能，设置自定义函数values的参数$a 与可选参数，其默认值为空。第一次调用该函数，并且给参数$a赋值0.25,输出价格；第二次调用函数，不给参数$tax赋值，输出价格。实例代码如下：

```php
<?php
    function vaiues($pricc,$a=,m){   //定义一个函数，其中的一个参数初始值
为空
        $price=$price+{$price*$a );   //声明一个变量$price，等于两个参数的运
算结果
        echo"价格:$price<br>";        //输出价格
    }
        values(100,0.25);            //为可选参数赋值0.25
        values(100);                 //没有给可选参数赋值
?>
```

程序执行结果如下：

价格：125

价格：100

2.7.3 从函数中返回值

通常, 函数将返回值传递给调用者的方式是使用关键字return()。

return()将函数的值返回给函数的调用者, 即将程序控制权返回到调用者的作用域。如果在全局作用域内使用return()关键字, 那么将终止脚本的执行。

例2.27 本实例使用return()函数返回一个操作数。先定义函数values,函数的作用是输入物品的单价、质量, 然后计算总金额, 最后输出商品的价格。实例代码如下:

```php
<?php
    function values($price,$tax=0.45){   //定义一个函数, 函数中的一个参数有
默认值
        $price=$price+($price*$tax);      //计算物品金额
        return $price;                    //返回金额
    }
    echo values(100);                     //调用函数
?>
```

程序执行结果如下:

```
145
```

return语句只能返回一个参数, 也即只能返回一个值, 不能一次返回多个。如果要返回多个结果, 就要在函数中定义一个数组, 将返回值存储在数组中返回。

2.7.4 变量函数

PHP支持变量函数。通过一个实例来介绍变量函数的具体应用。

例2.28 本例首先定义3个函数, 再声明一个变量, 通过变量访问不同的函数。实例代码如下:

```php
<?php
    function in(){                        //定义 in()函数
        echo"来了<p>";
    }
    function out($muse = "weiwei") {      //定义out函数
        echo" $name走了今<p>";
    }
    function back($string){
        echo "又回来了, $string<p>";
    }
    $func = "in";                         //声明一个变量, 将变量赋值
    $func();                              //使用变量函数来调用函数in()
    $func="out";                          //重新给变量赋值
    $fimc("Tom");                         //使用变量函数来调用函数out()
```

```
        $func = "back";              //重新给变量赋值
        $func("Lily");               //使用变量函数来调用函数back();
    ?>
```

程序执行结果如下：

```
    来了
    Tom走了
    又回来了, Lily
```

可以看到，函数的调用是通过改变变量名来实现的，通过在变量名后面加上一对小括号，PHP将自动寻找与变量名相同的函数，并且执行它。如果找不到对应的函数，系统将会报错。这个技术可以用于实现回调函数和函数表等。

2.7.5　对函数的引用

在2.7.2章节中的参数传递按引用传递的方式，可以修改实参的内容。引用不仅可用于普通变量、函数参数，也可作用于函数本身。对函数的引用，就是对函数返回结果的引用。

例2.29　在本例中，首先定义一个函数，这里需在函数名前加"&"符，然后变量$str将引用该函数，最后输出该变量$str,实际上就是$tmp的值。实例代码如下：

```php
<?php
    function  &siwei($tmp=0){         //定义一个函数, 别忘了加 "&" 符
        return $tmp;                  //返回参数$tmp
    }
    $str = &siwei("看到了");          //声明一个函数的引用$str;
    echo $str. <p>;                   //输出$str
?>
```

程序执行结果如下：

```
    看到了
```

2.7.6　取消引用

当不再需要引用时，可以取消引用。取消引用使用unset函数，它只是断开了变量名和变量内容之间的绑定，而不是销毁变量内容。

2.8　PHP 编码规范 🔍

2.8.1　什么是编码规范

所谓编码规范是根据项目要求按照一定的原则制订的书写规范，这个规范要求提高可读性、有利于知识的传播、统一全局、减少名字的增生、强调变量之间的关系来改变开发过程中的效率和编码的友好度。

2.8.2　编码规范的好处

编码规范已经成为一个老生常谈的问题，几乎每个项目，每家公司都会定义自己的编码规范。编码规范，在软件构件以及项目管理中，甚至是个人成长方面，都发挥着重要的作用，好的编码规范是提高代码质量的最有效的工具之一。

①提高可读性。编码规范，写出人们容易理解的代码，提供最基本的模板，良好的编码风格，使代码具有一定的描述性，可以通过名字来获取一些需要IDE才能得到的提示，如可访问性、继承基类等。

②统一全局。促进团队协作开发软件是一个团队活动，而不是个人的英雄主义。编码规范，要求团队成员遵守统一的全局决策，这样成员之间可以轻松地阅读对方的代码，所有成员以一种清晰一致的风格进行编码。而且，开发人员也可以集中精力关注他们真正应该关注的问题——自身代码的业务逻辑，与需求的契合度等局部问题。

③有利于知识传递。加快工作交接风格的相似性，能让开发人员更迅速、更容易理解一些陌生的代码，更快速地理解别人的代码。

④减少名字增生。降低维护成本，在没有规范的情况下，很容易为同一类型的实例起不同的名字。对于以后维护这些代码的程序员来说会产生疑惑。

⑤强调变量之间的关系，降低缺陷引入的机会。命名可以表示一定的逻辑关系，使开发人员在使用时保持警惕，从而一定程度上减少缺陷被引入的机会。

⑥提高程序员的个人能力。每个程序员都应该养成良好的编码习惯，而编码规范无疑是教材之一。从一个程序员的代码本身能看出很多东西。因此，即便是为了自身发展，作为程序员也没有理由抵制这种规则的存在。

2.8.3　PHP 编码规范

PHP编码规范是为了更好地提高技术部的工作效率，保证开发的有效性和合理性，并可最大限度地提高程序代码的可读性和可重复利用性。

①缩进应该能够反映出代码的逻辑结果，尽量使用4个空格，禁止使用制表符TAB，因为这样能够保证有跨客户端编程器软件的灵活性。

如：

```
01  if (1 == $x) {
02      $indented_code = 1;
03      if (1 == $new_line) {
04          $more_indented_code = 1;
05      }
06  }
```

②变量赋值必须保持相等间距和排列。

如：

```
$variable = 'demo';
```

```
$var = 'demo2';
```

③每行代码长度应控制在80个字符以内，最长不超过120个字符。

④每行结尾不允许有多余的空格。

2.8.4　PHP 书写风格

①PHP代码必须以完整的形式来定界（<?php … ?>），即不要使用php 短标签（<? … ?>），且保证在关闭标签后不要有任何空格。

②当一个字符串是纯文本组成的时候（即不含有变量），则必须总是以单引号（'）作为定界符。例如：

```
$a = 'Example String';
```

③变量替换中的变量只允许用 $=变量名的形式。例如：

```
$greeting = "Hello $name, welcome back!";   // 允许

$greeting = "Hello {$name}, welcome back!"; // 允许

$greeting = "Hello ${name}, welcome back!"; // 不允许
```

当用点号"."连接各字符串的时候，字符串与点号间必须用一个空格隔开，且允许把它分割成多行以增强可读性。在这种情况下，点号"."必须与等于号"="对齐。例如：

```
$sql = "SELECT 'id ', 'name '"." FROM 'people'"."WHERE'name'='Susan'" .
"ORDER BY'name'ASC";
```

当用 array 类型符号来构造数组的时候，必须在每个逗号之后加上一个空格来增强可读性。例如：

```
$sampleArray = array(1, 2, 3,'Think','SNS');
```

④当使用 array 类型符声明关联数组的时候，应把它分成多个行，但必须同时保证每行的键与值的对齐，以保持美观。例如：

```
$sampleArray = array('firstKey'=>'firstValue','secondKey'=>'secondValue');
```

⑤大括号的开始必须在类名的下一行顶格。例如：

```
class Think
{
    // ...
}
```

⑥类中的所有代码都必须用4个空格进行缩进。

2.8.5　PHP 命名规则

就一般约定而言，类、函数和变量的名字应该便于让代码阅读者容易知道这些代码的作用。形式越简单、越有规则，就越容易让人感知和理解。应该避免使用模棱两可、晦涩不标准的命名。

1）命名规则

如果有多个.inc文件需要包含多页面，请把所有.inc文件封装在一个文件里面，具体到页面只需要换一个.inc文件就可以了。

如: xxx_session.inc

　　xxx_comm..inc

　　xxx_setting.inc

　　mysql_db.inc

把以上文件以下列方式封装在xxx.basic.inc文件里面:

　　require_once("xxx_session.inc");

　　require_once("xxx_comm.inc");

　　require_once("xxx_setting.inc");

　　require_once("mysql_db.inc");

2）对输入参数值进行转义处理

　　页面接到参数需要SQL操作, 这时候需要做转义, 尤其需要注意 ";"。

　　如$a = " Let's go " ;

　　　$sql = "Insert into tmp(col) values('$a')" ;

　　这种情况出现错误的不确定性。

3）普通变量

　　普通变量命名遵循以下规则:

　　①所有字母都使用小写。

　　②对于一个变量使用多个单词的, 使用 "_" 作为每个词的间隔。

　　如$base_dir, $red_rose_price等。

4）静态变量

　　静态变量命名遵循以下规则:

　　①静态变量使用小写的s_开头。

　　②静态变量所有字母都使用小写。

　　③多个单词组成的变量名使用 "_" 作为每个词的间隔。

　　如$s_base_dir, $s_red_rose_prise等。

5）局部变量

　　局部变量命名遵循以下规则:

　　①所有字母使用小写。

　　②变量使用 "_" 开头。

　　③多个单词组成的局部变量名使用 "_" 作为每个词间的间隔。

　　如$_base_dir, $_red_rose_price等。

6）全局常量

　　全局变量命名遵循以下规则:

　　①所有字母使用大写。

　　②全局变量多个单词间使用 "_" 作为间隔。

　　如$BASE_DIR, $RED_ROSE_PRICE等。

7）session变量

　　session变量命名遵循以下规则:

①所有字母使用大写。

②session变量名使用"S_"开头。

③多个单词间使用"_"间隔。

如$S_BASE_DIR, $S_RED_ROSE_PRICE等。

8）类

PHP中类命名遵循以下规则：

①以大写字母开头。

②多个单词组成的变量名、单词之间不用间隔，各个单词首字母大写。

如class MyClass 或class DbOracle等。

9）方法或函数

方法或函数命名遵循以下规则：

①首字母小写。

②多个单词间不使用间隔，除第一个单词外，其他单词首字母大写。

如function myFunction ()或function myDbOracle ()等。

10）数据库表名

数据库表名命名遵循以下规范：

①表名均使用小写字母。

②对于普通数据表，使用"_t"结尾。

③对于视图，使用"_v"结尾。

④对于多个单词组成的表名，使用"_"间隔。

如user_info_t和book_store_v等。

11）数据库字段

数据库字段命名遵循以下规范：

①全部使用小写。

②多个单词间使用"_"间隔。

如user_name, rose_price等。

12）缩进

每个缩进的单位约定是一个TAB(8个空白字符宽度)，需每个参与项目的开发人员在编辑器(UltraEdit, EditPlus, Zend Studio等)中进行强制设定，以防在编写代码时遗忘而造成格式上的不规范。

本缩进规范适用于PHP, JavaScript中的函数、类、逻辑结构、循环等。

13）大括号{}, if和switch

首括号与关键词同行，尾括号与关键字同列。

if结构中，else和elseif与前后两个大括号同行，左右各一个空格。另外，即便if后只有一行语句，仍然需要加入大括号，以保证结构清晰。

switch结构中，通常当一个case块处理后，将跳过之后的case块处理，因此大多数情况下需要添加break。break的位置视程序逻辑，与case同在一行，或新起一行均可，但同一switch体中，break的位置格式应当保持一致。例如：

```
if($condition){
    switch($var) {
        case 1:  echo 'var is 1';
            break;
        case 2:  echo 'var is 2';
            break;
        default:  echo 'var is neither 1 or 2';
            break;
    }
}else{
    switch($str) {
        case 'abc':
            $result = 'abc';
            break;
        default: $result = 'unknown';
            break;
    }
}
```

14）运算符、小括号、空格、关键词和函数

每个运算符与两边参与运算的值或表达式中间要有一个空格，唯一的特例是字符连接运算符号两边不加空格。

左括号"（"应和函数关键词紧贴在一起，除此以外，应当使用空格将"（"同前面内容分开；右括号"）"除后面是"）"或者"."以外，其他一律用空格隔开它们。

除字符串中特意需要，一般情况下，在程序以及 HTML 中不出现两个连续的空格；任何情况下，PHP 程序中不能出现空白的带有 TAB 或空格的行，即这类空白行应当不包含任何 TAB 或空格。同时，任何程序行尾也不能出现多余的 TAB 或空格。多数编辑器具有自动去除行尾空格的功能，如果习惯养成不好，可临时使用它，避免多余空格产生。

每段较大的程序体，上、下应当加入空白行，两个程序块之间只使用 1 个空行，禁止使用多行。　程序块划分尽量合理，过大或者过小的分割都会影响他人对代码的阅读和理解。一般可以以较大函数定义、逻辑结构、功能结构来进行划分。少于 15 行的程序块，可不加上下空白行。

说明或显示部分中，内容如含有中文、数字、英文单词混杂，应当在数字或者英文单词的前后加入空格 。

根据上述原则，以下举例说明正确的书写格式：

```
$result=(($a+1)*3/2+$num))'Test';
$condition ? func1($var) : func2($var);
$condition ? $long_statement : $another_long_statement;
```

```
if($flag) {
    //Statements
    //More than 15 lines
}
Showmessage('请使用 restore.php 工具恢复数据。');
```

15）函数定义

①参数的名字和变量的命名规范一致。

②函数定义中的左小括号，与函数名紧挨，中间无须空格。

③开始的左大括号与函数定义为同一行，中间加一个空格，不要另起一行。

④具有默认值的参数应该位于参数列表的后面。

⑤函数调用与定义的时候参数与参数之间加入一个空格。

⑥必须仔细检查并切实杜绝函数起始缩进位置与结束缩进位置不同的现象。

符合标准的定义如下：

```
function authcode($string, $operation, $key = ''){
    if($flag){
        //Statement
    }
    //函数体
}
```

2.8.6　文件和目录

文件名一般采用小写英文字母，可以由单词、缩写、词组等组成，最好不要使用拼音（如siwei.php）。在有些地方可能看到多种PHP文件扩展名，如.PHP，.PHP3，.PHP4，.PHTML等，现在PHP的扩展名最好统一为.PHP，不要再使用其他的扩展名。如果页面代码都是HTML语言，文件则存为.HTML，因为静态页面的打开永远比动态页面快很多。

一般来说，一个项目中包含多个目录，每个目录都有一个习惯的名称。例如：

images：图片目录，包含项目的全部图片及图表。

includes/inc：文件包含目录，包含了需要引用的函数文件、配置文件等。

css/style：样式文件。存放css样式表。

javascript/js：脚本文件。存放javascript脚本。

connection/conn：数据库链接文件。存放数据库链接函数或文件。

除了上述常用文件目录外，还有class（类库文件）、flash（flash文件）、media（多媒体文件）、function（函数文件）、upfiles（上传文件）等。

2.9 小 结 🔍

本章主要介绍了PHP语言基础知识,包含数据类型、常量、变量、运算符、表达式和自定义函数,并详细介绍了各种类型之间的转换,系统预定义的常量、变量、算术优先级和如何使用函数。最后,学习了PHP编码规范。基础知识是一门语言核心,希望初学者能静下心来学习,把握好基础知识,对后面的学习和发展才能起到事半功倍的效果。

课后作业

1.使用HTML标签在PHP环境下制作个人网页,使用3种方式进行注释。

2.在搭建好的环境中使用PHP风格,开发个人第一个PHP页面,查看运行情况。

学习笔记

第3章 流程控制语句

学习了PHP的基础规则后对PHP的要求有了一定的了解,但这是不够的,例如如何与计算机交互让计算机来处理我们的问题?这就需要我们学习流程控制语句,实现与机器的交互完成我们的需求。合理的流程控制语句及代码的规范可以使流程清晰,更易读,提高机器及工作效率。

3.1 条件控制语句

条件控制语句是所有流程控制语句中最简单、最常用的一个,根据获取的不同条件判断执行不同的语句,它的应用范围十分广泛,无论程序大小,几乎都会应用到这句。主要有以下几种形式:

```
if () {}                    //这是执行多条语句的表达形式
if () {}else{}              //这是通过else延伸了的表达形式
if () {}elseif(){}else{}    //这是加入了elseif同时判断多个条件的表达形式
```

3.1.1 if 语句

if语法格式如下:

```
if(expr) {
    statement; //这是基本的表达形式
}
```

参数expr按照布尔运算求值,如果expr的值为true,将执行statement;如果值为false,则忽略statement。

例3.1　本例使用条件判断来执行是否为真,如果为真,执行下面语句;如果为假,则跳出语句。实例代码如下:

```php
<?php
    $a=5;
```

```
        if($a / 2 ==0){
            echo  "执行了if语句";
        }
            echo"无论是否执行if语句我都会出来,但if为真,他会打印'执行了if语
句'";
    ?>
```

程序运行结果为:

    无论是否执行if语句我都会出来,但if为真,他会打印'执行了if语句'

3.1.2　if…else 语句

else的功能是当if语句在参数expr的值为false时执行其他语句,即在执行的语句不满足这个条件时执行else后大括号中的语句。

在执行语句时需要有选择,当一个条件不满足时需要执行另外一个条件,if就无法满足,这时可以使用if…else语句,语法结构为:

```
    if(expr) {
        statement1;  //这是基本的表达形式
    }else{
        statement2;
    }
```

例3.2　使用上例,对上例修改如下:

```
<?php
    $a=5;
    if($a / 2 ==0){
        echo  "$a/2=0为真,所以打印本条语句";
    }else{
        echo  "$a/2=0为假,故此打印本条语句";
    }
?>
```

程序运行结果为:

    $a/2=0为假,故此打印本条语句

3.1.3　else if 语句

if语句可以无限层地嵌套到其他if语句中去,实现更多条件的判断执行。在同时判断多个PHP提供了else if语句来扩展需求,else if语句被放置在if和else语句之间,满足条件同时判断的需求。语法格式为:

```
    if(expr1) {
        statement1;  //这是基本的表达形式
    }else if(expr2){
```

```
        statement2;
    }…
else{
    statement;
}
```

例3.3 本例通过学生成绩来判断学生成绩是不及格、及格、良好、优秀。代码如下：

```php
<?php
    $mark = 90;    //可以动态输入数据
    if($mark>=90 and $mark<=100){    //判断成绩在90与100之间
        echo "优秀";
    }else if($mark>=60 and $mark<90){ //否则判断成绩在60与90之间
        echo "良好";
    }else{
        echo "不及格";
    }
?>
```

程序运行结果为：

```
优秀
```

3.1.4 switch … case 多重判断语句

if…else虽然可以进行多重执行控制，但工作量还是比较烦琐，如果有选择地执行若干代码块之一，使用 switch 语句。switch 语句用于基于不同条件执行不同动作，使用switch 语句可以避免冗长的 if…elseif…else 代码块。语法格式为：

```
switch (expression)
{
    case label1:
        code to be executed if expression = label1;
        break;
    case label2:
        code to be executed if expression = label2;
        break;
    default:
        code to be executed
        if expression is different
        from both label1 and label2;
}
```

工作原理：

①对表达式（通常是变量）进行一次计算。

②把表达式的值与结构中 case 的值进行比较。

③如果存在匹配，则执行与 case 关联的代码。

④代码执行后，break 语句阻止代码跳入下一个 case 中继续执行。

⑤如果没有 case 为真，则使用 default 语句。

例3.4　本实例选择对应表达式，给变量赋值为red，让变量$favcolor与结构中的case值比较输出相应的结果。代码如下：

```php
<?php
$favcolor="red";              //给变量$favcolor赋值为red
switch ($favcolor) {
    case "red":               //表达式的值与结构中 case 的值进行比较
      echo "Your favorite color is red!";
      break;
    case "blue":              //与条件不同进行比较，red执行完成跳出switch
      echo "Your favorite color is blue!";
      break;
    case "green":
      echo "Your favorite color is green!";
      break;
    default:
      echo "Your favorite color is neither red, blue, or green!";
}
?>
```

程序运行结果为：

Your favorite color is red!

3.2　循环控制语句 Q

在编写代码时，经常需要反复运行同一代码块。可以使用循环来执行这样的任务，而不是在脚本中添加若干几乎相等的代码行。在 PHP 中，有以下循环语句：

①while：只要指定条件为真，则循环代码块。

②do…while：先执行一次代码块，然后只要指定条件为真则重复循环。

③for：循环代码块指定次数。

④foreach：遍历数组中的每个元素并循环代码块。

3.2.1　while 循环语句

while 循环只要指定的条件为真，while 循环就会执行代码块。语法格式为：

while (expr){

```
        statement;
    }
```

该语法表示，只要expr表达式为true，那么就一直执行statement直到expr为false为止，statement表示要执行的动作或逻辑。

例3.5　循环打印输出数字1到5

```
<?php
$x=1;

while($x<=5) {
    echo "数字是: $x <br>";
    $x++;
}
?>
```

程序运行结果为：

数字是：1

数字是：2

数字是：3

数字是：4

数字是：5

3.2.2　do…while 循环语句

do…while循环和while循环非常相似，其区别只是在于do…while保证必须执行一次，而while在表达式不成立时则可能不作任何操作。语法格式为：

```
do {
    statement;
}while (expr)
```

该语法表示，先作do执行statement内容，然后在while中判断，只要expr表达式为true，那么再执行statement直到expr为false为止，不再执行statement。

例3.6　本实例首先把变量 $x 设置为 1（$x=1）。然后，do…while 循环输出一段字符串，然后对变量 $x 递增 1。随后对条件进行检查（$x 是否小于或等于 5）。只要 $x 小于或等于 5，循环将会继续运行。代码如下：

```
<?php
    $x=1;
    do {
        echo "数字是: $x <br>";
        $x++;
    } while ($x<=5);
?>
```

程序运行结果为:

> 数字是: 1
>
> 数字是: 2
>
> 数字是: 3
>
> 数字是: 4
>
> 数字是: 5

do…while 循环只在执行循环内的语句之后才对条件进行测试。这意味着 do…while 循环至少会执行一次语句,即使条件测试在第一次就失败了。

例3.7　本实例把 $x 设置为 6,然后运行循环,随后对条件进行检查:

```php
<?php
    $x=6;
    do {
        echo "数字是: $x <br>";
        $x++;
    } while ($x<=5);
?>
```

程序运行结果为:

> 数字是: 6

3.2.3　for 循环语句

for循环是PHP中更为复杂的循环,循环执行代码块指定的次数,如果已经提前确定脚本运行的次数,可以使用 for 循环。其语法如下:

```
for (init expr1; test expr2 ; increment expr3) {
    code to be executed;
}
```

参数说明:

expr1: 初始化循环计数器的值。

expr2: 评估每个循环迭代。如果值为true,继续循环,如果值为 false,循环结束。

expr3: 增加循环计数器的值。

第一个表达式(expr1)在循环开始前无条件求值一次,expr2 在每次循环开始前求值,如果值为 true,则继续循环,执行嵌套的循环语句;如果值为false,则终止循环,expr3 在每次循环之后被求值(执行)。

例3.8　本实例显示了从 0 到 5 的数字,代码如下:

```php
<?php
    for ($x=0; $x<=5; $x++) {
        echo "数字是: $x <br>";
    }
?>
```

程序运行结果为：

      数字是：0
      数字是：1
      数字是：2
      数字是：3
      数字是：4
      数字是：5

例3.9　for语句每个表达式都可以为空。如果expr2 为空则将无限循环下去，但可以通过break来结束循环，代码如下：

```php
<?php
    for ($i = 1; ; $i++) {
        if ($i > 10) {
            break;
        }
        echo $i;
    }
?>
```

在使用循环语句时，要注意不要无限循环而造成程序"僵死"，另外还要注意循环条件（循环判断表达式），以确保循环结果正确。

3.2.4　foreach 循环

foreach 循环只适用于数组，并用于遍历数组中的每个键/值对。PHP 4 引入了 foreach 结构，和 Perl 以及其他语言很像。这只是一种遍历数组的简便方法。foreach 仅能用于数组，当试图将其用于其他数据类型或者一个未初始化的变量时会产生错误。其语法如下：

```php
foreach ($array as $value) {
    code to be executed;
}
```

每进行一次循环迭代，当前数组元素的值就会被赋值给 $value 变量，并且数组指针会逐一地移动，直到到达最后一个数组元素。

例3.10　本实例演示的循环将输出给定数组（$colors）的值，代码如下：

```php
<?php
    $colors = array("red","green","blue","yellow");

    foreach ($colors as $value) {
        echo "$value <br>";
    }
?>
```

程序运行结果为:

```
red
green
blue
yellow
```

3.2.5 流程控制的另一种书写格式

所谓的另一种书写格式就是PHP流程控制的替代语法。if,while,for,foreach,switch这些流程控制语句都有替代语法。

基本形式: 左花括号({)换成冒号(:), 把右花括号(})分别换成 endif;, endwhile;, endfor;, endforeach; 以及 endswitch;。

例3.11 本实例使用流程控制实现替代语法: 列举1 000内的所有素数, 代码如下:

```php
<?php
    $aa = 2;
    $max = 1000;
    $arr = array();
    echo "1000内的素数为: ";
    while($aa < $max)://while循环开始
        $boo = false;
        foreach($arr as $value): //foreach开始
            if($aa % $value==0): //if开始
                $boo = true;
                break;
            endif;                          //if结束
        endforeach;                 //foreach循环结束
        if($boo):
            echo $aa." ";
            $arr[count($arr)]=$aa;
        enfif;
        $aa++;
    endwhile;   //while循环结束
?>
```

程序运行结果为:

2 3 5 7 11 13 17 19 23 29 31 37 41 43 47 53 59 61 67 71 73 79 83 89 97

这些语法能发挥的地方是在PHP和HTML混合页面的代码里面。好处如下:

①使HTML和PHP混合页面代码更加干净整齐。

②流程控制逻辑更清晰, 代码更容易阅读。

3.2.6　使用 break/continue 语句跳出循环

PHP中常用的for与foreach循环中，经常遇到条件判断或中止循环的情况。而处理方式主要用到break及continue两个流程控制指令。

break 用来跳出当前执行的循环，并不再继续执行循环，代码如下：

```php
<?php
    $i = 0;
    while ($i < 7) {
        if ($arr[$i] == "stop") {
        break;  //当循环到$arr中的值等于"stop"时，执行break语句，后面的
$i++将不再执行
        }
        $i++;
    }
?>
```

continue 立即停止目前执行循环，并回到循环的条件判断处，继续下一个循环，代码如下：

```php
<?php
    while (list($key,$value) = each($arr)) {
        if ($key == "siwei"){
            continue;    // 如果查询到对象的值等于siwei，这条记录就不会执
行出来了。
        }
        do_something ($value);        //单此语句任将执行下次的循环。
    }
?>
```

例3.12　使用continue和break打印符合条件的数值，代码如下：

```php
<?php
    $i = 1;
    while (true) { // 这里看上去这个循环会一直执行
        if ($i==2) {// 2跳过不显示
        $i++;
        continue;
    } else if ($i==5) {// 但到这里$i=5就跳出循环了
        break;
    } else {
        echo $i . '<br>';
    }
```

```
            $i++;
        }
    exit;
    echo '这里不输出';
?>
```
程序运行结果为：
```
    1
    3
    4
```

3.3 小 结

流程控制在操作过程中是必不可少的知识点，无论什么高级语言都需要。通过本章流程控制语言的学习，可以丰富算法控制，为后面复杂的代码运算奠定基础。通过流程控制的学习和总结，掌握一套自己的运用方法和技巧，运用在后续课程的学习中。

课后作业

1.使用循环语句打印九九乘法表。

2.使用开关语句模拟开发游戏登录环境，超级用户打印所有游戏级别，普通用户只能打印个人的游戏级别，游戏没有级别的不可以打印任何的信息。

3.打印1 000内的素数，要求每8个数一排。

学习笔记

第4章 PHP 与 Web 页面交互

在PHP中有两种与Web交互的方法：一种是通过Web表单提交数据；另一种是同URL参数传递的方式传递参数交互。

4.1 表 单

表单是一个包含表单元素的区域。表单元素是允许用户在表单中（比如，文本域、下拉列表、单选框、复选框等）输入信息的元素。使用表单标签（<form>）定义。

4.1.1 创建表单

<form> 标签用于为用户输入创建 HTML 表单。表单结构代码如下：

<form name="form1" id="form1" action="url" method="post/get">

    ....//省略了插入其他表单元素的元素

</form>

<form>标记的属性见表4.1。

表 4.1

属　性	值	描　　述
accept	MIME_type	HTML 5 中不支持
accept-charset	charset_list	规定服务器可处理的表单数据字符集
action	URL	规定当提交表单时向何处发送表单数据
autocomplete(HTML5)	on off	规定是否启用表单的自动完成功能
enctype	见说明	规定在发送表单数据之前如何对其进行编码
method	get post	规定用于发送 form-data 的 HTTP 方法
name	form_name	规定表单的名称

属　性	值	描　述
novalidate	novalidate	如果使用该属性，则提交表单时不进行验证
target(HTML5)	_blank _self _parent _top framename	规定在何处打开 action URL

例4.1　创建一个表单，再用POST方法提交到处理页面insert_data.php,代码如下：

```
<form name="form1" id="form1" action="insert_data.php" method="post">
    ....
</form>
```

以上代码定义了form表单，并在提交方法中使用了post方法提交，完成后到处理页面对数据进行处理，注意在使用form表单时一定要制订method提交方法，并制订表单提交时将数据发送到何处进行处理。

4.1.2　表单元素

表单是由表单元素组成，完整的表单需要相关元素的填充，常见的表单元素有input,select,option,textarea等。

1)<input>标签

<input> 标签用于搜集用户信息。根据不同的 type 属性值，输入字段拥有很多种形式。输入字段可以是文本字段、复选框、掩码后的文本控件、单选按钮、按钮等。

语法格式如下：

```
<form name="form1" id="form1" action="form_action" method="post/get">
        <input type="type_name" id="input_id" name="input_name">
</form>
```

<input>标记的type属性（含HTML5中的新属性）见表4.2。

表 4.2

值	描　述
button	定义可单击的按钮（通常与 JavaScript 一起使用来启动脚本）
checkbox	定义复选框，colorNew 定义拾色器
date	定义 date 控件（包括年、月、日，不包括时间）
datetime	定义 date 和 time 控件（包括年、月、日、时、分、秒、几分之一秒，基于 UTC 时区）
datetime-local	定义 date 和 time 控件（包括年、月、日、时、分、秒、几分之一秒，不带时区）
email	定义用于 E-mail 地址的字段
file	定义文件选择字段和 "浏览……" 按钮，供文件上传

续表

值	描述
hidden	定义隐藏输入字段
image	定义图像作为提交按钮
month	定义 month 和 year 控件（不带时区）
number	定义用于输入数字的字段
password	定义密码字段（字段中的字符会被遮蔽）
radio	定义单选按钮
range	定义用于精确值不重要的输入数字的控件（比如 slider 控件）
reset	定义重置按钮（重置所有的表单值为默认值）
search	定义用于输入搜索字符串的文本字段
submit	定义提交按钮
tel	定义用于输入电话号码的字段
text	默认。定义一个单行的文本字段（默认宽度为 20 个字符）
time	定义用于输入时间的控件（不带时区）
url	定义用于输入 URL 的字段
week	定义 week 和 year 控件（不带时区）

2）选择域标记<select>

使用select标记可以建立一个列表或者菜单，菜单的使用是为了节省空间，正常状态下只能看到一个选项，单击右侧的下三角按钮打开菜单后才能看到全部的选项。列表可以显示一定数量的选项，如果超出了这个数量，会自动出现滚动条，可以通过滚动条浏览数据。

语法格式如下：

```
<select name="name" size="3" multiple>        //name选择select的名字
        <option value ="volvo">Volvo</option>
        <option value ="saab">Saab</option>
        <option value="opel">Opel</option>
        <option value="audi">Audi</option>
        ...
</select>
```

选择标记<select>的显示方式及案例见表4.3。

表 4.3

显示方式	案　例	说　明

列表方式	`<select name="list" size="3">`
	　　　`<option value ="volvo" selected>Volvo`
	　　　`</option>`
	　　　`<option value ="saab">Saab</option>`
	　　　`<option value="opel">Opel</option>`
	　　　`<option value="audi">Audi</option>`
	`</select>`
		下拉列表，通过选择域标记建立一个列表，列表可以显示一定数量的选项，如果超出了这个数据，会自动出现滚动条，浏览者可以通过拖动滚动条浏览数据及各选项，selected 表示当前被选中项

菜单方式	`<select name="list" size="3" multiple>`
	　　　`<option value ="volvo" selected>Volvo`
	　　　`</option>`
	　　　`<option value ="saab">Saab</option>`
	　　　`<option value="opel">Opel</option>`
	　　　`<option value="audi">Audi</option>`
	`</select>`
		multiple 属性用于下拉列表，表示可以通过 shift 或 ctrl 键进行选择多选

3）文本标记`<textarea>`

文本标记用来制作多行的文字域，可以在其中输入更多的文本。文本区中可容纳无限数量的文本，其中的文本的默认字体是等宽字体（通常是 Courier）。可以通过 cols 和 rows 属性来规定 textarea 的尺寸，不过更好的办法是使用 CSS 的 height 和 width 属性。

语法格式如下：

`<textarea rows="3" cols="20">`

　　//可以在此填写文本标域中显示的文字内容

`</textarea>`

`<textarea>`标记的type属性（含HTML5中的新属性）见表4.4。

表 4.4

属　性	值	描　述
autofocus	autofocus	规定在页面加载后文本区域自动获得焦点
cols	number	规定文本区内的可见宽度
disabled	disabled	规定禁用该文本区
form	form_id	规定文本区域所属的一个或多个表单
maxlength	number	规定文本区域的最大字符数
name	name_of_textarea	规定文本区的名称
placeholder	text	规定描述文本区域预期值的简短提示
readonly	readonly	规定文本区为只读
required	required	规定文本区域是必填的
rows	number	规定文本区内的可见行数
wrap	hard soft	规定当在表单中提交时，文本区域中的文本如何换行

4.2 在普通的 Web 页中插入表单 🔍

例4.2 在普通网页中插入表单操作步骤如下：

①建立HMTL文档，命名为index.php文件。

②在文件中添加代码如下：

```
<!DOCTYPE html>
<head>
    <title> New Document </title>
    <meta name="Generator" content="EditPlus">
    <meta name="Author" content="">
    <meta name="Keywords" content="">
    <meta name="Description" content="">
    <meta charset="utf-8">
    <style type="text/css">
    div{ width:35%;margin-left:32%;}
    </style>
</head>
<body >
<div>
<form class="form1" action="#" method="get" >
    <fieldset >
    <legend>表单的注册</legend>
        <table width=100% >
            <tbody>
            <tr >
                <td class="left" width=40% align="right">
                    <label for="t1">姓 名: </label>
                </td>
                <td class="right">
                    <input type="text" id="t1" name="Name">
                </td>
            </tr>
            <tr>
                <td class="left" width=40% align="right">
                    <label for="Password1">密 码: </label>
                </td>
                <td class="right">
```

```
                <input id="Password1" type="password" name="Password" />
            </td>
        </tr>
        <tr>
            <td class="left" width=40% align="right">
                <label for="e1">邮 箱: </label>
            </td>
            <td class="right">
                <input type="email" id="e1" name="youxiang" >
            </td>
        </tr>
        <tr>
            <td class="left" width=40% align="right">
                <label for="1">性 别: </label>
            </td>
            <td class="right"><!-- name设置成一样的就行了-->
                <input type="radio" id="1" name="ssex" value="nan" />男
                <input type="radio" id="2" name="ssex" value="nv" />女
            </td>
        </tr>
        <tr>
            <td class="left" width=40% align="right">地 区: </td>
            <td>
                <select id="selc" name="place">
                    <option value="wuhan">武汉</option>
                    <option value="xiamen">厦门</option>
                    <option value="zhangzhou" >漳州</option>
                </select>
            </td>
        </tr>
        <tr>
            <td class="left" width=40% align="right">
                <label for="txtarea">简 介: </label>
            </td>
            <td>
                <textarea id="txtarea"></textarea>
            </td>
        </tr>
```

```
                    <tr>
                        <td class="left" width=40% align="right">兴 趣: </td>
                        <td>
                                <input type="checkbox" id="cbox1" name="dushu"
value="c1">读书

                                <input type="checkbox" id="cbox2" name="yundong"
value="c2">运动

                                <input type="checkbox" id="cbox3"name="chihe"
value="c3">吃喝
                        </td>
                    </tr>
                    <tr>
                        <td class="left" width=40% align="right">上 传: </td>
                        <td>
                                <input type="file" id="f1" name="shangchuan" value="File1" />
                        </td>
                    </tr>
                    <tr>
                        <td class="left" width=40% align="right" rowspan=2>
                                <input id="Submit1" type="submit" value="提 交" />
                        </td>
                        <td>
                                <input id="Reset1" type="reset" value="重 置" />
                        </td>
                    </tr>
                    </tbody>
                </table>
            </fieldset>
        </form>
    </div>
    </body>
    </html>
```

③代码在浏览器中运行结果如图4.1所示。

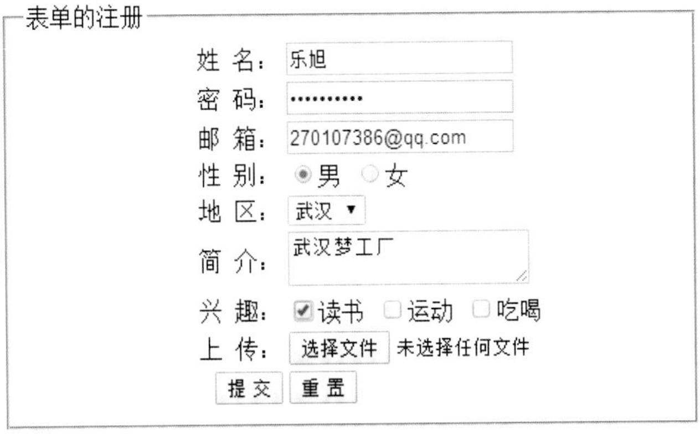

图 4.1

4.3 获取表单数据常用的两种方法 🔍

获取表单元素提交的值是表单运用中最基本的操作方法,表单数据传递方法有两种,即POST和GET方法,使用get或post方法,在表单form的method中给予设定。

4.3.1 使用 POST 方法提交表单

POST方法只需要在form中将method设置成post就可以了,post方法使用不依赖于URL的传递,即不会在地址栏目中显示地址。数据将从后台进行传递,这样可以保证提交数据的安全性。

例4.3 本实例使用POST方法提交数据,实例代码如下:

```
<!DOCTYPE HTML>
<html>
<head>
    <title>POST方法使用</title>
</head>
    <body>
    <form action="welcome.php" method="post">
        姓名: <input type="text" name="name"><br>
        电邮: <input type="text" name="email"><br>
        <input type="submit">
    </form>
</body>
</html>
```

代码在浏览器中运行结果如图4.2所示。

图 4.2

4.3.2 使用 GET 方法提交表单

GET方法只需要在form中将method设置成get就可以了，get方法的使用不依赖于URL的传递，即在地址栏目中显示地址及参数。数据将从后台进行传递，这样提交的数据没有post安全。

例4.4 本实例使用GET方法提交数据，实例代码如下：

```
<!DOCTYPE HTML>
<html>
<head>
    <title>GET方法使用</title>
</head>
    <body>
    <form action="welcome.php?id=1" method="post">
        姓名: <input type="text" name="name"><br>
        电邮: <input type="text" name="email"><br>
        <input type="submit">
    </form>
</body>
</html>
```

代码在浏览器中运行结果如图4.3所示。

图 4.3

4.4 PHP 参数传递方法

PHP接受通过HTML表单提交的信息时，会提交数据参数，用户可以调用系统特定的自动全局函数来获取这些值。常用的自动全局变量有：$_GET, $_POST和$_SESSION。

4.4.1　$_POST[] 全局变量

POST方法功能及语法如下：

功能：获取post方式提交的数据。

格式：$_POST["formelement"]。

例4.5　在post.html页面提交数据到post.php通过$_POST获取数据。

post.html代码如下：

```
<!DOCTYPE HTML>
<html>
<body>
    <form action ="post.php" method ="post">
        Name: <input type="text" name="username" />
            <input type ="submit" value="ok" />
    </form>
</body>
</html>
```

post.php代码如下：

```
<!DOCTYPE HTML>
<html>
<body>
    You are <?php
        echo $_POST["username"];
    ?>
</body>
</html>
```

4.4.2　$_GET[] 全局变量

GET方法功能及语法如下：

功能：获取get方式提交的数据。

格式：$_GET["formelement"]。

例4.6　在get.html页面提交数据到get.php通过$_GET获取数据。

get.html代码如下：

```
<!DOCTYPE HTML>
<html>
<body>
    <form action ="get.php" method ="get">
        Name: <input type="text" name="username" />
            <input type ="submit" value="ok" />
```

```
        </form>
    </body>
</html>
get.php代码如下：
<!DOCTYPE HTML>
<html>
<body>
    You are <?php
        echo $_GET["username"];
    ?>
</body>
</html>
```

4.4.3　$_SESSION[] 全局变量

SESSION方法功能及语法如下：

功能：获取表单中提交的数据。

格式：$_SESSION["formelement"]。

例4.7　在session.html页面提交数据到session.php通过$_SESSION获取数据。

session .html代码如下：

```
<!DOCTYPE HTML>
<html>
<body>
    <form action ="session.php" method ="post">
        Name: <input type="text" name="username" />
            <input type ="submit" value="ok" />
    </form>
</body>
</html>
```

session.php代码如下：

```
<!DOCTYPE HTML>
<html>
<body>
    <?php
        $name = $_POST["username"];
        session_start();
        $_SESSION["username"]=$name;
        Echo "You are". print_r($_SESSION);
    ?>
```

```
</body>
</html>
```

4.5 在 Web 页中嵌入 PHP 脚本 🔍

开发过程中将PHP脚本植入Web中，只需要在HTML中添加PHP标记符<?php ?>便可以直接嵌入，在<?php与?>之间插入相应的数值。

4.5.1 在 HTML 标记中添加 PHP 脚本

上面章节中，已经在HTML中添加了PHP脚本，一般嵌入PHP脚本放在HTML中的<body>标签中，代码如下：

```
<!DOCTYPE HTML>
<html>
<head>
    <title>php在HTML中嵌套</title>
</head>
<body>
        <?php
            echo "我们可以在HTML中嵌入PHP编码";  //HTML中嵌套PHP代码
        ?>
</body>
</html>
```

4.5.2 对表单元素的 value 属性进行赋值

例4.6　在例4.6中可以使用POST提交获取到的数据，将获取到的数据显示在input输入框中，实例代码如下：

```
<!DOCTYPE HTML>
<html>
<head>
    <title>php在HTML中嵌套2</title>
</head>
<body>
    <form action ="post.php" method ="post">
        Name: <input type="text" name="username" />
                <input type ="submit" value="ok" />
    </form>
```

```
</body>
</html>
```

post.php代码如下：

```
<!DOCTYPE HTML>
<html>
<body>
    <input id="out" name="out" type="text" value="<?php echo $_POST['username];?>" />
</body>
</html>
```

4.6 在 PHP 中获取表单数据 🔍

前面4.4章节中使用表单提交数据，可以借用提交方式及方法获取到提交的数据，本节将使用$_POST和$_GET使用实例获取表单数据。

4.6.1 获取文本框、密码域、隐藏域、按钮、文本域的值

例4.9 为了便于操作，使用实例将文本框、密码域、隐藏域、按钮、文本域写在一个index.php文档中，然后分别在下面章节对各域获取相应的值，代码如下：

index.php代码如下：

```
<!DOCTYPE html>
<head>
    <title> New Document </title>
    <style type="text/css">
    div{ width:35%;margin-left:32%;}
    </style>
</head>
<body >
<div>
<form class="form1" action="#" method="post" >
    <fieldset >
    <legend>表单的注册</legend>
        <table width=100% >
            <tbody>
            <tr >
                <td class="left" width=40% align="right">
                    <label for="t1">姓 名: </label>
```

```
        </td>
        <td class="right">
            <input type="text" id="t1" name="Name">
        </td>
    </tr>
    <tr>
        <td class="left" width=40% align="right">
            <label for="Password1">密 码: </label>
        </td>
        <td class="right">
            <input id="Password1" type="password" name="Password" />
        </td>
    </tr>
            <tr>
        <td class="left" width=40% align="right">
            <label for="tel">电话号码: </label>
        </td>
        <td class="right">
            <input id="tel" type="hiddent" name="tel" />
        </td>
    </tr>
    <tr>
        <td class="left" width=40% align="right">
            <label for="1">性 别: </label>
        </td>
        <td class="right"><!-- name设置成一样的就行了-->
            <input type="radio" id="1" name="ssex" value="nan" />男
            <input type="radio" id="2" name="ssex" value="nv" />女
        </td>
    </tr>
    <tr>
        <td class="left" width=40% align="right">地 区: </td>
        <td>
            <select id="selc" name="place">
                <option value="wuhan">武汉</option>
                <option value="xiamen">厦门</option>
                <option value="zhangzhou" >漳州</option>
            </select>
```

```
                    </td>
                </tr>
                <tr>
                    <td class="left" width=40% align="right">
                        <label for="txtarea">简 介: </label>
                    </td>
                    <td>
                        <textarea id="txtarea"></textarea>
                    </td>
                </tr>
                <tr>
                    <td class="left" width=40% align="right">兴 趣: </td>
                    <td>
                        <input type="checkbox" id="cbox1" name="xingqu[]"
value="dushu">读书
                        <input type="checkbox" id="cbox2" name="xingqu[]"
value="yundong">运动
                        <input type="checkbox" id="cbox3"name="xingqu[]"
value="chihe">吃喝
                    </td>
                </tr>
                <tr>
                    <td class="left" width=40% align="right">上 传: </td>
                    <td>
                        <input type="file" id="f1" name="shangchuan" value="File1" />
                    </td>
                </tr>
                <tr>
                    <td class="left" width=40% align="right" rowspan=2>
                        <input id="Submit1" type="submit" value="提 交" />
                    </td>
                    <td>
                        <input id="Reset1" type="reset" value="重 置" />
                    </td>
                </tr>
            </tbody>
        </table>
    </fieldset>
```

```
</form>
</div>
    <?php
        if($_POST['submit']=="提 交"){
            echo "Your input name is ".$_POST["Name"]."Your password is:".$_
POST["Password"];
        }
    ?>
</body>
</html>
```

4.6.2 获取单选框的值

php代码中获取表单中单选按钮的值（单选按钮只能选择一个, 这里有一个"checked"属性, 这是用来默认选取的, 每次刷新页面时就默认为这个值）。

例4.10 获取单选按钮框的值, 截取例4.9中部分代码如下:

```
<form name="myform" action="" method="post">
    <tr>
                <td class="left" width=40% align="right">
                    <label for="1">性 别: </label>
                </td>
                <td class="right"><!-- name设置成一样的就行了-->
                    <input type="radio" id="1" name="ssex" value="nan" />男
                    <input type="radio" id="2" name="ssex" value="nv" />女
                </td>
        </tr>
</form>
```

获取单选按钮值代码如下:

```
<?php
    echo "您的选择是: ";
    echo $_POST["ssex"];
?>
```

如果选择的是男, 则出来的值就是"男", 如果选择的是女, 则出来的值就是"女"。

4.6.3 获取复选框的值

php代码中获取复选框的值（复选框能够多选, 它们同时存在, 为了便于传值将name令为一个数组）。

格式为: `<input type="checkbox" name="chkbox[]" value="chkbox1" />`

方法: 在返回页面中用count（ ）函数计算数组的大小, 结合for循环语句来输出选择的复选框的值。

例4.11　获取单选按钮框的值, 截取例4.9中部分代码如下:

```
<tr>
    <td class="left" width=40% align="right">兴 趣: </td>
    <td>
        <input type="checkbox" id="cbox1" name="xingqu[]" value="dushu">读书
        <input type="checkbox" id="cbox2" name="xingqu[]" value="yundong">运动
        <input type="checkbox" id="cbox3"name="xingqu[]" value="chihe">吃喝
    </td>
</tr>
```

获取复选框的值代码如下:

```
<?php
if($_POST[ 'xingqu' ]!=null)
{
        echo "您选择的兴趣是: ";
        for($i=0;$i<count($_POST['xingqu']);$i++)
        {
                echo $_POST['xingqu'][$i]."  ";
        }
}
?>
```

4.6.4　获取下拉列表框、菜单列表框的值

例4.12　获取下拉列表框, 在本页面实现, 实现代码如下:

```
    if( $_POST['submit']="提交" )
    {
            echo "您选择的内容为: "." ";
    }
    ?>
<form name="form1" enctype="multipart/form-data" method="post" action="">
    <label>
        <select name="select" size="3" multiple>
            <option value="1" selected>select下拉列表框1</option>
            <option value="2" selected>select下拉列表框2</option>
```

```
                <option value="3" selected>select下拉列表框3</option>
                <option value="4">select下拉列表框4</option>
                <option value="5">select下拉列表框5</option>
            </select>
        </label>
        <label>
            <input type="submit" name="Submit" value="提交">
        </label>
    </form>
```

程序执行结果为:

```
    您选择的内容为: select下拉列表框1
                    select下拉列表框2
                    select下拉列表框3
```

例4.13 获取菜单列表框,在本页面实现,实现代码如下:

```
    if( $_POST )
    {
        echo $_POST[ 'select' ];
    }
    ?>
    <form name="form1" enctype="multipart/form-data" method="post"
action="">
        <label>
            <select name="select">
                <option value="1">select下拉列表框1</option>
                <option value="2">select下拉列表框2</option>
                <option value="3">select下拉列表框3</option>
                <option value="4">select下拉列表框4</option>
                <option value="5">select下拉列表框5</option>
            </select>
        </label>
        <label>
            <input type="submit" name="Submit" value="提交">
        </label>
    </form>
```

4.6.5 获取文件域的值

文本域主要应用于文件及图片等需要上传的页面,文件上传需要制订相应的数据类型,如果需要制订上传类型,则需要设置相关属性,此处将不对属性设置讲解。

例4.14　通过表单获取文件数据, 截取例4.9表单中代码片段, 实现上传文件的代码如下:

```
<tr>
    <td class="left" width=40% align="right">上 传: </td>
    <td>
        <input type="file" id="f1" name="shangchuan" value="File1" />
    </td>
</tr>
```

获取文件数据代码如下:

```php
<?php
    echo $_POST["file"];
?>
```

在浏览器中运行结果如图4.4所示。

图 4.4

当Submit后将显示文件的路径为:

C:\\Users\\yuexu\\Desktop\\2016-5-14WEB 电子商务网站开发.doc

请读者留意以下有关此表单的信息: <form> 标签的 enctype 属性规定了在提交表单时要使用哪种内容类型。在表单需要二进制数据时, 比如文件内容, 请使用 "multipart/form-data"。

4.7　对 URL 传递的参数进行编 / 解码

4.7.1　对 URL 传递的参数进行编码

使用URL传递参数进行解码就是将URL地址后面通过添加"?"和参数名及参数将数据传递, 例如下面的URL地址:

http://www.yuexu.net? id='20160520'&name='yuexu'

显示内容无疑全部暴露

这样对参数传递很不安全, 本节将使用另外一种方式解决上面所遇到的问题。可以使用urlencode函数编码实现, 该函数使用格式如下:

string urlencode(string str)

urlencode将参数str进行URL编码。

例4.15　利用上面的案例使用urlencode函数实现代码如下:

```
<a href="http://localhost/index.php?id=<?php echo urlencode('四维')?>">siwei</a>
```

在浏览器中运行结果如图4.5所示。

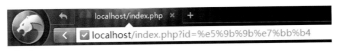

localhost/index.php
localhost/index.php?id=%e5%9b%9b%e7%bb%b4
siwei

图 4.5

4.7.2 对URL传递的参数进行解码

例4.15使用了urlencode编码进行对传递参数编码，这样对URL是安全的，但是也带来了弊端，就是有时不知道是什么意思，这样不便于操作。可以使用该函数对传递路径参数进行解码，解码格式如编码格式。

例 4.16 利用例4.15将编码解码过来，实例代码如下：

```
<a href="http://localhost/index1.php?id=%e5%9b%9b%e7%bb%b4 ?>">siwei</a>
<?php echo "你提交后解码内容为:".urlencode($_GET['id']);?>
```

在浏览器中运行结果如图4.6所示。

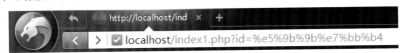

http://localhost/ind
localhost/index1.php?id=%e5%9b%9b%e7%bb%b4
你提交后解码内容为:四维

图 4.6

4.8 PHP与Web表单的综合应用

例4.17 本例运用表单的提交方法将数据进行通过$_POST和$_GET方法对数进行操作，先对本案例运用到的数据操作片段作了解，本例主要对$_POST和$_GET的运用讲解。具体步骤及代码如下(数据库代码略)：

①常见首页，该首页是将数据库中的数据读取在页面，然后通过$_POST和$_GET对数修改和删除。基本信息页面在浏览器中的运行结果如图4.7所示。

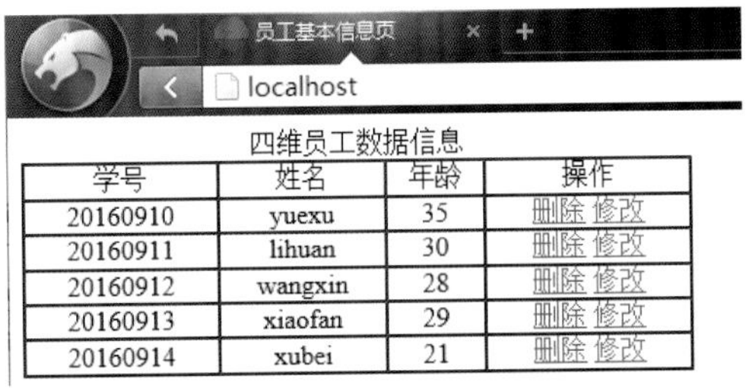
员工基本信息页
localhost
四维员工数据信息
学号 姓名 年龄 操作
20160910 yuexu 35 删除 修改
20160911 lihuan 30 删除 修改
20160912 wangxin 28 删除 修改
20160913 xiaofan 29 删除 修改
20160914 xubei 21 删除 修改

图 4.7

②基本信息(index.php)主要代码如下：

```
<?php
 /*加载mysql数据库驱动*/
 $db = mysql_connect("localhost","root","")or die("数据库加载错误！");
```

```php
/*查找系统下的db数据库*/
$db_name = mysql_select_db("db")or die("数据连接错误或数据库不存在！");
$sql = "select *from stu";          //sql语句
$query = mysql_query($sql);         //执行sql语句
echo "<table border=1 width=400 border=1 cellpadding=0 cellspacing=0><caption>四维员工数据信息</caption><tr align=center><td>学号</td><td>姓名</td><td>年龄</td><td>操作</td></tr>";
while($row = mysql_fetch_array($query)){    //循环读取数据
    echo "<tr align=center>";
        echo "<td>".$row["stu_id"]."</td>";
        echo "<td>".$row["stu_name"]."</td>";
        echo "<td>".$row["stu_age"]."</td>";
        echo"<td>"."<a href='delete.php?id=$row[stu_id];'>删除</a>"." "."<a href='update.php?id=$row[stu_id]'>修改</a>"."</td>";
        echo "</tr>";
    }
    echo "</table>";
?>
```

③当单击执行修改时将对数据进行修改，在浏览器中运行结果如图4.8所示。

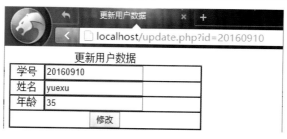

图 4.8

④更新用户数据(update.php)主要代码如下：

```php
<?php
    $stu_id = $_POST['stu_id'];          //$_POST获取id信息
    $stu_name = $_POST['stu_name'];      //$_POST获取name信息
    $stu_age = $_POST['stu_age'];        //$_POST获取age信息
    echo $stu_id." ".$stu_name." ".$stu_age."<br/>";
    $db = mysql_connect("localhost","root","");
    $db_name = mysql_select_db("db");
    $sql = "update stu set stu_name='$stu_name',stu_age='$stu_age' where stu_id='$stu_id'";
    mysql_query($sql);
    mysql_close();
```

返回首页

图 4.9

```
        echo "<a href='index.php'>返回到首页</a>"
?>
```

⑤执行删除信息,执行完毕显示"返回首页",在浏览器中运行结果如图4.9所示。

⑥删除用户数据(delete.php)主要代码如下:

```php
<?php
    $stu_id=$_GET['id'];              //通过$_GET方法获取删除信息的Id
    /*加载mysql数据库驱动*/
    mysql_connect("localhost","root","")or die("数据库加载错误! ");
    /*查找系统下的db数据库*/
    mysql_select_db("db")or die("数据连接错误或数据库不存在! ");
    /*sql语句*/
    $sql = "delete from stu where stu_id='$stu_id'";
    mysql_query($sql);
    mysql_close();
    echo "<a href=index.php>返回首页</a>";
?>
```

4.9 小 结 🔍

本章主要介绍了创建表单及表单元素、获取表单数据的方法、获得各种不同数据类型的表单数据,以及对URL传参的编码和解码。通过本章学习,读者将对表单数据的获取有深刻认识,将获取实现交互能力、实现动态网站开发的能力。

课后作业

1.使用PHP语句设计个人简历表格表单基本信息。

2.获取个人简历表单的各项基本信息,并打印在页面。

学习笔记

第5章 cookie 与 session

cookie和session是目前使用的两种存储机制，前者主要从Web客户端到下个页面之间的数据传递，存储在客户端；后者是让数据在页面中持续有效，存储在服务器端。cookie和session在数据传递过程中的安全问题也是至关重要、必不可少的。

5.1 cookie 管理

cookie是在HTTP协议下服务器或者脚本可以维护客户工作站上信息的一种方式。cookie使用很普遍，许多网站都使用cookie辨认登录用户，对用户判断发送相应的信息和内容，完成客户端很多复杂的工作内容。

5.1.1 了解 cookie

1）什么是cookie

cookie 常用于识别用户。cookie 是服务器留在用户计算机中的小文件。每当相同的计算机通过浏览器请求页面时，它同时会发送cookie。通过PHP，能够创建并取回cookie 的值。

2）cookie的功能

Web服务器可以应用cookie包含信息的任意性来筛选并经常性维护这些信息，以判断在HTTP 传输中的状态。cookie常用于以下3个方面：

①记录访客的某些信息。如可以利用cookie记录用户访问网页的次数，或者记录访客曾经输入过的信息。另外，某些网站可以使用cookie自动记录访客上次登录的用户名。

②在页面之间传递变量。浏览器并不会保存当前页面上的任何变量信息，当页面被关闭时页面上的任何变量信息将随之消失。如果用户声明一个变量id=1,要把这个变量传递到另一个页面，可以把变量id以cookie形式保存下来，然后在下页通过读

取该cookie来获取变量的值。

③将所查看的Internet页存储在cookie临时文件夹中，这样可以提高以后浏览的速度。

5.1.2 创建 cookie

PHP setcookie() 函数向客户端发送一个 HTTP cookie。cookie 是由服务器发送到浏览器的变量。cookie 通常是服务器嵌入用户计算机中的小文本文件。每当计算机通过浏览器请求一个页面，就会发送这个 cookie。cookie 的名称指定为相同名称的变量，必须在任何其他输出发送前对 cookie 进行赋值。如果成功，则该函数返回 true，否则返回 false。

1）创建 cookie

setcookie() 函数用于设置 cookie。setcookie() 函数必须位于 <html> 标签之前。

2）语法格式

setcookie(name, value, expire, path, domain, secure)

3）参数说明

参数说明见表5.1。

表 5.1

参数名称	是否可选	说　明
name	必需	规定 cookie 的名称
value	必需	规定 cookie 的值
expire	可选	规定 cookie 的有效期
path	可选	规定 cookie 的服务器路径
domain	可选	规定 cookie 的域名
secure	可选	规定是否通过安全的 HTTPS 连接来传输 cookie

例5.1　使用cookie()函数创建cookie，本例中，将创建名为 "user" 的 cookie，把它赋值为 "Alex Porter"。规定此 cookie在1 h后过期。实例代码如下：

```php
<?php
    setcookie("user", "Alex Porter", time()+3600);  //setcookie() 函数必须位于 <html> 标签之前
?>
<html>
<body>
    //body内容
</body>
</html>
```

5.1.3 读取 cookie

在PHP中可以直接通过超级全局数组$_COOKIE[]来读取浏览器端的cookie值。

例5.2 在下面的例子中，取回了名为 "user" 的 cookie 的值，并把它显示在了页面上。

```php
<?php
    echo $_COOKIE["user"];        // Print a cookie
?>
```

将取得的值在浏览器中显示结果如图5.1所示。

Alex Porter

图 5.1

例5.3 本例中，使用 isset() 函数来确认是否已设置cookie。

```php
<html>
<body>
<?php
    if (isset($_COOKIE["user"]))
        echo "Welcome " . $_COOKIE["user"] . "!<br />";
    else
        echo "Welcome guest!<br />";
?>
</body>
</html>
```

5.1.4 删除 cookie

当cookie被创建后，如果没有设置它的失效时间，其cookie文件会在关闭浏览器时自动删除。如何在关闭浏览器之前删除cookie文件呢？方法有两种：一种是使用$etcookie()函数删除；另一种是使用浏览器手动删除cookie。

1）使用 setcookie()函数删除cookie

删除cookie和创建cookie的方式基本类似，删除cookie也使用setcookie()函数。删除cookie只需要将setcookie()函数中的第2个参数设置为空值，将第3个参数cookie的过期时间设置为小于系统的当前时间即可。

例如：

```php
<?php
    setcookie("user", "", time()-3600);   // 设置时间1个小时前过期
?>
```

2）使用浏览器手动删除cookie

在使用cookie时，cookie自动生成一个文本文件存储在IE浏览器的cookies临时文件夹中。使用浏览器删除cookie文件是非常便捷的方法。具体操作步骤如下：

①选择各个版本浏览器中的"Internet选项"命令，打开对话框，如图5.2所示。

②在"浏览历史记录"下"退出时删除浏览历史记录"前勾选，再单击"删除"完成cookie的删除，或者直接单击"删除"，最后单击"应用"和"确定"。

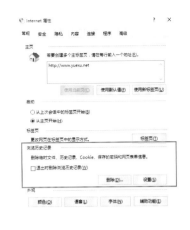

图 5.2

5.1.5 cookie 的生命周期

cookie总是保存在客户端中，按在客户端中的存储位置，可分为内存cookie和硬盘cookie。内存cookie由浏览器维护，保存在内存中，浏览器关闭后就消失了，其存在时间是短暂的。硬盘cookie保存在硬盘里，有一个过期时间，除非用户手工清理或到了过期时间，硬盘cookie不会被删除，其存在时间是长期的。因此，按存在时间，可分为非持久cookie和持久cookie。

硬盘cookie使用是长期的，但有时也不是一成不变的，按照不同浏览器的设置，一般默认的硬盘存储cookie数目是300个文件，每个文件的要求是5 kB，如果达到极限，浏览器就会自动将cookie进行清理。

5.1.6 cookie 的综合应用——使用 cookie 技术计算网站的月访问量

例5.4　本例设置网站的访问量，可通过setcookie()函数完成，本例统计1个月的流量。代码如下：

```php
<?php
    if(!empty($_COOKIE['number'])){          //判断cookie是否为空值
        $number = $_COOKIE[ 'number' ]+1;
    }else{
        $number = 1;                          //人数初始值为1
    }
    Setcookie("number",$number,time()+2592000);  //2592000一个月的时间, 秒数
?>
```

页面输出cookie的值$number，具体代码如下：

```php
<?php echo "本月您是第".$number. "位访问者" ?>
```

在浏览器中运行结果如图5.3所示。

图 5.3

5.2 session 管理

cookie存在很多的缺陷，而session比cookie在这方面相对有优势，首先不会受到期限限制，再次就是比cookie要安全很多，最后是cookie运行在客户端，而session运行在服务器端。

5.2.1 了解 session

1）session的定义

session中文被译为"会话"。此处为在执行计算机与人交互启动到结束的会话，实际上是一个特定的时间概念。session对象存储特定用户会话所需的信息。这样，当用户在应用程序的 Web 页之间跳转时，存储在session 对象中的变量将不会丢失，而是在整个用户会话中一直存在下去。当用户请求来自应用程序的 Web 页时，如果该用户还没有会话，则 Web 服务器将自动创建一个session 对象。当会话过期或被放弃后，服务器将终止该会话。

2）session的功能

session在Web开发中占有很重要的地位，网页是一种无状态的链接程序，这样就无法获取用户的浏览状态，为此必须产生一个能够获取用户状态的功能函数，用于确定用户的身份。session在电子商务的网站开发中占有绝对的分量，没有session，用户在付账或宝贝放到购物车每个页面都会进行注册、登录、添加宝贝，工序烦琐。session减少了工序，也可以将数据存放在服务器，便于用户更好地操作。

5.2.2 创建会话

在Web中创建会话的步骤如下：

1）启动会话

通常启动会话使用session_star()函数。一般将启动会话放在页面的最前面，用于创建一个会话，语法如下：

```php
<?php
    bool session_star(void);
?>
```

2）注册会话

会话变量被启动后，全部保存在数组$_SESSION中，直接给该数组添加一个元素即可创建一个会话，启动注册会话创建一个session的代码如下：

```php
<?php
    session_start();                        //启动session
    $_SESSION["manage"] ="yuexu";          //申明一个manage变量，赋值为yuexu；
?>
```

3）使用会话

需要会话首先确定是否有会话ID存在，不存在需要创建，如果存在将载入提供使用，具体使用会话代码如下：

```php
<?php
    if(!empty($_SESSION['se_name'])){        // 判断session是否为空
        $se_name = $_SESSION['se_name'];     //不为空给会话变量赋值
    }
?>
```

4）删除会话

（1）删除单个会话

删除单个会话只需要注销session变量，使用unset()函数，代码如下：

```php
    unset($_SESSION['se_name']);
```

（2）删除多个会话

删除多个会话可以将空数组赋值给session，代码如下：

```php
    $_SESSION = array();
```

（3）结束会话

所有会话结束可以结束会话，销毁session，代码如下：

```php
    session_destroy();
```

5.2.3 session 的综合应用——通过 session 判断用户的操作权限

本例使用session来验证用户登录是否登录成功，具体操作步骤如下：

①创建数据库，数据库相关代码如下：

```sql
create table users(
    username char(8) primary key not null,    //将username设置为主键
    passcode char(8) not null,
    userflag int,
);
insert into users values('admin','admin123',1);    //向数据库中插入数据。
```

②创建用户登录页面(login.php)，实例代码如下：

```
<html>
 <head>
  <title>Login_Login</title>
 </head>
 <body>
  <form name="fangbei" method="post" action=check_session_login.php">
   <div style="width:353">
<dl>
 <dt></dt>
  <dd>
   <div align="left">
     Username:
     <input type="text" name="username" />
   </div>
  </dd>
  <dd>
   <div align="left">
     Psssword:
     <input type="password" name="passcode" />
   </div>
  </dd>
  <dd>
     <p align="center"> <input type="submit" name="Submit" value="Submit" />
<input type="reset" name="Reset" value="Reset" /> </p>
  </dd>
 </dl>
   </div>
  </form>
 </body>
</html>
```

③登录完成跳转到check_session_login.php页面,实例代码如下:

```
<?php
    @mysql_connect("localhost","root",'root')or die("数据库连接失败");
    @mysql_select_db("mydb")or die("选择数据库失败");
    //获取输入的信息
    $username = $_POST['username'];
    $passcode = $_POST['passcode'];
    //获取session的值
```

```php
$query = mysql_query("select username,userflag from users where
username = '$username' and passcode = '$passcode'") or die("SQL语句执
行失败");
//判断用户以及密码
if($row = mysql_fetch_array($query))
{
    session_start();
    //判断权限
    if($row['userflag'] == 1 or $row['userflag'] == 0){
        $_SESSION['username'] = $row['username'];
        $_SESSION['userflag'] = $row['userflag'];
        echo "<a href='welcome_session_login.php'>欢迎访问www.yuexu.
net</a>";
    }else{
        echo "userflag不正确";
    }
    else{
        echo "username或者usercode";
    }
?>
```

④验证通过之后，到达欢迎页面welcome_session_login.php。实例代码如下：

```php
<?php
    session_start();
    if(isset($_SESSION['username']))
    {
        if($_SESSION['userflag'] == 1)
            echo "欢迎管理员".$_SESSION['username']."登录";
        if($_SESSION['userflag'] == 0)
            echo "欢迎用户".$_SESSION['username']."登录";
    }
    else
    {
        echo "您没有权限访问此页面";
    }
?>
```

⑤销毁session页面destroy_session_login.php。实例代码如下：

```php
<?php
    unset($_SESSION['username']);
```

```
        unset($_SESSION['passcode']);
        unset($_SESSION['userflag']);
        echo "注销成功";
    ?>
```

5.3 cookie 与 session 的比较 🔍

cookie与session的最大区别是session将信息保存在服务器上,并通过Id来传输客户端数据信息。客户提交数据后,session通过客户端提供的Id将数据资源反馈给客户端。而cookie是将数据存放在本地客户单的文本文件中,由浏览器进行维护和管理。

在操作上cookie比session方便,也就是说session的安全性比cookie要高。session便于存储数据。

5.4 小 结 🔍

通过本章学习,让读者了解了什么是cookie和session,它们分别能够做什么,能够完成什么样的功能。与此同时,让读者也掌握了cookie和session技术的应用,并通过具体的实例分析了在Web开发过程中的应用,它们分别是在Web开发过程中不可缺少的一项技术。掌握了这项技术将可以在后续课程中开发更加复杂的Web程序。

课后作业

给个人信息页面添加权限设置,用户登录访问个人信息;未登录不可访问个人信息并返回到登录页面。

学习笔记

第6章 MySQL 数据库基础

PHP只有与MySQL结合才可以发挥动态网页的魅力，现在的商务型网站都是基于在数据库的应用上。本章学习MySQL数据库，通过MySQL语句对数据进行操作，掌握数据库的基本知识，本章结束后读者可以轻松掌握数据库的增、删、改、查等功能。

6.1 MySQL 简介

MySQL是一种关系型数据库管理系统，由瑞典MySQL AB 公司开发，目前属于 Oracle 旗下公司。MySQL 是最流行的关系型数据库管理系统，在 Web 应用方面，MySQL是最好的 RDBMS (Relational Database Management System，关系数据库管理系统) 应用软件之一。

MySQL是一种关联数据库管理系统，关联数据库将数据保存在不同的表中，而不是将所有数据放在一个大仓库内，这样就增加了速度并提高了灵活性。

MySQL所使用的 SQL 语言是用于访问数据库的最常用标准化语言。MySQL 软件采用了双授权政策，它分为社区版和商业版，由于其体积小、速度快、成本低，尤其是开放源码这一特点，一般中小型网站的开发都选择 MySQL 作为网站数据库。

社区版的性能卓越，搭配 PHP 和 Apache 可组成良好的开发环境。

6.2 MySQL 的特点

①体积小、速度快。
②总体成本低，开源。开源免费使用软件，节省开支，可以直接在网上下载。
③支持多种操作系统。支持Linux，Windows，IBMAIX等，相互可以移植。
④开源。它是开源数据库，提供的接口支持多种语言连接操作。
⑤多线程。MySQL的核心程序采用完全的多线程编程。线程是轻量级的进程，

它可以灵活地为用户提供服务,而不过多地占用系统资源。用多线程和C语言实现的MySQL能很容易地充分利用CPU。

⑥安全。MySQL有一个非常灵活而且安全的权限和口令系统。当客户与MySQL服务器连接时,它们之间所有的口令传送被加密,而且MySPL支持主机认证。

⑦支持ODBC for Windows,支持所有的ODBC 2.5函数和其他许多函数,可以用Access连接MySQL服务器,使得应用被扩展;支持大型的数据库,可以方便地支持上千万条记录的数据库。作为一个开放源代码的数据库,可以针对不同的应用进行相应的修改。拥有一个非常快速而且稳定的基于线程的内存分配系统,可以持续使用而不必担心其稳定性。

⑧提供不同的使用者界面。它包括命令行客户端操作、网页浏览器,以及各式各样的程序语言界面,如C+, Perl, Java, PHP,以及Python。可以使用事先包装好的客户端,或者自己写一个合适的应用程序。

⑨支持强大的内置函数。PHP提供了大量的内置函数来操作MySQL数据库,为快速开发Web提供方便。

6.3 启动、连接、断开和停止 MySQL 服务器

启动服务器的方法很多,可以从系统服务设置中启动,也可通过命令操作来启动服务,本节学习数据库的启动、链接和停止。

6.3.1 启动 MySQL 服务器

①通过命令操作启动服务。

使用Win+R键启动运行窗口,输入cmd,按回车键启动MS-DOS,界面如图6.1所示。

图 6.1

②通过系统服务方式启动,在计算机(Win7系统)单击鼠标右键→管理→服务和应用程序→服务,找到服务,单击服务项目,在服务项目的启动项中找到mysql,单击鼠标右键启动,界面如图6.2、图6.3所示。

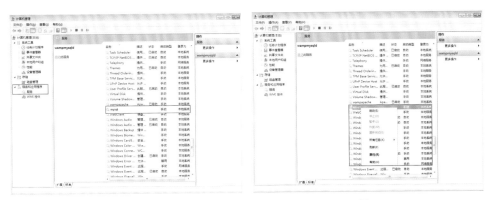

| 图 6.2 | 图 6.3 |

6.3.2　连接和断开 MySQL 服务器

1) 连接数据库服务器

启动MS-DOS(方法见6.3.1节), 在MS-DOS中输入以下命令连接MySQL服务器:

\>mysql –u root –h 127.0.0.1 –p password

命令解释如下:

-u root:　-u表示输入用户名, 此处输入用户名为root。

-h 127.0.0.1: -h表示输入主机地址, 此处输入的地址为127.0.0.1, 也可以输入
localhost。

-p password: -p表示输入数据的密码, 此处输入密码为password, 集成环境没有
密码为空。

命令输入完成后按回车键即可连接数据库服务器, 如图6.4所示。

图 6.4

2）断开数据服务器

断开数据库比较简单，直接单击右上角的关闭按钮就可以关闭服务器，也可以使用命令方式将数据关闭掉，输入命令为：

mysql>exit 或者quit

　　mysql>quit

6.3.3 停止 MySQL 服务器

第一种方式：可以通过在桌面计算机(Win7系统)图标上单击鼠标右键→管理→服务和应用程序→服务，找到服务，单击服务项目，在服务项目的启动项中找到mysql，单击鼠标右键停止结束数据库服务器。

第二种方式：使用命令关闭MySQL服务器。

命令编码如下：

　　net stop mysql

按回车键即可停止服务器。

第三种方式：使用mysqladmin命令停止服务器。

命令编码如下：

　　mysqladmin –u root shutdown –p root

按回车键即可停止服务器。

6.4　MySQL 数据库操作

启动数据库后，即可对MySQL数据库进行操作。

6.4.1 创建数据库 CREATE DATABASE

使用CREATE DATABASE语句创建数据，语法如下：

CREATE {DATABASE | SCHEMA} [IF NOT EXISTS] DB_NAME　//DB_NAME数据名称，下同

[create_specification [, create_specification] ...]

create_specification:

[DEFAULT] CHARACTER SET charset_name

| [DEFAULT] COLLATE collation_name

CREATE DATABASE用于创建数据库，并进行命名。如果要使用CREATE DATABASE，需要获得数据库CREATE权限。如果存在数据库，并且没有指定IF NOT EXISTS，则会出现错误。

create_specification选项用于指定数据库的特性。数据库特性储存在数据库目录中的db.opt文件中。CHARACTER SET子句用于指定默认的数据库字符集。COLLATE子句用于指定默认的数据库整序。有些目录包含文件，这些文件与数据

库中的表对应。MySQL中的数据库的执行方法与这些目录的执行方法相同。因为当数据库刚刚被创建时，在数据库中没有表，所以CREATE DATABASE只创建一个目录。这个目录位于MySQL数据目录和db.opt文件之下。

如果手动在数据目录之下创建一个目录（如使用mkdir），则服务器会认为这是一个数据库目录，并在SHOW DATABASES的输出中显示出来，也可以使用CREATE SCHEMA。创建数据库时，数据库的命名规范如下：

①不能与其他数据库重名。

②名称可以由任意字母、数字、下划线 "_" 和 "$" 组成，可以使用上述的任意字符开头，但不可以使用单独的数字。

③名称最大长度建议65个字符以下。

④不能使用MySQL关键字作为数据库名及表名。

⑤默认情况下，Windows下数据库的名字大小写不敏感，但注意数据库的名称要表达数据库的意思，意为见名思意。

使用CREATE DATABASE DB_NAME创建数据库如图6.5所示。

系统自动关闭命令行窗口。

6.4.2 查看数据库 SHOW DATABASE

成功创建数据库后，可以使用SHOW命令查看服务器中所有的数据库信息。语法如下：

SHOW DATABASE;

使用SHOE DATABASE运行的结果如图6.5所示。

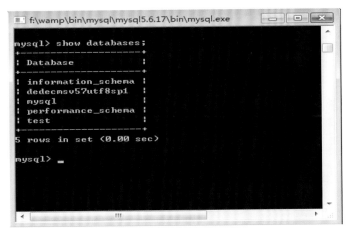

图 6.5

6.4.3 选择数据库 USE DATABASE

数据库成功创建后将使用新建的数据库，可以使用USE DB_NAME来选择数据库，将使用的数据库设置为当前数据库，语法如下：

USE DB_NAME;

选择名称为DB_NAME数据库，设置为当前数据库，运行结果如图6.6所示。

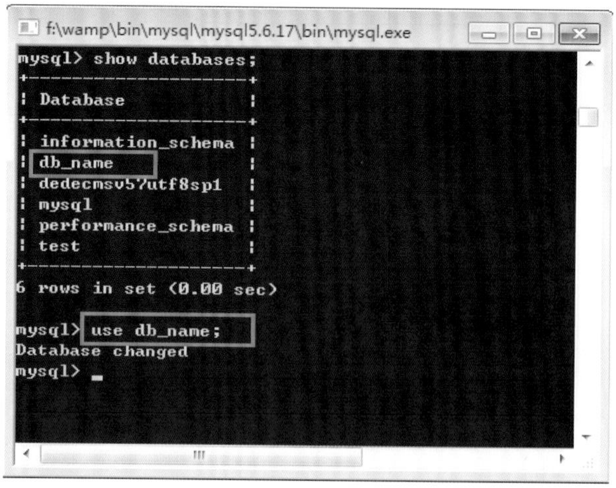

图 6.6

6.4.4 删除数据库 DROP DATABASE

数据库在开发完成后需要清理机器中的存储空间,可以将数据库删除,释放空间。可以使用DROP命令删除数据库,语法如下:

DROP DATABASE DB_NAME;

通过DROP DATABASE命令删除名称为DB_NAME的数据库,运行结果如图6.7所示,也可以使用SHOW命令查看数据库是否存在。

图 6.7

6.5 MySQL 数据表操作 🔍

对数据库创建完成后应该创建表，对表操作。表是数据库的基本单位，创建表前需要选择要使用的数据库才能对表进行操作。

6.5.1 创建数据表 CREATE TABLE

MySQL中create table语句的基本语法是：

CREATE [TEMPORARY] TABLE [IF NOT EXISTS] tbl_name

[(create_definition,...)]

[table_options] [select_statement]

TEMPORARY：该关键字表示用MySQL create table新建的表为临时表，此表在当前会话结束后将自动消失。临时表主要被应用于存储过程中，对于目前尚不支持存储过程的MySQL，该关键字一般不用。

IF NOT EXISTS：实际上是在建表前加上一个判断，只有该表目前尚不存在时才执行create table操作。用此选项可以避免出现表已经存在无法再新建的错误。

tbl_name：所要创建的表的表名。该表名必须符合标志符规则。通常的做法是在表名中仅使用字母、数字及下划线。例如，titles, our_sales, my_user1等都应该算是比较规范的表名。

create_definition：MySQL create table语句中关键部分所在。在该部分具体定义了表中各列的属性。

column_definition：#对列的属性的定义。

  col_name type [NOT NULL | NULL] [DEFAULT default_value]

    [AUTO_INCREMENT] [UNIQUE [KEY] | [PRIMARY] KEY]

    [COMMENT 'string']

col_name：表中列的名字。必须符合标志符规则，而且在表中要唯一。

type：列的数据类型。有的数据类型需要指明长度n，并用括号括起。

NOT NULL | NULL：指定该列是否允许为空。如果既不指定NULL也不指定NOT NULL，列被认为指定了NULL。

DEFAULT default_value：为列指定默认值。如果没有为列指定默认值，MySQL自动地分配一个。如果列可以取NULL作为值，缺省值是NULL。如果列被声明为NOT NULL，缺省值取决于列类型：

①对于没有声明AUTO_INCREMENT属性的数字类型，缺省值是0。对于一个AUTO_INCREMENT列，缺省值是在顺序中的下一个值。

②对于除TIMESTAMP的日期和时间类型，缺省值是该类型适当的"零"值。对于表中第一个TIMESTAMP列，缺省值是当前的日期和时间。

③对于除ENUM的字符串类型，缺省是空字符串。对于除ENUM的字符串类型，缺省值是空字符串。AUTO_INCREMENT：设置该列有自增属性，只有整型列

才能设置此属性。当插入NULL值或0到1个AUTO_INCREMENT列中时, 列被设置为value+1, 在这里 value是此前表中该列的最大值。AUTO_INCREMENT顺序从1开始。每个表只能有1个AUTO_INCREMENT列, 并且它必须被索引。

UNIQUE: 在UNIQUE索引中, 所有的值必须互不相同。如果在添加新行时使用的关键字与原有行的关键字相同, 则会出现错误。

KEY: KEY通常是INDEX的同义词。如果关键字属性PRIMARY KEY在列定义中已给定, 则PRIMARY KEY也可以只指定为KEY。这么做的目的是与其他数据库系统兼容。

PRIMARY KEY: 一个唯一KEY, 此时, 所有的关键字列必须定义为NOT NULL。如果这些列没有被明确地定义为NOT NULL, MySQL应隐含地定义这些列。一个表只有一个PRIMARY KEY。如果没有PRIMARY KEY, 并且一个应用程序要求在表中使用PRIMARY KEY, 则MySQL返回第一个UNIQUE索引, 此索引没有作为PRIMARY KEY的NULL列。

COMMENT: 对于列的评注可以使用COMMENT选项来进行指定。评注通过SHOW CREATE TABLE和SHOW FULL COLUMNS语句显示。

6.5.2 查看表结构 SHOW TABLE

创建成功的数据表可以使用SHOW COLUMNS或DESCRIBE命令查看数据表的结构。

1) SHOW COLUMNS语句的两种方式

①SHOW COLUMNS FROM DB_TAB FROM DB_NAME//DB_TAB, 表名DB_NAME数据库名,下同。

②SHOW COLUMNS FROM DB_NAME.DB_TAB, 使用SHOW COLUMNS语句查看数据表DB_TAB, 表结构如图6.8所示。

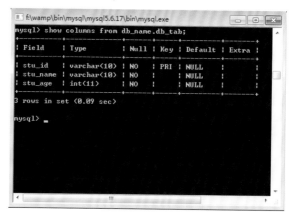

图6.8

2) DESCRIBE语句语法

DESCRIBE DB_TAB.TAB_COL　//TAB_COL表列名

使用DESCRIBE语句查看数据表DB_TAB表中id列信息如图6.9所示。

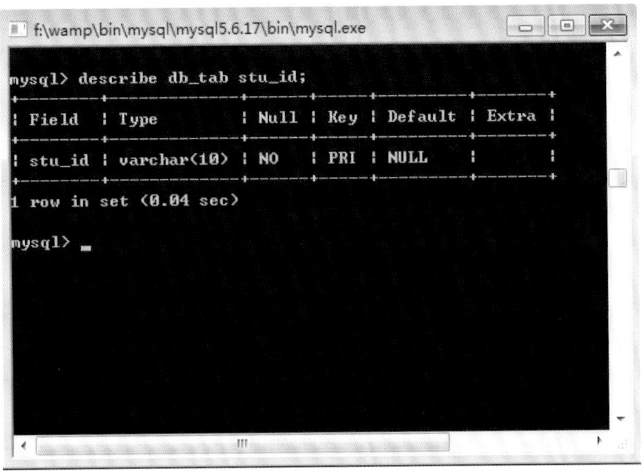

图 6.9

6.5.3 修改表结构 ALTER TABLE

修改表结构使用ALTER TABLE语句。修改表结构指增加或删除表字段，修改名称或者字段类型，设置取消主键、外键、索引及注释等。语法如下：

ALTER [IGNORE] TABLE tbl_name alter_specification [, alter_specification] ...

alter_specification: ADD [COLUMN] column_definition [FIRST | AFTER col_name]

ADD [COLUMN] (column_definition,...)

ADD INDEX [index_name] [index_type] (index_col_name,...)

ADD [CONSTRAINT [symbol]] PRIMARY KEY [index_type] (index_col_name,...)

ADD [CONSTRAINT [symbol]] UNIQUE [index_name] [index_type] (index_col_name,...)

ADD [FULLTEXT|SPATIAL] [index_name] (index_col_name,...)

ADD [CONSTRAINT [symbol]] FOREIGN KEY [index_name] (index_col_name,...)

[reference_definition] | ALTER [COLUMN] col_name {SET DEFAULT literal DROP DEFAULT} CHANGE [COLUMN] old_col_name

column_definition [FIRST|AFTER col_name] | MODIFY [COLUMN]

column_definition [FIRST | AFTER col_name]

DROP [COLUMN] col_name

DROP PRIMARY KEY

DROP INDEX index_name

DROP FOREIGN KEY fk_symbol | DISABLE KEYS | ENABLE KEYS | RENAME [TO]

new_tbl_name

ORDER BY col_name

CONVERT TO CHARACTER SET charset_name [COLLATE collation_name] | [DEFAULT]

CHARACTER SET charset_name][COLLATE collatio_name] | DISCARD TABLESPACE | IMPORT TABLESPACE | table_options | partition_options |

ADD PARTITION partition_definition

DROP PARTITION partition_names | COALESCE PARTITION number | REORGANIZE PARTITION partition_names INTO (partition_definitions) | ANALYZE PARTITION

partition_names | CHECK PARTITION partition_names | OPTIMIZE PARTITION partition_names |

REBUILD PARTITION partition_names | REPAIR PARTITION partition_names

ALTER TABLE允许指定多个动作,动作间使用逗号分隔,每个动作表示对表的一个修改。添加一个字段email,类型为varchar(30), not null, 将字段stu_name的类型由varchar(10)改为varchar(50), 如图6.10所示。

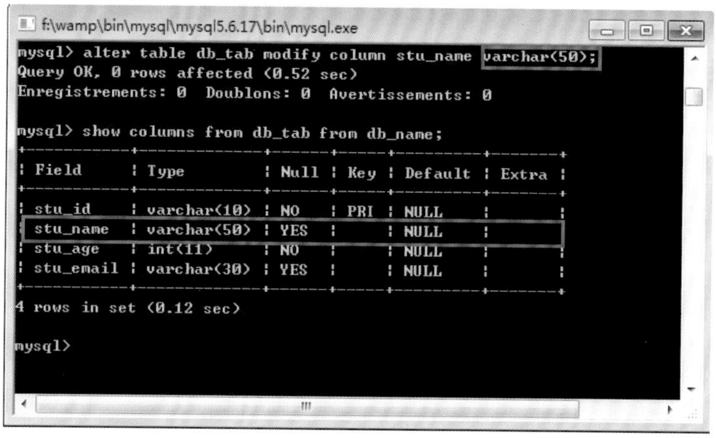

图 6.10

6.5.4　重命名表 RENAME TABLE

RENAME命令用于修改表名。RENAME命令格式如下:

RENAME TABLE TB_NAME TO RETABLE_NAME; //TB_NAME原名,RETABLE_NAME新表明

例如, 将表TB_NAME名字更改为RETB_NAME:

mysql> rename table db_tab to redb_tab;

对表db_tab进行修改后为redb_tab运行结果如图6.11所示。

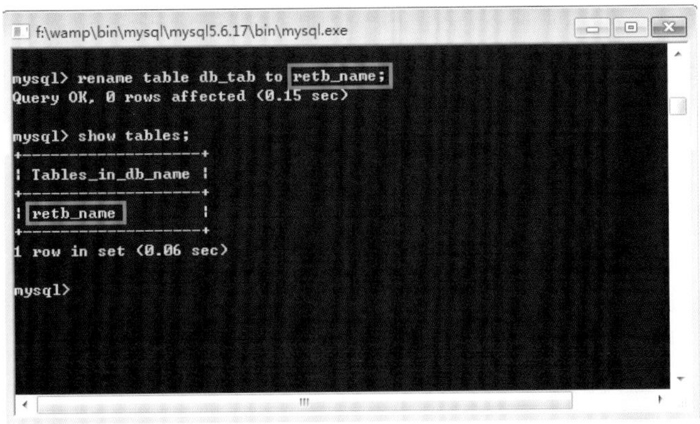

图 6.11

6.5.5 删除表 DROP TABLE

删除数据表的操作很简单，同删除数据库的操作类似，使用DROP TABLE语句即可实现，其命令格式如下：

DROP TABLE RETB_NAME;

删除数据表retb_name运行结果如图6.12所示。

图 6.12

6.6 MySQL 语句操作 Q

在数据表中插入、浏览、修改和删除记录可以在MySQL命令中使用SQL语句完成。

6.6.1 插入记录 INSERT

建立数据表后需要给空表中插入数据，使用INSERT命令可以插入数据，操作命令格式如下：

INSERT INTO ta_name (column1, column2,…) VALUES (value1,value2,…)

插入数据表tb_name运行结果如图6.13所示。

图 6.13

6.6.2 查询数据库记录 SELECT

将数据插入数据库中后，需要查询数据库记录，使用SELECT命令可以查看其内容，操作命令格式如下：

SELECT * FROM tb_name where [col_name=value];

"*"表示通配列字段名称，col_name=value表示条件。

使用SELECT语句查询tb_name表中id为20160911的信息内容，条件查询代码运行结果如图6.14所示。

6.6.3 修改记录 UPDATE

在插入数据中常有修改或插入错误需要对数据进行修改，使用UPDATE进行修改，操作命令格式如下：

UPDATE tb_name SET col_neme = new_value WHERE [col_name=value];

使用SELECT语句更新tb_name表中内容将id为20160911的age改为25，条件查询代码运行结果如图6.15所示。

图6.14

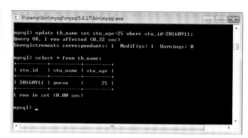

图6.15

6.6.4 删除记录 DELETE

数据操作中删除数据也是一个重要的操作，冗余数据将其删除，使用DELETE删除，命令格式如下：

DELETE FROM tb_name WHERE [col_name=value]

使用DELETE语句删除tb_name表中内容，条件删除代码运行结果如图6.16所示。

图6.16

6.7 小 结

本章主要介绍了MySQL数据库的基本操作，包括创建、查看、选择、删除数据库；创建、修改、更名、删除数据表；插入、浏览、修改、删除记录等，这些是程序员必须掌握的，对于电子商务专业的主要课程读者只需要了解工作原理及操作方法，熟练掌握MySQL语句。

课后作业

1.熟练使用MySQL控制台创建数据库、数据表。

2.创建学生信息表，包含编号、学号、姓名、班级、专业、辅导员、电话号码、家庭住址、QQ等基本信息，数据类型按照实际需求进行合理配置数据类型。

3.向学生信息表中插入数据。

4.修改学生信息中学号为"20160515"学生的专业为"电子商务"专业。

5.删除学生信息表中学号为"20160515"的学生。

6.用PHP的MySQL的数据库知识完成以下作业，在命令行模式下登录MySQL数据库，使用SQL实现下面要求（写出对应sql语句）：

①创建留言数据库：liuyandb。

②在liuyandb数据库中创建留言表liuyan，结构见表6.1。

表 6.1

表名		liuyan			留言信息表
序号	字段名称	字段说明	类型	属性	备注
1	id	编号	int(4)	非空	主键，自增1
2	title	标题	varchar(32)	非空	
3	author	作者	varchar(16)	可以空	
4	addtime	留言时间	datatime	非空	
5	content	留言内容	text	非空	
6	isdelete	是否删除	tinyint	非空	默认值 0

③在留言表最后添加一列状态（status tinyint 默认值为0）。

④修改留言表author的默认值为'youku'。

⑤删除liuyan表中的isdelete字段。

⑥为留言表添加5条测试数据。

⑦要求将id值大于3的信息中author字段值改为admin。

⑧删除id号为4的数据。

学习笔记

第7章 PHP 操作 MySQL 数据库

PHP和MySQL是黄金搭档，由于MySQL开源，很多开发者喜欢使用，另外由于跨平台、使用方便、访问效率高等特点，也获得了广泛的使用，本章节讲解PHP如何操作MySQL数据。

7.1 PHP 访问 MySQL 数据库的一般步骤

PHP是开源数据库，商业使用范围很大，占有很大的市场，近年来受很多开发者的青睐。MySQL是开发系统、电子商务等平台的黄金搭档及PHP强大的数据库支持，本节主要说明PHP访问MySQL数据库的基本思路。

PHP访问数据库的基本步骤如下：

（1）连接MySQL数据服务

使用mysql_connect()函数建立与MySQL数据库服务器的连接。

（2）选择MySQL数据库

使用mysql_select_db()函数建立与MySQL服务器上的数据库，并建立连接。

（3）执行SQL语句

使用mysql_query()函数对SQL语句进行执行，对数据表的操作主要有5种方式，分别是查询数据、插入数据、显示数据、更新数据、删除数据及修改数据。

（4）关闭数据库连接

使用mysql_close()关闭数据资源，因每次使用连接、执行语句对数据库操作，都会消耗很多系统资源，特别是数据用户连接较多时消耗的资源就更大，性能就会急剧下降，所以在完成数据操作后都应该关闭数据连接，释放资源。

7.2 PHP 操作 MySQL 数据库的方法

PHP提供了大量针对MySQL数据库操作的MySQL数据操作函数，使得PHP对开发应用系统变得更加简单。

7.2.1 使用 mysql_connect() 函数连接 MySQL 服务器

在访问并处理数据库中的数据之前，必须创建到达数据库的连接。在PHP中，这个任务通过 mysql_connect() 函数完成。

语法格式如下：

    mysql_connect(servername,username,password);

相关参数见表7.1。

表 7.1

参　数	描　　述
servername	可选。规定要连接的服务器。默认是 "localhost:3306"
username	可选。规定登录所使用的用户名。默认值是拥有服务器进程的用户的名称
password	可选。规定登录所用的密码。默认是 ""

例7.1　在下面的例子中，在一个变量中 ($con) 存放了在脚本中供稍后使用的连接。如果连接失败，将执行 "die" 部分，实例代码如下：

```php
<?php
    $con = mysql_connect("localhost","root",""); //用户名为root,密码为空
    if (!$con)
      {
            die('Could not connect:'. mysql_error()); //数据系统未启动或用户错误将
报错。
      }
    // some code
?>
```

连接结果错误将显示："Could not connect:mysql_connect()…" 等字样。

7.2.2 使用 mysql_select_db() 函数选择数据库文件

mysql_select_db() 函数设置活动的 MySQL 数据库。如果成功，则该函数返回 true；如果失败，则返回 false。

语法格式如下：

    mysql_select_db(database,connection)

相关参数见表7.2。

表 7.2

参数	描　述
database	必需。规定要选择的数据库
connection	可选。规定 MySQL 连接。如果未指定，则使用上一个连接

例7.2　使用mysql_select_db()函数连接数据，判断是否成功，具体代码如下：

```php
<?php
$con = mysql_connect("localhost", "root", "");
if (!$con)
  {
    die('Could not connect: ' . mysql_error());
  }
$db_selected = mysql_select_db("test_db", $con);
if (!$db_selected)
  {
    die ("Can\'t use test_db : " . mysql_error());
  }
mysql_close($con);
?>
```

当数据库连接不成功显示："Can't use test_db:mysql_select_db()"。

7.2.3　使用 mysql_query() 函数执行 SQL 语句

mysql_query() 函数执行一条 MySQL 查询。

语法格式如下：

mysql_query(query,connection)

相关参数见表7.3。

表 7.3

参数	描　述
query	必需。规定要发送的 SQL 查询。注释：查询字符串不应以分号结束
connection	可选。规定 SQL 连接标志符。如果未规定，则使用上一个打开的连接

如果没有打开的连接，本函数会尝试无参数调用 mysql_connect() 函数来建立一个连接并使用之。

例7.3　通过 mysql_query() 函数创建一个新数据库，具体实例代码如下：

```php
<?php
    $con = mysql_connect("localhost","mysql_user","mysql_pwd");
if (!$con)
  {
```

```
      die('Could not connect: ' . mysql_error());
   }
      $sql = "CREATE DATABASE my_db";
if (mysql_query($sql,$con))
   {
   echo "Database my_db created";
   }
else
   {
   echo "Error creating database: " . mysql_error();
   }
?>
```

执行成功显示："Database my_db created"，否则显示："Error creating database:mysql_query()…"。

7.2.4 使用 mysql_fetch_array() 函数从数组结果集中获取信息

mysql_fetch_array() 函数从结果集中取得一行作为关联数组，或数字数组，或两者兼有返回根据从结果集取得的行生成的数组，如果没有更多行则返回 false。

语法格式如下：

mysql_fetch_array(data,array_type)

相关参数见表7.4。

表 7.4

参数	描　　述
data	可选。规定要使用的数据指针。该数据指针是 mysql_query() 函数产生的结果
array_type	可选。规定返回哪种结果。可能的值： MYSQL_ASSOC——关联数组 MYSQL_NUM——数字数组 MYSQL_BOTH——默认，同时产生关联和数字数组

例7.4　输出上章节db_tab数据库中的所有信息，实例代码如下：

```
<?PHP
   $con = mysql_connect("localhost","root","");    //加载数据库驱动
   if (!$con){
       die( 'Could not connect:  ' . mysql_error());
   }
   $db_name = mysql_select_db("db",$con);        //链接数据库
   $sql = "select * from db_tab";
   $query = mysql_query($sql);
```

```
        while($row = mysql_fetch_array($query)){//       通过mysql_fetch_array函数输出
数据库内容
            echo $row["stu_id"]." ".$row["stu_name"]." ".$row["stu_age"]."<br/>";
        }
        mysql_close();
    ?>
```

运行结果将数据库中的信息查询出来，结果如下：

20160911　yuexu　35

20160912　xiaofan　28

7.2.5　使用 mysql_fetch_object( ) 函数从结果集中获取一行作为对象

mysql_fetch_object() 函数从结果集（记录集）中取得一行作为对象。若成功，本函数从 mysql_query() 获得一行，并返回一个对象。如果失败或没有更多的行，则返回 false。

语法格式如下：

mysql_fetch_object(data)

相关参数见表7.5。

表 7.5

参数	描　　述
data	必需。要使用的数据指针。该数据指针是从 mysql_query() 返回的结果

例7.5　通过 mysql_fetch_object函数输出db_tab数据库中的name信息，实例代码如下：

```php
    <?php
        $mysql = mysql_connect("localhost","root","");       //加载数据库驱动
        if (!$con){
            die( 'Could not connect: ' . mysql_error());
        }
        $db_name = mysql_select_db("db",$con);
        $db_name = mysql_select_db("db");                     //链接数据库
        $sql = "select * from db_tab";
        $query = mysql_query($sql);
        while ($row = mysql_fetch_object($query ))
          {
          echo $row->stu_name. "<br />";
          }
        mysql_close($con);
    ?>
```

输出结果：yuexu

　　　　xiaofan

7.2.6　使用 mysql_fetch_row( ) 函数逐行获取结果集中的每条记录

mysql_fetch_row() 函数从结果集中取得一行作为数字数组。mysql_fetch_row() 从和结果标志 data 关联的结果集中取得一行数据并作为数组返回。每个结果的列储存在一个数组的单元中，偏移量从 0 开始。依次调用 mysql_fetch_row() 将返回结果集中的下一行，如果没有更多行则返回 false。

语法格式如下：

　　　mysql_fetch_object(data)

相关参数见表7.6。

表 7.6

参数	描　　述
data	必需。要使用的数据指针。该数据指针是从 mysql_query() 返回的结果

例7.6　输出上章节db_tab数据库中的所有信息，实例代码如下：

```php
<?php
    $mysql = mysql_connect("localhost","root","");    //加载数据库驱动
    if (!$con){
        die( 'Could not connect: ' . mysql_error());
    }
    $db_name = mysql_select_db("db",$con);
    $db_name = mysql_select_db("db");                //链接数据库
    $sql = "select * from db_tab";
    $query = mysql_query($sql);
    while ($row = mysql_fetch_row($query ))
      {
      echo $row[0]." ".$row[1]." ".$row[2]."<br />";
      }
    mysql_close($con);
?>
```

输出结果如例7.4所示。

7.2.7　使用 mysql_num_rows( ) 函数获取查询结果集中的记录数

mysql_num_rows() 返回结果集中行的数目。此命令仅对select 语句有效。要取得被 insert，update或者delete查询所影响到的行的数目，用 mysql_affected_rows()。

111

语法格式如下：

mysql_num_rows(data)

相关参数见表7.7。

表 7.7

参　数	描　述
data	必需。结果集。该结果集从 mysql_query() 的调用中得到

例7.7　使用mysql_num_rows函数返回db_tab数据表中数据条数，实例代码如下：

```php
<?php
    $con = mysql_connect("localhost", "root", "");
    if (!$con)
      {
      die('Could not connect: ' . mysql_error());
      }
    $db_selected = mysql_select_db("db",$con);
    $sql = "select * from db_tab";
    $result = mysql_query($sql,$con);
    echo mysql_num_rows($result);
    mysql_close($con);
?>
```

输出结果：2　　　//当前数据表中仅有两条数据

7.3　PHP 操作 MySQL 数据库 🔍

PHP数据库操作技术是Web开发过程中的核心技术。本节通过PHP与MySQL实现动态数据库的增、删、改、查功能，分别为读者讲解数据库系统实现的基本思路和小实例。

7.3.1　使用 Insert 语句动态添加信息

本案例使用前面db.db_table数据表来实现insert动态插入数据功能。

例7.8　通过插入页面insert.php用户注册给db_tab表插入id，name，age数据，提交给insert_db.php页面处理。实例代码如下：

insert.php实例代码如下：

```html
<!DOCTYPE html>
<head>
<meta http-equiv="Content-Type" content="text/html; charset=utf-8" />
<title>添加用户信息</title>
```

```
</head>
<body>
<form id="form1" name="form1" method="post" action="insert_db.php">
    <table width="395" height="145" border="1" align="center" cellpadding="0"
cellspacing="0">
        <caption>
        用户注册
        </caption>
        <tr>
          <td width="119" align="center">学号</td>
          <td width="270"><label for="stu_id"></label>
          <input type="text" name="stu_id" id="stu_id" /></td>
        </tr>
        <tr>
          <td align="center">姓名</td>
          <td><label for="stu_name"></label>
          <input type="text" name="stu_name" id="stu_name" /></td>
        </tr>
        <tr>
          <td align="center">年龄</td>
          <td><label for="stu_age"></label>
          <input type="text" name="stu_age" id="stu_age" /></td>
        </tr>
        <tr>
           <td colspan="2" align="center"><input type="submit" name="button"
id="button" value="注册" />
           <input type="reset" name="button2" id="button2" value="重置" /></td>
        </tr>
    </table>
</form>
</body>
</html>
```

在用户注册页面需要对input输入的数据进行js技术验证，此处未对用户输入的数据进行验证。读者可以参考同系列javascript表单验证相关知识，下面的实例相同。

Insert_db.php实例处理代码如下：

```
<!DOCTYPE  html>
<head>
<meta http-equiv="Content-Type" content="text/html; charset=utf-8" />
```

```
<title>实现PHP插入数据</title>
</head>
<body>
<?php
        /*获取insert.php发送过来的数据使用$_POST获取*/
        $stu_id = $_POST["stu_id"];
        $stu_name = $_POST["stu_name"];
        $stu_age = $_POST["stu_age"];
        /*加载数据库驱动*/
        $mysql = mysql_connect("localhost","root","")or die("数据加载失败! ");
        /*链接数据库*/
        $db_name = mysql_select_db("db",$mysql)or die("数据库查找失败，未找
到db数据库! ");
        $sql = "insert into db_tab values('$stu_id','$stu_name','$stu_age')";
        mysql_query($sql);
        mysql_close();
?>
</body>
</html>
```

7.3.2 使用 Select 语句查询信息

例7.9   使用PHP查询函数将db.db_tab数据表中的数据查询处理在select.php，实例处理代码如下：

```
<!DOCTYPE html>
<head>
<meta http-equiv="Content-Type" content="text/html; charset=utf-8" />
<title>使用select语句查询所有信息</title>
</head>

<body>
<table align="center" border="1" cellpadding="0" cellspacing="0"
width="500">
        <caption>公共信息内容</caption>
        <tr align="center" bgcolor="#999999">
            <td>ID</td>        //标题 ID
            <td>NAME</td>  //标题 NAME
            <td>AGE</td>    //标题 AGE
        </tr>
```

```
<?PHP
$mysql = mysql_connect("localhost","root","");
$db_name = mysql_select_db("db");
$sql = "select * from db_tab";
$query = mysql_query($sql);
while($row = mysql_fetch_array($query)){
    echo "<tr align=center><td>".$row["stu_id"]."</td><td>";
    echo $row["stu_name"]."</td><td>".$row["stu_age"]."</td></tr>";
}
mysql_close();
?>
</table>
</body>
</html>
```

运行结果如图7.1所示。

公共信息内容

ID	NAME	AGE
20160911	lihuan	30
20160912	wangxin	28
20160913	xiaofan	29
20160914	xubei	21

图 7.1

7.3.3 解决截取公告主题乱码问题

在程序的开发过程中，编码格式会影响正常的页面内容的显示，因此需要解决编码乱码问题，正常情况下将数据库编码格式更改和页面编码格式同步可以大大降低编码乱码现象，但并不能完全解决问题，可以使用编码国际化或自定义函数解决类似问题，本节将使用自定义函数解决编码乱码现象。

例7.10 本例将使用自定义的subtring()函数解决编码乱码现象，index.php页面使用select.php页面源码，实例indexbianma.php处理代码如下：

```
<!DOCTYPE html>
<head>
<title>公告信息管理</title>
<meta http-equiv="Content-Type" content="text/html; charset=gb2312">
<link href="style.css" rel="stylesheet">
</head>
<body>
<?php include("function.php");?>
<table width="828" height="522" border="0" align="center" cellpadding="0"
```

```
cellspacing="0" id="—01">
    <tr>
        <td background="i_1.gif">                     </td>
        <td height="140" background="i_2.gif">         </td>
    </tr>
    <tr>
        <td width="202" rowspan="3" valign="top"><table width="202"
border="0" cellspacing="0" cellpadding="0">
            <tr>
            <td><?php include("menu.php");?></td>
            </tr>
        </table></td>
        <td height="34" background="i_4.gif"> </td>
    </tr>
    <tr>
        <td height="38" background="i_6.gif"> </td>
    </tr>
    <tr>
        <td height="270" valign="top">
        <table width="626" height="100%" border="0" cellpadding="0"
cellspacing="0">
            <tr>
                <td height="257" align="center" valign="top" background="i_8.
gif"><table width="600" height="271" border="0" cellpadding="0" cellspacing="0">
                <tr>
                    <td height="22" align="center" valign="top" class="word_
orange"><strong>本站公告信息</strong></td>
                </tr>
                <tr>
                    <td height="249" align="center" valign="top"><br>
                <table width="460" border="1" align="center" cellpadding="1"
cellspacing="1" bordercolor="#FFFF00" bgcolor="#DFDFDF">
                    <?php
                    $con=mysql_connect("localhost","root","") or die("数据库
服务器连接错误".mysql_error());
                    mysql_select_db("db",$con) or die("数据库访问错误".mysql_
error());
                    mysql_query("set names gb2312");
```

```php
                    $sql=mysql_query("select * from db_tab order by createtime desc
limit 0,10");
                    $info=mysql_fetch_array($sql);
                    if($info==false){
                       echo "本站暂无公告信息!";
                    }
                    else{
                       do{
          ?>
    <tr bgcolor="#E3E3E3">
       <td height="24" align="left" bgcolor="#FFFFFF">  
          <img src="i_6.gif" width="9" height="9">
                    <?php
                       echo substring($info[title],0,30);
                          if(strlen($info[title])>30){
                             echo "...";
                          }
                    ?>
       </td>
    </tr>
       <?php
          }while($info=mysql_fetch_array($sql));
       }
       mysql_free_result($sql);          //关闭记录集
       mysql_close($conn);               //关闭MySQL数据库服务器
       ?>
    </table></td></tr>
  </table></td></tr>
</table></td></tr>
 <tr>
    <td bgcolor="#F0F0F0"></td>
    <td height="43" background="images/image_12.gif"></td>
 </tr>
</table>

<?php        //substring处理乱码编码函数
   function substring($str,$start,$len) {
      $strlen=$start+$len;
```

```
            for($i=0;$i<$strlen;$i++) {
                if(ord(substr($str,$i,1))>0xa0) {
                    $tmpstr.=substr($str,$i,2);
                    $i++;
                 }
                else
                    $tmpstr.=substr($str,$i,1);
            }
            return $tmpstr;
        }
    ?>
</body>
</html>
```

7.3.4 分页显示信息

当数据页的数据量很大时, 在页面上显示数据需要分页, 这样可以方便用户对数据的查阅, 借用select.php编码处理分页。

例7.11 给select.php页面数据分页处理, 每页显示10条数据, 实例编码如下:

```
<!DOCTYPE html>
<head>
<title>select信息页面分页处理</title>
<meta http-equiv="Content-Type" content="text/html; charset=utf-8">
<link href="style.css" rel="stylesheet">
</head>
<body>
<table width="828" height="522" border="0" align="center" cellpadding="0" cellspacing="0" id="__01">
    <tr>
        <td background="i_1.gif"> </td>
        <td height="140" background="i_2.gif">  </td>
    </tr>
    <tr>
        <td width="202" rowspan="3" valign="top">
            <table width="202" border="0" cellspacing="0" cellpadding="0">
                <tr>
                    <td><?php include("menu.php");?></td>
                </tr>
            </table>
```

```
            </td>
            <td height="34" background="images/image_04.gif"> </td>
        </tr>
        <tr>
            <td height="38" background="images/image_06.gif"> </td>
        </tr>
        <tr>
            <td height="270" valign="top">
                <table width="626" height="100%" border="0" cellpadding="0"
cellspacing="0">
                    <tr>
                        <td height="257" align="center" valign="top" background="i_8.gif">
                        <table width="600" height="271"  border="0" cellpadding="0"
cellspacing="0">
                            <tr>
                                <td height="22" align="center" valign="top" class="word_orange">
                                    <strong>公告信息<strong>分页显示</strong></strong>
                                </td>
                            </tr>
                            <tr>
                                <td height="249" align="center" valign="top">
                                    <table width="550" border="1" cellpadding="1"
                                        cellspacing="1" bordercolor="#FFFFFF"
bgcolor="#999999">
                                        <tr align="center" bgcolor="#f0f0f0">
                                            <td width="221">公告标题</td>
                                            <td width="329">公告内容</td>
                                        </tr>
<?php
$con=mysql_connect("localhost","root","") or die("数据库服务器连接错误".mysql_
error());
        mysql_select_db("db",$con) or die("数据库访问错误".mysql_error());
            /*  $page为当前页,如果$page为空,则初始化为1  */
    if ($page==""){
        $page=1;}
    if (is_numeric($page)){
        $page_size=10;                     //每页显示10条记录
        $query="select count(*) as total from db_tab order by id desc";
        $result=mysql_query($query);    //查询符合条件的记录总条数
```

119

```php
$message_count=mysql_result($result,0,"total");        //要显示的总记录数
//根据记录总数除以每页显示的记录数求出所分的页数
$page_count=ceil($message_count/$page_size);
//计算下一页从第几条数据开始循环
$offset=($page-1)*$page_size;

$sql=mysql_query("select * from db_tab order by id desc limit $offset,
$page_size");
$row=mysql_fetch_object($sql);
if(!$row){
    echo "<font color='red'>暂无公告信息!</font>";
}
do{
?>
<tr bgcolor="#FFFFFF">
    <td><?php echo $row->title;?></td>
    <td><?php echo $row->content;?></td>
</tr>
<?php
    }while($row=mysql_fetch_object($sql));
  }
?>
    </table><br>
    <table width="550" border="0" cellspacing="0" cellpadding="0">
        <tr><!-- 翻页条 -->
<td width="37%">  页次: <?php echo $page;?>/<?php echo
$page_count;?>页 记录: <?php echo $message_count;?> 条  </td>
            <td width="63%" align="right">
                <?php
                /*  如果当前页不是首页  */
                if($page!=1){
                /*  显示 "首页"超链接  */
                echo "<a href=page_affiche.php?page=1>首页</a> ";
                /*  显示 "上一页"超链接  */
                echo "<a href=page_affiche.php?page=".($page-1).">上
一页</a> ";
                }
                /*  如果当前页不是尾页  */
                if($page<$page_count){
```

```
                        /* 显示"下一页"超链接 */
                        echo "<a href=page_affiche.php?page=".($page+1).">下
一页</a> ";
                        /* 显示"尾页"超链接 */
                         echo  "<a href=page_affiche.php?page=".$page_
count.">尾页</a>";
                }
                mysql_free_result($sql);
                mysql_close($conn);
            ?>
        </tr>
    </table></td> </tr>
</table></td></tr>
</table></td></tr>
<tr>
    <td bgcolor="#F0F0F0"></td>
    <td height="43" background="images/image_12.gif"></td>
</tr>
</table>
</body>
</html>
```

运行结果如图7.2所示。

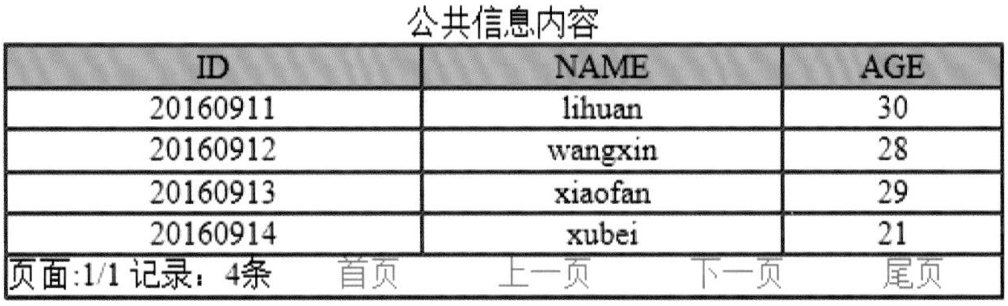

公共信息内容

ID	NAME	AGE
20160911	lihuan	30
20160912	wangxin	28
20160913	xiaofan	29
20160914	xubei	21

页面:1/1 记录：4条　　首页　　上一页　　下一页　　尾页

图 7.2

更新用户数据

学号	20160911	
姓名	lihuan	
年龄	30	
	修改	

图 7.3

7.3.5 使用 update 语句动态编辑信息

上节使用了insert将数据通过PHP函数插入db.db_tab数据表中，有时用户需要对数据进行操作，就需要更新数据，使用update功能为用户提供update更新页面。

例7.12 在select.php中添加操作，通过在页面单击操作下"更新"调出需要修改的数据，实例执行代码如下：

```
<!DOCTYPE html >
<head>
<meta http-equiv="Content-Type" content="text/html; charset=utf-8" />
<title>更新用户数据</title>
</head>
<body>
    <?php
$stu_id = $_GET['id'];
$con = mysql_connect("localhost","root","")or die("连接数据驱动加载失败! ");
/*查找系统下的db数据库*/
$db_name = mysql_select_db("db".$con)or die("查询数据库失败或db数据库不存在! ");
/*sql语句*/
$sql = "select *from stu";
/*执行sql语句*/
$query = mysql_query($sql);
$row = mysql_fetch_array($query);
        $stu_name = $row['stu_name'];
        $stu_age = $row['stu_age'];
    ?>
<form id="form1" name="form1" method="post" action="update_data.php">
    <table width="300" border="1" cellpadding="0" cellspacing="0">
        <caption>更新用户数据</caption>
          <tr>
            <td align=center>学号</td>
            <td>
                <input type="text" name="stu_id" id="stu_id" value=<?php
echo $stu_id ?> />
            </td>
          </tr>
          <tr>
            <td align=center>姓名</td>
            <td>
```

```
                <input type="text" name="stu_name" id="stu_name" value=<?php
echo $stu_name ?> />
                    </td>
                </tr>
                <tr>
                    <td align=center>年龄</td>
                    <td>
                        <input type="text" name="stu_age" id="stu_age" value=<?php
echo $stu_age ?> />
                    </td>
                </tr>
                <tr align=center>
                    <td colspan="2">
                        <input type="submit" value="修改" />
                    </td>
                </tr>
            </table>
    </form>
    </body>
    </html>
```

执行修改信息编码如下：

```
<!DOCTYPE html>
<head>
<meta http-equiv="Content-Type" content="text/html; charset=utf-8" />
<title>修改用户数据信息</title>
</head>
<body>
    <?php
        $stu_id = $_POST['stu_id'];
        $stu_name = $_POST['stu_name'];
        $stu_age = $_POST['stu_age'];
        echo $stu_id." ".$stu_name." ".$stu_age."<br/>";
        $db = mysql_connect("localhost","root","")or die("连接数据驱动加载
失败! ");
        $db_name = mysql_select_db("db")or die("查询数据库失败或db数据
库不存在! ");
        $sql = "update stu set stu_name='$stu_name',stu_age='$stu_age'
where stu_id='$stu_id'";
        mysql_query($sql);
```

```
            mysql_close();
            echo "<a href='index.php'>返回到首页</a>"
        ?>
    </body>
    </html>
```

运行结果读者可以到select.php页面浏览。

7.3.6 使用 Delete 语句动态删除信息

在select.php页面操作下对数据进行"删除"操作,利用MySQL数据库实现对数据的删除。

例7.13   对数据中id为20160911的信息进行删除,代码实现功能如下:

```
<!DOCTYPE html>
<html xmlns="http://www.w3.org/1999/xhtml">
<head>
<meta http-equiv="Content-Type" content="text/html; charset=utf-8" />
<title>删除用户数据</title>
</head>
<body>
<?php
    $stu_id=$_GET['id'];
    /*链接mysql数据库驱动*/
    $db = mysql_connect("localhost","root","")or die("连接数据驱动加载失败! ");
    /*查找系统下的db数据库*/
    $db_name = mysql_select_db("db")or die("查询数据库失败或db数据库不存在! ");
    /*sql语句*/
    $sql = "delete from stu where stu_id='$stu_id'";
        mysql_query($sql);
        mysql_close();
        echo "<a href=select.php>返回首页</a>";
    ?>
    </body>
    </html>
```

运行结果可以通过"返回首页"select.php页面看是否选择的ID为20160911的信息被删除。

7.4 小 结 🔍

　　本章节首先介绍了如何在PHP中连接并使用MySQL数据库,其次通过PHP如何管理数据库,并进行数据库的数据的增加、删除、修改、查询等操作,再次在每小节应用实例展示对数据库的操作,最后介绍了编码乱码的问题解决及分页的处理。通过这些学习读者应能熟练使用PHP及MySQL来实现Web的应用。请注意读者要在对页面提交数据前页面中添加mysql_query("set names utf8");代码可以处理乱码问题,要求页面编码格式要与数据库的统一。

课后作业

使用PHP+MySQL创建班级同学录系统,实现系统的增、删、改、查功能。

学习笔记

第8章 PHP 网络开发

本章按照PHP语言的特点来开发邮件系统。邮件系统开发可以让读者了解并熟练开发邮件系统，可以快捷、方便地使用邮件进行沟通。邮件的收发内容包含有文本、图片、声音等各种形式。电子商务方向的读者可以通过邮件系统进行推广，开发更符合自己需求的网络电子邮件系统，提高工作效率，也是PHP开发中必须掌握的知识点。

8.1 电子邮件开发原理

随着越来越多的用户使用网络即时通信，电子邮件是一个不可或缺的使用工具，本节使读者了解电子邮件的开发原理，并让读者学习电子邮件网络使用的技术。

8.1.1 电子邮件简介

电子邮件目前是应用最广泛的即时通信服务之一，用户拥有Internet服务商提供的账号和邮件，才能接收Internet邮件，用户可以与朋友进行联系、与客户保持关系往来和实现邮件的收发/访问功能。

邮件的地址格式为consumer@server.com，邮件地址由3个部分组成：第一部分consumer代表用户的邮箱账号名称，账号在网络是唯一的名称；第二部分为@分隔符；第三部分server.com为用户邮箱的邮件接收服务器域名，服务器地址所在位置。

8.1.2 电子邮件基本原理

电子邮件在Internet上发送和接收的原理可以很形象地用人们日常生活中邮寄包裹来形容：当人们要寄一个包裹时，首先要找到任何一个有这项业务的邮局，在填写完收件人姓名、地址等之后包裹就寄出而到了收件人所在地的邮局，对方取包裹时必须去这个邮局才能取出。

同样，当人们发送电子邮件时，这封邮件是由邮件发送服务器（任何一个都可以）发出，并根据收信人的地址判断对方的邮件接收服务器而将这封信发送到该服务器上，收信人要收取邮件也只能访问这个服务器才能完成。

1）电子邮件的发送

SMTP是维护传输秩序、规定邮件服务器之间进行哪些工作的协议，它的目标是可靠、高效地传送电子邮件。SMTP独立于传送子系统，并且能够接力传送邮件。

SMTP基于以下的通信模型：根据用户的邮件请求，发送方SMTP建立与接收方SMTP之间的双向通道。接收方SMTP可以是最终接收者，也可以是中间传送者。发送方SMTP产生并发送SMTP命令，接收方SMTP向发送方SMTP返回响应信息，如图8.1所示。

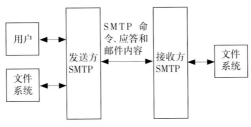

图 8.1 SMTP 通信模型

连接建立后，发送方SMTP发送MAIL命令指明发信人，如果接收方SMTP认可，则返回OK应答。发送方SMTP再发送RCPT命令指明收信人，如果接收方SMTP也认可，则再次返回OK应答；否则将给予拒绝应答（但不中止整个邮件的发送操作）。当有多个收信人时，双方将如此重复多次。这一过程结束后，发送方SMTP开始发送邮件内容，并以一个特别序列作为终止。如果接收方SMTP成功处理了邮件，则返回OK应答。

对于需要接力转发的情况，如果一个SMTP服务器接受了转发任务，但后来却发现由于转发路径不正确或者其他原因无法发送该邮件，那么它必须发送一个"邮件无法递送"的消息给最初发送该信的SMTP服务器。为防止因该消息可能发送失败而导致报错消息在两台SMTP服务器之间循环发送的情况，可以将该消息的回退路径置空。

2）电子邮件的接收

（1）电子邮件协议第3版本（POP3）

要在因特网的一个比较小的节点上维护一个消息传输系统（MTS，Message Transport System）是不现实的。例如，一台工作站可能没有足够的资源允许SMTP服务器及相关的本地邮件传送系统驻留且持续运行。同样，要求一台个人计算机长时间连接在IP网络上的开销也是巨大的，有时甚至是做不到的。尽管如此，允许在这样小的节点上管理邮件常常是很有用的，并且它们通常能够支持一个可以用来管理邮件的用户代理。为满足这一需要，可以让那些能够支持MTS的节点为这些小节点提供邮件存储功能。POP3就是用于提供这样一种实用的方式来动态访问存储在邮件服务器上的电子邮件的。一般来说，就是指允许用户主机连接到服务器上，以取回那些服务器为它暂存的邮件。POP3不提供对邮件更强大的管理功能，通常在邮件被下载后就被删除。更多的管理功能则由IMAP4来实现。

邮件服务器通过侦听TCP的110端口开始POP3服务。当用户主机需要使用POP3服务时，就与服务器主机建立TCP连接。当连接建立后，服务器发送一个表示已准备好的确认消息，然后双方交替发送命令和响应，以取得邮件，这一过程一直持续到连接终止。一条POP3指令由一个与大小写无关的命令和一些参数组成。命令和参数都使用可打印的ASCII字符，中间用空格隔开。命令一般为3~4个字母，而参数却可以长达40个字符。

（2）因特网报文访问协议第4版本(IMAP4)

IMAP4提供了在远程邮件服务器上管理邮件的手段，它能为用户提供有选择地从邮件服务器接收邮件、基于服务器的信息处理和共享信箱等功能。IMAP4使用户可以在邮件服务器上建立任意层次结构的保存邮件的文件夹，并且可以灵活地在文件夹之间移动邮件，随心所欲地组织自己的信箱，而POP3只能在本地依靠用户代理的支持来实现这些功能。如果用户代理支持，那么IMAP4甚至还可以实现选择性下载附件的功能，假设一封电子邮件中含有5个附件，用户可以选择下载其中的两个，而不是所有。与POP3类似，IMAP4仅提供面向用户的邮件收发服务。邮件在因特网上的收发还是依靠SMTP服务器来完成。

（3）电子邮件地址的构成

电子邮件地址的格式由3个部分组成：第一部分"USER"代表用户信箱的账号，对于同一个邮件接收服务器来说，这个账号必须是唯一的；第二部分"@"是分隔符；第三部分是用户信箱的邮件接收服务器域名，用以标志其所在的位置。

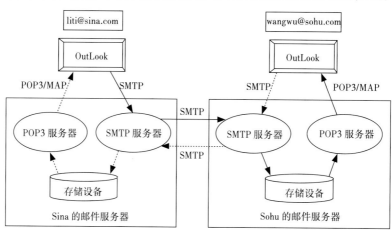

图8.2　电子邮件工作原理图

8.2 系统的配置要求

个人及企业可以搭建自己的邮件服务器，可以通过搭建的系统完成邮件的接收和发送工作。

8.2.1 POP3 的安装和配置

POP是Post Office Protocol的缩写，意为邮局协议，用来接收电子邮件，客户遵守POP3版协议便可接收、下载和删除个人邮件。

1）POP3的安装

①打开控制面板，双击"添加或删除程序"图标，单击"添加或删除Windows组件"，选中"电子邮件服务"，如图8.3所示。

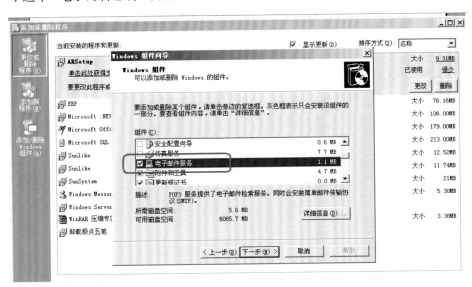

图 8.3

②单击"下一步"，按照对应要求完成安装，安装完成后便可配置POP3的服务，配置之前需要启动POP3的服务。

2）POP3的配置

①双击"管理工具"中的"POP3服务"，选择ONLINE节点，右键选择"新建"，如图8.4所示，打开添加域对话框。

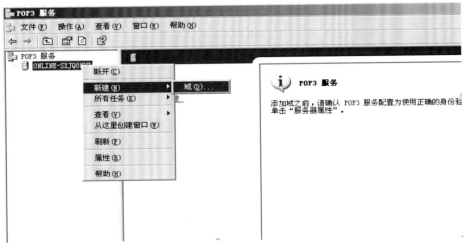

图 8.4

②在"添加域"对话框中输入邮件域名onlinemail.com,单击"确定"按钮,创建新的域,完成后在新的域上右击"新建/邮箱"命令,打开如图8.5所示的"添加邮箱"对话框。

③单击"确定"按钮,完成邮箱的创建工作。

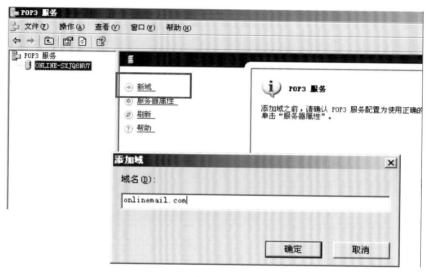

图 8.5

8.2.2　SMTP 服务器的安装和配置

1) 安装 SMTP 服务器

安装 SMTP 服务器功能的步骤如下(同POP3操作,图略):

①打开"服务器管理器",单击键盘上的 Windows 按钮,输入"服务器管理器",在"结果"窗口中,单击"服务器管理器"。

②单击左窗口中的"仪表板"。

③单击"添加角色和功能",也可以从右上角的"管理"菜单打开"添加角色和功能"。

④在"开始之前"窗口上,单击"下一步"。

⑤在"安装类型"中,单击"基于角色或基于功能的安装",单击"下一步"。

⑥在"服务器选择"中,依次单击"从服务器池中选择服务器"、所需的服务器和"下一步"。"服务器选择"窗口中会列出已使用"添加服务器"添加在"服务器管理器"中的服务器。默认情况下,本地服务器处于选中状态。向服务器管理器添加服务器列出了在 Windows Server 2012 上使用"添加服务器"的步骤。

⑦在"服务器角色"窗口中,单击"下一步"。

⑧在"功能"窗口中,选中"SMTP 服务器"。如果出现提示,请单击"添加功能",然后单击"下一步"。

⑨在"确认"中,选择"如果需要,自动重新启动目标服务器",然后单击"安装"。完成时,单击"关闭"。

2）配置 SMTP 服务器

使用 IIS 6.0 管理器配置 SMTP 虚拟服务器的步骤如下：

①打开 IIS 管理器，单击键盘上的 Windows 按钮，输入"IIS"。在"结果"窗口中，单击"Internet 信息服务 (IIS) 6.0 管理器"。

②展开计算机名。右键单击"[SMTP 虚拟服务器 1]"，然后单击"属性"。

③在"访问"选项卡中，单击"中继"按钮。

④单击"添加"。对于"单台计算机"，输入 127.0.0.1，然后单击"确定"。通过添加 127.0.0.1，允许本地服务器从此 SMTP 服务器发送消息。如果希望其他计算机从此 SMTP 服务器发送消息，请输入其 IP 地址。

⑤在"传递"选项卡中，单击"出站安全"。选择以下选项：

匿名访问：不需要账户名或密码。此选项将禁用 SMTP 服务器身份验证。

基本身份验证：以明文形式发送要连接的服务器的账户名和密码。输入的账户用于传输电子邮件。向个人账户或 Exchange 账户发送电子邮件时，可以选择"基本身份验证"。因为凭据将以明文形式传递，所以建议启用"TLS 加密"。

集成的 Windows 身份验证：Windows 域账户名和密码用于进行身份验证。输入的账户用于传输电子邮件。

TLS 加密：与 SSL 相似，TLS 用于保护连接的安全。需要在此服务器上安装一个有效的 SSL 服务器证书。

Tip技巧：若要使用个人电子邮件账户（包括 Exchange 账户）测试核心 SMTP 功能，请选择"匿名访问"。选择"基本身份验证"时，SMTP 使用 AUTH 命令。一些电子邮件提供商由于 AUTH 命令可能会失败。如果 AUTH 命令失败，则错误可能会记录到 SMTP 服务器上的 Windows 事件日志中。

⑥在"传递"选项卡中，单击"出站连接"。默认情况下，TCP 端口为 25。如果其他端口已在防火墙内打开，可以输入其他端口，然后单击"确定"。

⑦在"传递"选项卡中，单击"高级"。默认情况下，会列出本地服务器的"完全限定的域名"，根据 Internet 提供商，"智能主机"属性可以留空。需要联系 Internet 提供商来确认是否需要"智能主机"。否则可能无法进入 smtp.EMailProvider.com。

⑧单击"确定"，关闭所有窗口。

⑨重新启动 SMTP 服务器。右键单击"[SMTP 虚拟服务器 1]"，然后依次单击"停止"和"启动"。必须重新启动才能应用 SMTP 服务器设置。

8.3 应用 PHP 发送和接收电子邮件

网络的发展，带来更多的人使用电子邮件。网络中的通信一般都是通过E-mail来完成的，因此邮件的发送和传输极为重要。作为开源技术，PHP内库中提供了类来完成对邮件的发送。

8.3.1 发送电子邮件

PHP提供了可以直接发送电子邮件的mail()函数,对于非商业的邮件系统使用该函数最为方便。mail()函数的使用格式如下:

bool mail(to,subject,message,headers,parameters);

相关参数见表8.1。

表 8.1

参　　数	描　　述
to	必需。规定邮件的接收者
subject	必需。规定邮件的主题。该参数不能包含任何换行字符
message	必需。规定要发送的消息
headers	必需。规定额外的报头,比如 From、Cc 以及 Bcc
parameters	必需。规定 sendmail 程序的额外参数

例8.1　使用mail()函数开发一个简单的电子邮件,实现邮件的发送功能,具体实现步骤及代码如下:

①创建表单及合理布局,代码如下:

```
<table width="777" border="0" align="center" cellpadding="0" cellspacing="0">
    <form action="send.php" method="post" name="form1" id="form1" onsubmit="return checkbox(this)">
        <tr>
            <td width="92" height="26"><div align="center">发 件 人：</div></td>
            <td width="367" height="26">
            <input type="text" name="from" size="60" class="inputcss" /></td>
        </tr>
        <tr>
            <td height="26">
                <div align="center">收 件 人：</div>
            </td>
            <td height="26">
                <input type="text" name="to" size="60" class="inputcss" />
            </td>
        </tr>
        <tr>
            <td height="26" align="center">邮件主题：</td>
            <td height="26">
                <input type="text" name="title" size="60" class="inputcss" />
            </td>
```

```
        </tr>
        <tr>
            <td height="100"><div align="center">邮件内容: </div></td>
            <td height="50">
                <textarea name="content" rows="8" cols="58" class="inputcss"></textarea>
            </td>
        </tr>
        <tr align="center">
            <td height="34" colspan="2">
                <input name="submit" type="submit" class="buttoncss" value="发送">
                <input name="reset" type="reset" class="buttoncss" value="重写">
            </td>
        </tr>
    </form>
</table>
```

②使用javascript自定义checkbox()函数, 用于验证邮件信息是否合格, 具体代码如下:

```
<script language="javascript">
 function checkbox(form)
  {
   if(form.from.value=="")
    {
       alert("请输入发件人地址!");
       form.from.select();
       return(false);
    }
   if(form.to.value=="")
    {
       alert("请输入收件人地址!");
       form.to.select();
       return(false);
    }
   if(form.title.value=="")
    {
       alert("请输入邮件主题!");
       form.title.select();
       return(false);
    }
```

```
        if(form.content.value=="")
         {
            alert("请输入邮件内容!");
            form.content.select();
            return(false);
         }
         return(true);
      }
</script>
```

③提交表单到处理页面sendmail.php,实现邮件的发送,时间代码如下:

```php
<?php
    $from=$_POST[from];                    //获取发件人的地址
    $to=$_POST[to];                        //获取收件人的地址
    $title=$_POST[title];                  //获取邮件标题
    $content=$_POST[content];              //获取邮件内容
    $headers  = "MIME-Version: 1.0\r\n";
    $headers .= "Content-type: text/html; charset=gb2312\r\n";
    $headers .= "To: $to\r\n";
    $headers .= "From: $from\r\n";
    if(@mail($to, $title, $content, $headers)){
        echo "<script>alert('邮件发送成功!');window.location.href='index.php';</script>";
    }
    else{
        echo "<script>alert('邮件发送失败!');history.back();</script>";
    }
?>
```

运行本例,如图8.6所示,在文本框中输入发送邮件的信息,然后单击"发送",邮件将发送给指定的邮件收件人。

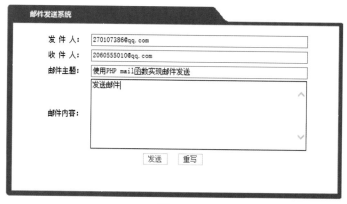

图 8.6

8.3.2　发送带附件的电子邮件

发送邮件时经常需要附带附件,如图片、文本、声音等文件。附件与邮件信息相关联,保存在邮件信息之外,实现邮件附件的发送,首先需要将要发送的附件上传到Web服务器上,然后将附件信息添加到邮件内容中与邮件一起发送。

例8.2　本例使用imap_mail函数开发带附件的电子邮件,实现邮件的发送功能,具体实践代码及步骤如下:

①与发送邮件相同,制作带附件的发送页面,具体实现代码略,参考例8.1所示代码。

②使用javascript检验邮件信息。具体代码参考8.1所示第二步,添加对附件的验证主要代码如下:

```javascript
<script language="javascript">
    function checkbox(form){
        if(form.upfile.value!=""){
            var fso,f;
            fso=new ActiveXObject("Scripting.FileSystemObject");
            f=fso.GetFile(form.upfile.value);
            if(f.size>1000000){    //限制文件大小, 此处规定为1MB
                alert("对不起,您上传的文件超过了规定的大小!");
                return(false);
            }
        }
    return(true);
    }
</script>
```

③当用户单击"发送"按钮时,提交表单到数据处理页面sendmail.php,获取邮件附件的大小、类型等属性,然后使用imap_mail()函数发送邮件相关信息,成功弹出"邮件发送成功!",发送失败显示"邮件发送失败!",处理数据主要代码如下:

```php
<?php
    if($_POST[submit]!=""){
        $subject=$_POST[subject];
        $mailbody=$_POST[mailbody];
        $envelope["from"]= $_POST[fromuser];
        $part1["type"] = TYPEMULTIPART;
        $part1["subtype"] = "mixed";
        $part2["type"] = TYPETEXT;
```

```php
        $part2["subtype"] = "plain";
        $part2["encoding"] = ENCBINARY;
        $part2["contents.data"] = "$mailbody\n\n\n\t";
        $filename = $_FILES['upfile']['name'];
if($filename!=""){
            $file=$_FILES['upfile']['tmp_name'];
            $fp = @fopen($file, "r");
            $contents = @fread($fp, @filesize($file));
            @fclose($fp);
              if($_FILES['upfile']['type']){
                $mimeType = $_FILES['upfile']['type'];
              }else{
                $mimeType ="application/unknown";
              }
                $part3["type"] = TYPEAPPLICATION;
                $part3["encoding"] = ENCBINARY;
                $part3["subtype"] = $mimeType;
                $part3["description"] = $filename;
                $part3["contents.data"] = $contents;
        }
          $body[1] = $part1;
          $body[2] = $part2;
          if($filename!=""){
            $body[3] = $part3;
          }
          $message=imap_mail_compose($envelope, $body);
            list($msgheader,$msgbody)=split("\r\n\r\n",$message,2);
    if(@imap_mail($_POST[touser],$subject,$msgbody,$msgheader)){
    echo "<script>alert('邮件发送成功!');history.back();</script>";
    }else{
    echo "<script>alert('邮件发送失败!');history.back();</script>";
    }
        }
?>
```

本例运行结果如图8.7所示。

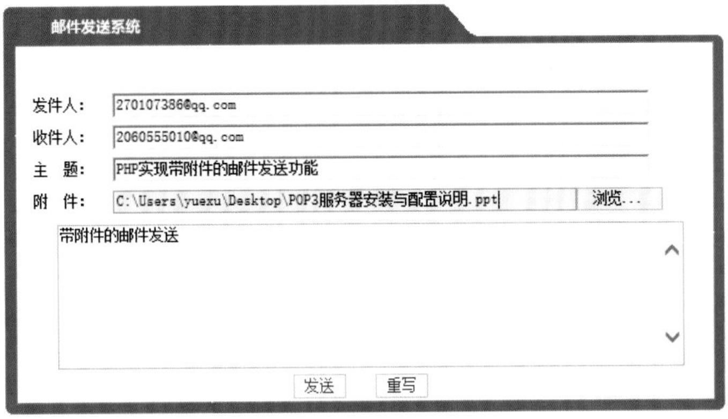

图 8.7

8.3.3 接收带附件的电子邮件

完整的邮件系统不仅仅有邮件的发送功能还有邮件的接收功能，为用户提供查看所有接收邮件的模块，接收邮件是邮件收发系统中的一项重要功能。

例8.3 本例使用imap_mail()函数接收带附件的电子邮件，具体实现步骤及代码如下：

①创建表单，参考例8.1实例的创建表单。

②表单提交试用javascript检验，实现编码参考例8.1checkbox()案例。

③邮件的检验，查看是否有附件，如没有附件弹出"无附件"，如果有邮件页面将显示邮件的相关属性，核心编码如下：

```
<table width="570" height="50" border="0" align="center" cellpadding="0"
cellspacing="0">
    <?php
        $check = imap_check($mbox);
        $sum=$check->Nmsgs;
        print_r(imap_search($mbox,"SEEN"));
        if($sum<=0){
    ?>
    <tr>
        <td height="25" colspan="5" align="center">暂无邮件</td>
    </tr>
    <?php
        }else{
            if($_GET[page]=="" || is_numeric($_GET[page]==false)){
            $page=1;
        }else{
            $page=$_GET[page];
```

```php
        }
        $pagesize=10;
        if($sum%$pagesize==0){
            $totalpage=$sum/$pagesize;
        }else{
            $totalpage=ceil($sum/$pagesize);
        }
        $frompage=($page-1)*$pagesize+1;
        $topage=$frompage+$pagesize;
        if(($sum-$topage)<0){
            $topage=$sum+1;
        }
        for($i=$frompage;$i<$topage;$i++){
            $obj=imap_headerinfo($mbox,$i);
?>
    <tr>
        <td height="25" bgcolor="#FFFFFF">
            <div align="left"> <a href="lookmailinfo.php?id=<?php echo $i?>"
class="a1">
    <?php

        if(strtolower(substr($obj->Subject,0,10))==strtolower("=?gb2312?B"))
            echo base64_decode(substr($obj->Subject,11,(strlen($obj->Subject)-13)));
        else
            echo $obj->Subject;
?>
        </a>
        </div>
    </td>
    <td bgcolor="#FFFFFF">
        <div align="center"><?php echo ($obj->fromaddress);?></div>
    </td>
    <td bgcolor="#FFFFFF">
            <div align="center">
    <?php
        $array=getdate(strtotime($obj->date));
        echo $array[year]."-".$array[mon]."-".$array[mday]." ".$array[hours].":".$array
[minutes];
```

```
?>
            </div>
</td>
<td bgcolor="#FFFFFF">
            <div align="center">
<?php
            $size=$obj->Size;
            if($size>=1024){
                    echo number_format(($size/1024),2)." KB";
            }elseif($size>1024*1024){
                    echo number_format(($size/(1024*1024)),2)." M";
            }elseif($size>1024*1024*1024){
                    echo number_format(($size/(1024*1024*1024)),2)." G";
            }elseif($size<1024){
                    echo ($size)." 字节";
            }
?>
    </div>
</td>
</tr>
<?php    }          ?>
</table>
<table width="570" height="25" border="0" align="center" cellpadding="0"
cellspacing="0">
        <tr bgcolor="#EEEEEE">
          <td width="374">
            <div align="left">共有邮件 <?php echo $sum;?> 封
  
                    每页显示 <?php echo $pagesize;?> 封 (第 
                    <?php echo $page;?> 页/共 <?php echo $totalpage;?>;页)
            </div>
          </td>
          <td width="162">
            <div align="right">
<?php
        if($page>=2){
?>
          <a href="lookmail.php?page=1" title="首页" class="a1"><font face="webdings">9</
```

```
font></a>
        <a href="lookmail.php?page=<?php echo $page-1;?>" class="a1" title="前一
页"><font face="webdings">7</font></a>
<? php
}
if($totalpage<=4){
    for($j=1;$j<=$totalpage;$j++){
        echo "<a href=lookmail.php?page=".$j." class=a1>".$j."</a> ";
    }
}else{
    for($j=1;$j<=4;$j++){
        echo "<a href=lookmail.php?page=".$j." class=a1>".$j."</a> ";
    }
?>
<a href="lookmail.php?page=<?php if($totalpage>($page+1)) echo $page+1;else
echo 1;?>" title="下一页" class="a1"><font face="webdings">8</font></a>
<a href="lookmail.php?page=<?php echo $totalpage;?>" title="尾页"
class="a1"><font face="webdings">:</font></a>
<?php }
}
imap_close($mbox);
?>
    </div>
    </td>
  </tr>
</table>
```

④运行以上程序需要修改php.ini文件，php.ini配置内容如下：

删除"; extension=php_imap.dll"前面的分号，配置SMTP邮件的地址和服务器端口，如下：

```
[mail function]
;For Win32 only.
SMTP=192.168.1.1    //邮件服务器地址
Smtp_port=25        //smtp服务器端口号，默认25
```

⑤本实例在浏览器中浏览结果如图8.8、图8.9所示。

图 8.8

图 8.9

8.4 小 结

通过本章的学习，读者可以了解到邮件的收发要遵从SMTP协议及服务器配置，同时还要有POP3协议及服务器的安装及配置。通过学习邮件系统的收发原理，可以使用PHP内置函数实现邮件及带附件的邮件的收发功能。

课后作业

1.结合邮件收发原理，制作个人邮件收发系统，并与同学之间实现邮件的收发；与网络QQ邮件实现收发。

2.（附加作业）制作聊天系统。

学习笔记

第9章 实用案例——电子商务网站开发

随着电子商务的飞速发展，目前我国的电子商务在世界上已经是鹤立鸡群。本节将制作电子商务网站，利用电子商务平台完成产品的销售，让读者了解到商务网站开发的流程及需求。

9.1 系统分析

9.1.1 需求分析

随着电子商务的发展，网络已经深入每个角落，由过去的PC使用到现在越来越多的移动端使用工具，人们越来越离不开网络。过去人们仅仅使用网络获取一些自己需要的信息，现在人们使用网络不仅可以获取信息，还可以实现网上方便、快捷的网络服务。电子商务满足了用户的需求，过去在线下购物，现在用户可以通过网络在网上购物，并通过相关沟通工具进行沟通及内容的呈现。用户体验也在逐步提升。由此可知，现在不加入电子商务时代，将错过一个世纪或一个时代。

9.1.2 编写项目计划书

项目计划书是开发公司或个人给需求者提供的详细开发报告，其中包括开发背景、开发可行性分析、成本预算、开发周期及工作分配。具体样本如下：

电子商务开发计划书（样本）

一、开发背景

Internet网络技术使全世界范围的数千万消费者连接在一起，形成了一个全球性商品及服务的巨大市场，并且这个市场无论是规模还是应用范围，都在以惊人的速度扩张和发展。网络经济已成为企业新经济的核心，2015年仅仅淘宝双十一成交额达到912亿元。电子商务的发展速度惊人，人们对网络的需求越来越依赖，过去由PC的数据共享，到现在的移动端的发展，网络的便捷及方便得到人们的认可。因此，人们需要一个平台来发展，不要错过这个风口浪尖的网络时代，电子商务网站就是人们直接的需求。

二、电子商务网站简介

电子商务，英文是Electronic Commerce，简称EC。电子商务通常是指是在全球各地广泛的商业贸易活动中，在Internet开放的网络环境下，基于浏览器/服务器应用方式，买卖双方不谋面地进行各种商贸活动，实现消费者的网上购物、商户之间的网上交易和在线电子支付以及各种商务活动、交易活动、金融活动和相关的综合服务活动的一种新型的商业运营模式。

电子商务网站主要面向供应商、客户或者企业产品（服务）的消费群体，以提供某种直属企业业务范围的服务或交易，或者为业务服务的服务或者交易为主。

1.电子商务网站基本功能

●企业产品和服务项目展示。这是一个非常重要的基本功能。

●商品和服务订购。它包括交易磋商、在线预订商品、网上购物或取得网上服务的业务功能。

●网上支付。即通过银行电子支付系统实现支付功能。

●网络客户服务。将部分或全部传统客户服务功能迁移到网上进行，同时根据网络特点开发新的服务功能。

●发布商业信息。它包括新闻的动态更新、新闻的检索，热点问题追踪，行业信息、提供信息、需求信息的发布等。

●客户信息管理。这是反映网站主体能否以客户为中心、能否充分地利用客户信息挖掘市场潜力的有重要利用价值的功能。

●客户实时互动。通过聊天室、企业社区、电子邮箱等工具，与客户实时地交流信息。

●销售业务信息管理。用于使企业能够及时地接收、处理、传递与利用相关的销售业务信息资料，并使这些信息有序和有效地流动起来。

2.电子商务网站功能分类

●信息服务型。信息服务型网站的设计目的在于提供各种产品信息或信息获得方式。

●广告型。广告型网站所有技术和信息内容全部针对广告收入。此时，消费者的注意力就成为衡量网站优劣的关键标准，广告商可以对一个网站进行评估，并为其广告定价。

●交易型。交易型网站的基本功能在于提供网上交易的功能，如网上商城、交易平台网站等。

●管理型。管理型网站是企业、公司和行政教育等机构，将传统业务迁移到网络的应用界面，如公司、机构的办公系统。

●综合型。综合型网站是把上述类型网站的功能综合集成。

3.电子商务网站盈利模式

●会员费。企业通过第三方电子商务平台参与电子商务交易，必须注册为网站的会员，每年要交纳一定的会员费，才能享受网站提供的各种服务。目前会员费已成为网站最主要的收入来源。

●广告费。网络广告是门户网站的主要盈利来源，同时也是电子商务网站的主要收入来源。

●竞价排名。企业为促进产品的销售，都希望在B2B网站的信息搜索中将自己的排名靠前，而网站在确保信息准确的基础上，根据会员交费的不同对排名顺序作相应的调整。

●增值服务。电子商务网站通常除了为企业提供贸易供求信息以外，还会提供一些独特的增值服务，包括企业认证、独立域名、提供行业数据分析报告和搜索引擎优化等。

●线下服务。主要包括展会、期刊、研讨会等。通过展会，供应商和采购商面对面地交流，一般的中小企业还是比较青睐这种方式。

●商务合作。包括广告联盟、政府、行业协会合作，传统媒体的合作等。

三、可行性分析

电子商务最近一年面临巨大拐点：①以马云主导的淘宝系、京东、1号店等，这些以产品为主要形式的实物型电商；②以马化腾为主导的腾讯系、美团等，这些以服务为主要形式的服务型电商。

第一个趋势：移动购物。2016年年底，手机用户已经达到了6亿多人，而PC用户为5.9亿人，手机的渗透率增速远大于PC的渗透率。2017年，手机用户将超过PC用户，也就是说电子商务将来的主战场不是在PC，而是在移动设备上。移动用户有很多的特点，首先购买的频次更高、更零碎，购买的高峰不是在白天，而是在晚上和周末、节假日。

第二个趋势：平台化。大的电商开始有了自己的平台，这是充分利用自己的流量、自己的商品和服务最大效益化的一个过程，因为有平台，可以利用全社会的资源弥补自己商品的丰富度，增加自己商品的丰富度，增加自己的服务和地理覆盖。

第三个趋势：电子商务将向三、四、五线城市渗透。一方面来源于移动设备继续的渗透，很多三、四、五线城市接触互联网是靠手机、iPad来上网的。随着一、二线城市网购渗透率接近饱和，电商城镇化布局将成为电商企业们发展的重点，三、四线城市，乡镇等地区将成为电商"渠道下沉"的主战场，同时，电商在三、四线欠发达地区可以更大地发挥其优势，缩小三、四线城市，乡镇与一、二线城市的消费差别。阿里巴巴发展菜鸟物流，不断辐射三、四线城市；京东IPO申请的融资金额为15亿~19亿美元，但京东在招股书中表示，将要有10亿~12亿美元用于电商基础设施的建设，似乎两大巨头都将重点放在了三、四线城市。事实上，谁先抢占了三、四线城市，谁将在未来的竞争中占据更大的优势。

第四个趋势：物联网。可穿戴设备和RFID的发展，将来的芯片可以植入皮肤或衣服里面，植入任何的物品里面，任何物品状态的变化可以引起其他相关物品状态的变化。

第五个趋势：社交购物。社交购物可以让大家在社交网络上面更加精准地去为顾客营销，更个性化地为顾客服务。

第六个趋势：O2O。O2O有3个功能：第一是集货区域，由地方集散到顾客手中；第二是顾客取货点；第三是营销点，展示商品，为社区的居民进行团购，帮助他们上网,帮助他们使用手机购物。但很感叹的是传统零售在往线上走,电子商务往线下走,最后一定是O2O的融合,为顾客提供多渠道、更大的便利。

第七个趋势:云服务和电子商务解决方案。大量的电子商务的企业发展了很多的能力,这些能力包括物流的能力,营销的能力,系统的能力,各种各样为商家、为供应商、为合作伙伴提供电子商务解决方案的能力,这些能力希望最大效率地发挥作用。

第八个趋势:大数据的应用。电子商务的盈利模式逐渐升级。低级的盈利方式是靠商品的差价。再上一级的盈利方式是为供应商商品做营销,做返点。下一个盈利方面是靠平台,有了流量、顾客,收取平台使用费和佣金提高自己的盈利能力。再一个方式是金融能力,也就是说为供应商、商家提供各种各样的金融服务,获取利益。大数据盈利方式也就是有大量电子商务顾客行为数据,利用这个数据充分产生它的价值,这个能力也是电子商务盈利的最高层次。

四、项目技术方案

- 为节约成本使用PHP语言和MySQL数据库。
- 使用smarty模板技术,提高网页的浏览速度。
- 使用ADODB类库链接数据库。
- 提供多种支付方式。
- 支持在线咨询。

五、投入预算

顶级域名	.com/.cn/.net	¥:80元/年
主机服务器	Windows 2003/cpu 4 核/4G 内存/500G 存储	¥:800元/年
电子商务平台	电子商务网上交易系统	¥:20 000元/套(首次免费维护)
友情链接	可以添加友情链接	¥:500元/个
企业 LOGO		¥:500元/个
搜索引擎优化	制作搜索引擎优化便捷功能	赠送

共计费用:21 800元,一年后只需缴域名和主机服务器费用共计:880元/年。

六、功能模块

功能模块分前台和后台两部分。

1.前台内容

◆登录及注册模块:用户注册和登录。

◆商品模块:展示商品信息。

◆商品搜索模块:对商品精确和模块化查询功能。

◆购物车模块:帮助完成购物功能。

◆在线支付模块:支持多银行支付卡功能。

◆公告栏模块:最新活动等功能。

◆友情链接模块:对行内之间互换链接,实现网站的免费推广及运营。

◆公告栏目:对产品及活动等消息发布。

2.后台内容

◆商品管理：商品的增、删、改、查功能和分类功能。

◆会员管理功能：对会员进行管理。

◆订单管理模块：对客户的订单进行编辑、查看、处理等操作。

◆公告栏目：对信息进行增、删、改、查功能实现。

七、项目实施推进计划表

功能模块	功能实现时间起止	模块负责人
页面设计	2016.5.3—2016.5.10	项目组长一
系统策划分析	2016.5.3—2016.5.6	
商品模块	2016.5.10—2016.5.13	项目组长二
商品搜索	2016.5.14—2016.5.17	
商品管理	2016.5.18—2016.5.21	
登录和注册	2016.5.22—2016.5.24	
会员管理	2016.5.24—2016.5.26	项目组长三
在线支付	2016.5.27—2016.5.29	
购物车	2016.5.30—2016.5.31	
订单处理	2016.6.1—2016.6.3	
数据库设计	2016.6.4—2016.6.6	项目组长四
公告栏及管理设计	2016.6.7—2016.6.9	
友情链接	2016.6.10—2016.6.11	
测试	2016.6.11—2016.6.12	项目组长五

9.2 系统设计

9.2.1 系统目标

根据客户需求和实际情况的调研及分析，电子商务网站应具备的特点如下：

①页面吸引用户、大方简洁。

②操作方便简洁。

③页面打开速度快。

④商务展示页面有实物展示功能。

⑤详细的商品查询功能。

⑥详细流程介绍页面。

⑦在线咨询功能。

⑧订单管理功能的处理。

⑨支持后续的拓展及开发功能。

9.2.2 系统功能结构

系统功能主要表现在前台功能和后台功能上, 系统前台功能如图9.1所示。系统后台功能如图9.2所示。

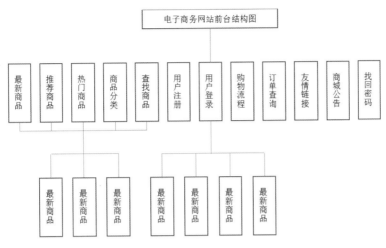

图 9.1 前台功能结构图

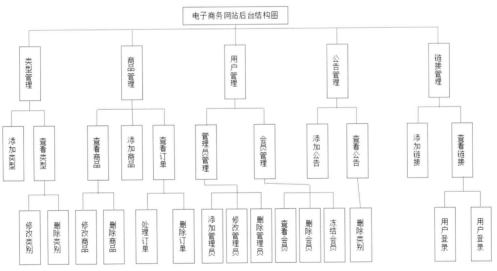

图 9.2 电子商务后台结构图

9.2.3 系统流程图

网站开发人员应了解各功能模块之间的关系及完整的购物流程, 网站系统的流程图如图9.3所示。

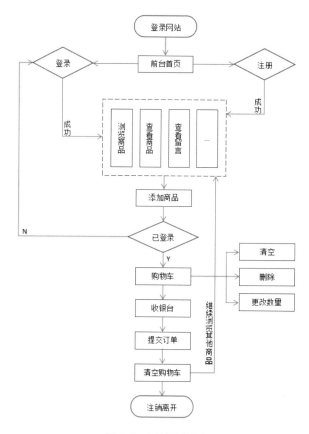

图 9.3 系统流程图

9.3 软件开发环境

①操作系统：Windows 7。
②服务器：Apache 2.2.9。
③PHP软件：PHP 5.2.6。
④数据库：MySQL 5.1.28。
⑤开发工具：Dreamweaver cs6/easyeclipse-1.2。
⑥浏览器：IE 9及以上。
⑦分辨率：1024×768 px。

9.4 数据库与数据表的分析

系统开发功能离不开数据的支持，系统运用必须和数据库进行交互，在开发前首先需要对数据库进行设计、分析与实现，然后实现对应的功能模块。

9.4.1 数据库分析

通过功能结构图可以将其分析为相关关系数据库内容,各功能模块的数据如下:

1)会员信息数据字段

会员信息实体包括编号、用户名、真实姓名、密码、E-mail、联系电话、身份证号、密码提示、密码答案、地址、邮编、注册时间等属性。

2)商品信息数据字段

商品信息实体包括编号、名称、添加时间、货号、型号、上架时间、图片、库存、销售、商品类型、会员价格、市场价格、打折率等属性。

3)商品订单字段

商品订单实体包括编号、订单号、商品编号、数量、单价、打折率、收货人、收货人地址、邮编、联系电话、E-mail、支付方式、订单时间、发货人、发货人姓名、状态、价格总计等。

4)商品评价实体字段

商品评价实体包括编号、用户编号、商品编号、评价内容、评价时间等属性。

5)管理员实体字段

管理员实体字段包括编号、管理员姓名、管理级别、管理员密码等。

6)友情链接字段

友情链接字段包括编号、链接名称、链接地址等。

9.4.2 创建数据库的数据表

通过对数据库字段的分析,将数据字段实例化,相关数据库的字段及数据库字典制作见表9.1—9.7。

本系统管理员(tb_admin)字段信息字典见表9.1。

表 9.1

字 段	类型长度	主 键	说 明
admin_id	int(8)	是	管理员编号
admin_name	varchar(50)	否	管理员账号
admin_pwd	varchar(50)	否	管理员密码

商品类型(tb_goods_style)字段信息字典见表9.2。

表 9.2

字 段	类型长度	主 键	说 明
goods_style_id	int(8)	是	商品类型编号
goods_style_name	varchar(20)	否	商品类型名称
goods_style_level	int(1)	否	商品类型等级

商品信息(tb_goods)字段信息字典见表9.3。

表 9.3

字 段	类型长度	主 键	说 明
goods_id	int(8)	是	商品编号
goods_name	varchar(50)	否	商品名称
goods_imgs	varchar(200)	否	商品图片
goods_interduce	varchar(500)	否	商品简介
goods_add_time	date	否	添加时间
goods_output_addr	varchar(50)	否	商品产地
goods_model	varchar(50)	否	商品型号
goods_style	varchar(50)	否	商品类别
goods_brand	varchar(50)	否	商品品牌
goods_stocks	int(8)	否	商品库存
goods_sell_num	int(8)	否	商品销量
goods_price_sc	oat	否	市场价格
goods_price_hy	oat	否	会员价格
goods_sell	int(2)	否	打折率
goods_isnew	int(2)	否	是否新品
goods_isinterduce	int(2)	否	是否推荐

订单信息表(tb_order)信息字段数据字典见表9.4。

表 9.4

字 段	类型长度	主 键	说 明
order_id	int(8)	是	订单号
order_goods_id	varchar(100)	否	商品编号
order_name	varchar(100)	否	商品名称
order_number	varchar(100)	否	商品数量
order_price	oat	否	商品价格
order_sell	varchar(10)	否	商品折扣
order_total	varchar(50)	否	总金额
order_user	varchar(50)	否	订单用户
order_taker	varchar(50)	否	收货人
order_address	varchar(100)	否	收货地址
order_tell	varchar(11)	否	移动电话

字　段	类型长度	主　键	说　明
order_mail_num	varchar(6)	否	邮编
order_pay_method	varchar(10)	否	付款方式
order_method_output	varchar(10)	否	送货方式
order_time	date	否	订单时间
order_state	int(2)	否	订单状况

公告信息表(tb_notice)信息字段数据字典见表9.5。

表9.5

字　段	类型长度	主　键	说　明
notice_id	int(8)	是	公告编号
notice_title	varchar(100)	否	公告标题
notice_content	varchar(500)	否	公告内容
notice_time	date	否	公告发布时间

用户信息表(tb_user)信息字段数据字典见表9.6。

表9.6

字　段	类型长度	主　键	说　明
user_id	int(8)	是	用户编号
user_name	varchar(100)	否	会员名称
user_pwd	varchar(100)	否	密码
user_question	varchar(100)	否	密码保护
user_answer	varchar(100)	否	密码答案
user_consume	oat	否	消费总额
user_rel_name	varchar(30)	否	真实姓名
user_id_num	varchar(30)	否	身份证号
user_m_phone	varchar(30)	否	移动电话
user_s_tell	varchar(30)	否	固定电话
user_email	varchar(30)	否	E-mail
user_qq	varchar(30)	否	QQ
user_mail_num	varchar(30)	否	邮编
user_address	varchar(200)	否	地址
user_regist_time	date	否	注册时间
user_is_deeping	int(2)	否	是否冻结
user_shopping	varchar(200)	否	购物车信息

友情链接信息表(tb_connect)信息字段数据字典见表9.7。

表 9.7

字　段	类型长度	主　键	说　明
connect_id	int(8)	是	用户编号
connect_name	varchar(100)	否	会员名称
connect_address	varchar(100)	否	密码

9.5 公共文件设计

9.5.1 数据库连接分析

数据库链接文件,对数据库的操作,实现页面到数据库之间的交互功能,名称为conn.php文件代码如下:

```php
<?php
    include_once 'inc/char.php';
    include_once "adodb/adodb.inc.php";    //使用adodb方式连接数据库引入类库
    $conn = ADONewConnection('mysql');         //链接mysql数据库
    $conn->PConnect('localhost','root','','shop') or die('connection error');
    $conn->Execute('set names utf8');
    $ADODB_FETCH_MODE = ADODB_FETCH_BOTH;
?>
```

9.5.2 Smarty 配置文件

主要对smarty模板的配置,主要是配置文件路径。文件名称为config.php文件代码如下:

```php
<?php
    define('BASE_PATH',$_SERVER['DOCUMENT_ROOT']);//定义服务器的绝对路径
    define('SMARTY_PATH','\tm\sl\27\Smarty\\');    //定义Smarty目录的绝对路径
    require BASE_PATH.SMARTY_PATH.'Smarty.class.php';
    $smarty = new Smarty;         // 实例化一个Smarty对象
    $smarty->template_dir = BASE_PATH.SMARTY_PATH.'templates/';
    $smarty->compile_dir = BASE_PATH.SMARTY_PATH.'templates_c/';
    $smarty->config_dir = BASE_PATH.SMARTY_PATH.'configs/';
    $smarty->cache_dir = BASE_PATH.SMARTY_PATH.'cache/';
?>
```

9.5.3　表单样式文件

表单样式是对表单样题的布局样式, 部分代码供参考, 文件form.css编码内容如下:

```css
/* CSS Document */
*{
    margin: 0px;
    padding: 0px;
}
.lk:link {
    text-decoration: none;
    color: #6699CC;
}
.lk:visited {
    text-decoration: none;
    color: #6699CC;
}
.first {
    background-color: #6699CC;
    border-bottom-width: 1px;
    border-bottom-style: solid;
    border-bottom-color: #6699CC;
    color: #FFFFFF;
}
.left {
    border-left-width: 1px;
    border-right-width: 1px;
    border-bottom-width: 1px;
    border-left-style: solid;
    border-right-style: solid;
    border-bottom-style: solid;
    border-left-color: #6699CC;
    border-right-color: #6699CC;
    border-bottom-color: #6699CC;
}
.center {
    border-right-width: 1px;
    border-bottom-width: 1px;
    border-right-style: solid;
```

```
        border-bottom-style: solid;
        border-right-color: #6699CC;
        border-bottom-color: #6699CC;
    }
    .right {
        border-right-width: 1px;
        border-bottom-width: 1px;
        border-right-style: solid;
        border-bottom-style: solid;
        border-right-color: #6699CC;
        border-bottom-color: #6699CC;
    }
    .shorttxt {
        height: 18px;
        width:50px;
    }
    .lk:hover {
        text-decoration: none;
    }
    .lk:active {
        text-decoration: none;
        color: #CCCCFF;
    }
    .langtxt {
        height: 18px;
        width: 200px;
    }
    .btn {
        font-size: 12px;
        color: #6699CC;
        background-color: #FFFFFF;
        height: 15px;
        width: 50px;
        border: 1px solid #000000;
    }
```

前台首页页面的设计主要是页面布局的设计, 相关核心编码如下:

```php
<?php
session_start();
include_once 'inc/char.php';
?>
<meta http-equiv="Content-Type" content="text/html; charset=gb2312" />
<link rel="stylesheet" href="css/style.css" />
<title>shoping购物系统</title>
<link rel="stylesheet" href="css/table.css" />
</head>
<body>
<center>
<table width="850" border="0" cellspacing="0" cellpadding="0">
  <tr>
    <td colspan="2"><?php include_once 'top.php'; ?></td>
  </tr>
  <tr>
    <td width="216" align="left" valign="top">
    <?php
        include_once 'login.php';
        include_once 'public.php';
        include_once 'links.php';
    ?>
    </td>
    <td width="634" height="848" align="center" valign="top">
    <?php
        include_once 'search.php';
    ?>
    <?php
    switch($_GET["page"]){
      case "":
        include_once 'nominate.php';
        include_once 'newhot.php';
        break;
      case "hyzx":
```

```
            include_once "member.php";
            break;
        case 'allpub':
            include_once 'allpub.php';
            break;
        case 'nom':
            include_once 'allnom.php';
            break;
        case 'new':
            include_once 'allnew.php';
            break;
        case 'hot':
            include_once 'allhot.php';
            break;
        case 'shopcar':
            include_once 'myshopcar.php';
            break;
        case 'settle':
            include_once 'settle.php';
            break;
        case 'queryform':
            include_once 'queryform.php';
            break;
        default:
            include_once 'nominate.php';
            include_once 'newhot.php';
        }
    ?></td>
  </tr>
</table>
<table width="850" border="0" cellspacing="0" cellpadding="0">
  <tr>
      <td><?php include_once 'buttom.html'; ?></td>
  </tr>
</table>
</center>
</body>
```

相关代码测试安装在wampserver下www文件夹下面运行测试查看相关结果。

9.7 登录模块设计 🔍

登录模块的功能是当用户访问网站时,只能对相应的模块进行操作、浏览、查询,其他功能不可以使用,当用户登录后方可使用其他功能,例如,可以购买、商品打折等操作。

9.7.1 用户注册

按照数据字典的字段制作注册页面,可以使用table进行布局,按照功能模块设计出用户注册页面的效果图,该功能较简单。用户注册使用js功能对表单验证。核心功能编码如下:

①用户注册页面代码:

```
<form  id="register"  name="register"  action="reg_chk.php"  method="post"
onSubmit="return chkinput(this)">
    <tr>
        <td colspan="5" align="center" valign="middle"><h2>新用户注册</h2></td>
    </tr>
    <tr>
        <td width="81" height="25"><div align="right">用户名: </div></td>
        <td height="25" colspan="3"> 
            <input  id="name"  name="name"  type="text"/><input  id="c_name"
name="c_anme"   type="hidden" value="not" > <font color="red">*</font></td>
        <td height="25"><div id="name1"><font color="#999999">请输入用户名
</font></div></td>
    </tr>
    <tr>
        <td height="25"><div align="right">注册密码: </div></td>
        <td height="25" colspan="3"> 
            <input id="pwd1" name="pwd1" type="password" /> <font
color="red">*</font></td>
        <td width="152"><div id="pwd11"><font color="#999999">请输入密码</
font></div></td>
    </tr>
    <tr>
        <td height="25"><div align="right">确认密码: </div></td>
        <td height="25" colspan="3"> 
            <input id="pwd2" name="pwd2" type="password" /> <font
color="red">*</font></td>
```

```
        <td height="25"><div id="pwd21"><font color="#999999">确认密码</font></
div></td>
    </tr>
    <tr>
      <td height="25"><div align="right">密保问题：</div></td>
      <td height="25" colspan="3"> 
            <input id="question" name="question" type="text" /> <font
color="red">*</font></td>
            <td height="25"><div id="question1"><font color="#999999">请填写密码
保护问题</font></div></td>
    </tr>
    <tr>
      <td height="25"><div align="right">密保答案：</div></td>
      <td height="25" colspan="3"> 
            <input id="answer" name="answer" type="text"/> <font
color="red">*</font></td>
            <td height="25"><div id="answer1"><font color="#999999">请填写密码
保护答案</font></div></td>
    </tr>
    <tr>
      <td height="25"><div align="right">真实姓名：</div></td>
      <td height="25" colspan="3"> 
            <input id="realname" name="realname" type="text"/> <font
color="red">*</font></td>
            <td height="25"><div id="realname1"><font color="#999999">请填写真
实姓名</font></div></td>
    </tr>
    <tr>
      <td height="25"><div align="right">身份证号：</div></td>
      <td height="25" colspan="3"> 
            <input id="card" name="card" type="text" maxlength="18"/> 
<font color="red">*</font></td>
            <td height="25"><div id="card1"><font color="#999999">请输入准
确的身份证号</font></div></td>
    </tr>
    <tr>
      <td height="25"><div align="right">移动电话：</div></td>
      <td height="25" colspan="3"> 
```

```
                <input id="tel" type="text" name="tel" /> <font color="red">*</
font></td>
        <td height="25"><div id="tel1"><font color="#999999">请输入移动电话</
font></div></td>
    </tr>
    <tr>
      <td height="25"><div align="right">固定电话: </div></td>
      <td height="25" colspan="3"> 
            <input id="phone" type="text" name="phone"/> <font
color="red">*</font></td>
        <td height="25"><div id="phone1"><font color="#999999">请输入固定电话</
font></div></td>
    </tr>
    <tr>
      <td height="25"><div align="right">QQ号码: </div></td>
      <td height="25" colspan="3"> 
            <input id="qq" type="text" name="qq" /></td>
        <td height="25"><div id="qq1"><font color="#999999">请输入QQ号</font></
div></td>
    </tr>
    <tr>
      <td height="25"><div align="right">E-mail: </div></td>
      <td height="25" colspan="3"> 
            <input id="email" type="text" name="email" /></td>
        <td height="25"><div id="email1"><font color="#999999">请输入E-mail</
font></div></td>
    </tr>
    <tr>
      <td height="25"><div align="right">邮  编: </div></td>
      <td height="25" colspan="3"> 
            <input id="code" type="text" name="code" /></td>
        <td height="25"><div id="code1"><font color="#999999">请输入邮编</font></
div></td>
    </tr>
    <tr>
      <td height="25"><div align="right">联系地址: </div></td>
      <td height="25" colspan="3"> 
            <input id="address" type="text" name="address"/> <font
```

color="red">*</font></td>


```html
        <td height="25"><div id="address1"><font color="#999999">请输入联系地址
</font></div></td>
      </tr>
      <tr>
        <td height="25"><div align="right">验证码: </div></td>
        <td width="65" height="25"> 
            <input id="yzm" type="text" name="yzm" size="8" />
        <input name="yzm2" type="hidden" value="" /></td>
        <td width="65" align="center" valign="middle"><script>yzm(register)</
script></td>
        <td width="51"><a href="javascript:code(register)">看不清</a></td>
        <td height="25"><div id="yzm1"><font color="#999999">输入验证码</font></
div></td>
      </tr>
      <tr>
        <td height="25" colspan="2"> 
            <input type="submit" value="提交"/>
          
        <input type="reset" value="重写" /></td>
        <td height="25" colspan="3"><div style="color:#FF0000">带 "*" 号的为必填
项</div></td>
      </tr>
    </form>
```

②使用javascript对表单进行验证, 此处给出了密码及用户名输入框的验证, 核心代码如下:

```javascript
function chkpwd1(form){   //检查密码
    if(form.pwd1.value==""){
        pwd11.innerHTML="<font color=#FF0000>密码格式错误! </font>";
    }else if(form.pwd1.value.length<6){
        pwd11.innerHTML="<font color=#FF0000>注册密码长度应大于6位! </
font>";
    }else{
        pwd11.innerHTML="<font color=green>输入正确</font>";
    }
}
function chkname(form){  //检查用户名
    if(form.name.value==""){
```

```
            name1.innerHTML="<font color=#FF0000>请输入用户名! </font>";
        }else{
            var user = form.name.value;
            var url = "chkname.php?user="+user;
            xmlhttp.open("GET",url,true);
            xmlhttp.onreadystatechange = function(){
            if(xmlhttp.readyState == 4){
                    var msg = xmlhttp.responseText;
                    if(msg == '2'){
                        name1.innerHTML="<font color=#FF0000>用户名被占
用! </font>";
                        return false;
                     }else if(msg == '1'){
                        name1.innerHTML="<font color=green>恭喜您, 可以注
册!</font>";

                        form.c_name.value = "yes";

                     }else{
                        name1.innerHTML="<font color=green>"+msg+"</font>";
                     }
                }
            }
            xmlhttp.send(null);
        }
    }
```

③上面将验证的用户名及密码存到session, 然后对用户进行验证, 对比数据库检验用户是否存在, 若不存在不可以登录, 如果存在方可登录。核心代码如下：

```php
<?php
session_start();
include_once "conn/conn.php";
$reback = '0';
$sql = "select * from tb user where name='".$_GET['user']."'";
$password = $_GET['password'];
if(!empty($password)){
    $sql .= " and password = '".md5($password)."'";
}
$rst = $conn->Execute($sql) or die('execute error');
if($rst->RecordCount() == 1){
```

```php
        /* 登录所用  */
        if($rst->fields['isfreeze'] != 0){
            $reback = '3';
        }else{
            $_SESSION['member'] = $rst->fields['name'];
            $_SESSION['id'] = $rst->fields['id'];
            $reback = '1';
        }
    }else{
        $reback = '2';
    }
        echo $reback;
?>
```

④对用户注册信息进行保存，将注册的数据插入数据库中。核心代码如下：

```php
<?php
    session_start();
    include_once 'conn/conn.php';
    $name = $_POST['name'];
    $password = md5($_POST['pwd1']);   //对密码进行使用md5加密
    $question = $_POST['question'];
    $answer = $_POST['answer'];
    $realname = $_POST['realname'];
    $card = $_POST['card'];
    $tel = $_POST['tel'];
    $phone = $_POST['phone'];
    $Email = $_POST['email'];
    $QQ = $_POST['qq'];
    $code = $_POST['code'];
    $address = $_POST['address'];
    $addtime = $conn->DBDate(time());
    $sql = "insert into tb_user(name,password,question,answer,realname,card,
tel,phone,Email,QQ,code,address,addtime)" ;
    $sql .= " values ('$name', '$password', '$question', '$answer', '$realname',
'$card', '$tel', '$phone', '$Email', '$QQ', '$code', '$address',$addtime)";
    $rst = $conn->execute($sql);

    if($rst == false){
        echo '<script>alert(\'添加失败\');history.back;</script>';
```

```
        }else{
            $_SESSION['member'] = $name;
            $_SESSION['id'] = $conn->Insert_ID();
            echo "<script>top.opener.location.reload();alert('注册成功');window.
close();</script>";
        }
    ?>
```

9.7.2 用户登录

在注册时用户可以直接登录到系统中使用，注册后用户也可以使用登录页面进行登录，登录页面代码不作阐述，登录页面输入用户名、密码和验证码点击登录用户登录，如果错误，在登录页面可以点击"找回密码"处理密码。相关javascript验证的核心代码如下：

```
function lg(form){
    if(form.name.value==""){
        alert('请输入用户名');
        form.name.focus();
        return false;
    }
    if(form.password.value == "" || form.password.value.length < 6){
        alert('请输入正确密码');
        form.password.focus();
        return false;
    }
    if(form.check.value == ""){
        alert('请输入验证码');
        form.check.focus();
        return false;
    }
    if(form.check.value != form.check2.value){
        form.check.select();
        code(form);
        return false;
    }
    var user = form.name.value;
    var password = form.password.value;
    var url = "chkname.php?user="+user+"&password="+password;
    xmlhttp.open("GET",url,true);
```

```javascript
xmlhttp.onreadystatechange = function(){
if(xmlhttp.readyState == 4){
        var msg = xmlhttp.responseText;
        if(msg == '2'){
            alert('用户名或密码错误!!');
            form.password.select();
            form.check.value = '';
            code(form);
            return false;
        }if(msg == "3"){
            alert("该用户被冻结, 请联系管理员");
            return false;
        }
        else{
            alert('欢迎光临');
            location.reload();
        }
    }
}
xmlhttp.send(null);
return false;
}
function yzm(form){        //加载生成验证码并显示验证码
    var num1=Math.round(Math.random()*10000000);
    var num=num1.toString().substr(0,4);
    document.write("<img name=codeimg width=36 heigh=20 src='yzm.
php?num="+num+"'>");
    form.check2.value=num;
}
function code(form){
    var num1=Math.round(Math.random()*10000000);
    var num=num1.toString().substr(0,4);
    document.codeimg.src="yzm.php?num="+num;
    form.check2.value=num;
}
function reg(){    //用户注册
window.open("register.php", "_blank", "width=500,height=450",false);
}
```

```
function found() {   //找回用户密码
window.open("found.php","_blank","width=220 height=130",false);
}
```

9.7.3 找回密码

在登录页面，如果用户忘记或丢失密码需要使用密码找回功能，密码的找回功能主要是使用对预先设置的保密题作答，如果正确，将保密密码输入则可修改重写入数据库，流程如图9.4—9.7所示。

图 9.4

图 9.5

图 9.6

图 9.7

用户找回密码的操作方法参考用户注册的验证方法，因篇幅有限，页面内容及验证内容略。

9.8 会员信息模块设计

用户需要购买物品，当登录后用户可以查看和修改相应的个人信息及相关的购物操作。

9.8.1 会员中心

用户登录后跳转到会员中心，在会员中心可以对会员用户进行修改，需要修改信息时将修改的信息插入数据库，修改成功后跳转到首页进行货物的挑选。核心代码如下：

①修改信息并插入数据库代码：

```php
<?php
    session_start();
    include_once 'conn/conn.php';
```

```php
$sql = 'select * from tb_user where id = '.$_SESSION['id'];
$rst = $conn->execute($sql);
$mod = array();
$mod['realname'] = $_POST['realname'];
$mod['card'] = $_POST['card'];
$mod['tel'] = $_POST['tel'];
$mod['phone'] = $_POST['phone'];
$mod['Email'] = $_POST['email'];
$mod['QQ'] = $_POST['qq'];
$mod['code'] = $_POST['code'];
$mod['address'] = $_POST['address'];
$updateSQL = $conn->GetUpdateSQL($rst,$mod);
if($conn->execute($updateSQL))
    echo "<script>alert('修改成功');location=('index.php');</script>";
else
    echo "<script>alert('修改失败');history.go(-1);</script>";
?>
```

②修改成功后跳转到首页, 修改未成功返回本页再次修改, 核心代码为:

```php
<?php
session_start();
include_once 'conn/conn.php';
$oldpwd = md5($_POST['old']);
$sql = 'select * from tb_user where id = '.$_SESSION['id'].' and password = \".$oldpwd.\"';
$rst = $conn->execute($sql);
$mod = array();
$mod['password'] = md5($_POST['new1']);
$updateSQL = $conn->GetUpdateSQL($rst,$mod);
if($conn->execute($updateSQL))
    echo "<script>alert('修改成功');location=('index.php');</script>";
else
    echo "<script>alert('修改失败');history.go(-1);</script>";
?>
```

9.8.2　安全退出

会员用户处理完成购物后需要安全退出, 确保用户信息安全, 当用户确定退出后跳转到首页, 并销毁session, 确定退出设计登录信息。核心代码如下:

```
function logout(){   //js编码退出登录
```

```
if(confirm("确定要退出登录吗?  ")){
     window.open('logout.php','_parent','',false);
}else
 return false;
}
<?php
session_start();
session_destroy();     //销毁session
echo '<script>alert(\'用户已安全退出!\');location=(\'index.php\');</script>';  //跳转
```
到首页

```
?>
```

9.9 商品显示模块 🔍

商品显示模块是对商品的展示，能够对购买者提供参考页面，有商品的详细信息显示及其价格，本商品推荐显示模块效果如图9.8所示。

图 9.8　商品推荐

9.9.1　创建 PHP 页

商品页面的显示内容需要经过确定是否推荐方可显示，当商品的goods_isinterduce字段显示值为1时表示为推荐产品，当字段显示值为0时表示不是推荐产品，这时将不会显示商品的信息。显示推荐商品的核心编码如下：

```php
<?php
include_once 'conn/conn.php';
include_once 'config.php';
$sql = "select id,name,pics,m_price,v_price from tb_commo where isnom = 1 order
by id desc";
$num = 3; //要求显示数据条数
$rst = $conn->SelectLimit($sql,$num);
```

```
    $nomarr = $rst->GetArray();
    $smarty->assign('nomarr',$nomarr);
    $smarty->display('nominate.tpl');
?>
```

9.9.2　创建模板页

该系统使用了smarty模板，当操作使用"其他商品"或"MORE"时使用模板加载，查看商品或加入购物车时可以调用新建的函数。商品模板页面的编码如下：

```
<link href="nominate.css" rel="stylesheet" type="text/css" />
<link href="links.css" rel="stylesheet" type="text/css" />
<script language="javascript" src="js/createxmlhttp.js"></script>
<script language="javascript" src="js/showgoods.js"></script>
<table width="643" border="0" cellpadding="0" cellspacing="0">
    <tr>
        <td colspan="6" background="images/default_14.gif" width="636" height="39"
align="right" valign="middle"><a href="?page=nom" class="lk">&gt;&gt;more&lt;&lt;</a>
        </td>
        <td rowspan="3" width="7" height="238"> </td>
    </tr>
    <tr>
        <td width="23" height="185"> </td>
        {foreach key=key item=item from=$nomarr}
        <td width="145" height="185" align="left" valign="top">

            <table width="145" border="0" cellpadding="0" cellspacing="0" >
              <tr>
                  <td height="100" align="center" valign="middle">
<img src="{$item.pics}" width="100" height="80" alt="{$item.name}" style="border:
1px solid #f0f0f0;" >
                  </td>
              </tr>
              <tr>
                  <td height="17" align="center" valign="middle"> {$item.
name}</td>
              </tr>
              <tr>
                  <td height="17" align="center" valign="middle">市场价: {$item.m_
price} 元</td>
```

```
                </tr>
                <tr>
                    <td height="19" align="center" valign="middle">会员价: {$item.v_
price} 元</td>
                </tr>
                <tr>
                    <td height="32" align="center" valign="middle">
<input name="showinfo" type="button"class="showinfo" onclick="openshowgoods({$item.
id})"/>;
<input name="buy" type="button" class="buy" onclick="return buygoods({$item.id})" /></td>
                </tr>
            </table>
        </td>
    {/foreach}
        <td width="33" height="185"> </td>
</tr>
<tr>
    <td colspan="6" width="636" height="14"> </td>
</tr>
</table>
```

9.9.3 js 脚本页面

上面用了两个javascript事件, openshowgoods显示"其他商品"或"MORE"和buygoods"添加到购物车"的事件处理, js的脚本处理编码如下:

```
function openshowgoods(words){
    open('showgoods.php?id='+key,'_blank','width=560 height=300',false);
}
function buygoods(words){
    var url = "chklogin.php?key="+key;
    xmlhttp.open("GET",url,true);
    xmlhttp.onreadystatechange = function(){
        if(xmlhttp.readyState == 4){
            var msg = xmlhttp.responseText;
            if(msg == '2'){
                alert('请您先登录');
                return false;
            }else if(msg == '3'){
                alert('该商品已添加');
```

```
                            return false;
                    }else{
                            location='index.php?page=shopcar';
                            return false;
                    }
                }
            }
            xmlhttp.send(null);
        }
        function subbuygoods(words){
            var url = "chklogin.php?key="+key;
            xmlhttp.open("GET",url,true);
            xmlhttp.onreadystatechange = function(){
                if(xmlhttp.readyState == 4){
                        var msg = xmlhttp.responseText;
                        if(msg == '2'){
                            alert('请先登录!');
                            return false;
                        }else if(msg == '3'){
                            alert('商品已添加!');
                            window.close();
                            return false;
                        }else{
                            top.opener.location='index.php?page=shopcar';
                            window.close();
                        }
                    }
                }
            xmlhttp.send(null);
        }
```

9.10 购物车模块设计

购物车是网络电子商务平台中一个非常重要的功能模块,有购物车方可以将客户所要购产品存放起来,并统计所购物品的总价格,以便购物完成好进行结账。其中也可以对已经加入购物车的物品清除或重新选择物品及物品信息。购物车的运行功能如图9.9所示。

购买物品						
全选/反选	物品名称	购买数量	商品价格	会员价格	折扣率	合计
☑	电子商务网站开发	1	50	45	9	45
☑	PHP动态网站开发	1	60	45	7.5	45
删除		继续购物　确定结账				共计(￥:)90元

图 9.9

9.10.1　添加商品

浏览商品时感觉自己喜欢这个商品,可以单击"加入购物车"或"购买"添加到购物车,购买商品的函数功能实现编码如下:

```php
<?php
    session_start();
    include_once 'conn/conn.php';
    $reback = '0';
    if(empty($_SESSION['member'])){
        $reback = '2';
    }else{
        $key = $_GET['key'];
        if($key == ''){
            $reback = '5';
        }else{
            $id = (int)$_SESSION['id'];
            $boo = false;
            $addshop = array();
            $sql = "select id,shopping from tb_user where user_id = ".$id;
            $rst = $conn->execute($sql);
            $shopcont = $rst->fields['shopping'];
            if(!empty($shopcont)){
                $arr = explode('@',$shopcont);
                foreach($arr as $value){
                    $arrtmp = explode(',',$value);
                    if($key == $arrtmp[0]){
                        $reback = '3';
                        $boo = true;
                        break;
                    }
                }
                if($boo == false){
```

171

```php
                $shopcont .= '@'.$key.',1';
                $addshop['shopping'] = $shopcont;
                $updateSQL = $conn->GetUpdateSQL($rst,$addshop);
                if(false == $conn->execute($updateSQL)){
                    $reback = '4';
                }else{
                    $reback = '1';
                }
            }
        }else{
            $tmparr = $key.",1";
            $addshop['shopping'] = $tmparr;
            $updateSQL = $conn->GetUpdateSQL($rst,$addshop);
            if(false == $conn->execute($updateSQL)){
                $reback = '4';
            }else{
                $reback = '1';
            }
        }
    }
}
echo $reback;
?>
```

9.10.2 显示购物车

购买物品仅仅是将喜欢的商品添加到购物车里面，只有在购物车才可以显示所购商品。购物车的功能实现编码如下：

```php
<?php
    include_once 'conn.php';
    include_once 'config.php';
    $sql1 = "select id,shopping from tb_user where user_id =".$_SESSION['id'];
    $rst = $conn->execute($sql1);
    if($rst->fields['shopping'] == ''){

        echo "<p>";
        echo '购物车中暂时没有商品!';
        exit();
    }
```

```php
$tmparr = $rst->GetAssoc();
$commarr = array();
foreach($tmparr as  $value){
    $tmpnum = explode('@',$value);
    $shopnum = count($tmpnum);          //商品类数
    $sum = 0;
    foreach($tmpnum as $key => $vl){
        $s_commo = explode(',',$vl);
        $sql2 = "select id,name,m_price,fold,v_price from tb_goods";
        $commsql = $sql2." where goods_id = ".$s_commo[0];
        $commrst = $conn->execute($commsql);
        $arr = $commrst->GetArray();
        $arr[0]['num'] = $s_commo[1];
        $arr[0]['total'] = $s_commo[1]*$arr[0]['v_price'];
        $sum += $arr[0]['total'];
        $commarr[$key] = $arr[0];
    }
}
$smarty->assign('shoparr',$shopnum);
$smarty->assign('commarr',$commarr);
$smarty->assign('sum',$sum);
$smarty->assign('title','我的购物车');
$smarty->display('myshopcar.tpl');
?>
```

商品显示到页面使用模板编码如下：

```html
<link rel="stylesheet" href="css/table.css" />
<script language="javascript" src="js/createxmlhttp.js"></script>
<script language="javascript" src="js/shopcar.js"></script>
<table border="0" cellspacing="0" cellpadding="0" align="center">
<form id="myshopcar" name="myshopcar" method="post" action="#">
  <tr>
    <td height="30" colspan="7" align="center" valign="middle" class="first">我的购物车</td>
  </tr>
  <tr>
    <td width="35" height="25" align="center" valign="middle" class="left"> </td>
    <td width="100" height="25" align="center" valign="middle" class="center">商品名称</td>
```

```
        <td width="100" height="25" align="center" valign="middle" class="center">购
买数量</td>
        <td width="100" height="25" align="center" valign="middle" class="center">市
场价格</td>
        <td width="100" height="25" align="center" valign="middle" class="center">会
员价格</td>
        <td width="100" height="25" align="center" valign="middle" class="center">折
扣率</td>
        <td width="100" height="25" align="center" valign="middle" class="right">合计</td>
    </tr>
{foreach key=key item=item from=$commarr}
    <tr>
        <td height="25" align="center" valign="middle" class="left">
            <input id="chk" name="chk[]" type="checkbox" value="{$item.id}">
        </td>
        <td height="25" align="center" valign="middle" class="center">
            <div id = "c_name{$key}">  {$item.name}</div>
        </td>
        <td height="25" align="center" valign="middle" class="center">
            <input    id="cnum{$key}"    name="cnum{$key}"    type="text"
class="shorttxt"    value="{$item.num}" onkeyup="cvp({$key},{$item.v_
price},{$shoparr})">
        </td>
        <td height="25" align="center" valign="middle" class="center">
            <div id="m_price{$key}"> {$item.m_price}</div>
        </td>
        <td height="25" align="center" valign="middle" class="center">
            <div id="v_price{$key}"> {$item.v_price}</div>
        </td>
        <td height="25" align="center" valign="middle" class="center">
            <div id="fold{$key}"> {$item.fold}</div>
        </td>
        <td height="25" align="center" valign="middle" class="right">
            <div id="total{$key}"> {$item.total}</div>
        </td>
    </tr>
{/foreach}
    <tr>
```

```
<td height="25" colspan="3" align="left" valign="middle">
    <a href="#" onclick="return alldel(myshopcar)">全选</a>
    <a href="#" onclick="return overdel(myshopcar);">反选</a>  
    <input type="button" value="删除" class="btn" onClick = 'return del(myshopcar);'>
</td>
<td height="25" align="center" valign="middle">
    <input name="cont" type="button" class="btn" value="继续购物" onclick="return conshop(myshopcar)" />
</td>
<td height="25" align="center" valign="middle">
    <input id="uid" name="uid" type="hidden" value="{$smarty.session.member}" >
    <input name="settle" type="button" class="btn" value="结账" onclick="return formset(form)" />
</td>
<td height="25" colspan="2" align="right" valign="middle">
    <div id='sum'>共计: {$sum} 元</div>
</td>
</tr>
</form>
</table>
```

9.10.3　更改或删除商品数量

该系统在首页未使用一次条件商品数量总数，采取单件商品加入购物车，当添加到购物车仅有1件商品，这个需要在此处修改数量或删除商品，并统计商品总数量，使用js来实现，具体实现代码如下：

```
function changes(key,vpr,shoparr){
    var n_pre = 'total';
    var num = 'cnum'+key.toString();
    var total = n_pre+key.toString();
    var t_number = document.getElementById(num).value;
    var ttl = t_number * vpr;
    document.getElementById(total).innerHTML = ttl;
    var sm = 0;

    for(var i = 0; i < shoparr; i++){

        var aaa = document.getElementById(n_pre+i.toString()).innerText;
```

```
                sm += parseInt(aaa);
            }
            document.getElementById('sum').innerHTML = '共计: '+sm+' 元';


    }
    Function drop(form){
        if(!window.confirm('是否要删除数据??')){//询问是否删除商品
        }else{
            var leng = form.chk.length;
            if(leng==undefined){
                if(!form.chk.checked){
                        alert('请选取要删除数据!');
                }else{
                    rd = form.chk.value;
                    var url = 'delshop.php?rd='+rd;
                    xmlhttp.open("GET",url,true);
                    xmlhttp.onreadystatechange = delnow;
                    xmlhttp.send(null);
                }
            }else{
                var rd=new Array();
                var j = 0;
                for( var i = 0; i < leng; i++)
                {
                    if(form.chk[i].checked){
                        rd[j++] = form.chk[i].value;
                    }
                }
                if(rd == ''){
                    alert('请选取要删除数据!');
                }else{
                    var url = "delshop.php?rd="+rd;
                    xmlhttp.open("GET",url,true);
                    xmlhttp.onreadystatechange = delnow;
                    xmlhttp.send(null);
                }
            }
        }
```

```
        return false;
    }
```

运行结果如图9.10所示。

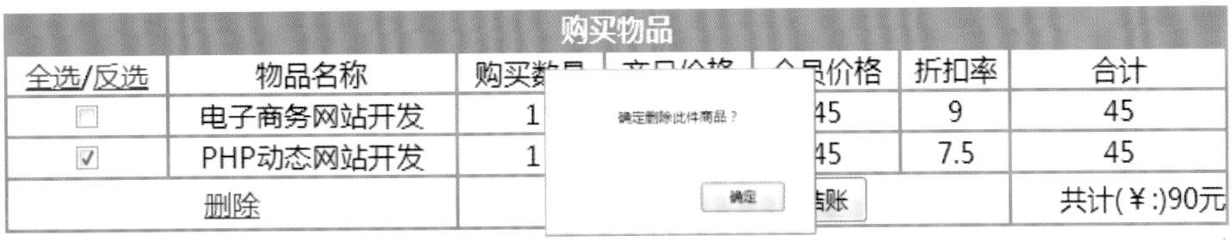

购买物品						
全选/反选	物品名称	购买数量	产品价格	会员价格	折扣率	合计
☐	电子商务网站开发	1	45	9		45
☑	PHP动态网站开发	1	45	7.5		45
删除			结账			共计(￥:)90元

确定删除此件商品？

确定

图 9.10

9.10.4 保存购物车

购物时对已经加入购物车的商品可以保存并付款，但有时需要再去购买商品，这可以将商品保存，然后再去购物，保存购物车的具体实现编码如下：

```php
<?php
    session_start();
    include_once 'conn.php';
    $sql = 'select id,shopping from tb_user where user_id = '.(int)$_SESSION['id'];
    $fst = $_GET['fst'];
    $snd = $_GET['snd'];
    $reback = '0';
    $rst = $conn->execute($sql);
    $changecar = array();
    if($fst != '' and $snd != ''){
        $farr = explode(',',$fst);
        $sarr = explode(',',$snd);
        $upcar = array();
        for($i = 0; $i < count($farr); $i++){
            $upcar[$i] = $farr[$i].','.$sarr[$i];
        }
        if(count($farr) > 1){
            $changecar['shopping'] = implode('@',$upcar);
        }else{
            $changecar['shopping'] = $upcar[0];
        }
        $UpdateSql = $conn->GetUpdateSQL($rst,$changecar,true);
        if(false == $conn->execute($UpdateSql)){
            $reback = '2';
        }else{
            $reback = '1';
```

```
        }
    }
    echo $reback;
?>
```

9.11 收银台模块设计 🔍

完成购物后客户需要"确定付款",可以去收银台付款,付款涉及用户订单的显示、填写、提交、反馈及查询等部分。

9.11.1 显示订单

订单显示是将商品信息整理后一起传给收银台,具体实现编码如下:

```
function formset(form){
var uid = form.uid.value;
var n_pre = 'num';                              //提交的数量
    var lang = form.chk.length;
    if(lang == undefined){
        var fst = form.chk.value;               //商品id
        var snd = form.cnum0.value;             //购买数量
    }else{
        var fst= new Array();
        var snd = new Array();

        for(var i = 0; i < lang; i++){
            var nm = n_pre+i.toString();
            var stmp = document.getElementById(nm).value;
            if(stmp  == '' || isNaN(stmp)){
                alert('不允许为空、必须为数字');
                document.getElementById(nm).select();
                return false;
            }
            snd[i] = stmp;
            var ftmp = form.chk[i].value;
            fst[i] = ftmp;
        }
    }
        open('settle.php?uid='+uid+'&fst='+fst+'&snd='+snd,'_blank','width=420
height=220',false);
```

```
}
```

9.11.2　填写订单

订单的填写主要是填写用户的收货人、联系电话、付款方式、收获地址及方式等信息，从页面传递到处理页面，实现操作的主要编码如下：

```html
<table width="400" border="0" cellspacing="0" cellpadding="0">
<form id="buyform" method="post" action="settle_chk.php" onSubmit="return chkform(buyform)">
    <tr>
        <td height="25" colspan="4" align="center" valign="middle" class="first">订单信息</td>
    </tr>
    <tr>
        <td width="80" height="25" align="left" valign="middle" class="left">收货人姓名: </td>
        <td width="120" height="25" align="left" valign="middle" class="center">
            <input id="taker" name="taker" type="text" class="txt" />
        </td>
        <td width="80" align="left" valign="middle" class="center">邮编: </td>
        <td width="120" align="left" valign="middle" class="right">
            <input id="code" name="code" type="text" class="txt" />
        </td>
    </tr>
    <tr>
        <td width="80" height="25" align="left" valign="middle" class="left">联系电话: </td>
        <td height="25" align="left" valign="middle" class="center">
            <input id="tel" name="tel" type="text" class="txt" />
        </td>
        <td height="25" colspan="2" align="left" valign="middle" class="center"> </td>
    </tr>
    <tr>
        <td width="80" height="25" align="left" valign="middle" class="left">地址: </td>
        <td height="25" colspan="3" align="left" valign="middle" class="right">
            <input id="address" name="address" type="text" class="langtxt" />
        </td>
    </tr>
```

```html
<tr>
    <td width="80" height="25" align="left" valign="middle" class="left">送货方式: </td>
    <td height="25" colspan="3" align="left" valign="middle" class="right">
        <select id="del" name="del">
            <option value="平邮">平邮</option>
            <option value="快递">快递</option>
            <option value="送货上门">送货上门</option>
        </select>
    </td>
</tr>
<tr>
    <td width="80" height="25" align="left" valign="middle" class="left">付款方式: </td>
    <td height="25" colspan="3" align="left" valign="middle" class="right">
        <select id="pay" name="pay">
            <option value="银行转账">银行转账</option>
            <option value="邮局汇款">邮局汇款</option>
            <option value="支付宝">支付宝</option>
        </select>
    </td>
</tr>
<tr>
    <td height="30" colspan="4" align="center" valign="middle">
        <input id="enter" name="enter" type="submit" value="提交订单" class="btn" />
        <input id="fst" name="fst" type="hidden" value="{$fst}" />
        <input id="snd" name="snd" type="hidden" value="{$snd}" />
        <input id="uid" name="uid" type="hidden" value="{$uid}" >
    </td>
</tr>
</form>
</table>
```

9.11.3 处理订单

用户添加表单信息后, 提交添加信息到处理页面处理表单数据, 处理页面收到数据后, 到后台再次查询并将提取商品的信息保存到相应的数组中, 再将数组中的数据显示在页面上。实现操作的主要编码如下:

```php
<?php
```

```
$sql = "select * from tb_form where id = -1";
$rst = $conn->execute($sql);
$addform = array();
$addform['vendee'] = $_POST['uid'];
$addform['commo_id'] = $_POST['fst'];
$addform['commo_num'] = $_POST['snd'];
$addform['formid'] = time();
$tmpid = explode(',',$addform['commo_id']);
$tmpnm = explode(',',$addform['commo_num']);
$number = count($tmpid);
if($number >1){
    $tmpna = array();
    $tmpvp = array();
    $tmpfd = array();
    $tmptt = 0;
    for($i = 0; $i < $number; $i++){
        $tmpsql = "select name,v_price,fold from tb_commo where id = ".$tmpid[$i];
        $tmprst = $conn->execute($tmpsql);
        $tmpna[$i] = $tmprst->fields['name'];
        $tmpvp[$i] = $tmprst->fields['v_price'];
        $tmpfd[$i] = $tmprst->fields['fold'];
        $tmptt += $tmprst->fields['v_price'] * $tmpnm[$i];
        $tmpsell = $tmprst->fields['sell'] + 1;
        $addsql = "update tb_commo set sell = ".$tmpsell." where id = ".$tmpid[$i];
        $addrst = $conn->execute($addsql);
    }
    $addform['commo_name'] = implode(',',$tmpna);
    $addform['agoprice'] = implode(',',$tmpvp);
    $addform['fold'] = implode(',',$tmpfd);
    $addform['total'] = $tmptt;
}else if($number == 1){
    $tmpsql = "select name,v_price,fold from tb_commo where id = ".$tmpid[0];
    $tmprst = $conn->execute($tmpsql);
    $addform['commo_name'] = $tmprst->fields['name'];
    $addform['agoprice'] = $tmprst->fields['v_price'];
```

```php
        $addform['fold'] = $tmprst->fields['fold'];
        $addform['total'] = $tmprst->fields['v_price'] * $tmpnm[0];
        $tmpsell = $tmprst->fields['sell'] + 1;
        $addsql = "update tb_commo set sell = ".$tmpsell." where id = ".$tmpid[0];
        $addrst = $conn->execute($addsql);
    }else{
        echo 'error';
        exit();
    }
    $addform['taker'] = $_POST['taker'];
    $addform['code'] = $_POST['code'];
    $addform['tel'] = $_POST['tel'];
    $addform['address'] = $_POST['address'];
    $addform['del_method'] = $_POST['del'];
    $addform['pay_method'] = $_POST['pay'];
    $addform['state']  = '0';
    $InsertSQL = $conn->GetInsertSQL($rst,$addform);
    if(false == $conn->execute($InsertSQL)){
        echo "<script>alert('购买失败');history.back;</script>";
    }else{
        $updsql = "select * from tb_user where name = '".$_POST['uid']."'";
        $updrst = $conn->execute($updsql);
        $arr = array();
        $arr['consume'] = $addform['total'];
        $arr['shopping'] = '';
        $UpdateSQL = $conn->GetUpdateSQL($updrst,$arr);
        $conn->execute($UpdateSQL);
        $fid = $conn->Insert_ID();
        echo "<script>top.opener.location.reload();</script>";
         echo "<script>open('forminfo.php?fid=$fid','_blank','width=600
height=450',false)</script>";
        echo "<script>window.close();</script>";
    }
?>
```

9.11.4　反馈订单

反馈订单是将新添加的订单反馈给用户，用户用于保存点单信息，有订单信息用户可以根据相关信息查询物流、付款、查询等处理问题。运行结果如图9.11所示。

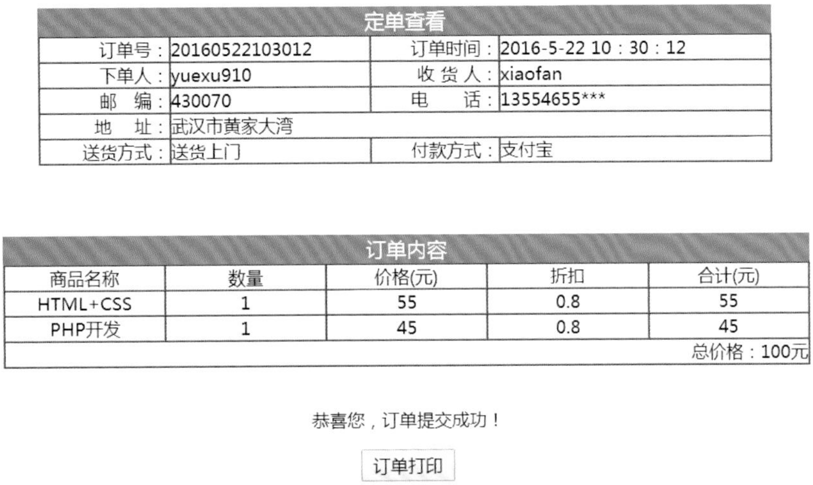
定单查看
订单号：20160522103012
订单时间：2016-5-22 10：30：12
下单人：yuexu910
收 货 人：xiaofan
邮 编：430070
电 话：13554655***
地 址：武汉市黄家大湾
送货方式：送货上门
付款方式：支付宝
订单内容
商品名称
数量
价格(元)
折扣
合计(元)
HTML+CSS
1
55
0.8
55
PHP开发
1
45
0.8
45
总价格：100元
恭喜您，订单提交成功！
订单打印

图 9.11

9.11.5　查询订单

查阅订单是指用户可以对添加到购物车中的宝贝查阅其数量、购买信息及宝贝详情等，可通过日期、宝贝名称、订单号查询订单。

9.12 后台首页设计

后台管理系统是所有电子商务网站必需的管理平台，是对用户、商品、公告等进行管理的平台，该系统主要的功能在以下模块：

①用户管理：对管理员管理和会员管理，实现对管理员的管理和对管理员的添加及删除和修改功能，对会员有冻结功能。

②商品管理：对商品的增、删、改、查功能。

③商品类别：对商品的类别处理，商品类别的增、删、改、查功能。运行结果如图9.12所示。

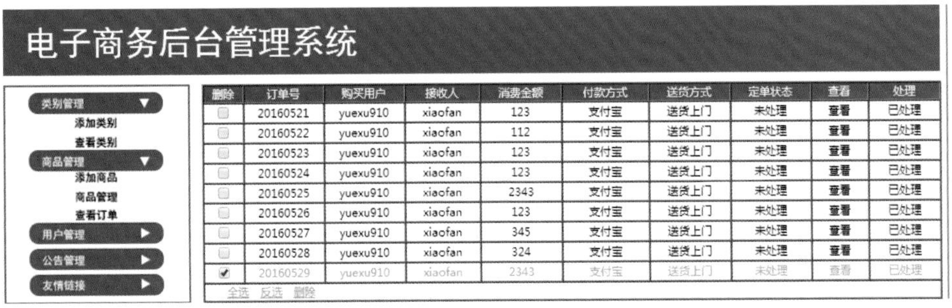
电子商务后台管理系统
类别管理
添加类别
查看类别
商品管理
添加商品
商品管理
查看订单
用户管理
公告管理
友情链接
删除 订单号 购买用户 接收人 消费金额 付款方式 送货方式 定单状态 查看 处理
20160521 yuexu910 xiaofan 123 支付宝 送货上门 未处理 查看 已处理
20160522 yuexu910 xiaofan 112 支付宝 送货上门 未处理 查看 已处理
20160523 yuexu910 xiaofan 123 支付宝 送货上门 未处理 查看 已处理
20160524 yuexu910 xiaofan 123 支付宝 送货上门 未处理 查看 已处理
20160525 yuexu910 xiaofan 2343 支付宝 送货上门 未处理 查看 已处理
20160526 yuexu910 xiaofan 123 支付宝 送货上门 未处理 查看 已处理
20160527 yuexu910 xiaofan 345 支付宝 送货上门 未处理 查看 已处理
20160528 yuexu910 xiaofan 324 支付宝 送货上门 未处理 查看 已处理
20160529 yuexu910 xiaofan 2343 支付宝 送货上门 未处理 查看 已处理
全选 反选 删除

图 9.12

9.12.1 后台首页布局

后台布局使用了frameset框架功能实现，具体代码如下：

```
<html xmlns="http://www.w3.org/1999/xhtml">
<head>
<meta http-equiv="Content-Type" content="text/html; charset=gb2312" />
<link rel="stytlesheet" href="css/style.css" />
<title>电子商务后台管理系统</title>
</head>
<frameset rows="126,*" cols="*" frameborder="no" border="0" framespacing="0">
    <frame src="top.php" name="topFrame" scrolling="No" noresize="noresize" id="topFrame" title="topFrame" />
    <frameset rows="*" cols="210,*" framespacing="0" frameborder="no" border="0">
        <frame src="left.php" name="leftFrame" frameborder="0" scrolling="auto" noresize="noresize" id="leftFrame" title="leftFrame" />
        <frame src="default.php" name="mainFrame" id="mainFrame" title="mainFrame" />
    </frameset>
</frameset>
</html>
```

9.12.2 DIV+JavaScript+CSS 实现树形菜单

如图9.12所示的后台管理系统左边的导航使用了div+js+css来实现，DIV布局具体实现功能主要代码如下：

```
<link href="left.css" rel="stylesheet" type="text/css" />
<script language="javascript" src=left.js></script>
<div id="type" align="center" onclick="javascript:change(one,type);">类别管理</div>
<div id="one">
    <div id="addtype" align="center">
        <a href="addtype.php" target="mainFrame" id="menu">添加类别</a>
    </div>
    <div id="showtype" align="center">
        <a href="showtype.php" target="mainFrame" id="menu">查看类别</a>
    </div>
</div>
<div id="hidediv" align="center"> </div>
<div id="commo" align="center" onclick="change(two,commo)">商品管理</div>
<div id="two" style="display:none;">
```

```
<div id="addcommo" align="center">
    <a href="addcommo.php" target="mainFrame" id="menu">添加商品</a>
</div>
<div id="showcommo" align="center">
    <a href="showcommo.php" target="mainFrame" id="menu">查看商品</a>
</div>
<div id="showform" align="center">
    <a href="showform.php" target="mainFrame" id="menu">查看订单</a>
</div>
</div>
<div id="hidediv" align="center"> </div>
<div id="user" align="center" onclick="change(three,user)">用户管理</div>
    <div id="three" style="display:none;">
        <div id="manager" align="center">
            <a href="admin.php" target="mainFrame" id="menu">管理员管理</a>
        </div>
        <div id="member" align="center">
            <a href="member.php" target="mainFrame" id="menu">会员管理</a>
        </div>
    </div>
```

JS的实现功能主要编码如下：

```
function change(nu,lx){
    if(nu.style.display == "none"){
        nu.style.display = "";
        lx.style.background="url(images/main_openroot.gif)";
    }else{
        nu.style.display = "none";
        lx.style.background="url(images/main_closeroot.gif)";
    }
}
```

在前台功能操作中已经使用过相关的功能，这里不再具体阐述JS的功能编码，从功能编码发现仅仅几行代码已经实现实用的树形菜单功能。

9.13 类别管理模块设计

类别模块主要就是对商品所属类别的管理，主要是对类别的增、删、改功能的实现。

9.13.1　添加类别

添加类别主要是执行如图9.12所示的类别管理下的添加管理在邮编窗口显示添加项目，右边窗口如图9.13所示。

图 9.13

添加内容后将添加内容传递给处理页面，添加内容页面编码如下：

```php
<?php
    include_once 'config.php';
    include_once 'conn/conn.php';
    $sql = "select name,id from tb_class where supid = 0";
    $rst = $conn->execute($sql);
    $smarty->assign('op',$rst->GetMenu2("supid",'',$blank = false,'','','class="txt"'));
    $smarty->display('addtype.tpl');
?>
```

将处理的数据显示在页面上的模板样式编码如下：

```html
<table width="300" border="0" align="center" cellpadding="0" cellspacing="0">
<form id="addtype" name="addtype" method="post" action="#">
    <tr>
            <td height="25" colspan="2" align="center" valign="middle" class="first">添加商品类别</td>
    </tr>
    <tr>
        <td height="25" align="right" valign="middle" class="left">类别名称: </td>
        <td height="25" align="left" valign="middle" class="right">
            <input name="names" type="text" id="names" class="txt" onMouseOver="this.style.backgroundColor='#ffffff'"
    onMouseOut="this.style.backgroundColor='#e8f4ff'">
        </td>
    </tr>
    <tr>
```

```
<td height="25" align="right" valign="middle" class="left">类别等级: </td>
<td height="25" align="left" valign="middle" class="right">
    <select name="grade" OnChange="changetype(addtype)" class="txt">
        <option value="1">一级类别</option>
        <option value="2" selected>二级类别</option>
    </select>
  </td>
 </tr>
 <tr>
    <td height="25" align="right" valign="middle" class="left">父级名称: </td>
    <td height="25" align="left" valign="middle" class="right">{$op}</td>
 </tr>
 <tr>
    <td height="30" colspan="2" align="center" valign="middle">
        <input id="add" name="id" type="button" value="添加" class="btn"
onClick="chktype(addtype)">
    </td>
 </tr>
</form>
</table>
```

对提交的内容的处理页面内容编码如下:

```php
<?php
    include_once 'conn/conn.php';
    $name = $_GET['name'];
    ($_GET['supid'] == '')?($supid = 0):($supid = $_GET['supid']);
    $reback = '';
    $sql = "select * from tb_class where name = '$name'";
    $rst = $conn->execute($sql);
    if($rst->RecordCount() == 1){
            $reback = '1';
    }else{
            $ine = array();
            $ine["name"] = $name;
            $ine["supid"] = $supid;
            $intsql = $conn->GetInsertSQL($rst,$ine);
            if($conn->execute($intsql) == false){
                    $reback = '2';
            }else{
```

```
        $reback = '3';
    }
  }
  echo $reback;
?>
```

9.13.2　查看类别

类别添加成功后,通过"查看"功能超链接修改和删除类别。在类别中使用父类和子类方式进行显示,对于修建的类别不需要了,可以使用删除功能将子类别删除,不可以删除父类别,如图9.14所示。

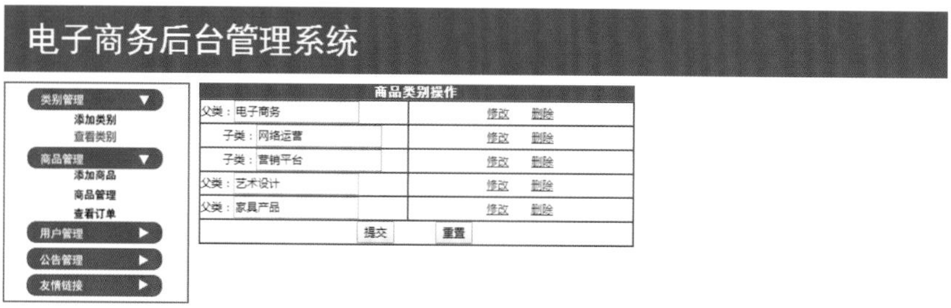

图 9.14

针对查看功能的主要编码首先将查询类别名称,然后将类别名称分别在页面显示,删除和修改类别,当操作为0时设置为操作错误,当操作为1时类名重复了,当操作为2时操作失败,当操作为3时操作成功,具体主要功能编码如下:

```
<?php    //返回一级及二级列表数据
    include_once 'config.php';
    include_once 'conn/conn.php';
    $bigsql = 'select goods_sytle_id,name from tb_goods_style where goods_style_id = 0';
    $smallsql = 'select * from goods_sytle_id where goods_style_id != 0';
    $bigclass = $conn->execute($bigsql);
    $smallclass = $conn->execute($smallsql);
    $bigarray = $bigclass->GetAssoc();
    $smallarray = $smallclass->GetAssoc();
    $smarty->assign('bigarray',$bigarray);
    $smarty->assign('smallarray',$smallarray);
    $smarty->display('showtype.tpl');
?>
```

//输出到页面内容模板

```
<table width="300" border="0" align="center" cellpadding="0" cellspacing="0">
<form id="modi" name="modi" method="post" action="#">
```

```
<tr>
    <td height="25" colspan="2" align="center" valign="middle" class="first">
查看商品类别</td>
    </tr>
    {foreach name=ftype key=fkey item=fitem from=$bigarray}
    <tr>
        <td height="25" align="center" valign="middle" class="left">
        <font size="2" color="#FF0000">父类: </font>
        <input id="moditype{$fkey}" name="moditype{$fkey}" type="text"
class="shorttxt" value="{$fitem}" style="border-color:#996633;" />
        </td>
        <td height="25" align="center" valign=" middle" class="right">
        <input id="modify" name="modify" type="button" class="btn"
value="修改" onclick="javascript:modifytype({$fkey});" style="border-
color:#FFFFFF;"/>
        <input id="delete" name="delete" type="button" value="删除" class="btn"
onclick="javascript:delbigtype({$fkey});" style="border-color:#FFFFFF;">
        </td>
    </tr>
    {foreach name = stype key = skey item = sitem from = $smallarray}
    {if $sitem[1] == $fkey}
    <tr>
        <td height="25" align="center" valign="middle" class="left" style="text-
indent: 50px;" >
            <font size="2" color="#996600">子类: </font>
            <input id="modtype{$skey}" name="moditype{$skey}" type="text"
class="shorttxt" value="{$sitem[0]}" style="border-color:#996633;" />
        </td>
        <td height="25" align="center" valign="middle" class="right">
            <input id="modidfy" name="modify" type="button" value="修改"
class="btn" onclick="javascript:modifytype({$skey})" style="border-
color:#FFFFFF;"/>
            <input id="delete" name="delete" type="button" value="删除"
class="btn" onclick="javascript:delsmalltype({$skey})" style="border-
color:#FFFFFF;">
        </td>
    </tr>
    </if>
```

```
        {/foreach}
     {/foreach}
  </form>
  </table>
  //提交删除、修改等控制类别的js页面处理函数编码如下:
  function modifytype(key){    //修改类型
        var nm = 'moditype'+key;
        var names = document.getElementById(nm).value;
        if(names == ""){
             alert('请填写类别名称');
             document.getElementById(nm).focus();
             return false;
        }
        var url = "changetype.php?action=m&names="+names+"&key="+key;
        xmlhttp.open("GET",url,true);
        xmlhttp.onreadystatechange = check;
        xmlhttp.send(null);
  }
  function delbigtype(key){   //删除类型
        if(confirm("您要删除的是一级类, 确定要删除吗? ")){
             var url = "changetype.php?action=bd&key="+key;
             xmlhttp.open("GET",url,true);
             xmlhttp.onreadystatechange = check;
             xmlhttp.send(null);
        }else{
             return false;
        }
  }
  function delsmalltype(key){    //删除子类型
        if(confirm("确定要删除选中的项目吗? 一旦删除将不能恢复! ")){
             var url = "changetype.php?action=sd&key="+key;
             xmlhttp.open("GET",url,true);
             xmlhttp.onreadystatechange = check;
             xmlhttp.send(null);
        }else{
             return false;
        }
  }
```

```
    function check(){   //检查添加的是否重复, 删除功能是否允许, 操作失败提示
等功能
        if(xmlhttp.readyState == 4){
            if(xmlhttp.status == 200){
                var msg = xmlhttp.responseText;
                if(msg == "1"){
                    alert('类名重复');
                }else if(msg == "2"){
                    alert('操作失败!');
                }else if(msg == '3'){
                    alert('操作成功');
                    location='showtype.php';
                }else if(msg == '4'){
                    alert('该大类有子类, 不能删除');
                }else if(msg == '0'){
                    alert('未知错误!'+'\n错误代码:'+msg);
                }
            }
        }
    }
    //处理删除和修改功能的主要编码如下:
    <?php
        include_once 'conn.php';
        $action = $_GET['action'];
        $reback = '';
        if($action == 'm'){
            $names = $_GET['names'];
            $key = $_GET['key'];
            $sql = "select * from tb_goods_style where sytle_name = '$names'";
            $rst = $conn->execute($sql);
            if($rst->RecordCount() == 1){
                $reback = '1';
            }else{
                $updatesql = "select * from tb_goods_style where sytle_id = ".$key;
                $updaterst = $conn->execute($updatesql);
                $upd = array();
                $upd["id"] = $key;
                $upd["name"] = $names;
```

```php
            $update = $conn->GetUpdateSQL($updaterst,$upd);
            if($conn->execute($update) == false){
                $reback = '2';
            }else{
                $reback = '3';
            }
        }
    }else if($action == 'sd'){
        $key = $_GET['key'];
        $delsql = "delete from tb_goods_style where goods_style_id = ".$key;
        if($conn->execute($delsql) == false){
            $reback = '2';
        }else{
            $reback = '3';
        }
    }else if($action == 'bd'){
        $key = $_GET['key'];
        $sql = "select * from tb_goods_style where supid = ".$key;
        $rst = $conn->execute($sql);
        if($rst->RecordCount() >= 1){
            $reback = '4';
        }else{
            $delsql = "delete from tb_goods_sytle where goods_style_id = ".$key;
            if($conn->execute($delsql) == false){
                $reback = '2';
            }else{
                $reback = '3';
            }
        }
    }else{
        $reback = '0';
    }
    echo $reback;
?>
```

9.14 订单管理模块设计

订单管理模块功能设计主要包含查看、删除和处理功能。订单处理后的状态为"已付款""未付款""已发货""已收货"功能。处理订单的页面运行结果如图9.15所示。

图 9.15

具体的实现功能参考后台运行结果数据相关信息。

9.15 发布网站

整个网站的编写工作完成后需要将网站发布到Internet上，主要的操作流程是注册购买域名及空间，再将域名解析，通过FTP软件将编写代码上传到服务器空间里。

9.15.1 注册域名

运行网站时可以通过IP来浏览，为方便记住网站，通常会注册购买域名，域名可以方便记忆及访问网站，如http://www.baidu.com就是百度的域名，现在域名购买比较大的网站有阿里云万网，网址：http://wanwang.aliyun.com。在万网购买域名的步骤如下：

①登录注册万网网站。

②注册用户名，不注册不可以购买域名。

③进入查询页面，查询选购域名；并查看是否已经注册。

④选中选好的域名，填写完成资料。

⑤资料填写完成后将域名加入购物车，单击"购买"案例，购买域名并付款。

⑥付款后等待域名的审批。

9.15.2 申请购买空间

域名完成后可以申请或购买空间，在万网中也可以购买空间，有时也提供免费空间，根据不同的时间读者可以查看相关网站查找空间及空间费用。具体的购买过程与域名注册或购买相同，本例使用阿里云万网提供的空间为例。

①登录到阿里云的空间平拍。

②选择适合自己的服务器空间。

③选择购买，并加入"购物车"付款。

④付款成功后空间开通。

9.15.3 将域名解析到服务器

域名与空间申请注册完成后可以在空间将域名进行解析，具体解析方式（阿里云域名解析）如图9.16所示。

图 9.16

9.15.4 上传网站

所有的内容准备完成后可以将制作的网站或系统上传到空间，通过FTP将网站或系统内容上传到注册购买的空间中，并进行配置相关数据库运行。在浏览器地址栏输入申请的域名查看网站运行结果，在本节使用FTP将电子商务网站上传到服务器空间，操作流程如图9.17所示。

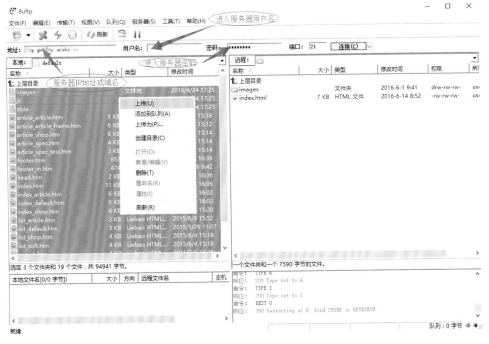

图 9.17

9.16 小 结

本章使用了PHP相关技术及模板制作了电子商务系统,实现了电子商务平台从系统分析到最终的上传运营的全部过程。通过本章的学习,读者可以全面了解这个项目的开发流程,能够把本书所讲内容综合进行消化、吸收,举一反三,并能用于其他项目的开发中去。

课后作业

开发个人的电子商务网站,销售产品为服装、电子产品等。功能要求:

①用户的注册和登录。

②产品的分类功能。

③购物车功能。

④购物结算功能。

⑤购物产品的特效展示功能实现。

学习笔记

参考文献

[1] 陈浩.零基础学PHP[M].北京：机械工业出版社，2012.

[2] 邹天思，孙鹏.PHP从入门到精通[M].北京：清华大学出版社，2009.

[3] http://www.w3school.com.cn/.

移动电子商务运营师2.0

搜索引擎优化及推广

梦工场科技集团　编著

重庆大学出版社

内容提要

本书剖析了搜索引擎优化的方法,包括关键字策略、代码优化、竞价、排名、站内外优化等。此外,还介绍了如何结合提高搜索引擎友好性及用户体验来规划网站。该书也对搜索引擎推广的工具及方法作了系统地介绍,包括微信、QQ、论坛、图片、活动策划、百度百科、微博、新闻、软文等工具的运用。

本书适合SEO初学者以及具备一定基础的读者阅读,同时也可作为网站运营、网站策划、网站推广、网站设计、程序开发等人员的参考用书。

图书在版编目(CIP)数据

搜索引擎优化及推广/ 梦工场科技集团编著.--重庆:重庆大学出版社,2017.8
(移动电子商务运营师2.0)
ISBN 978-7-5689-0701-9

Ⅰ.①搜… Ⅱ.①梦… Ⅲ.①移动电子商务—搜索引擎—最佳化 Ⅳ.①F713.36

中国版本图书馆CIP数据核字(2017)第182116号

搜索引擎优化及推广
梦工场科技集团 编著
策划编辑:田 恬 沈 静
责任编辑:沈 静 版式设计:沈 静
责任校对:王 倩 责任印制:赵 晟
*
重庆大学出版社出版发行
出版人:易树平
社址:重庆市沙坪坝区大学城西路21号
邮编:401331
电话:(023)88617190 88617185(中小学)
传真:(023)88617186 88617166
网址:http://www.cqup.com.cn
邮箱:fxk@cqup.com.cn(营销中心)
全国新华书店经销
重庆五洲海斯特印务有限公司印刷
*
开本:787mm×1092mm 1/16 印张:10.25 字数:212千
2017年8月第1版 2017年8月第1次印刷
ISBN 978-7-5689-0701-9 总定价:800.00元(全5册)

前　言

　　20 世纪末,在美国国家科学基金会的支持下,斯坦福大学的两个学生在其教授的指导下开始了一个数字图书馆项目。后来,他们创建了 Google 公司,开创了通过互联网搜索技术共享人类信息的新纪元。Google 公司通过网络广告取得了巨大的商业回报,到现在仍然是世界 500 强企业中赢利能力最强的公司之一。NASDAQ 证券交易市场的最高股价是 Google 公司的股票。搜索引擎优化成为一项极有含金量的技术。

　　那么,什么是搜索引擎优化?

　　SEO 就是搜索引擎优化,它指的是在符合用户友好性及搜索引擎算法的基础上,对网站结构、网页文本语言和站点之间的互动链接策略等优化手段进行合理的规划部署,即对网站中的代码、链接和文字描述进行优化重组,加上后期对该优化网站进行合理的反向链接操作,使网站在搜索引擎的关键词排名提高,从而获得目标搜索流量,让更多有需要的用户进行访问,进而产生直接销售或建立网络品牌。

　　本书以营销的实际应用过程为主线,由少量理论和大量实战案例分析构成,深入剖析搜索引擎优化的每个细节,包括关键字策略、URL 优化、代码优化、网页结构、网站结构及链接策略,内容涵盖广泛,因此能够为转型互联网的创业者们指引方向、提供方法、减少投入、规避风险,为初学者以及网络营销人员提供学习与借鉴的机会,使之拥有较强的实战经验,占领职场制高点。

　　本书由乐旭拟订编写大纲,李文强编写第1章和第2章,侯利珍编写第3章和第4章,龚宁静编写第5章,张丽焕、乐旭、龚宁静对全书文字进行了校正。

　　因时间仓促,加之水平有限,书中难免存在错误和疏漏之处,敬请广大读者批评指正。

编　者
2017 年 6 月

目　录

第3章 竞价优化方法

第4章 店铺与营销

参考文献

第1章 互联网现状分析

经过多年发展，我国互联网已成为全球互联网发展的重要组成部分。互联网全面渗透到经济社会的各个领域，成为生产建设、经济贸易、科技创新、公共服务、文化传播、生活娱乐的新型平台和变革力量，推动着我国向信息社会发展。

本章学习重点

1. 了解互联网现状。
2. 了解互联网技术创新能力。
3. 了解互联网行业管理体系建立。
4. 了解电子商务发展状况。
5. 掌握SEO概念。
6. 掌握SEO的优点。
7. 掌握网络营销的基本概念。

1.1 互联网现状分析

1.1.1 互联网现状

1）互联网应用迅猛发展

2015年，移动互联网发展迅速，同时拉动了整体互联网行业的发展。互联网正进入一个无国界的竞争时代，使得全球企业都站在一个平台上竞争，世界已经变成一个"地球村"。正当全世界企业都将目光投向中国市场时，我国企业也在积极地发展全球市场，互联网拉近了企业和市场间的距离，使得全球资源在世界范围内实现优化整合。2016年上半年，我国个人互联网应用保持稳健发展，除网络游戏及论坛/BBS外，其他应用用户规模均呈上升趋势。其中，网上外卖和互联网理财是增长最快的两个应用，半年增长率分别为31.8%和12.3%。网络购物也保持较快增长，半年增长率为8.3%。手机端大部分应用均保持快速增长，其中，手机网上外卖用户规模增长最为明显,半年增长率为40.5%。同时,手机网上支付、网络购物的半年增长率均接近20%。2016年不仅是互联网发展、重组、结构优化的一年,也是体现互联网对我国各行业的影响及国家对互联网的重视的一年。

2)互联网基础设施能力持续提升

我国已建成超大规模的互联网基础设施,网络通达所有城市和乡镇,形成了多个高性能骨干网互联互通、多种宽带接入的网络设施。截至2016年6月,我国IPv4地址数量达3.38亿,拥有IPv6地址20 781块/32。

我国域名总数为3 698万,其中".cn"域名总数半年增长19.2%,达到1 950万,在中国域名总数中占比为52.7%。我国网站总数为454万,半年增长7.4%,".cn"网站数为212万。国际出口带宽为6 220 764 Mbps,半年增长率为15.4%。".com"域名数量为1 094万,占比为29.6%,".中国"域名总数达到50万。

3)互联网技术创新能力不断增强

技术标准影响力快速提升。2005年前,我国主导完成或署名的RFC数量共3个,到"十一五"期末增加到46个,涵盖互联网路由、网际互联、安全等核心技术领域,国际影响力明显增强。下一代互联网领域快速进展,建成全球最大的IPv6示范网络,并在网络建设、应用试验和设备产业化等方面取得了阶段性成果。面向未来的下一代互联网新型架构研发稳步推进。

4)具有国际影响力的互联网产业初步形成

我国互联网服务已形成万亿元级市场,2016年,全行业收入规模超过1.2万亿元。在网络门户、即时通信、搜索引擎、电子商务、网络游戏等领域,具备了一定的国际影响力,部分企业进入了全球互联网企业市值排名前列。互联网设备制造业快速崛起,不仅满足了国内发展需要,而且实现了海外拓展,高端路由器产品跻身全球市场前列。

5)互联网行业管理体系基本建立

初步形成"分工负责,齐抓共管"的管理格局,基本建立了行业管理体系,形成了多个管理部门协同配合的工作机制。初步形成以《电信条例》《互联网信息服务管理办法》等为基础的互联网行业管理法规框架,建成覆盖事前、事中、事后3个环节,法律、行政、技术、经济手段和行业自律相结合的互联网市场监管体系,强化了用户权益保障的日常监督和服务监管机制。互联网基础管理成效显著,形成了互联网资源部省两级管理机制,实行网站备案和IP地址备案管理,规范了域名注册服务。安全管理制度与技术手段不断强化,明确了企业网络信息安全责任,建立了安全防护、信息通报和应急处置等管理制度,初步形成网络与信息安全保障体系。同时,互联网行业自律和公众监督不断增强。

6)互联网成为经济社会发展的重要引擎和基础平台

互联网在经济发展中的作用日益显现,是推动经济增长、发掘新经济增长点的重要"催化剂"。它将极大地释放信息数据并将其转化成巨大的生产潜力,成为社会财富增长的新源泉和经济增长的新动力。互联网形成的新兴行业与传统行业的融合升级,将是扩大消费、带动就业的重要新经济增长点。互联网与工业相结合的智能制造是顺应新一轮工业革命和产业变革的重要突破口。智能制造对市场分析、生产管理、加工装配、产品销售、产品维修、服务到回收再生的全过程各环节进行了优化升级，实现从人、技术、管理、信息的四维集成，实现物质流和能量流、信息流和知识流的集成交汇，实现从大规模工业生产转向小规模的个性化生产。互联网与农业相结合已经渗透到整个农业产业链，农业与互联网的融合主要在农产品的标准化生产、差异化宣传、物流储存成本、信息平台建设等农业"触网"的重点难点领域。2016年，国内互联网行业从业人数已达1 677.2万，目前，我国互联网行业仍处于高速发展之中，人才需求巨大。总体来看，仍处于供不应求状态。百度、美大（美团和大众点评）、腾讯、阿里巴巴、网易、今日头条、滴滴、360、乐视、爱奇艺成为收取简历TOP10公司。同时，互联网也推动了政府管理和公共服务水平的提升，促进了文化传播和社会交往方式的变革创新。

1.1.2 电子商务发展状况

当前，我国电子商务发展正在进入密集创新和快速扩张的新阶段，日益成为拉动我国消费需求，促进传统产业升级，发展现代服务业的重要引擎。具体而言，具有以下几个特点：

①我国电子商务仍然保持快速增长态势，潜力巨大。

近年来，我国的电子商务交易额增长率一直保持快速增长势头。特别是网络零售市场，更是发展迅速，2016年达到52 218亿元。而2016年天猫"11·11"购物狂欢节成交额达1 207.49亿元，更是让人们看到我国网络零售市场发展的巨大潜力。毫无疑问，电子商务正在成为拉动国民经济、保持快速可持续增长的重要动力和引擎。

②企业、行业信息化快速发展，为加快电子商务应用提供坚实基础。

近年来，在国家大力推进信息化和工业化融合的环境下，我国服务行业、企业加快信息化建设步伐，电子商务应用需求变得日益强劲。不少传统行业领域在开展电子商务应用方面取得了较好的成绩。农村信息化取得了可喜的成绩，创新电子商务应用模式，涌现出一批淘宝店，一些村庄围绕自身的资源、市场优势，开展特色电子商务应用。传统零售企业纷纷进军电子商务。其他行业如邮政、旅游、保险等也都在已有的信息化建设基础上，着力发展电子商务业务。

③电子商务服务业迅猛发展，初步形成功能完善的业态体系。

从电子商务交易情况来看，近年来出现了一些新的发展趋势。一是发展模式不断演变。近年来，B2B与B2C加速整合，由信息平台向交易平台转变。二是零售电子商务平台化趋势日益明显。具体包括3种情况：追求全品类覆盖的综合性平台；专注细分市场的垂直型平台；大型企业自营网站逐渐向第三方平台转变。三是平台之间竞争激烈，市场日益集中。以阿里巴巴、京东商城为第一梯队拉开了与其他中小型电子商务企业的差距。从支撑性电子商务服务业来看，近年来出现了不少重大变化。比如，各方面的功能日益独立显现，呈现高度分工的局面；新一代信息技术在电子商务服务中得到快速应用，除了物联网技术外，大数据正逐渐让数据挖掘发挥其精准营销功能；电子商务平台的功能日益全能化。从辅助性电子商务服务来看，围绕网络交易派生出了一些新的服务行业,如网络议价、网络模特、网(站)店运营服务与外包等。

④跨境电子交易获得快速发展。

在国际经济形势持续不振的环境下,我国中小外贸企业跨境电子商务仍逆势而为,近年来保持了30%的年均增速。有关部门正加紧完善促进跨境网上交易对平台、物流、支付结算等方面的配套政策措施,促进跨境电子商务模式不断创新,出现了一站式推广、平台化运营、网络购物业务与会展相结合等模式,使得更多中国制造产品得以通过在线外贸平台走向国外市场,有力地推动了跨境电子商务向纵深发展。

此外,电子商务发展环境不断改善。全社会电子商务应用意识不断增强,应用技能得到有效提高。相关部门协同推进电子商务发展的工作机制初步建立,围绕电子认证、网络购物等主题,出台了一系列政策、规章和标准规范,为构建良好的电子商务发展环境进行了积极探索。

1.2 网络营销现状分析

1.2.1 网络营销的现状

在中国,网络营销相对一些发达国家起步较晚,直到1996年,才开始被我国企业尝试。1997—2000年是我国网络营销的初始阶段,电子商务快速发展,越来越多的企业开始注重网络营销。2000年至今,网络营销进入应用和发展阶段,网络营销服务市场初步形成:企业网站建迅速发展,网络广告不断创新,营销工具与手段不断涌现。根据中国互联网络信息中心发布的第39次《中国互联网络发展状况统计报告》显示,截至2016年12月,我国网民规模达7.31亿,超过全球平均水平3.1个百分点,超过亚洲平均水平7.6个百分点。全年共计新增网民4 299万人,增长率为6.2%。中国网民规模已经相当于欧洲人口总量。目前,各种网络调研、网络分销、网络服务等网络营销活动,正异常活跃地介入企业的生产经营中。但相对于发达国家而言,我国的网络营销还存在一些问题。

1)企业网络利用率低,营销方式也相对单一

经常浏览网页的人们或许会发现,大部分上网企业的网络营销仅仅停留在网络广告与网络宣传促销上,而且网络促销也只是将企业的厂名、品名、地址、电话显示在网上而已,很少有企业拥有自己独立的域名网址,更不用说拥有一套自己企业完整的网上客户服务系统。不少企业只是简单地为了顺应时代潮流,而网络调研、网络分销、网络新产品开发、网络服务等营销活动,涉足者寥寥无几。由此可见,网络对企业营销的巨大优势与潜力在我国远远没有被挖掘出来。

2)采用网络营销的企业管理方面存在的问题

当今我国企业开展网络营销,内部管理还存在一些问题。管理体制不够完善,没有一套规范系统的管理体系。大多数企业都是出现了问题,然后才作出相应的反应,制定新的措施。

3) 国内企业与发达国家企业相比, 技术人才极其匮乏

人才的培养是企业的无形资产不断增长的基础。企业开展网络营销, 需要各种人才, 尤其是一些具有新信息观念和新型知识结构的复合型人才。目前, 我国的企业急需这方面的人才。

4) 网络营销存在技术性与安全性问题

虽然我国的网络近几年有了飞速发展, 但是仍存在一些技术与安全性的问题, 例如, 如果通过电子银行或信用卡付款, 一旦密码被人截获, 消费者损失将会很大。因此, 在网络安全支付方面存在的技术与观念是网络营销发展的核心与关键障碍。

5) 人们对网络营销缺乏信任感

在传统的营销活动中, 商品都是看得见、摸得着的。即便如此, 买回去以后有时也会产生不满甚至有上当受骗之感, 虚拟的网络更是让人难以信任。事实上也存在许多商家信誉不好, 虽然是承诺多多, 却无法兑现, 让消费者不得不三思而后行, 害怕买回家的和介绍的不同, 要退货换货时求告无门。

6) 价格问题

网上信息比较充分, 消费者不必四处比较价格, 只需要坐在电脑前面就可以货比三家。而对商家而言, 则容易引发价格战, 使行业的利润率降低, 或是导致两败俱伤。对一些价格存在一定灵活性的产品, 如有批量折扣的, 在网上不便于讨价还价, 可能贻误商机。

7) 网络营销存在一定的被动性

网上的信息只能是被动等待顾客上门索取, 不能主动出击, 实现的只是点对点的传播, 并且它不具有强制收视的效果, 主动权完全掌握在消费者的手中, 他们可以选择看还是不看, 商家无异于在守株待兔。

1.2.2 我国网络营销的发展趋势

随着互联网技术的不断发展完善, 网络营销的发展趋势也逐渐明朗。在未来的几年中, 有以下几个发展重点:

1) 营销型网站将成为企业网站建设的主流

企业网站一般被赋予了形象展示、促进销售、信息化应用等使命。因此, 大量的中小企业都明白了企业网站是最靠谱的, 而且还能够为他们带来客户, 促进销售。基于这种大的市场环境, 营销型网站的理念浮出水面, 并很快被市场和客户接受。营销型网站, 用一句话概括就是: 以帮助企业获得客户为目标, 使其充分了解企业的产品或者服务, 最终使交易变成可能。

2) 搜索网站是最主要的网络营销工具

在当前的互联网世界, 搜索网站早已成为人们上网获取信息必不可少的工具之一。据统计, 有超过七成的用户每天都会通过搜索引擎去寻找自己需要的信息, 这使得搜索引擎成为互联网上最大的流量集散中心。因此, 在没有出现更好的网络方式前, 搜索引擎营销无疑仍是最主流、最重要的网络营销方式。

3）网络视频广告更加突出

视频网络广告分两个部分：一种是传统网站的广告形式变化；另一种是针对视频网站以及视频网络应用软件的广告。

对于一些视频网站而言，由于忠实的客户群越来越大，因此吸引了不少广告主的目光。与传统的网站相比，视频网站中的广告更直接，更有效。把广告安放在视频当中，当客户在观看视频的时候，自然就会看到里面的广告。而不会像其他普通网站那样，客户可以选择忽略广告或是用某些软件屏蔽掉广告。

4）更多适用于中小企业的网络广告形式

传统的展示类Banner网络广告和RichMedia广告由于广告制作复杂，播出价格高昂，至今仍然只是大企业展示品牌形象的手段，传统网络广告难以走进中小企业。不过，随着更多分类信息、本地化服务网站等网络媒体的发展，以及不同形式的PPA付费广告模式的出现，将有更多成本较低的网络广告，为中小企业扩大信息传播渠道提供了机会。

随着网络技术的进一步成熟与发展，必然为网络营销提供功能更为强大、技术更为完善的物质载体。市场营销与网络技术的结合，必将随着网络实践活动的深入开展而不断得到深化，新的结合空间和领域将不断被发现。我国企业由于自身原因，使得其在发展网络营销上产生了诸多问题。正因为这些问题，我国网络营销的功能无法更好地发挥。如果企业能够有针对性地采取对策，那么网络营销一定会帮助企业提升企业营销能力，更好地满足消费者的需求。因此，我国企业必须积极利用新技术，变革经营理念、经营组织和经营方式，搭上技术发展的快速列车，实现企业的飞速发展。

1.2.3 为什么要做网络营销

第一，网络媒介具有传播范围广、速度快、无时间地域限制、无时间版面约束、内容详尽、多媒体传送、形象生动、双向交流、反馈迅速等特点，有利于提高企业营销信息传播的效率，增强企业营销信息传播的效果，降低企业营销信息传播的成本。

第二，网络营销无店面租金成本，且能够实现产品直销，帮助企业减轻库存压力，降低经营成本。

第三，国际互联网覆盖全球市场，通过它，企业可以方便快捷地进入任何国家的市场。尤其是世贸组织第二次部长会议决定在下次部长会议之前不对网络贸易征收关税，网络营销更为企业架起了一座通向国际市场的绿色通道。

第四，在网上，任何企业都不受自身规模的绝对限制，都能平等地获取世界各地的信息并平等地展示自己，这为中小企业创造了一个极好的发展空间。利用互联网，中小企业只需花极小的成本，就可以迅速建立起自己的全球信息网和贸易网，将产品信息迅速传递到以前只有财力雄厚的大公司才能接触到的市场中去，平等地与大型企业进行竞争。从这个角度看，网络营销为刚刚起步且面临强大竞争对手的中小企业提供了一个强有力的竞争武器。

第五，网络营销能使消费者拥有比传统营销更大的选择自由。消费者可以根据自己的特点和需求在全球范围内不受地域、时间限制，快速寻找满足自己需要的商品，并进行充分比较，有利于节省消费者的交易时间与交易成本。此外，互联网还可以帮助企业实现与消费者的一对一沟通，便于企业针对消费者的个别需要，提供一对一的个性化服务。

互联网营销是中小企业最佳的营销之道，以下是互联网营销的优势：

①有利于企业取得未来的竞争优势，因为网络让消费者早先熟知公司的一些产品，直接引导消费者认知产品，这样就占领了消费者的一些市场。

②使消费的决策更具有便利性和自主性。因为网络浏览不受时间地点的限制，也不必在一家家商场跑来跑去比较质量、价格，更不必面对售货员的"热情推销"，完全由自己做主，只需操纵鼠标而已，这样的灵活、快捷与方便，是商场购物所无法比拟的，尤其是受到许多没有时间或不喜欢逛商场的人士的喜爱。

③有利于企业取得成本优势。在网上发布信息，代价有限，将产品直接向消费者推销，可以缩短分销环节，发布的信息谁都可以自由地索取，可以拓宽销售范围，这样可以节省业务员在外面盲目地跑的费用，从而降低成本，使产品具有价格竞争力。前来访问的也大多是对此类产品感兴趣的顾客，受众准确，避免了许多无用的信息传递，也可以节省费用。

④有利于企业和顾客的良好沟通。可以制作调查表收集顾客的意见，让顾客参与产品的设计、开发、生产，使生产真正做到以顾客为中心，从各方面满足顾客。

1.3 SEO 概述 🔍

1.3.1 什么是 SEO

首先需要了解什么是SEO，为什么要用SEO？网民上网都会使用百度、谷歌等搜索引擎来搜索信息。例如，用百度搜索"今年过年是哪一天"，如图1.1所示，结果列表中显示跟过年相关的各种信息。从中可以很快找到需要的信息。

1.3.2 为什么用 SEO 及其优点

理解了推广（竞价）和自然排名的区别后，有些人会认为SEO做得再好，网站排名还是会排在"推广"网站的后面，这样做并没有太大意义。但是，这里要说明一点，如果花钱做推广无论哪方面都比SEO有优势，那么SEO就不会吸引这么多人做了。因此，自然排名有推广（竞价）无法比拟的好处，但同时也有风险。

SEO与花钱做推广两者各有哪些利弊？谈到做推广，大家首先要知道搜索引擎的推广如何扣费。比如，你现在是一个销售减肥药产品的公司或个人，你在某搜索引擎里购买了一个广告位，现在排名第一，那你需要交纳多少费用给搜索引擎呢？也就是说，访客每点击一次你的网站会消耗多少广告费？假设每台计算机点击一下消耗1元、2元或更多，这会根据关键词的商业价值来定，如果该产品本身非常暴利，那么大家会竞相购买广告位,这样访客点击一下消耗的广告费就会很高。

图 1.1 "今年过年是哪一天"百度搜索结果

例如,搜索某些工业词,每点击一下搜索结果中的推广网站,可能会消耗100多元的广告费。虽然听起来骇人听闻,但是这些网站的利润同样惊人。如果每个人点进去都消耗一定的广告费,而网站转化做得又不好,即很多人点进,但不购买产品,那么该网站不仅要支付广告费,而且还不一定能盈利,可能还会亏本。

做推广存在风险,那有什么好处呢? 做SEO有一个过程,不仅要学习怎么做,而且将网站排名做好也需要一定时间,可能需要几个月甚至更长时间,这根据关键词的竞争热度、难度而定。但做推广只要交钱就能使网站排在前面,速度快是推广的一个好处。

那么,做SEO有哪些好处呢? SEO和推广正好相反,如果网站通过SEO排名靠前,那么哪怕有1万台不同IP的计算机、1万个访客点击该网站,都不会花1分钱。这相当于免费做广告,这是做SEO最大的好处。所以,很多人做SEO主要是因为它的成本比较低。

SEO的风险在哪里呢？它成本比较低，并不代表完全没有成本，做一个网站的SEO需要时间、精力，即实现时间相对较长，想把一个网站的排名做好，不是短时间内能实现的。

做推广和SEO各有利弊，对于草根站长来说，很难找到好的包装营销团队，谁敢轻易地去投百度的推广？推广竞争非常大，有些网站1年的广告费要花几十万。所以，SEO有推广无法比拟的优势，而且只要搜索引擎存在，SEO必定会长期存在。

1.4 网络营销的基本概念 Q

1.4.1 什么是网络营销

网络营销是以现代营销理论为基础，借助网络、通信和数字媒体技术等实现营销目标的商务活动。网络营销是企业整体营销战略的一个组成部分，是建立在互联网基础之上，借助于互联网特性来实现一定营销目标的营销手段。

通俗一点说，就是借助互联网来做营销，"网络"只是载体，"营销"才是核心。

1.4.2 网络推广与网络营销的区别

网络营销和网络推广，是这个行业中的两个名词。许多人认为，网络推广与网络营销是一回事，其实不然。它们是包含与被包含的关系，网络推广包含于网络营销当中。如果引用刚刚的定义来加以区分的话，网络营销属于策略层，网络推广属于战术层。

从字面含义来说，网络推广重在"推广"二字，强调的是方法和执行。只需要用各种方法，将产品信息发布出去，让更多的人看到这些信息，把任务量完成即可。其成功的关键是执行力，针对网络推广人员的考核，往往也是以量来考核的。比如，做论坛推广时，推广人员只需要将帖子发到指定论坛，保证发帖即完成任务。帖子发出后能不能带来销量，和发帖人员无关。

而网络营销则重在"营销"二字，强调的是策略和创意。比如事件营销，操作流程并不难，难的是事件本身能不能引发大众的关注和共鸣，而这个，则完全靠创意。并不是说执行力很强、很努力，就能成功。针对网络营销人员的考核，往往都是跟最终的业绩挂钩的，如销量、用户数等。

1.4.3 网站建设、网络营销、网络推广、SEO 之间的关系

除了网络营销与网络推广的区别外，还有许多人容易将网站建设、网络推广、网络营销、SEO这四者之间的关系搞混。有人认为，网站建设就是网络营销，或是想做网络营销，必须先学会建站。还有人认为，SEO就是网络营销，这都是错误的认知。下面说说它们之间的关系。

其实网站建设，不是一个专门的职位名称，它是一个统称，是一个网站从无到有的建设过程。一般在互联网公司里，建设网站的流程是这样的：

第一步是网站策划。通常是所有相关人员先开会，进行头脑风暴，大家充分释放自己的创意与想法，然后将网站的方向与主题大概定下来。

第二步是由产品设计人员开始设计产品。这里说的产品，就是指网站，包括网站整体的构架与功能等。

第三步是由技术开发人员进行开发。当设计人员完成网站设计后，就需要交给开发人员，由他们实现功能等。一般技术人员主要进行网站后台的开发。

第四步是设计页面。这个页面主要指前台页面，就是普通用户可以浏览到的页面，如网站首页、内容页等。通常页面由相关的频道编辑负责设计。

第五步是制作页面。当编辑人员设计好页面后，需要交给美编进行制作。

第六步是技术实现。当美编制作好页面后，还需要由技术人员进行一定的技术设置，实现页面里的功能、内容调用等。

经过这六步，一个完整的网站才能够热气腾腾地出锅，之后就是对网站进行运营维护、推广等。

由此可以看出，在正规的互联网公司中，网站建设不是由某一个人或某一个部门来完成的，而是需要多部门精诚合作才能够最终完成。而且，网站建设和网络营销、网络推广也没有太多的直接联系，网络营销推广都是在网站上线以后要进行的后期工作。

说了网站建设，再说说网络营销、网络推广、SEO三者之间的关系。SEO的中文名叫搜索引擎优化。由于搜索引擎的普及和发展，SEO越来越受欢迎，因为它的效果立竿见影，性价比颇高，而且这种方法适用性非常强，大部分行业和网站都适用，于是SEO大行其道。但是，随着SEO的火爆，很多人对其产生了一些错误的认识，很多对网络营销不太了解的人，只知道有SEO，不知道有网络营销，甚至以为SEO就是网络营销，网络营销就是SEO。

其实，SEO再好用，也只不过是网络推广方法中的一种。而网络推广方法有千千万，比SEO更有效的方法也不在少数。前面也提到过，网络推广和网络营销比，也是包含在其中的。所以，千万不要以点带面，掌握了一点SEO知识，就以为学到了网络营销的全部。本书的定位，就是以各种网络营销方法为主，后面的章节几乎全是方法，下面就让我们来一起学习这些方法吧。

第2章 推广的基本方法

网络推广，就是利用互联网进行宣传推广活动。被推广对象可以是企业、产品、政府以及个人等。随着互联网技术及应用的发展，互联网已逐步成为自成一体的营销平台。因此，网络推广也被称为网络营销，其功能包括电子商务、企业展示、企业公关、品牌推广、产品推广等方面。

本章重点

1.掌握微信推广及运营。

2.掌握微信的特点及方法。

3.掌握微信公众号的申请和建立。

4.掌握微信公众号的运营和推广。

5.了解排版技巧。

6.了解QQ个人版和QQ企业版的区别。

7.掌握QQ群的运营和推广。

8.掌握论坛推广。

9.掌握图片推广。

10.了解博客推广。

11.了解QQ表情推广。

12.掌握微博营销。

13.掌握新闻营销。

14.掌握软文营销

2.1 微信推广及运营

2.1.1 微信个人账户和公众号的注册须知与区别

①使用的方式不同。个人的微信基本上是在手机上操作，而公众微信是在电脑

11

上操作。

②圈子不同。个人微信基本上是熟人圈子,是你认识的人。而公众微信顾名思义,它的圈子定位在粉丝圈子,是个加强关系的圈子。当然,这个也是相对的,不是绝对的。

③功能不同。个人微信登录的时候自动导入手机通讯录,系统会向你推荐通讯录中谁开通了微信,而在公众微信里没有这个功能。

④推广方式不同。由于功能不同,个人微信和公众微信的推广方式是完全不一样的。个人微信的推广大部分是通过介绍,也就是口碑来达成,或者用摇一摇和查找附近的人。而推广公众微信,需要利用自己手里的资源进行推广,包括线上的和线下的。

2.1.2 微信营销的特点

1)点对点精准营销

微信拥有庞大的用户群,借助移动终端、天然的社交和位置定位等优势,每个信息都是可以推送的,能够让每个个体都有机会接收到这个信息,继而帮助商家实现点对点精准化营销。

2)形式灵活多样

①漂流瓶。用户可以发布语音或者文字然后投入大海中,如果有其他用户"捞"到则可以展开对话。

②位置签名。商家可以利用"用户签名档"这个免费的广告位为自己做宣传,附近的微信用户就能看到商家的信息。

③二维码。用户可以通过扫描识别二维码身份来添加朋友、关注企业账号。企业则可以设定自己品牌的二维码,用折扣和优惠来吸引用户关注,开拓O2O的营销模式。

④开放平台。通过微信开放平台,应用开发者可以接入第三方应用,还可以将应用的LOGO放入微信附件栏,使用户可以方便地在会话中调用第三方应用进行内容选择与分享。

⑤公众平台。在微信公众平台上,每个人都可以用一个QQ号码,打造自己的微信公众账号,并在微信平台上实现和特定群体的文字、图片、语音的全方位沟通和互动。

3)强关系的机遇

微信的点对点产品形态注定了其能够通过互动的形式将普通关系发展成强关系,从而产生更大的价值。通过互动的形式与用户建立联系,互动就是聊天,可以解答疑惑,可以讲故事甚至可以"卖萌",用一切形式让企业与消费者形成朋友的关系,你不会相信陌生人,但是会信任你的"朋友"。

2.1.3 微信查找目标群体

①通过结合中小企业自身的行业属性,在QQ群中进行关键词检索,能更好地找到精准属性的潜在用户群。同时,QQ账号与微信的打通,大大增加了用户转化的便捷度。通过QQ邮件、好友邀请等方式,都能批量实现QQ用户的导入。通过小规模试

验，证明具有一定的可行性和回报率。

②微博群、行业网站和论坛用户导入这些平台上的都是同样属性的用户群体，他们大多具有同样的爱好，对于行业产品及服务都具有同样相对强烈的兴趣和需求。通过对相应企业公众账号的推广，能获得一定比例有效用户的转化，也许数量有限，但用户忠诚度往往更高。

③结合传统介质和载体的推广宣传。通过宣传单、海报、产品包装、名片等形式，可以将公众账号二维码进行很好的展示及传播。特别是针对具有线下店面的企业和商家，能更好地吸引用户实现重复购买。通过公众账号的客户关怀及服务、特惠推广等形式，将一般用户转化为忠诚用户。

2.1.4　微信群推广方法

1）内容运营

针对群的定位每天发布固定内容1~5条，以微信打折购物群为例：每天发布3条，内容以特价商品为主。

2）微信群活动运营

每天可找热点话题讨论，比如"一句话证明你有假期综合征"，利用语音回复，将收集到的内容进行整理编辑，进行二次播放。可定期开展讲笑话、猜谜语、智力问答等小游戏。可配合官方活动同步开展微信活动，例如，"一站到底"节目组的线上报名活动，多平台同时进行问答竞赛，积分最高的人可以到现场参加活动。

3）微信群会员运营

①积极与群内活跃成员沟通，使其帮你一起发布内容，带动其他会员参与。

②设立类似版主的职位，让其在你不在的情况下帮忙维持区内秩序。

4）微信群矩阵

建立多个微信群和公共账号，互相推广，使粉丝利用最大化。

5）微信群三大杀手

①"表情帝"。滥发表情，随便占用别人时间，是QQ群的陋习。

②"闲聊妹"。两个人的话长篇大论拿到群里来说，对其他成员会造成极大的骚扰。

③"班门哥"。觉得东西好了，就马上转发，相信出发点是好的，但其实可能是别人已经看过很多遍的，有班门弄斧的嫌疑。不是一定不可以，但要慎之又慎！

6）三点可以最大限度实现价值

①某几位核心讲专业或主题以供大家学习。

②大家就一个共同感兴趣的话题展开讨论。

③集体参与某一个商业活动。

2.1.5　微信的推广方法

1）通过微信公共账号向微信群导入

因为微信公共账号目前比较火爆，建立一个与微信群主题相关的公共账号，名字起得吸引人点,每天就会有不少人关注公共账号。公共平台每天需要一定的时间进行内容维护和推送,在推送的内容中添加微信群的信息,这样就会有一定量的人主动扫二维码或添加群主微信好友申请进群。在公共账号每天推送的内容中最后加上微信群的信息。

2)多平台推广

微博推广:可在微群、微吧的相应版块发布对应的文章后加上二维码。不可直接发布二维码,很容易被删,一定要有实质内容。

3)通过腾讯邮箱群发邮件的方式添加好友,并邀请入群

目前,腾讯邮箱有一个功能,可以在给同为腾讯邮箱的用户发送完邮件后,邀请其成为微信好友。通过此办法,可以先在QQ群找到你需要的精准人群,然后批量给这些QQ用户发邮件,并邀请其成为微信好友,然后拉进微信群中(此方法也适用于微信公共账号)。经测试,群发邮件一次最多只能发送5封,每天500封封顶。此方法可以找到比较精准的人群,效果比较明显。

4)利用自身朋友圈资源进行推广

利用自身朋友圈资源进行推广,让好友帮助进行宣传拉人。

5)广告合作

通过互换广告位的方式,在其他网站发布群二维码进行推广。

运营经验分享:

①微信群名称所有群成员都可以修改,所以,需要每天进行查看是否被修改。

②遇到不是在聊群主题的用户,可以进行私聊引导,以免骚扰到其他用户,导致退群。

③手机管理微信群操作不便,可利用微信网页版对群进行管理。

通过群发邮件添加好友的方法:发送50个邮箱以后建议换号发布,以免出现对方收不到邀请信息的现象。群建立初期,不宜每天一次性发布大量内容,可选适当时间发布几条,以免成员退群。积极与群内活跃成员沟通,使其帮你一起发布内容,带动其他会员参与。

2.1.6　微信定位及设置

①无论如何,粉丝量是基础,技巧再花哨,没有粉丝,一切都是白搭。微信朋友圈不是微博,自带传播属性,微信采用相对封闭的信息流传递方式,无法影响到你和粉丝关系链条之外的人,所以,自有粉丝量的多少,是决定最终传播效果的第一要素。

②要看粉丝的质量情况,微博可以买僵尸粉来充门面,而微信不一样,见过面的超过90%,是两种截然相反的用户组成。微信朋友圈粉丝的关注质量,决定了你内容的传播力度和传播效果。

③要有良好传播基础的话题,一条你想讨论的信息,如何引起足够的关注、足够的参与、足够的互动,一靠话题本身,二靠用户质量。好的用户质量,会把你的问题回答得有声有色。本来60分的一个问题,经过几个朋友圈里达人的关键点评,可以提升到80分,直接拉高整个话题的讨论水平。从微信的特点看,它重新定义了品牌与用

户之间的交流方式。如果将微博看作品牌的广播台，微信则为品牌开通了"电话式"服务。微信朋友圈是微信推广中不可欠缺的一部分，如何做好微信朋友圈推广呢？首先微信营销平台需要给自己明确定位。

第一步：做好精准定位。

微信朋友圈是用来做什么的，这点必须首先明确。无论你是要建立个人品牌，还是利用朋友圈销售产品，或者营销服务，明确要做什么是很关键的，想好了做什么，咱们就开始第一步：设计一个有个性的名称。

在一开始，就要定位好你的微信名称。实名是最好的，让人能很快产生信任感。如果不是实名，那最好也是能反映你个性的，或者是你用了很长时间的网名。只要一定下来，就不要随意去更换。这本来就是个人品牌的一部分，让人觉得你可信，不善变。这样的人，才值得交朋友。

如果你经常将名字换来换去，今天叫欧阳锋，明天又叫江南七怪，那你到底是谁？就如同你经常换电话号码，你觉得你可信吗？另外，当有时候你看到这样的微信名称：××代购、××包包，你会不会加他为好友？有可能你看到她的头像很诱惑，所以就加了。人家的目的是销售产品给你，大家抱着不一样的目的，你觉得这样的名称有用吗？换个角度思考一下，如果是你，你会不会加这样的微信好友？除非你对产品特别有需求。

关于名称定位，从一开始就按照打造自己个人品牌的思路去定位。

第二步：给自己选个吸引人的头像。

可以使用自己的照片，或者积极向上的图文，以及与产品相关的图文，主要是有特性，能够表达你的思想。

第三步：设置好微信朋友圈，还有一个小细节是应该注意的，这就是背景墙。

思路是：无销售式营销。今天，哪怕我的背景墙就只是一幅山水画，只要你觉得我可信，你需要我的东西，你一定会找到我的。但是我今天如果不信任你，甚至觉得你就是有意营销我，哪怕你的背景墙放了再多的联系方式和广告，我就是不打电话联系你。

将背景墙做成广告牌确实也有效果，增加了一次品牌曝光机会。但是我们应该尽量弱化广告，而应展现一个活生生的、有血有肉的人。他来关注你，看的不是你的背景墙，而是这个微信号背后的人的可信度有多高。

第四步：做好内容定位。设计好了名称、头像和背景墙，接下来就要发布内容了。

关于内容要注意以下几点：不发消极的、关于宗教政治的、低俗的等触碰红线的东西。另外，不发抱怨的、心灵鸡汤类的、成功学类的。我们是通过这个微信号分享的内容，来判断这个账号背后的人。他究竟是积极向上的，还是整天抱怨的；是充满正能量的，还是消极低俗的。不发成功学和心灵鸡汤，是因为这些东西自己吸收就行，并不一定你觉得好的，别人就需要。大家希望看到一个活生生的、有血有肉的、可信的人。

定位好了这些内容，包装好了自己之后，咱们还是回到原点：你需要通过这个账号做什么?是树立个人品牌,还是卖产品?树立个人品牌,你对自己的定位是什么?是行业专家,还是细分领域明星?

你树立的个人品牌,希望谁看到?看到你什么?咱们就是要通过这个账号告诉别人,你是谁,你是做什么的,你有哪些绝活,通过这个账号就全部展现了出来。有这方面需求的人,就能很快找到你。找到你后,他会去看你之前发布的内容,从而判断你究竟是什么样的人。

那如果是卖产品呢?除了高仿、假货、违禁产品这些不阳光的东西不能卖,其他的都能卖。微信营销,核心本质还是营销。只要是营销,任何产品都能做,只是换了个平台而已。

对于产品定位,要先想好自己有什么资源,可以卖什么,产品卖给谁。假如你卖面膜,那你的客户定位就是女性。如果再细分一些,是保养类,还是功效类,这些客户,他们上微信的习惯是什么?他们喜欢看到什么样的内容?只有定位好了产品,剩下的就是做文案、找客户、服务客户的过程了。

微信,只是给我们提供了一个与客户近距离接触的平台,让我们与客户交朋友,显得更快捷方便。每天去赞一下,评论一下客户所发布的朋友圈动态,总有一天他会觉得这个人还很关心他,久而久之就能形成成交。

所以,用微信和客户去真心交朋友,当品牌成功得到关注后,便可以进行到达率几乎为100%的对话,它维系的能力便远远超过了微博。此外,通过LBS、语音功能、实时对话等一系列多媒体功能,品牌可以为用户提供更加丰富的服务,制定更明确的营销策略。基于这种功能,微信已经远远超越了其最初设计的语音通信属性,其平台化的商业价值显然更值得期待。

2.1.7 公众号申请及建设

微信公众账号的创建及流程:微信公众平台是腾讯公司在微信的基础上新增的功能模块。通过这一平台,个人和企业都可以打造一个微信的公众号,并实现和特定群体的文字、图片、语音的全方位沟通、互动。

方法/步骤:

1)有QQ号才能进行注册

点击注册:请使用未与微信号绑定的QQ登录本平台,已完成注册,此QQ将与你的公众号绑定。申请流程如图2.1所示。

2)填写账户信息

公共账号名称:中文名称是可以重复的,不用担心有人抢注了你的微信公众号。

微信号:可以更改,但是更改是一次性的,更改后不能再变。

申请认证:平台规定订阅用户至少500位,才可以申请认证。

地区:选择地区信息。

微信用户信息:早期的版本为个性签名,即别人可以在微信信息中看到你的用户说明信息,是一种很好的宣传方式(少于140个字)。

更换头像:更换后的头像会显示在二维码中。

图 2.1

二维码：点击可下载。

3）素材管理

管理是微信公众平台中的一个大分类，主要是给群发消息，上传图片、语音和视频，并对这些上传的内容在消息素材的图文消息中进行进一步的编辑。编辑的消息包括标题、封面、正文，在编辑完成后可以通过发送预览这个功能，预览发送给好友的微信，查看最终的效果。如果效果不好，还可以对其进行修改。对于封面图片的尺寸大小，建议采用640×360，采用这种尺寸的展示效果比较好。

4）用户管理

用户管理这个模块中，可以给关注微信的用户进行分组，默认的分组有：未分组、黑名单、星标组。同时，还可以通过新建分组按钮来添加新的分组。这个模块为用户提供了查找功能，这些功能在关注用户很多的时候用起来很方便。

5）群发消息

在群发消息的这个模块中，主要有两个功能：一是新建群发消息，二是查看已发送的消息。在新建群发消息中可以选择发送对象，这里发送对象就是前面说到的用户管理中的分组信息，选择发送对象的性别、群发的地区。当你选定好群发消息的范围后，就要对发送的内容进行编辑。如果是文字信息，可以直接编辑；语音、图片、视频则需要在素材管理模块中进行上传；点击录音选项，可以开始录制语音；图文消息选择则是在素材管理中选择编辑好的文件，点击群发消息就可进行发送。

6）回复设置

在设置选项中有一个回复设置选项，其中包括被添加自动回复、用户消息回复、自定义回复，其具体含义如下：被添加自动回复，当您被用户关注后，自动发给用户的内容；用户消息回复，用户给账号发送消息，无法及时回复时自动回复的内容；自定义回复，用户给公共微信发送特定的关键词时，系统按照关键词自动回复的内容。

7）公众号助手

公众号助手也是设置模块中的一个选项，公众号助手是将你的公共账号绑定一个私人微信账号,在私人微信账号上通过公共账号助手发送的消息将被视为此公众号向所有粉丝群发的消息。

2.1.8　微信公众号的运营和推广

1) 熟悉微信公众号

第一阶段,你应该对微信公众号的申请注册、自动回复、自定义菜单栏、素材管理、消息群发和公众号设置这6个功能模块非常了解。

下面10个问题是初学者必须知道的:

①如何注册微信公众号?

②订阅号和服务号有什么区别?

③公众号名称简介等内容的设置(尤其是公众号名称设定后就不能更改)。

④如何设置关键词回复?

⑤如何设置首次关注回复?

⑥如何设置菜单栏?

⑦如何群发消息?

⑧如何创建多图文消息?

⑨如何添加素材(图片、文字、链接等)?

⑩公众号有哪些统计功能(比如用户、浏览量、关注等)?

2) 了解排版技巧

在熟悉微信公众号的基本功能后,就需要了解微信的排版技巧了,这也是所有新媒体初学者比较头疼的,因为微信自带的编辑器很一般。对于微信公众号内容的排版,我们需要借助两个工具:WORD和微信编辑器。

WORD很好理解,一般是建议新媒体运营者先把素材内容写在WORD上,这样就可以有一个备份,而且便于随时修改。因为微信后台经常有BUG,内容稍有不慎就没保存好。而且,了解公众号排版之后,其实完全可以不用编辑器,全部用WORD搞定。

微信编辑器,其实也就是一个网页编辑器,只不过上面有各种样式编排提供,并且可以直接在上面进行排版操作。目前,比较好的微信编辑器首推135编辑器和秀米编辑器。但是很多人把微信编辑器当作神器,喜欢堆叠各种格式的内容,以为这样就很好看,殊不知,这样看着五颜六色、杂乱不堪。最好看的常常是简单、自然、大方的排版。

关于微信排版,建议初学者,除了文章开头和文章的末尾的微信介绍内容,套用编辑器的固有格式外,其余的部分全部手动编辑。一般的内容编排,有如下技巧:

①文字内容较多的图文,建议2~4行作为一段,这样整体阅读起来层次分明,不会很累。

②文字内容较少的图文,建议一个标点为一行,并且居中,就像公众号大望路日常的图文一样,这样看着简洁清晰。

③如果文字内容较多,建议文本全部左右对齐。注意,微信自带的编辑器无法左

右对齐, 可以利用微信编辑器进行操作。

④从字体舒适度来说, 微软雅黑优于宋体。

⑤从字体大小来说, 15号字体最佳。

⑥从阅读舒适性来说, 中灰比黑色更适合阅读。

⑦从行距来说, 如果是大段性文字, 行间距以1.75倍较合适, 如果内容较少, 尤其是居中性的文字, 行间距以2.0倍更合适。

微信图文的编排, 其实就可以当作WORD一样在微信编辑器的文本框里面编辑, 这样也更容易, 不要总想着借助一些布局样式。

前面两部分更多是一些入门的过程, 只是刚把脚踩进微信运营的大门, 下面的几个部分才是决定微信运营水平的指标。

3) 栏目建设

从微信运营的角度来说, 比较遵循营销管理和传统的人群, 讲究的是微信内容应该切合定位、栏目突出、内容交错。

无论是运营个人号还是企业的微信, 都需要定位很明确。不要总想着发鸡汤、段子、天气和八卦, 应该结合产品的特色或者自己的优势、技能、知识点, 去确定产品明确的定位, 否则后面的栏目建设和内容宣传多半会没有头绪。举个例子, 如果产品是与校园社交相关的, 那么微信的定位应该是校园交友。围绕这个定位, 微信公众号涉及的内容就是校园相关的新鲜事 (大学排名、专业分析、考试资料、大学趣闻、考试技巧等) 以及交友相关的内容 (八分钟约会、校花推荐、聊天技巧、扑倒女神攻略等), 每天围绕这些内容来选择素材就会得心应手。如果只是有一个单纯的定位, 实际运营起来, 内容也会很杂乱, 这时候就得讲究栏目建设。你的微信其实就和电视台一样, 粉丝就是观众, 你也应该建设一些好玩的栏目去迎合观众。栏目的建设重在独特新奇和可持续性。一方面, 你的栏目要和你的定位高度相关; 另一方面, 栏目不能太俗套, 但是又必须有持续性, 不然很难找到合适的内容。

栏目建设包括5个部分: 常规性栏目、不定时栏目、栏目选材内容、栏目发布时间、栏目频率, 适合初级阶段的人员套用。

4) 运营推广

运营推广, 可以分成内功和外功两个阶段。

(1) 内功

内功偏运营, 主要指善于模仿、品牌形象、优质内容和良好互动4个方面。

①善于模仿。不知道怎么做的时候最好模仿。可以多关注并了解一些运营得比较出色的微信公众号以及竞争对手的微信公众号。所有新媒体运营者, 应该是非常活跃、关注面非常广的群体。不要只局限在自己的小圈子里面, 多了解一些好的微信公众号, 看看他们怎么运营的。做新媒体运营就应该多看多想。

②品牌形象。提到通过新媒体打造企业品牌形象, 想必很多都会想到杜蕾斯的官方微博。就公众号来说, 品牌形象展现的途径有两个方面: 一方面是运营的内容; 另一方面是运营人员的风格。前者是通过内容传递一种特色, 后者是通过运营者个人传递一种品牌, 只不过后者对于个人色彩要求比较高, 需要比较激烈的人群, 比

如老罗、凤姐。

③优质内容。如何传播和增加粉丝,最多的劝告还是好好做内容,其他手法都不是保险的,最后用户的留存、活跃及传播还是得看内容。内容又分成了两部分,一部分是要提供优质的内容,你的目标人群有什么特别,对什么感兴趣,哪些内容对他们有帮助,运营者应该去考虑这些问题。第二方面就是如何编排好的内容?一是表现在人物的相关性,即你的内容选取的对象应该是粉丝熟悉的群体。二是内容的相关性。内容应该是贴近粉丝生活的,而不应该是随便找的各种鸡汤、段子和八卦。

④良好互动。粉丝是活的不是死的,要让他们产生体验的满足感。互动的形式最常见的就是后台互动、评论回复、搭建微社区,深入一点的就是对外的互动传播,比如:投票后可以参加抽奖,邀请好友体验可以获得某个福利等。整个微信其实就是一个相对封闭的社区,要让你的用户玩得很开心,他们才会热衷于推荐你。

(2)外功

外功主要就是推广方法,目前推广的方法很多,主要有以下几种:

①硬推。硬推其实很简单,就是邀请周围的人关注你,求爷爷告奶奶,不过对于初期是必不可少的一个环节,要放得下脸皮。

②增加搜索权重。增加百度的搜索权重,例如,回答百度知道、知乎、百度文库、豆瓣等的各种问题或者发布相关的文章,如"有什么校园类的微信推荐""2014年中国十大热门微信公众号""2015年最受欢迎的微信公众号推荐"等。另外,就是收录一些微信公众号推荐的平台。

③抽奖活动。活动的效果目前性价比已经较低了。这样的活动对用户来说参与感很低,因为用户知道获奖的概率不高。

④红包法。红包法听名字就知道什么意思,靠红包来吸引用户,比较知名的案例有海丁微名片、快红包。一种是通过微信自带的支付接口和红包接口来发红包,单个用户红包金额也不用很高,0.1~2元不等,普通用户群体都会很乐意,尤其是学生。如果无法实现接口,可以通过支付宝红包,每天定时通过公众号发支付宝红包图片。

⑤图片分享法则。图片分享方式其实是参照微商,对于微信的关注,最快的还是直接扫二维码。这种方法一般是做一张宣传图,也不用很精美,里面说到一个利益点(如关注领话费、明信片、流量),然后带上微信名称和二维码,在朋友圈多分享这张图片,效果也不错,参考案例为美推。

⑥资源分享。这个目前是比较火的,不过可能受到腾讯打击,也就是朋友圈经常传的PPT模板免费领取、简历模板免费领取、3 000本小说免费下载等,参考案例玩转大学,其实资源整合的都可以算。

⑦投票抽奖。投票抽奖有的效果做得好,有的效果做得不好,核心在于候选人是否愿意和有动力去拉票。一般文艺青年、白领都放不下面子去拉票,但是那些赋闲在家的年轻妈妈、三四线城市的青年男女,拉票动力则是杠杠的,他们才是核心增粉群体。

⑧积攒奖励型H5。积攒奖励型H5是去年开始特别火的一种推广方式,核心在于用户需要号召一部分好友帮他完成任务,这样他才能获得奖品,这样也带动了二次

传播。有个小诀窍就是：比如这个H5需要10个人支持，当你在页面上提示关注微信可以免费获得5个支持，这样就能够隐晦地强制用户关注。

⑨账号互推。能够有大号互推是很幸福的，但是没有大号互推也不用烦恼，你可以自己联系一些和自己粉丝接近的账号互推。当然，联系一些大号也不是特别困难的，尤其是一些公司账号，因为大家都有KPI。

⑩外部引流。外部引流主要就是靠其他自媒体平台引流，如百度百家、今日头条、搜狐自媒体平台等。将自己的微信内容发布到这些平台，也可以增加一部分流量。

2.2 QQ营销 🔍

2.2.1 QQ个人版和企业版的区别

①企业QQ完全是商业化的产品，个人普通QQ是以娱乐与沟通为一体的产品。

②企业QQ能群发消息，一对一发到客户的QQ上去，普通QQ的群发功能是把消息发到群里面。企业QQ是去掉群功能的，群功能是娱乐功能的一部分。

③企业QQ好友上限为10万，普通QQ为500，QQ会员为1 000。

④企业QQ在腾讯2010SP版本会直接被添加到企业好友分组里，并且此分组不可被删除和修改。

⑤企业QQ支持多人同时在线，对外还是一个号码。

⑥企业QQ没有QQ空间，只有相应的企业空间，更加简洁。

⑦企业QQ没有相对应的邮箱。

⑧企业QQ除了在企业查找里能找到外，还可以在普通QQ用户被找到。

⑨企业QQ没有密码保护，但由于是在经销商处购买，关联了企业信息，可随时通过代理商的帮助取回密码。

⑩企业QQ所有的聊天记录都是保存在线上的，普通QQ只能部分漫游。

2.2.2 QQ推广的特点和目标群体

QQ适合什么样的推广？虽然QQ推广的适用性高，但是，针对不同的企业与产品，效果肯定会不一样。在哪些情况下，效果会达到更佳呢？

1）推广的目标群体

（1）针对特定人群推广

对于受众人群集中，并且喜欢在QQ群中交流的人群，使用QQ推广是一个非常不错的选择。比如，像地方性网站、行业性网站，这类网站的目标用户特别喜欢在QQ群中讨论和交流。再如减肥、时尚、IT、汽车等产品，也非常适合QQ推广，因为这类产品的用户也非常热衷于QQ群。

（2）针对固定人群推广

有些产品头疼的不是推广，而是如何增加用户的回访率、转化率。比如，一些黏性较低的网站，用户可能几个月才登录一次，而时间一长，就会把该网站淡忘。在这种情况下，就可以通过QQ群来提高黏性。先建立网站官方QQ群，然后将用户都引导进群里面。这样即使用户1年不登录网站也没关系，因为我们已经将他们牢牢地抓在了手里。只要他们看到群，就会加深对网站的印象。当网站有活动或新信息时，可以通过群来引导用户参与。

（3）低流量指标推广

对于网站推广，流量是考核推广人员的重要指标之一。但是大家注意，如果网站流量指标很高，那并不适合用QQ推广。因为QQ推广很难带来大量的流量，它更适合于一些低流量指标的推广。如企业网站对于流量的要求非常低，随便在几个群中推广，就能达到指标要求。

（4）推广有针对性的项目

对于一些简单、明确、针对性强的产品和项目，非常适合于QQ推广，如一篇文章、一个专题、网络投票、线下活动聚会等。

（5）对现有用户进行维护

如何维护好现有用户？如何提高用户的满意度？这些都是营销人员头疼的问题。而通过QQ维护用户效果非常好。比如，建立官方QQ群，通过群来指导用户使用产品，通过群与用户加强联络、增进感情等。

（6）对潜在用户的深入挖掘

做营销与销售的都知道，衡量一名销售人员是否优秀，不是看他开发了多少新用户，而是他让多少新用户变成了老用户，让多少老用户重复消费。对于网络营销来说，挖掘老用户最好的工具之一就是QQ。

在人际交往过程中，个人形象非常重要，特别是进行商业活动时，给客户的第一印象尤其关键，甚至会直接影响项目的成败。如果我们给客户的第一印象是成熟稳重、举止大方、谈吐生风、浑身透着亲和力，那合作会顺风顺水。但是，如果我们蓬头垢面、穿着短裤、趿着拖鞋去见客户，那可能保安连门都不让进。在互联网中，在看不到对方庐山真面目的情况下，如何留下好印象呢？答案就是QQ资料设置。

前面说过，QQ已经发展成为网络必备工具之一，人们在互联网上的直接接触，往往都是先从QQ开始，所以，我们的QQ形象就相当于我们现实中的个人形象，好的QQ形象会让我们事半功倍。因为它不仅仅是我们在网络上的形象展示，更会对别人造成心理暗示。

2）QQ推广的特点

（1）高适用性

作为中国最大的社交软件，QQ的注册用户早已突破10亿，QQ已经成为网民的必备工具之一，上网没有QQ，就如同现实中没有手机一样稀奇。从营销推广的角度说，对于用户覆盖率如此大、用户如此集中的平台，是必须好好研究并加以利用的。

（2）精准有针对性

QQ的特点是一对一交流及圈子内小范围交流，这种交流方式可以让我们对用户进行更加精准、更加有针对性的推广，甚至我们可以根据每个用户不同的特点进行一对一沟通。这种特点，是其他方式所不具备的。

（3）易于操作

与其他营销推广方法的专业性和繁杂程度相比，QQ推广真的非常简单，只要你会打字、聊天，就可以成为一名QQ推广高手。

（4）近乎零成本

QQ推广实施非常简单，准备一台可以上网的电脑，再申请一个免费的QQ就可以马上操作。申请QQ会员，都已经算是大投入了。和其他动辄几十上百万的营销项目比，几乎是零成本。

（5）持续性

由于QQ推广第一步是先与用户建立好友关系，因此，我们可以对用户进行长期、持续性的推广。这个优势，是其他营销推广方式所不具备的。比如网络广告，我们根本不可能知道是谁看了广告、他是男是女、叫什么名字，以及看完后有何感受，不能在第一时间获得反应。而在QQ上，我们明确地知道用户是谁，可以第一时间获得反馈。

（6）高效率

由于QQ推广的精准性与持续性，使得它最终的转化率要高于一般网络推广方法，为我们节省了大量的时间与精力，提高了工作的效率。

2.3　论坛推广 🔍

2.3.1　什么是论坛推广

论坛推广就是"利用论坛这种网络交流的平台，通过文字、图片、视频等方式发布企业的产品和服务的信息，从而让目标客户更加深刻地了解企业的产品和服务，最终达到宣传企业的品牌、加深市场认知度的网络营销活动"。同时，可以帮助企业培育客户忠诚度，及时、有效地进行双向信息沟通，这就是论坛推广。

论坛推广是互联网诞生之初就存在的形式，历经多年洗礼，论坛作为一种网络平台，不仅没有消失，反而越来越焕发出它巨大的活力。其实，人们早就开始利用论坛进行各种各样的企业营销活动，在论坛刚刚成为新鲜媒体出现时，就有企业在论坛里发布产品的一些信息了，其实这也是论坛推广的一种方法。

论坛推广可以成为支持整个网站推广的主要渠道，尤其是在网站刚开始的时候，是个很好的推广方法。论坛推广是以论坛为媒介，参与论坛讨论，建立自己的知名度和权威度，并顺带着推广一下自己的产品或服务。运用得好的话，论坛推广可以是非常有效果的网络营销手段。

论坛推广的主旨，无疑是讨论营销之道，论坛推广应在多样化的基础上，逐渐培养和形成自己的主流文化或文风。比如，设一些专栏，聘请或培养自己的专栏作家和专栏评论家，就网友广泛关心的话题发言。不是为了说服别人或强行灌输什么，而是引导论坛逐渐形成自己的主流风格。海纳百川，有容乃大，包容多样化的观点，多样化的文风。

2.3.2 论坛推广的业务流程

1) 论坛推广优势

①利用论坛的超高人气，可以有效为企业提供营销传播服务。由于论坛话题的开放性，企业几乎所有的营销诉求都可以通过论坛传播得到有效的实现。

②专业的论坛帖子策划、撰写、发放、监测、汇报流程，在论坛空间提供高效传播，包括各种置顶帖、普通帖、连环帖、论战帖、多图帖、视频帖等。

③论坛活动具有强大的聚众能力。

④事件炒作通过炮制网民感兴趣的活动，将客户的品牌、产品、活动内容植入传播内容，并展开持续的传播效应，引发新闻事件，导致传播的连锁反应。

⑤运用搜索引擎内容编辑技术，不仅能使内容在论坛上有好的表现，在主流搜索引擎上也能够快速找到发布的帖子。

⑥适用于商业企业的论坛推广分析，对长期网络投资项目组合应用，精确地预估未来企业投资回报率以及资本价值。

⑦年轻背景。可以把自己的账号背景设置成80后、90后，这类人群比较受人欢迎，而且喜欢逛这些网站的基本上也是80后和90后，比较容易有共同话题。

⑧主动出击，在自己的帖子或者转帖的时候添加自己的链接地址，让更多人看到你的帖子主动加你，这样的话就不愁没有好友了。

2) 论坛推广的成功捷径

(1) 先要找准企业网站的目标论坛

论坛发帖不是哪个论坛都可以的，网络推广编辑提醒站长们选择论坛注意，论坛一定是集中了大量的企业潜在客户，人气也相对比较旺，具备个人签名功能，提供链接功能，并且发帖后能够作修改的论坛，这几点非常重要，关系到论坛推广的成功与否。

(2) 选择的帖子内容要存在争议性

站长们发帖要注意选择内容要具备争议性，一面倒的帖子，不会让帖子受众产生回复和点击的兴趣。只有话题有争议、有看点、有热点，才会引发关注和点击。资深网络推广编辑也特别提醒站长们，注意不要一味地为了争议而争议，要与自己的产品和网站相关，不然再热的话题不能给网站增加半点流量也是枉然。

(3) 从他人的热帖中为自己的帖子借力

想要自己的帖子很快赢得大量关注，并不是一件容易的事情，这里特别建议站长们可以在论坛中，寻找一些回帖率很高的帖子，再拿到其他论坛进行转帖，并在帖子末尾加上自己的签名进行宣传或加上自己的广告进行宣传。其中的效果也是非常不错的。

(4) 帖子内容分开发，别一帖了事

在这个浮躁的社会是没有太多人有多少耐性去看一个长长的帖子的，无论帖子内容多么有吸引力，都很难会有人耐下心去看一个长长的帖子。所以，站长们要学会把帖子进行拆解，把一个帖子的内容分成多个帖子，以跟帖的形式发，并且不要一次发完，分多次发，这样不仅让人们心存期待，同时也会为帖子增加人气。

2.3.3 论坛推广重点

1）口碑

论坛的核心是人，所以，口碑是最有效的，也是最佳的推广方式。换句话说，即使论坛本身不推广，但是如果论坛足够吸引人，用户之间就会自发地开始进行口碑相传。所以，论坛的运营和推广过程中应该注意口碑的建设，一切围绕口碑进行，用论坛中的人去吸引人。那么，好的口碑从何而来呢？口碑主要是通过论坛的服务、内容或者是资源而来的，特别是树立论坛的文化氛围尤其重要。好的论坛一定要有自己的社区文化，树立论坛英雄，抓住意见领袖。

2）SEO

SEO是常规的推广方法，这里不再赘述。做论坛都是选用现成的论坛程序，而这些程序本身已经优化了。所以，我们重点要做的是设置好论坛关键字，然后多换优势链接，提升论坛整体权重。

3）软文

对于行业论坛、专业性比较强的论坛，软文也是非常不错的选择。

4）资源推广

对于下载需求比较大的用户群体，使用资源推广是非常好的手段，比如制作电子书、软件、资源汇总等。早期的一些手机论坛基本上都是靠刷机包、手机软件下载等发展起来的。

5）病毒营销

论坛比较适合做病毒营销，比较简单的方案是邀请注册。比如，老会员每邀请一个新会员注册，赠送100个论坛金币，或者是赠送Q币等。虽然这种方法很简单，但是非常有效。

6）其他

除了以上几种方法外，如百度知道、论坛推广等也比较适合。关键是要结合目标群体的特点和自身的情况，只要方法适合，都可以使用。

2.4 图片推广 🔍

2.4.1 什么是图片推广

将企业的产品、服务等信息以图片的形式进行包装，然后通过各种互联网平台传递到用户手中，以达到宣传推广目的的活动，就叫图片推广。这种推广方式源于传统的图片广告，如车身广告、路牌广告等。但是传统的方式形式单一，广告意图太明显，投资大，效果差。而互联网的出现，却让图片广告焕发了青春，拥有了更多的表现形式，而且也让其广告味越来越淡，使之更容易让用户接受。

2.4.2　图片推广的特点

1）成本低

图片的制作非常简单，无须掌握太高深的技术，也不需要额外的投资，一个没有电脑基础的人，经过简单的培训，也可以做出精美的图片，所以它的制作成本非常低廉。

2）应用广

不管是什么样的网络平台，都离不开图片。比如，我们看文章时，一定是更喜欢看图文内容，尤其是在以互动为主的平台（如QQ、MSN、论坛、SNS、微博等），大家特别喜欢用图片进行交流和沟通。一张好的图片会被反复传播，成为经典。

3）传播快，范围广

由于网络用户遇到好的图片都喜欢和别人分享，因此，在有好素材的前提下，图片推广的传播速度是非常恐怖的，而且覆盖的范围也非常广。

4）记忆深刻

由于图片本身就具有较强的感性认知，具有丰富的冲击力，因此，好的图片会给用户留下非常深刻的印象，久久难忘。特别是那些经典的图片，还会被长时间地传播，经久不衰。

2.4.3　图片推广的形式

图片表现形式非常丰富，但是总结下来，常用的推广形式，或者说应用比较成熟的方法，也就是几种。

1）图片水印

这是最基本的图片推广方法之一，操作很简单，在图片上加上自己的水印即可。比如，经常逛论坛的朋友，一定不会对猫扑这个网站陌生，因为很多论坛的图片上都有猫扑的水印。如果企业制作大量带水印的图片在网络上传播，会收到非常好的宣传效果，特别是对于一些图片比较多，或者是以图片为主的网站，这是非常好的推广方式。注意水印应该制作精美、醒目，这样才能引起别人的关注。同时，水印放置的位置要以不影响图片整体效果为宜，否则容易引起用户的反感。

2）搞笑、搞怪型

轻松幽默的图片是最受用户欢迎的，也是用户最爱传播的图片类型。比如，QQ群中经常被分享的图片，大多以此类为主。如果我们能够将图片做得足够搞笑，能够触动用户的笑神经，将会被用户广泛传播。在这方面最典型的成熟案例就是"百变小胖"，仅仅靠一张照片，就红透了互联网，而且红到了现在。

3）故事漫画型

我们小时候基本上都是从看图识字开始的启蒙教育，然后又从看图写话开始学习作文。连环画、漫画是我们小时候的最爱，甚至很多人成年以后还对它们情有独钟。可以说，从骨子里我们就喜欢这种以图为主的内容，做图片推广时，也可以考虑融入这种形式，将图片用故事漫画的形式表现出来。比如著名的"非常真人"，就是利用这种方式成名的。他们用真人照片加旁白的方式，制作了许多真人漫画在网上传播，由于这些漫画形式新颖,内容搞笑,因此获得了巨大的成功。

4)表情型

随着QQ、论坛等网络社交工具的发展,网友相互之间的交流形式也越来越丰富,已经不仅仅局限于文字了。比如表情,就是大家聊天时最常用的沟通形式之一。一个好的表情不仅能够恰当地表达出我们的心情,传递我们的思想,而且能够让枯燥的文字顿时变得生动起来。如果我们能将企业或是产品信息制作成丰富可爱的表情,则会取得非常好的宣传效果。实际上,很多企业已经在做这方面的尝试了,而且做得非常深入,甚至一些好的表情形象,已经发展成为产业链,如著名的炮炮兵、兔斯基等。

5)壁纸型

我们每天打开电脑,看得最多的一张图片就是电脑桌面,可以说对它是记忆深刻。而如果能让用户将我们的企业或是产品信息设置成桌面,一段时间后会让用户牢牢记住我们。而且,好的壁纸,也会被各种相关的网站及用户主动传播。在这方面,网络游戏公司和许多大型企业已经走在了前列。比如网络上每出现一款游戏,相关的壁纸一定大行其道。

6)企业LOGO

每家企业都有自己的形象LOGO,但是有没有人想过这个LOGO本身也可以作为素材来推广。如果大家经常用搜索引擎,则一定对Google和百度的LOGO不陌生。如果你足够细心,就会发现它们的LOGO在遇到重要节日或者事件时就会改变,而且每次都不一样。由于这些LOGO都制作得非常精美和有创意,因此本身就已经成为了一种推广素材,被网友广泛传播,甚至有人以搜集这些LOGO为乐趣。

2.4.4 图片推广的方法及流程

图片站的致命点在于搜索引擎无法很好地识别图片,一个站有大量的图片而缺少文本内容,跟一个空洞而没有内容的站没有多大区别。图片站的推广也不好做,而且图片很容易被盗版,费了大力气去推广不仅没有效果而且还给别人做了嫁衣。如何弥补这些缺陷,将图片站的推广做好,可以从以下几个方面去做:

1)写好图片描述

这里所说的图片描述不只是alt,alt当然是必不可少的,这是搜索引擎对图片直接的认识。如果条件允许,可以为每张图片写一段介绍,做成图文并茂的形式。图文并茂的形式是搜索引擎和浏览者都非常喜欢的,这样不仅丰富了内容,提高了用户体验,而且能够更多地获得搜索引擎的认可。

2)加一个博客功能

在网站一级目录下放一个博客程序,注意是放在一级目录下,不要做成二级博客。在博客里更新文章,可以写一些专业技术类的或者自己的一些体会认识什么的,将文章做描文本链接到网站的一些主页面,这样的好处是增加了网站的内容,同时可以优化内链。

3）利用博客推广

百度图片里的图片，有很大一部分来自博客，尤其是百度空间，网易博客次之。博文相册里的图片，能很好地收录，但博客相册用起来更方便，把相册名和图片名称写成关键词，被收录的几率非常大，而且排名会很好。当然前提要这个博客先被百度收录，所以要适当地写一些文章，博客地址提交给搜索引擎，并做一些推广。点图中圈点的地方，可以进入图片源网站，这里当然是进入百度空间，再在文章里写上宣传资料，引导浏览者进入目标网站。

4）加入图片空间站

有一些专做图片空间的网站也是不错的，如昵图网，收录也是很不错的，在图片上加上网址水印，很可能会被大量转载，从而带来流量。

5）QQ群推广

QQ群可是一个好东西，用户数量极大，可以推广的空间当然也大了。在群聊的时候，网友都喜欢使用一些有趣的图片，而且经常会从一个群转发到另一个群，这种传播速度是非常惊人的。可以将网站上的图片修改一下，做成适合QQ群传播的，再加上网址水印，往往会收到意想不到的效果。适合QQ群传播的图片，一般是比较搞笑的、恶搞的，或者一些很生动的表情，图片不能太大，因为很可能会因为网络问题而打不开。QQ群推广中的常见技巧如下：

①对于新加入的群，应该以"先建立感情，后推广"为主要原则。随着网络诈骗的出现，大家对互联网上的信息越来越谨慎。在群里，只有熟人发消息，大家才会放心地去打开。陌生人发的网址，几乎没有人会随便打开。所以，对于QQ群推广来说，应该本着"先建立感情，后推广"的原则。只有和大家熟悉了，甚至成为朋友了，大家才会接受你的信息。也只有这样，才不会被踢出群。

②QQ群的推广应该本着"具体到人"的原则。推广的目的是什么？是为了比谁每天发的群多吗？当然不是。推广是为了达到最终的效果！不管是追求流量，还是追求销售，最终一定是为了提升效果。所以，发了多少个群不重要，重要的是让多少群成员转换成我们的用户。

想提高一个群的转化率，蜻蜓点水式的乱发广告肯定是徒劳的，只有在一个群里长期奋战，保证信息传递给每一个人，影响到每一个人时，转化率才会体现出来。

③广告频率应该本着"少而精"的原则。为什么现在大家对电视广告意见很大？因为现在的电视节目，广告比正片时间还长，看一集45分钟的电视剧，能插播一个小时的广告。广告这东西，偶尔播播可以调节气氛，多了，大家就反感了。对于群也是一样，我们在群里推广时，即使在群主不删除我们的情况下，广告也不能太频繁，否则就像电视广告，会让用户反感。重复的内容最多一天发一次，关键是"少而精"。

④在聊天中植入广告。在群内发硬性广告的效果越来越差，软植入广告才是提升效果的良药。其实，平常群员聊天的时候，是推广的最佳时期。我们可以在聊天时，多多融入要推广的内容，这样大家才不会反感，反而会自然而然地接受你的信息。

⑤巧用群公告。群公告是群内最显眼、广告效果最好的位置。但是，群公告只有

管理员才可以操作,那些普通的群员有没有可能利用这块黄金宝地呢?方法肯定是有的。群公告除了能显示公告信息外,还可以显示群内的最新图片等,我们就可以利用这个机制来进行推广。方法很简单:先制作9个正方形的图片,在每个图片中输入一个广告文字,然后把这9张图片按顺序上传到群里。

⑥利用群的各种工具。除了聊天等基本功能外,QQ群还拥有群共享、群空间等各种辅助工具,合理地利用这些小功能,能够为你的推广锦上添花。比如,将新闻软文发到群空间,将宣传资料发到群共享等。

⑦强大的群邮件功能。QQ群自带群邮件功能,可以针对群内所有成员群发QQ邮件,这个功能非常强大,转化率也非常好。因为在发完邮件后,QQ会在右下角自动弹出邮件提醒消息,保证每个群内成员都能及时看到邮件内容。不过唯一遗憾的是,只有开启群邮件功能的群,才可以使用该服务,如果群管理员关闭了该功能,则无法使用,所以,如果有条件,还是多建立自己的群。自建群费时费力,而在别人的群又不能随便推广,有没有折中的办法呢?解决方案就是申请群管理员。如果我们能够成为其他群的管理员,不仅能够免费使用群内的所有资源,而且省去了建群、维护群等繁杂的事务,节省了大量的时间。想成为群管理员并不难,只要在群里表现活跃,和群主搞好关系,就可以达成心愿。

⑧QQ表情包推广。这个就需要一定的技术了,将图片整理,做成QQ表情包,发布到网上可自由下载,网上使用表情包的人非常多,这个要是被使用了那简直等于病毒式传播。

2.5 活动推广 Q

2.5.1 什么是活动推广

活动推广是指企业整合本身的资源,通过具有创意性的活动或事件,使之成为大众关心的话题。吸引媒体报道与消费者参与,进而达到提升企业形象,以及促进销售的目的。做活动推广的步骤如下:

①明确活动的意义以及要达到的目的。

②制定活动原则及策划的依据。

③明确活动方案,安排活动时间表、活动地点及流程。

④组织(部门)分工安排。

⑤媒介宣传方案。

⑥活动的现场执行和监控(客户调查问卷的回收)。

⑦费用预(结)算。

⑧活动总结与效果评估。

2.5.2 活动推广策划要点(品牌推广)

做品牌是一步步来的,质量、诚信、价格、服务到门。品牌因爱而生,品牌的核心

价值在于"科技与艺术"的相得益彰,如此,品牌就拥有了无限空间。品牌策划认为品牌推广营销策略主要有以下方法:

1)网络策略

网络营销的重要任务之一就是在互联网上建立并推广企业的品牌,知名企业的网下品牌可以在网上得以延伸,一般企业则可以通过互联网快速树立品牌形象,提升企业的整体形象。网络品牌建设是以企业网站建设为基础,通过一系列的推广措施,达到顾客和公众对企业的认知和认可的目的。在一定程度上说,网络品牌的价值甚至高于通过网络获得的直接收益。

2)网页策略

中小企业可以选择比较有优势的地址建立自己的网站,建立后应有专人进行维护,并注意宣传,这一点上节省了原来传统市场营销的很多广告费用,而且搜索引擎的大量使用会增强搜索率,一定程度上对于中小企业者来说比广告效果要好。网站作为企业品牌营销的重要平台,不仅只是企业产品和服务展示的"橱窗",更应该是企业获得用户反馈和建议的窗口。

3)产品策略

中小企业要使用网络营销,必须明确自己的产品或者服务项目,明确哪些是网络消费者选择的产品,选择目标群体。因为产品网络销售的费用远低于其他销售渠道销售的费用,所以,中小企业如果产品选择得当,可以通过网络营销获得更大的利润。

4)价格策略

价格策略也是较为复杂的问题之一。网络营销价格策略是成本与价格的直接对话。由于信息的开放性,消费者很容易掌握同行业各个竞争者的价格,如何引导消费者作出购买决策是关键。中小企业者如果想在价格上营销成功,应注重强调自己产品的性能价格比以及与同行业竞争者相比之下自身产品的特点。除此之外,由于竞争者的冲击,网络营销的价格策略应该适时调整。中小企业营销的目的不同,可根据时间不同制定价格。例如,在自身品牌推广阶段可以以低价来吸引消费者,在计算成本的基础上,减少利润而占有市场。品牌积累到一定阶段后,制定自动价格调整系统,降低成本,根据变动成本,市场供需状况以及竞争对手的报价适时调整。

5)促销策略

营销的基本目的是增加销售提供帮助,网络营销也不例外,大部分网络营销方法都与直接或间接促进销售有关,但促进销售并不限于促进网上销售。事实上,网络营销在很多情况下对于促进网下销售也十分有价值。以网络广告为代表,网上促销没有传统营销模式下的人员促销或者直接接触式的促销,取而代之的是使用大量的网络广告这种软营销模式来达到促销效果。这种做法对于中小企业来说可以节省大量的人力支出和财力支出。通过网络广告的效应可以到更多人员到达不了的地方挖掘潜在消费者,可以通过网络的丰富资源与非竞争对手达成合作的联盟,以此拓宽产品的消费层面。网络促销还可以避免现实促销的千篇一律,可以根据本企业的文化,与帮助宣传的网站的企业文化相结合,达到较佳的促销效果。

6）渠道策略

网络营销的渠道应该是本着让消费者方便的原则设置。为了在网络中吸引消费者关注本公司的产品，可以根据本公司的产品联合其他中小企业的相关产品为自己企业的产品外延，相关产品的同时出现会更加吸引消费者的关注。为了促进消费者购买，应及时在网站发布促销信息、新产品信息、公司动态。为了方便购买还要提供多种支付模式，让消费者有更多的选择，在公司网站建设时应该设立网络店铺，加大销售的可能。

7）服务策略

网络营销与传统营销模式的不同还在于它特有的互动方式。传统营销模式中人与人之间的交流十分重要，营销手法比较单一，网络营销则可以根据自身公司产品的特性，根据特定的目标客户群，特有的企业文化来加强互动，节约开支，形式新颖多样，避免了原有营销模式的老套单一。

2.6 百科推广

2.6.1 什么是百科推广

利用百科网站这种网络应用平台，以建立词条的形式进行宣传，从而达到提升品牌知名度和企业形象等目的的活动，即称为百科推广。主流的百科有百度百科、互动百度、腾讯百科等。其中，以百度百科的市场占有率最高，所以本节以百度百科为例进行讲解。

2.6.2 百科推广的特点和作用

百科推广主要有以下3个特点和作用：

1）辅助SEM

如果大家经常在百度搜索各种名词（包括人名、企业名、产品名、概念术语等）时就会发现，往往排在搜索引擎结果页第一位的，都是百科网站中该词条的页面。

2）提升权威性

互联网上的百科网站，源于现实中的百科全书。而在传统观念中，能被百科全书收录的内容一定是权威的。这种观念也同样被延伸到了互联网中，大部分用户都认为百科收录的内容比较权威。

3）提升企业形象

随着互联网的普及，许多人在接触到陌生事物时，会先到互联网上进行检索。比如与一家陌生的公司接触洽谈时，会先上网搜索该公司的背景、实力、口碑、信任度等。如果这家公司能被百科收录，就会大大提升其企业形象，增加客户对他的信任感。

2.6.3 百科推广的方法及流程

1）创建百度百科3个

包括企业名称、旗下品牌、产品、网站名、企业负责人等。优势是百度搜索引擎收录效果很棒，能让网友一眼就看见这个内容。

2）创建其他百科平台10个

同样也包括企业名称、旗下品牌、产品、网站名、企业负责人等。多个搜索引擎全面覆盖百科内容。

3）发送媒体新闻5个以上

大家都知道，创建百度百科要有一定的新闻作为参考资料。新闻的收录效果也是非常不错的，而且能更详细地介绍内容、优势。专业编辑撰写新闻，既能保证促成百科词条能收录发布，也能保证新闻内容可读性强，不会让大家感觉是软文。百度百科在百度中享有很高的权重，这点自然不必多说，但是，百科的建设很难通过这也是事实。下面谈谈如何利用百度百科做网络推广。

①百科建设重视账号的培养。要跟大家说的第一点就是，工欲善其事必先利其器，也就是我们通常所说的账号培养，这一点是十分重要的。做网络推广的人都知道不管你是利用博客、论坛、问答还是权威平台都是需要账号的。而这个账号就是你的号码牌，你的账号等级越高，通过率也相对会高，而且也说明权威性比一般的新用户要高，其贡献率也是不言而喻的。

②利用百科熟悉规则先入为主。我们现在利用的是百度百科平台，既然搜索引擎是百度的，那么你就只能按照百度的规矩来，否则它不收录你的页面，不通过你的词条都是情理之中的。这就需要我们在编写词条时首先花点时间去了解一下词条的编写规则，千万不要触犯百科的规则，否则要想通过也是十分困难的。

③百科建立注意链接的融入。其实建立百科一方面是为了提高网站权重，还有一个重要的方面是增加高质量外链。在百度百科成功设置一个外链比在外部论坛、博客增加十条外链都管用。权重的分配和继承大家自然清楚。因此，我们在做词条的时候不要第一次提交就加入链接。其实，大家都想融入链接，但是百科必然给你通不过，做也是白做，还是要再次修改。因此，一般选择创建时间超过一周的词条进行编辑，为词条扩充超过一半的内容，再添加一些相关链接，中间夹着自己的链接。这样做是为了给编辑一个假象，让他注意不到你的链接。人工审核的劣势就是注意力通常在量大的一方，如果你仅仅添加一个链接，肯定不行，而你添加了大量的内容，就会忽略掉你的广告链接，其实这只是其中一个方法。还有我们在参考资料里面也可以把地址设置为百度知道或者其他权威性平台，后面再跟上自己的地址也是比较有效的。

百度对百科的重视，让人们对百度的产品能加以进一步利用，而站长们在做网络推广的时候不必拘泥于一种形式，只要是有效的合法网络推广，我们都可以综合应用。做好百科是一个相当重要的推广前奏，能够为网站或推广的关键词带来更多权重和信任度。

2.7 分类信息推广 🔍

2.7.1 什么是分类信息推广

分类信息是WEB2的衍生物，是新一代互联网应用模式，它让网络变得更普及、更贴近生活，方便生活。分类信息又称分类广告，我们日常在电视、报刊上所看到的广告，往往是不管你愿不愿意，它都会强加给你，我们称这类广告为被动广告。而人们主动去查询招聘、租房、旅游等方面的信息，对这些信息，我们称它为主动广告。在信息社会逐步发展的今天，被动广告越来越引起人们的反感，而主动广告却受到人们的广泛青睐。几乎每个地方的晚报、日报、生活娱乐报都少不了分类信息的身影，而且办得越好的报纸，分类信息的篇幅往往越大。

2.7.2 分类信息推广的方法及流程

①选择你要发布分类信息的网站，一般是选择比较大型的分类信息平台，开放的城市和分类都比较齐全，权重高，收录效果也会比较好。

②编写好分类信息，信息的标题一般是用户搜索的热门长尾关键词，然后带上产品关键词。

③分类信息的内容围绕标题展开，简短精悍，介绍这款产品是什么，是做什么的，能够给用户带来什么样的效果即可。

④带上图片，图文并茂的信息体验感更好，同时要求每一项都认真填写，保持信息的完整度。

⑤不要发布违法违规信息，尽量频繁地更新信息。分类信息推广是网络营销与网站优化一个不可缺少的方法。对于网络优化来说，它是增加外链的一个渠道；而对于网络营销来说，它是抢占搜索引擎排名的一个手段。以百度搜索引擎为例，大家搜索一个词"台州二手房"，会发现搜索出来的结果前几位都是分类信息网的页面。

2.7.3 分类信息推广时的要点

1）选择分类信息网

网上的分类信息网各种各样，加起来有上百个，而在这么多的平台当中，我们该怎么选择怎么挑选呢?首先，要根据自己的需求，比如二手房，就应选择有针对性的分类信息网站，如58同城等。其次，就是根据我们的人力资源与时间来确定要选择的数量。选择好以后，就测试发布些信息，看看这些平台的收录情况及排名情况如何，然后再进一步筛选。

2）一定要发原创内容

发布的信息一定要原创，或者高度伪原创，因为现在搜索引擎对采集类文章的检查力度很大，所以建议最好是原创并且有价值的内容，这样才会容易获得好的排名，切记一篇文章不能到处发，重复发。其次，一定要注意内容的针对性及专业性，不能为了"量"而忽略了"质"，这样做不仅容易获得好的排名，而且会显得很专业，让客户了解产品的特点,能够解决客户的问题,最后也会提升转化率。

3)规律的发布

一般分类信息网的流量是比较大的,所以也有别的同行在上面发布信息,这时我们要抢占频道的首页位置,就需要隔段时间发一篇形成一个规律,这样就能在某一个时间段一直在首页展示我们的信息。

4)遵守分类信息网的规则

每一个分类信息网都有规则,所以发布信息的时候要把握好哪些规则必须遵守,如果被管理员发现所发内容没有遵守规则,那么你发的信息就会被删掉,前功尽弃。

2.7.4 分类信息的优势

因为分类广告大多集中在房屋租赁、二手转让、求职招聘等直接关系到使用者切身短期利益的领域,一般人没事不会去看那些对自己没用的信息。当人们满足这类需求时,通常要通过比较多个信息,然后在这些信息中筛选出一个能最大限度地满足自身需求的信息,再作出购买决策。

在报纸广告中,林林总总、包罗万象的分类信息广告涵盖了当今社会的各行各业,满足了受众日常生活中方方面面的需求。在某种意义上,报纸的分类信息广告已经成了报纸自身的卖点之一,分类信息广告数量的多少体现了社会对该报纸的认可程度。

对普通老百姓来讲,分类信息比新闻娱乐等实惠得多,因为它直接面对老百姓的需求,它与让人厌烦的传统广告不同,不仅不反感,而且主动去找,是老百姓找着看的广告,这对广告主来说是最大的喜事。在报纸广告相对发达的南方,羊城晚报的分类信息广告办理网点遍及珠江三角洲的各主要城市,整版刊登的分类信息广告几乎天天可见。新民晚报也时时在报纸上刊出遍布上海各区县的分类信息广告受理点,积极开发分类信息广告。这些报纸对分类信息广告明码标价,积极引导,就近受理,最大限度地为读者提供便利、实惠的服务。分类信息因其贴近生活、服务百姓、周全价廉赢得了社会各界的认可,产生了积极的社会效益,推动了经济发展,给百姓带来了便利。

分类信息广告因其对刊登时间、广告版位的要求相对宽松,赢得了报纸媒体的青睐。对报纸来说,大量的分类信息广告不仅带来了相当可观的广告收入,而且方便了报纸对版位的调控。同时,分类信息广告的包罗万象吸引了不同层次的读者。日常生活中,匆匆浏览报纸新闻标题内容,逐字逐条阅读分类信息广告的读者比比皆是。分类信息广告版成了各报最耐看、最受欢迎、阅读率最高的黄金版。同时,由于分类信息广告独有的包罗万象的信息超市特性,提高了报纸的亲和力,起到了报纸与读者沟通的桥梁作用,成了一些主流报纸的新卖点。

2.8 视频工具营销 Q

2.8.1 视频工具营销方法及注意事项

视频营销指的是企业将各种视频短片以各种形式放到互联网上,达到一定宣传目的的营销手段。网络视频广告的形式为视频短片,平台却在互联网上。"视频"与"互联网"的结合,让这种创新营销形式具备了两者的优点。视频营销,即用视频来进行营销活动。视频包含:电视广告、网络视频、宣传片、微电影等各种方式。视频营销归根到底是营销活动,因此,成功的视频营销不仅要有高水准的视频制作,更要挖掘营销内容的亮点。

方法:

1)拍摄视频(从网络下载视频)

用DV拍摄有意义的公司视频或在网络上寻找好的视频,然后通过在线视频下载FLVCD。硕鼠官网下载视频,如图2.2所示。

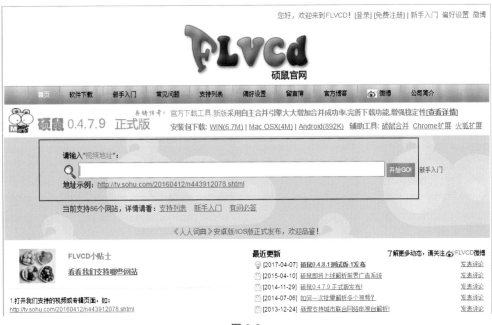

图 2.2

2）编辑视频（推荐软件：会声会影）

使用会声会影软件对视频进行编辑，添加片头、片尾，配上合适的音乐，配上对应的字幕，如图2.3所示。

图 2.3

3）注册视频网账号，完善资料

视频编辑制作完毕后，进入优酷注册一个账号，并完善好自己的资料，如图2.4所示。

图 2.4

4）视频上传

通过优酷开始上传视频，注意标题、描述的写法，如图2.5所示。

图 2.5

5）开始进行视频营销

通过不同IP对视频进行访问，并使用不同账号对视频进行"顶"（视频左下角），一段时间后视频会成为热门视频，提升了视频的权重，有利于视频的排名，如图2.6所示。

图 2.6

2.8.2 视频营销要注意的事项

1）视频营销"四要"

①要提供价值。一个不能提供真正价值的视频是不会引起观看者主动地去转载、传播。

②要生动有趣。一个好的视频必须借助文字的说明，就像讲故事一样引起观看者的兴趣和注意力。

③要短小精悍。观看效果最好的视频长度一般应控制在几十秒到几分钟之内，浓缩的精华会让观看者意犹未尽。

④要主题明确。明白消费者想要什么，这样才能留住你的目标群体，从而使其最终转变为你的用户。

2）视频营销"四不要"

①广告不要太明显。一味地注重广告宣传，会引起大多数人的反感，换位思考就很容易理解了。

②不要弄虚作假。因为诚信在这个虚拟的网络上显得更为重要。

③不要过度润色。因为过高的视频质量很容易被人误解为传统的电视广告。

④不要哗众取宠。滑稽、搞笑的视频虽然能够取得极佳的传播效果和播放量，但是如果不提供价值，最终买家寥寥无几。

2.9 电子邮件营销

2.9.1 什么是电子邮件营销

E-mail营销是在用户事先许可的前提下，通过电子邮件的方式向目标用户传递价值信息的一种网络营销手段。E-mail营销有三个基本因素：用户许可、电子邮件传递信息、信息对用户有价值。三个因素缺少任意一个，都不能称之为有效的E-mail营销。

电子邮件营销（邮件营销）是利用电子邮件与受众客户进行商业交流的一种直销方式，同时也广泛地应用于网络营销领域。电子邮件营销是网络营销手法中最古老的一种，可以说电子邮件营销比绝大部分网站推广和网络营销手法都要老。相比之下，搜索引擎优化是晚辈。

许可邮件与非许可邮件的区别在于，许可邮件是对方允许你以后，你才能向对方发送邮件。如会员注册，在你的网站上使用邮箱注册成为了你的会员，这种情况可以判断为是用户许可的。非许可邮件是未经对方的许可就发送邮件，如我们在网上采集或购买邮件地址，就直接给对方发送邮件，这种情况就是非许可的邮件，也可以说是发送垃圾邮件。做许可邮件营销，你发送的邮件用户不会反感，很乐意接收你的邮件，并参与你的邮件活动。如果是非许可的邮件，用户收到你的邮件比较反感，会直接将你拉入黑名单或删除。

2.9.2 电子邮件营销的特点及优势

依靠网络中的电子邮箱来做宣传,比其他形式的网络营销方式经济实惠得多。随着国际互联网的迅猛发展,中国的上网总人数已达数亿之众。面对如此巨大的用户群,作为现代广告宣传手段的电子邮件营销正日益受到人们的重视。只要你拥有足够多的邮件地址,就可以在很短的时间内向数千万目标用户发布广告信息,营销范围可以是中国全境乃至全球。

①电子邮件营销是一种低成本的营销方式,所有的费用支出就是上网费,成本比传统广告形式要低得多。

②广告的内容不受限制,适合各行各业。因为广告的载体就是电子邮件,所以具有信息量大、保存期长的特点,具有长期的宣传效果,而且收藏和传阅非常简单方便。

③电子邮件本身具有定向性,可以针对某一特定的人群发送特定的广告邮件,根据需要按行业或地域等进行分类,然后针对目标客户进行广告邮件群发,使宣传一步到位。这样做可以使营销目标明确,效果非常好。

电子邮件营销的特点:成本低廉。电子邮件营销是一种低成本、高效的营销方式,所支付的费用是投递平台的发送费用,成本比传统广告要低很多。操作简单的邮件平台,不需要高深的电脑知识,不需要复杂的操作过程,一天可以发送数十万的邮件。精准营销的电子邮件具有定向性,可以针对某一特定的人群发送营销邮件。可以根据行业、地域、性别等进行分类,然后针对目标用户发送邮件。目前,我们所了解的、常见的电子邮件营销都是非许可邮件,在网上购买或采集地址,然后发送。同样,我们都会抱怨做了电子邮件营销为什么没有效果,或成本太高。其实这些都是我们没有正确地面对电子邮件营销,应该正确地实施许可式邮件,尊重用户的体验。

2.9.3 如何获取电子邮件地址

通过电子邮件地址收集软件,系统会在指定的网站、论坛等页面检索信息,将含有 "@" 字符串的信息记录。不过,这种方法收集到的邮件地址需要人工筛选一遍,除去其中一些无效的信息,如过长、过短、毫无规律等,这些往往都是网友在互联网中暴露的地址,为可见的,有效性要稍低一点。还有一种是真实有效的信息,不过这类信息都存在于门户、论坛、社区等内部,为隐性的,对外不可见。再有一种也可以获取部分有效地址,不过需要投入一部分资金,到某些盈利组织、个人手中去购买地址。如果要做电子邮件营销的话,建议还是到专业的机构和组织实施,最好不要自行收集、大量投放。

2.10 博客营销 🔍

2.10.1 什么是博客营销

网上营销新观察率先对博客的网络营销价值进行研究,在从事博客营销实践的基础上,冯英健博士首次提出博客营销的概念,并获得广泛关注。博客具有知识性、自主性、共享性等基本特征,正是博客这种性质决定了博客营销是一种基于个人知识资源(包括思想、体验等表现形式)的网络信息传递形式。

博客是2004年全球最热门的互联网词汇之一,博客营销的概念也刚刚兴起。自从在"2004年的中国网络营销综述"中个人首次正式采用博客营销这一术语之后,发现关注博客营销的人越来越多,这从网站访问统计信息中来自主要搜索引擎检索使用的关键词中就可以明显看出来。

什么是博客营销呢?博客营销的概念并没有严格的定义。简单来说,就是利用博客这种网络应用形式开展网络营销。要说明什么是博客营销,首先要从什么是博客说起。现在关于博客概念的介绍已经非常多了,对博客概念的描述大同小异,简单来说,博客就是网络日志(网络日记),英文单词为Blog(Weblog的缩写)。

博客这种网络日记的内容通常是公开的,自己可以发表自己的网络日记,也可以阅读别人的网络日记。因此,可以理解为一种个人思想、观点、知识等在互联网上的共享。

由此可见,博客具有知识性、自主性、共享性等基本特征,正是博客这种性质决定了博客营销是一种基于个人知识资源(包括思想、体验等表现形式)的网络信息传递形式。因此,开展博客营销的基础问题是对某个领域知识的掌握、学习和有效利用,并通过对知识的传播达到营销信息传递的目的。与博客营销相关的概念还有企业博客、营销博客等,这些也都是从博客具体应用的角度来描述的,主要区别那些出于个人兴趣甚至以个人隐私为内容的个人博客。其实,无论叫企业博客也好还是营销博客也好,一般来说,博客都是个人行为(当然也不排除有某个公司集体写作同一博客主题的可能),只不过在写作内容和出发点方面有所区别:企业博客或者营销博客具有明确的企业营销目的,博客文章中或多或少会带有企业营销的色彩。

2.10.2 博客营销的特点及优势

博客营销就像现实社会中发生的一起社会事件,这起社会事件的表现形式是一场讨论。而公关的目的,也就是制造一起事件。比如,在美国人休斯撰写的《口碑营销》一书中,开篇第一个案例就是一次经典的公关手法运用:一个网站成功说服了美国一个小镇,将镇名改为这个网站的名字。而后来媒体铺天盖地的宣传,不过是因为这件事在当时实在是值得大肆报道一番罢了。

博客营销就是一种公关工具。利用博客营销的人必须清楚这样一个事实:与其说博客是一种媒体,不如说它是互联网虚拟存在的"人"。我们有理由相信,从来没有任何一个品牌希望现实生活中的人在脑门上贴一块品牌的LOGO标志来做广告,所有品牌都希望现实中的人在口耳相传时多说说自己品牌的好话,多参与自己的品牌所策划的各种事件活动,从而引发媒体的报道,达到宣传效果。这就是"人"属性和"媒体"属性的差别。

博客营销是就业的一种方式,可以增加收入,工作地点随意,个人自由,可以从事多方工作。商祺,属于博客展示的一面,它可以为我们提供这种平台,增加我们的收入。正如同经典的公关行为的目的一样，博客营销的目的并非看重这些卷入的博客本身作为媒体的影响力（也许有的博客具有很高的访问量，是一个不大不小的网络媒体），重要的是，真正的媒体（包括线上的有人把关的网站），为了互联网这个虚拟社会中所发生的一起事件，后续跟进了多少。

博客营销的特点：

①目标更为精确。

②较低的营销成本。

③广告的交互性。

博客营销的优势：

①细分程度高，广告定向准确。博客是个人网上出版物，拥有其个性化的分类属性，因而每个博客都有其不同的受众群体，其读者也往往是一群特定的人，细分的程度远远超过了其他形式的媒体。而细分程度越高，广告的定向性就越准。

②互动传播性强，信任程度高，口碑效应好。博客在我们的广告营销环节中同时扮演了两个角色，既是媒体（Blog）又是人（Blogger），既是广播式的传播渠道又是受众群体，能够很好地把媒体传播和人际传播结合起来，通过博客与博客之间的网状联系扩散开去，放大传播效应。

每个博客都拥有一个相同兴趣爱好的博客圈子，而且在这个圈子内部的博客之间的相互影响力很大，可信程度相对较高，朋友之间的互动传播性非常强，因此可创造的口碑效应和品牌价值非常大。虽然单个博客的流量绝对值不一定很大，但是受众群明确，针对性非常强，单位受众的广告价值自然就比较高，所能创造的品牌价值远非传统方式的广告所能比拟。

③影响力大，引导网络舆论潮流。随着"芮成钢评论星巴克""DELL笔记本"等多起博客门事件的陆续发生，证实了博客作为高端人群形成的评论意见影响面和影响力度越来越大，博客渐渐成为了网民们的"意见领袖"，引导着网民舆论潮流，他们发表的评价和意见会在极短的时间内在互联网上迅速传播开来，对企业品牌造成巨大影响。

④大大降低传播成本。口碑营销的成本由于主要仅集中在教育和刺激小部分传播样本人群上，即教育、开发口碑意见领袖，因此成本比面对大众人群的其他广告形式要低得多，且结果也往往能事半功倍。

如果企业在营销产品的过程中巧妙地利用口碑的作用，必定会达到很多常规广告不能达到的效果。例如，博客规模赢利和传统行业营销方式创新，都是现下社会热点议题之一，因此广告客户通过博客口碑营销不仅可以获得显著的广告效果，而且还会因为大胆利用互联网新媒体进行营销创新而吸引更大范围的社会人群、营销业界的高度关注，引发各大媒体的热点报道，这种广告效果必将远远大于单纯的广告投入。

⑤有利于长远利益和培育忠实用户。运用口碑营销策略，激励早期采用者向他人推荐产品，劝服他人购买产品。最后，随着满意顾客的增多会出现更多的"信息播种机""意见领袖"，企业赢得良好的口碑，长远利益也就得到保证。

⑥博客的网络营销价值体现。大量增加了企业网站或产品说明的链接数量，新增了搜索引擎信息收录量，直接带来潜在用户的可能性迅速增大，且方便以更低的成本对用户进行行为研究，让营销人员从被动的媒体依赖转向自主发布信息，使传播在相当长的时间里得以继续不间断延展，而不仅仅局限于当期的传播主题活动。

2.10.3 博客群建设要点及如何建立品牌博客

如今非常给力的社会化媒体是大红大紫的微博。微博的开放、高传播、碎片化都给微博营销提供了良好的先天条件，这是一个包容万家的平台，从国际跨国集团到小小的便利店纷纷加入了微博营销的大潮之中。但是，如何让企业在微博上建立品牌，并管理它使其发挥品牌效应呢？以下因素可供参考：

首先，树立企业的营销目标。对于目标的制定除了出于对自身品牌及产品市场环境的考虑之外，还要结合微博平台及企业内部的配合性进行考虑。这里所说的配合性，一方面是指微博能否提供一些内容合作、广告位合作等支持工作；另一方面是指企业自身的市场、产品、研发等部门的内部支持工作。以中海互动管理的"黑天鹅蛋糕"为例，在选择将黑天鹅蛋糕品牌入驻新浪微博的前期，就根据客户需求、品牌现状、品牌协调性、产品优势等因素，制定了详细的微博平台营销目标。

其次，要制定在微博平台上所要展示给大众的品牌形象。规划中包括 ID 的资料填写、标签的范围及微博模板创作。模板的使用，在某种意义上是将个人微博页面有限的空间进行更深一步的开发和利用，但要注意不能为了推送信息而用过多的元素。具体需要哪些元素，要根据品牌微博的自身定位、整体的协调性和用户浏览习惯来实施。

接下来，要规划企业的目标听众。这里提到的目标听众，与我们经常提到的目标受众是不一样的。目标听众是比目标受众更广泛的一个群体，他们中的一部分人可能并不是目标消费者，但可以有效地帮助企业在新浪微博中扩大影响力和传播范围。这部分人可能是明星、艺人、评论员、媒体人、意见领袖等。另外，要归纳整理品牌微博的关键词。例如，黑天鹅蛋糕制定了一套完善的关键词雷达图，可以帮助企业管理微博的人员清晰、准确地发布观点、回复评论以及解答用户问题。这套关键词系统更像是一套品牌微博定位评估系统，可以延展出发布内容占比、评论回复方向、问题解答规范等系统，还可以在项目执行的过程中与用户反馈意见、提及关键词等数据进行吻合程度、频率变化多方面对比，从而指导品牌微博的管理者对听众选择、关键词划分及策略进行必要的修正和调整。

最终，需要一套完善的评估体系来验证品牌微博给营销带来的成果。在社会化媒体营销中，仅仅依靠数字这种定量分析结果来佐证营销效果显然不够完善。除了我们经常提起的粉丝数量、转发数量、评论数量之外，还要建立一套完善的定性分析系统，如上面提到的以关键词匹配的方式进行品牌微博成果的定性分析。

2.11 微博营销

2.11.1 什么是微博营销

微博营销，无非是两个概念：一个"微博"，一个"营销"。说得白话点就是借助"微博"实现"营销"。

微博区别于博客，一般字数限制在140字以内，可以配图片、音乐、链接等内容。因为微博的短小精悍，受到许多快节奏的人的喜爱。同理，微博转播的快捷，信息反馈的迅速，相关信息的超链接，深受一些名人、企业的喜爱。针对这样的平台特点，微博营销成为电子商务中新颖、独特的一种营销模式。方便、快捷、广泛、互动、实时，都是微博营销独有的特色。要想在微博上实现营销，必须注意以下几点：

①真实的名称。自己的或者企业的、品牌的。

②有特色的关键词。微博的标题或者内容，应该有时下流行的、被大众关注的、时政的一些关键词。

③要形成自己微博的特色。如同一个人要有性格一样，微博要有自己的关注领域，有自己的特色，比如专讲汽车，专讲理财之类的。

④关心时事。经常性地对时下流行的话题进行评论或者转发，参与微博中的热门活动。

⑤要有自己的观点。如同特色一样，对微博一味地转发是不会有好的收效的，要有自己鲜明的观点。

⑥多关注知名微博。加好友、加链接，这些都可以提高自己的访问量。

⑦主题内容要有趣味性。枯燥乏味的宣讲是不会有人喜欢的。

2.11.2 微博营销的特点

利用微博开展网络营销，主要有以下10个方面的特点：

①信息发布便捷，传播速度快。

②通过粉丝关注的形式进行病毒式的传播，影响面积广。

③互动性强，能与粉丝及时沟通。

④主动吸引粉丝，同时也有被粉丝抛弃的可能。

⑤利用微博，开展网络营销成本低。

⑥名人效应传播事半功倍。

⑦企业形象拟人化。

⑧微博可以使双方建立非买卖关系的情感。

⑨每条信息引起的反应可能千差万别，难以通过经验来预期，容易受到攻击或由于操作失误而产生负面影响。

⑩高质量粉丝积累是一个缓慢的过程，需长期投入。

2.11.3　微博营销的作用

微博营销是刚刚推出的一种网络营销方式。微博营销以微博作为营销平台,每一个听众(粉丝)都是潜在营销对象,每个企业都可以在新浪、网易等注册一个微博,然后利用更新自己的微博向网友传播企业、产品的信息,树立良好的企业形象和产品形象。每天更新的内容就可以跟大家交流,或者有大家感兴趣的话题,以达到营销的目的,这样的方式就是微博营销。

微博搜索排名如何操作?微博排名对微博营销推广有什么作用?成为热门微博对企业微博营销和个人微博推广又有什么作用?

关于新浪微博排名的文章不止一篇,可能有的人还不知道究竟热门微博是怎么回事,下面我们进行一下图解:

成为新浪微博搜索页面的热门微博有什么作用,如图2.7所示。

图 2.7

1)增加曝光率

能成为新浪微博搜索页面的热门微博,将会带来很大的曝光率。如果搜索页面的搜索词是新浪微博热词排行榜的热词的话,可想而知,每天带来的曝光率是多大。如果一个热词是明星名字,那么这个词至少将覆盖她/他的几千几百万粉丝。如果是热点事件热词,这个曝光率将更高。一个企业如果要做微博营销,很直白地说,曝光率高就意味着品牌宣传广。如果企业微博营销专员能将自己的产品和服务通过语言和图片同这些热词结合在一起,带来的品牌宣传效应可想而知。

当然,增加曝光率的结果不光是这些,随着曝光率的增加,将会带来一些曝光链条效应。

2)迅速增加真实活跃粉丝

热门微博大量增加曝光率,这对一个微博带来的不光是阅读量,还有更大的潜在价值,那就是粉丝增加。因为在微博里每个人都不是孤立的,无形中玩微博的人形成了不同的派别,根据兴趣爱好、生活习惯、身份职位等分了很多个类别。

当你在搜索页面成为热门微博占领页面的前3位时，这样一些人将有可能成为你的粉丝：

①和你志同道合的人有可能成为你的粉丝。

②和你崇拜同一个明星或名人的人有可能成为你的粉丝。

③如果是企业，有购买需求的人可能成为你的粉丝。

④如果是企业，有合作意向的机构或个人可能会成为你的粉丝。

⑤如果你发的微博都比较有技术含量，那些希望能学点东西的人可能会成为你的粉丝。

⑥如果你的微博属于娱乐资讯微博，那些喜欢八卦的博友有可能成为你的粉丝。

⑦如果你的微博还有点小名气，无意中会有莫名其妙的人成为你的粉丝。

3）活粉带来的超大量评论

别小看用这些方法带来的粉丝，他们本身的粉丝不多，但他们的粉丝一般都是他们的亲人同学和朋友。因此，一般当他们转载你的微博之后将会引起连锁转载和评论。评论越多，排名越好，这样就会形成良性循环，因此，你占领热门微博位置的时间就会越长，就会给你带来越多的正面效应，良性循环。

4）瞬间转发引起爆发性曝光

即便当你的微博成为热门微博后，有的博友并不想关注你，但他依然会给你带来大能量。因为，能成为热门微博，肯定首先对微博内容进行了精心的设计，从内容角度来讲本身就是一条很有质量的微博。也许平时你发过很多高质量的微博，而没有带来如期的效果，其实根本就是你所发的微博曝光量非常低。而成为热门微博之后，巨大的曝光配上微博本身的质量，将会形成一种病毒式的连锁反应。转载、转载再转载，这些转载用户有的也许已经成为你的粉丝，有的没有成为你的粉丝。但无论如何，很多普通博友其粉丝都是自己的亲朋好友，所以两次三次的转发所带来的曝光量对企业微博的品牌宣传来讲，相当可观。

5）容易受到大V账号关注

很多朋友都知道，如果自己的微博能得到大V账号的转发，将会给自己带来不少的效应，包括评论、转发、粉丝等。而能得到大V的关注是一件相当难的事。成为热门微博后，不只是被一个大V看到，而是一群。除了一些明星外，还有不少大V账号，而这些账号几乎是各行各业，热点事件啥都关注，啥都评论。而微博搜索页面正是跨行业关键词出没的地方，因此也是大V朋友常去的地方。即便有的大V没时间去，新浪微博官方也会通过话题提示他进入搜索页面。这个不多加解释。这样一来，只要你的微博内容设计得好，不怕没有大V转载和评论。一旦有大V转载，效果就不赘述了。

6）容易受到专业微博人士关注

如果你的微博频繁出现在热门微博里，肯定有一些专业研究微博营销的朋友会关注你。因为你的异常行为让他们很好奇，他们一般都是一个人手上营运好多个号，如果他们对你感兴趣，可能会和你私信交流。这样一来，不花钱的渠道就自然而然地来了，接下来就看你的交际能力了。

2.11.4 微博运营的平台选择及内容定位建设

随着网络的快速发展,传统的方式已经不能满足企业的营销了,企业需要挖掘更多的发展空间,不管是在产品的直接销售方面还是在品牌的树立方面,他们都需要有新的途径去挖掘,但是并非每个人都可以做好。如何进行更好的微博运营呢?下面来看一张图解:

我们侧重谈一下微博运营的平台选择及内容定位与建设。

1) 微博平台选择和主题定位

①微博平台选择。现在的微博平台还是比较多的,但是每个微博平台所聚集的人气差别很大,因此营销效果也有所差别。目前,比较火爆的微博有新浪微博、腾讯微博、搜狐微博、网易微博等。而新浪微博与腾讯微博又是其中的佼佼者,各有其庞大的用户群,对于企业而言,新浪微博与腾讯微博可以同时运营,但是作为企业或个人而言,精力是有限的,很难有足够的时间和精力同时去经营很多账号,所以,选择微博平台是个很重要的问题。根据相关数据分析,腾讯微博活跃用户中有31.18%来自京沪广深(包括广深周边)地区,20.39%来自江浙地区,48.43%来自全国其他地区。新浪微博活跃用户中有42.75%来自京沪广深(包括广深周边)地区,17.94%来自江浙地区,其余39.31%来自全国其他地区。因此,一个产品或服务需要更广泛和更草根化用户定位的微博,最佳平台在腾讯。而主要面向一线城市和精英群体的微博的最佳选择必然是新浪微博。

②微博的主题定位。在微博主题的选择上,更看好各类垂直主题。垂直类主题虽然有受众,但数量没有冷笑话、语录等主题微博那么广泛,但其目标精准度高,大部分垂直主题可挖掘出一定的商业价值。因此,从营销角度来讲,微博的主题定位是非常重要的。

2) 微博的内容建设

内容是将目标受众转化为粉丝并长期保留的最佳途径。因此,先建立有一定质量的内容,对我们后续的粉丝建设工作是非常必要的。

①微博的写作技巧。自Twitter制定了最多140字的规则,新浪和腾讯都完全继承了这一特点,以至于140字上限完全形成了一种"微原则"。因此,怎样将最精彩、最核心的内容用最简短的文字表达出来,同时在这简短的140字中充分运用心理学、营销学、传播学的原理使其达到最佳的效果,需要仔细琢磨。

②微博内容的相关性。专注于自己的领域,一个定位于垂直领域却有五花八门内容的账号并不是那么让人喜闻乐见。

③内容是否原创。笔者不会完全否认抄袭的作用,尽管已经过了粉丝粗放增长的时期,但时下各种出自内容库的语录仍然有那么一点作用。

总之,微博营销目前在全国各地的很多企业中正被运用得如火如荼,微博营销要做得好,也绝非那么简单,一定要在微博的平台选择与主题定位及内容建设上下工夫,一切的微博营销活动都要围绕着这些来进行,才能更好地运用好微博这个营销平台。

2.11.5　提升微博粉丝的方法

1）加互粉群

①首先，你要知道你现在微博的状况，你的粉丝量决定了你微博的不同阶段，每个微博账号最多只能加2 000个关注。如果诚信互粉的话，那么，你最多只能获得2 000多的粉丝。建议大家在粉丝没到1 000的时候诚信互粉，到了1 000的时候就要清理你关注的人了，把那些粉丝量少的清理掉。这个时候就要定位你的微博了，同时每天要有计划地发布内容，不要发布一些没用的，发一些伪原创、有趣、高质的内容，长此下去，你的粉丝会涨得很快的。

②登录微博，然后点击屏幕最上方的微群，再在输入框内输入"互粉"，查询结果出来分群列表，选择你喜欢的互粉群（人数越多越好），进去之后点击申请加入。寻找没有满员的微群加入，尽量加入成员人数多的互粉群，尽量多加几个。

③群全部加满了以后等3个小时左右再退群，这样循环下去，时间最好是每天上午。这是很重要、很关键的步骤。只有这样，才能使你始终保持在互粉群成员的前面位置，因为群里面会有很多新的成员加入，把你推后了。别人互粉都是从成员的第一页开始的。

2）互粉

①加互粉群，每个账号的群最多只能加60个，自己控制好，满了的话退出再加，这样就能保持你在新成员中的位置，延长你在群里的前位排名时间。

②接着我们进入一个比较活跃的、成员人数较多的互粉群查看群成员，一页页地挨个加关注，最好关注在线成员。

③每个账号每天的关注有上限，关注满了任务也就完成了，记住你主动关注别人的时候不要全部都关注了，要留一点，因为有加你的话你要回粉的。

3）取消关注骗粉和僵尸粉

①针对骗粉的：登录微博→应用→搜索"我的关注管理"（或地址）→立即使用→授权→一键取消。

②针对僵尸粉：登录微博→应用搜索"关注查询"→立即使用→授权→不活跃粉丝→输入天数→挨个取消关注。

③利用释放的关注空间再继续互粉，获得更多的互粉机会。

4）提醒注意事项

①这些步骤没有什么困难的，关键就是个人坚持的问题。

②在互粉的时候不要去骗粉，想要得到更多的粉丝还要靠你所发的内容让别人有兴趣。

③切记，发一些没用的内容还不如不发，要发就发高质量的。

2.11.6　揭秘微博第一大号的成功之路

1）买粉丝

最迅速、最直接的方式应该就是买粉丝了，微博上很多账号大批量买粉丝，无论是公司账号、个人账号还是一些营销账号，为了让微博看起来可信度高一些，短时间内大量聚集粉丝的方式就是买粉了。

2）骗粉

快速积攒粉丝的另外一种方式就是骗粉，最典型的时期是《中国好声音》节目播出的时候，歌手从默默无闻的路人突然万众瞩目，很多歌手的微博账号都没有加V，甚至有人没有微博账号。因此，很多人假冒歌手的微博，其中最火的要数吴莫愁和李代沫的微博假冒者，历时2个多月，一度达到了30多万粉丝。这些假冒的账号煞有介事地在微博上发布被访者的照片和状态，诸多的粉丝信以为真地评论、转发，表达对歌手的浓浓爱意。有时，对这样一群不明就里但是又人数众多、力量庞大的粉丝，会有很复杂的情绪。这何尝不是代表目前的网络现状呢？很少有人有自己的判断，几个所谓的意见领袖似乎就掌握了话题的方向，这是网民人数不断扩大必经的一段路程。等到好声音节目结束，真正的歌手开始出来辟谣了，公开自己的微博账号或者加上V了，这群假冒的账号摇身一变就成了这位歌手的粉丝团或者一些段子账号。

3）产品机制加粉

很多产品账号会用一些强制关注的方式积攒粉丝。比如，通过新手引导，直接让用户添加关注，或者进入特定页面的用户就自动对该产品账号添加关注。办法虽然粗暴，但也是涨粉的好方式。特别是在2011年以及之前的时间，用户还没有感觉到太多的信息过剩，大家玩微博也正在兴头上，用户对于强制关注以及自己关注的账号要求没有多高，很多账号通过这种方式进行了初期的活跃粉丝积累。

4）联合运营

联合运营就是指号号之间的互相协助运营，大号带小号，小号捧大号。很多营销账号联合运营的方法现在依然盛行，"期盼了好久，终于有人开通了做头发的微博了，赶紧关注@×××"……类似的推荐语充斥微博。见过最好笑的运营就是某地的某个镇政府，宣传部貌似为了跟时髦注册了微博，规定所有大学生村官每个人必须开通60个微博账号，对特定的账号进行关注和互动。还有活动运营，通过举办某些活动要求加关注、转发。不过，这种方式即使能够在短期内增加粉丝，活动过后会经过很长一段掉粉期。另外，更加原始化地加粉丝的方式比如直接求关注，不断加别人粉丝，等到别人互粉的时候又取消。新浪的微群也一度沦为大家求互粉的平台。其实，微博发展到现在，盲目地追求粉丝数量的时期已经过去，真正要做营销的好办法是做互动，做圈子。

关于微博账号做广告，网上有人说微博的营销大号大部分都被杜子健（薛蛮子投资杜子健）、酒红冰蓝、蔡文胜掌握，他们也是最早一批玩微博并且发现微博大号商业价值的人。2010年底前后，微博大号发广告的价格每周都在涨，那时的短链转化率也高得吓人，各种流量的导入效果相当好。这些大号发展历程已经被无数人报道讨论。

笔者亲历的一次微博营销，是在2012年年底。国内一家公关公司给一个国际品牌的生活用品做活动，对参与活动的账号要求就是粉丝数在500以上，博主是女性，还比较活跃。参与的方式是直接发布带特定话题的微博4条，价格是每个参与账号500元。

有趣的是,很多账号背后的人在批量制造着微博并用尽各种手段进行传播,也有的人使用微博做一些有趣的事儿。有一个人运营着一个有50万粉丝的旅游类账号,因为确实是真情实感在做运营,并且之前在互联网公司做偏媒体岗位的工作,对于互联网运营有一些心得,在微博上有很多有趣的互动和活动,所以账号粉丝非常忠诚,活跃度很高。他就辞职四处旅游,每到一处便和当地的邮局或者相关旅游机构联合做一些相关的活动,发一些当地实时的旅游信息和图景,生活过得潇洒惬意。他目前的打算是离开一线城市,回到自己的家乡——一个三线城市做一些结合本地的互联网创业项目,做一些尝试。

另外一个人运营着30万粉丝的细分领域的账号,也是在微博刚开始的时候在新浪有过实习经验,他之前完全没有想过要做账号运营,这个账号仅仅就是自己的爱好,不过他的性格还蛮偏执的,没有一些坚持的勇气,也很难每天和自己的粉丝各种卖萌耍宝。他用这个账号发一些隐性的广告,收入可能不是很多,但是运营着这个账号,各大互联网公司的推广、运营岗,基本都会欢迎他。不管是手握诸多账号的营销公司,还是基于兴趣做起来的、有固定粉丝群的细分领域账号,都不得不感慨:从古至今,时势造英雄,好的机遇对人很重要,更加重要的是作好足够的准备,能够在所有人之前发现微博大号的价值并付诸行动,这可能需要很多行业经验及敏锐的嗅觉。微博上还有很多有趣的,也有启发性的案例和运营人的状态和故事。有时候,用一种抽离开工作的状态去观察这些人的时候,会发现很多有趣的新见解。工作的乐趣,很大一部分也源于此了。

2.12 新闻营销 ○

2.12.1 什么是新闻营销

新闻营销是运用新闻为企业宣传的一种营销方式。新闻营销在营销活动中可以有效综合运用新闻报道传播手段,创造最佳传播效能。新闻营销通过新闻的形式和手法,多角度、多层面地诠释企业文化、品牌内涵、产品机理、利益承诺,传播行业资讯,引领消费时尚,指导购买决策。这种模式非常有利于引导市场消费,能在较短时间内快速提升产品的知名度,塑造品牌的美誉度和公信力。

1)定义

新闻营销是指企业在真实、不损害公众利益的前提下,利用具有新闻价值的事件,或者有计划地策划、组织各种形式的活动,借此制造"新闻热点"来吸引媒体和社会公众的注意与兴趣,以达到提高社会知名度、塑造企业良好形象并最终促进产品或服务销售的目的。

2)起源

新闻已不仅仅是看看而已,新闻越来越接近每个人,以及每个人生活的方方面面,"新闻着陆"已是趋势,人们不再是新闻的看客,而成了新闻当事人,因此,关注新闻就是在关注自己。由于新闻强大的受众群体,又囊括了信息、猎奇、教育、娱乐等各个方面的功能，因此，新闻已经成为一种优势资源。套用一句广告词：如果没有新闻，世界将会怎样？由此可见新闻的价值。一般企业的主要宣传方式就是广告，无论是电视、报纸、广播，还是杂志、户外媒体等，企业都以广告发布的形式，告知消费者相关信息。广告被看作是最直接、最有效的宣传方式，许多企业因为铺天盖地的广告轰炸，而使企业大大受益，这个时代则被称作广告时代。但企业终于在"开出去一辆桑塔纳，却开不回一辆奥迪"时，宣告广告也不是企业宣传的灵丹妙药。

接下来就是软广告，软广告由于在形式上的隐蔽性和表达上的悬念性、完整性与可看性，抓住了消费者的心理，为企业的宣传起到了立竿见影的作用。这一时期像脑白金、盖中盖等保健品企业表现得淋漓尽致，为消费者灌输了大量的消费知识，为其后期的消费引导起到了关键作用。但由于软广告的隐蔽性慢慢被人们揭开，同时一些企业在软广告写作和操作上的不到位以及掺杂了大量的虚假成分，软广告的传播效果也大打折扣。

这时候，新闻营销应时而生，同样是利用媒体这个平台，人们愿意看新闻而不愿意接受广告，何不以新闻的形式为企业做宣传？在快节奏生活的今天，广告信息铺天盖地，消费者开始产生资讯焦虑，对广告敬而远之，而新闻营销会让读者在不知不觉中接受企业要传播的东西。只要有图片、音频、视频存在，新闻营销都会大行其道。在网络营销中，通过精准的新闻营销，让信息从小众过渡到大众，从大众过渡到小众。

作为企业与消费者的一种良好的沟通手段，新闻营销逐渐受到了企业的青睐。但国内企业新闻策划尚处在起步阶段，专业人才奇缺，人才需求很大。新闻营销专员除了要熟悉各种媒体的特性，掌握新闻发布渠道，还要有出色的事件策划能力、把握能力和市场洞察力。

3）特点

（1）目的性

一次成功的新闻营销应该有其强烈的目的性。虽然有些新闻由头出现得很突然，但必须知道要通过这次新闻营销达到什么目的。很多企业总认为偶尔上点新闻就是增加点企业形象。但是，从营销的角度上讲，一次新闻营销的目的应该是配合广告增加销量。因此，如何确定好新闻营销的目的，将决定这次新闻营销的主线。

（2）传播性

传播性在某种程度上来说也是新闻性。新闻每天都有。那么，抓住什么新闻来做营销呢？笔者认为，只有热点性的新闻才能引起关注。一条有传播性的新闻是新闻营销的载体，如何找到新闻点并为企业所用就比较重要了。

（3）炒作性

有个做保健品的朋友说过，新闻不炒作就没有价值。事实也的确如此，就像非典事件中，新闻没有进行合理的炒作，这难道能称之为新闻营销吗？尊敬这些企业家无私的奉献精神，但从营销角度上不能不说是一次失败。

4）原则

①必须确保每一分营销传播费用都为品牌做加法。

②必须有利于产品销量的快速拉动。

③必须有利于企业影响力的不断提升和企业自身的可持续发展。

5）运作

（1）基本要领

要领1：找个好的主题。软文一定要有一个鲜明的主题，才能使软文内容生动。

要领2：没有调研就不要动笔。做市场需要做市调，深入了解目标消费者的各种状态，才能得到消费者的关心和重视。

要领3：表现诉求手段多样化。软文的创作经常运用到的表现诉求手法有新闻式、恐吓式、说理式、情感式、直接式、问答式等。

要领4：不同的软文要用不同的版面相区别。

（2）分类步骤

产品营销：①新产品上市新闻→②产品测评点评→③买家体验新闻→④产品联动新闻。

事件营销：①重大企业事件→②参与慈善活动→③行业特色事件→④危机公关事件。

CEO营销：①CEO故事访谈→②发表行业性观点→③社会热点点评→④荣誉及社会责任。

文化营销：①企业价值理念→②企业文化观→③企业成长历程→④品牌故事。

（3）营销步骤

①新闻策划：按照新闻规律，结合企业需要，整合企业资源优势，精心策划新闻优势。

②新闻撰稿：根据策划主题，撰写不同风格的新闻素材，提交审核以达到更好的传播效果。

③媒体发布：根据新闻素材进行相应的渠道发布，以当前新闻策划目标，确定发布媒体及发布比例。

④发布跟踪：及时跟踪，效果反馈。

（4）渠道

新闻营销，最重要的环节就是新闻稿发布，新闻稿写作可以慢慢来，不满意可以再修改。下面，通过表格的形式来对比以下几种发布渠道的优缺点可一目了然。如表2.1所示。

表2.1

新闻发布	渠道花费	媒体范围	操作难度	适用范围
召开新闻发布会	大	广	难	大型企业、重大事件
自主免费发布	无	小	大	稿件创意、质量要求高，难融入广告
媒体代发	小	广	小	大中小企业、产品推广、速度快、费用低

2.12.2 新闻营销手段

在进行新闻营销时，简单通俗地讲，可以通过以下手段：

①利用企业自身资源找到新闻源。

②借助外部力量。

③"制造"新闻。

方法：

①举行新闻发布会，请行业及大众媒体参会，由企业新闻发言人对外公开发布企业重大消息。这种方式对企业来讲，费用花费很高，而且是有一定社会知名度的大型企业才有这样的号召力和媒体关注度。

②与公关公司合作，这个方法可以省去很多事，公关公司在公关传播服务方面比较专业，而且资源和服务流程都是现成的。公关公司通过挖掘企业的新闻事件撰写成新闻稿，然后通过公司的媒体资源发布到全国各大媒体上。

③企业自主建立媒体关系，大型企业一般都有自己的品牌部或市场部、企划部，团队中有一位媒介经理，去搞媒体关系，如果企业有重要新闻，通过这些媒体关系发布。这种方式的优点是：比较直接，比较快，费用少；缺点是：工作难度大，媒体范围小，发稿数量受限制，稿件发布率低。

注意事项：

①建立新闻代言人制度。一是规范新闻代言人的言行和行动准则；二是新闻代言人和新闻媒体建立良好的互动合作关系，在舆论引导上取得积极的正面效应；三是适时发布企业动态，及时、合理地安排召开新闻发布会；四是促进新闻营销的持续规范化发展。

②新闻策划树立创新观念。和其他营销方式一样，创新才能吸引人，不能创新，新闻就可能是"旧闻"了。新闻就要突出一个"新"字，新奇才能保持公众对企业的关注，这也是新闻策划的基本支点和出发点。对企业而言，要策划一些动感很强的新闻，策划一些让媒体和社会感到很有新意的事件。

③站在公正的立场上。企业在新闻策划之前，要摆正自己的立场，要多站在媒体的立场上，站在行业的立场上，站在公众的立场上，而不是一味从本企业的角度出发。微软的新闻宣传就是忽视了与政府和公众的有效沟通，因此遭受到美国政府与大众传媒的口诛笔伐，最终以其垄断市场为由，将其拆分。

④各方面策划要周密。新闻营销是否成功，在于策划是否成功。从选题、策划到具体实施，每个细节都要精心策划，不能有半点疏忽。同时要做好应急、突发情况的处理准备。事实不真实、组织不到位，造成欺骗社会、欺骗消费者的印象，这是新闻策划的大忌。

⑤建立反馈和跟进系统。新闻发布以后，就像一颗炸弹引爆一样，谁都不能完全预测将会发生什么事。要让企业的每次营销活动都做到一种极致，就得关注一些即使是细微的变化。比如，从受众的数量和特征，活动的知名度、好感度，媒体和受众的态度等方面搜集相关信息，建立反馈及效果评估机制，为本次活动的及时跟进和下次活动的更好进行打下基础。

策略：利用网络。

①培养良好的网络媒体关系。网络媒体记者与传统媒体记者一样值得企业宣传

部门重视,建立深厚的媒体公共关系,整合媒体资源,让媒体在一定限度内为企业服务。平等与尊重是第一原则。网络是一把双刃剑,网络媒体在很大层面能主宰舆论走向。在处理媒体关系时,一定不能厚此薄彼。

②挖掘有价值的新闻点与企业进行联系。新闻营销就是利用网友的注意力来赢取经济的手段,又称"注意力经济"。网络媒体在完成报道的同时也需要生存,因此,他们对所报道的新闻事件也在进行筛选。所以,新闻营销的主角就应该在制造的新闻事件中帮助记者提炼出新闻点。

③新闻营销的持续性。新闻营销也是一种广告,因此它具备广告的基本属性。新闻不炒作就没有意义,新闻营销的成功与否就是新闻点最后是否转变成记忆点。如果新日电动车成功服务北京奥运会之后,没有进行一系列后奥运时代的炒作,估计新日的钱就花冤枉了。在汶川地震之后很多企业都进行了捐款,能记住的可能还是捐款后继续在新闻中出现的企业。

技巧:

①标题方面,题目要取得比较有吸引力。如果题目没有吸引力,很多人不会看你的文章,你的新闻写得再好也没用。

②导语要精彩。

③新闻的主题要鲜明。

④多引述权威语言。

⑤尽可能写成真正的"新闻"。

评价:

①阅读率。在这个广告无处不在的时代,真正能引起用户关注的有多少呢?大部分的广告都是浪费金钱,并没有起到什么实质的效果。广告太多了,客户已经审美疲劳,大多数广告只会引起用户的抗拒和反感。因此,广告的效果正在逐渐下降。但由于广告主的错误认识,导致广告价格还在逐渐提升,所以传统的广告已经越来越没有什么竞争力了。而人们对新闻的态度则不一样,获取新闻已经是人们日常生活中不可或缺的一部分。如果将营销信息巧妙地融合进新闻里,就不会引起用户的反感,这样会提升客户的阅读率,实现更好的推广效果。

②可信度。如今,很多广告过于夸张,让用户不敢再轻信了,甚至对广告已经开始抵制了。相对来讲,新闻的公信力要强于广告,因为新闻一般是由正规媒体发布的,发布前是需要审核的,而由于广告主是付费的,因此媒体往往不太认真审核,所以相对于传统广告,客户更愿意相信新闻里的内容,尤其是权威媒体发布的新闻内容。

③内容深度。在快生活时代,没有人愿意看冗长的文字。人们看广告的时间越来越短,导致很多广告主被迫尽可能缩短和减少广告中的宣传信息。而信息量减少,表达的意思不可避免地就会减弱,这样用户不一定能看懂其中的内涵,自然营销效果也不是很好。但人们一般看新闻都是极有耐心的,这样有利于企业将想表达的信息表达得更充分。长篇幅的新闻会引起受众的思考,可以加深受众对企业宣传信息的印象,达到更高的转化率。

④长存性。各种网络广告都是有时效的,无论是百度推广的广告,还是联盟广

告,只要用户点击了,钱就花出去了。而新闻则不同,一般在网站上发布后,会保存很长时间。即使时间长了,新闻不在首页或频道页展示了,这条新闻仍然有可能通过各种搜索引擎被客户搜索到,从长远的角度来看,新闻的性价比更高。

⑤优化效果。搜索引擎算法在不断变化,一个网站要想一直保持在百度首页是很艰难的,特别是那些竞争激烈的行业,这样就需要不断地更新网站优化策略。由于营销新闻信息是发布到各大新闻门户网站的,而这些新闻门户网站本身就被搜索引擎认为很重要,重要的内容自然会获得好的排名,同时又会提升企业的信息在搜索引擎上的覆盖率。要知道企业的覆盖率增加了,企业的竞争对手覆盖率就会相应减少,此消彼长差距还是很大的,更高的搜索引擎覆盖率将会获得更多的商业机会。

⑥贡献。经常看到很多企业的网站上或宣传册上都会给媒体报道留出一块地方,大家都知道媒体报道是个好东西,尤其是权威媒体的报道,可以有效地将企业与骗子区分开。如果一个企业经常被像搜狐、新浪、网易这种权威门户网站报道的话,客户对该品牌的认同度将会更高。

⑦二次传播。一般新闻门户网站的内容都会被认为质量度比较高,大网站上的新闻内容每天会被很多小网站转载。有的是人为的,有的是自动的。所以,如果企业的新闻登录到某一大型的门户网站,很有可能就会被转载到数十家甚至更多的小网站上,被更多的人浏览,同时对提升企业信息在搜索引擎上的覆盖率也很有帮助。

新闻营销要想成功,关键在于要找到嵌入点,将企业和产品信息巧妙地嵌入新闻之中,达到借势传播的效果。另外,一定要站在第三者的立场上,这样才更具有真实性。不论是人为策划的,还是借助已有的时事热点,一定要精心设计,让一切显得顺理成章,让用户轻松掉入"陷阱"之中,营销就水到渠成了。

2.12.3　新闻营销的要点

策划要素:

①新闻营销的主体是企业,是企业站在自身的角度进行策划的。

②新闻营销的目的是达到企业的某项要求,不达目的的新闻策划对企业没有意义。

③新闻策划的传播途径必须是大众媒体,这样才能扩大新闻传播的范围,引起轰动效应。

④新闻发布是以媒体的立场客观、公正地进行报道,用事实说话,制造新闻现象和新闻效应。

⑤在运作上,必须遵守新闻规律,戒假新闻、伪新闻或者不是新闻的新闻。

⑥新闻策划方式可以是人为制造的,也可以是社会新闻热点事件上的新闻运作,总之是各个环节精心策划,使事件顺理成章。

2.12.4　新闻营销的借势及造势攻略

1) 名人攻略

名人可以是影视界、体育界和文化界的,这就看企业的需求、资源和时机了。需求是企业铁定的要求,一般是不能轻易更改的,资源主要看策划的时候能找到哪些名人,时机就看当时所处环境的态势,三者合一,筛选出最终方案。

事实上,名人是社会发展的需要与大众主观愿望相给合产生的客观存在。根据马斯洛分析的人的心理需求学说:当购买者不再把价格、质量当作购买顾虑时,利用名人的知名度去加重产品的附加值,可以借此培养消费者对该产品的感情、联想,来赢得消费者对产品的追捧。

2)体育攻略

主要就是借助赞助、冠名等手段,通过所赞助的体育活动来推广自己的品牌。体育活动已经被越来越多的人关注和参与,体育赛事是品牌最好的新闻载体,体育背后蕴藏着无限商机,已被很多企业意识到并投入其间。比如,世界杯期间炒得沸沸扬扬的"米卢现象"。又如可口可乐、三星等国际性企业都是借助体育进行深度新闻传播的。而作为中小型企业,也可以做一些区域性的体育活动,或者国际赛事的区域性活动,如迎奥运××长跑等手法都是常见的。

3)实事攻略

实事攻略,就是通过一些突然、特定发生的事件进行一些特定的活动,在活动中达到企业的目的。实事往往需要有前瞻性,可以提前预知的要提早行动,以便抢占先机。对于突发事件,要具有迅雷不及掩耳的速度反应。实事基本分为政治事件、自然事件和社会事件。

4)活动攻略

活动攻略是指企业为推广自己的产品而组织策划的一系列宣传活动,吸引消费者和媒体的眼球达到传播自己的目的。比如,来自企业产品为主的新品发布、研讨会以及经商商会;也可以从社会的角度进行公益活动、慈善活动等;还可以从企业战略角度进行合作签约、领导人的到访、股票的上市、行业的联盟等。这些都可以让公众和媒体对企业和品牌投来关注的目光。

其实,一些新闻是可以创造的。通过制造一些新闻,特别是随着企业的不断壮大,其媒体关注度也在增大。在活动中,邀请记者现场参与,最终总能发一些新闻报道。

①新闻(品)发布会。向媒体发布最新的关于产品、技术、事件、活动等方面的消息,通过各种新闻媒体的宣传报道,传达给目标群体。

②参加行业展。考虑参加各种形式(如有关数码、消费类电子产品)的展会。

③举办研讨会。与政府相关部门、行业协会、相关团体组织合作举办各类研讨会,从而达成合作意向,影响决策和抉择。通过这些部门、机构的特殊地位,发挥一般宣传所达不到的良好效果。

④经销商大会。与全国各地的经销商定期举办经销商大会。

⑤产品促销活动。可以和大型商场、网吧等单位合作,利用节假日客流量大的特点,采用形式多样的促销手段和方式方法。

⑥领导人的到访。邀请政府领导视察,邀请团体参观,此类活动影响面广。

5)娱乐攻略

利用娱乐节目带动新闻事件,利用娱乐新闻促进产品销售。如电影《手机》中所有的角色都使用摩托罗拉的手机,而走下银幕的摩托罗拉更是将其新款手机A760与《手机》的广告宣传紧密相连。宝马公司也不寂寞,不仅让电影中的男主人公到哪里都开着那部张扬的BMW,而且在荧屏之下也与《手机》开展了不同形式的合作。国美电器也斥巨资全程赞助电影《手机》全国巡回公映,邀请《手机》剧组的导演冯小刚和主要演员葛优、张国立、徐帆、范冰冰等相继亲临国美电器商城开展明星与消费者"亲密接触"的促销活动。通过《手机》,完全可以看见新闻营销的一种整合,在电影中把相关产品嵌入其中,达到完美的结合与整合,并配合电影的宣传、活动进行推广。

6)概念攻略

概念攻略是企业为自己产品创造的一种新理念、新潮流。在新闻营销中,完全可以把理论市场和产品市场同时启动。先推广一种观念,有了观念,就有了新闻价值。如移动PC的命名,它的目标客户对电脑的移动性有较高的需求,但他们需要使用电脑的空间仅仅局限于办公室和家中。同时,他们对产品的价格又比较敏感。在经过详尽的市场调查后企业发现,笔记本电脑代表着轻薄、时尚、品位甚至身份,台式机代表着高性能、高配置、低价格、普及应用。在这两者之间,以往是"台式机CPU"笔记本电脑的生存空间,有市场但名声差,企业卖得"犹抱琵琶半遮面",用户用得"道是无情却有情",一直没有一个明确的说法。于是一个单独的品类——"移动PC"横空出世了,果然引起了媒体的兴趣。

7)价格攻略

产品的价格关系着国计民生和消费者的直接利益,因此,价格问题是新闻媒体一个永恒的话题。价格战一直是广大消费者和新闻媒体注视的焦点,只要操作得当,必定会引起新闻媒体的关注。例如,格兰士、金山都是通过价格的全面下调,引来了众多大众和专业媒体的争相报道。表面上看这些企业利润有些损失,然而由于媒体的炒作,使这些本来名不见经传的企业成为了知名企业,销售额的大幅上升自然导致了利润的相应增长。

8)挑战攻略

挑战攻略有两种方式,一是通过与竞争对手挑战,证明自己的实力;二是虚拟一个目标,进行自我挑战,最终形成新闻事件。如交大铭泰杀毒软件就进行过两次挑战:一次是与瑞星试比高,下挑战书比赛杀毒能力;另一次是虚拟了一个目标,要做吉尼斯世界大全。由于事件本身具有轰动性,必然引发媒体的密集报道。

2.12.5 新闻的发布及成功标准

成功标准:

1)初级境界

初级境界,变亮点为焦点。任何新闻营销都有其明显的商业目的。在目的基础上,发散性地创造一些想法,这种带有极强的功利性的点子,往往只是一个亮点,思想的火花,所以你要把它变成新闻焦点。通过新闻营销的程序进行推广,形成阶段性的新闻事件,聚焦目标受众的眼球,这是最重要的。

2）中级境界

中级境界，变焦点为卖点。什么是卖点？当然就是产品卖出去的理由。新闻营销的目的就带有销售任务，所以，在新闻中最好能把产品嵌入其中，潜移默化地粘贴在新闻中，润物细无声地打动消费者。其实，无论是直接来自产品特性还是事件的间接推动，只有达到销售才是终极目的。不过，在新闻营销中的产品买点和新闻买点的结合更加微妙和巧妙，与一般的广告推广相比更含蓄、深入。当然，在事件中完全可以把广告推广和新闻营销作为整合，相互推动。

3）高级境界

高级境界，变卖点为记忆点。新闻营销需要影响长久，为企业不断跨越台阶进行长远的铺垫。所以，如何将事件的热点变为消费的记忆点就显得尤为关键了。在实践中，通过某些新闻（无论采取哪些新闻营销手法），让媒体和公众对企业和产品产生良好的印象，从而提高企业或产品的知名度、美誉度，树立良好品牌形象，并在达到销售的同时，更要达到长久或者很长一阶段对企业和产品具有良好的认可，才是最高的境界。

2.13 软文营销 Q

2.13.1 什么是软文营销

软文营销，是指通过特定的概念诉求，以摆事实、讲道理的方式使消费者走进企业设定的"思维圈"，以强有力的针对性心理攻击迅速实现产品销售的文字模式和口头传播。比如：新闻、第三方评论、访谈、采访、口碑。软文是基于特定产品的概念诉求与问题分析，对消费者进行有针对性的心理引导的一种文字模式。从本质上来说，软文是企业软性渗透的商业策略在广告形式上的实现，通常借助文字表述与舆论传播使消费者认同某种概念、观点和分析思路，从而达到企业品牌宣传、产品销售的目的。

1）概况

在传统媒体行业，软文之所以备受推崇，第一大原因就是各种媒体抢占眼球竞争激烈，人们对电视、报纸的硬广告关注度下降，广告的实际效果不再明显；第二大原因就是媒体对软文的收费比硬广告要低得多。所以，在资金不是很雄厚的情况下，软文的投入产出比较科学合理。因此，企业从各个角度出发，愿意以软文试水，以便使市场快速启动。

所谓软文，就是带有某种动机的文体。而软文营销，则是个人和群体通过撰写软文，实现动机，达成交换或交易目的的营销方式，可以相对于硬广告而言。

众所周知，硬广告是一种纯粹的广告，直接的广而告知。而在软文中，如销售信函、广告文案、招商宣传等，它们都是带有"硬广告"性质的软文。

2）营销意义

软文营销是生命力最强的一种广告形式，也是很有技巧性的广告形式，软文是相对于硬性广告而言的,由企业的市场策划人员或广告公司的文案人员来负责撰写的"文字广告"。与硬广告相比,软文之所以叫软文,其精妙之处就在于一个"软"字,好似绵里藏针,收而不露,克敌于无形。等到你发现这是一篇软文的时候,你已经冷不丁掉入了被精心设计过的"软文广告"陷阱。它追求的是一种春风化雨、润物无声的传播效果。如果说硬广告是外家的少林工夫,那么,软文则是绵里藏针、以柔克刚的武当拳法,软硬兼施、内外兼修,才是最有力的营销手段。

软文营销文字可以不要华丽,可以无须震撼,但一定要推心置腹说家常话,因为最能打动人心的还是家常话,绵绵道来,一字一句都是为消费者的利益着想。

举例:国外有一家著名的DIY家装连锁店,其成功的秘诀就是为消费者省钱,每个员工的首要职责是告诉消费者采用哪些装修材料、工具既能满足他们的要求,又能最省钱。有一位消费者为了解决一个难题,欲购买一套价值5 000美元的工具,该连锁店的一名员工为其提供了一个简单的解决方案,只花了5美元,消费者很感动,表示下次再来光顾。

许多人会说,这样的商店太傻了,应该让消费者尽量多花钱,才是快速致富之本。但是,傻人自有傻福。这家商店这样为消费者着想,得到实惠的消费者奔走相告,广告费分文未花,每天的来客常常多得装不下,生意好得不得了。有了人气,财源自然滚滚而来。

美国著名黑人领袖马丁·路德·金在华盛顿主持了一次有25万人参加的为了争取自由而举行的示威集会,发表了一篇令美国人民至今难忘的演说《我有一个梦想》。实际上,马丁·路德·金的演讲词"我有一个梦想"就是最好的软文营销模板,已经超越了为自己、为一个小团体而奋斗的狭隘和局限,达到了为全美国所有黑人的自由鞠躬尽瘁的最高境界。正如他讲到的:"我心怀这样一个梦想,那就是我们终能填平所有的人间沟壑,夷去所有的世间屏障,变崎岖为康庄,易坎坷成平原。到那时,上帝的光轮再现,普天下生灵共谒基督。"

3)写作方面

(1)写作概况

①标题写软文目的,这种标题写法是非常重要的。不同的软文营销目的,标题的写法也是完全不同的,根据自己的经验去写作,来吸引读者。

②软文的第一段非常重要,必须把软文的第一段写好,精准用户才能够继续浏览第二段。软文要用简洁、简单的句子。

③软文的内容必须通俗易懂,可以用第一人称或者第三人称写作文章,读者会不知不觉地接受软文的理念。标题要新颖、有吸引力,并具有配合关键词的特点。

④写软文的要点,是能够让读者第一眼认出软文的核心以及中心思想,让人有兴趣阅读。

(2)软文形式

软文之所以备受推崇,第一个原因是硬广告的效果下降、电视媒体的费用上涨;第二个原因是媒体最初对软文的收费比硬广告要低很多。所以,企业从各个角度出发愿意以软文试水,以便使市场快速启动。

软文虽然千变万化，但是万变不离其宗。软文主要有以下几种方式：

①悬念式。也可以叫设问式。其核心是提出一个问题，然后围绕这个问题自问自答。例如，"人类可以长生不老吗？""什么使她重获新生？""牛皮癣，真的可以治愈吗？"等。通过设问引起话题和关注是这种方式的优势。但是，软文必须掌握火候，首先提出的问题要有吸引力，答案要符合常识，不能作茧自缚，漏洞百出。

②故事式。通过讲一个完整的故事带出产品，使产品的"光环效应"和"神秘性"给消费者心理造成强暗示，使销售成为必然。例如，"1.2亿买不走的秘方""神奇的植物胰岛素""印第安人的秘密"等。讲故事不是目的，故事背后的产品线索是文章的关键。听故事是人类最古老的知识接受方式。所以，故事的知识性、趣味性、合理性是软文成功的关键。

③情感式。情感一直是广告的一个重要媒介，软文的情感表达由于信息传达量大、针对性强，当然更可以叫人心灵相通。"老公，烟戒不了，洗洗肺吧""女人，你的名字是天使""写给那些战'痘'的青春"等。情感最大的特色就是容易打动人，容易走进消费者的内心。所以，"情感营销"一直是营销百试不爽的灵丹妙药。

④恐吓式。恐吓式软文属于反情感式诉求，情感诉说美好，恐吓直击软肋："高血脂，瘫痪的前兆！""天啊，骨质增生害死人！""洗血洗出一桶油"。实际上，恐吓形成的效果要比赞美和爱更具备记忆力，但是也往往会遭人诟病，所以一定要把握度，不要过火。

⑤促销式。促销式软文常常跟进在上述几种软文见效时——"北京人抢购×××""×××，在香港卖疯了""一天断货三次，西单某厂家告急""中麒推广免费制作网站了"……这样的软文或者是直接配合促销使用，或者就是使用"买托"造成产品的供不应求，通过"攀比心理""影响力效应"多种因素来促使你产生购买欲。

⑥新闻式。所谓事件新闻体，就是为宣传寻找一个由头，以新闻事件的手法去写，让读者认为仿佛是昨天刚刚发生的事件。这样的文体有对企业本身技术力量的体现。但是，告诫文案要结合企业的自身条件，多与策划沟通，不要天马行空地写，否则，多数会造成负面影响。

上述6类软文绝对不是孤立使用的，是企业根据战略整体推进过程的重要战役，如何使用就是布局的问题了。

⑦诱惑式。实用性、能受益、占便宜这3种属于诱惑式，这3种软文的写作手法是为了能够吸引读者，让访问者觉得对自己有好处，所以主动点击这篇软文或者直接寻找相关的内容。因为它能给访问者解答一些问题，或者告诉访问者一些对他们有帮助的东西。这里面当然也包括一些打折的信息等，这就是抓住了消费者爱占便宜的心理。

（3）标题设计

①含重要内容。

A.标题要做到有个性，有创意。个性和创意能够激发人们内心的潜在诱惑，而且更具有吸引力。

B.标题要有思想。很多软文的标题都很空洞，这个标题往往给人们带来一种云笼雾罩的感觉，不知道你想要说什么，表达什么，所以写标题也得有实物，有思想，有内涵，这样你的标题让人看一眼就知道你的文章将要表达什么，才会有进一步阅读的欲望，标题能够和热点关键词挂钩效果会更好。

C.标题要传神生动。标题实际上就是你文章的高度概括，是浓缩的精华。所以，这个标题一定要生动传神才能够吸引人关注你的文章。

D.不要做标题党。有时候真实的力量往往更具有感染力。

②设计时注意事项。对于软文，我们就不得不提到软文标题设计。从上小学写作文之时开始，老师便时常强调这么一句话："题好一半文"。确实，这并不是潜移默化的原因，而是有着许多实实在在例子在我们身边，就好比标题党的出现。当然，在这里不提倡这个做法。以下分析5点软文标题设计技巧：

A.软文标题应简短明了。对于软文标题的设计，若使用长句作为标题，难免会让人有一种软文标题冗余的感觉，而对于过度冗余的软文标题，更会让读者反感，产生不了阅读软文内容的兴趣。因此，软文标题设计应尽量简短，这种简短必须在通俗明了的前提下。如果用户对软文标题都云里雾里，那么产生兴趣的可能性就会很低。

B.软文标题为内容点睛。一篇软文的大门会让读者通过这扇门进入软文的内容中。我们可以通过在设计软文标题时尝试插入具有吸引力的词，如免费、惊曝、秘诀等。当然，具有吸引力的词汇很多，这就需要我们在不断进行软文写作中进行积累，并对其进行分析：什么样的词对什么样的文章更具吸引力？

C.多用问号。对于软文标题设计，我们可以多用疑问句和反问句从而引起读者的好奇心。

D.需融入关键词。对于软文写作，惠州SEO叶剑辉之前也写过一篇关于软文写给谁看的文章，当然，那篇文章更多是倾向于软文营销，因此主要阐述的是用户。软文是写给用户看，其实有不少朋友在进行软文写作时都会忽略这么一个问题：文章无非就是给搜索及用户看，因此在软文标题设计时我们得充分考虑这一问题。对于这一问题，惠州SEO认为重点在于融入关键词，无论是对用户还是对搜索引擎，只有融入关键词，融入长尾关键词，搜索引擎才能更好地判断其文章的主题与相关性，用户才能通过标题更精确地找到自己所需要的内容。当然，这最后还是从用户的角度进行考虑。

E.与内容相关性。在着手软文写作之前，我们需明白软文的主题内容，并以此命题，从而让软文标题与文章内容能够紧密相连。无论撰写软文的主题内容是什么，也不管其的目的是吸引用户去阅读，去评论，或是让更多的人转载，从而带来软文外链。但如果软文标题与软文主题内容不相关，挂羊头卖狗肉的话，惠州SEO认为该软文的目的很难实现，而对于搜索引擎而言，也同样是不友好的做法。

最后，对于软文写作技巧也不仅局限于软文标题设计，还存在许多细节需要我们去注意，但这都需要我们更多地去进行软文写作，从而进行经验的沉淀，方能让软文效果最大化。

③注意事项。

A.具有吸引力的标题是软文营销成功的基础。软文的文章内容再丰富，如果没有一个具有足够吸引力的标题也是徒劳的，文章的标题犹如企业的LOGO，代表着文章的核心内容，其好坏甚至直接影响软文营销的成败。所以，在创作软文的第一步，就要赋予文章一个富有诱惑、震撼、神秘感的标题，如《还没开始用手工皂?你太OUT了！》通过反问和热门词"OUT"字的组合，给爱美的女士一个充满神秘新鲜的标题，以新颖的题目获得了大量的转载。这里需要说明的是：标题虽然要有诱惑力，但是切忌变成了标题党，导致给用户货不对板、挂羊头卖狗肉的感觉。

B.抓住时事热点，利用热门事件和流行词为话题。自从"郭美美"事件后，各大网站、报纸就开始刊登相关的新闻报道，搜索引擎的搜索量也会增加，所以，谁先抓住时事热点，谁就成功了。时事热点，顾名思义就是那些具有时效性，最新鲜、最热门的新闻。如"小悦悦"事件和"中国校车"事件，都可以拿来作为软文的题材。流行词也是一样，如较多人使用的"给力""有木有""浮云""鸭梨""OUT"等，都能够捕捉到用户的心理，引起用户的关注。

C.文章排版清晰，巧妙分布小标题，突出重点。高质量的软文排版应该是严谨的、有条不紊的。试想一下，一篇连排版都比较凌乱的文章，不仅会让读者阅读困难、思路混乱，而且会给人一种不权威的感觉。所以，为了达到软文营销的目的，文章的排版不可马虎，需要做到最基本的上下连贯，最好在每一段话题上标注小标题，从而表达出文章的重点，让人看起来一目了然。在语言措词方面，如果是需要说服他人的，最好加入"据专家称""某某教授认为"等，能够提高文章的分量。

D.广告内容自然融入，切勿令用户反感。为什么笔者要把这点放在最后呢？因为要把广告内容自然地融入文章是笔者认为最难操作的一部分。一篇高境界的软文是要让读者读起来一点都没有广告的味道，就是要够"软"，读完之后读者还能够受益匪浅，认为你的文章为他提供了不少帮助，那么你的文章就成功了。这一个要点虽然是写在最后，但是并不代表融入广告是最后操作的步骤，相反，要在写软文之前就要想好广告的内容、广告的目的，而且，如果软文的写作能力不是很强的话，最好把软文放在第二段，让读者被第一段吸引之后能够带进软文的陷阱。如果没有高超的写作技巧，软文的广告切勿放在最后，因为文章内容如果不够吸引人，读者可能没有读到最后就已经关闭了网页。

4）运用须知

作为全新的软文营销推广方式之一，新传播软文营销、新传播软文推广成为软文营销热词，被业内人士直接称呼，代替软文营销推广。具体实施的步骤如下：

①确定推广方向、定位推广内容的市场价值。

②将推广的内容移交策划，制定具体的发布资源渠道。

③策划确定推广计划，移交文案编辑推广软文。

④文案编辑策划选定推广软文，移交审核。

⑤审核通过后将软文移交策划，策划确定后移交新闻媒体，按照确定的时间、确定的栏目、确定的内容准确发布。

⑥将发布过后的效果总结，移交推广需求方。

新传播软文营销在实行商业流程化软文推广的方式之初就取得了大量国内知名

企业热捧，在直接给用户带来巨大价值的同时，帮助用户的品牌做到相应的推广，从而做到了一举两得。

5）成功秘诀

一篇优质的软文对于网站来说很重要。广告宣传，能够吸引消费者的购买意愿。据了解，软文在软文推广中起着十分重要的作用。成功的软文营销分成4个方面：

①精定位。针对消费者的定位，找到软文可以切入的点，找准软文目标对象的切入点，软文的目标定位才会准确，才会做到有针对性的营销和精准营销，软文的发放也会有方向。

②热标题。专家认为，在写软文的时候，一定要注重标题党。标题成功，就是1/3的软文成功。所谓热标题，是指软文的标题对软文的营销力度影响是很大的，只有通过标题将读者吸引过来并点进去，软文才会发挥自己的优势。

③优内容。有了一个引人注目的标题后，文章内容就是进一步影响读者购买意愿的重要因素了，一定不能大意。因此，行业类的软文需要语言简洁，逻辑通顺，主题清晰。

④巧营销。毫不夸张地说，软文营销是一种很好的营销方式，成功软文的重要特征在于一个"巧"字。突出自然巧妙的文章，就是一篇合格的软文。

在互联网，软文营销是最热门的。假如进入互联网无计可施，不知如何是好，自然就是不懂得如何营销，如何推广。

6）营销误区

不少商家希望通过一次软文营销就能够带来很高的销量，或者大幅度提高炒作网站的点击率，其实那是很难实现的。因为软文不如硬广告那样直接，它是通过文字潜移默化地影响人们的思想。只有通过长期的营销宣传，才能提升品牌知名度和美誉度，进而在营销上产生质的变化。

7）专栏软文营销

早期的软文大多是专栏形式，它起源于平面广告的演变，因此专栏也被称为"文字广告"。当单纯的平面广告无法深层次说明产品功效，以及所能表达的信息通过广告很难完成的时候，广告就成了文字广告，即今天所谓的"专栏"。

"专栏"被应用最多的领域是对保健、美容等类型消费品的宣传。这类产品的特点是内涵较少，消费者对它们很少主动关注，因此简单的平面广告效应十分有限。相反，配上美女图片或比较吸引眼球的图片，图文并茂地对消费者进行心理攻击，就能使其产生强烈的购买欲望。值得注意的是，手机、数码相机、闪存等电子消费产品，在媒体上的文章基本上也是图文并茂，但这类产品是大众较为关注的产品，媒体本身也乐于刊出，因此，它们的意义不同于"专栏"。这也是为什么做IT客户的媒体公关成本会远远低于消费类产品的原因，而负责任的公关公司也会根据客户产品的实际情况进行最为合理的报价。

"专栏"操作的手法与投广告几乎没有两样，在操作时一般选择发行量较大的晚报类媒体，"专栏"价格较高，5~15元/字不等。如果选择差一点的县市级媒体或非主流媒体，价格可以低到2元/字。而重量级的中央媒体，如人民日报的价格则需要30

元/字,而且还会受到很多限制。

可以看出,做一个1/3版面大约2 000字的专栏,如果是优秀媒体,其价格可能达到2万~3万,这是相当高的价格。许多中小企业的市场推广费用是非常有限的,选择专栏要么是席卷大量资金气势汹汹而来,要么实在是迫不得已。

对于专栏,业内不成文的一个说法是:什么样的文章都可以上报纸,只要有钱。也就是说,实在没辙了,走专栏总还能把文章发出来,让老百姓看到。正因为这样,专栏是日常传播中不可缺少的一个补充,企业文化、产品深入介绍、消费环境模拟、试用手记等文章经常会需要专栏来配合。

专栏的常用方式有以下几种:

①危机感制造。软文让受众产生恐惧感,进而抛出解决办法,水到渠成。

②消费环境制造。老婆给我买了什么,用了之后,脸色好了,精神爽了。

③消费榜样树立。去××地,某某怎么怎么样,自己却……形成鲜明对比。

④产品深度介绍。

⑤企业文化。这个企业是多么多么牛,这么牛的企业,产品当然过硬。

⑥征文、促销、活动等。

就软文规划而言,"专栏"的价格毕竟很贵,所以,在市场推广过程中,能不用专栏软文,尽量不要用。

8)炒作

媒体总是要发文章的,如果一篇软文的写作程度超过了某报版面中最优秀的文章,而且稿件中涉及的事件又十分符合某报的风格,这样的软文已经是武林高手。

然而,这样的好事情通常很少发生,即使发生了,一篇软文只针对一个媒体,对于公关公司而言撰稿任务就会过于繁重。更何况,记者精于新闻报道和评论,每天都会发生千千万万的事情,与记者拼稿件和新闻,那公关公司必然落于下风。

很多事情对于普通人而言是小事,但是对于软文炒作而言,一定是大事。只要把事情搞大了,并且最终自圆其说,就能达到最佳效果。比如一次简单的促销活动,硬要把它说大了,就得着眼于行业来说,提出反面问题,进而正面回答。一般文章的进程安排是:

①提出"×××快死掉了"的大新闻。

②发现"还有一口气"。

③"原来是这样啊!"

另外,炒作要从各个角度同时进行,对企业产品进行SWOT综合分析后,多少会发现一些优势、劣势、机会和挑战。优势是要发扬光大的,劣势是有原因的,机会是要扩大的,挑战是要迎接的。然后就能有效地制定软文需要炒作的总体路线,接着针对行业、产业、企业、渠道、消费者、品牌等各个角度进行全方位的炒作。常见的炒作如:

①行业剖析。这个行业已经缺乏生气了,需要一些新事物来推动发展。

②产业分析。竞争的手段五花八门,应该玩点新花样了,或者说发展技术才是硬道理,或者说服务才是制胜的根本。

③专访。难道你不信,听听权威怎么说。这适合善于炒作的企业。

④渠道。××是有雄心壮志的,消费者会来买账,所以快来经销这种产品吧。

⑤消费者。你迷茫了吗? 我来告诉你怎么办。

⑥品牌。××是开山鼻祖,是××的挑战者,是××的领先者。

当然,这种手段适合冒进的企业,对于一些较为保守的企业而言,炒作的手法则较为单调。但是这样的企业一旦有软文需求,一般都是发生了7级地震的事情,影响也确实是非常之广的。此时的软文炒作,要"犹抱琵琶半遮面""欲语还休",一点点地进行告知。软文操作则以新闻发布、新闻评论、新闻评论、新闻评论……进行慢性轰炸,否则一篇大综述稿一出,将事情说得清清楚楚明明白白,再去炒作就是鸡肋了。

无形: 在无形之中达到软文炒作的目的。

如家电经常上演的收购案,IT业经常上演的侵犯专利起诉案,涂料行业也有喝涂料的案子,以及具有中国特色的一波又一波的大降价案,还有盛行的砸自家产品的行为,都赚到了媒体许多笔墨。这只能是较为高级的软文炒作,但是讨论很少升级,因此效果也就一般。

最基本的无形胜有形的文章,也不是公关稿件的最高境界:看似站在第三方角度进行公正评论,但文章的整体却为客户说话。所谓无上极致,要达到的效果是逼竞争对手出招,或者将媒体的目光吸引,主动跟进,让别人花钱为自己炒作。

对于逼竞争对手出招的方法是: 主动攻击对手的软肋,一般是处于市场第二、第三梯队的企业攻击第一梯队的企业,打击别人以提高自己。因为是软肋,竞争对手明知道是圈套也只能慢慢往里钻,花钱为自己洗脱的时候,也不得不提高别人。这事实上是对双方都有好处的做法,如果两个企业配合默契,效果就会很好。对于市场上的冤家对头,如果吃不下对方,也可以默契地进行互相攻击。

媒体的嗅觉是灵敏的,消费者最关注的也就是媒体最需要的。很多时候,我们只需要提供一个话题,比如媒体普遍报道家用空调的使用是否健康,这比对海尔健康空调本身进行炒作要有效得多。另外,对网络媒体而言,它们对优秀文章进行大范围转载无疑也达到了软文传播的绝佳效果。不管是哪种方法,以点带面,发出一个声音,"怂恿"媒体来帮助炒作概念,是四两拨千斤的最好办法。不管怎样炒作,目的是利用最少的资源,引起全社会的共鸣。

平台宣传: 利用一定的手段达到营销的目的。比较好的软文营销平台有很多,利用很少的资金达到很好的营销效果。

9)营销讲解

理性营销: 理性化软文营销法,与传统软文营销不同,它更倡导理性地进行软文营销,有效地降低了成本。

理性化软文推广营销有3个特点:

①在WEB2.0时代,软文营销的功效已经由靠软性文章打动消费者,转换为软文优化。

②软文以新闻的形式发布在网络媒体时,可以获得最佳的搜索引擎优化效果,且性价比更高。

③软文营销最大的价值所在，一是软文的可读性，二是发布媒体的权重（媒体是否获得新闻源认可，是否会获得大量转载）。

理性软文营销法与传统软文营销法相比，更重视营销产生的实际价值，可控性更强，且以优化为目的去营销，更能精确地把握潜在受众。

理性软文营销法一经推出，反响强烈，已经成为软文营销的新趋势。大多数企业已经尝到网络软文营销的甜头，为了搜索，为了达成最终的销售，众多企业纷纷加入了软营大军。

在高速信息化发展的今天，营销已经不单单局限于传统的方式，营销作为商业环节中重要的环节之一，同样伴随高速化网络信息发展也在不断地革新。软文营销就是其中最新的方式之一，采用互联网中知名新闻媒体、传媒网站的软文发布来实现品牌影响力的扩大。新传播软文营销就是其中重要的特色。

10）分类

①从呈现形态上进行分类：广告版面上、专刊专版上、新闻版面上的宣传，任何标注为新闻报道，实为广告宣传。

②从软文营销作用的角度来进行分类。

第一类，推广类软文，是主要形式。

第一，站长在软文中推荐店址。

第二，网店店主在文章中推荐店址。

第三，从搜索引擎优化的角度出发，所设计的关键词的网页文本。

第四，网页信函，大多数是一个域名只有一个网页的模式。

第五，以E-mail方式投放销售信函或者海报的形式。

第六，在报纸杂志上直接介绍或者是相关产品知识的介绍。

第二类，品牌力软文，为品牌量身订造全网整合营销解决方案。

11）新闻源

（1）新闻源的由来

当网络迅速普及之后，网络信息海量出现，搜索引擎的重要性随之显现，新闻源也就是随着搜索引擎出现的。搜索引擎的新闻搜出来的信息就是新闻源信息，被新闻引擎收录的网站就是新闻源网站。

（2）新闻源的定义

知道了新闻源的来历，我们再看看新闻的标准定义。百度百科上说新闻源是指符合百度、谷歌等搜索引擎种子新闻站的标准，站内信息第一时间被搜索引擎优先收录，且被网络媒体转载成为网络海量新闻的源头媒体。新闻源在网络领域内的地位举足轻重，具有公信力与权威性，也是辐射传播至国内媒体网络的原点。

从定义上分析，新闻源指的是媒体，也就是新闻源网站，如新浪、搜狐。需要申明一点，新闻源是就搜索引擎而言的，无法脱离搜索引擎而独立存在，大家习惯说的新闻源，可能是默认的百度新闻源。实际上，新闻源还有谷歌新闻源、搜搜新闻源、搜狗新闻源等。

（3）新闻源的价值所在

新闻源的价值是：新闻源媒体具有一定的权威性，信息发布后可以引起媒体界的关注和转载，而使软文营销的效果被无限放大。

新闻源网站日渐增多，新闻源价值正在弱化。如果你经常操作软文营销，你可能也发现了，新闻源媒体实在是太多了，有些媒体是名义上的新闻源，就是说可以被搜索引擎的新闻引擎抓住，但是不具备新闻源之实，即没有成为信息传播的源头媒体，没有其他媒体关注。

很多媒体为了经济利益，将某些版块承包给一些企业，这些承包商功利性更强，以经济利益驱使的媒体，似乎已经失去了媒体本身的价值，所以也没有媒体来关注这些新闻源，这些媒体有新闻源之名，无新闻源之实。

12）伪原创

（1）第二次伪原创

时间有限时，可以在第一篇伪原创的基础上做第二次伪原创。形式方面，可以打破原有文章形式，做ask and answer 问答形式，或用书信的形式。在原有文章的基础上，因为对于内容比较熟悉，所以修改的时候会更有一定的针对性，而且有些文章在修改时也挺有意思的。同时，也有一个问题，如果对于内容和编辑不熟悉，最容易造成思维局限，这时候在格式、风格、语调、图片上可以花点心思。

（2）原创文章制作

原创作品的构思更多来源于伪原创，仅仅靠我们凭空想，非常有限。

①翻译相关产品对应的文章，注意该产品的特征。

②对网络上已有的文章或观点进行点评。

③对网络上已有的文章进行整理归纳，形成自己的观点。

④对网络上已有的产品知识、评论、使用心得进行总结，形成专题内容。

⑤凭自己对产品的了解，进行原创性文字的写作。

⑥关于文章字数要求：300~500字或500~800字比较好。

⑦关于字数的问题，这里主要是根据实际的操作，以及以网站一个页面的大小能容纳的字数而总结的属于自己的看法。一篇文章要根据文章的性质和内容决定这篇文章的长短也是很重要的。字数稍微减少一点，编辑起来速度会比较快，容易满足站点更新需求。同时，字数少些对于前期编辑文章也比较容易掌握和突破。当然，针对一篇文章内容的长短，更新文章的内容和性质要加在站里，这对于伪原创的长短也是有一定关系的。这个度要拿捏好，更容易节省时间。

除此之外，也要学会利用搜索引擎。这可能牵涉一点技巧，因为做软文其中一部分是为了优化，从优化的角度出发思考问题、按照搜索引擎的喜好来操作，有的时候会事半功倍。这一部分最重要的是要多实践。同时，也需要多学习这方面的资料。这也是需要多总结和尝试的地方。

其实，真正的软文写作是需要花时间去磨砺的，不是编辑了几篇文章，做编辑这份工作多长时间就能有所成效的。编辑不等于简单的复制、粘贴，编辑是需要自己去摸索的。要想成为一个专业的写手，没有一两年甚至更长时间的积累沉淀是根本不行的。一切都在学习、积累中。需要耐心,需要摸索,需要创新。

13)最佳效果

很多企业以为写一篇软文发到网上,就能被客户看到,进而来购买自己的产品,其实这种想法是错误的。那么,软文营销如何才能达到最佳效果呢?

(1)软文是为受众而生的

很多时候,我们都觉得软文的目的就是要宣传和做广告,但是,由于功利色彩太严重,因此我们的软文广告色彩也很重,这样反而吓跑了用户。软文是为受众而生的,只有受众真正买单,软文才算是达到了最佳的推广效果。否则,再多的广告和产品宣传也是徒劳的。

(2)受众精准定位

一种营销不是针对所有人的,尽管我们希望越多的人关注越好。但是并不是网撒得越大就能收获越大,反而会顾此失彼,漏掉你真正的潜在用户。要结合自己的考察情况确定受众群,才能真正针对这些有效人群投放信息。内容的不相关和太浓重的广告色彩都只能引起不相关人群的反感。

(3)抓住受众口味

我们要认真分析受众真正喜欢的是什么,不要以为什么样的信息都能够传播,即使传播出去了也会被信息的大海淹没,没有真正的推广效果。要想取得最好的传播效果,需要对受众的需求进行系统的研究,抓住受众的胃口,才能让众多受众关注和阅读。从某种程度上来讲,受众口味也能决定你的软文是否能够得到较好的推广效果。

(4)选对发布网站

研究好了用户,写好了软文,接下来就是选择软文发布的网站了。收录、新闻源、转载率等都是考量网站的重要标准。而一般用户对这些并不了解,也不知道如何联系编辑,那该怎么发布呢?用户可以将新闻、软文快速发布到全国几家媒体上,让企业信息迅速覆盖全网络。

(5)软文营销策略的转化

软文信息投放了不代表工作就完成了。我们要真正考察这篇软文能够带来多少效益,也就是我们说的效益的评估。多少人是潜在客户,什么人群是忠实用户,什么人群能够真正转化为购买用户,网站的浏览量、关注度都是软文营销应该完成的策略转化,而且这次的软文效果可以为下次发布提供参考。

14)扩散途径

(1)由纸媒到互联网媒体

虽然今天被称之为自媒体时代,但是信息传播往往是从小众到大众,人人都是自媒体,人人都是信息源,这也意味着人人都难以产生影响力和深度的信息资源。所以,今天即使我们身处互联网的深渊,但是大多数有影响力、传播范围较广的信息,还是来自于纸媒。把纸媒作为软文的第一发布媒体,是很多企业选择的宣传方式,有些企业甚至在纸媒的广告中舍弃了图片,全部以文字形式呈现,或访谈,或书写企业文化,或者刊登用户评价等。大多数纸媒都拥有自己的网站和电子版,而很多网站编辑采集的信息主要来自于纸媒。在纸媒发布的软文一般转载率都比较高。

（2）由非纸媒网站到纸媒网站

我国有上千种报纸，这些报纸大多都有自己的官网，并且大多是资讯类网站，无论是信息的数量还是信息的质量，都远高于资讯类论坛。同时，这些网站几乎都是百度等搜索引擎的新闻源站点。所以，这些纸媒的官网，在软文发布的时候需要重视。这些纸媒为了获得高质量的文章，开通了两个信息入口。一个是网站的论坛，一些具有一定篇幅并且观点明确的文章，会成为纸媒官网以自己名义发布的信息或者新闻。当然，网站的编辑会进行一定的整合和修改。另一个是纸媒官网开通的投稿入口。虽然对于软文的质量要求较高，但是软文依然有进入的机会。当然，还有一种方式是纸媒向企业收取一定的费用，在官方网站刊登软文。

（3）由行业网站到非行业网站

几乎所有的行业，都有本行业内有影响力的行业网站，特别是工业行业。一个行业往往有多家具有一定影响力的行业网站，这些网站大多有官方背景，具有权威性，权力重大，发布的信息权威。公司网站编辑或者细分行业网站的编辑，对于这些网站情有独钟。在这些网站发布软文，会被同类网站，或者影响力较低的网站所转载。同时，还会被同行业的公司所转载，尤其是涉及行业发展、规划、目标、趋势、数据等文章，同行的企业网站更加热衷于转载。企业在行业网站发布软文，是一个不错的选择。当然，这样的软文需要具备一定的行业视野。

（4）由非盈利网站到商业网站

非盈利网站包括政府网站、事业单位网站、公益组织网站和协会网站，这些网站都多开设有与本机构职能相关性的资讯栏目。例如，教育网站可能开设学生兴趣栏目，一些商业教育机构的软文，就能够被引用。又如，政务网站开设的智慧政府栏目，一些介绍监控、安全、政务设备等产品的文章，就有被采用的可能。根据笔者的观察，在这些网站发布的文章，点击率可能不高，但是被其商业网站转载的次数非常多。同时，搜索引擎对这些文章收录的意愿非常强。

（5）热点事件软文到商业热度事件软文

热度事件原本属于非盈利软文，网民关注以及讨论热门事件纯属网民对事件的好奇，以及对原事件的观点进行讨论评价希望获得其他网民的认可。凡事都有变化，网络热门事件也是如此，如2014年90后互联网热门事件，当时最受欢迎的几个90后人物，如余佳文、何苦宗、马佳佳等，他们在互联网商家眼中却成为了最有利的商业广告，互联网商家利用热门事件炒作软文为企业家进行品牌营销。

2.13.2　软文营销的特点

①本质是广告：追求低成本和高效回报，不要回避商业的本性。

②伪装形式：使受众"眼软"（只有眼光驻留了，徘徊了，才有机会）是新闻资讯，包括管理思想、企业文化、技术、技巧文档、评论、包含文字元素的游戏等一切文字资源。

③宗旨是制造信任，使受众"心软"。只有相信你了，才会付诸行动。

④关键要求是把产品卖点说得明白透彻，使受众"脑软"。

⑤着力点是兴趣和利益：使受众"嘴软"。拿人家的手软，吃人家的嘴软。

⑥重要特性是口碑的传播性：使受众"耳软"（朋友推荐的，更愿意倾听）。

2.13.3 如何找软文要点

营销要素：

①新闻软文的主体是企业，是企业站在自身的角度进行策划的。

②新闻软文的目的是有利于企业的某项要求，不达目的的新闻对企业没有意义。

③新闻软文是以媒体的立场客观、公正地进行报道，用事实造成新闻现象和新闻效应。

2.13.4 软文营销的策略

1）软文话题策划

软文话题的策划要准确把握用户群的特点。再就是根据营销的导向性来策划话题。应注重用户信任的建立，推广一些侧重活动和特色的产品，非常新颖。

2）软文营销

将软文写作的文稿发布到策划好的目标媒体上。

2.13.5 如何写行业及用户软文

写作技巧：软文推广对公司推广、产品推广乃至品牌形象的建立都有很大作用。因此，软文推广的巨大威力已为人们所认可，特别是在浩瀚的网络大海中，软文推广正在逐步发展成为主要的、无可比拟的推广法宝。在写作技巧方面，譬如：

1）题目学习标题党

标题党，曾在网络中红极一时，为很多网站赢得了流量，带来了收入。这说明标题党是有其发展空间的，之所以后来覆灭了，是因为随着搜索的不断完善，用户体验逐渐被人们所重视，而标题党正是背离了用户体验，有个好的开始（标题），却没有一个好的结尾（内容），让人有一种上当受骗的感觉。也就是说，标题党是靠着标题成功的，但其失败却和标题没有任何关系，而是因为内容跟不上。由此可见，软文的题目是多么重要！写软文要仔细推敲，斟酌三思，把软文题目写得活泼、悬疑、夸张、不可思议。总之，要吸引人，让人看了忘不了，让人看了有猜想，有疑问，有看下去的念头。如果标题能达到这样的效果，那就为软文的成功奠定了一个良好的基础，加上一篇好的内容，就能更好地吸引人。

2）内容模仿小刊小报

写作中寻求日常的生活素材。关于这一点，小刊小报做得很好。其实并不是他们的文风多么精彩，主要是他们总有很多吸引人的小故事、生活怪事吸引着人们去看、去评论，大都是他们杜撰的，根据人们的喜好杜撰的。这一点站长们要好好学习，写软文的时候也应该根据自己的目标人群杜撰一些观众喜欢的东西，让自己的观众去看、去评论，真要是把观众的情感调动起来了，那么，你的软文就成功了一半。

3）软硬适中，方能效果显著

人们都很痛恨广告这两个字，无论你做得多么好，只要让人发现是广告，一切都等于零。但也不能太软，如果软得没了宣传的迹象，读者真的拿它当作一篇优美的范文去欣赏，那你的功夫也就白费了，这就要求我们写出的软文软硬适中，既不能让读者一眼就看穿是广告，又要让读者能够记下你要宣传推广的信息，起到推广作用。具体做法有两步：首先应该把推广的内容放在后面，让读者发现是广告时，已经把内容看完了。同时，由于前面的内容确实精彩有用，因此不会产生反感情绪，但是已经记下了你的推广信息，岂不是两全其美？其次是广告信息的嵌入，要巧妙化，自然化，能够和内容完全融入，达到完美的结合。最忌生拉硬扯，胡乱联系，让读者反感。一篇软文如果能按上面的三点写出来，不用你文采飞扬，也一定能起到很好的宣传推广作用，使你的软文效果倍增。

2.13.6　实施时的注意事项

四不可为：

1）知己不知彼

通常，在软文写作前都要对所要宣传的企业和产品做一个系统地研究，在了解了企业文化、企业经营模式和企业产品后写出的文章才会有血有肉、生动传神，这也是写好一篇软文的重要因素。但是，我们往往会忽略另一个至关重要的因素，那就是对市场情况的调查研究。在了解了企业的相关信息后，还要把握市场热点，抓住目标受众对产品最关注的是什么，易于接受的传播方式是什么等一系列问题。否则，即便你写得再好，但不能迎合消费者的需求也不会得到理想的市场回报。

2）软文写作忽视标题

我们都知道，标题是一篇文章的重中之重，在软文中也不例外。我们在看报纸、看书或是看网络报道时都是先看每篇文章的标题，然后挑选自己感兴趣的继续阅读。一般读者决定是否看某一个内容80%是由看文章的标题决定的。因此，标题可以说是整篇软文的点睛之笔，所以，在确定了软文整体的大方向后一定要在标题上下足工夫。

3）软文写作主体杂乱

读者在看一篇文章时，如果没有完全吸引他的亮点，那么通常没有什么耐心。如果不能在几行字之内抓住读者的视线，后面的内容写得再精彩也是毫无意义。另外，有一些软文在撰写时不能明确地突出主体思路，让读者看得云里雾里，不知道笔者想要表达的是什么。所以说，软文的主体要清晰，语言要精练，舆论管理，做到前后呼应，使一篇软文浑然一体。

4）篇幅过长过多

随着生活节奏的加快，读者早已习惯了快餐式阅读，看到大篇幅的文章很难有耐心去详细读完，更何况是广告。因此，软文要短小精悍，言简意赅，让读者很快就能了解整篇内容。要努力做到读者读你的软文能够更快、更容易理解所要表达的主旨。

第3章 竞价优化方法

如搜索引擎SEM催生了SEO一样,竞价广告催生了竞价广告优化,简称竞价优化。一般来说,所谓竞价优化是指企业在投放搜索引擎竞价广告中,为控制成文以及提高投资回报率针对竞价账户由专业团队实施的一种长期持续优化,从而成为企业核心竞争力的重要组成部分。另一种说法是:竞价优化的效果。总体来说,所谓竞价优化,无非就是对竞价账户中的各种元素进行优化,比如推广计划、推广单元、关键词等方面的优化,而主要又以关键词优化最为重要。

本章重点

1.掌握关键词与网站的关系。

2.掌握关键词的种类和特点。

3.掌握做长尾关键词的方法。

4.掌握网站、网页、域名、空间及之间的关系。

5.掌握网站内链和外链的概念。

6.掌握如何查询网站的外链、收录量及网站排名。

7.了解死链接和错误链接及网页 404 错误。

8.掌握竞价推广及排名。

9.掌握百度推广方法。

10.掌握网站的结构设计及 301 重定向。

11.掌握知名度提高方法。

3.1 SEO 技巧简述分析

关于SEO的操作,我们前面介绍了很多,如404,Robots等,这些都是做SEO过程中可能会用到的知识点。

原创文章是不是真的很难,要一分为二来看待。其实,任何一个网站都不可能做到全部的原创。但是，一个网站如果没有原创内容，只能够起到搬运工的角色，显然是百度算法屏蔽的那一种。所以，网站的内容创作要结合原创和转载两个方式。下面就来分析原创内容的创作技巧。

原创文章不需要写多少字，一般而言，300~500字就足以将一个新闻事件和一个技巧方法说清楚。那么，我们就没有必要长篇大论，动辄数千言来描述一个简单的事情。这看起来很学术，但是，在生活节奏不断加快的今天，这种化简为繁的方式显然是不符合用户体验要求的。因此，原创内容在精简的过程中要注重把一个事情说清楚，让用户能够看懂，这是底线。这样，我们会发现，原创文章似乎不再那么难写，同时，每天也能够创作更多的原创性文章了。

撰写原创文章时，文章的中心思想一定要和网站的主题匹配，总不能够网站的核心是谈天，但是你的网站内容却是说地，显然是驴唇不对马嘴，网站的内容一定要和网站的中心思想相匹配。这就要求站长在建设网站时，充分结合自己的擅长领域，才能够创作更多的原创内容。如果你从事的是一个陌生的领域，到最后会让你无话可说，渐渐地，网站就变成了一个空壳。

虽然说百度对文字更有亲和力，但是，为了提升网站的用户体验度，增添少许图片来形象地说明一下文字不失为一个好方法，这种原创的内容更容易获得百度的青睐。因为百度还有一个图片收录频道，如果图片和文章都是原创的，那么就等于被百度收录了两次，无疑增加了网站的曝光率，这也是现在很多网站注重图文并茂的原创内容的重要原因。在放置图片时，需要给图片设置一下ALT属性，这样才有利于图片的收录。

3.2 关键词与网站的关系

3.2.1 什么是关键词

前面介绍了SEO的专业术语和基本概念，以及什么是网站的空间、域名和程序，这一节将介绍什么是关键词。比如，在百度搜索"网络营销"会出现很多搜索结果，如图3.1所示，"网络营销"这4个字在每一条搜索结果中都会被标红，这种被搜索的词称为关键词。

其实，所谓的关键词实际上源自于英文"Keywords"，特指单个媒体在制作使用索引时所用到的一种词汇。关键词搜索是网络搜索的主要方法之一，就是希望访问者了解的产品、服务或者公司等具体名称的用语。

关键词其实就是指任何一位搜索引擎用户，输入搜索框中想要通过搜索引擎查找相关信息的用语。它可以是一个字，也可以是一个词、一句话、一个英文字母、英文单词、一个数字、一个符号等任何可以在搜索框中输入的信息。

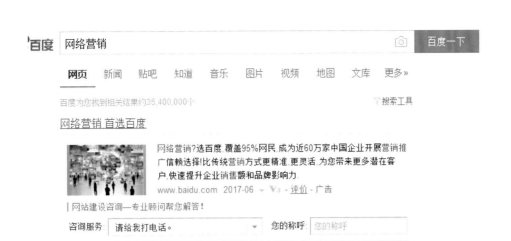

图 3.1　关键词"网络营销"的搜索结果

3.2.2　关键词的种类

对于关键词分类,更多的应该是针对SEOer来说的,而对于网民(用户)来说,他们才不管自己输入的到底是什么类型的关键词,只要能让他们在搜索引擎中找到自己想要的信息就是了。而对于搜索引擎来说,是否有关键词分类一说就不得而知了。我们可以看到的是,不同类型的关键词搜索引擎会有不同的计算方法。正是由于搜索引擎有这一特征,因此SEOer可以将关键词按照某一标准进行分类,以便于简化我们优化的工作。

前面我们已经提到不同的分类标准关键词会有不同的分类结果,比如:按照用户检索意图可以分为导航类(如某手机的品牌词)、交易类(如某手机的价格)、信息类(如某手机的图片)。又如,在网站关键词布局中经常会提到的核心关键词、主关键词、长尾关键词等。可以分为:

①目标关键词。

②长尾关键词。

③相关关键词。

从页面上来说,可以分为;

①首页关键词。

②栏目页关键词。

③内容页关键词。

从目的性上来说,可以分为:

①直接性关键词。

②营销性关键词。

对于目标关键词、长尾关键词等应该如何区分认识,以及它们的概念,下面的章节将作具体介绍。

3.2.3　什么是目标关键词及特点

目标关键词(Target Keyword)是指经过关键词分析确定下来的网站"主打"关键词。通俗地讲,是指网站产品和服务的目标客户可能用来搜索的关键词,如图3.2所示的"服装"关键词特点如下:

图 3.2　含多个目标关键词的网页

①目标关键词一般作为网站首页的标题。

②目标关键词一般是由2~4个字构成的一个词或词组,名词居多。

③目标关键词在搜索引擎每日都有一定数目的稳定的搜索量。

④搜索目标关键词的用户往往对网站的产品和服务有需求,或者对网站的内容感兴趣。

⑤网站的主要内容围绕目标关键词展开。

⑥基本上可以通过目标关键词查看中小型网站的流量,大型网站不行。

⑦目标关键词一般是网站首页定位优化的关键词,常常放在首页的标题,以及

关键词设置标签中。

⑧目标关键词是有热度的词语，每天都有部分用户通过该词语在搜索引擎进行搜索。

⑨目标关键词需要围绕网站产品和服务来设定，网站的主要内容围绕目标关键词展开。

⑩一般用户在百度搜索目标关键词搜索出来的站点大多是网站的首页或者二级目录页面。

这里说明一下，首页的目标关键词不止一个，任意点开一个网站，如图3.3所示，你会看到"热门手机""OPPO""三星"等词，这些词都是目标关键词。

图3.3　"手机"百度搜索结果

网站最核心的关键词每天的搜索量比较稳定，这些词都是放在网站的首页标题并以此来优化的。什么是首页？"http://网站域名"就是首页。如果"网站域名"后面接"/"再带有其他字母符号，一般是栏目页或内容页。

目标关键词几乎都放在首页的标题中，到该网站，这些词的排名越靠前越好。通俗地讲，放在网站首页的关键词就叫作目标关键词。

比如，用百度搜索"手机配件"，如图3.4所示，该网站的标题里包含了"手机配件"这个关键词，下面的网址"www.hzxhyj.com/"表明这是网站的首页。也就是说，

"手机配件"这个关键词是用首页来优化的,即目标关键词。

图3.4　关于手机配件的网站

3.2.4　如何做长尾关键词

如图3.5所示,"百度百科"对长尾关键词的解释是:"长尾关键词(Long Tail Keyword)是指网站上非目标关键词但也可以带来搜索流量的关键词。 长尾关键词的特征是比较长,往往由2~3个词组成,甚至是短语,存在于内容页面,除了内容页的标题,还存在于内容中。搜索量非常少,并且不稳定。长尾关键词带来的客户,转化为网站产品客户的概率比目标关键词高很多,因为长尾词的目的性更强。存在大量长尾关键词的大中型网站,其带来的总流量非常大。例如,目标关键词是服装,其长尾关键词可以是男士服装、冬装、户外运动装等。长尾关键词基本属性是:可延伸性,针对性强,范围广。

长尾关键词是长尾理论在关键词研究上的延伸。"长尾"具有两个特点:细和长。细,说明长尾是份额很少的市场,在以前是不被重视的市场;长,说明这些市场虽小,但数量众多。众多的微小市场累积起来就会占据市场中可观的份额,这就是长尾的思想。

分析网站的搜索流量和关键词,我们发现:对于一般小型网站,目标关键词带来的流量占网站总搜索流量的绝大部分。存在于网站目录页、内容页的关键词也会带来流量, 但为数不多。

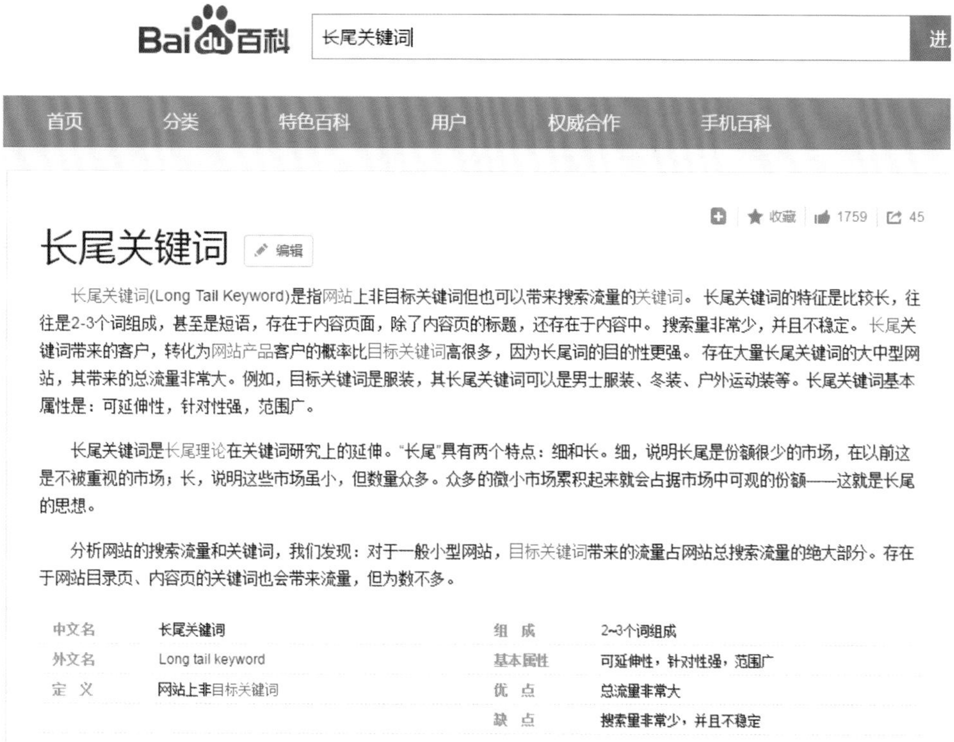

图 3.5 "百度百科"对长尾关键词的解释

如何判断一个关键词是长尾关键词还是目标关键词呢? 关键词如果放在网站首页, 即为目标关键词。如果放在文章内容页(简称内页), 即为长尾关键词。虽然从广义的角度来看, 这种说法可能有点武断、片面, 但由于该教程要尽量做到通俗易懂, 这里不赘述太多理论, 可以通俗地理解。

长尾关键词, 顾名思义, 是在目标关键词首或尾加上修饰性词语后的关键词。长尾关键词是相对的, 并不是绝对的。

比如, 目标关键词为SEO, 那么SEO的长尾可以是: 中国SEO、外贸SEO、合肥SEO或者SEO培训、SEO论坛等。

如何做长尾关键词呢? 这可以借助四处一词来解决。关于四处一词:

1) 标题

标题中出现长尾关键词, 一篇文章的标题中出现该长尾词。

2) 关键词和描述标签

关键词和描述标签, 即"Keywords"和"Description"两个标签, 在这两个标签中出现长尾关键词。注意是自然出现, 不要故意堆砌。

3) 文章内容

在文章的正文中出现长尾关键词, 比如文章开始的前一段、文章中、文章结尾、该文章的页面的其他地方。这样让该长尾关键词平均分布在整个页面, 这里可以借助分词技巧。如"SEO培训"这个词, 文章中SEO和培训两个词的分布和密度也很重要。

4）其他页面

网站的其他页面如果出现该长尾词，则给这个词加上链接，并指向该长尾词的页面。如果是单页面，那么"其他页面"可以是网站下面的某个目录，也可以是外部的网站页面。

用百度搜索"网络营销"，如图3.6所示。通过下面的网址可以看出，该网站是用首页来做"网络营销"这个词的，所以"网络营销"是该网站的目标关键词。如图3.7所示，网站下面的网址是内页，说明"网络营销"这个词在博客其中一个内容页里，即长尾关键词。博客是一个论坛网站，它的首页并不是做网络营销的。至此，对长尾关键词有了初步认识。

图3.6 "网络营销"作为目标关键词

图3.7 "网络营销"作为长尾关键词

本节进一步区分哪些是长尾关键词。举个例子，假设"网络营销"作为目标关键词放在首页来优化，当搜索该词时，百度搜索结果最下面有个"相关搜索"，如图3.8所示。"相关搜索"中推荐了一些衍生出来的词或短句，如"网络营销公司""网络营销是什么工作""网络营销案例"等,这些词或短句相对于网络营销来说就是长尾关键词。

图 3.8 "网络营销"的"相关搜索"

以"网络营销"为例,比如"网络营销"是目标关键词,想要搜索这个词的人来购买你的产品,如果有人搜索"我想学网络营销"这句话,最后来到了你网站的某一个页面。那你觉得"我想学网络营销"这句话是不是长尾关键词呢?虽然这句话没有包含"网络营销"这4个字,但它依然是长尾关键词。

对长尾关键词的认知一定要明确,否则会影响以后挖掘很多词。如果认为长尾关键词只是包含了目标关键词,而不是与目标关键词有关的词或短句,那么挖掘的长尾关键词就会变得非常有限,其实长尾关键词是无穷无尽的。

3.2.5 关键词添加规则

为保证网民的搜索体验并最终保证用户的推广效果,用户应该提交符合百度搜索推广规范的关键词。一个总的原则是:关键词应与用户提供的产品、业务密切相关,这样才能精准定位用户的潜在客户。以下两种情况均属于关键词与网页内容无关：

①与用户公司的产品无关，或关键词是其他客户或同行业其他企业的公司名称或产品。

②网站上没有与关键词内容相关的网页。

从形式上看，用户的关键词中可以使用的字符包括：

A.符合GBK汉字编码标准的简体中文。

B.汉语拼音、大小写的英文字母、阿拉伯数字。

C.空格、短横线（—）、点（.）。

说明：用户不能添加含有特殊符号、全角字符、粗体字符、非中英文字符和繁体中文的关键词。

3.2.6　关键词匹配方式及如何为关键词选择匹配

在网民进行搜索时，系统会自动挑选对应的关键词，将推广结果展现在网民面前。用户可以通过设置匹配方式，来决定网民搜索词与关键词之间可能的对应关系。

百度提供了3种不同的匹配方式，以关键词"网络营销培训"为例，各种匹配方式下可能对应的搜索词如下所示：

1）精确匹配

匹配条件是在搜索词与推广关键词两者字面完全一致时才触发的限定条件，用于精确严格的匹配限制。使用精确匹配时，如搜索词中包含其他词语，或搜索词与关键词的词语顺序不同，均不会展现对应的创意。例如，精确匹配时，推广关键词"奶粉"与搜索词"奶粉价格"或"全脂奶粉"不匹配，仅在有人搜索"奶粉"时推广信息才被触发，这样可以对展现条件进行完全的控制。

2）短语匹配

（1）精确包含

匹配条件是网民的搜索词完全包含关键词时，系统才有可能自动展示推广结果。

例如：短语—精确包含时，推广关键词"英语培训"与搜索词"英语培训""英语培训暑期班""哪个英语培训机构好"等类型匹配；与搜索词"英语的培训""英语相关培训""培训英语"和"电脑培训"等类型不匹配。

（2）同义包含

匹配条件是网民的搜索词完全包含关键词或关键词的变形形态（插入、颠倒和同义）时，系统才有可能自动展示推广结果。

例如：短语—同义包含时，推广关键词"英语培训"与搜索词"英语培训""英语培训暑期班""英语相关培训""培训英语""英语辅导"等类型匹配；与搜索词"电脑培训""英语ABC"和"德语培训"等类型不匹配。

（3）核心包含

匹配条件是网民搜索词包含关键词、关键词的变形（插入、颠倒和同义）或关键词的核心部分、关键词核心部分的变形（插入、颠倒和变形）时，系统才有可能自动展示推广结果。

例如：短语—核心包含时，推广关键词"福特福克斯改造"与搜索词"福特福克斯改造""北京福特福克斯改造""福特白色福克斯改造""改造福特福克斯""福特福克斯改装""白色经典福克斯改造""福克斯改造"等类型匹配。后两种类型就是运用关键词的核心部分（福克斯改造）和核心部分的变形进行匹配。与搜索词"奥迪A6改造""福特福克斯洗车"等类型不匹配。

3）广泛匹配

使用广泛匹配时，当网民搜索词与关键词高度相关时，即使这些词并未被提交，推广结果也可能获得展现机会。例如：以关键词"英语培训"为例，在广泛匹配方式下：

（1）可能触发推广结果的搜索词

可能触发推广结果的搜索词包括：

①同义近义词：英语培训、英文培训。

②相关词：外语培训、英语暑期培训。

③变体形式（如加空格、语序颠倒、错别字等）：英语　培训、暑期培训英语。

④完全包含关键词的短语（语序不能颠倒）：英语培训暑期班、哪个英语培训机构好。

（2）不能触发推广结果的关键词

不能触发推广结果的关键词：英语歌曲、电脑培训。

广泛匹配可以定位更多潜在客户，提升品牌知名度，节省时间。基于这些优势，广泛匹配是应用最多的匹配方式，也是系统自动选择的匹配方式。

在使用短语匹配和广泛匹配时，用户可以通过搜索词报告查看哪些搜索词触发了用户的推广结果。如果用户看到了不相关的搜索词，并通过百度统计发现这些词的效果不理想，那么可以利用否定关键词，让包含这些词的搜索词不触发用户的推广结果，从而更精准地定位潜在客户，降低转化成本，提高用户的投资回报率。

建议用户按照"由宽到窄"的策略来选择匹配方式，即对于新提交的关键词尽量设为广泛匹配，并保持2~3周的时间用来观察效果。

在此期间，用户可以通过搜索词报告来查看关键词匹配到了哪些搜索词。如发现不相关的关键词，并通过百度统计发现不能带来转化，可以添加否定关键词来优化匹配结果。如果搜索词报告表现仍然不理想，用户可以使用更具体的关键词，或尝试使用短语匹配或精确匹配。

3.2.7　关键词质量度（什么是否点关键词、精确关键词）

质量度是搜索推广中的衡量关键词质量的综合性指标，在账户中以五星十分的方式来呈现，如图3.9所示。

质量度越高，意味着推广的质量越优秀，同等条件下赢得潜在客户（网民）的关注与认可的能力越强。

关键词质量度是百度搜索推广中衡量关键词质量的综合性指标，在账户中以三星等级的方式来呈现。

关键词 ↓	状态 ⑦ ↓	计算机质量度 ⑦ ↓	移动质量度 ⑦ ↓	匹配模式
[广州广告策划公司]	有效 ⑪	★★★⯨☆ 7	★★★⯨☆ 7	精确
[互联网品牌策划]	有效	★★★☆☆ 6	★★★☆☆ 6	精确
[广州茶业品牌策划]	有效	★★★☆☆ 6	★★★⯨☆ 7	精确
[广州品牌整合策划]	有效	★★★☆☆ 6	★★★☆☆ 6	精确
[广州十大品牌策划公司]	有效	★★★☆☆ 6	★★★⯨☆ 7	精确

图 3.9　关键词质量度

质量度有什么作用?

①影响创意置左。一星,置左概率低;二星,置左不稳定;三星,置左概率高。

②影响关键词的排名。出价相同时,质量度高的关键词的排名靠前。

③影响点击价格。质量度越高,需要支付的单次点击价格就越低。

④影响最低展现价格。质量度越高,关键词最低展现价格就越低。

为什么引入质量度的概念?

①提高用户体验。让质量度不高的创意难以有较好展现,提高用户体验。

②提高广告收益。从单纯出价排名升级为通过综合排名指数排名,使得点击率不高的创意只能通过提高出价获得左侧展现,提高了广告收益。

质量度是根据以下多个因素综合计算得出:

①点击率。点击率是影响质量度的重要因素,较高的点击率反映了潜在客户对推广结果更关注和认可。需要说明的是,这里的点击率排除了位次、地域等因素的影响。

②相关性。包括关键词和创意的相关程度、关键词创意和目标网页的相关程度。

③创意质量。创意围绕关键词撰写得越通顺、越有"创意",越能吸引潜在客户的关注。

④账户综合表现。主要是指账户、计划、单元、关键词、创意的整体点击率情况。

⑤账户历史表现。可以简单理解成各个层级的历史点击率及历史消费情况。

此外,质量度体现的是关键词的相对水平,需要持续优化。如果竞争对手都在持续优化,使得整个质量水平提升,而您没有持续优化,质量度就有可能下降。

3.2.8　什么是网站、网页、域名、空间及之间的关系

在做SEO之前,必须了解什么是网站的域名、空间和程序。这3个概念属于建站的基本知识,也是第一步。而SEO课程对于建站一类知识不会过多涉及,只需要了解其基本概念即可。

学习本书的同学可能会有两种情况:一种情况是你完全不会建立网站,那么建议你在了解SEO的同时学习建立网站,因为SEO的操作对象是网站,如果没有网站,

怎么去做SEO呢? 另一种情况是你已经有一个网站, 但不知道怎么做SEO, 那么你可以将自己的网站作为试验田, 逐步学习做网站的SEO。

对不会建立网站的同学来说, 从头到尾 "看完" 这本书, 完全不去 "做", 是很难学好SEO的。理论必须联系实践才有用。SEO是一门实践性很强的课程, 需要在实践中不断总结积累经验。所以, 如果不会建站, 就要去学习一些建站的知识, 可以百度一下 "织梦建站教程", 会搜索到由 "望族团队" 的 "望族人生" 录制的一系列从零开始搭建网站的视频, 或百度一下 "望族人脉论坛", 到论坛里去学习怎样建立网站。

在搜索引擎中搜索 "百度", 如图3.10所示, "百度一下, 你就知道" 下方显示的 "www.baidu.com/" 就是该网站的域名。单击 "百度一下, 你就知道", 如图3.11所示, 在最上面的地址栏中显示 "http://www.baidu.com/", 这也是网站的域名。

大家都知道 "网址" 这个概念, 网址是比较口语化的说法, 从建站和SEO的角度来讲, 一般称其为 "域名"。

图 3.10 "百度" 网站

图 3.11 百度域名

什么是空间呢？如果将域名比作家里的门牌号，那么这个门牌号是唯一的。也就是说，任何一个网站的域名都是唯一的，如果它同其他网站的域名重复了，那么输入这个域名后，计算机就不知道要访问哪一个网站，所以网站域名必须是唯一的。网站的空间可以理解为家，整个家就是一个空间，可以说空间就是房子。比如，打开百度的域名，里面有许多内容，那么庞大的一个网站，内容都是放在空间里面的。

3.2.9 什么是网站内链和外链

首先要明白，内链和外链都属于超链接。一个网站有很多文章、页面，除了首页，还有很多内页。在网站里，一个超链接指向本网站的其他页面，该链接就称为内链。比如"网络营销培训"，如图3.12所示，单击超链接"网络营销"，进入如图3.13所示的页面。这个页面是该网站的内页，那么这个链接就是内链。

什么是外链呢？顾名思义，外链与内链刚好相反，内链是自己网站的一个页面指向自己网站的另外一个页面；外链则是其他人网站上的一个链接指向了你网站中的任何一个页面。对于你的网站来说，其他人的网站存在于你网站的外链中。

图 3.12 "网络营销"网站

如果鼠标放在一个网址上不能变成一只小手并单击跳到另外一个页面，虽然是一个网址，但同文字一样不能单击，就叫作文本链接。举例说明，如图3.12所示，单击"网络营销"中"网络营销新闻"下的超链接，进入"中华门窗网"的内页，如图3.14所示。所以，对于"中华门窗网"来说，它有一个外链存在于"网络营销"这个网站里。

图 3.13 "网络营销"网站的内页

图 3.14 "中华门窗网"内页

3.2.10 什么是网站的导出链接和导入链接、单向链接和双向链接

导出链接是指你的网站或者网站页面中有指向其他人网站的链接,是单向的链接。导出链接对网站有很大的益处,不仅有利于丰富网站的内容,也有利于提升搜索引擎对网站的友好印象,还可以提升网站的权重,对提升网站的排名有很大的作用。

导出链接包括友情链接的交换和文章中的链接及其他非本站的链接。导出链接也是很多SEOer非常想做而又非常害怕做的一件事情,因为导出链接是给对方网站传递权重,很多人害怕影响自己网站的权重。其实这种想法是不对的,导出链接不会让自身网站的权重降低,你大公无私,搜索引擎当然不会惩罚你。

虽然导出链接对网站提升搜索排名有好处,但是有利就有弊,过多的导出链接也会降低网站搜索排名,尤其是新站,在短时间内不要过快地增加外链,那样搜索引擎会认为,一个新站不可能在短时间内有大量的链接,如果出现这种情况,那你的优化就过度了,是在人为误导搜索引擎。所以一定要有度,循序渐进地导出链接。

什么是单向链接、双向链接呢?单向链接是指链接到主页的超链接,而没有相应链接到原本的主页。单向链接是不稳定的,很多时候自己的外链不稳定,以致有些是暴增,有些是剧减。暴增或者剧减,对于网站来说都不是什么好的事情。双向链接是指彼此正在本人的网站页面上放对方网站的链接。然而能在主页代码中找出网址和网站称号,而且在阅读主页时闪现网站称号,才能叫双向链接。

在单向链接和双向链接之间,更倾向于双向链接,好的双向链接能给你带来蕴含但没有只限外链的货物,并且友谊链接对于单向链接来说是较为稳定的,只需每日审查友谊链接,有问题实时解决,那样的话,双向链接也就转变成了晋升网站权重的一把利剑。

3.2.11　如何查询网站的外链、收录量及网站排名

接下来向读者重点介绍做SEO经常要查询的指令和方法,如查询外链、收录量等,由此可知SEO的进展效果。

如果要查百度外链,可以在百度输入"Domain"指令加上要查询的网站域名。比如,输入"domain: www.taobao.com",查询结果如图3.15所示,一共是123 240 000万个。

这个结果代表的只是网址外链,不包括锚文本,这也可以作为参考。纯网址的外链也要做,一个网站最好有一定量的地址外链和锚文本外链。百度domain指令是平时使用最多的、比较流行的一种查外链方法。对谷歌来说,就完全没有正规的查外链方法。

图 3.15　百度外链

还有一些更加精准的、可能要付费的查外链方式，这里就不介绍了，很少人会用。草根站长一般使用的就是百度外链查询方法。查外链需要注意些什么呢？

假设你今天发了10个外链，不要指望在雅虎立刻查出这10个外链。一是你发的外链不一定被雅虎收录，那么肯定不会显示；二是即使被收录了，可能也要过一段时间才会慢慢逐个显示出来。只要总体外链数量是逐渐上升的，就说明外链情况比较好，不要急于一时。搜索引擎并不是非常精准，所以不要刻意地关注外链数量。比如，你今天显示了467条外链，明天可能突然变成430条，这是为什么呢？一个可能是搜索引擎数据库的原因；另一个很有可能是你发外链的页面突然打不开，该页面慢慢从搜索引擎中消失。所以，外链的增长速度不一定很快，数量也可能变动，这并不奇怪。只要参考一段时间外链的总体增长即可，不要过分计较具体数值。

查询收录方法：

前面介绍了如何查外链，这里介绍怎样查网站的收录量，即查询某个网站包括首页在内有多少页面被各大搜索引擎收录。

某个页面针对某个关键词要有排名，该页面至少要被搜索引擎收录。比如，你的网站首页想在百度有排名，那么必须先被百度收录。如果想要某个内页、某篇文章或文章内某个关键词在百度有排名，前提就是要被百度收录。

先有收录，才会考虑排名，所以，收录量对于网站排名来说也是最基本的。那么，怎么查收录量呢？首先在百度输入site指令，即"site："加上要查询收录量的网站。比如，输入"site：www.taobao.com"，搜索结果如图3.16所示，显示"该网站共有123 240 000万个网页被百度收录"。

这里直观地显示收录了123 240 000万个网页。但是要强调一点，百度官方说，"此数字是估算值"，表明该数字不是非常准确的收录量。

通过site指令查询收录量后，会看到如图3.16所示的"百度快照"。每个被收录的网页在百度上都存有一个纯文本的备份，称为"百度快照"。它能解决无法打开某个搜索结果或者打开速度特别慢的问题。

图3.16中第一个搜索结果下面的时间是"2015-12-28"，这代表目前最新的百度快照拍摄时间。这是28日的快照，如果29日该内容有变动，想查28日的内容，就可以通过百度快照。也就是说，当天网页的实际内容不一定与百度快照相同，可能有所变动。

查收录量通常与百度快照联系在一起，但百度快照与排名没有直接关系。影响排名好坏的因素有很多，不能说百度快照更新速度越快，排名就越好。百度快照显示的日期离查询的日期比较接近，只能说明百度比较喜欢这个网站，所以快照更新比较快。

一些网站文章更新频率较慢，可能好几个月才更新一次，从而快照就比较慢。但是，由于该网站权重高或者SEO其他方面做得好，排名也会很好。所以，百度快照与排名没有绝对的关系，只是一个间接反映网站好坏的因素而已。

每个搜索引擎的收录量不完全一样。在雅虎、搜搜等搜索引擎查询收录量都用统一的site指令。

图 3.16 查百度收录量

查收录量要注意什么呢? 假如今天你更新了10篇文章, 明天查收录量, 不一定10篇文章都能显示出来, 有如下两个原因:

①发布的文章, 哪怕写得再好, 也不一定全部被收录。对收入量总体来说, 20%以上的文章被收录就算情况良好。

②就算你的文章全被收录了, 也不一定能立刻显示出来, 可能网页蜘蛛爬过来, 过几天才能慢慢把你的文章放出来。其实, 文章已经被收录到数据库里, 但不一定通过site指令马上能查出来, 这与查询外链的道理一样, 不要过急。如果文章长时间不被收录, 可以试着发几个外链或增加一些内链, 再看看能否被收录。当然, 一个人写很多文章, 有一些不被收录很正常。

如何查网站排名?

查网站的排名很简单, 最常见的方法就是直接在搜索引擎上搜索。由于搜索引擎不同, 各自的算法机制不一样, 同一个网站的排名也不尽相同, 因此, 某网站在谷歌排名第一, 在百度未必是第一, 甚至有可能排名差很多。

总体来说, SEO是适用于任何搜索引擎排名的, 不会区分不同搜索引擎的排名做法, 只是侧重点略有不同, 以后会具体介绍。百度排名相对来说不太稳定, 这是做SEO的一个共识, 有时网站不作弊, 很正规地做, 但百度会突然给网站降权, 使排名滞后, 这也并不奇怪。做SEO贵在坚持, 心态很重要。

如果想确切地知道自己网站的排名, 可以逐页翻看查找。值得注意的是, 被点击过的网站, 与其他未被点击的网站颜色不同, 百度会用紫色标识出来, 所以比较醒目。针对同一个网站, 搜索不同的关键词, 显示的排名也不尽相同。有时网站会被无缘无故降权, 谁都不能保证某个网站的排名一直很好。

还有一些查询网站排名的方法, 这里向读者介绍"爱站网"(www.aizhan.com), 如图3.17所示。输入要查询的网址, 如"www.taobao.com", 单击"百度排名"，进入如图3.18所示的"百度权重查询"页面。显示"百度权重值为8"，这个权重值并不是标准的官方说法，后面显示"累计找到66 000 000条记录"，即为66 000 000个关键词的排名。其中，"淘宝网"排名第1位，单击"淘宝网"，出现如图3.19所示的百度搜索结果，第1位"淘宝网"下的网址是网站的一级目录。

图 3.17　爱站网

图 3.18　"百度权重查询"页面

排名可能有延迟，即网站显示的排名与当前百度搜索查询的排名可能有出入，只能说查询结果比较准确，八九不离十。网站的其他关键词虽然有排名，但非常靠后，网站可能就不显示了，因为显示出来也没太大意义，它只会显示相对来说排名略靠前的关键词。图3.18中的"百度来路"也是一个预计值，并不精确，具体的流量只有站长的统计数据可以知道。

假如某个网站的很多关键词都显示不出排名，说明该网站被百度惩罚、降权了。遇到这种情况，要分析原因，把可疑的问题都排除后，如果还找不到原因，那可能是你真的作弊了。或者你是正规地做SEO但无缘无故被降权，这也不奇怪，降权以后继续关注，过段时间可能会恢复。

图 3.19 "淘宝网"百度搜索结果

相对百度来说，谷歌比较稳定，毕竟百度在技术上还达不到谷歌搜索引擎这么高的水平。它毫无原因地突然给你降权，或者可能涉及百度的一些利益，人工给你降权，这也毫无办法。妥于排名查询的两种方法如下：

①通过直接搜索查询。

②通过在线工具查询。

这里补充一点，上一节介绍的查询收录量，有些网站明明被收录了，网站排名也很好，但某一天用site指令查询发现没有任何搜索结果。比如，用百度搜索"site：www.tainkong.com"，如图3.20所示，一篇文章都搜索不到，网站被彻底清除，也就谈不上排名了，这叫作被百度取消掉。

百度与SEO表面上看是友好关系，因为百度会指导你怎样做SEO，SEO做得好的网站通常是符合用户体验的，是百度喜欢的。但是如果人人都会SEO，都能把自己的网站排名做好，就没人在百度购买竞价的广告位或百度推广了，那百度最重要的收入就会消失。回顾一下，如搜索"营销"，出现如图3.21所示的搜索结果。

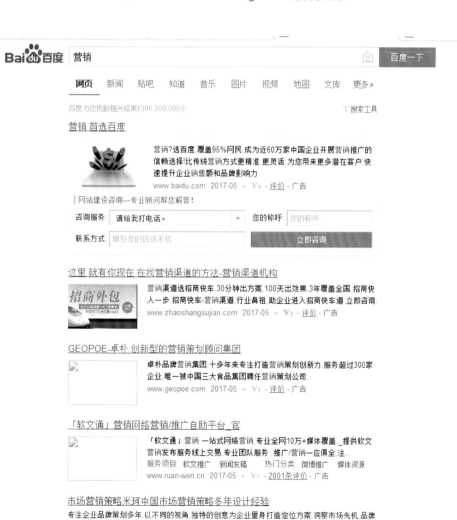

图 3.20 "www.tainkong.com" 的搜索结果

图 3.21 "营销" 的百度搜索结果

在图3.21中可以看到，前两个网站列表与其他的网站颜色不同，还标有"广告"两个字，而且没有"百度快照"。除去百度自己的网站，其他自然排名的网站都有"百度快照"。如果SEO发展过火，大家都来做，百度自身的效益一定会受影响。

百度与SEO的关系比较微妙，它既鼓励SEO，又不允许其发展得太好。比如，用百度搜索"发动机"，结果如图3.22所示。这种行业越是暴利，购买的广告位就越多，这些都是百度主要的经济来源。如果你的网站影响到这份收入，它可能会给你人工降权，或者由于数据库水平不到位把你降权。

总体来讲，只要网站做法比较正规，把它完全取消的概率很小，但可能会被无缘无故降权。通过SEO，如果网站排名大部分时间都做得比较好，还是会盈利的。所以，要坚持下去，耐心一些，不要急于求成，欲速则不达。

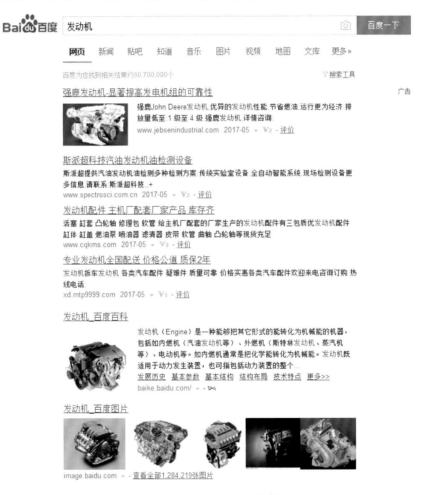

图 3.22 "发动机"的百度搜索结果

3.2.12 什么是死链接、错误链接及网页 404 错误

错误链接就是根本不存在的链接，如图3.23所示。

死链接是原来访问正常，后来因为网站的变故而不能访问的链接。比如，以前发布了一篇文章，它对应一个网址，后来作者在网站的后台把这篇文章删除了，那么再输入这个网址时，就会显示与图3.23一样的界面，表示找不到该网页。死链接与错误链接的区别是：错误链接是本来就不存在的，而死链接是本来存在，后来由于某种原因被删除掉的。

图 3.23　错误链接

错误链接就是超级链接出错，就是你点这个网站就会打开另一个网站，至于打开哪个由网站自行调整。做过幻灯片的就知道：比如要做个超链接，先准备春天的图片一张，再在幻灯片的工具下，输入"春天"二字，然后对"春天"按鼠标右键，单击"超级链接"，然后在弹出的菜单下把春天的图片的路径放进去，如果图片在图片收藏里的话就选C:\Documents and Settings\All Users\Documents\My Pictures\图片收藏，然后确定，这时只要用鼠标点下"春天"二字，就会弹出春天的图片，如果把那个图换个位置，或是直接删除，则无法显示，也就是链接错误，找不到指定的文件。在网上也是一个道理，可能那个网址的域名、IP换了，所以会链接错误。

死链接会造成什么影响呢？如果搜索引擎已经收录了你的文章，但后来这篇文章被删除了，而搜索引擎下次会根据上一次的记录访问该文章，结果发现该网页以前能打开但现在打不开了。这样的死链接，影响不大，但如果太多就会导致搜索引擎对你的网站印象不好。

什么情况下会出现很多死链接呢？比如，博客中有很多页面已经被百度收录了，某天作者突然把博客里面的内容全部清空，改版成另外的网站，就会出现很多死链接，即很多网页都打不开了。这些原本能打开的页面突然都打不开了，百度就会对你的网站印象不好。如果你的网站要改版，可以适当地利用robots文件把搜索引擎屏蔽掉，等搜索引擎把你要删除的网页从数据库里剔除后，就没有关系了。

提示：关于robots文件，以后会介绍。

本节向读者介绍什么是404页面及怎么做自定义404页面。任意打开一个不存在的网址，会显示“无法访问此网站”，如图3.24所示，这就是系统默认的404页面，告诉访问者这个页面不存在。在淘宝网址“www.taobao.com”后面随意加一些字母，打开一个并不存在的网页，如图3.25所示。或在新浪网址“www.sina.com.cn”后面加入字母，打开一个并不存在的网页，如图3.26所示。以上这些网页都是404页面。

图3.25和图3.26这类与系统默认不同的404页面，是中大型网站自己设计的404页面，叫作自定义的404页面。如果不做自定义，当网页不存在时，就会自动跳转到图3.24中这种默认的404页面。

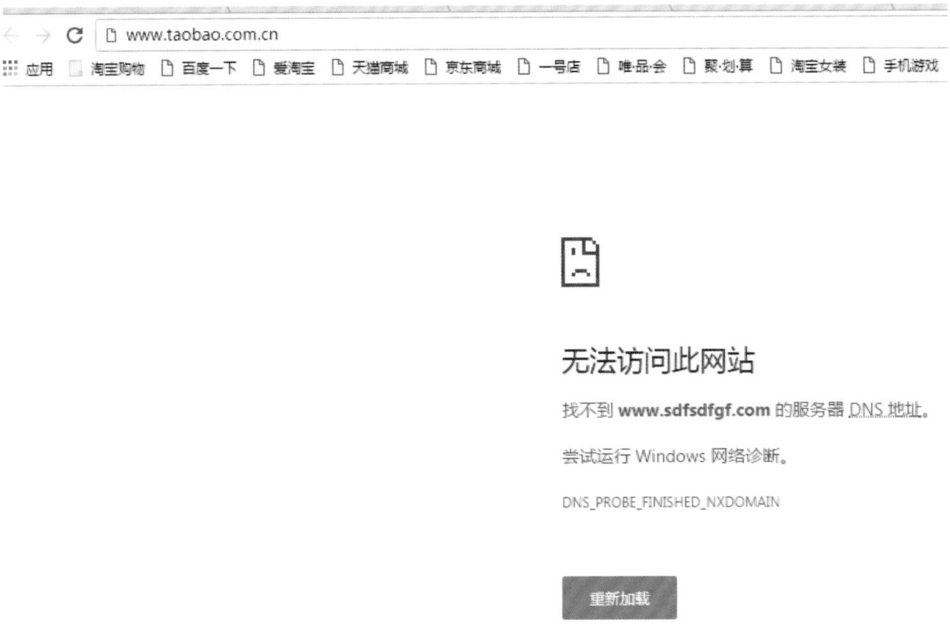
www.taobao.com.cn
应用
淘宝购物
百度一下
爱淘宝
天猫商城
京东商城
一号店
唯·品·会
聚·划·算
淘宝女装
手机游戏
无法访问此网站
找不到 www.sdfsdfgf.com 的服务器 DNS 地址。
尝试运行 Windows 网络诊断。
DNS_PROBE_FINISHED_NXDOMAIN
重新加载

图 3.24　系统默认的 404 页面

中大型的网站页面很多，内容庞大，有些页面内容过期或者违规被删除了，用户点击这些页面就会出现“该页面不存在”的情况，这种概率很高。像淘宝、新浪这些大型网站一天的访问量庞大，总有人会输入错误地址或已经不存在的地址，即错误链接或死链接，就会出现404页面。从用户体验的角度出发，如图3.25中淘宝的自定义404页面告诉用户“页面无法访问”，然后给出一些其他网址，这是在引导用户浏览其他页面，以免访客流失。

小网站是否做404页面不是特别重要，因为小网站访问量不大，也不经常删除文章，所以访客点入该网站，很少点入不存在的页面。但对于中大型网站做自定义的404页面是有必要的。

怎么做自定义的404页面呢？比如，你很喜欢百度的自定义404页面，可以模仿它来做。

首先，打开图百度自定义的404页面，然后查看网页源代码，如图3.27所示，title标签处写着“您的访问出错了”，最后单击保存，将保存好的文件名改为404，将其后缀改为“htm”即可。打开改好的文件，如图3.28所示，这就是修改后的自定义404页面。

图 3.25　淘宝的自定义 404 页面

页面没有找到5秒钟之后将会带您进入首页！

图 3.26　新浪网的自定义 404 页面

```
<!DOCTYPE html>
<html i18n-values="dir:textdirection;lang:language" dir="ltr" lang="zh" i18n-processed>
▼<head>
    <meta charset="utf-8">
    <title i18n-content="title">百度--您访问的网站出错了</title> == $0
    ▶<style>…</style>
    ▶<style>…</style>
```

图 3.27　百度 404 页面的网页源代码

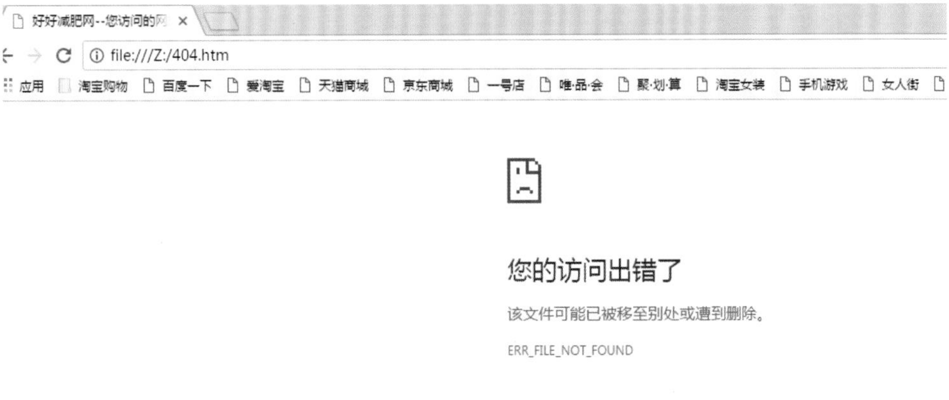

您的访问出错了

该文件可能已被移至别处或遭到删除。

ERR_FILE_NOT_FOUND

图 3.28　自定义的 404 页面

做好自定义的404页面后，在自己的网站打开不存在的页面，就会出现自定义404页面。这里再强调一下，对于小型网站，自定义的404页面可做可不做，如果网站内容比较庞大，可以考虑做。404页面对SEO排名不太重要，了解即可。

3.3 竞价推广及排名 🔍

3.3.1 百度搜索引擎竞价推广

在了解搜索引擎竞价推广之前，我们先来了解一些国内常见的搜索引擎，如百度、360、搜狗等，如图3.29所示。截至2014年8月，各搜索引擎使用率如图3.30所示，百度目前在国内使用率最高，后面的章节我们就以百度搜索引擎竞价推广为例来介绍搜索引擎竞价推广。

图 3.29　国内常见的搜索引擎

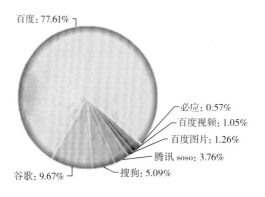

图 3.30　国内常见搜索引擎的使用率

什么是百度搜索推广？

百度搜索推广是一种按效果付费的网络推广方式，是百度推广的一部分。百度搜索推广具有覆盖面广、针对性强、按效果付费、管理灵活等优势。您可以将推广结果免费地展现给大量网民,但只需为有意向的潜在客户的访问支付推广费用。相对于其他推广方式,您可以更灵活地控制推广投入,快速调整推广方案,通过持续优化,不断地提升投资回报率。

推广流程。

推广:注册账户—预付款项—开通账户—制作推广方案—正式推广

推广如何收费?

百度搜索推广采取预付费制,您在账户中预存推广费用即可进行推广。

为那些对您的推广感兴趣,进而访问您的网站的潜在客户点击支付推广费用。该推广费用将实时从您的账户中扣除,直至账户余额为0。这时,您的推广结果将不再展现,您的潜在客户将无法获取您的产品(服务)信息。

3.3.2 关键词添加及创意

为保证网民的搜索体验并最终保证用户的推广效果,用户应提交符合百度搜索推广规范的关键词。一个总的原则是:关键词应与用户提供的产品、业务密切相关,这样才能精准定位用户的潜在客户。以下两种情况均属于关键词与网页内容无关:

①与用户公司的产品无关,或关键词是其他客户或同行业其他企业的公司名称或产品。

②网站上没有与关键词内容相关的网页。

从形式上看,用户的关键词中可以使用的字符包括:

A.符合GBK汉字编码标准的简体中文。

B.汉语拼音、大小写的英文字母、阿拉伯数字。

C.空格、短横线(—)、点(.)。

说明:用户不能添加含有特殊符号、全角字符、粗体字符、非中英文字符和繁体中文的关键词。

创意是指网民搜索触发用户的推广结果时,展现在网民面前的推广内容,包括标题、描述,以及访问URL和显示URL,如图3.31所示。

关键词可以为用户定位潜在客户,创意的作用则是帮用户吸引潜在客户。出色的创意能够使用户的推广结果在众多结果中脱颖而出,吸引潜在客户访问用户的网站,并在浏览网站的基础上进一步了解你提供的产品(服务),进而采取转化行为,如注册、在线提交订单、电话咨询、上门访问等。创意质量将在很大程度上影响关键词的点击率,并通过质量度进一步影响用户的推广费用和推广效果。

为保证网民搜索体验,并最终保证用户的推广效果,创意内容应符合一定的规范。一个基本原则是创意内容必须针对关键词撰写,突出用户的产品(服务)的特色优势,且语句通顺,符合逻辑。

图 3.31　什么是创意

3.3.3　百度推广投放及统计报告

推广结果正常展现需要满足哪些条件？

用户的推广结果要正常展现在网民面前，需要满足如下条件：

①账户状态为有效，即账户已经通过审核，且当前账户内余额大于0。

②您希望推广的推广计划、推广单元、关键词（创意）未设置暂停或推广时段管理。

③关键词和创意均通过审核，状态为有效，关键词出价不低于最低展现价格。

④在百度搜索的网民处于您指定的推广地域内，且网民访问时使用的IP地址未在IP排除范围内。

⑤您的关键词（创意）能符合网民的搜索需求，可以被网民的搜索词触发。

账户内有多个关键词符合展现条件，哪个关键词将优先展现呢？

在用户的账户内，如果有多个关键词符合展现条件，系统将优先考虑与网民搜索词字面完全一致的关键词，并展现该关键词所对应的创意。

其次，则考虑能取得更优排名（质量度—出价更高）的关键词。

例如，对于搜索词"产后修复"，用户的账户中有以下几个关键词符合展现条件，按"质量度+出价"从高到低排序依次为：

①产后修复中心，出价3.5元。

②产后瘦身，出价2元。

③产后修复，出价2.5元。

由于关键词"产后修复"与搜索词完全一致，因此将优先展现。如果用户未提交该关键词，则由"质量度+出价"最高的关键词"产后修复中心"优先展现。

统计报告是帮用户多角度评估效果的工具，包含重要的数据指标，全部由系统自动生成。

推广做了一段时间后，用户一定最关心自己的钱花到哪了？花得值不值？推广效果评估不仅可以检验前一阶段推广的目标是否设置正确，形式是否运用得当，费用的投入是否经济合理等，还是用户制订或调整下一阶段推广计划的基础和标尺，为用户指明更清晰的方向。

3.3.4　网盟推广

什么是网盟？

网盟就是网站的广告联盟，是精准投放广告的一种。它主要是把用户的网站挂到相应的行业网站上。主要的网站可以由用户自己来选取，可以以文字、图片的形式，一般出现在右下角。收费有按点击收费等模式，网盟会根据用户的行业分析互联网用户cookies判断是不是你的目标客户。常见的网盟有百度网盟、淘宝联盟、搜狗联盟、盘石网盟等，如图3.32所示。本节我们同样以百度网盟为例来为读者介绍网盟推广。

图3.32　常见的网盟

1）网盟的账户结构

与搜索推广类似，网盟也有一个账户结构，网盟推广的账户是由账户、推广计划、推广组、创意4个层级组成。账户前面已经说过了，这里重点说其他3个层级：

①推广计划是指广告的独立投放策略，每一个推广计划拥有单独的投放预算、计费方式和投放时间。

②推广组是推广计划的子集，是一组创意的集合，实现网盟推广所有的定向功能，即推广地域、受众描述（自然属性、长期兴趣爱好、短期特定行为）、媒体展示环境（投放网络、展现类型）。

③创意，对应的是展示给潜在客户的文字或图片。合理账户结构为网盟投放打下良好基础。网盟的整体账户结构如图3.33所示。

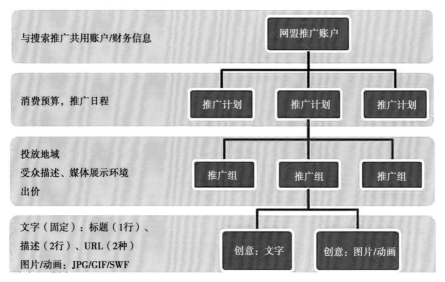

图3.33　网盟账户结构

2）认识网盟推广计划的各项状态

网盟推广计划有多种状态，各状态及其含义如下：

（1）有效

该推广计划具备可投放资格。如果"有效"旁边还有"正在投放"字样，表示该计划正在实际投放中。"正在投放"的判断条件为：用户账户"网盟余额"大于零，账户搜索推广状态为"正常生效"或"搜索账面为零"，网盟状态、推广计划状态为有效，且该推广计划下存在至少1个推广组状态有效，该推广组下包含有效状态的创意；并且该推广计划当前处于投放日程内。

（2）有效暂停时段

投放日程进入设定的暂停时间段，而非手动暂停推广计划。等到暂停时段过去之后，会自动恢复为"有效"。

（3）已下线

该推广计划当日消费已达到预算，其创意当日不再投放。"已下线"字样旁显示的时间，即为该计划当日下线的具体时间。

（4）未开始

推广计划还未到达投放日程的开始时间。

（5）已结束

推广计划已经达到投放日程的结束时间，该推广计划不再进行投放。

（6）暂停

执行了暂停操作的推广计划,该推广计划不再进行投放。

（7）删除

执行了删除操作的推广计划,该推广计划不再进行投放。

用户可以在网盟推广管理页面,从推广计划列表中选中用户所要管理的推广计划进行操作,或者单击用户要管理的推广计划名,进入该推广计划层级,在基本信息处修改,如图3.34所示。

图 3.34　查看网盟推广计划状态

3.4　站内外优化

3.4.1　网站软文 SEO

本节向大家介绍一种很有效的外链方法——软文外链。在此之前,先解释一下什么是软文。软文可以看作不像广告的广告,比如讲一个故事,在故事里提到某个产品,让观众不经意间知道该产品。而硬广告是直接说产品有多好,快来买它。电视广告往往都是硬广告。

软文广告的"软"体现为"绵里藏针"的东西。比如,"一位漂亮的外地女孩在19楼上发帖,问自己向往杭州,想辞职来这里找工作是不是合适?当然引起本地人欢迎声一片。很快女孩跟进说真的辞职来杭州了,但是钱不多,想问问租哪里的房子合适?接着是找到了适宜的房子,房东也好,很感谢大家。几天后,女孩继续跟帖说发现与合租的房东习惯不和,犹豫要不要搬走。这时她还没有交租,问大家是不是要逃租?就在出去找房子的时候,杭州暴雨如注,女孩发帖说慌了!原来出去时天窗没关,大雨浇灌将屋内地板全淹了,这下房东拦住不让走,要求她赔偿。穷得叮当响刚来杭州找工作的她怎么赔得起?这个故事一路讲述下来,每个环节都是亮点,也具备了话题性和冲突性。将心比心，一个外地女孩来到一个陌生地方求职、生存，又碰到这么多问题，本身就值得帮助，或者能够引起同为打工者的共鸣。因此不断激发大批网友的互动热情，纷纷跟帖出主意。管理员也几次全站置顶，人气爆高一时。这个故事如果仅仅如此，其实也就没什么意思了，一个帖子而已。你猜结局会是什么？出乎了所有人意料：雨停风收，房子的水退去排干，地板没事！此后帖子下面几百几千人站内私信问：什么牌子的地板？你猜到了吧？这是一个策划非常牛、隐蔽很深的广告帖！从表面上看，这是在讲述一个与产品无关的故事，但通过这个故事却透露出该产品的信息，可能会引起观众的兴趣。比如，用百度搜索"经典的软文"，结果如图3.35所示。

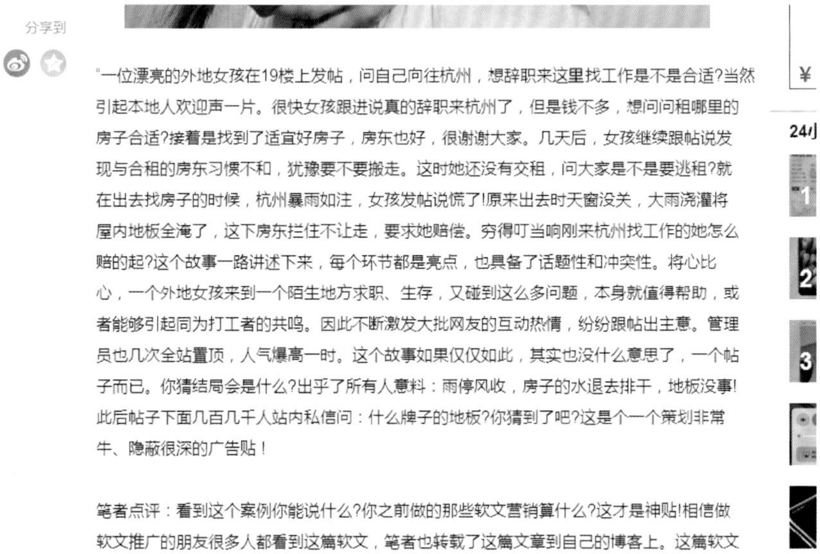

图 3.35　经典的软文

这篇文章有点像冷笑话，但通过这篇文章，很多人可能会对这个网站感兴趣，想点击进去看一看，这就很好地宣传了网站。这篇文章是宣传网站的，现在有很多销售产品的文章通过一个故事或其他方式不经意地向你透露一个信息，引起你的兴趣。软文的首要特点是传播量大，它是很有效的网络推广方法。

3.4.2　外链知名度提高方法

①上网址、分类目录对于权重高的网站，其链接仍然是有必然浸染的。可是对于权重很低的小网站，作用就很有限了。因为大站难收录，小站不轻易收录，这也是事实。所以，可以按照自己的时间和精神去权衡一下。在有时间的情况下，尽量都去提交一圈。

②经由过程资源留外链。这里说的资源，主要是指网站模板、网站规范、在线工具一类的资源。假如个人有能力开发或是建造这类资源，那恭喜你，你找到了一条留外链的捷径。好比说人人在制作这类资源时，将作者的版权地址加上声明：如果谁想免费使用，需要保留作者地址，然后把这些资源免费传布出去，这样就可以坐等收链接了。不过也要注意一下，这个体例也可能会带来一些不好的结果，就是突然一下呈现很多外链，而被SEO搜索引擎赏罚。

③通过行为留外链。不管是什么样的活动，城市往往有一个专门的运动专题，最差也有个论坛活动帖，并且很多都在找一堆的推广。其实，给这些活动广告支撑或新闻稿支持，就可以成为支持媒体。而作为支持媒体的回报之一，就会在活动页面里加一些链接。像这种活动专题页面里的链接，就比内容页链接好得多了。互联网上的活动有许多，所以如果我们能够经常去做一些这样的活动合作，效果也是比较好的。

④在论坛社区留外链对于既没有钱，又没有资源的新站来说，是最主流的方法。然而，在现实操作中发现了很多误区，所以在这里强调3点注意事项。

A.签名里的外链与帖子里的外链，效果是一样的。所以大家不要放着签名不用，非要违反论坛划定，在帖子里留外链。签名是可以留链接的，而且有专门的广告外链区。这个区的权重极高，但是，很多会员偏不用这些正当的路子，非要在帖子里留一大堆链接。不管在哪个论坛，这样做的后果只有两个：乐观一点是被封号；严重的就是网址被对方永远屏蔽。

B.论坛内的外链，属于内容页的链接。这种链接的权重是很低的，所以想靠这种链接来晋升网站的权重或排名，这就需要量十分大才行。注意，这里说的量大，是指发外链的方针论坛要多，而不是指在同一个论坛里大量地发链接。当然，同一个论坛也不是说发过一个外链帖就可以了，还需要经常发。比如同一个论坛，一周发三五个链接即可，一天一条足矣。

C.论坛链接也要细水长流地做，不要忽多忽少。比如一天发了几百上千条外链，然后就不发了这样是不行的。

⑤在问答类网站留链接。问答类的链接，和百科类的效果近似。其实在百科留外链，首先也是为了提升知名度和带流量。但是，如果想达到提升名度和提升流量的目的，就需要天天回复问题才行。其实就是在里面做品牌。但是这个消耗的时间和精力，就太多了。值不值得这样去投入，就需要自己去衡量了。

⑥在信息分类网站留链接。现在的分类网站很多，全国性的有，如58、赶集，分类信息网站中，只要不发纯广告，是可以留外链的。如最简单的，发布招聘信息，然后留下公司网址。这样的信息，管理员是绝对不会删除的。

⑦投稿留链接。这种方法没有一定的写作能力用不了。因为投稿的前提是先要能写。但是，如果真的能写大量文章，这种方法的效果也是非常明显的。其实，对于写作来说，外链只是一个很小的益处，最大的优点是可以做品牌。好的文章，会被不断转载和传阅，效果是非常棒的。当然，如果偶尔写一两篇文章，那效果就有限了。还不如去其他论坛里发几个链接来得实惠。

⑧在各种评论、留言板留链接。对于这个方法，这里只说一点：目前答应直接在评论系统内留超链接的网站越来越少，大部分只允许留地址，但是不会加超级链接。而网址上没链接，是不算有用外链的。而有些网址，虽然有超链接，但是却是网址转向，也等于是无效的。所以，大家在用这个方法前，一定要先看对方的网站可不可以留超链接。

⑨在网摘内留链接。现在有很多网接站或是聚合站，内容由网友自由上传，在上

传的同时,可以留网站地址。有的网站索性只保留文章简介,正文的链接直接链向原文地址。对于这样的网站,大家一定多收集,不仅可以留外链,而且还会带流量,真是一举两得。

⑩通过博客留链接。比如,有一位朋友在推一把论坛提问,说他网站刚上线,权重很低,想通过在大平台开博客来优化网站可行不可行。答案是可行的。通过在新浪、SOHU、百度引擎等大博客平台开通博客的方式来带动网站是一个非常好的思路。但前提是,要先把这些博客的权重搞起来才行。而且博客的数目要非常大才行。一般想通过这种方式带动网站,就需要先养这些博客至少半年,要天天去给这些博客更新文章。所以,这个方法比较麻烦,耗费的时间和精力也比较多。但是,一旦把这些博客的权重养高,回报也是非常丰厚的。

⑪在百科类网站留链接。个人不举荐这个方法。因为百科内的外链,也属于文章内容页的链接,这类链接的权重都很低。前面也说了,想通过内容链页的链接提高权重,就需要目标站很多才行。但是百科类的网站,国内就这么几家,而且百科站审核得比较严,不是说想留就能留上的。所以,通过这种方法留外链,效果有限,顶多是变相地去做环节词排名。

因为在百度搜索一些名词时,百度百科的词条会排在前面,所以,对于没有能力去做枢纽词排名的,可以考虑用这个方法。其实,在百科站留外链,更多的是为了增添一些知名度和带流量。因为一些热点词条里的链接,每天都能带来不少IP。如果能在一个行业内的所有词条里都留上链接,对网站的知名度,也是一个提升。

⑫友情链接。友情链接是最好的外链方式,但也不是每一个友情链接就优质,里面也是有些衡量的尺度和技巧的。

3.4.3　如何利用标题

还是以软文案例为例。先查看网页源代码,然后在源码文件中搜索"h1",如图3.36所示。

```
<div class="header">
    <h1 class="title">自媒体平台有哪些？哪个更适合个人？</h1>
</div>
```

图 3.36　首页的 h1 标签

标题优化是作为一个合格卖家必须要会的事情。买家通过搜索关键词寻找自己想要的宝贝,标题别看就30个字,但是却起到了至关重要的作用。这里剖析一下如何利用标题做好搜索优化。

1)标题的目的性

很多人都做标题,但要理解我们为什么这样去做?简单来说,标题有着两面性目的,一方面针对于消费者,因为淘宝是以搜索为导向来选取自己喜爱的产品的,因此我们的标题匹配到消费者搜索的关键词、产品,随之出现在消费者的视线中(当然排除其他维度因素)。我们做标题的目的,另一方面是对于淘宝本身搜索引擎,系统通过我们的标题对产品进行分析解剖,将最合适的产品推荐给消费者,相当于起着中介纽带传输服务。

2）标题不决定成败

一些卖家认为做了标题之后，就可以来访客、有订单，所以，导致很多卖家钻标题的牛角尖，什么所谓的利用标题引上万流量等，结果一毛钱都没有。在这里要纠正一下，标题只是优化的一部分，不代表全部。不一定标题好，产品订单就多，标题差就什么都没有。淘宝好比一个金字塔，标题只是最底部的基础，如果需要更多的订单，还是需要这个金字塔上面几层共同来完成。因此，劝诫一些商家不要把标题看得太重要，最终还是要回到产品和服务中来。

假如文章要做长尾关键词，可以尽量让每篇文章的标题包含在h1标签里，查看源代码，在图3.37中可以看到"原创自媒体如何做内容创新"包含在h1标签里了。如果有兴趣，可以百度一下"h1标签的运用"等内容，这里点到即止，因为它们对排名影响不大。

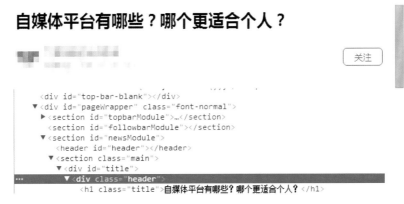

图 3.37　内页的 h1 标签

3.4.4　如何利用图片的 ALT 标签

网站优化从根本上来说是为了用户更好地获取信息，而不是为了在搜索引擎中获得好的排名。取得好的搜索结果排名只是正常网站优化结果的自然体现，而不是刻意追求的目标。对待网页设计的其他要素如网页标题、mate标签内容和网页主体内容应该遵循用户导向的原则，对待图片的alt属性描述同样也应该回归本源：简明扼要地描述图片内容。无论搜索引擎的排名算法是否考虑alt属性中的信息，都有必要从用户的角度来考虑正确设置图片的alt属性描述。

所以，不要为了排名而优化，应该是为了用户而优化，达到能够帮助用户更好地理解网站内容信息的目的，排名只是这些方法后的自然体现。如图3.38所示，这张图片里有一个alt标签，后面是图片的内容"原创自媒体如何做内容创新"。所以，alt标

```
</div>
'<div class="content" id="ac">
▼<p style="text-align:center">
   <img src="//w9.sanwen8.cn/mmbiz/iaichT79KMQicdDM9caSK8bH324EQrcoia6GDNkcxf1wjYSlWjTiahXyUqNbbUx
   体如何做内容创新" alt="原创，自媒体如何做内容创新">
</p>
<p>2015年1月13日，小编欣然接受了腾讯发出的"开通原创声明功能"的邀请，更新一篇原创文，开始公众号的原创首秀。</p>
▶<p>...</p>
▶<p>...</p>
▶<p>...</p>
```

图 3.38　ALT 标签

签就是告诉搜索引擎图片的主要内容。

比如，用百度搜索"服装"，然后单击"百度图片"，这里有很多相关图片，如图3.39所示。

图 3.39 "服装"的百度图片

百度是看代码的，并不知道图片的具体内容，那它是怎样判断并抓取这些图片的呢？

①通过文章的内容、title标签等判断并抓取。

②通过图片专有的alt标签。比如，图3.39中服装图片的alt标签里包含"服装"等类似的词，就容易被"百度图片"收录进去。

所以，alt标签是很有必要的，尤其是当网站中包含大量的图片时，网民直接通过"百度图片"就可以点进该网站。

3.4.5 <mate>标签的使用

Mate标签是html标记head区的一个关键标签，它位于html文档的<head>和<title>之间（有些也不是在<head>和<title>之间）。它提供的信息虽然用户不可见，但却是文档最基本的元信息，<meta>除了提供文档字符集、使用语言、作者等基本信息外，还涉及对关键词和网页等级的设定。

所以，有关搜索引擎注册、搜索引擎优化排名等网络营销方法内容中，通常都要谈论mate标签的作用，我们甚至可以说，mate标签的内容设计对于搜索引擎营销来说是至关重要的一个因素，合理利用mate标签的description和keywords属性，加入网站的关键字或者网页的关键字，可以使网站更加贴近用户体验。

从html代码实例中可以看到，一段代码中有3个含有meta的地方，并且meta并不是独立存在的，而是要在后面连接其他属性，如description，keywords，http-equiv

等。下面，简单介绍一些搜索引擎营销中常见的meta标签的组成及其作用。

3.4.6 什么是 nofollow 标签

本节向读者介绍什么是nofollow标签，它有什么作用，如何操作，以及它的具体应用。Nofollow标签在SEO里的作用比较强大，应用广泛，尤其是对于中大型的网站来说，如果nofollow标签用得好，这些网站在收录量和权重方面将会有比较好的提升。

简单认识一下nofollow标签，如图3.40所示，这是“百度百科”对nofollow标签的详细介绍。Nofollow标签的意义是告诉搜索引擎“不要追踪此网页上的链接”或“不要追踪此特定链接”。

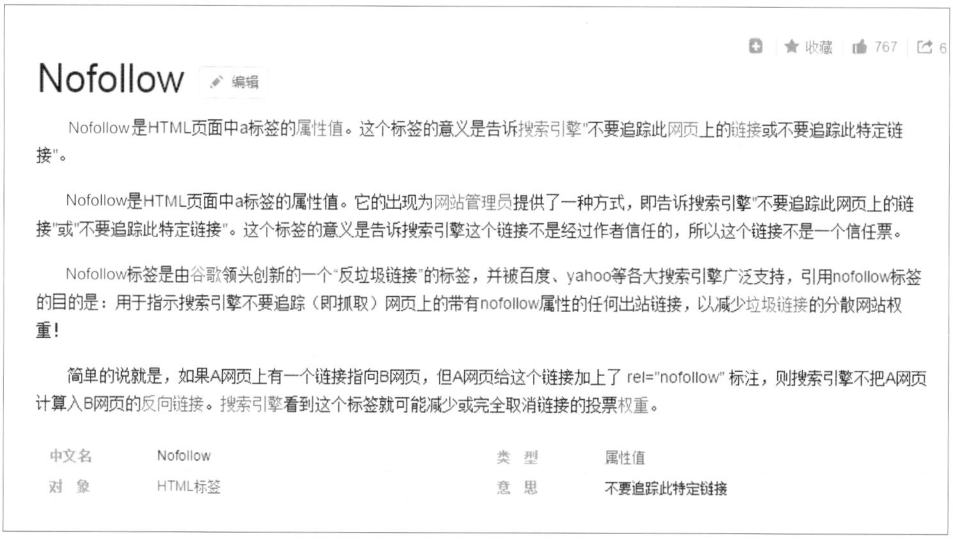
收藏 767 6

Nofollow 编辑

Nofollow是HTML页面中a标签的属性值。这个标签的意义是告诉搜索引擎"不要追踪此网页上的链接或不要追踪此特定链接"。

Nofollow是HTML页面中a标签的属性值。它的出现为网站管理员提供了一种方式，即告诉搜索引擎"不要追踪此网页上的链接"或"不要追踪此特定链接"。这个标签的意义是告诉搜索引擎这个链接不是经过作者信任的，所以这个链接不是一个信任票。

Nofollow标签是由谷歌领头创新的一个"反垃圾链接"的标签，并被百度、yahoo等各大搜索引擎广泛支持，引用nofollow标签的目的是：用于指示搜索引擎不要追踪（即抓取）网页上的带有nofollow属性的任何出站链接，以减少垃圾链接的分散网站权重！

简单的说就是，如果A网页上有一个链接指向B网页，但A网页给这个链接加上了 rel="nofollow" 标注，则搜索引擎不把A网页计算入B网页的反向链接。搜索引擎看到这个标签就可能减少或完全取消链接的投票权重。

中文名	Nofollow	类型	属性值
对象	HTML标签	意思	不要追踪此特定链接

图 3.40 Nofollow 标签的“百度百科”

比如，网站地址是“www.123.com”，关键词是“网络营销”，网页源代码中的超链接就会是“<a href=” http://www.123.com/ “>网络营销</a>”，这是没有加nofllow标签的。如果加上该标签，即为“<a href=” http://www.123.com/ “rel=” nofollow “>网络营销</a>”。唯一的差别就是在后面加上一个rel-“nofollow ”，这是要告诉搜索引擎不要追踪该网站。

假如有人在我的网站上做了一个外链，但该链接被我加上了nofollow标签，就是要告诉搜索引擎我并没有主动给他的网站投票，不要传递权重给他。其实，做外链就是在网站与网站之间或者网页与网页之间搭建一个桥梁，用来传递权重。如果我给你做了一个外链，就好比在说你的网站很不错，给你投一票，但加了nofollow标签就表示我并没有给你投票。

Nofollow标签可以很好地防止垃圾链接，比如你的网站很不错，一些垃圾网站或者被搜索引擎惩罚的网站在你的网站上做了很多外链，如果不加nofollow标签，搜索引擎会认为你给这些垃圾网站投票，你的网站可能也不好，这样会对你的网站造成不良影响。但加上了nofollow标签，就是在告诉搜索引擎我并没有主动给这些垃圾网站投票，那么也就不会对你的网站造成不利影响。

很多懂SEO的人看到你的网站上有nofollow标签，他们也就没有兴趣在你的网站上投放很多垃圾外链了。

很多人认为加上nofollow标签以后，搜索引擎就不会抓取该页面了。比如，源文件中有这样一段代码"<a href='http://www.123.com/' rel='nofollow'>网络营销</a>"，就认为搜索引擎不会抓取"www.123.com"这个网页，这种认识是错误的。搜索引擎还是会抓取该网页，只是抓取的频率和概率比较低，这与robots文件屏蔽自己网站的某个链接不同。

从字面上意思来看，nofollow是"不要追踪"，而external nofollow则是"外部的不要追踪"，它们其实是同一个意思，external nofollow是nofollow比较规范的书写而已。

Nofollow标签还可以运用于很多地方，如WordPress文章评论部分的运用，以及为了用户体验而引进的一些外部链接上的使用等。Nofollow是一把双刃剑，需要花点时间去琢磨。

Nofollow标签的作用就是告诉搜索引擎这条超链接不要传递权重，也就是说，加了nofollow的标签起不到任何外链的作用。在我们自己的网站上，例如留言板等地方加上这个nofollow标签的话，别人来我们的网站上发外链可以防止网页的权重被别人的网站给分散，因为一个网页如果外链过多，很容易分散链接。

同一个网站的每一个页面的pr都是不一样的。譬如，我们的很多关键词都在首页优化，但首页上的链接往往很多，有一些类似"法律申明，版权申明"类的页面，对整个网站的内容没有任何建设性作用。

需要给网站的不重要页面加上nofollow标签，或者用robots文件直接屏蔽。但Robots文件与nofollow的具体应用不同。如打开马海祥博客，如图3.41所示。假如用robots文件把该页面屏蔽，那整个页面都不能被抓取了。而使用nofollow标签，只是不让蜘蛛抓取该页面其中一个具体的链接，如"给我留言"这个链接，其他不加标签的链接不会受到影响。所以，不要混淆Robots文件与nofollow标签，它们的具体应用不一样。

图3.41　散文吧

假如我给其他人做了10个友情链接，其中5个友情链接被我加了nofollow标签，那么，没有加nofollow标签的5个网站是否能分到更多权重呢？答案是否定的，包括谷歌官方也明确表示这种情况不会发生。如果这种情况发生，很容易引起作弊现象，甚至会形成不良风气，很多人都可能故意在友情链接上加nofollow标签，所以不用担心会发生这种情况。

Nofollow标签的概念讲起来可能比较抽象，但细细思考应该可以理解，对于一些具体细节，可以配合百度搜索，查找相关资料。

3.4.7　网站的结构设计及 301 重定向

比如，用百度搜索"网络营销培训"，如图3.42所示，该网站的网址是"www.imakecollege.com"。在浏览器的网址栏中输入"imakecollege"，不输入"www."，按回车键后，会直接跳转到带"www."的网址并进入该网站，如图3.43所示。这表示该网站做了301重定向，把不带"www."的域名自动转成了带"www."的域名。

查询图3.43中网站的Http状态码，打开"Http状态查询站长工具"，输入网址"imakecollege. com"，查询结果如图3.44所示，显示返回状态码为301，说明不带"www."的网址做了301重定向。

301重定向要根据网站的实际程序来做，不同程序做法不尽相同。百度一下"301重定向"，可以找到很多关于它的实现方法、知识结构等，这里就不具体展开介绍了。这一节的目的是让读者了解301重定向，然后根据自己网站的需要具体操作。如果解决不了301重定向的问题，但能做好相对地址和绝对地址也可以，其作用大同小异。301重定向的作用主要有如下两点：

图 3.42　"网络营销"网站

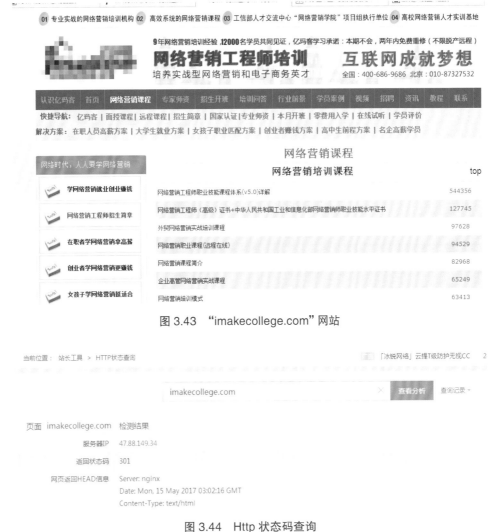

图 3.43 "imakecollege.com" 网站

图 3.44 Http 状态码查询

①如果已经把带"www."和不带"www."的两个域名都解析到同一个网站，然后想将不带"www."的权重都集中到带"www."的域名上，一是可以通过绝对地址与相对地址的方法来解决，二是可以通过301重定向来解决。如果没有将两种域名解析到同一个网站，则无须考虑该问题。

②301重定向还有另外一个作用，比如，想更换网站的域名，以前的域名是"www.123.com"，像更换住房的门牌号一样，现在要改为"www.1345.com"，然后把旧域名积累的权重慢慢传递到新域名上，就可以利用301重定向，而绝对地址和相对地址是无法做到的。所以，有些网站上线时间不长，却能把晋升难度大的词很快做好，此时可以查一下该网站是否做了301重定向，将原本做得很好的旧域名权重传递到了新域名上，使排名很快就补上去了。

3.5 知名度提高方法 🔍

3.5.1 博客外链

本节向大家介绍做外链的一种方法——博客外链。对外链有点认识的人应该知道，文章中的外链效果比签名要好，但作为草根站长，无法免费在其他网站发表文章，所以只能自己养博客。

养博客有两种方法，其中最常见的、成本最低的方法就是到新浪、和讯、中金等博客大巴上申请免费博客，然后在申请的博客上发表文章。比如，搜索新浪"韩寒博客"，如图3.45所示。

图3.45是很火的新浪博客，假设你开通了新浪博客，就可以在上面写日志或其他文章。在文章中加上自己网站的外链，这些文章不一定要自己写，可以稍微改动一下其他人的文章。做SEO主要针对自己网站的排名，所以尽量不要完全复制他人的文章，要稍作改动。对排名来说，如果做不到纯原创，伪原创也比原样复制要好。

图 3.45　韩寒博客

博客一般都能发锚文本链接或者首页能添加友情链接等。但是，添加锚文本之后一定要查看源码，看看链接正不正常，有的博客会将链接加nofollow，有的会加跳转，有的会屏蔽锚文本等。这个一定要注意看，不要只知道傻傻地去发，然后说什么没效果。如果急需有点质量的外链，就选择第二种，因为第二种属于网站内页，更容易收录和获得一定权重的导入。如果想获得更高的权重导入，那就选择第一种，但需要慢慢地养，像养一个新站一样把权重养高了，然后就可以有非常好的效果。

3.5.2　购买外链网站

本节向大家介绍一种做外链的方法——购买外链。虽然外链的增长方法有很多，但常用的几种就是在各大论坛网站发帖、留言，或者是直接购买外链，或者是免费的友情外链。当然，还有其他的方法，比如去各大搜索引擎回答问题。但现在百度规则的变化，让发帖留言这些方法起到的效果明显缩水了，添加外链也变得很困难了，发帖要是有链接就会被当作广告处理掉，留言要是晚一点没有被百度收录，也相当于白搭了。

对于新手站长来说，做友情链接有点不大可能，因为没有谁愿意和一个新生的网站做链接，所以还不如直接购买外链来得有效。很多人会不舍得，但已经投入了那么多就不妨再投入一点，最终都是为了网站能够挣回资本。有很多人都哭诉说外链的价格太贵，承担不起，其实外链并不是很贵，大部分人都是被一些外链出售网站给蒙骗了。在你哭诉买不起外链时，你不知道很多站长都在疑惑着为什么价格这么低还是没有人来买呢。还是那句话，直接购买外链比较实际。

对于个人网站来说，一个新站成立后最初的推广并不像想象中那么难，因为我们做的不是那些大型门户，只要发几个链接，然后被收录，继而推广，最后盈利就可以了。购买链接其实是一种投资，买不买都可以的，假设不买，认真推广，然后做友情链接，这样的效果也是一样的。如果选择买，也是有好处的，但和投资一样，需要谨慎。建议新手不要买太高质量、高权重的链接，这样会适得其反。原因很简单，假设你用太好的链接绑定在你的网站上，但只买了1个月，那后果就是百度降权，这又何必呢？

在不选用质量过高的外链的情况下，他的价格根本就不贵，全站的就略贵一些了，在这样的提醒下，不管用什么链接，切记不能一次性全部放上，一天放几个就完全够用了。

网站的内容最好都是原创的、绝对健康的，这样搜索引擎一定会喜欢的，投入一点点、买几个外链主要是希望百度能够快一些收录。如果买的是搜索引擎不太喜欢的模板或是采集站的话，还不如不买的好。所以，只需稍微买些，让搜索引擎感受到你的召唤，你独特的吸引力一定会让他渐渐喜欢你的，甚至都可以黏着你。打开A5站长交易论坛（www.admin5.net），如图3.46所示，单击"外链求购"板块，进入"链接平台"，如图3.47所示，有很多出售链接、链接交换等信息。

比如，查看某个出售链接，如图3.48所示，显示了该网站的出售信息。其中，PR是谷歌提出来的概念（PR值最高是PR10，最低是PR0），PR值越高，谷歌引擎就越重视它。PR值高的网站出售的链接通常比较贵，PR4以下的网站外链价格比较低。

还有"阿里微微"链接买卖交易平台（www.aliw.com），如图3.49所示。注册该平台以后，像淘宝交易一样先充值再下单，过几天网站外链就会被对方站长加上去。这是一个非常省心的外链交易平台，具体操作这里就不再赘述，大家可以尝试一下。

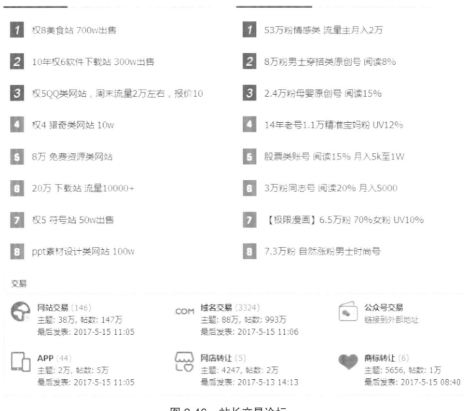

图 3.46　站长交易论坛

图 3.47　链接平台

| 请输入关键词 | | 搜索 | ▒ 3%中介费，目前已中介110951笔 | | QQ对话 | ▒ |

🏠 首页 ＞ 交易 ＞ 网站交易 ＞ ▒ 域名 首页有词

▒ 域名 首页有词

▒ 于 2017-5-15 10:55 发表在 网站交易 ▒ · 13 · 1

A3

262 25
文章 交易

网站交易

网站域名：	▒
类型：	其他网站
流量：	≤5000 IP
PR值：	4
价格：	≤ 1000元
预期价格：	800
联系 QQ：	▒ 🐧

▒

最近发表

- 传奇sf 域名 首页有词
- 县市级地方论坛，排名传▒
- se词域名 自己拿去搞► 25
- 低价出售1个关于方言文▒
- 教育培训网 每天IP2千►
- 出售一个美文摘抄大全网▒
- 8年老域名百度权1网站▒
- 百度权1网站低价出售 先▒
- 作文网老站300扔了 104▒
- 出售权重1四位com域名▒

图 3.48　出售链接

图 3.49　"阿里微微"链接买卖交易平台

3.5.3 通过视频外链

怎么通过视频做外链呢? 以优酷网为例, 如图3.50所示上传视频。

图 3.50 上传视频

由于"优酷"的权重比较高, 上传以后很快就会被收录, 增加了网站的曝光率。虽然比真正意义上的外链效果差一些, 但还是有用的。

3.5.4 通过图片外链

所谓图片外链是指图片不需要在本地服务器上, 通过引用别的网站(服务器)上的图片的url在网页上直接显示图片, 而不需要给出图片的反向链接。在论坛、网店和博客中, 图片外链的需求比较大。

外部链接是搜索引擎为你的网站权重作评判的标准之一, 丰富的外部链接资源可以帮你轻松提高搜索引擎的权重, 从而让你网站的收录、排名都得到比较好的效果。对于个人网站而言, 丰富的原创文章是比较困难的, 这时外链就成了更为关键的因素。因此, 外链建设的重要性再怎么强调也是不为过的。但是, 在建设外部链接时, 需要遵循以下几个原则, 方能起到事半功倍的效果, 否则就可能收效甚微甚至适得其反。现在网上关于这方面的教程很多, 但是很多都是过时的, 为了避免让大家学到错误、过时的知识, 提出以下注意事项:

1) 质量高于数量

质量高于数量, 再多低质量的外部链接, 也比不上一个高质量外部链接的作用。不要把外部链接的数量作为你工作的指标, 一定要把质量放在前面, 否则只是徒劳无功。特别反对利用软件群发垃圾外链, 这样做也许能取得一时的效果, 但从长久来看可能会导致你的网站被降权。外部链接原则实际上针对的是刻意的人工外部链接建设, 对于新站、小站来说也是不得已而为之。如果是真正以高质量原创内容取胜的网站, 人工外链建设甚至可能是不必要的, 因此, 不必盲从, 适量的外部链接就足够了。

115

2）难度越大，价值就越高

实际操作过SEO的人都知道，原创内容和外部链接是两个难度，都是费时费力的工作。外部链接甚至无法保证有投入就能有产出，获得好的外部链接就更困难了。一般来说，越是难度大的链接，效果越好，像百度百科，对于外链的审核是非常严格的，因此，在这上面一旦成功地留下外链，其效果也就远远大于发在一般的论坛的外链。SEO人员千万不能因为第一次联系时被拒绝就放弃。很多时候，从权重高的博客、新闻网站、论坛获得链接，需要与对方联系很多次。有时不能一上来就要求链接，要先与对方交朋友，互相帮助，有了一定的交情后要求链接，才能变得顺理成章。一些权重高的网站并不接受友情链接，只有对方了解你、相信你之后，才能给你一个单向链接。这个过程也许要花上几个月的时间，但越是这种难以获得的链接，才越有效果。

3）内容是根本

高质量的内容可以带来高质量的链接，因为高质量的文章往往容易获得转载。这是一种从内而外的外链建设策略。简单地说，就是要想让对方链接到你的网站，你必须为对方网站用户提供价值，最重要的价值就是高质量的内容。天下没有免费的午餐，没有高质量的内容，获得的链接就只能是交换、购买或垃圾链接。

4）内容相关性

寻找有效的外部链接时，内容相关性是最重要的标准之一。内容相关的网站直接对于彼此的价值要高于那些不相关的网站，相同行业网站间的外部链接质量是非常高的，作用也会发挥到最大。因此，很多人访问同行业内其他人的博客并留言，相互沟通和支持，成为行业内的积极参与者是非常重要的。如果是不相关的分类也可以，只是效果不太好。

5）外链的广泛性

一个正常的网站不可能全部都是好的链接，而没有一般的、甚至质量比较差的链接。进行外部链接建设时，应该大致上使外部链接构成自然、随机，来源广泛，呈现出健康正常的特征，否则很有可能被搜索引擎认定为是刻意为之，最后无法达到效果。在做外部链接时要注意网站种类的多样性，博客、论坛、新网站各个类型都不要落下。对于PR值不要要求得太死，要各种PR值的都有，新站旧站都可以。如果一个网站的外部链接全都是来自高PR值的页面，就显得很可疑了，按常理判断，恐怕以购买链接居多。在做外链时，还要注意，不要总是链向自己的首页，首页内页都应该有。锚文本不要固定用一个词，而应在多样化的基础上突出重点。

6）深度链接

深度链接不仅使外部链接构成趋向自然，对内页权重也有很大影响。很多网站首页PR值不错，按正常情况，一级分类页面PR值和权重应该只比首页差一个等级（如首页PR为5，其他频道页大部分为4）。实际上却不一定，很多一级分类页面PR值为零。从排名能力看，这些分类页面似乎并没有全部接收到内部链接传递过来的权重。只有当这些分类页面本身有外部链接时，PR值、排名能力和权重才提升到应有的位置。

7) 平稳增加

外部链接一定要谨记平稳增加，不要急于求成，对于新站更是如此。如果你的网站一夜之间突然增加大量外部链接，很容易就会被搜索引擎认定为作弊行为，那就得不偿失了。不要进行这些无谓的突击，真正对用户有用的网站，外部链接都是随时间平稳增加的，很少大起大落。要学会把精力分配好，掌控好时间，每个月增加一些，并持续下去。因此，在外链建设过程中，应制订计划，明确目标，有步骤、有规律地增加外链，这样才会取得好的效果。

3.5.5 通过软件外链

这里介绍一种做外链的方法——通过上传小软件做外链。用百度搜索一下，可以找到很多软件下载网站，如"ZOL下载""百度软件中心""太平洋下载"等。打开"百度软件中心"里的"斗鱼直播"，如图3.51所示。鼠标放在官网名称"斗鱼"两个字上，最下面会出现"斗鱼"的某个网页的网址（www.douyu.com），单击"斗鱼"这个锚文本，跳转到该链接指向的网页，如图3.52所示。

百度软件中心里有很多软件，其中有一些不是由"百度"自身开发的，而是由其他人上传的。图3.52中的超链接就指向了上传软件的网站，这就是该网站的一个外链。

图 3.51 斗鱼直播

斗鱼
首页
直播
分类
游戏
商城
鱼吧
御宅领域
鲜肉女神
王者荣耀

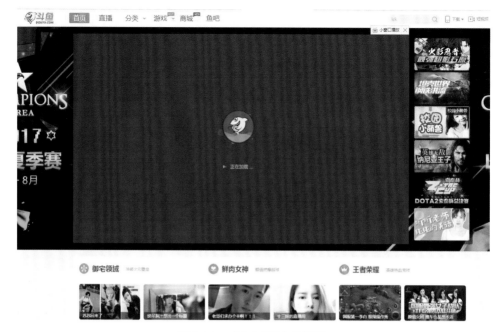

图 3.52　“斗鱼“指向的网页

在某软件站上传小软件，只要通过对方审核，就可以把上传的小软件正式收录，并自行设置官网地址。如果审核不太严格，还可以写自己网站的关键字。因此，通过上传小软件可以使网站增加外链。具体操作：先在软件站上注册一个账号，登录后单击网页最下面的“软件发布”，如图3.53所示。进入“软件提交管理平台”，像上传视频一样按照步骤和提示进行即可，每一个软件下载站都不太一样，可以尝试一下。

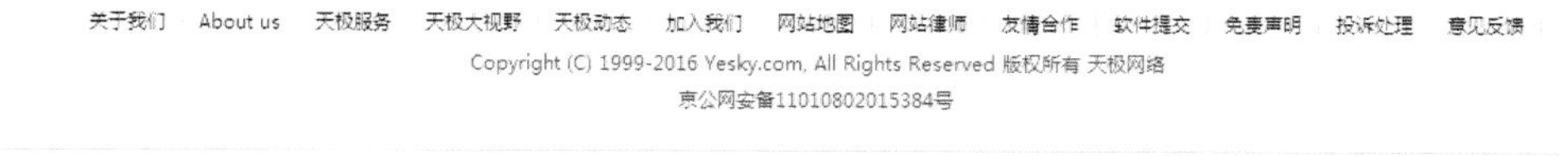

关于我们 About us 天极服务 天极大视野 天极动态 加入我们 网站地图 网站律师 友情合作 软件提交 免责声明 投诉处理 意见反馈
Copyright (C) 1999-2016 Yesky.com, All Rights Reserved 版权所有 天极网络
京公网安备11010802015384号

图 3.53　软件发布

软件提交，经审核通过之后，该软件就会出现在当前软件下载大全的分类中。在提交过程中，官方名称一栏可以填上自己网站的地址，如果审核不严格，也可以写上自己网站的关键词。

第4章 店铺与营销

淘宝店铺是指所有淘宝卖家所使用的店铺，店铺又分为淘宝旺铺和平铺店铺，淘宝旺铺服务是由淘宝提供给淘宝卖家，允许卖家使用淘宝提供的计算机和网络技术，实现区别于一般淘宝卖家的店铺。没有店铺的存在，就没有人知道卖家的商品是什么。本章讲解店铺的建立和装修方法技巧，以及网络营销的方式和方法。

本章重点：

1.掌握网店建立方法和过程。

2.掌握网店装修方法及技巧。

3.了解照片拍摄技巧。

4.掌握网店运营方法。

5.掌握事件营销方法。

6.掌握饥饿营销方法。

7.了解免费推广方法。

8.了解自媒体营销方式。

9.掌握客服管理方法。

4.1 店铺装修

4.1.1 注册开店

1）注册淘宝账号

注册步骤：

①打开淘宝官网：http://taobao.com，会看到宝贝搜索栏的左上方，有"请登录""免费注册""手机逛淘宝"，点击"免费注册"，如图4.1所示。

②进入"免费注册"页面后，会自动弹出"注册协议"，点击"同意协议"，如图4.2所示。

图 4.1

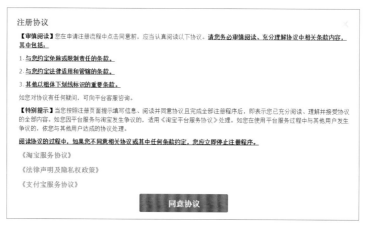

图 4.2

③注册淘宝账号有两种方法：第一，填写手机号码注册；第二，填写邮箱注册。由于用手机号码注册流程复杂，如图4.3所示，这里不作演示。建议使用邮箱注册。

图 4.3

④来到邮箱注册页面，填写电子邮箱→输入验证码→点击下一步，如图4.4所示。

图 4.4

⑤输入手机号码→下一步, 手机收到校验码短信→输入校验码→下一步, 如图4.5 和图4.6所示。

图 4.5

图 4.6

⑥验证邮件已发送到邮箱, 点击"立即查收邮件", 如图4.7所示。

图 4.7

⑦进入注册邮箱后, 会看见由淘宝网发送过来的邮件, 打开该邮件并点击"完成 注册"或链接, 如图4.8所示。

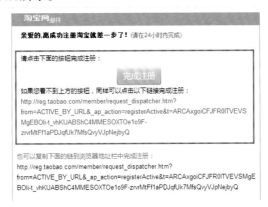

图 4.8

⑧点击链接后，将来到填写账户信息页面。填写账户信息，登录密码，会员名（会员名建议使用中文），如图4.9所示。

图4.9

⑨点击"确定"提交后淘宝账号即可成功注册，如图4.10所示。

图4.10

2）开通网上银行

网上银行（Internetbank or E-bank），包含两个层次的含义：一个是机构概念，是指通过信息网络开办业务的银行；另一个是业务概念，是指银行通过信息网络提供的金融服务，包括传统银行业务和因信息技术应用带来的新兴业务。在日常生活和工作中，我们提及网上银行更多是第二层次的概念，即网上银行服务。网上银行业务不仅仅是传统银行产品简单从网上的转移，其他服务方式和内涵发生了一定的变化，而且由于信息技术的应用，又产生了全新的业务品种。下面工商银行为例，讲述如何开通网上银行。

①柜台申请：携带50~70元到工商银行任何一个储蓄所申请办理静态密码客户、动态密码客户、U盾用户。推荐办理U盾用户。

②网上申请开通：必须持有信用卡等理财账户卡。登录工商银行网站，点击"注册"申请，如图4.11所示。

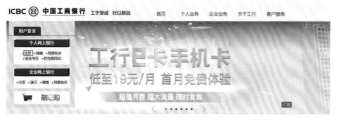

图 4.11

③点击“注册个人网上银行”，如图4.12所示。

中国工商银行 INDUSTRIAL AND COMMERCIAL BANK OF CHINA　个人网上银行　返回主页　企业网上银行

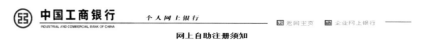

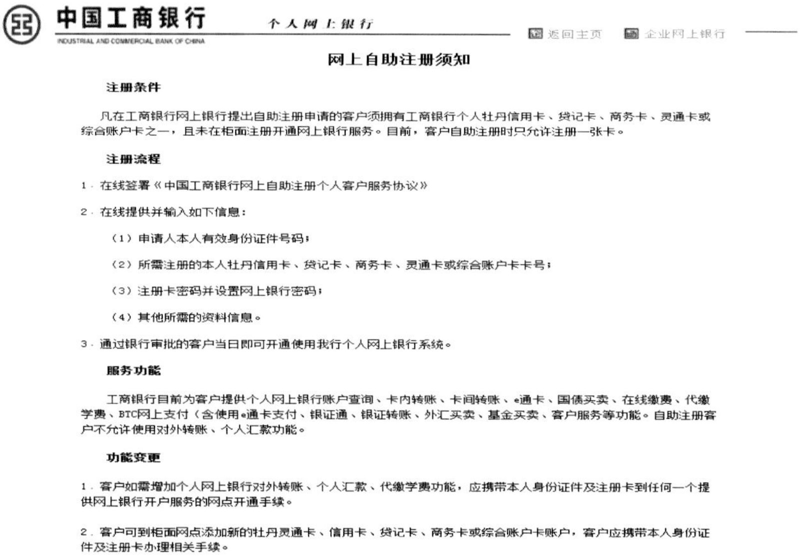

网上自助注册须知

注册条件

凡在工商银行网上银行提出自助注册申请的客户须拥有工商银行个人牡丹信用卡、贷记卡、商务卡、灵通卡或综合账户卡之一，且未在柜面注册开通网上银行服务。目前，客户自助注册时只允许注册一张卡。

注册流程

1. 在线签署《中国工商银行网上自助注册个人客户服务协议》

2. 在线提供并输入如下信息：

（1）申请人本人有效身份证件号码；

（2）所需注册的本人牡丹信用卡、贷记卡、商务卡、灵通卡或综合账户卡卡号；

（3）注册卡密码并设置网上银行密码；

（4）其他所需的资料信息。

3. 通过银行审批的客户当日即可开通使用我行个人网上银行系统。

服务功能

工商银行目前为客户提供个人网上银行账户查询、卡内转账、卡间转账、e通卡、国债买卖、在线缴费、代缴学费、BTC网上支付（含使用e通卡支付、银证通、银证转账、外汇买卖、基金买卖、客户服务等功能。自助注册客户不允许使用对外转账、个人汇款功能。

功能变更

1. 客户如需增加个人网上银行对外转账、个人汇款、代缴学费功能，应携带本人身份证件及注册卡到任何一个提供网上银行开户服务的网点开通手续。

2. 客户可到柜面网点添加新的牡丹灵通卡、信用卡、贷记卡、商务卡或综合账户卡账户，客户应携带本人身份证件及注册卡办理相关手续。

图 4.12

④点击“接受协议”，如图4.13所示。

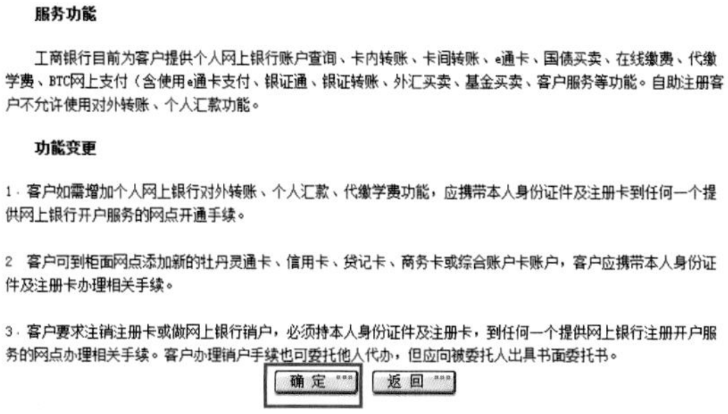

服务功能

工商银行目前为客户提供个人网上银行账户查询、卡内转账、卡间转账、e通卡、国债买卖、在线缴费、代缴学费、BTC网上支付（含使用e通卡支付、银证通、银证转账、外汇买卖、基金买卖、客户服务等功能。自助注册客户不允许使用对外转账、个人汇款功能。

功能变更

1. 客户如需增加个人网上银行对外转账、个人汇款、代缴学费功能，应携带本人身份证件及注册卡到任何一个提供网上银行开户服务的网点开通手续。

2. 客户可到柜面网点添加新的牡丹灵通卡、信用卡、贷记卡、商务卡或综合账户卡账户，客户应携带本人身份证件及注册卡办理相关手续。

3. 客户要求注销注册卡或做网上银行销户，必须持本人身份证件及注册卡，到任何一个提供网上银行注册开户服务的网点办理相关手续。客户办理销户手续也可委托他人代办，但应向被委托人出具书面委托书。

确 定　返 回

图 4.13

⑤填写注册卡卡号和开通资料，如图4.14和图4.15所示。

▶▶ 自助注册操作提示：
　　如果您现在还不是个人网上银行客户，请按页面要求输入相关内容并确认后，即可成为我行个人网上银行客户，请正确选择/输入开户地区等注册卡的信息，如果您注册的卡是准贷记卡和贷记卡，请正确输入有效期。

用户自助注册

开户地区　　　　安徽省　▼
　　　　　　　　安庆　▼　市
注册卡号
注册卡密码
信用卡/贷记卡有效期
例如：0210表示02年10月
证件类型　　　　身份证　▼
证件号码
网上银行初始密码
请再输入初始密码
　　　确　定 ****　　返　回 ****
如果您的页面显示不正常，请点击这里

请与我们联系 webmaster@icbc.com.cn 中国工商银行版权所有

图 4.14

⑥确认成功，如图4.15所示。

用户自助注册确认

您注册的卡号是

95588xxxxxxxxxxxxxxx

您确认注册开户吗？

确　定 ****　　返　回 ****

请与我们联系 webmaster@icbc.com.cn 中国工商银行版权所有

图 4.15

3) 绑定支付宝

登录注册好的淘宝账户，点击"我的淘宝"→"账号管理"→"支付宝账户管理"，输入注册好的支付宝账户和登录密码，即可绑定成功，如图4.16所示。

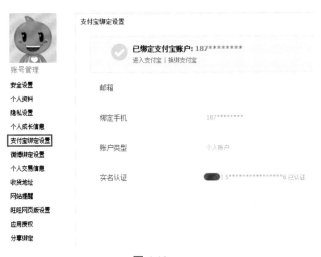

图 4.16

4）认证支付宝及下载证书

①支付宝账号的登录：淘宝账户注册完成，其对应的支付宝账号也已经存在。登录支付宝有两种方法：登录我的淘宝，点击"我的支付宝"；进入支付宝账号，如图4.17、图4.18和图4.19所示。

图 4.17   图 4.18   图 4.19

②进入支付宝账号后，进行操作。操作界面如图4.20所示。

图 4.20

③支付宝账号的认证，如图4.21和图4.22所示。在支付宝使用过程中，认证支付宝是一个必要的过程。点击"立即认证"。

图 4.21

图 4.22

④在填写认证信息的过程中，一定要认真核对自己的信息。信息填写完成后提交，等待审核，如图4.23所示。

图 4.23

⑤支付宝实名认证后，有如图4.24所示的提示。

⑥下载证书：淘宝安全证书是淘宝的数字证书，它是使用支付宝账户资金的身份凭证之一，加密您的信息并确保账户资金安全。申请数字证书后，即使账号被盗，对方也动不了您账户里的资金。当电脑系统重装或更换电脑操作，只需再安装一次证书即可，如图4.25所示。

图 4.24

图 4.25

5）申请开店

①注册淘宝账号（淘宝开店就必须有一个淘宝账号），如图4.26所示。

②注册支付宝账号，并绑定淘宝账号（淘宝开店必须有一个支付宝与批发商和卖家交易支付方式），如图4.27所示。

图 4.26

图 4.27

支付宝是淘宝的第三方担保，这项功能为首先使用的"第三方担保交易模式"，由买家将货款打到支付宝账户，由支付宝向卖家通知发货，买家收到商品确认后，支付宝将货款放于卖家，至此完成一笔网络交易。

③进入卖家中心，注册淘宝店铺，如图4.28所示。

点击"卖家中心"，如图4.29所示。

图 4.28

点击"我要开店",如图4.30所示。

④淘宝开店信息提交,完善个人信息(提交审核),如图4.31所示。

认证成功之后,需要提交审核,审核成功之后需要填写自己的提现银行卡及个人店铺信息。

⑤通过审核,装修店铺上架产品,如图4.32所示。

图 4.29　　　　　　　　　　　　　　图 4.30

图 4.31

图 4.32

4.1.2　网店装修

①平台模块规划。

②拍摄照片。随着淘宝的发展,越来越多的店开张,但面临高额的拍摄费用,更多的店主不会选择自己拍,那么就会剽取别人的照片,但越来越多的同质化严重干扰了正常的市场次序,也严重影响原创店主的生意。

如何做好电商的图片拍摄,相信不仅仅是摄影公司,更是很多卖家的真实心声。在这里,我们可以把风格大致区分成日韩、欧美和本土3种。这3种风格所衍生出来的风格更是数不胜数,甜美、淑女、轻熟、性感、街头、清新、复古等,我们首先要做的就是给自己的品牌一个明确的市场及品牌定位。

定位确定了拍摄的内容和出来的成果,而一次拍摄也没有想象中那么简单。它包含了场景、灯光、色调、道具、搭配、化妆、模特、后期等,每样东西都可能成为决定你拍摄质量的因素。专业模特可以让你的产品得到更好地展示,但是却不一定代表适合你的风格。如果你走的是甜美风,模特找个一米八几的大个子超模,效果可想而知。这只是拍摄的其中一个环节。只有做到前期有好的策划,才能更好地预期后期的拍摄效果。

八大淘宝照片拍摄技巧

1.保持相机的稳定

许多刚学会拍摄的朋友们常常会遇到拍摄出来的照片很模糊的问题,这是由相机的晃动引起的,所以,在拍摄中要避免相机的晃动。你可以双手握住相机,将肘抵住胸膛,或者是靠着一个稳定的物体,并且要放松,整个人不要太紧张。

2.保持太阳在你的身后

摄影缺少了光线就不能称为摄影,摄影是光与影的完美结合。所以,在拍摄时需要有足够的光线能够照射到被摄主体上。最好也是最简单的方法就是使太阳处于你的背后并有一定的偏移,前面的光线可以照亮被摄主体,使它的色彩和阴影变亮,轻微的角度则可以产生一些阴影来显示出物体的质地。

3.缩小拍摄距离

有时候,只需要简单地离被摄物体近一些,就可以得到比远距离拍摄更好的效果。并不一定非要把整个人或物全部照下来，有时候，只对景物的某个具有特色的地方进行夸大拍摄，反而会创造出具有强烈视觉冲击力的图像。

4.拍摄样式的选定

相机不同的举握方式，拍摄出来的图像的效果就会不同。最简单的就是竖举和横举相机。竖着拍摄的照片可以强调被摄主体的高度（比如说拍摄红杉），而横举则可以拍摄连绵的山脉。

5.变换拍摄风格

你可能拍摄过很多非常好的照片，但它们很可能都是一种风格，看多了就会给人一种一成不变的感觉。因此，你应该在拍摄中不断的尝试新的拍摄方法或情调，为你的相册增添光彩。比如，你可以分别拍摄一些风景、人物、特写镜头、全景图像、好天气拍摄的、坏天气拍摄的等。个人拍摄带有很大的随意性，所以你可以走到哪儿拍到哪儿，只要你觉得这个画面很有趣或是很有意义，完全不受其他因素的影响，所以你更是可以随意发挥。

6.增加景深

景深对于好的拍摄来说非常重要。每个摄影者都不希望自己拍摄的照片看起来就像是个平面图，没有一点立体感。所以在拍摄中，就要适当地增加一些用于显示相对性的物体。比如，你要拍摄一个远处的山脉，你就可以在画面的前景加上人物或是一棵树，使用广角镜头就可以夸大被摄体正常的空间和纵深感。

7.正确的构图

一幅好的图像通常是由于它的构图非常恰当。摄影上比较常见的构图就有3点规则。画面被分为3个部分（水平和垂直），然后将被摄物体置于线上或是交汇处。总是将被摄物体置于中间会让人觉得厌烦，所以，不妨用3点规则来拍摄多样性的照片。

8.捕获细节

使用广角镜来将"一切"东西都囊括在画面中总是很有诱惑力的，但是这样的拍摄会让你丢掉很多细微的地方，有时还是一些特别有意义的细节。这时就可以使用变焦镜头，使画面变小，然后捕捉有趣的小画面。

③PS 处理图片。

④图片上传。

A.打开"我的淘宝"，点击"图片空间"，如图4.33所示。

图 4.33

B.选择你需要上传图片的文件夹，如图4.34所示。

图 4.34

C.进入某文件夹后，点击"上传图片"，如图4.35所示。

图 4.35

D.选择你需要上传的图片，每次上传最多只能上传10张，如图4.36、图4.37和图4.38所示。

E.至此，点击"完成"即可。

图 4.36

图 4.37

图 4.38

4.1.3 网店运营

①网店后台管理。网店后台管理系统可以兼容各类商品的发布、展示和订购。网店后台管理系统除了具有完善的商品类型管理、商品管理、配送支付管理、订单管理、会员分组、会员管理、查询统计和多项商品促销功能，还具有完整的文章、图文、下载、单页、广告发布等网站内容管理功能。网店后台管理系统具有静态html生成、UTF-8多语言支持、可视化模板引擎等技术特点，支持多频道调用不同模板和任意设置频道首页，适合建立内容丰富的大型综合网店。

网店后台管理系统技术特点和优越性：预设栏目内容，直观易用。预设多种商品类型、商品栏目和内容栏目，直观易用，多语言支持，独立语言包，支持GBK和UTF8编码方式，可用于创建各种语言的网店；静态html生成，可设置生成静态html网页，自定html缓存更新时间，提升网站访问速度；可视化模板引擎，采用可视化模板引擎，模板修改直观灵活，模板插件可通过后台可视界面选择设置，可满足用户的个性化建站需求。灵活的商品类型设置，针对不同商品类型设置不同的发布参数，并可在订购时选择，兼容各类商品销售。支持附属配件、捆绑套餐等特殊商品类型。具有打折促销、优惠券、积分换赠、捆绑套餐等促销功能。

②配送管理。

4.2 营销策划 ○

4.2.1 活动营销策划 1

案例营销策划方案1：店内促销活动

①首先是要了解自己的产品，了解适合的人群，了解顾客的所需，对于新来的顾客，客服最好能了解她的喜好（如价格、款式、质量），然后根据顾客的需求迅速成交。要知道，现在淘宝的竞争非常激烈，客户可以有多项选择，尽量早让顾客下单，就有更大的几率拿下顾客。在淘宝里，一定要薄利多销。成交后，可以询问除旺旺以外的其他联系方式，比如让顾客加入自己的旺旺群，再要QQ、微信，让顾客加入自己的QQ群、微信群或是微博，跟顾客互粉，这样都有利于顾客的再次购买，毕竟这样做能增加和顾客的感情。

②有了活动，一定要通知老顾客，可以发短信，通过QQ、旺旺、微信、微博打出感情牌，尽量在活动前一周发一次信息，在活动前3天再发一次，这样顾客也会认为你很重视他，消息也不能只写活动信息，要写上感谢语和对顾客家人的祝福，然后再把促销活动信息写上。写活动也要有技巧，不要写得太详细，要有朦胧感，比如可以这样写："老客户更优惠，分时段抢先购，1元起抢拍，全场5折起，满就送，满就减，会员折上折。"这样会增加老客户再次光临的欲望。

③掌柜要做活动一定要有一个定位，是新品促销，还是清仓处理？

④活动的周期：一个活动的周期不要太过长，这样顾客会认为出售的宝贝就是这个价格并没有感觉优惠的，没有优惠哪天来不都是一样么。建议一个小活动可以在3天左右。

⑤给活动找一个吸引人的标题，可以从以下几个方面去考虑：

A.时间性的，比如年中大促、年末大促、冲击××皇冠。

B.节日性的，比如国庆节、儿童节、父亲节、元旦节等。

C.时事性的，比如庆贺奥巴马竞选成功、奥运会圆满结束，这样吸引人的活动标题更能触动客户的神经。

⑥活动期间建议包邮，现在淘宝活动基本上都是包邮，包邮让顾客感到特别的划算。当然包邮也要包得合理，如单品包邮（打造一款爆款），全场包邮（合适清仓活动、短期活动），满××元包邮（合适新品发行），买××件包邮（合适老客户优惠活动），发放包邮卡（合适新客户活动）。

⑦活动前期的店铺准备要做到位，如店铺装修（首页、活动页面、宝贝描述、焦点），联系好物流，提前把活动的产品包装好。比如，准备好一些小礼品，发放后会提高顾客的满意度，一个小惊喜可能会有大收获的。人员配置、售前的快速接待、旺旺的快速回复、售后的物品跟踪，都需要提前做好。

上面说的这些基本上就是活动时应该想好、做好、准备好的事宜。下面说一下活动中应该注意的事项：

A.活动时要注意记录流量、销量。

B.店铺页面的调整，库存量。

C.客服注意总结顾客的一些问题，并进行汇报。

最后说下活动后的事宜：

A.售后要及时跟踪宝贝，第一时间处理异常件，尽早把宝贝送到顾客手中。

B.注意回访顾客，解决一些顾客对宝贝的问题。

C.总结这次活动的得失，总结流量、客单价、转化率、优化活动方案。

D.把顾客会员再次汇总，形成再次的老顾客。

4.2.2　活动营销策划2

案例营销策划方案2：店铺特价/满就送/配套搭配/聚划算等

我们之前有一个普通的店铺，是一个2皇冠的集市店铺，做完那次活动直接升级为3皇冠，是一个里程碑的增长。聚划算的规则一直在变，竞拍规则也一直在变，我们商家要跟着变化，时刻跟着规则走。

先说说一次聚划算的营销活动"冬靴来袭"，活动报的是牛皮中筒雪地靴，价格99元，固定坑位费是2.8万元，7%佣金，1万双卖完，连带销售低筒卖了有800双左右，高筒的有300双左右，其他少的就不说了。那两天总共卖了115万左右。总结这次聚划算的心得：

①选产品要准（这个是看类目定的）。

②要学会借势。

③提前作好推广准备。

④售后要做好。

依次来说，就是：

①选产品要准，就是要根据市场的行情来给你的产品定位，店铺之前是专做羊皮毛一体雪地靴的，质量好但是受众群体少，并且很多人不会购买，反倒说不是真货。于是，卖家改变策略，通过市场调查，果断推出牛皮类的产品，牛皮主推一款，羊皮毛一体主推一款，上聚划算的就是店里主推的牛皮款。

建议拿店里的热销款去报聚划算，小二审核的时候肯定也会考虑宝贝的热卖程度及大众的消费能力。

②要学会借势：其实这个说的就是要时刻关注淘宝的动向，淘宝会定期根据节气、社会流行趋势等推出专题活动。那么，产品选好了，正好又有符合产品的活动，搭上聚划算的顺风车就很容易火起来。有新的聚划算报名出来要第一时间报名，据说这样通过率较高。有些活动只有一天或者几个小时的时间，所以要时刻关注。

③提前作好推广准备。当知道要上聚划算之后，就开始准备推广策略，美工不停地做图，不停地修图。

聚划算的主图很重要，为了测试这个主图，用了3个办法：

A.用直通车的方式测试。

B.用钻展。

C.用关联海报的形式。

　　根据点击率，选出一个最好的图片出来。直通车的单品本身就是在推，这个时期侧重店铺推广，推广的是做好的集合页面。宣传聚划算，积累客户的同时也可以带动其他产品。再一个就是用钻展，大家应该知道APP无线端的推广，提前3天投放钻展。

　　④做好售后。售后关要把好，否则就会瞬间低落。每一个订单都放一个全5分好评返5元，保持评分没有下降。

　　聚划算之后怎么办？不管了么？聚划算之后的余热还是有点像之前钻展的图片，顾客看到了，但是没买，还是要卖家按照聚划算的价买，这种坚决不卖。还有一类是收藏了没买，后台有个根据这个的营销专门建一个优惠券让顾客享受到聚划算的价也会挽回一部分客户。

4.3　事件营销

4.3.1　事件营销方法分析

　　事件营销界有两个大佬，仅需简单的三言两语便能促成刷屏级事件营销，堪称业内膜拜典范。没错，它们便是杜蕾斯和故宫淘宝。乐客公关在以往文章中多次介绍过杜蕾斯经典事件营销案例。所以，接下来主要分析故宫淘宝事件营销案例，看故宫是怎样做事件营销的。

　　1）造势篇·组网络CP造势

　　近两年不仅"CP"成为网络热词，品牌之间互组CP联手造势，打造热门IP的营销事件更是层出不穷。然而，乐客公关相信，在此之前，你肯定不相信故宫淘宝和海尔兄弟居然还能组成全新的"国民CP"。

　　原来，2016年年初，故宫淘宝发布一条调侃微博，声称有网友建议其做一个名为"冷宫"的冰箱贴，既充满了历史感又言简意赅。随后，有网友建议联合海尔，并建议两人合作。对此，海尔表示"容我考虑一下"，故宫淘宝又回应："给一个窜天猴，要不？"如图4.39所示。

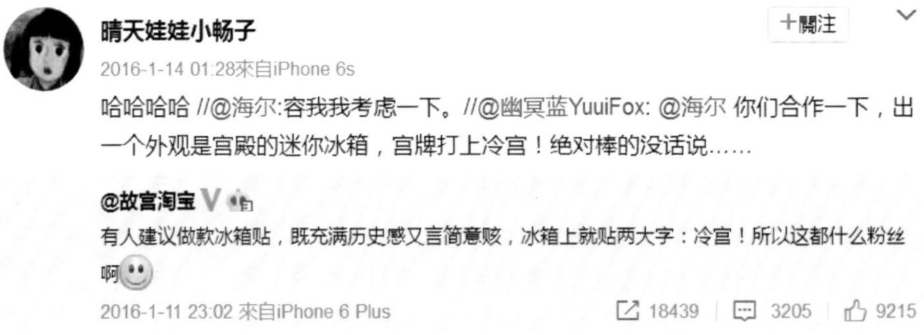

晴天娃娃小畅子　　　　　　　　　　　　　　　＋關注　　∨

2016-1-14 01:28來自iPhone 6s

哈哈哈哈 //@海尔:容我我考虑一下。//@幽冥蓝YuuiFox: @海尔 你们合作一下，出一个外观是宫殿的迷你冰箱，宫牌打上冷宫！绝对棒的没话说……

@故宫淘宝 V

有人建议做款冰箱贴，既充满历史感又言简意赅，冰箱上就贴两大字：冷宫！所以这都什么粉丝啊

2016-1-11 23:02 来自iPhone 6 Plus　　　　　　18439　｜　3205　｜　9215

图4.39　故宫淘宝联合海尔

这样的互动吸引了很多网友的关注。于是，两个品牌就此捆绑营销了半年，终于推出了备受网友期待的"冰箱贴"。

这不得不让乐客公关想起分析杜蕾斯微博事件营销案例这篇文章，里面诀窍之一便是"会来事儿"，淘宝故宫明显就是深谙此道，难怪能够蹿红网络。

2）借势篇·借力热门IP

除了向名人明星借势之外，主动向热门IP借势，以此提升品牌知名度和美誉度，也是故宫淘宝常见的事件营销方法之一。比如，此前在电影《大鱼海棠》热映之际，故宫淘宝也趁机联合淘宝某鞋店，不仅推出了大鱼海棠主题系列布鞋，更声称"这属于限量供应发售的布鞋，而且在微博上将抽取60人赠送布鞋一双"，短短几小时转发评论就超过10 000条，如图4.40所示。

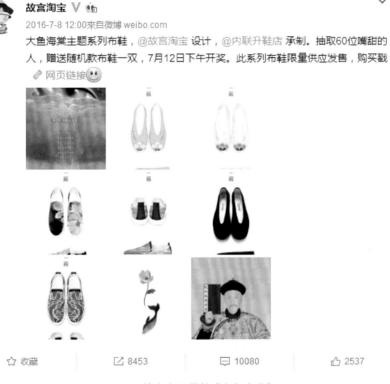

图4.40　故宫淘宝借势《大鱼海棠》

同样，当"葛优瘫"话题火爆网络，引得无数明星和素人争相模仿的时候，淘宝故宫也默默推出一组古人图，借助各式舒适姿势调侃试下热点，让人大赞果然这才是淘宝故宫。

另外，在乐客公关看来，故宫淘宝借势营销处处充满了品牌营销意味。不管是借势话题或文案，目的都是为了加深用户印象，这也正体现了品牌事件营销的目的。

3）势篇·平台大联合

虽然说淘宝才是其产品最主要的营销阵地，但是，故宫淘宝没有放过丝毫与腾讯合作的机会。至少，故宫淘宝常规运营微信公众号的时候，将自己变成了一个符合年轻人喜好的段子手形象，经常在微信文章中植入各种幽默搞笑的语言、表情，甚至植入书签广告产品，实力演绎不会打广告的段子手不是好的微信文案。而且，此前故宫淘宝更是联合腾讯推出"QQ表情创作大赛"，通过H5展示出一个会唱RAP的皇帝，在再一次吸引了广大年轻网友对于传统文化关注的同时，也增加了品牌热度。

故宫淘宝能抽丝剥茧分析自身优劣势，并策划差异化营销事件，乐客公关认为或许这才是故宫淘宝事件营销最大奥秘。

4.3.2 事件营销案例分析(某活动某明星/球星同款服装、鞋子、帽子等)

与美国职业篮球明星签订球鞋代言合同，是运动装备厂商最常用的推广策略之一。但有些时候，代言人的"任性"会让后起之秀获得挑战行业龙头的机会。

当今美国职业篮球(NBA)最炙手可热的球星斯蒂芬·库里，为何拒绝为耐克公司代言?今年常规赛接近尾声时，美国ESPN体育新闻网就这一"运动装备史上最具颠覆性的事件"进行了报道。该网站专栏作家伊森·舍伍德·施特劳斯(Ethan Sherwood Strauss)透露，3年前，耐克满以为金州勇士队的王牌会选择自家的球鞋，因为从大学起，库里一直是耐克的拥趸。然而，耐克的自大让此前名不见经传的安德玛(Under Armour)公司乘虚而入，如图4.41所示。

图 4.41　安德玛

一位巨星盘活一个品牌。

作为运动装备行业的新贵，安德玛由退役橄榄球运动员凯文·普朗克(Kevin Plank)于1996年创建。早在数年前，该公司就给了库里的队友肯特·巴兹莫尔(Kent Bazemore)一份商业合同，向后者慷慨地提供运动鞋和装备。事实证明，此举实乃醉翁之意不在酒——在巴兹莫尔的牵线下，安德玛最终战胜了耐克及其老对手阿迪达斯，成功将库里发展为代言人，用一份超长合同锁定了这位正从"全明星"向"历史巨星"转型升级的超级得分手。

库里在球场上的火爆表现，推高了其代言产品的销量。作为安德玛公司主打的篮球鞋，"库里二代"(Curry2)在零售环节表现尤其出色。根据摩根士坦利公司授权"商业内参"网站发布的统计数据来看,安德玛的球鞋销量增加了350%。摩根斯坦利还进一步预测称,在库里引领下,安德玛的年度销售额有望达到1.6亿美元(约10.5亿元人民币),和耐克平起平坐。如果这样,斯蒂芬·库里就会成为仅次于迈克尔·乔丹的运动鞋代言人。

节节攀升的销售数据引发了人们的思考:不像耐克、阿迪乃至Asics, Saucon之类的品牌,库里的签名战靴并没有太多品牌附加值,也不打算扮演流行符号,有些反传统。在耐克鞋主宰的街道上,库里二代异常低调。因此,球鞋收藏家们面对库里二代时有些犹豫不决。摩根士坦利的报告坦言:"我们认为,安德玛的鞋类产品与收藏市场尚有距离。"

但安德玛对此并不在乎。据美国Slate网站报道,在今年4月的财务会议上,该公司CEO普朗克相信库里帮助自己打进了"最铁杆的年轻球迷"的圈子。库里在各种场合力挺代言对象的同时,也反复强调,库里二代是"一款真正适合在打球时穿的鞋"。

一款球鞋在球场上受到欢迎本来是件好事,然而,正如ESPN专栏作家施特劳斯指出的那样,在北美四大体育联盟,由知名选手代言的运动装备早已超越市场范畴,成为另类的流行文化现象。"走在街上,放眼望去皆乔丹(乔丹系列是耐克主打的球鞋系列产品),仿佛迈克尔根本没退休",施特劳斯写道:"这恐怕是一位运动员在这个转瞬即逝的世界里能创造的最大奇迹"。的确,今天,不少年轻体育迷无缘目睹迈克尔·乔丹的风采,但到了球鞋的世界里,昔日的"篮球飞人"依然是不朽的传奇。

代言人性格影响营销:运动装备的长盛不衰和代言人的强势表现分不开,这也是厂家苦心运作的结果。依然以乔丹品牌的球鞋为例。当年,正是传奇设计师廷克·哈特菲尔德(Tinker Hatfield)设计出"飞人"商标并用于乔丹三代球鞋后,这个系列才在一夜之间火遍了全球。

相比之下,其貌不扬的库里二代乍一看和普通球鞋无甚区别。不同于耐克旗下当红的"勒布朗·詹姆斯签名系列"采用的未来派风格,库里二代有些缺乏个性。除了鞋舌上的"SC"字样,它和安德玛旗下的另一款鞋Charged Stepback外形几乎一致。但与众不同的是,其鞋跟内侧印有库里手书的"我无所不能",但字体小得要用放大镜才能看清。

对球鞋厂商来说,成功将库里招至麾下,等于给自己的营销团队提出了难题,其中的要害就在于库里追求那种"不随大流"的生活方式,是否有足够的吸引力。库里载誉无数,但球场外的他一直以好丈夫和好父亲的形象示人,而且有些随性。他在讲述自己为何选择安德玛品牌时表示,当时,他刚1岁的女儿莱利在粉丝送来的很多球鞋里,捡起了安德玛旗下的一款产品。小姑娘把鞋拿到爸爸面前那一刻,库里告诉记者,他"毫不犹豫地下了决心"。

4.3.3 事件营销案例分析

借助电影等进行分析、店铺成立 1 周年活动优惠等,双十一、双十二、父亲节、母亲节等营销,以2016天猫双11晚会为例。2016天猫双11营销策略是什么?双11晚会推出了手机电视直播的多屏互动,晚会全部硬广收入都将回馈给消费者,让消费者

"看广告，抢红包"。明星+直播，双11晚会明星阵容+矩阵直播，打造超级IP，肩负拉新客户、提升平台整体流量和关注度的重任。

在今天举行的天猫双11狂欢夜发布会上，阿里鱼总经理应宏称，今年晚会将引入更国际化的明星阵容，阿里巴巴集团旗下大文娱版块，包括合一集团（优酷土豆）、天猫魔盒、虾米音乐、UC头条、天猫客户端、高德地图等平台，都将组成此次晚会的联动直播矩阵，将双11狂欢夜打造成一个类似美国"超级碗"的超级吸粉IP。

同时，2016年的双11晚会将推出手机电视直播的多屏互动，晚会全部硬广告收入都将回馈给消费者，让消费者"看广告，抢红包"。

以上种种表明，阿里在不遗余力地狂撩电视、互联网用户，寻找新流量。

据了解，去年双11晚会对新客户产生了巨大的拉动效果，新客日均提升3倍，峰值提升18倍，这种惊人的流量获取能力是保证阿里去年双11最终冲顶912亿的基石，也是阿里下一财年业绩增长的重要支持。

2016年5月，在阿里鱼的首次公开亮相上，阿里鱼负责人称，参与了IP关联销售的店铺，天猫消费的新客户占比达到70%以上，表明电商IP具备强大的拉新能力，IP有超强的吸粉能力，电商则对IP有超强的反哺能力。

正是基于这样的趋势判断，阿里成立了阿里鱼，专门针对10万商家的IP变现平台。阿里鱼总经理应宏也是双11狂欢夜的总策划。

据了解，上海家化最终以8 000万元拿下了2016年天猫双11晚会的独家冠名权，浙江卫视担任官方合作电视台，著名快嘴华少担任主持人。其具有以下特点：

1）个性化推荐

淘宝论坛认为：千人千面的个性化推荐是2016年天猫提升流量转化率的利器。通过将千人千面这一阿里核武器开放应用到商家店铺，重在为商家提高流量价值、提升转化率，为消费者提供差异化的营销和服务。

在服饰类商家沟通会上，阿里服饰类负责人介绍，2016年的千人千面将分解到动脉级、静脉级和毛细血管级的流量分发。其中，主会场、分会场是动脉级别的千人千面，重任在于大幅降低整体跳失率，保证大商家流量和销量不受损情况下带动全平台增长。猜你喜欢、有好货等导购型入口的千人千面重点在大幅提升导购效率。店铺、详情、微淘的千人千面重在提升店铺的整体运营效率。

据了解，商家可以利用聚星台对店铺产品、图片、广告个性化设置千人千面。阿里方面称，商家要重点关注个性化素材提交，把全店参加双11的商品都报入系统。

此前，在腰部商家会上，阿里方面也表示，在2016年的双11备战中，建议腰部卖家将策略重点放在货品选择和个性化玩法上。商家的个性化表现会作为进入会场的标准，包括会场图片素材的提交、商品露出和转化，以及成交维度广度等。

2）全渠道战略

全渠道是2016年双11销量的刷新阵地，扶持60多家，强调门店发货。

自2015年双11起部分品牌已经开始尝试全渠道打通。过去一年，一方面阿里在不遗余力地打通线上线下。另一方面，大型的品牌商也在全力尝试打通线上线下货品、会员体系，实现线上下单、门店配送，如绫致集团、GAP、优衣库等门店布局密集的品牌在过去一年中都尝试过将线上线下打通,茵曼等诞生于线上的淘品牌也开起了线下店。

事实上,线上线下各自的渠道销量都已经遇到了瓶颈,尤其对服饰类目来说,线下天然体验性好但缺流量,线上缺体验导致客单价难以提升。为了寻找新的增长,打通线上线下,通过增加用户体验和便利性,将线上线下用户互相引流,刺激消费,实现增长是品牌和阿里等电商平台共同的追求。

2016年双11,针对服饰类目,阿里特别强调全渠道战略。据阿里方面透露,目前已经打通了30多家,预计将打通60多家作为扶持商家,给予流量倾向。业内人士分析,每年的双11,不但是阿里当年业绩的最大保障,也是下一财年阿里增长的重要方向布局。过去一年阿里对品牌全渠道的洗脑效果并不显著,天猫的喵街也仅仅停留在跟线下百货商场的合作层面,未能真正打通到品牌级别。以双11的即时利益为诱饵,拿下品牌线上线下打通这一局也是阿里惯用的战术。

3)跨店联动、流量转化

推多门槛跨店满减优惠玩法,提升促销联动和流量转化。

据了解,2016年双11的营销玩法包括平台级、行业级和商家工具,平台级将有全场满返、双11购物券满减活动;行业级别的有预售、花呗分期等方式。商家自己则有买N免1、搭配宝、赠品宝、特价宝等多重玩法。参与商家沟通会的某服饰品牌负责人透露,单店满免、免单工具功能,在双11后半场提供相应会场,阿里会给予流量支持。

据了解,此前在淘宝66大促活动中,就曾尝试了跨店铺红包促销玩法。备货主打秋冬新款、商场同款,在服饰类商家沟通会上,阿里服饰类负责人强调,2016年双11备货要求商家以秋冬新款为主,强调商场同款占比。

天猫服饰整合营销负责人淇蓝称,在2015年双11中,秋冬服饰成交额占整体的60%,Top主推款占成交额的一半,而2016年双11货品仍会以应季为主,建议商家在活动前对店铺主推款和TOP款作足准备。

4.4 免费推广方法

4.4.1 论坛中推广

1)什么样的帖是好帖

常看到有人说,多发些精华帖、好帖,店铺的点击量就会上来。其实,对新手来讲,精华帖、好帖概念有点模糊,并且难度较大。购买经验告诉我们,发原创帖是一个正确的选择。举个例子,比如你要买精油,而你对精油又不太熟悉,那么你会怎么样?当然是先去论坛看看,那你又会看什么样的文章呢?当然是那些精油的品类、用法、用处的了。当你决定时,又发现你不知道怎样挑选,也许你就会再去搜一下有关精油的挑选,以及如何鉴别之类的文章。遇到写得顺心的,就会顺着他的签名进入他的店了。谁也不会去一个连店主本身都不清楚卖的什么宝贝的店去淘宝网购吧?所以,自己做老板要多发些这类文章,每一个老板都应该是熟悉自家产品的,要不然也不会去卖,对不对?可是有些老板要说,"我卖的宝贝是大家都熟悉的,比方说,鞋子、衣服之类的。"那如果是品牌的,可以写一些如何辨真伪、品牌的,可以汇集一些流行元素,谈谈流行趋向之类的,也许买家也会爱上买你的宝贝,会觉得很时尚,会觉得站在流行前沿。

2)如何写原创帖

也许对新手来讲,写原创的帖子很难。但是,新手们会不会有过这类心理:每一次看旁人的文章时,心里有各种各样的感觉,看到不同的段落,就会有不同的想法,只不过思路是在乱飞,没有明确的方向。但是,只要有想法就行了。以前写作文时为什么要写纲要,其实就是把零乱的思路先列出来,然后再去整理。发帖也是这样,每一次想到哪些话,就把它写到记事本上,其目的是记录你当时的想法,然后保存起来,如果次数多了,你会发现其实那已经是一篇文章了,只是比较零星,再稍加整理,那就是你的原创了。也许你会说:"我写的文章怎么那么烂,登不了大雅之堂。"没关系,只要是自己写的,只要写得真诚,那就是好的,退一步说,总比不写强吧。如果是每一天写一篇,那么一年以后,你就写了365篇,这也就是每一天前进一点点!

4.4.2 免费网络资源推广店铺(QQ/微信)

①尽量经营有特点的商品(如果大家都卖衣服,那你就卖裤子)。网上开店卖什么取决于市场的需求、资源、条件、爱好等在内的具体情况,这和现实中是共通的。

②网上销售也应该装修好"门面"。网上商店建好之后,最重要的问题就是如何让更多的顾客浏览并购买。网上商店并不是一个独立的网站,整个电子商务平台可能排列着数以千计的专卖店。要在数量众多的网上商店中脱颖而出,并不是一件很容易的事情,"第一眼"往往决定消费者是否访问自家小店。"包装"必不可少,包括起个好名字,以及及时刷新和组织网上店铺的货品陈设。这就要求店主们在给自己的小店取名、页面制作和平时的维护上多花功夫。

③随时增加新货,让人有得看,不会觉得厌烦,这点很重要。但要注意的是,要在人气基本稳定、客源基本能满足营业需求的时候。

④学会抓住一切机会宣传自己的小店,尽可能多地在其他论坛上发言,多发好文章,让别人对你有印象(签名档一定不要忘了)。把自己开店铺的事情告诉你认识的所有朋友,通过口碑的力量宣传。到一定的时间,有了些感想的时候,可以写心情故事,放在平台的首页里推荐,知名度又会增加许多。

⑤店铺开了一阵子后,可以私下和别人联系,交换友情链接。大家通过交换链接,可以形成一个小的网络,能增进彼此的影响力,也可以在货源短缺的时候相互调剂,让客人有更多的选择。

⑥在网上开店铺,应保证充足的上网时间,及时回答买家对你商品的提问。这点很重要,就好像现实中,客人去超市买东西,总希望排队买单的时间越短越好一样。

⑦最重要的是诚信,不管是买东西,还是卖东西,都要本着和客人交朋友的心态,其实在网络上"口口相传"的速度是非常惊人的,你得罪了一个用户,他发个帖子,可能就有上万个人能看到,加入到讨伐你的阵营中去。

⑧多在论坛转悠,学习别人的成功经验。 网上开店和现实经营一样,同样也会有一些注意事项,也可以说是原则吧:

A.安心经营。网上开店并不是万能的。网店有千千万万,真正实现赢利、取得成功的只是少数,对于网上开店,要摒弃一些不切实际的想法,安心经营,自有回报。

B.一定要守法,做一个守法公民。网上开店不要经营国家法律法规明文禁止经营的商品,遵守国家的法规政策。目前,国家法律还没有对网上开店管理作出相应规定,但是已经出现过经营不错的网店被当地工商局以无证经营处罚的案例,所以,网上开店在必要时应该申请注册,及时缴纳相关税费。

C.诚信。网上开店同样要以诚信为本,千万不要欺骗消费者,谋取不义之财。

D.平心。网上开店同样存在经营风险,要有足够的心理准备。目前中国的网店之中,真正赚钱的比例并不是太高,所以在开店之前要认真分析比较,做到心平气和,千万不要患得患失。

4.5 饥饿营销 🔍

4.5.1 饥饿营销方法分析

"饥饿营销",运用在商品或服务的商业推广,是指商品提供者有意调低产量,以达到调控供求关系、制造供不应求的"假象",以维护产品形象并维持商品较高售价和利润率目的的营销策略。

俗话说,饥不择食。对一个饥饿至极的人来说,一个又硬又冷的粗面馒头也会被视为第一美味。这一简单的常识,被西方经济学者归纳为"效用理论"。效用是指消费者从所购得的商品和服务中获得的满足感。效用不同于物品的使用价值。使用价值是物品固有的属性,由其物理或化学性质决定。而效用则是消费者的满足感,是一个心理概念,具有主观性。

这一常识已被聪明的商家广泛地运用于商品或服务的商业推广,这种做法在营销学界更是被冠以"饥饿营销"之名。

1)营销原理

饥饿营销就是通过调节供求两端的量来影响终端的售价,达到加价的目的。表面上,饥饿营销的操作很简单,定个叫好叫座的惊喜价,把潜在消费者吸引过来,然后限制供货量,造成供不应求的热销假象,从而提高售价,赚取更高的利润。

2)最终目的

饥饿营销的最终目的不仅仅是为了调高价格,更是为了对品牌产生高额的附加价值,从而为品牌树立起高价值的形象。

3)成功因素

"饥饿营销"成功与否,与市场竞争度、消费者成熟度和产品的替代性三大因素有关。也就是说,在市场竞争不充分、消费者心态不够成熟、产品综合竞争力和不可替代性较强的情况下,"饥饿营销"才能较好地发挥作用,否则,厂家就只是一厢情愿。

所以，饥饿营销比较适合一些单价较高，不容易形成单个商品重复购买的行业。同时，产品或服务有一定的差异或领先优势，行业已形成一定范围的品牌黏性。

4）心理共鸣

产品再好，也需要有消费者的认可与接受，拥有足够市场潜力，饥饿营销才会拥有施展的空间，否则一切都是徒劳无功，甚至还会患上一身病。不断探究人的欲望，以求产品的功能性利益、品牌个性、组织品牌形象、自我表现、情感关系的打造符合区域市场的心理，与消费者达成心理上的共鸣，这是"饥饿营销"运作根本中的根本。

5）量力而行

一些厂商需要根据自身的产品特性、人才资源、销售渠道、行销能力等量力而行，任何盲目的、自我膨胀的经济行为注定要以失败而告终。一味地高挂消费者的胃口，注定要消耗一些人的耐性，一旦突破心理底线，猎物势必落入竞争对手的口中，这是大家不想见到的。把握好尺度，是生产厂商始终考虑并关注的。同时，由于市场存在一定程度的"测不准"现象，这一环节还应被视为重中之重。

6）宣传造势

消费者的欲望不一，程度不同，仅凭以上两个规则，还有些势单力薄。欲望激发与引导是饥饿营销的一条主线，因此，宣传造势虽然已经成为各行各业的家常便饭，但却是必不可少的。新品上市，前期的软硬兼施，电视广告的普遍撒网，电台、报纸、杂志、电梯等媒体的重点培育，明星代言的眼球吸引，专业测评的权威指导，销售渠道的口径统一等众多策略与手段，各有千秋。各厂商需要根据自身特点，尽量做到选择有度，行销有法，推介有序。

7）审时度势

在非单一性实验条件下，消费者的部分欲望受到竞争对手市场活动的影响，欲望组合比例会发生新的变化，购买行为关键性因素发生不规则地变动，感情转移，冲动购买也是常有之事。因此，密切监控各竞争厂商的市场策略的动向，提高快速反应的机动性，绝不可小视。可惜某些厂家的一些方案的制定未免显得有些简单化，值得商榷。

8）销售到位

人的欲望满足需要有合适的外部环境与之相配合，因为一旦欲望受阻，思想偏离初衷，而行为很有可能会乱了分寸，这需要厂家给予一定的重视。当产品品牌有一定认知度、知名度、美誉度的时候，物流水平的及时跟进，销售网络的合理架设、适时的监管，经销商素质的同步提高，是保证产品流向顺畅及销售的达成的必然程序。

9）主要策略

（1）商家做法

①宣传造势激发购买欲和消费者急迫心理。

②广告调味、门口排长队，扩大影响，排队实质是免费广告。

③制造销量热销假象，产生紧张气氛。

（2）买家应对

要理性观察分析，有耐心，不要跟风，不要被外表假象蒙蔽，理性购买。

10）风险分析

（1）客户流失

饥饿营销要根据自身产品及品牌优势，掌握火候推出，防止客户购买转移。

（2）品牌伤害

饥饿营销运行始终贯穿着"品牌"这个因素。首先，其运作必须依靠产品强势的品牌号召力，也正由于有"品牌"这个因素，饥饿营销会是一把双刃剑。剑用好了，可以使得原来就强势的品牌产生更大的附加值，用不好将会对其品牌造成伤害，从而降低其附加值。

（3）市场衰退

从产品生命周期的角度看，无论怎样调整方法，都无法避免市场的衰退。饥饿营销本质上是拉长了整个销售周期。所以，还必须在衰退前，用新的产品或服务代替，这也是汽车、苹果一代代更新的原因。

11）现实案例

（1）汽车销售

"饥饿营销"让买车者排队或加价购买，加价部分不开票也要买。一段时间以来，每当知名品牌汽车新款上市，多采用饥饿营销方式上市促销。如广本雅阁、广丰凯美瑞、汉兰达、奥迪Q5等新车上市，推出时都要排队等候，有的要先交钱排队，有的要加价销售，甚至要托人找关系才能排队提前买到。厂家利用刚上市汽车产能未达产契机采取限量销售，以扩大"热销"的影响，到产能达产后可以快速销售。

（2）地产销售

"饥饿营销"让购房者心里发慌，高房价也不得不下定。楼盘在开盘前后，开发商先大量广告宣传，吸引人看楼，请看楼者登记、交诚意金、登记VIP客户等，有的还张榜公布销售情况（实际没有销售那么多），形成临时性缺货或只剩少数存量的假象，造成楼少的恐慌。因为长长的等待名单也为楼盘作了免费广告。

在楼市旺季，有两种捂盘惜售方式制造饥饿营销：一是放慢销售速度，将整个销售周期拉长，一年内有好几次调价机会。二是当现有房子销售到一定程度后，开发商会停止销售，把一些房子（相对好些）留到下一期一起卖，以便卖个高价。有的开发商一次只开卖一栋楼，或者几十套房子，如果人数不够一次售罄就继续延期开盘。这样一来可以制造热销气氛，形成购房者饥饿，二来可以不断提价。

（3）电子产品

"饥饿营销"让购买者迫不及待，赶快出手。有时新款知名品牌电子产品也可以采取饥饿营销方式。苹果平板电脑iPad刚上市很热销，有时断货，造成一些时尚人士找店长预留，甚至高价买水货，这无形中加大了苹果iPad的知名度和更多人的购买欲。

从2010年iPhone4开始到iPad2再到iPhone4s，苹果产品在全球上市呈现出独特的传播曲线：发布会—上市日期公布—等待—上市新闻报道—通宵排队—正式开卖—全线缺货—黄牛涨价。

业内人士普遍认为，"产能不足，饥饿营销，黄牛囤货"使得苹果在中国市场的份额正一步步加速。

从苹果高级营销经理位置上卸任的John Martellaro曾发文指出，苹果一直在执行一项名为"可控泄露"的营销策略，即有计划、有目的地放出未发布新产品的信息。

（4）技巧

饥渴营销最多的传播渠道是网络，如果想要了解企业网络营销可能会遇到哪些困境？有没有更好的解决方案？如何更直接、更迅速地解决？

网络营销具有传播广、信息量大等特点，而且企业在网络营销投入的成本比传统营销模式要低得多。网络时代，互联网成了各种信息传播的载体，近几年网络营销方式发展渐渐成熟，消费者对网络营销也从刚开始的怀疑与不接受逐渐变成了信赖与喜爱。网络推广不仅仅是对企业形象的塑造，同时更是在建立企业品牌，借助互联网覆盖面广的特点，打造知名品牌。

品牌是企业的发展之道，没有一流的品牌也就不存在一流的企业。如何提升品牌的影响力？如何增强品牌的附加价值？如何打开产品网络营销市场？网络营销可以帮助企业在市场中取得更大的市场占有额，网络推广的特点就是"无孔不入"。任何有网络的地方都可以看到信息的传播，其覆盖面之广，令企业的潜在客户数量不断地增加。企业需要具有创新精神，而不是只拘泥于传统的营销方式，应该结合时代的发展尝试网络营销，从另一种不同的角度对企业进行宣传推广。国际品牌网为企业"量身打造"最佳的营销方案，塑造企业形象，推广企业品牌，提高品牌知名度，跻身于顶级品牌行列。

①明确客户群体。研究潜在客户群体特征，了解客户想得到的内容，为创建内容提供方向。

②独创高质内容。针对用户群体的特点，创建高质量内容，能迅速满足用户需求。

③形式可多样化。文字、图片、视频、动画、漫画、游戏等都可以作为内容的载体，将创建的高质量内容主题，分布在不同的载体中，从而有利于大规模传播。

④依靠自然转载。高质量内容，不愁没人观看，为了更好、更快地传播，可以在多个媒体源发布内容，吸引更多网站转载和更多的人点击。

4.5.2 饥饿营销案例分析（案例1）

小米饥饿营销案例分析

在小米手机众多的营销手段中，饥饿营销可以说是小米手机的主力营销手段。2011年9月5日，小米手机开放购买，而通过官方网站购买是唯一购买通道。由于在开放购买前，关于小米手机已经广为传播，5日13：00到6日23：40两天内预订超过30万台，小米网站便立刻宣布停止预订并关闭了购买通道。购买小米手机需要通过预订、按照排队顺序才能购买。当时，在小米论坛上很多网友在求预订号的相关帖子，这样看来，饥饿营销的作用算是达到了。而在不能购买小米手机的两个月时间内，小米手机，在各种网络渠道上做足功夫，推出各种活动，而礼品则竟然是小米手机F码。所谓F码，就是能够提前购买的优先码，由于已经被订购30万部手机，就有30万个排队中的购买码，如果你是排名靠后的购买者或者是没有参加排队订购的有意购买者，则这个F码就能使你优先获得购买小米手机的权利。其单单一个F码的价值被炒了起来，甚至有大量的人肯花金钱去购买。用F码的这种策略，在国内是从未出现过的，这是饥饿营销的新颖手段。通过一系列的渲染小米手机本身和小米手机购买的难度的手段，小米手机的品牌价值的提升远远大于其直接开放手机购买所赚取的手机本身利润。

在开放购买3小时后，小米网站称12月在线销售的10万库存就全部售罄。其实，并不是小米手机产量不足。这次12月份正式对外公开销售，居然说一个月的库存只有10万部，既然已经公开销售，就不应该只有这么少的库存，而且手机发布已经4个月了，雷军不可能想不到这些问题。那么，小米手机为什么要拖呢？这同样也是饥饿营销的一个高明策略。小米作为一个刚起步没多久的公司，公司品牌价值的提升比什么都重要。饥饿营销的内涵就在于要拿捏得恰到好处，如果做得过火，会引起消费者厌恶，虽然在销售上不会有太多的差别，但是会对这个品牌产生很不利的影响。但饥饿营销如果做到恰到好处，即便明显也未尝不可，例如iPhone之类。小米手机的开放时机也恰到好处，基本上将饥饿营销发挥到比较好的效果，3小时内订购10万部，一方面是饥饿营销策略，另一方面也是对前一轮的饥饿营销的成果的体现。饥饿营销的成功需要消费者的配合和恰当的市场环境，小米手机在心理共鸣、量力而行、宣传造势、审时度势上都做到了适合的程度。大大提升了品牌的知名度和品牌价值，也为正式销售的成功提供了基础。

4.5.3 饥饿营销案例分析（案例2）

茅台价格越限越涨

2010年，"涨"字一直保持着高出镜率刺激着消费者的心，尤其是白酒行业；即将迎来消费旺季，各大白酒企业再次拉开了"提价战"的序幕。贵州茅台在此次白酒"提价战"表现中得尤为突出。然而，人们愁的不是高价格，而是在如此高涨价的同时，茅台连买都买不到。不少经销商反映，"国庆节过后根本拿不到货"；同时，由于供需关系的影响，茅台也在预期中涨价，"囤茅台"成了不少经销商的共识。茅台涨价之前，普通53度茅台出厂价为499元，一级批发价在970元左右，终端价北京地区达到1 500元，而广东地区则达到1 500元以上。市场调查发现，北京市场茅台烟酒店零售价是1 400多元，超市甚至在1 500元以上，而且没有货，华南地区价格更高。但各地都面临一个共同点：有钱买不到货。

2010年12月15日，贵州茅台发布公告，将从2011年1月1日起上调产品出厂价格，平均上调幅度为20%左右。其后，在广受舆论质疑的情况下，茅台掌门袁仁国又抛出了"涨价兼顾论"，并声称厂方将实行严格的"限价令"，也就是那个"不得超过959元"的规定。尽管茅台的"限价令"与涨价同步出台，但显然不会起到实质性的作用。因为就在53度飞天茅台出厂价为499元时，其一级批发价已经高达970元左右，终端价北京地区达到1 500元，广东地区则达到1 500元以上。这样的话，959元怎么限得住？涨价的背后，有哪些原因和值得深思之处呢？"茅台产能释放速度落后于消费市场增长速度，造成市场上供需关系紧张，这是根本原因。"资深营销策划人、赢道顾问快消品营销中心高级顾问穆峰认为，茅台利用消费群体追求品牌和品位的消费心理，配合"饥饿营销"，一次次高明地变相推动涨价。

涨价固然与茅台欲打造高端品牌的定位和供求关系有关，但业内人士分析称，此次涨价离不开人为因素。尤其是在茅台供不应求的同时，五粮液也加入"脱销"行列。在茅台提价前，茅台集团下属茅台销售公司手里还有大量存货。2010年12月23日，平安证券发布的研究报告称：茅台"销售公司存酒充足，根据我们的测算，至2010年三季度末，销售公司存酒相当于27亿市值（出厂价不含税），在市场严重供不应求时，兑现很容易"。五粮液并没有茅台那么畅销，而是用"饥饿营销"炒高价格，经销商也在其中得利。茅台酒股份有限公司董事长袁仁国曾表示，茅台要打造成为"奢侈品"，毕竟国外XO、路易十三可以卖到上万元。弱化产品功能属性，主要突出社会属性和身份标志功能，此次"饥饿营销"也只是其中一步棋而已。

4.6 借风营销

4.6.1 卖出去，收回来

摩拜单车可以说用户广泛，它不限任何的群体，只需要在使用前交一笔押金，就可以注册体验这种自由的骑行方式。而通过这笔押金，摩拜单车可以进行多种金融服务，当然这是其一。其二是摩拜单车成功运营的手段——融资。据悉，该品牌目前已经有超过两亿美元的融资，腾讯领头入股，携程其后。就是所谓的——卖出去，收回来。

4.6.2 手机 APP，产品结合技术

摩拜单车最让人关注的地方是：它是利用手机APP来运营，用户可以通过二维码来解锁单车，这样方便快捷，而且不容易被破锁。其实，手机APP是目前许多企业都想发展的重点，因为现代人手机不离人，APP是大家非常熟悉而且经常接触的东西。摩拜单车完美地将产品和技术结合在了一起。

4.6.3 好看鲜明，让客户有面子

摩拜单车为什么会成为网红车呢？现在网红大部分纯粹是看脸吃饭，而摩拜单车毫无疑问具备这个优势，那就是颜值高。在网络中，我们搜索膜拜单车的图片，可以看到它是一款银白色的车身、橙色杞毂，而且坐垫防水舒适的自行车。现在很多年轻的用户，十分注重表面，所以，自行车好不好看其实也是用户选择与否的决定因素，如图4.42所示。

图 4.42

天上真的会掉馅饼？在任性的互联网时代，一切皆有可能，天上掉馅饼竟然成为现实——骑摩拜单车拿红包啦。

"免费骑车的同时，更可领摩拜红包。"官方的解释如此诱人：只要广大网友用户打开摩拜单车APP就有机会享此福利。按照GPS路线找到附近的摩拜红包车，并骑车10分钟以上，就有机会获得最高100元的红包。

此活动一经推出，顿时引来众多网友的围观，大家在为当前倡导的全民低碳生活叫好的同时，更为摩拜单车创新营销理念，推出的红包骑车活动点赞。大家一致认为，摩拜单车送出的不仅仅是幸运的大红包，更是对自身物联网精细化管理的自信，还是促进用户自觉参与运营积极性的初心。在此活动的刺激和推动下，全民绿色出行热潮愈加汹涌澎湃。

而对于在此福利刺激下的骑单车活动，社会各界也给予了广泛关注。"免费骑车拿红包活动的开展，有效规避了以往骑车活动的弊端，不仅将绿色出行理念以更加有效的方式推广开来，缓解了交通压力。更是促进了用户自觉参与车辆调度，把冷门区域车辆骑行到热门区域中来。"业内人士指出，这种既有创新性又带有公益色彩的推广成功经验对于其他行业活动的开展也有着积极的借鉴意义。而通过对活动开展以来的市场反馈效果来看，此次骑单车领红包活动不仅大大提高了用户的有效骑车时间，更让大量新用户也自觉"尝鲜"，参与到绿色出行，低碳生活的理念就此深入人心。而随着活动的深入开展，摩拜单车的品牌形象也瞬间镀金。

这一点，在前不久艾瑞咨询发布的《2017中国共享单车行业研究报告》中得以完全体现。在这份报告中，摩拜单车无论是日均有效使用时间，或是日使用量都创行业新纪录。尤其是在2月20日到26日，摩拜单车的日均有效使用时间更是达到了1 100万分钟，将第二名ofo共享单车甩了几条街。很显然，随着摩拜单车品牌形象的深入人心及强势的品质表现，其领先行业地位的核心优势也已逐渐确立。

"摩拜单车如今的骑行次数已达5亿人次,日均订单量更是连创新纪录。"业内人士指出,虽然如今的单车市场竞争愈加激励,但摩拜单车凭借强大的品牌优势已然成功占据市场制高点,其高达千万的注册用户量表明,摩拜单车已成最受市场青睐的共享单车品牌。

4.7 自媒体营销

4.7.1 微信视频朋友圈

互联网时代,营销更多的偏向于自媒体,微信作为经典的自媒体工具之一深受广大营销者的喜爱,拥有庞大的用户群体是其最明显的优势,运用得好带来的引流效果不可估量,那么,怎么做才能实现呢?这里分享一些关于微信营销的小技巧,如图4.43所示。

图 4.43

微信运营渠道包括熟悉的朋友圈及公众号,做好运营不在于注册号的多少来包揽用户群体,而在于做到精和细,尤其是对于刚刚起步的小企业或者个体创业者,并非开设越多的微信号或者公众号,就能把营销做得越广泛,因为运营需要时间和精力,一旦没有过多的人力资源,那么越多的运营号最终只会成为累赘。一般来说,专注于一个账号的运营就已经足够了。然而,对于这些微信号又该如何运营呢?

1)重视朋友圈

大部分微信自媒体运营者应该深有体会,公众号的引流渠道多数来源于朋友圈。因此,在写一篇文章或者营销文案时,应研究它的认可度,如果一篇文字自己看到都不愿意分享出去,可想别人就更不可能去分享了。朋友圈可以吸引公众号粉丝,同样可以将公众号粉丝转化为朋友圈好友,可以更加直接的与用户进行互动。

2)文章技巧

不管是原创还是转发,都要围绕着用户做好一篇有价值的文章。比如转发文章,可以用互动式的文章作为主要转发类型,吸引用户点赞和评论,这种形式的文章即便没有用户互动，自己也可以直接在分享文章下面进行评论，这样所有的用户都可以看到，就会让用户不禁猜想，是什么样的文章那么多人欣赏，引起用户的好奇心，自然点击的人就会多了。

3）文案细节

包括标题和内容的细节。尤其是标题，只要不是过于夸张的标题写法，那么做一回标题党也无妨。另外，微信的文案拒绝长篇大论的文字描述，最好掺插着图片进行描述，如果找不到完全匹配的图片，那么也要配上具有欣赏价值的图片，如美图、风景图等，不至于让文案显得枯燥乏味。

4）思考效果

在发布一篇文章之前，要确定自己的目标，明确自己发布这篇文章要达到什么样的效果。发布之后，观察文章是否与自己的预期效果相符。如果有出入，那么就要思考问题所在，并想办法与自己的预期目标靠近。

5）避免单一

朋友圈一般运用会更加灵活，而对于公众号来说，有一个大的主题的限制，很容易误导营销者将内容做得太局限。因此营销者应注意，运营微信公众号时，在围绕大主题的同时，要避免内容过于单一的现象。例如，奇亿网络是专营网站建设业务的企业，但每天都在谈网站建设，久而久之，大家就会厌倦，毫无新鲜感，由此，可以将范围扩大成互联网范畴的内容分享，互联网信息时刻在变化，新鲜东西自然就多了，用户体验效果会更佳。

6）懂得维护

不管是维护微信号还是公众号，重点是懂得维护用户，包括账号的个性签名，添加好友验证信息等，都是影响用户对账号印象的因素，需用心填写。对于用户在账号上的互动，要积极回复和应答，能够增强与用户之间的黏度。另外，还可以主动推送用户感兴趣的话题内容，让用户得到被在乎的感觉，有利于稳定用户。

4.7.2 微视频制作及广告植入

众所周知，微信强推广告会引起用户不满，于是不少人在问微信软文如何植入广告，这里回答两个字，一个是"巧"，一个是"妙"。植入广告由于成本低，回报率高，广告受干扰度低，到达率高，广告营销模式灵活，现场感强，广告受众受众数量庞大，接触率高，因而受到很多营销人员的青睐。

你可以将软文理解为一个善于传播的导购，它可以把商家想对消费者说的话用软文的形式表现出来，并且解决软文信息表达的问题，然后形成口碑效应，进而吸引粉丝，传播企业品牌，增加知名度。那么，如何在软文中植入广告呢？以下几个策略可供参考：

1）故事情节植入

提及故事，不少人充满期待，因为我们从小就喜欢听故事。对于企业来讲，讲述一个企业故事，或者发生在企业的故事，或者创业故事，会让用户感受到企业的文化氛围，毕竟故事就是生活的一种艺术，而生活又离不开产品，所以将企业产品和企业文化用故事来表达，是非常合情、合理、自然的。

2）文本图片植入

你的产品用图片加软文的方式来进行表达或者描述，企业可以在文章中插入企业的LOGO、产品的LOGO或者水印。只要美观，就会产生自然的植入效果。或者配好与企业所宣传的信息相关的图片。切记，好的图片可以吸引有相同爱好的用户，赋予品牌人情味，让广告植入得更自然，使品牌与用户兴趣牢牢结合在一起。

3）段子植入

好玩、幽默、有趣、人生感悟或者笑话类的段子总会让人受益匪浅，感悟颇深。因此，企业把品牌植入到这些最受欢迎的段子当中，客户一定会赞叹创意的精妙，而不会反感。

4）舆论热点植入

细心观察你就会发现，每天都会有网络舆论热点人物或者事情，企业可以针对这些热点人物进行设计广告，并悄无声息地植入广告。但是必须敏锐地观察舆论热点的进度，不要等到热点事件关注度下降之后再策划，那就为时过晚了。

5）视频植入或语音植入

可以在微信软文中加入一段企业视频或者语音，这个也有技巧，最好可以用明星来录制视频或者语音，甚至可以用企业的董事长或者总经理。总之，要用一些在用户心目中有一定影响、地位的人来录制，效果会比较好。

6）用户体验式植入

人们都在自己的朋友圈里记录自己的生活经验和感受，这些内容当中一定有相当的比例会涉及自己使用的产品，而这些体验与使用就构成了口碑效应。如果企业发动活动，让用户主动讲述自己使用产品的体验并给予奖励，那么就可以激发用户向朋友传播这个品牌的欲望。

综上所述，植入广告无处不在，但是企业在植入广告的同时，一定要注重用户体验，切记用丰富、精彩并且用户感兴趣的内容，提高用户的黏性，从而与用户进行深度沟通，获得口碑传播与好评。

4.7.3　QQ空间、说说视频转载

任何一个社交平台，都是人与人的交流，就算是企业，也是需要做到企业拟人化，以个人口吻去与用户交流，从博客时代的名博，到人人、豆瓣上的达人，再到微博上的大V等，能够做成功、做成案例的，几乎都是达人运营的模式，也就是现在流行说法：自媒体。所以，运营腾讯认证空间，同样也是在运营一个自媒体！如图4.44所示。

QQ说说也是我们展示客户、粉丝使用产品的地方，同时也是粉丝和客户交流的地方。

QQ说说和QQ日志最大的区别就是：QQ日志可以详细地介绍你想要表达的一个或多个观点；而QQ说说的字数有一定的限制，说说只能利用简简单单的140个字来阐述自己的观点。

QQ说说主要是让大家发布各自的生活感悟、自己的宣传产品、每天的见闻等。只要每天坚持发布一些经典的语句、个人的感悟、个人每天所做的事情等内容，能方便

地让自己的粉丝和客户及时了解最近的情况，以至于不让他们忘记你。

图 4.44

编辑的内容可以分为多样化：一是能够给别人带来具有价值的内容；二是自己的一些生活感悟；三是宣传与自己产品相关信息的说说；四是发布关于自己近况的内容，让客户和粉丝及时了解你的情况等。

添加图片，包括本地图片和相册文件。本地图片：在自己电脑上的图片可以直接上传到QQ相册中的"说说和日志"这个相册。相册文件：可以直接选择QQ相册中的图片。截屏图片：就像QQ截图一样，根据自己的内容所处的区域截屏为图片，上传到QQ说说。拼图图片：将自己喜欢的多张图片合成在一起发布到说说。

添加音乐：从QQ音乐或者本地直接上传。

上传视频：其一，可以搜索视频的地址，直接复制粘贴上去；其二就是本地上传。

还有最有趣的一个功能，就是趣图功能，目前需要开通黄钻才可以使用。

趣图：制作趣图的话，可以将自己想要说的话，选择样式，最后发表，就可以看到自己制作的趣图说说了。

气泡、表情说说、闪图说说都是在编辑栏中将自己想要表达的内容写出来，最后发表。

@好友功能：这个功能就是在我们要发表说说的时候，只要我们@好友，可以第一时间通知他们。

话题：朋友们可以在写说说的时候点击下方的话题功能，就可以让更多的人参与进来，交流更多的观点。

同步微博：当我们要发布说说的时候，完全可以将说说的内容同步到自己的腾讯微博当中，让这条说说的内容拥有更大的曝光率。

定时说说：在发表说说的时候，是可以定时发布的，我们就不用每天按时的发表说说了，为我们省下了许多宝贵的时间。

可见范围：包括所有人、QQ好友、指定人、仅自己这4种功能。

QQ说说完全可以展示自己的产品独特的卖点，达到最后的成交，为买家消除疑虑等问题，说说是我们每天必需品，至于怎么合理使用，就看自己了。

4.7.4　网络主播

1）商家怎样玩淘宝直播？

我们鼓励专业的人做专业的事情，所以，我们鼓励商家与主播进行合作。如果有实力和能力的商家想做淘宝直播，可以与淘宝直播进行PGC内容的合作，以精美的直播栏目进行体现。

2）商家怎样和主播合作？

主播合作有两种方式：

①商家自己在淘宝直播中选择中意的主播，可进行私信联系（点击主播头像即可私信），主播下播以后如果有兴趣会回复（回复在你的旺旺中），然后你们可以沟通价格。

②直接在V任务平台（da.taobao.com）下单，下单过程中可以选择直播一栏，然后在V任务平台进行主播挑选。需要注意的是：无论哪种方式与主播联系，最终都需要通过V任务下单，才能保障双方利益。如果私下接单，一经查实，会封掉主播权限。

3）V任务平台如何开通？

V任务平台的网址是：da.taobao.com，商家请用自己的店铺主账号进行商家身份开通。三钻及以上，没有违规记录的卖家可立即开通成功。未满三钻的需报名审批。

4）淘宝主播合作方式有哪些？

目前主流的合作方式有底薪+提成的形式，和主播谈好每天或者一定时间段，主播每天开播多少小时，然后有一个基础的底薪，商品卖出去以后只要设置了淘宝客的商品自动有相应提成，这里可以约定每天要推荐或者口播这个产品多少次等详细约定，V任务中写清楚即可，价格双方自行约定，平台不参与。

5）应该找什么样的淘宝主播最合适？

根据商家自己的产品定位，受众定位，请商家自行观察主播，我们建议与新入驻淘宝直播的主播合作，因为这些主播其实都是有直播经验的，以前在其他平台都做得还可以，只是才入驻淘宝直播需要人气粉丝的积累过程，在初期他们的价格和配合度都比较合适，与这些新主播一起成长起来才能有更牢靠的合作基础。当然，一些成熟的大主播也可以进行合作，只是价格会比较贵。

4.8　在线客服

4.8.1　客服前准备及环境了解

旺旺设置包括：旺旺统一使用2011卖家版；聊天设置常规中，陌生人上限100个，最近联系人上线100；个性签名设置；安全设置，禁止振频，可以接受陌生人发的信息；第一次发消息时自动回复；当联系人到达50时，自动回复；启用客服工作台；进入E客服工作台，将重要的联系人置顶，按照未回数量进行排序；快捷语导入。

电脑的设置：当天咨询量会非常大，所以要设置整洁便捷的电脑桌面环境，电脑桌面也要整洁干净，特别是水杯，尽量不要放置在桌面上，以免打翻。

4.8.2 客服千牛、旺旺沟通技巧

①当旺旺客户来询问商品应快速回复，这是非常重要的。如果慢了，很有可能会失去一些挑剔的客户。

②不在线的时候，应在回复的内容中自动添加一些话，比如我的店铺宗旨和商品分类。可以留言给客户，您先看一会回来就立刻联系您，这个可以让一些客户觉得我们很尊重她。

③用"您"称呼绝对不用"你"，和客户交流的时候一定要用"您"，因为"您"会让对方感觉很有诚意，"你"是很熟悉的人才叫的，如果真的成了客户并且很熟悉了，才用"你"。

④当客户有事要离开时，而正好要发宣传的商品信息，那么一定不要发这个信息，而说再见保重之类的话。因为如果在人家要离开的时候还再宣传自己，会让对方觉得不自信。

⑤绝对不要冷落犹豫的客人，很多客人来了之后看看这个，看看那个，犹豫不定，甚至最后都没有买东西，遇到这样的客人，要保持微笑，让客人觉得店主一直和她一样在挑选适合的商品，而不是看到不买就冷落，买卖不成仁义在，没准下次就来了，至少让人觉得卖家热心。

⑥对拍下不付钱的客人，坚决等待，绝不投诉。对于这样的客人，很多卖家会选择拉黑或者投诉。其实，不付钱的原因有很多，但是投诉对买家的惩罚只是几天不能交易而已。无论从哪个层面考虑，得罪客人都是犯不上的，所以，一般情况下，等交易超过时间自动关闭即可。

⑦对拍下迟迟不上线快要临近结束的客户，建议采取有条件的提醒。如："最近淘宝不太稳定，您付款的时候请查看支付宝状态，以免交易失败，影响您的时间。"这样有条件的提示，不会让对方觉得卖家在催款。

⑧交易达成，及时发货，当客人没有时间查看的时候，卖家要用手机短信通知她，这样可以让很多在外面忙碌的客人感到温暖。

⑨绝不做一锤子买卖。交易完成后，有些卖家会不搭理客户。我们要做的是长久淘宝店铺，所以不做一锤子买卖。对卖家来说，建立老客户群，比什么都重要。信誉是在与老客户的诚信关系中建立出来的，所以多次交易是最重要的。

4.8.3 客服售后服务技巧

1）好评一定要回复

感谢买家的评价，这样买家看到了心理上也会有一种认同感。

2）运输过程中坏了，一定要先补偿顾客

运输过程中的损坏虽然原因不在双方，但是卖家还是不要和买家争执，一定要先补偿顾客，这样顾客还会理解你。

3）适时的关心

把交易过的顾客都加好友，然后适时的发信息问候一下，自己有最新的促销活动也可以通过信息宣传。经常问候能让顾客感受到你的关心。

4）售后及时联系买家

在买家收货后及时的联系，询问详情。如果没有什么问题，可以让买家尽快给好评，货物出了岔子，自己也可以第一时间的知道，占据主动地位。

5）认真退换货

如果是运输损坏或者是本身质量的原因，买家要求退换货的时候，痛快地同意买家，和气生财，说不定买家下次还会光顾。

6）平和心态处理投诉

人在淘宝漂，怎能不挨投诉呢? 买家的性格各异、运输的能力限制、地域的限制等各种原因，避免不了被投诉。遭遇买家投诉的时候能和平解决就和平解决，但遇到居心不良的卖家或顽固买家也不能妥协。

7）管理买家资料

对于买家的资料，需要客服作好整理，比如买家的联系方式、货物发出和到货时间、买家的性格、买家的喜好，目的是方便下次沟通。

参考文献

[1] 江礼坤.网络营销推广　实战宝典[M].2版.北京:电子工业出版社,2016.

[2] 潘坚, 李迅.百度　SEO　一本通[M].北京:电子工业出版社,2015.

[3] 戴夫·柯本, 特蕾莎·布朗, 瓦莱丽·普里查德.互联网新思维:未来十年的企业变形计[M].北京:中国人民大学出版社,2014.

[4] 谢松杰.网站说服力[M].北京:电子工业出版社,2014.

[5] 约瑟夫·休格曼.文案训练手册[M].北京:中信出版社,2015.

[6] 加里·阿姆斯特朗.市场营销学[M].北京:机械工业出版社,2016.

[7] 痞子瑞.SEO深度解析:全面挖掘搜索引擎优化的核心密码[M].北京:电子工业出版社,2016.

[8] 杨韧, 程鹏, 姚亚锋.SEO搜索引擎优化:基础、案例与实战[M].北京:人民邮电出版社,2016.

[9] 迈克·莫兰, 比尔·亨特.搜索引擎营销:网站流浪大提速[M].宫鑫, 等, 译.北京:电子工业出版社,2016.

[10] 元创.SEO实战核心技术、优化策略、流量提升[M].北京:人民邮电出版社,2017.

[11] 百度营销研究院.百度推广搜索营销新视角[M].北京:电子工业出版社,2013.

[12] 奥默·阿顿, 多米尼克·莱文.大数据时代的营销变革[M].曹正凤, 等, 译.北京:电子工业出版社,2016.

[13] 朱迪·斯特劳斯, 雷蒙德·弗罗斯特.市场营销系列:网络营销[M].7版.北京:中国人民大学出版社,2015.

[14] 夏雪峰.全网营销:网络营销推广布局、运营与实战[M].北京:电子工业出版社,2017.

[15] 冯英健.网络营销基础与实践[M].5版.北京:清华大学出版社,2016.

移动电子商务运营师2.0

UI 设计

梦工场科技集团　编著

重庆大学出版社

图书在版编目（CIP）数据

UI设计/梦工场科技集团编著.--重庆：重庆大
学出版社，2017.8
（移动电子商务运营师2.0）
ISBN 978-7-5689-0701-9

Ⅰ.①U… Ⅱ.①梦… Ⅲ.①人机界面—程序设计
Ⅳ.①TP311.1

中国版本图书馆CIP数据核字（2017）第182087号

UI 设计

梦工场科技集团 编著

策划编辑 田 恬 顾丽萍

责任编辑：杨 敬 版式设计：顾丽萍
责任校对：张红梅 责任印制：赵 晟

*

重庆大学出版社出版发行
出版人：易树平
社址：重庆市沙坪坝区大学城西路21号
邮编：401331
电话：（023）88617190 88617185（中小学）
传真：（023）88617186 88617166
网址：http://www.cqup.com.cn
邮箱：fxk@cqup.com.cn（营销中心）
全国新华书店经销
重庆五洲海斯特印务有限公司印刷

*

开本：787mm×1092mm 1/16 印张：10.25 字数：212千
2017年8月第1版 2017年8月第1次印刷
ISBN 978-7-5689-0701-9 总定价：800.00元（全5册）

前　言

现在无论是在公交车还是在地铁上,人们都可以看到这样的景象,大部分乘客沉浸在一块小小的手机屏幕上,而硕大的招贴海报、广告电子屏却无法吸引他们多看几秒,这就是智能手机的魅力所在。智能手机与以往的手机最大的不同之处在于,它像计算机一样,拥有独立的操作系统,可由用户自行安装第三方应用程序。智能手机以操作系统为依据,可以划分出不同的阵营,如 iOS、Android、Windows Phone 等。只要满足操作系统一致的条件,即使是不同品牌的手机也可以通用这些第三方应用程序。所以,智能手机可用的应用程序数量远远高于普通手机。

智能手机的历史只有短短的几年,但正因如此,智能手机 APP UI 的设计也尚处于起步阶段。与互联网 UI 设计不同的是,智能手机 UI 设计需要大量的设计人员,但熟悉这套设计方法的人员却相对较少。

本书针对对 UI 设计感兴趣的读者或学习者编写,包括 Photoshop 基础、设计理论、设计技巧、图标制作基础、炫酷字体、丰富多彩的图形设计、各类控件制作等内容。读者学习后可以融会贯通、举一反三,制作出更多、更精彩、更漂亮的效果。

本书结构清晰、语言简洁,适合 Photoshop 设计爱好者,特别是手机 APP 设计人员和平面广告设计人员使用;同时,也可以作为各类 Photoshop APP UI 设计培训中心以及中职中专、高职高专等院校相关专业的辅导教材。

本书由侯利珍、李文强拟定编写大纲,李文强编写了第1章和第3章,侯利珍编写了第2章和第4章,张丽焕、乐旭、龚宁静对全书文字进行了校正。

因时间仓促,加之水平有限,书中难免存在错误和疏漏之处,敬请广大读者批评指正。

编　者

2017 年 3 月

目　录

第 3 章　Photoshop 创作个性 APP

第 4 章　CSS 布局的艺术和科学

参考文献

第1章 一起踏入 APP 的世界

本章将从初识APP、四大APP主流应用商店、APP的草图设计流程及方法、常见APP设备标准尺寸、设备中图标尺寸大小规格、APP的界面构成、APP色彩设计、APP分类和制作APP常用的设计软件9个方面为读者一一讲解APP界面设计的基础知识。

1.1 初识 APP

先来认识一下什么是APP、手机APP与平面UI的区别、常见智能手机的操作系统、APP的设计要点以及常见APP设计的经典案例。通过讲解，让读者初步走入APP的世界，如图1.1所示。

图 1.1

1.1.1 什么是 APP

APP 即 Application 的简写，因此被称为"应用"。由于 iPhone 智能手机的流行，现在的 APP 多指第三方智能手机的应用程序。目前，比较著名的 APP商店有 Apple 的 iTunes商店里面的 APP Store，Android 的 Google Play和诺基亚的 Ovi Store。

①iTunes商店里面的APP Store如图1.2所示。

图 1.2

②Google Play如图1.3所示。

图 1.3

③Ovi Store如图1.4所示。

图 1.4

④Android下载界面如图1.5所示。

图 1.5

[作者分享]

　　自从iPhone系列改变了整个世界对手机系统的看法,手机应用的发展就被众多开发商所瞩目,各种个人或者企业的APP涌向应用市场,这也使得APP应用竞争颇为激烈。然而,用户们更喜欢友好、简洁的应用,因此更多有远见的开发商开始向轻应用方向发展。

1.1.2　手机 APP 与平面 UI 的区别

无论是手机软件开发人员还是用户界面体验设计师，或者是手机APP客户经理、项目经理，掌握手机APP与平面UI之间的区别是很有必要的。

1）平面UI的概念

平面UI的概念一般理解为界面美化设计——用户界面（User's Interface），但重点在于研究客户。如果客户能够感受到网站的友好、简洁、舒适、易用，那么这就是成功的界面设计。

2）手机UI的概念

手机UI的平台主要是手机的APP客户端。而平面UI的平台范围则非常广泛，包括了绝大部分的UI领域。手机UI的独特性，比如尺寸要求、控件和组件类型需要平面设计师重新调整审美基础理念后进行。手机的界面设计可以做到完美，但需要无数设计师的共同努力和创新。很多设计师存在的问题是不能够合理布局，不能够合理地将网站设计的构架理念转化到手机界面的设计上。他们常常会觉得手机界面限制非常多，觉得创意性发挥空间太小，表达的方式也非常有限，甚至觉得很死板。但真实的情况并不是这样的，了解手机的空间有多少，然后合理创意，便可以创造出具有独特风格的手机APP。

手机APP如图1.6所示。

图 1.6

3）APP对UI设计的要求

APP可以在已有的基础模式上升级产品，甚至创造产品。现在，界面设计师的思维需要转变，主要表现在两个方面：一是从自身出发提出好的设计理念，而不是从外在的环境中去模仿；二是提升设计基本功，一个设计师的眼界、内心、生活都需要不断地扩展和提升，作品会反映出设计师的生活（图1.7、图1.8）。

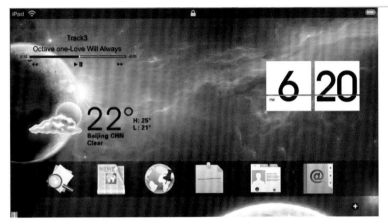

图 1.7

图 1.8

4）手机APP的制作要点

各种手机APP的设计都可以利用Photoshop进行，它能制作出各种智能手机APP常用元素，包括常用图形、控件、启动图标以及对图片进行特殊处理等。

1.1.3 常见智能手机的操作系统

下面是七大主流智能手机操作系统的介绍。

1）塞班操作系统（Symbian OS）

诺基亚、索尼爱立信、摩托罗拉、西门子等几家大型移动通信设备商共同出资组建了塞班公司，专门研发手机操作系统。该系统在前些年表现强劲，系统能力和易用性等各方面很强（图1.9）。

图 1.9

2）Windows Mobile系统

Windows Mobile系统是 Microsoft 用于 Pocket PC 和 Smart Phone 的软件平台。Windows Mobile 将熟悉的 Windows 桌面扩展到个人设备中。优点：界面和操作都和电脑上的Windows 十分接近，对于手机使用者来说，很容易上手；各种保存在电脑或手机里的信息、资料可以轻松实现共享；有大量的应用软件可供用户选择。缺点：占用系统资源多，容易使系统崩溃，机型价格相对较高。Windows Mobile系统如图1.10所示。

图 1.10

3）Linux系统

目前采用Linux操作系统的手机越来越多，不过几乎每一部手机的操作系统都是厂家自己开发的，Linux系统并没有一个统一的平台。优点：具有自由、免费、开放源代码的优势，可以由用户自主研究代码、自定义多数系统的内容。缺点：Linux操作系统的机型来自官方的第三方软件很少，需要用户自行刷机后才能安装更多的程序，操作起来有些门槛。Linux系统如图1.11所示。

4）Palm OS系统

Palm OS系统是 Palm 公司开发的专用于PDA 上的一种操作系统，这是 PDA 上的霸主，一度曾占据了90% 的 PDA市场份额。优点：Palm OS系统运行占用资源少，处理速度快，且简单易用。缺点：功能单一，用户群少，支持中文的操作平台开发慢。Palm OS系统如图1.12所示。

图 1.11

图 1.12

5）Google Android系统

谷歌与开放手机联盟合作开发了 Android系统，这个联盟由包括中国移动、摩托罗拉、高通、宏达和 T-Mobile 在内的 30 多家技术和无线应用的领军企业组成。它是一种基于Linux系统的自由及开放源代码的操作系统，主要使用于移动设备，如智能手机和平板电脑。优点：具备高级图形显示和上网功能，界面强大，可以说是一种融入全部 Web应用的单一平台。Google Android系统如图1.13所示。

图 1.13

6）BlackBerry（黑莓）系统

BlackBerry（黑莓）系统手机是美国市场曾经占有率第一的智能手机，这得益于它的制造商 RIM(Research in Motion)较早地进入移动市场并且开发出适应美国市场的邮件系统。优点：BlackBerry与桌面 PC 同步堪称完美，大家都知道BlackBerry的经典设计就是宽大的屏幕和便于输入的标准键盘，所以BlackBerry一直是移动电邮的巨无霸。缺点：在多媒体播放方面的功能非常屏弱。Black Berry系统如图1.14所示。

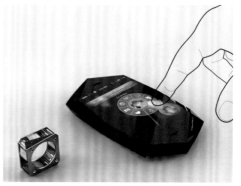

图 1.14

7）iOS系统

iOS系统是美国苹果公司开发的手机和平板电脑操作系统。在重新思考 iOS 的设计时，设计师更希望围绕 iOS 中深受人们喜爱的元素，打造一种更加简单实用而又妙趣横生的用户体验。最终，设计者优化了iOS 的工作方式，并以此为基础重新设计了iOS 的外观。之所以这样做，是因为能够服务于体验的设计才是出色的设计。iOS系统界面如图1.15所示。

图 1.15

1.1.4 APP 的设计要点

APP应用程序无处不在，然而，很多APP应用软件在设计方面做得并不够好。应用商店里面大多数APP应用设计没有多大改动，几乎都是一个模板做出来的。在智能手机时代，APP应用开发已经成为发展动向，那么，怎样才算是好的APP设计呢？

1）简洁性

要拥有自己的APP应用设计理念，设计属于自己的APP软件。由于移动设备空间较小，APP设计应尽量保持简洁，若非必要，不要放上华丽的图形或其他信息去吸引用户。APP设计需要让信息一目了然，不隐晦、不误导。简洁的APP图标如图1.16所示。

图 1.16

2）独特性

在APP的设计中，首先要确定自己的APP设计创意是独一无二的，在网络上没有类似的设计。如果有类似的APP设计，那就要重新考虑，争取超越并且能有一些独特的优化设计。用户喜欢新体验，如果设计的APP应用过于陈旧，用户很难对某个设计留下印象。因此，如何设计出有特色的、与众不同的APP，是APP的另一个设计要点。创意成为APP设计中的方向所在。

随着苹果系列产品销量的日益增大，苹果系列产品创意十足的Logo也被人们所关注。正是这个"被咬了一口"的苹果，经过数十年的发展，成为众所周知的国际品牌，并以越来越多的广告形式逐步设计出更多的APP造型。但自始至终，无论怎么设计延展，这个"被咬了一口"的苹果仍保持着它原有的基本造型。形形色色的苹果APP设计如图1.17所示。

图 1.17

3）确认核心功能

把握好准备设计的APP的应用需求，确认核心功能，模拟出设计初稿。通过移动设备的人机界面指南图来定位自己的APP应用软件，将提出的各种需求进行汇总讨论。设计ADS（对应用定义的一段陈述）并根据前面所整理的资料,开始进行产品的各个基本功能的设计,包含移动中使用场景、按钮、显示文字等。APP的不同应用需求如图1.18所示。

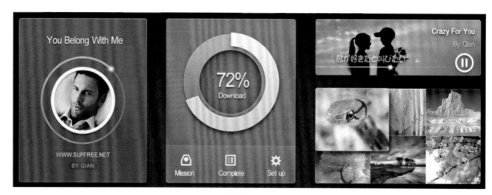

图 1.18

4）完成视觉设计

通过低保真原型和高保真原型两步操作,完成视觉设计,最终确认APP设计工作。低保真原型是指利用原型制作工具,将草图搬上电脑,尽量使用黑白、粗糙的线条来进行设计,不用纠结于细节。高保真原型是指在低保真原型基础上进行细节修改,当高保真原型完成后,就进行视觉设计。APP应用设计提倡有质感、有仿真度的图形界面,让APP设计的界面尽量接近用户熟悉或者喜欢的风格,可以在配色和图标上下功夫。APP配色和图标绘制如图1.19所示。

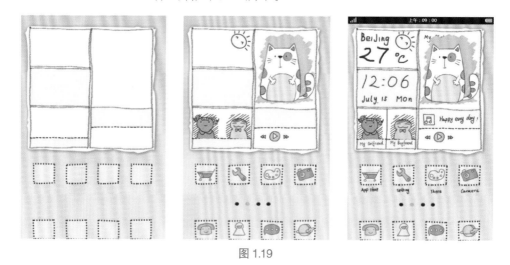

图 1.19

经过上面4个步骤,一个好的APP应用软件就设计完成了。

设计师应经常举行关于APP设计的交流会议,目的是让大家不要过于沉浸在自己的设计里面。APP应用设计的效果如何,更多的是由用户的体验效果来决定。一个优秀的APP设计者,应该多从用户的角度去设计,这样的效果才会让用户满意。

1.1.5 常见 APP 设计的经典案例

APP设计的风格各异、种类繁多,但作为一个优秀的APP标志设计案例,其设计风格必须符合其内容要求,能更好地表现APP设计的目的。市面上经典的APP设计比较多,下面以iOS 7系列的APP设计为例进行说明。

iOS 7系列的APP图标如图1.20所示。

图 1.20

苹果手机系统iOS系列一直都在引领智能手机系统潮流,第一代iOS面世就让无数的机友们惊叹,原来手机可以这么玩。随着 iOS 的换代更新,吸引的粉丝越来越多。如果是一直在体验 iOS系统的用户,应该对苹果这种炫彩图标设计很熟悉了。

相较于历次iOS的改动来说,iOS 7最大、最直观的改变当属界面图标的全新设计。原有图标常用到的玻璃和渐变效果被抛弃,取而代之的是色彩对比鲜明、更加扁平化的图标,这也与目前设计领域的整体趋势相一致。新图标不再沿用以往的"拟物化"风格,而是采用了更加简洁的符号,使图标看起来更加清晰明了。iOS 7 更加重视感应智能改变桌面效果。iOS 7 增加了多任务视图,如同Windows 7系统中的任务管理器一般方便且实用。控制面板打开更加方便,用户在任意界面向上扫屏幕都可以进入控制面板。在控制面板中,用户可以打开或关闭无线局域网、蓝牙、勿扰模式、是否锁定屏幕旋转、调整屏幕亮度和音量等;同时,用户也可以在此对iPod 音乐播放器等进行控制;此外,还能快速打开手电筒、计算器和相机等应用。iOS 7的相机功能也得到了增强,新增加了滤镜功能,给用户拍照带来更多趣味体验。

全新设计的iOS 7界面如图1.21所示。

图 1.21

1.2 四大 APP 主流应用商店 🔍

在移动设备市场，移动应用对于平板电脑和智能手机的成功至关重要。如果失去应用，平板电脑只不过是一个数字相框而已。当前市场上不乏一些优秀的硬件产品，但移动平台应用生态系统的优劣与硬件本身同等重要。对于平台的开放与封闭、应用程序的多与少，每个平台提供商对应用程序都有着不同的理解。

在过去的几年中，随着新硬件产品的推出，各种各样的应用程序商店应运而生，但它们却处于不同的发展阶段。除了硬件本身，一款设备能否取得成功，50%取决于应用。

应用程序商店为何如此重要呢？因为软件生态系统直接决定着一款电子产品寿命的长短。如果能得到最新、最好的程序支持，用户就可以从硬件产品中获得更多价值。目前，市场上产生了四大APP主流应用商店，下面我们来一一介绍。

1.2.1 苹果应用商店

苹果应用商店（APP Store）是苹果公司向软件开发个人或者大型公司发售自己开发的在 iPhone、iPod Touch或iPad上应用的软件的地方，其英文为Application Store。APP Store 是一个由苹果公司为iPhone、iPod Touch 和iPad 创建的服务商店，允许用户从 iTunes Store浏览和下载一些为iPhone SDK开发的应用程序。用户可以购买或免费试用，让该应用程序直接下载到iPhone、iPod Touch和iPad中，其中包含游戏、日历、图库以及许多实用的软件。

苹果应用商店多种多样的APP软件如图1.22所示。

图 1.22

无论好坏，苹果公司的态度很明朗，APP Store由我们控制。苹果 APP Store 采取的是"围墙"模式，苹果公司对每一项提交的应用程序进行严格的审查。为了能够获得苹果公司批准，程序员需要遵守长达7页的应用程序开发指南。这种严格审查的好处是，APP Store中的应用程序的质量得到了保证。其优、劣势如下。

优势：苹果公司从一开始就与开发人员广泛合作，如今效果显著。2017年由Sensor Tower公司发布了1份最新报告，报告称2016年年底APP Store应用数量达到293万；2017年年底将达到360万；至2020年年底，大约将有506万个APP在APP Store上架。

劣势：面对如此庞大的生态系统，开发人员和用户都很容易迷失于其中。开发人员希望他们的程序容易被找到和下载，而用户希望尽快地找到所需应用。尽管苹果公司付出了不少努力，但要找到所需应用仍需费一番功夫。苹果公司审核应用程序所需时间也不尽相同，有时需要两天，有时则需要两个星期。

1.2.2 谷歌商店

作为第二大移动应用平台，Google Play（谷歌商店）在上线后的两年时间里取得了令人瞩目的成就。谷歌在2016年6月宣布，Google Play上的应用程序数量超过200万项。谷歌 Android 部门主管安迪·鲁宾又透露，目前每天激活的Android设备数量超过50万部。

谷歌商店中多种多样的APP软件如图1.23所示。

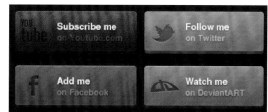

图 1.23

优势：Google Play的最大优势在于其"开放"性。与苹果不同，谷歌不对开发人员提交的程序进行任何审查，只要不是恶意或色情程序即可。因此，Google Play的程序种类很多，有些在苹果 APP Store商店内根本找不到。

Google Play的开放性还体现在其他方面。如通过其他应用程序商店安装应用，而苹果公司只允许用户从苹果公司官方的 APP Store里下载程序。Android Market 的下载方式很灵活，用户可以把从网站下载的应用程序通过 USB 或下载单独的 APK文件安装到Android设备上，比苹果iOS设备灵活许多。

劣势：开发人员很难通过Google Play获利。因APP Store封闭的iOS系统使得APP难以盗版。APP Store上的支付更加便捷。iOS设备的用户在注册自己的ID账号的时候，要求强制登记有效的银行卡信息，之后用银行卡进行APP付费非常便捷简单。而Google Play是开放式的，难以通过其收取APP使用费，这是Google Play的劣势。

此外，与苹果APP Store相比，Google Play上线时间较短，仍不成熟。

1.2.3 惠普商店

由于推出了 TouchPad 平板电脑，惠普同时对惠普商店（APP Catalog）应用商店进行了完善。目前APP Catalog上拥有6 200项webOS智能手机应用，TouchPad平板电脑专用程序为300多项。

由于相应的硬件产品较少,惠普商店在美国智能手机市场上的份额只有2%,因此惠普目前在该市场处于劣势。

优势:惠普高级产品经理杰弗里·本曾表示,惠普无意在应用程序上与竞争对手一较高下;相反,惠普将通过电子期刊Pivot突出强调最佳的应用程序。Pivot将为用户呈现各种应用程序,每月会定期更新并传送至TouchPad上。

在APP Catalog 应用商店内,用户可轻松找到所需程序。从理论上而言,这就意味着更多的下载量。

劣势:应用程序数量只有数千项,与苹果App Store和谷歌Google Play相差甚远。惠普智能手机和平板电脑的硬件表现也很一般,这直接影响开发人员的积极性。

惠普商店惠普APP源文件如图1.24所示。

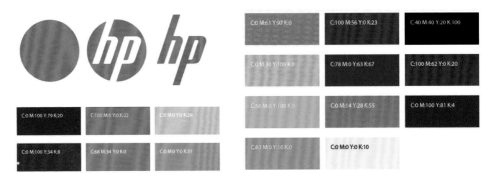

图 1.24

1.2.4 黑莓商店

RIM于2012年4月推出黑莓PlayBook平板电脑,但市场反应平淡。

优势:黑莓 APP World 应用程序数量为3 500 项,对于开发人员而言这是一件好事,因为他们的应用程序很容易被发现。

支付很方便:黑莓 APP World 支持 PayPal,如果想购买应用,用户无需像谷歌或苹果用户那样创建 Google Checkout 或iTunes账户。此外,RIM还在PlayBook上为Android程序创建了虚拟运行环境,用户可以同时访问黑莓和谷歌的应用程序商店。

劣势:与其他3个应用商店相比,黑莓 APP World 的程序数量最少,这对开发人员相对不利。

开发人员似乎对APP World 失去信心。Twitter应用程序开发商 Seesmic 于2011年 6月底宣布,将不再对黑莓应用程序进行升级。如果这种趋势持续下去,APP World 很难在程序数量上赶上竞争对手。

RIM此前为黑莓智能手机开发了一套应用程序,但却无法在PlayBook上运行,这是内容上的极大浪费。

PlayBook的最大缺陷:没有专用的电子邮件、日历和联系人应用,而这些程序恰恰是每个应用商店所必备的。

黑莓商店多种多样的APP软件如图1.25所示。

图 1.25

总之, 无论是对于用户还是开发人员, 每个应用商店都有自己的优势和劣势, 选择哪个平台完全取决于用户的需要。要追求应用程序的质量, 可以选择苹果 APP Store。如果希望从外部下载应用, Google Play 是理想的选择。当然, 也有用户喜欢更加便捷的惠普或 RIM 应用商店。无论最终选择哪个平台, 他们都将至少拥有一个共性, 即迟早都将提供流行的游戏, 如《愤怒的小鸟》。

1.3 APP 的草图设计流程及方法 🔍

APP制作公司不仅需要更好地了解APP软件, 而且它们更需要把自己变成一个专业的APP制作者。别人需要什么? 设计师需要怎样去理解? 需要如何构建这个过程? 每个人都习惯性地喜欢对任何产品进行评价, 每个APP制作者也都避免不了别人的否定。

但很多相互都不认可的评论都在激烈的相互辩论、视觉的辩论、交互的辩论中, 回过头来又到了定位的辩论上。一个好的APP产品需要一个好的APP制作公司来制作, 需要全方位的沟通与定位。视觉APP制作者的直接目标是向用户传达信息和视觉感受, 出于感性认识; 而交互设计的目的是设计用户体验的一个流程, 出于理性逻辑。客户是要一个对他(她)有利的产品, 一个能带来价值的物品。一个产品制作需要一个好的过程, 需要有正确的定位, 是一个不同的观念相融合的过程。

APP 软件的过程与方法: 想法—设计—交互—开发—测试—产品。这六步过程带来的启发如下: APP 制作公司应该具备不同观念的人, 只有多样化的APP制作者才能制作出大众认可的产品。

1.3.1 制作 APP 的市场定位

整个APP的市场生态目前还算相对健康, iOS生态尤其。一款应用的流行, 优先取决于市场定位, 其次是品质, 最后才是营销手段。这意味着平庸的产品无法靠强行营销来赢得市场。任何团队都应该将超过80%的注意力集中在产品本身, 如果定位与质量俱佳, 那么即使没什么营销能力的APP也会脱颖而出。APP的市场必须定位在目标人群高度集中的区域, 才能提高转化率。显而易见, 所谓"目标人群高度集中的区域"就是指应用市场。它满足两个条件：第一，用户的设备齐全；第二，方便下载安装。而这些恰恰都是影响推广转化率的关键因素。

1.3.2　草图的绘制

对于设计师而言，对线框图的期望其实是一种能够在繁重设计工作中整理自己思路的方式。而绘制缩略图更多的是为自己积累更多的创意，从中找到自己思维中的闪光点。草图的绘制是设计的基础，大部分的设计师都会将草图当作设计的第一个基础步骤。

手机APP的草图绘制步骤如图1.26所示。

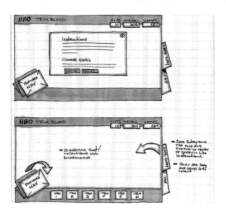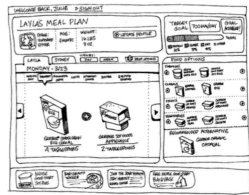

图 1.26

1.3.3　视觉设计

在APP设计中的高保真原型完成后，就应该进行视觉设计了。APP设计提倡有质感、有仿真度的图形界面，并让APP的界面设计尽量接近用户熟悉或者喜欢的风格，这需要在配色和图标上下功夫。下面，就来看一下视觉设计感强烈的APP设计。

视觉设计感强烈的APP设计如图1.27所示。

在APP设计中，由于移动设备的关系，设计上应尽量保持简洁，若非必要就不要放上华丽的图形或其他信息来吸引用户。设计者需要让信息一目了然，使用户能够充分地理解和更加简便地运用。

简洁、一目了然的界面图标设计如图1.28所示。

图 1.27

图 1.28

[作者分享]

　　在APP设计中，icon将决定APP在Store中的辨识度，可以先从简单的轮廓开始，从核心创意开始。除非有必要，否则icon最好不要包含文字，并且尽量使用跟设计的APP图形界面一致的材质和渐变。如果想给用户呈现高质量的UI设计，别忘了把icon设计成29 px×29 px、72 px×72 px和512 px×512 px三种尺寸。

1.3.4　最终定案

　　在进行了前面一系列的包括制作APP的市场定位、草图的绘制和视觉设计之后，设计师们就需要给设计制定一个最终的方案予以执行。

　　游戏APP的最终定案制作效果欣赏如图1.29所示。

图 1.29

　　美食APP的最终定案制作效果欣赏如图1.30所示。

图 1.30

[作者分享]

在APP设计开发中,如果用户自己不开发APP的功能,那么就需要把清晰的设计指南交付给开发人员。比较好的方法之一就是把界面和描述集中到一张大图上,并尽可能地把所有可遇见的情况给开发人员描述清楚,同时对PSD文件进行尺寸标注、说明。

1.4 常见 APP 设备标准尺寸 🔍

为了避免在APP设计中出现不必要的麻烦,如设计尺寸错误导致显示不正常,那么设备的尺寸标准,如屏幕尺寸、屏幕分辨率以及屏幕密度就必须先了解清楚。

1.4.1 屏幕尺寸

屏幕尺寸,是指屏幕对角线的尺寸,一般用英寸来表示。由于智能手机采用的液晶屏,其大小和分辨率是根据它的市场定位决定的,因此为了适应不同人群的消费能力和使用习惯,智能手机的液晶显示器的尺寸和分辨率种类远远要比计算机的液晶显示器多。屏幕尺寸在APP设计中非常重要,不仅决定着视图的大小,更重要的是还决定着设计中图标的大小。

苹果手机屏幕如图1.31所示。

手机屏幕大小和图标之间的关系如图1.32所示。

手机屏幕和人体工程学之间的关系如图1.33所示。

图 1.31

图 1.32   图 1.33

[作者分享]

应该怎样选择手机的屏幕尺寸：现在市场上的新手机层出不穷，光手机屏幕尺寸就大大小小几十种。目前主流智能手机的尺寸一般是3～4英寸（1英寸=2.54厘米，下同），男性单手操作手机的舒适范围是3.5～4英寸，超过4英寸很多人就会觉得操作起来不那么舒服了；女性单手操作手机的舒适范围是3～3.5英寸。

手机屏幕尺寸如图1.34所示。

图 1.34

手机屏幕尺寸的选择如图1.35所示。

图 1.35

[作者分享]

手机的屏幕宽度主要集中在128 px、240 px和176 px这几种类型中，而其他类型，如120 px、130 px、160 px、208 px和220 px和这3种类型值也相差不大。还有一小部分的屏幕尺寸宽度为96 px、101 px、320 px或是大于320 px，屏幕宽度低于128 px的设备只占很小的比例。

1.4.2　屏幕分辨率

显示分辨率就是屏幕上显示的像素个数，分辨率160×128的意思是水平方向每一英寸中含有像素数为160个，垂直方向每一英寸像素数为128个。分辨率越高，像素的数目越多，感应到的图像就越精密。在屏幕尺寸一样的情况下，分辨率越高，显示效果就越精细和细腻。

分辨率为300 px时的图像如图1.36所示。

分辨率为5 px时的图像如图1.37所示。

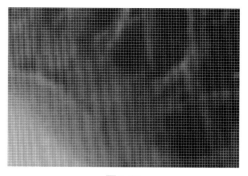

图1.36　　　　　　　　　　　　　　　　图1.37

用放大工具将图片放大后,所见的图片就变成全是方格子的样子,而每个正方形格子,就是一个像素。如果有兴趣去数一下这些格子,就可以发现屏宽的格子数为380,屏高的格子数为260,即分辨率中的宽和高。

手机屏幕的分辨率如图1.38所示。

图1.38

[作者分享]

通常情况下,图像的分辨率越高,所包含的像素就越多,图像就越清晰;同时,它也会增加文件占用的存储空间。在屏幕尺寸不变的情况下,其分辨率不能越过它的最大合理限度,否则就失去了意义。

1.4.3　屏幕密度

网点是印刷中的最小单位。在印刷过程中,网点控制的好坏直接影响着印刷品的质量,而控制和检验印刷品质量的最基本的方法就是密度测量法。在用密度计测量网点面积率时,实际上测量的还是密度,通过仪器内部的转换可以显示出网点面积率。

手机屏幕密度如图1.39所示。

图 1.39

在屏幕密度中，HVGA屏的密度为160，QVGA屏的密度为120，WVGA屏的密度为240，WQVGA屏的密度为120。其中密度值表示每英寸有多少个显示点，它与分辨率是两个概念。不同密度下屏幕分辨率的信息，以480 px×800 px的WVGA屏（密度为240）的密度为120为例，屏幕实际分辨率为240 px×400 px。

[作者分享]

Android手机屏幕密度和分辨率的关系：当密度为120时，屏幕实际分辨率为240 px×400 px，状态栏和标题栏高各为19 px或者25 dpi。横屏时，屏幕宽度为400 px或者800 dpi，工作区域高度为211 px或者480 dpi。竖屏时，屏幕宽度为240 px或者480 dpi，工作区域高度为381 px或者775 dpi；密度为160时，屏幕实际分辨率为320 px×533 px，状态栏和标题栏高各为25 px或者25 dpi。横屏时，屏幕宽度为533 px或者800 dpi，工作区域高度为295 px或者480 dpi。竖屏时，屏幕宽度为320 px或者480 dpi，工作区域高度为508 px或者775 dpi。

手机屏幕密度如图1.40所示。

图 1.40

1.5 设备中图标尺寸大小规格 🔍

本节主要介绍图标尺寸规格和对于图标格式的建议，要求学习者熟知并记住一些重要的图标尺寸规格。

图标和手机界面图标的展示如图1.41所示。

图 1.41

同一图标的不同大小尺寸效果如图1.42所示。

图 1.42

[作者分享]

图标样式应该有趣、色彩丰富且充满活力,因为现在的系统支持的是32位图标,并且边缘非常平滑。在矢量程序中绘制完每个图标,再用 Photoshop进行处理,可使图像更加完美。

1.5.1　图标尺寸

不清楚应用图标像素尺寸的开发者不在少数,他们经常需要查询不同设备上的应用尺寸。为此,本书引用网上iOS应用图标像素尺寸为学习者进行分析。

必需图标尺寸如下:

APP Store图标:1 024 px×1024 px;iPhone主屏幕图标:57 px×57 px、114 px×114 px;iPad主屏幕图标:72 px×72 px、144 px×144 px。

可选图标尺寸如下:

由于只适用iPad的应用不能在iPhone上运行,因此用户不需要那么多图标。

所需图标如下:

APP Store 图标:1 024 px×1 024 px。

iPad主屏幕图标：72 px×72 px、144 px×144 px。

可选图标如下：

iPad：29 px×29 px、58 px×58 px。

iPad Air2：50 px×50 px、100 px×100 px。

iOS应用图标像素尺寸如图1.43所示。

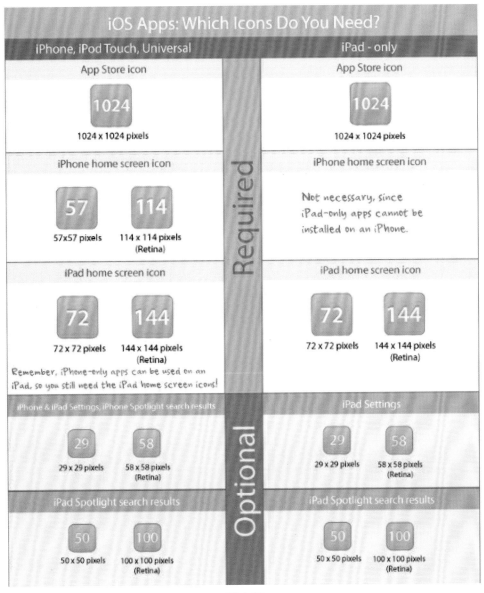

图 1.43

1.5.2 图标格式

图标格式即制作图标的图片格式。图片格式是计算机存储图片的格式，常见的存储格式有BMP、JPG、TIFF、GIF、PCX、TGA、EXIF、FPX、SVG、PSD、CDR、PCD、DXF、UFO、EPS、AI、RAW等。下面介绍一下较为常见的图片格式。

1）JPEG

JPEG是照片的基本格式，相同图像的JPEG格式文件比PNG格式文件小，不支持背景透明。

2）GIF

GIF图像支持透明但会出现锯齿。

3）PNG

PNG图像支持透明，为iOS推荐图片格式，相同的图像生成PNG格式后，文件会比JPEG格式和GIF格式大。

各种手机图标如图1.44所示。

图 1.44

1.6 APP 的界面构成

在漫长的软件发展中，APP界面设计工作一直没有引起重视。其实软件界面设计就像工业产品中的工业造型设计一样，是产品的重要卖点。一个友好美观的界面会给人带来舒适的视觉享受，拉近人与计算机的距离，为商家创造卖点。

不同手机屏幕的界面构成如图1.45所示。

图 1.45　不同手机屏幕的界面构成

页面布局是一种艺术，如何分配空间和组织构架是一门高深的学问。随着软件应用的普及，人们对其要求也逐步提高，客户不止看中其功能实用性，更是需要UI来提升用户体验感，在享受软件操作带来的方便之余，也能享受其美观性带来的愉悦感。

界面布局设计欣赏如图1.46所示。

图 1.46

下面，来看一下APP界面设计。

1）UC浏览器

UC浏览器的主界面包括自定义导航和常用网址，左右滑动可轻松切换至书签和UC服务这两个辅助页面。地址栏和搜索功能分开，搜索功能的默认引擎可按需要自己调整，地址栏具备一定的搜索功能，可调用搜狗引擎进行搜索。

UC浏览器界面如图1.47所示。

图 1.47

2）百度浏览器

百度浏览器的主页面就是九宫格，提供常用网址和网站分类，并配以手机导航和搜索风云榜这两个辅助页面。如果采用智能地址栏，就只支持百度搜索。

百度浏览器界面如图1.48所示。

图 1.48

[作者分享]

　　软件的界面相当于人的整体外表、气质等。当然，软件界面的美观与否也直接影响着使用者的心情，进而影响其对此软件的直观印象。而那些所谓的强大的功能是在使用者喜欢这款软件之后再考虑的问题。功能菜单的布局合理与否，取决于是否符合大众的使用习惯，也直接影响着使用者对此软件的喜爱度。如果软件的各项功能菜单布局不合理，不符合大众习惯，那么即使它有非常强大的功能，使用者也不会用，进而也就发挥不出软件的本身作用。所以，界面的布局也是非常重要的。

1.6.1　导航栏

　　导航栏的设计是 APP 设计发展过程中很值得玩味的地方。由于移动设备特别是智能手机的屏幕尺寸有限，设计者通常会将屏幕空间尽量留给主体内容。因此，优秀的导航栏设计会让用户轻松到达目的地而又不会产生干扰和困惑。

　　优秀的手机导航栏设计如图1.49所示。

图 1.49

　　手机导航栏可分为基本导航栏、个性导航栏、提拉式导航栏、旋转式导航栏等。

　　基本导航栏设计如图1.50所示。

　　个性导航栏设计如图1.51所示。

图 1.50　　　　　　　　　　　　　　　图 1.51

提拉式导航栏设计如图1.52所示。

旋转式导航栏设计如图1.53所示。

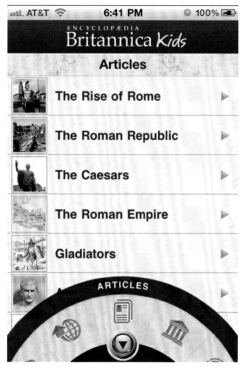

| 图 1.52 | 图 1.53 |

1.6.2　屏幕栏

屏幕栏主要由窗口、菜单、图标、按钮、对话框等组成。窗口是指屏幕上的一个矩形的区域，可以说是最主要的界面对象。设计者通过它组织数据、命令和进行控制，并呈现给用户。

屏幕栏中的各项显示如图1.54所示。

图 1.54

窗口一般由下列几个部分组成：标题栏、菜单栏、滚动条、状态栏和控制栏。利用窗口技术，大文件就可以用滚动的方式在一个窗口中显示，不需要用多幅屏幕来显示一个文件，这样就大大提高了人机交互作用的能力。

1）菜单

菜单是一种直观且操作简便的界面对象。它可以把用户当前要使用的操作命令以项目列表的方式显示在屏幕上供其按需选择。菜单不仅可以减轻用户的记忆负担，而且非常便于操作，由于击键次数少，产生的输入错误也就少。从系统角度看，菜单模式更易于识别和分辨。

2）图标

图标是多媒体课件中最常用的一种图形界面对象，它是一种小型的、带有简洁图形的符号。它的设计是基于隐喻和模拟的思想。隐喻是通过具体的联系来表达抽象的概念，通过实物形象来代表抽象的思想。图标用简洁的图形符号模拟现实世界中的事物，使用户很容易和现实中的事物联系起来。

1.6.3　下方按钮栏

手机下方按钮对整个APP的制作都是非常重要的。下方按钮主要包括文字输入、主页、返回键等。

手机下方按钮栏如图1.55所示。

图1.55

1.7 APP 色彩设计

APP设计还有一个很重要的元素就是色彩。色彩作为视觉信息，无时无刻不在影响着人类的正常生活。美妙的自然色彩，刺激和感染着人的视觉和心理情感，提供给人们丰富的视觉空间。下面将从冷暖色调对比、色彩搭配技巧和常见APP界面色彩3个方面来介绍色彩在APP设计中必不可少的重要性。

具有鲜艳色彩的图标设计如图1.56所示。

图1.56

色彩是一种独特的情绪表达方式，或者说是性格特征的体现，每种颜色都有属于自己的声音。作为一种视觉元素，色彩是很难被量化、衡量的，也很难用理性的角度去分析和阐述它。本节从UI设计的色彩本质，以色彩搭配形式及色彩对用户的潜在影响和心理暗示等方面着手，去分析色彩、解读色彩。

色彩图标如图1.57和图1.58所示。

图 1.57

图 1.58

[作者分享]

色彩与光的关系：人类对色彩的认识只停留在感性认识上，仅仅通过可见光谱感知。自然光投在垂直的白色立面上，出现一种连续色带，相互渐次变化，呈现出红、橙、黄、绿、蓝、靛、紫七种色彩，我们通常称为虹。物体反射所有的波长时呈现白色，物质吸收全部色光时呈现黑色。

1.7.1　冷暖色调对比

色彩的冷暖受个体生理、心理以及固有经验等多方面因素的制约，是一个相对感性的问题。色彩的冷暖是互为依存的两个方面，它们相互联系、互为衬托，并且主要是通过它们之间的互相映衬和对比来体现其特点。一般而言，暖色光使物体受光部分色彩变暖，背光部分则相对呈现冷光倾向；冷色光则正好与其相反。

手机界面上的冷暖色调对比如图1.59所示。

图 1.59

[作者分享]

颜色属性也指颜色的冷暖属性。色彩的冷暖感觉是人们在长期生活实践中由联想而形成的。红、橙、黄色常使人联想起东方旭日和燃烧的火焰，有温暖的感觉，所以称为"暖色"；蓝色常使人联想起高空的蓝天、阴影处的冰雪，有寒冷的感觉，所以称为"冷色";绿、紫等色给人的感觉是不冷不暖,所以称为"中性色"。色彩的冷暖是相对的。在同类色彩中,含暖意成分多的较暖,反之较冷。

原图如图1.60所示。

暖色调如图1.61所示。

冷色调如图1.62所示。

图1.60　　　　　　　　图1.61　　　　　　　　图1.62

1.7.2　色彩搭配技巧

当不同的色彩搭配在一起时,色相的彩度、明度作用会使色彩的效果产生变化。两种或者多种浅色配在一起不会产生对比效果;同样,多种深色合在一起效果也不吸引人。但是,当一种浅色和一种深色混合在一起时,就会使浅色显得更浅,深色显得更深;明度也同样如此(图1.63)。

图1.63中的颜色搭配形式如图1.64所示。

 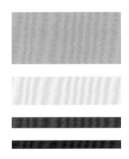

图1.63　　　　　　　　　　　　图1.64

1.7.3　常见 APP 界面色彩

它是指根据APP的行业、风格和定位,寻找同类型APP的常用色彩搭配组合。例如,橙色在商业类的APP中备受青睐,而蓝色则在社交类型的APP中使用更为广泛。具体可以参考同类APP案例进行界面色彩搭配。

APP界面色彩如图1.65所示。

［作者分享］

手机界面的总体色彩应该与界面主题相协调。在手机软件界面的色彩设计上,应妥当运用色彩这种感性元素来协调各要素之间的关系,使其形态和功能特点得到突出,达到

明确产品特征、强化诉求的目的。对于界面的整体色调,最好使用邻近色或同类色进行色彩构成,并采用色彩的弱对比。如果整体色调对比太强,很容易给用户造成视觉疲劳。

图 1.65

1.8　APP 分类 🔍

若想要制作出色的APP设计,那么APP分类就是必须要了解和知道的。下面将从应用程序、欢迎界面和游戏APP设计这3个方面分别讲解APP设计,使用户对APP设计的分类有一个大致的了解。

1.8.1　应用程序

[作者分享]

应用程序是指为了完成某项或某几项特定任务而被开发运行于操作系统之上的计算机程序。应用程序与应用软件的概念不同,但常常因为概念相似而被混淆。软件指程序与其相关文档或其他从属物的集合,一般将程序作为软件的一个组成部分。

随着智能手机及平板电脑等移动终端的普及,各种各样的 APP 应用软件不断涌现。目前,苹果App Store 应用商店有77.5万个应用,Android系统和谷歌 Google Play应用商店的应用数量均超过70万个。应用程序的普及性和重要性可想而知。

手机应用程序界面如图1.66、图1.67所示。

图 1.66

图 1.67

1.8.2 欢迎界面

第一次打开客户端的时候都是需要与服务端联网获取数据,但受制于网络的原因,不可能做到打开就能使用。因此,手机APP欢迎界面的作用就是"缓冲",使其在分散用户注意力的同时告知用户正在进入程序的界面。

从某种程度上来讲,手机APP是用户能够进入手机桌面的唯一方法,也是最有效的营销方法。而用户是否愿意下载开发者的手机APP并留在手机里,就代表着开发者的生意是否做得成功。如果没有信心让用户把开发的APP留在手机上,开发者就没有信心让用户掏钱。很多人都认为这是最难的事情,而且需要开发者真正提供一些服务给用户。虽然有些复杂,但现在手机APP已经可以胜任这一复杂的工作了,开发者完全可以获得忠诚用户。

手机APP欢迎界面如图1.68所示。

图 1.68

1.8.3 游戏 APP 设计

在手机游戏APP迅速发展的今天,手机游戏APP受到了广大人群的喜爱,手机游戏APP制作的精美度、故事性及情景感也越来越向高质量的方向发展。

下载手机游戏APP的界面如图1.69所示。

图 1.69

手机游戏APP安装界面如图1.70所示。

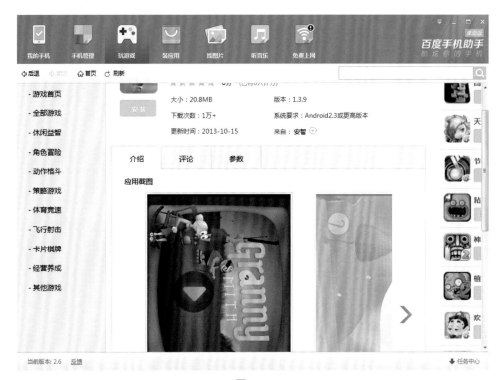

图 1.70

1.9 制作 APP 常用的设计软件 🔍

鉴于当今各大企业大多数已经成功使用APP来强化品牌价值和服务,手机APP已经完全融入我们的生活,因此就会用到制作APP的设计软件。下面就制作APP常用的软件 Photoshop CS6 和 Illustrator CS6进行简单的介绍,并且将在后面进行详细介绍。

1.9.1 Photoshop CS6

Photoshop CS6 是一款目前较为先进和较为流行的应用方案,旨在为艺术作品的图像或数码照片提供编辑和操作功能。Photoshop CS6具有强大的拍照和突破性的新功能,可选择写实绘画和修饰智能应用,能创建惊人的高动态范围图像。

Photoshop CS6及界面如图1.71所示。

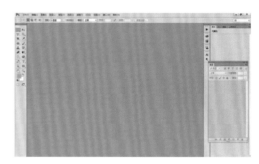

图 1.71

1.9.2 Adobe Illustrator CS6

Adobe Illustrator CS6 全新的追踪引擎可以快速地设计流畅的图案以及对描边使用渐变效果,快速又精确地完成设计。其强大的性能系统提供各种形状、颜色、复杂效果和丰富的排版模式,可以自由尝试各种创意并传达设计者的创作理念。在手机 APP设计中,其应用也相当广泛。

Adobe Illustrator CS6及界面如图1.72所示。

图 1.72

[作者分享]

　　Illustrator CS6提供了哪些工具？它是一款专业图形设计工具，提供丰富的像素描绘功能以及顺畅灵活的矢量图编辑功能，能够快速创建设计工作流程。借助Expression Design，可以为屏幕或网页或打印产品创建复杂的设计和图形元素。

第2章 APP 设计的特点和用户体验

本章将从APP的特性、图标的设计要点、APP的下载平台、APP与用户体验以及三大主流平台与APP之间的关系4个方面，来讲述APP设计的特点、用户体验的特点和重要性，使读者和用户可以更加了解APP设计，以便为自己制作APP打下基础。

APP的特性如图2.1所示。

图 2.1

2.1 APP 设计的特点和用户体验

APP有自己的特点和气质，因此它的许多特点不同于图标、游戏以及移动UI设计。下面将从其虚拟键盘、目录导航、功能操作、自上而下的操作、减少输入、足够大的按钮面积以及多点触控手势等方面讲述APP的多种特性，帮助学习者全方位地了解APP的特性。

手机APP如图2.2所示。

图 2.2

2.1.1　虚拟键盘

如今,没有物理键盘的智能手机已经充斥着人们的生活,Android系统触屏的所有输入操作都需要屏幕中的虚拟键盘来实现,这就需要设计师们考虑虚拟键盘的遮挡问题。

APP 上的虚拟键盘如图2.3所示。

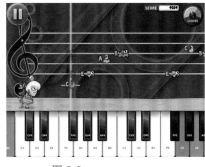

图 2.3

2.1.2　目录导航

一款小小的APP应用包罗万象,融合着复杂的信息内容或功能逻辑。要让用户在使用中获得最好的体验、迅速掌握应用的框架结构,其导航的设计是一个重要的环节。APP设计没有物理按键作为目录菜单的呼出功能,完全不同于Symbian系统,甚至其导航也需要屏幕中的虚拟按钮来实现。

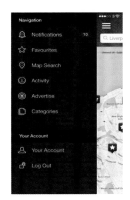

图 2.4

手机APP目录导航展示如图2.4所示。

手机APP应用的导航和现实世界中的路标或者地图的作用类似。它是应用软件的虚拟框架,对用户具有指示标志以及识别的功能。不同的视图和区域能迅速地切换信息,记录使用的操作轨迹,以防止用户迷失。

手机导航APP图标如图2.5所示。

图 2.5

在APP的导航设计中，人们常常见到的功能层级主要有以下两种。

一种是扁平层级，即所属功能在框架蓝图中属于同一层级的并列关系。这种功能层级主要出现在信息架构较为扁平化、同级别任务功能较多的视图中。

扁平层级APP目录导航样式如图2.6所示。

图 2.6

一种则是树状层级，即信息架构较为层次化或者任务之间有从属关系，多出现在需要用户逐层深入的视图中。

多层级树状导航APP如图2.7所示。

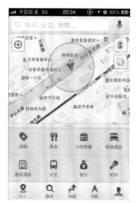

图 2.7

2.1.3 功能操作

手机APP的功能操作需要把所有的功能集成在APP中，如可以用APP来做功能的分类，用工具栏来做具体视图的功能操作集合。在一个应用中，绝大多数情况都是退出功能。在480 dpi×320 dpi这个对手机而言很大的屏幕上要包括4个模块，才能对1个APP进行操作。这4个模块分别是手机APP照相功能、手机APP通信功能、手机APP播放器功能和手机APP购物功能。

手机APP照相功能如图2.8、图2.9所示。

图 2.8   图 2.9

手机APP音乐播放器功能如图2.10所示。

手机APP购物功能如图2.11所示。

图 2.10   图 2.11

[作者分享]

手机产品的导航设计需要在明确了设计的总体框架和结构后，根据硬件的特点和用户的使用习惯进行。通过理性的架构分析和感性的体验设计，设计出好的导航结构，它能让开发者的APP设计效果事半功倍。

2.1.4 自上而下的操作

手机APP用户在大多数情况下会出现这样的姿态：一手握机，大拇指作为主要的操作和点击手指。可以看到，不管是iOS系统应用还是其他优秀系统应用，大多数都是使用很长的列表形式。这是因为拇指在滑动列表时会非常顺畅和方便，而且操作速度非常快。所以，很长的列表不会成为手机应用的障碍，这与其他手机平台上的特性不同；而且在表格的情况下，单击顶部的状态栏可以快速回到顶部。

　　具有自上而下操作系统的手机APP如图2.12所示。

图 2.12

　　手机APP有支持单手操作的特性，当然也有一些游戏需要双手进行。但因为智能手机有一块非常灵敏的支持手指多点触控的电容屏，所以手指直接在屏幕上操作就更加直观和具有操控感，不需要任何中间设备按键来控制。

　　手机APP操作如图2.13所示。

图 2.13

2.1.5　减少输入

　　所谓APP的减少输入即指对手持设备要尽量减少用户输入量，特别对于iPhone这种虚拟键盘而言，即便电容屏再灵敏，但每次都能准确地触动面积很小的虚拟键盘也并不是一件轻松的事情。设计者要尽量使用选择器或是输入提示的信息来减少输入的成本。

　　手机APP文字界面信息如图2.14所示。

图 2.14

2.1.6　足够大的按钮面积

对手机的电容屏而言，虽然其很灵敏，但接受的感触面积并不小，且用户又是直接用手指操作，所以应用中的所有按钮都要求适合指尖操作。根据各操作系统官方给出的设计指导，44 pix×44 pix是一个较为理想的面积。

手机APP上的按钮如图2.15所示。

图 2.15

2.1.7　多点触控手势

现在是触屏时代，从开始单点触控到现在的多点触控，无论是iPad、Android，还是微软的APP，它们的触屏技术都在飞速发展。这些都预示着人类很快要进入一个人机互动的时代。

在APP应用中应让用户的手指总是保持可用，它是人体的一部分，可以灵活地做各种动作。而且直接触控屏幕非常直观，用户也非常愿意使用这些看上去很酷的手势动作。比如，可以用两个手指拉开图片来放大、合并图片来缩小，直接拖动图片调换顺序，摇晃手机进行刷新等。

手机的操作手势如图2.16所示。

图 2.16

APP应用的是线性、连贯、直观的滑动操作，使用手指点击以及各种手势来进行。手机APP可通过多点触控来实现工作中需要的打开方式和应用处理。多点触控这类应用可以帮助用户快速完成一个任务，它注重内容的组织逻辑功能和信息架构的展现，以方便用户快速高效地使用APP，最终完成任务。这大多指游戏类应用，但也有一些实用工具，如电子罗盘。所谓浸入式应用一般是全屏模式，专注于一个任务或是娱乐的深入体验，没有过多的文字，而是将用户的注意力放在如何使用上。

手机APP的多点触控如图2.17所示。

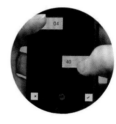

图 2.17

[作者分享]

在APP应用中，多点触控应用一般包含大量的列表，每个列表中又包含很多的任务功能。其中最典型的应用就是各系统自带的"Mail"应用，这是一个非常典型的高效型应用。

2.2 图标的设计要点 🔍

在APP设计中，图标设计是非常重要的一部分。图标设计不仅能够有效地为设计者传播信息与内涵，而且对APP设计有着重要的意义。在这里简单地介绍图标的可识别性、图标的创新性以及图标设计的连续性，使读者了解图标的设计要点和图标的设计在APP设计中的重要性。

精彩图标设计如图2.18所示。

图 2.18

2.2.1 图标的可识别性

在APP设计中运用视觉隐喻的同时,需要保证图标的可识别性。但是,很多图标设计是没有经过仔细思考的。在APP商店查找时,人们会发现只有非常少的APP图标的设计是吸引人的眼球的。随着时代的发展,图标总体上呈现出时代性与个性化的视觉符号形态:大图标尺寸被普遍运用;讲究精致、细节、艺术的个性化;材质趋于模拟还原真实自然状态,即拟物化;剪影图标越发精致小巧。

可识别性较强的图标设计如图2.19所示。

图 2.19

另外,色彩的运用在其图标的可识别性上也是非常重要的。因为APP的受众十分广泛且不确定,加上技术架构的特点,设计者不能也不想对最终用户提出要求。因此,充分保证设计的美观性,是每一名APP设计师在进行视觉设计时首先应该把握好的一个尺度。

图标在APP中色调的和谐和统一如图2.20所示。

图 2.20

图标设计已经发展成为一个巨大的产业，因为它们能给设计带来很多优势。它们为标题添加视觉引导，用作按钮，用来分隔页面，做整体修饰，使网站更显专业、增强网站的交互性、可识别性等。

可爱的图标在APP设计中的可识别性如图2.21所示。

图 2.21

[作者分享]

图标作为APP设计中决定性的元素，在内容中使用它可以为页面增加"空隙"。Icon图标用来分隔内容，并且给读者以视觉引导。研究表明，大多数访客第一次浏览内容时，立刻就会决定哪些内容要去阅读。访客点击链接，然后离开他们不喜欢的页面，进入感兴趣的板块。

近些年来，在用户界面的视觉设计中，"写实风格"应用正逐步成为主流。为了增加细节，已经可以使用3D效果、阴影、透明，甚至一些物理特性来修饰图标。这其中有些效果能显著改善可用性。

具有写实风格的图标设计如图2.22所示。

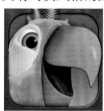

图 2.22

APP的图形用户界面基本上就是一堆符号，大部分按钮、图标以及其他控件只是指代了某些概念或某个想法，如齿轮图标并不意味着一个齿轮，它只是告诉使用者点击之后可以进行软件的设置。越多的细节和越高的写实性会让用户的关注焦点脱离这些概念。当然，细节也不能太少，保证必要的识别性是前提，至少在一些图形相似的情况下要让用户看得出来这是什么东西。因此，图标的细节和可识别性有很大的关联性。

细节决定图标的质感如图2.23所示。

图 2.23

[作者分享]

　　图标有一套标准尺寸和属性格式，且通常是小尺寸的。每个图标都含有多张相同显示内容的图片，每一张图片具有不同的尺寸和色数。一个图标就是一套相似的图片，每一张图片有不同的格式，从这一点上来说图标是三维的。图标还有另一个特性：它含有透明区域，在透明区域内可以透出图标下的桌面背景。在结构上，图标其实和麦当劳的巨无霸汉堡差不多。一个图标实际上是多张不同格式的图片的集合体，并且还包含了一定的透明区域。计算机操作系统和显示设备的多样性，导致了图标的大小需要有多种格式。

　　为了能让用户快速准确地读懂符号以及其背后的含义，过多华而不实的写实性只能给可用性带来明显的问题。在设计中增加细节的目的不是让界面和图标看起来像照片那样真实，而是提高可识别性，帮助用户更好地与各种控件进行交互操作。所以，图标设计的核心表意元素体现到位才是关键。

　　具有很强的可识别性的图标设计如图2.24所示。

图 2.24

　　在图标设计中有时会出现这样的情况，设计出的单枚软件启动图标看起来很炫，但是投放到电子市场上后却不太受用户的喜爱，用户点击率很低。怎样从视觉设计的层面去提升APP软件启动图标的点击率呢？其实，在设计软件启动图标的过程中是有一定的共性的设计方法的，这些方法能够帮助设计者提升图标的点击率。

　　具有特点的图标可以提高用户的点击率，如图2.25所示。

图 2.25

[作者分享]

　　设计者为了吸引使用者，可以运用隐喻的设计表现手法传达给用户信息，让用户看到图标后能够感知、想象、理解图标的意思。再加上有趣的形象设计，让用户容易理解图标的含义。这样精致隐喻的图标容易在第一时间吸引用户的眼球,受到用户的喜爱。

2.2.2　注重图标的创新性

在APP设计中,创新图标设计具有一定的方法。例如,分析同类APP图标,整理设计思路,再进行图标创新。人们在图标商店里搜索软件时,会发现很多相似的图标,这里面哪些图标会吸引用户的眼球呢? 看过之后就会发现,那些设计有创意感、层次感和特定质感的精致图标会吸引用户的关注。

具有创意感的图标设计如图2.26所示。

图 2.26

设计APP图标的另一种方法是增加图标的设计层次感和质感表现。设计好图标后,放在同类别的APP图标中去审视,看自己设计的图标是否能够抓住用户的眼球。

具有一定的特色并可以抓住用户眼球的图标设计如图2.27所示。

图 2.27

[作者分享]

图标设计让APP的布局不再生硬,把整体分割成容易阅读和理解的众多板块,每一板块都内容丰富而充满魅力,吸引访客来点击阅读。图标是增强内容吸引力的工具,不要让它吸引了访客所有的注意力而忽略了内容。所以,要精心挑选一些样式和寓意都与内容紧密相连的图标。

2.2.3　图标设计的连续性

人们很少会注意到从种子到开花的过程,那是因为它变化的速度很慢,需要几周甚至更长的时间。而这个过程通过监拍摄像机快速回放时,就可以看到过程的变化。但在现实世界中,人们所感知的事物变化都是连续的,包括图标设计。

图标设计的连续性如图2.28所示。

图 2.28

APP中的连续性如图2.29所示。

图 2.29

在设计一个图标的时候，不仅仅只是考虑界面上的图形表现、布局排版，还需要考虑体验的连续性。我们应该关注细节，每个可操作的环节。设计师们的产品、交互、视觉设计等都应该确保每时每刻图标的体验都是完美的。

APP设计的连续性在客户体验方面是至关重要的。在传统的APP设计中，人们可以习惯性地按原有的思路操作软件，使整个工作流程更顺畅。但是，随着操作系统的发展，APP设计在一夜之间改变了人们的操作习惯。因此，连续性在进行APP设计中是非常需要注意的。

在APP设计中具有连续性的图标如图2.30、图2.31所示。

图 2.30

图 2.31

[作者分享]

　　图标应用于计算机软件方面,包括程序标志、数据标志、命令选择、模式信号或切换开关、状态指示等。一个图标是一个小的图片或对象,代表一个文件、程序、网页或命令。图标有助于用户快速执行命令和打开程序文件。单击或双击图标便可执行一个命令。图标也用于在浏览器中快速展现内容。

2.3　APP 的下载平台

　　在 APP 设计中,资源共享是基于网络的,是众多的网络爱好者不求利益地把自己收集的一些 APP 设计图标通过一些平台共享给大众的一种资源交流方式。下面将从移动 APP 精致图标欣赏、电脑桌面精致图标欣赏以及所需要的图标分层素材共享3个方面详细地讲解移动 APP 设计中资源共享的设计需求。

　　APP的下载资源共享如图2.32所示。

图 2.32

[作者分享]

图标是用户对应用的第一印象。在图标设计上，设计者必须保持高水准，并且与众不同。当用户在APP Store中看到应用的图标时，他们就会根据看到的图标来推测应用的使用体验。如果图标看上去非常美观、精致，用户就会下意识地认为这个应用也能够给他带来优秀的使用体验。

APP分层素材共享主要是在所需要的分层素材网站上分享图文设计资源，包括图层文件、图文教程、图文软件的接受及下载的一个过程。分层素材共享可以帮助用户将制作和设计做得更加完整和具有创意。

下面将简单地介绍一些图标分层素材共享的网站，以便帮助使用者更好地下载和制作图标。

1）站酷网

站酷网，中国较具人气的大型综合性"设计师社区"，聚集了中国绝大部分的专业设计师、艺术院校师生、潮流艺术家等年轻创意设计人群。现有注册设计师/艺术家200万名，日上传原创作品6 000余张，3年累计上传原创作品超过350万张。它是中国设计创意行业访问量较大、较受设计师喜爱的大型网络社区。

站酷网如图2.33所示。

图 2.33

站酷网图标分层素材共享如图2.34所示。

图 2.34

2）昵图网

昵图网站内所有素材图片均由网友上传而来，昵图网不拥有此类素材图片的版权。昵图网内标明版权为"共享""昵友原创""原创作品出售"等图片素材均由网友上传用于学习交流之用。若需商业使用，需获得版权拥有者授权，并遵循国家相关法律、法规之规定，如因非法使用引起纠纷，一切后果由使用者承担。

昵图网成立于2007年1月1日，是一个设计/素材网站、原创图片素材共享平台。昵图网的图片大小基本上在2 000 px以上，图片都是经过精心挑选的。用户可以上传自己的好图片去换取积分，上传的图片一旦被采纳，就会获得共享分；如果被别人下载，上传者还可以获得共享分。

昵图网图标分层素材共享如图2.35、图2.36所示。

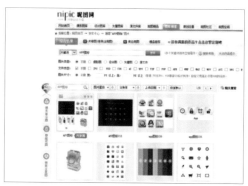

图 2.35

图 2.36

资源共享对设计APP 有很大的帮助。下面将通过Android系统下载平台、iOS系统下载平台、Windows Phone系统下载平台介绍APP设计中需要的资源和帮助。

APP Store资源如图2.37所示。

图 2.37

2.3.1　Android 系统下载平台

难以置信的下载量导致APP在全球风靡，每5台Android设备里就有一台使用Android系统下载平台搜索APP应用。

Android系统下载平台APP资源如图2.38所示。

图 2.38

2.3.2　iOS 系统下载平台

苹果 iOS系统下载平台支持 iPhone、iPad以及iPod Touch系列产品。用户需要先下载 iTunes ，然后将iOS设备连接至iTunes即可更新操作系统。下载更新的过程将通过自家的iTunes进行。

iOS系统APP如图2.39所示。

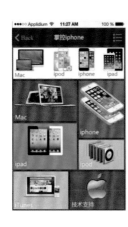

图 2.39

面对众多的智能系统下载平台，很多用户其实并不看重是在何种平台下载APP，而更多的是在乎使用智能手机时可以带来怎样的体验。说到体验，自然而然地就会和应用相挂钩。使用iPhone的用户都知道，苹果APP Store的成功在很大程度上都取决于其大量的高质量的应用，这一点不容否认。如今 XY 苹果助手应用平台已经拥有接近60万的应用数量，下载量更是突破250亿。这样的成绩也给竞争对手带来了很大压力。

XY苹果助手下载平台如图2.40所示。

图 2.40

2.3.3　Windows Phone 系统下载平台

Windows Phone 可以用于将用户喜爱的Mac媒体文件与Windows Phone同步，用户还可以将手机拍摄的照片和视频与Mac同步。如今虽然Windows Phone系统已经很少被用到，但它还是有很多的应用。

随着Windows Phone 8的正式发布，越来越多的 WP8 官方资料也已经更新。例如，率先上线的Windows 8系统与Windows Phone 8手机同步应用。如今，WP8同步工具已经揭晓，其中Windows操作系统还可以通过Windows Explorer文件管理器进行管理。

Windows Phone下载平台如图2.41所示。

图 2.41

2.4　APP 与用户体验

如今智能手机已经非常普及，尤其在一、二线城市中更是常见。手机APP的数量很可观，功能分类也基本上覆盖生活中的方方面面。随着移动化、碎片化时代的到来，受众的使用习惯也在不断地随之改变，手机、平板电脑等设备占据了人们的许多时间。因此，APP 与用户体验之间的关系更加密切。下面，将从 APP 设计要点和用户体验两个方面来为使用者讲解APP与用户体验之间的关系。

APP与用户体验感受如图2.42所示。

图 2.42

一款APP需具备一些特定的条件才能使受众产生黏性，如利益性、趣味性、内容性、创新性、社交性、操控性等。例如，"植物大战僵尸"以及"愤怒的小鸟"就属于趣味性的APP；内容性与社交性相结合的APP则是微博；利益性的APP可以是生活工具类的APP；创新性的APP则大多是与技术等相关，利用智能手机特性开发的互动性APP。不管什么样的APP，能影响用户体验的因素主要是其操控的流畅度、功能的合理性、外型的美观程度等。

APP与用户体验关系如图2.43所示。

图 2.43

2.4.1 APP 设计要点

在移动设备中，手机是目前主要APP的受体，无论是3.7英寸或是4.0英寸，手机屏幕都是稀有资源。在这么小的屏幕上，信息的展现方式与屏幕的利用方式就需要进行精心的设计与调整。在界面设计中，几乎整个屏幕都具有的核心功能是"图片分享"；而功能按钮与状态栏都被放到屏幕最上方与最下方，因为这是不会影响用户读图的区域。因此，设计APP中较为值得注意的问题是内容的布局与安排。

APP中内容的布局与安排如图2.44所示。

图 2.44

[作者分享]

在为APP进行界面设计时，屏幕的划分与利用需要开发者认真考虑，虽然只有4.0英寸左右的可视区域，但也并不是整个屏幕都是热点阅读区。开发者需要确保核心信息出现在热点区域内，同时切忌将屏幕划分成3个甚至以上区域。因为首先需要让用户了解APP的内容，而且还要不影响用户的阅读与使用。

APP界面设计的实用性如图2.45所示。

不要小看icon在APP设计中的作用，因为没有固定的icon使用标准，icon的设计与使用可谓五花八门。在很多服务类和游戏类的APP中，开发者在不断地接触着新的icon，但是新的icon设计与使用是需要慎重对待的，尤其是在服务类的APP中，更

图 2.45

是需要引起设计者们的注意。

APP设计中icon图标的设计如图2.46所示。

图 2.46

APP设计要求容易上手操作,设计不要过于复杂。这是因为,移动用户的使用习惯是由对传统互联网的认知加上传统手机的使用习惯迁移构成。传统手机的使用习惯有着快速、直接、目的明确的特点,而让用户真正重新认识智能终端并形成新的使用习惯,是一个长期的过程。现阶段用户在智能手机上的使用习惯仍然有着快速和直接的特点,加上碎片化的使用时间,所以很容易上手。这也是可以在碎片化时间内进行休闲娱乐的APP得以迅速风靡全球的原因。

APP设计中的交互简易性如图2.47所示。

图 2.47

在APP设计中,尽可能让用户只需进行一次交互操作就能到达目的地,这是一个非常棒的理念。在用户交互设计中,开发者们应避免让用户产生多层交互,而应让用户以愉悦轻松的心情得到相应的服务。

简易的移动设备用户体验如图2.48所示。

图 2.48

总而言之,由于移动设备的关系,在APP设计上应尽量保持简洁。若非必要,不要放上华丽的图形或其他信息去吸引用户,应让信息一目了然,不误导用户。设计者要拥有自己的APP应用设计理念,设计自己的APP软件。

具有特色的APP设计理念如图2.49所示。

图 2.49

下面,将通过具体的案例来进行讲解。例如,"宝贝时光"这是一款基于iOS平台的用于记录宝宝成长过程的APP。该APP设计对整体产品的交互信息框架进行梳理,并定义了包括品牌形象符号在内的视觉风格规范。这款APP创造性地使用了新颖的"相册翻页"动态交互方式来记录宝宝的照片,采用"书架""成长树"等灵感元素珍藏父母的每一份记忆。该APP设计希望以更加颠覆性的产品设计理念,创造真正的差异化用户体验。

具有一定特点的APP设计"宝贝时光"如图2.50所示。

图 2.50

[作者分享]

APP设计与用户体验：APP应用设计的效果如何，更多的是由用户的体验效果来决定的。一个优秀的APP设计者，应该多从用户的角度去设计，这样的效果才能让用户满意。

值得注意的是，设计中，设计者应通过移动设备的人机界面指南图来定位自己的APP应用软件，将提出的各种需求进行讨论汇总，完成对应用定义的陈述。根据前面所整理的资料，开始进行产品各个基本功能的设计，包含移动中使用的场景、按钮、显示文字等。把握好设计的APP的应用需求，确认核心功能，模拟出设计初稿。

APP草图设计如图2.51所示。

图 2.51

低保真原型是利用原型制作工具将草图搬上电脑，尽量使用黑白、粗糙的线条来进行设计，不纠结于细节。高保真原型是指在低保真原型的基础上，进行细节修改。当高保真原型完成后，就该原型进行视觉设计，APP应用设计提倡有质感、有仿真度的图形界面，让APP设计的界面尽量接近用户熟悉或者喜欢的风格，这需要在配色和图标上下功夫。通过低保真原型和高保真原型两步操作来完成视觉设计，最终确认APP设计。

下面是一款在iOS、Android平台上颇具人气的生日管理、提醒应用——"生日管家"。APP结合自身的应用定位及风格偏好，为"生日管家"APP打造了从交互架构到视觉表现的全新设计方案，使"生日管家"在维持公历、农历双历提醒等特色功能的同时，拉近了产品与用户的情感距离。

"生日管家"APP如图2.52所示。

图 2.52

一般而言，设计首先为视网膜显示屏、高分辨率的显示屏设计，然后按比例缩减。现在屏幕分辨率格式越来越多，设计师需要从高分辨率设备做起，再按比例缩减。更好的做法是使用矢量图形进行设计，而不是位图或者栅格图像进行设计。因此，在APP设计中不要使用低分辨率的图片，以避免使用位图。

在APP设计中放置图片的大小和位置如图2.53所示。

图 2.53

大多数用户的食指宽度为1.6~2 cm，因此，设计时要考虑手指的宽度；而且用户在快速移动手指的时候，很难准确点击小片屏幕。在屏幕上加大量的按钮和功能很容易，但按钮、间隔一定要足够大，否则用户容易误点。因此，在APP设计中不要把点击区域设置得太小。

按钮的大小和用户体验之间的关系如图2.54所示。

图 2.54

当用户首次打开 APP 时，给用户一个动画的介绍是个不错的想法，但不能太过火，因为这些介绍动画也延迟了用户接触 APP 的时间。如果设计者打算使用介绍动画，那要让动画时间尽可能短，设计尽可能精细而且足够吸引人，值得用户花费时间等待。APP 加载过程中会先展现图片，再过渡至动画。要确保这个过渡是平滑的，是贴切自然的。有的 APP 从加载图片过渡至介绍动画，其设计显得非常蹩脚。因此，在 APP 设计中不要随意使用介绍动画。

APP 动画展示如图 2.55 所示。

图 2.55

如果 APP 加载时间过长，那么很容易让用户以为出现了故障，带来糟糕的用户体验。APP 加载的时候不要让用户看到空白的屏幕，应使用加载指示条或小动画让用户知道 APP 处于正常运行中，当然如果能加入一个加载进度指示条就更好了。在 APP 设计中，这点是非常值得注意的。

APP 设计中的加载和中间弹出项如图 2.56 所示。

图 2.56

2.4.2　用户体验

用户在看一本杂志APP的时候，其内容质量、操作逻辑、阅读模式（比如日夜模式切换、横竖屏切换）、字体大小、分享功能、推送功能、评论功能、信息分类阅读（比如热门推荐、图库方式阅读、信息类别阅读）等方面均影响着受众对该款APP的用户体验。

受众对该款APP的用户体验界面如图2.57所示。

图 2.57

在APP的设计制作过程中，APP软件的更新也是一个非常重要的环节。APP软件的更新应满足受众变化中的需求，更新的节奏应根据用户需求变化以及企业对APP功能需求的增加而变化。

对APP软件的更新和用户体验如图2.58所示。

图 2.58

设计者在思考APP和用户体验的时候，先开始只是简单地把已有的内容搬到APP上，并没有对手机端的特点进行思考。后面就需要对APP的功能进行更新，对结构进行调整，以求与手机特性更加匹配。当然，更新并不等于无限制地不断添加APP的功能，这依然要进行深入的受众分析与洞察，依照受众的需求与行为特性进行思考与改变。

用户体验和APP游戏设计如图2.59所示。

图 2.59

用户在移动端设备的使用时间不同于桌面端，大部分用户都是在碎片时间内使用移动设备进行娱乐、获取信息、进行社交活动等。因此，在APP设计中用户体验应该结合设备的移动性再进行有机合理的设计。

移动手机APP用户体验如图2.60所示。

图 2.60

总而言之，在这个用户体验的时代，设计者设计APP需要更多的思考，而非简单盲目地跟风发布自己的APP。在APP的设计过程中需要结合移动设备和APP之间的相互关联来对APP进行合理的设计。

在APP设计中，越来越多的传统企业拥抱移动互联网，以补充、完善原有渠道的目标来推出自有企业的品牌APP，比如传统杂志社设计一款电子杂志APP、传统实体店商家推出电子商城APP。这些传统的做法已经司空见惯，让我们看看品牌们有哪些"不务正业"的新玩法吧。

APP设计新玩法如图2.61所示。

图 2.61

在APP设计中，各APP上应用最多的设计技巧是通过视觉的手段，微妙地启发用户的感觉及情绪。这样的方式可以让用户与APP进行合理的交互。

使用视觉手段让用户体验和APP之间进行的交互，如图2.62所示。

图 2.62

任何一款产品的成功都需要依靠良好的用户体验，如果只是以为把APP上架，就会有消费者自动下载，那就大错特错了。APP和所有新商品一样，都需要缜密的上市策略，在适当的时刻、渠道和目标用户沟通，才能引起用户的下载欲望。下面就来欣赏很多女性比较喜欢的手机购物APP设计。

购物APP如图2.63所示。

图 2.63

一款APP的成功必然需要把握用户的兴趣。从用户的喜好入手，从用户的兴趣着眼，从用户的需求出发，提升APP的体验，增强APP的实用性和趣味性。如何抓住用户的需求和激发用户的兴趣是决定产品用户量上限的关键要素，而用户黏度的提高则需要在产品的程序设计和推动产品的持续创新上下功夫。

时尚清新的APP界面设计如图2.64所示。

在APP的用户体验设计中，有一项是非常值得人们关注的，那就是色彩情感与用户体验之间的关系。笔者先让大家了解一下关于色彩的组成和色彩的情感等基础知识，再来简单说说它们在我们的生活和界面设计中的运用所带来的感受，以及人们对色彩的喜好偏差和色彩的决定性作用等。

图 2.64

[作者分享]

色彩感受：每个人有自己喜爱的音乐，同样，每个人也有自己钟爱的色彩，每一种颜色都有一种寓意。色彩作为第一视觉语言，在人类初次接触到一个事物产生第一印象时，色彩的吸引力往往高于其造型所产生的吸引力。适当地应用色彩能够增强画面感染力，提升产品的印象与感觉，而不同的色彩常常左右了产品最终给人的感受。

色相和色彩感受如图2.65所示。

色相	色彩感受
红色	血气、热情、主动、节庆、愤怒
橙色	欢乐、信任、活力、新鲜、秋天
黄色	温暖、透明、快乐、希望、智慧、辉煌
绿色	健康、生命、和平、宁静、安全感
蓝色	可靠、力量、冷静、信用、永恒、清爽、专业
紫色	智慧、想象、神秘、高尚、优雅
黑色	深沉、黑暗、现代感
白色	朴素、纯洁、清爽、干净
灰色	冷静、中立

图 2.65

不同色彩的界面给人的不同感受如图2.66所示。

色彩是人们接触事物时第一个感受到的，也是印象最深刻的特性。打开APP，人们最先感受到的并不是网站所提供的内容，而是网页中的色彩搭配所呈现出来的一种感受。各种色彩争先恐后地通过视网膜印在人们的脑海中，色彩在无意识中影响着人们的体验和每一次点击，它暗示了用户登录的方向与意义。

黄色是APP设计配色中使用极为广泛的颜色之一，它具有明朗愉快的感觉，在各类信息网站中都可以使用。但现实中很少大面积使用纯黄色，这是因为和纯红色一样，其色彩过于强烈。不过，在小面积点缀中黄色用得颇多。比如，用暗清色的黄与其他色彩的暗清色调混和使用，页面就会多一些典雅和奇特的感觉。

图 2.66

黄色界面在APP上的运用如图2.67所示。

图 2.67

在APP设计中,以红色为主色的并不多,在大量信息的页面里有大面积的红色是不利于阅读的。但若搭配得好,红色也可以起到振奋人心的作用。过多的红色容易使人疲劳,引起人的心理反感,所以一般只有在以节庆活动为主题的网站中才会大面积地使用纯红色。

红色界面在APP上的运用如图2.68所示。

图 2.68

在APP设计中，蓝色有沉稳的特性，具有理智、准确的意象，同时还表示希望。强调科技感、效率感的商品或企业形象的设计大多选用蓝色作为标准色、企业色，如科技、知识、计算机、企业、政府、银行和门户网站等。蓝色还代表了"可信"的心理感受，很多企业在做网站时都选择了蓝色。

蓝色界面在APP上的运用如图2.69所示。

图 2.69

在APP设计中，绿色代表着安全、通行、准许的意思，可以让人感到轻松、缓解压力。所以，绿色通常用于"开始""下载"按钮和成功提示页面中。

绿色界面在APP上的运用如图2.70所示。

图 2.70

[作者分享]

　　橙色可以使人感到成熟的瓜果味道，从而产生甜的感受；绿色为植物的颜色，象征着生命，传达出清爽、理想、希望、生长的意象，如果将它与蓝色、黄色，甚至红色搭配起来用于网页设计中，则可以给网站增加一丝活泼、轻快的感觉；而紫色给人的感觉是高贵、娇艳与优雅。

　　色彩带给人的感受存在着客观上的代表意义，但在每个人的眼里，所实际感受到的色彩存在着大小不同的差异。例如，男性和女性都喜欢蓝色和绿色，或许因为这是大自然中最常见的色彩；男性和女性都比较讨厌橙色和褐色。不同的是，男性喜欢黑色，而女性则讨厌黑色；女性喜欢紫色，而男性则讨厌紫色。男性和女性对于色彩的喜好度是有所偏差的，所以在选择配色时不妨多考虑不同观赏者的感受，再来作出选择。

　　色彩的偏差如图2.71所示。

图 2.71

　　根据美国流行色彩研究中心的一项调查表明，人们在挑选商品的时候存在一个"7秒钟定律"：面对琳琅满目的商品，人们只需 7 秒就可以确定对这些商品是否感兴趣。在这短暂而关键的 7 秒内，色彩的作用占到 67 %，成为决定人们对商品喜好的重要因素，这就是20世纪80年代出现的"色彩营销"的理论依据。同样道理，在界面设计中，如果色彩的选择和搭配恰到好处，可以在短时间内给新用户留下深刻的印象，会给自己的设计带来意想不到的效果。因此，在设计APP的过程中色彩也起到了相对决定性的作用。

　　生活中的色彩如图2.72所示。

图 2.72

2.5 三大主流平台与 APP 之间的关系 🔍

在前面认识了APP的特性、图标的设计要点、APP的下载平台和APP与用户体验之后,下面分别从iOS、Android和Windows移动设备的三大主流系统软件来认识移动设备的主流平台与APP之间的关系。

随着4G网络的普及,智能手机的使用率不断增加,同时对手机APP的需求也在不断增强。智能终端不仅为移动互联网发展带来了福利,也带来了手机APP爆发式的增长,从而使生活转向智能移动化生活。目前主要以Android和iOS为代表的手机移动应用正在推动其改变传统固有的经营模式,向着全新的智能移动化管理模式发展。

APP三大主流平台如图2.73所示。

图 2.73

[作者分享]

近年来,Android移动平台呈爆发式增长,APP的开发也呈井喷式的爆发。虽然APP开发商仍然存在很大的难度,但未来市场的发展前景却是不可限量的。

2.5.1 Android 平台

Android 是谷歌开发的基于Linux 平台的开源手机操作系统。它包括操作系统、用户界面和应用程序APP设计工作中所需的全部软件,而且不存在任何以往阻碍移动产业创新的专有权障碍。

Android平台如图2.74所示。

图 2.74

Android设计的基本原则：漂亮的界面、精心设置的动画或者及时的音效。微妙的效果使用户感觉轻松且拥有掌控感，允许用户直接触碰和操纵应用中的对象。这样可以减少用户完成任务时的认知难度，从而提高满意度。人们喜欢个性化，因为这样可以使他们感到自在以及有掌控感。Android设计提供合理、漂亮的默认样式，同时考虑到有趣的自定义功能，逐渐了解用户的喜好。它还有简化生活的功能。使用简单的短语、图片，容易吸引用户的注意力且比文字更容易让人理解。人们在看到太多内容时会有压力，但分解任务及信息，可使其更容易理解。隐藏当前非必需的选项并给予指导，让用户能确定自己当前所在的位置。将应用放置在明显的位置上并使用切换效果来表达各页面之间的关系。对当前正在进行的任务给予反馈。保存用户创建的东西，使用户可以随时随地存取。记住用户的设置、个人风格及创建的东西，在手机、平板电脑、计算机之间同步。这使升级变得再容易不过。通过明显的视觉差异来帮助用户认识到在各个APP功能上的不同。摒弃固有模式，不要让看起来相似的页面在输入相同的内容后却得到不同的结果。

Android系统三星手机如图2.75所示。

图 2.75

［作者分享］

Android系统应用结合了多种照片特效的快捷方式，使业余拍照爱好者能在几步之内拍出很出色的照片。记住，并非所有操作的重要性是一致的。要确定在自己设计的应用中什么是最重要的，使用户能很容易地找到并快速使用，如相机中的快门键、音乐播放器中的暂停键。

2.5.2 iOS 平台

在iOS平台上要做出好的APP应用，首先要确定自己的创意还没有人做过。当有了创意，还需要有一个明确的定位，它会在后续的设计过程中决定APP的设计要点。

iOS设备的屏幕是用户体验的核心。用户不仅在上面浏览优美的文字、图片和视频，还要和多点触摸屏进行交互。用户可能在任何时间由于多种原因旋转屏幕。例如，有时，用户觉得当前的任务将屏幕竖起来更自然；有时，用户觉得横过来放置能看到更多内容。无论怎样，用户都希望旋转后屏幕依然重点显示此程序的主功能区。

iPhone机型的比较如图2.76所示。

图 2.76

用手势来操作iOS设备的多点触摸界面。例如，轻敲可以激活按钮，拖动可以滚动长表单，两指分开可以放大图像。多点触摸界面给用户一种与设备直连、直接操纵屏幕上物体的感觉。iPhone和iPad都支持多点手势。虽然较大的屏幕也给了更多手指触摸的空间，但这并不意味着多点手势总是最佳选择。

屏幕一次只能展示一个程序，当用户切换程序时，前一个程序会退出，其界面也随之消失。无论什么样的程序，都只有一个窗口。这个窗口用于放置程序的内容和功能，但是用户不会意识到这个窗口。在iOS设备中，用户觉得程序就是依次呈现的一屏又一屏的图像。

iOS平台展示如图2.77所示。

图 2.77

2.5.3 Windows 移动平台

Windows移动平台的界面非常整洁干净，内容代替布局的设计理念让用户回到内容本身，因此受到了很多用户的喜爱，磁贴元素更是为用户打造了一个丰富的移动生活。那么，开发者们要如何把握这样的UI设计风格，更好地将APP风格融入自己的应用呢？

Windows移动平台如图2.78所示。

图 2.78

注重细节，投入的时间和精力越多，看到的细节就越多。每一个阶段，工程师都会有不一样的收获。注重细节是一个应用程序成功的必要条件，所以开发者从一开始就应该注意细节。网格的局部能够让内容更有凝聚力，所以在设计应用程序的时候，需要注意层级结构的平衡。排版的好坏直接影响到应用程序的结构感和节奏感，不能马虎。因此，设计师们需要找到一个能体现应用程序特色的排版模式。

注重细节的Windows移动平台如图2.79所示。

图 2.79

Windows移动平台如图2.80所示。

图 2.80

简单优雅的Windows Phone版给用户带来了一个舒畅的使用体验。功能的简单化操作，让Windows Phone玩起来十分舒适。它一共有4个部分，分别是刷微博的首页、消息界面、好友和微博广场，设计布局也十分符合Windows Phone简约的风格。Windows Phone版新浪微博采用了非常顺畅的手势滑动功能，结合诺基亚手机极具触感的屏幕，左右滑动起来十分有手感。

　　Windows Phone简约界面如图2.81所示。

图 2.81

第3章 Photoshop 创作个性 APP

本章主要介绍如何使用Photoshop创作个性APP，包括基础图形的绘制，手机APP中常见按钮的制作，让人过目不忘的启动图标、个性图标的制作。通过对本章的学习，使学习者对手机APP中的一些简单图标、按钮及图片的色彩有一个详细的了解，能掌握一些制作手机APP的技巧。

3.1 基础图形的绘制 🔍

本小节主要讲述移动UI中基础图形的绘制。这里包括制作正方形、长方形、圆角矩形、组合图形、虚线以及其他形状等。

基础图形的绘制如图3.1所示。

图 3.1

图形的应用范围很广，如图标、自定义控件的制作，界面边框的制作，都需要绘制基础图形作为打底。下面来学习运用这些基础图形制作移动UI中的小元素。

利用正方形绘制的播放界面如图3.2所示。

图 3.2

利用圆角矩形绘制的图标如图3.3所示。

图 3.3

利用各种图形组合制作出的精彩图标如图3.4所示。

图 3.4

3.1.1　圆形、椭圆

在Photoshop中绘制圆形、椭圆。选择工具箱里的椭圆工具，按住Shift键后在画面上拖动，得到合适的尺寸后，右键点在选框的虚线上。选择描边选项，这时，设置好数值就可以了，或者用一个没有柔化的硬边画笔（大一些）在画面上点一下，再用一个较小的圆形橡皮在之前画过的圆上点一下。

利用圆形、椭圆制作APP手机图标的流程如下。

①执行"文件"→"新建"命令，在弹出的"新建"对话框中设置各项参数及选项。设置完成后单击"确定"按钮，新建空白图像文件（图3.5）。

图 3.5

②设置前景色为粉色，按快捷键Alt+Delete，填充背景色为粉色。单击椭圆工具，设置前景色为黑色，在画面正中绘制椭圆得到"椭圆1"图层（图3.6）。

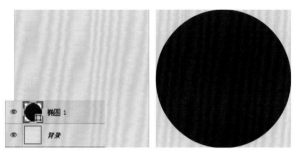

图 3.6

③选择"椭圆1",单击"添加图层样式"按钮,选择"渐变叠加"选项并设置参数,制作椭圆图案样式(图3.7)。

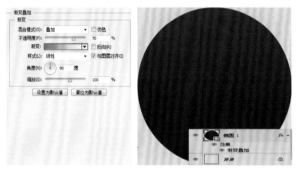

图 3.7

④继续使用椭圆工具,在其属性栏中设置其属性为"形状","填色"为无,"描边"为"50.36点",在画面中的椭圆上绘制"椭圆2"并设置其"渐变叠加"的图案样式。继续使用相同方法绘制"椭圆3"(图3.8)。

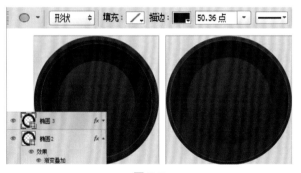

图 3.8

[技巧点拨]

椭圆工具的使用技巧:使用椭圆工具绘制图形可以在其属性栏中设置其属性,从而可以直接绘制出所需要的选区或路径,为制作具有圆形或椭圆的APP图标有很大的作用。

⑤继续使用椭圆工具,在其属性栏中设置其属性为"形状","填色"为黑色,描边为"无",在画面中间绘制椭圆得到"椭圆4", 并设置其"描边"的图案样式(图3.9)。

图3.9

⑥选择"椭圆4",连续按快捷键Ctrl+J复制得到多个"椭圆4副本"。使用快捷键Ctrl+T变换图像大小,制作出相机向外扩散的效果(图3.10)。

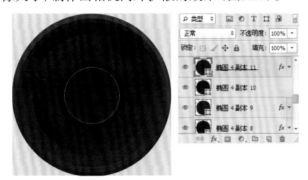

图3.10

⑦选择"椭圆4副本12",按住Alt键并单击鼠标左键,创建其图层剪贴蒙版,创建到"椭圆4副本11"图层中去。继续制作相机镜头的样式(图3.11)。

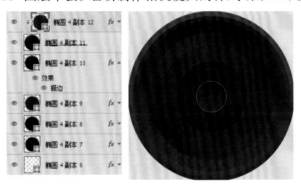

图3.11

⑧新建"图层1",使用多边形套索工具绘制需要的图形,并填充为黑色。单击"添加图层样式"按钮,选择"描边""颜色叠加"选项并设置参数,制作图案样式(图3.12)。

图 3.12

⑨继续在"图层1"上单击"添加图层样式"按钮。选择"投影"选项并设置参数,制作图案样式(图3.13)。

图 3.13

⑩选择"图层1",连续按快捷键Ctrl+J复制得到多个"图层1副本",使用快捷键Ctrl+T变换图像大小,制作出相机内部镜头的效果(图3.14)。

图 3.14

⑪回到"椭圆4",连续按快捷键Ctrl+J复制得到多个"椭圆4副本",将其移至图层上方。选择"椭圆4副本13",单击"添加图层样式"按钮,选择"渐变叠加"选项并设置参数,制作图案样式(图3.15)。

图 3.15

⑫选择"椭圆4副本14"，继续在图层上单击"添加图层样式"按钮，选择"渐变叠加"选项并设置参数，制作图案样式（图3.16）。

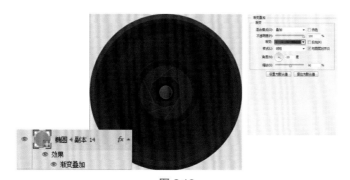

图 3.16

⑬选择"椭圆4副本15"，使用快捷键Ctrl+T变换图像大小，并将其放到相机中间，制作相机镜头中细小的点（图3.17）。

图 3.17

⑭新建"图层2"，使用渐变工具，设置渐变颜色并在图层上拖出渐变，使用椭圆选框工具在画面中间绘制正圆，并添加图层蒙版。新建"图层3"，创建其图层剪贴蒙版并使用柔角画笔工具设置不同的颜色涂抹，设置其"不透明度"（图3.18）。

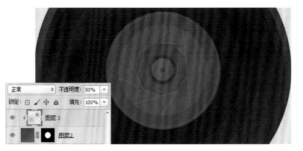

图 3.18

⑮继续使用椭圆工具,设置好颜色后绘制"椭圆5",将其栅格化后复制两层并适当添加蒙版涂抹,更改其需要的混合模式和"不透明度"(图3.19)。

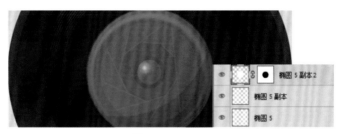

图 3.19

⑯回到"椭圆4",连续按快捷键Ctrl+J复制得到多个"椭圆4副本",将其移至图层上方,将其栅格化后添加图层蒙版。设置其不同的混合模式和"不透明度"制作其光效(图3.20)。

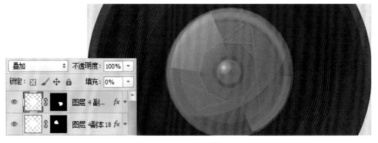

图 3.20

3.1.2　正方形、长方形

在Photoshop中绘制正方形、长方形。选择工具箱里的矩形工具,按住Shift键后在画面上拖动,可以绘制出正方形的图案;直接在画面中拖动,则绘制出任意的长方形图案。

利用正方形、长方形制作APP手机图标的流程如下。

①执行"文件"→"新建"命令,在弹出的"新建"对话框中设置各项参数及选项。设置完成后单击"确定"按钮,新建空白图像文件(图3.21)。

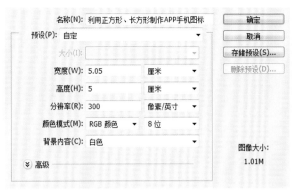

图 3.21

②单击矩形工具，在其属性栏上选择"形状"选项，在属性栏上设置"填充"为黄灰色，按住Shift键在画面上绘制正方形形状，适当调整形状的位置至画面中央（图3.22）。

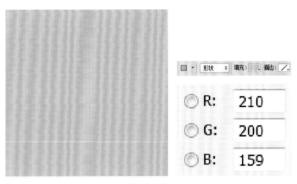

图 3.22

③单击矩形工具，在属性栏上设置"填充"为较淡的黄灰色，在画面上绘制矩形形状，适当调整形状的位置（图3.23）。

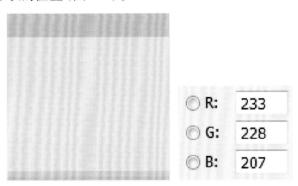

图 3.23

④单击矩形工具，在属性栏上设置"填充"为淡粉色，在画面上绘制矩形形状，适当调整形状的位置（图3.24）。

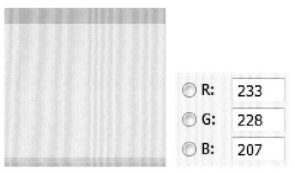

图 3.24

⑤单击矩形工具，在属性栏上设置"填充"为红色，在正方形上方绘制相同长度的矩形形状，适当调整形状的位置（图3.25）。

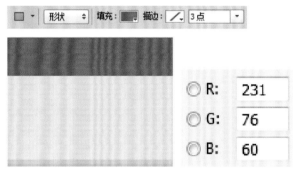

图 3.25

⑥单击椭圆工具，在其属性栏上选择"形状"选项，在属性栏上设置"填充"为红色，按住Shift键在画面上绘制正圆。复制"形状5"，生成"形状5副本"，拖至右侧适当位置（图3.26）。

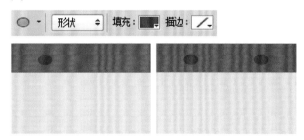

图 3.26

⑦单击钢笔工具，在属性栏中选择"形状"选项，设置"填充"为黑色，然后在画面上绘制色块。设置其"不透明度"为10%，使图像变得透明（图3.27）。

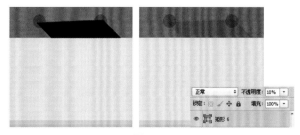

图 3.27

⑧单击圆角矩形工具,在其属性栏上选择"形状"选项,在属性栏上设置"填充"为淡蓝色,在画面上绘制圆角矩形形状,适当调整形状的位置至两个圆点之间(图3.28)。

图 3.28

⑨单击钢笔工具,在属性栏中选择"形状"选项,设置"填充"为浅灰色,然后在画面上绘制色块(图3.29)。

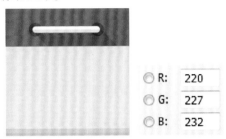

图 3.29

⑩单击矩形工具,在属性栏上设置"填充"为黄灰色,在画面上绘制矩形形状,适当调整形状的位置,如图3.30所示。

图 3.30

⑪使用以上相同方法,绘制更多的矩形形状,注意形状的位置排列与大小(图3.31)。

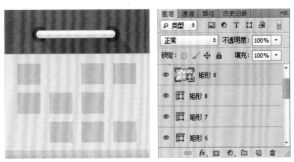

图 3.31

⑫单击矩形工具,在属性栏上设置"填充"为红色,在画面上绘制矩形形状,适当调整形状的位置。至此,本实例制作完成。

[技巧点拨]

矩形工具的使用技巧:使用矩形工具绘制图形,可以在其属性栏中设置属性,从而可以直接绘制出用户所需要的选区或路径,对制作正方形或长方形的APP图标有很大的作用。

3.1.3 圆角矩形

在Photoshop中绘制圆角矩形。选择工具箱里的圆角矩形工具,在属性栏上设置好各项参数,按住Shift键后在画面上拖动,快速绘制出适当大小的圆角矩形。

利用圆角矩形制作APP手机图标的流程如下。

①执行"文件"→"新建"命令,新建空白图像文件。单击圆角矩形工具,在其属性栏上选择"形状"选项,在属性栏上设置"填充"为蓝色,按住Shift键在画面上绘制圆角矩形形状(图3.32)。

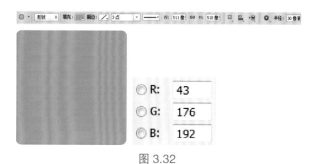

图 3.32

②单击圆角矩形工具,在其属性栏上选择"形状"选项,在属性栏上设置"填充"为淡蓝色,按住Shift键在画面上绘制圆角矩形形状,适当调整形状的位置至画面中央(图3.33)。

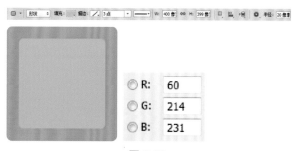

图 3.33

③使用相同方法,在圆角矩形中间位置绘制更小的圆角矩形,制作环形叠加的效果(图3.34)。

图 3.34

④单击钢笔工具，在属性栏中选择"形状"选项，设置"填充"为黑色，然后在画面上勾勒出黑色的直条图案（图3.35）。

图 3.35

⑤设置"形状5"的"不透明度"为38%，图像效果发生改变（图3.36）。

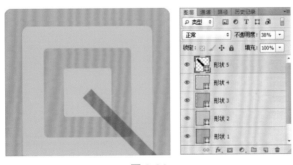

图 3.36

⑥单击钢笔工具，在属性栏中选择"形状"选项，设置"填充"为玫红色，然后在画面上勾勒出平行四边形图案（图3.37）。

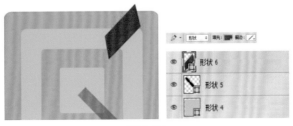

图 3.37

⑦按住Ctrl键单击"形状6"，将形状载入选区。新建"图层1"，单击画笔工具，设置前景色为粉色，然后在选区内绘制线条（图3.38）。

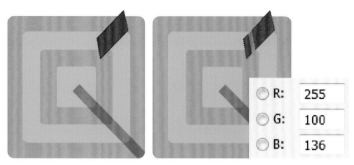

图 3.38

⑧使用以上相同方法，结合画笔工具，在选区内继续绘制相同的线条，注意平行排列，完成后按快捷键Ctrl+D取消选区（图3.39）。

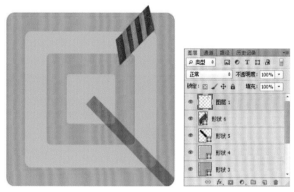

图 3.39

⑨单击钢笔工具，在属性栏中选择"形状"选项，设置"填充"为紫色，再次在画面上勾勒出平行四边形图案（图3.40）。

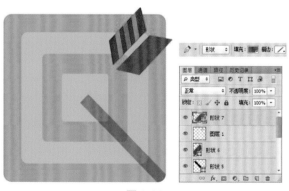

图 3.40

⑩按住Ctrl键单击"形状7"，将形状载入选区。新建"图层2"，单击画笔工具，设置前景色为淡紫色，然后在选区内绘制线条，完成后按快捷键Ctrl+D取消选区（图3.41）。

图 3.41

⑪单击钢笔工具，在属性栏中选择"形状"选项，分别设置"填充"为浅灰色和深灰色，在画面上勾勒出长条图案（图3.42）。

图 3.42

⑫单击矩形工具，在其属性栏上选择"形状"选项，并设置前景色为亮灰色，按住Shift键在画面上绘制矩形色块。至此，本实例制作完成（图3.43）。

图 3.43

［技巧点拨］

圆角矩形工具的使用技巧：使用圆角矩形工具绘制图形可以在其属性栏中设置属性，可以绘制出圆角矩形图案；同时，属性栏上"半径"的参数值越大，图案越接近于圆形。

3.1.4 组合图形

在Photoshop中绘制组合图形。

选择工具箱里的椭圆选框工具，按住Shift键后在画面上拖动，可以绘制出正圆形的选区。结合多边形套索工具，按Shift键可以增加选区范围，按Alt键可以从选区中减去。

利用组合图形制作APP手机图标的流程如下。

①执行"文件"→"新建"命令，在弹出的"新建"对话框中设置各项参数及选项，设置完成后单击"确定"按钮，新建空白图像文件（图3.44）。

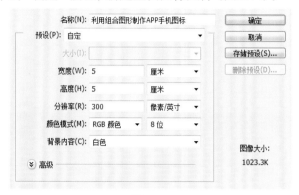

图 3.44

②单击圆角矩形工具，在其属性栏上选择"形状"选项，在属性栏上设置"填充"为橘红色。按住Shift键在画面上绘制圆角矩形形状，适当调整形状的位置至画面中央（图3.45）。

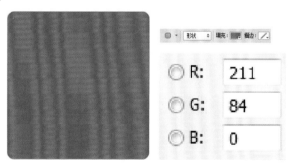

图 3.45

③单击钢笔工具，在属性栏中选择"形状"选项，设置"填充"为黑色，然后在画面上绘制色块。设置其"不透明度"为"25%"，图像变得透明（图3.46）。

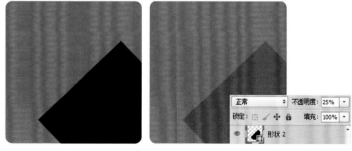

图 3.46

④单击椭圆选框工具，按住Shift键后在画面拖动，绘制出正圆形的选区。结合多边形套索工具，按住Shift键在左右两侧增加选区（图3.47）。

图 3.47

⑤新建"图层1"，设置前景色为黄色，按快捷键Alt+Delete填充选区。新建"图层2"，设置前景色为"暗黄色"，单击画笔工具，在选区内绘制阴影，完成后取消选区（图3.48）。

图 3.48

⑥单击矩形工具，在属性栏上设置"填充"为暗黄色，在画面上绘制矩形。单击"添加图层蒙版"按钮，结合画笔工具，在添加的蒙版中适当涂抹黑色，隐藏部分图像（图3.49）。

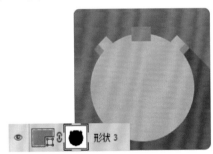

图 3.49

⑦单击椭圆工具，在属性栏中选择"形状"选项，设置"填充"为淡黄色，按住Shift键在画面上绘制正圆形（图3.50）。

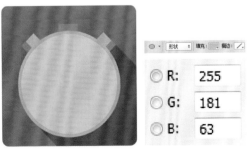

图 3.50

⑧单击椭圆工具，设置"填充"为淡蓝色，按住Shift键在画面上绘制正圆形，适当调整其位置。再次绘制正圆形，"填充"为较深的蓝色（图3.51）。

图 3.51

⑨按住Alt键在蓝色圆形上绘制圆形，将从原来的圆形形状上减去图案。使用相同方法，绘制圆形右下角的高光弧度（图3.52）。

图 3.52

⑩单击钢笔工具，在属性栏中选择"形状"选项，设置"填充"为蓝灰色，然后在画面上绘制色块。设置其"不透明度"为"25%"，使图像变得透明（图3.53）。

图 3.53

⑪使用以上相同方法，结合圆角矩形工具和椭圆工具，绘制时钟指针形状，注意形状的位置调整（图3.54）。

图 3.54

⑫单击矩形工具，在属性栏上分别设置"填充"为黄色、暗黄色及橘色，在画面上分别绘制时钟上方的按钮底色、阴影和齿轮间隔。至此，本实例制作完成（图3.55）。

图3.55

［技巧点拨］

组合图形的运用可以通过新建区、添加到新选区、从选区减去、与选区交叉等方式来绘制出Photoshop工具中原本没有的图形。同时，各形状工具也可以通过Shift键和Alt键对图形进行增加和减去。

3.1.5　虚线框

在Photoshop中绘制虚线框，可以通过选择各种形状工具，在属性栏上设置描边的颜色和虚线值大小，根据画面的不同需要，绘制出规范的虚线框效果。

利用虚线框制作APP手机图标的流程如下。

①执行"文件"→"新建"命令，在弹出的"新建"对话框中设置各项参数及选项，设置完成后单击"确定"按钮，新建空白图像文件（图3.56）。

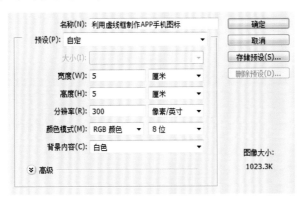

图3.56

②单击圆角矩形工具，在其属性栏上选择"形状"选项，在属性栏上设置"填充"为橘红色，按住Shift键在画面上绘制圆角矩形形状，适当调整形状的位置至画面中央（图3.57）。

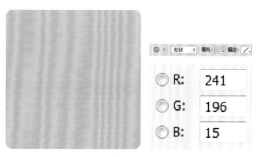

图 3.57

③单击钢笔工具，在属性栏中选择"形状"选项，设置"填充"为黑色，然后在画面上绘制色块。设置其"不透明度"为"21%"，使图像变得透明（图3.58）。

图 3.58

④单击钢笔工具，在属性栏中选择"形状"选项，设置"填充"为无，"描边"为白色，然后在画面上沿着色块内边缘绘制虚线框（图3.59）。

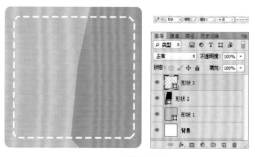

图 3.59

⑤双击"形状3"，勾选"投影"选项并设置各项参数，完成后单击"确定"按钮（图3.60）。

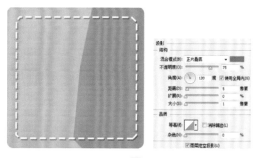

图 3.60

⑥单击矩形工具，在属性栏上设置"填充"为粉红色，在画面上绘制矩形（图3.61）。

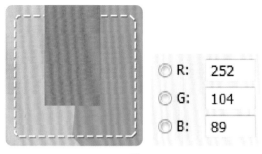

图 3.61

⑦单击矩形工具，设置"填充"为较深的红色，在红色色块中间绘制矩形形状（图3.62）。

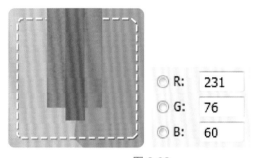

图 3.62

⑧单击矩形工具，设置"填充"为深红色，在红色色块右侧间绘制矩形形状（图3.63）。

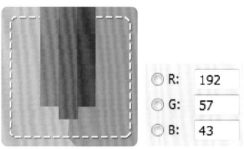

图 3.63

⑨单击钢笔工具，在属性栏中选择"形状"选项，设置"填充"为淡黄色，然后在画面中绘制形状（图3.64）。

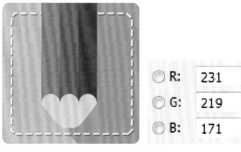

图 3.64

⑩ 按下Ctrl键将该图层载入选区，新建"图层1"，单击画笔工具，在选区内绘制较淡的阴影（图3.65）。

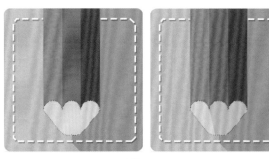

图 3.65

⑪使用以上相同方法，新建"图层2"，单击画笔工具，在选区内绘制较深的阴影，完成后取消选区（图3.66）。

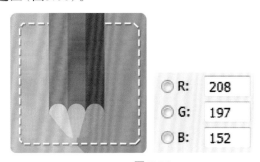

图 3.66

⑫单击钢笔工具，在属性栏中选择"形状"选项，设置"填充"为红色，然后在画面中绘制笔尖。至此，本实例制作完成（图3.67）。

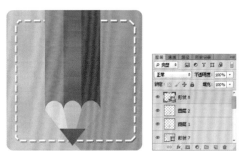

图 3.67

［技巧点拨］

虚线框的绘制免去了手绘虚线的麻烦，同时更加规范。设置时注意调整描边的参数大小，使虚线的大小更符合画面的需要。

3.1.6 自定义形状

在Photoshop中绘制自定义形状。选择工具箱里的自定形状工具，在属性栏上的下拉按钮上单击，可以弹出自定形状对话框。选择适当的形状，按住Shift键后在画面上拖动,可以绘制出一定比例的图像。

利用自定形状制作APP手机图标的流程如下。

①执行"文件"→"新建"命令,在弹出的"新建"对话框中设置各项参数及选项,设置完成后单击"确定"按钮,新建空白图像文件(图3.68)。

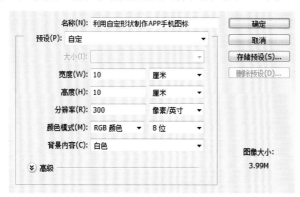

图 3.68

②单击圆角矩形工具,在其属性栏上选择"形状"选项,在属性栏上设置"填充"为深蓝色,按住Shift键在画面上绘制圆角矩形形状,适当调整形状的位置至画面中央(图3.69)。

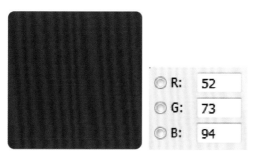

图 3.69

③单击钢笔工具,在属性栏中选择"形状"选项,设置"填充"为浅蓝色,然后在画面上绘制色块。单击自定形状工具,在其属性栏中选择需要的形状(图3.70)。

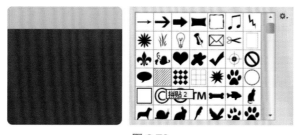

图 3.70

④新建"图层1",设置前景色为蓝色,然后在画面上绘制图像。完成后按Ctrl键单击"形状1"前的缩略图,将图像载入选区,单击"添加图层蒙版"按钮,为选区添加蒙版(图3.71)。

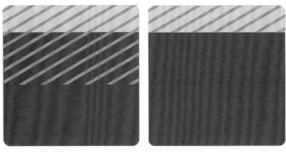

图 3.71

⑤单击矩形工具，在属性栏上分别设置"填充"为不同的颜色，在画面上绘制矩形（图3.72）。

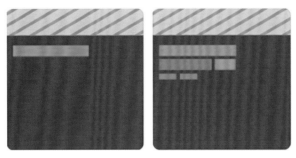

图 3.72

⑥单击矩形工具，在属性栏上设置"填充"为绿色，在画面上绘制矩形。单击直线工具，按住Alt键在矩形对角上绘制两条直线，使图像效果发生改变（图3.73）。

图 3.73

⑦单击椭圆工具，在属性栏中选择"形状"选项，分别设置"填充"为不同的颜色，按住Shift键在画面上绘制正圆形（图3.74）。

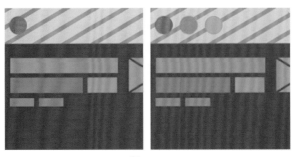

图 3.74

⑧单击椭圆工具，设置"填充"为灰色，按住Shift键在画面上绘制正圆形，再按住Alt键在画面正中绘制圆形，减去部分图像。单击钢笔工具，在属性栏中选择"形状"选项，设置"填充"为灰色，然后在画面上绘制等比例色块（图3.75）。

图 3.75

⑨使用相同方法，单击椭圆工具，按住Shift键在灰色图形上绘制圆形，按住Alt键将从原来的圆形形状上减去图案（图3.76）。

图 3.76

⑩单击自定形状工具，在其属性栏中选择需要的形状，按住Shift键在画面上绘制图案（图3.77）。

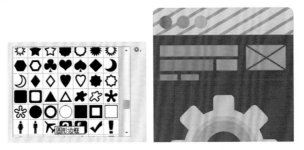

图 3.77

⑪使用以上相同方法，单击矩形工具，按住Alt键从圆环形状上减去图案。单击钢笔工具，在属性栏中选择"形状"选项，设置"填充"为黄色，然后在图案各凸起处上绘制色块（图3.78）。

图 3.78

⑫单击钢笔工具，在属性栏中选择"形状"选项，设置"填充"为深蓝色，然后在图案下方绘制阴影，并将图层拖至"椭圆4"的下层。至此，本实例制作完成（图3.79）。

图 3.79

[技巧点拨]

自定形状的运用可以添加不同的图案效果，在选择时，可以通过单击对话框右侧的下拉按钮，并在弹出的快捷菜单中选择"追加全部"选项，可以添加更多的自定形状图案。

3.2 手机 APP 中常见按钮的制作 🔍

一款手机APP能否吸引住用户，关键在于其APP界面制作，因为手机APP界面对用户的第一印象非常重要。专业APP界面制作，需要从细节开始设计。手机屏幕大小有限，但如果应用产品的功能太强大，十多个页面都装不下，于是人们总会面对一级又一级的次级界面，并迷失在其中。在手机APP制作之前，图标非常重要，图标的功能是进行图标造型设计的标准和依托。设计图标的目的是实用和美观，同时要考虑图标的隐喻性，它代表的意思必须是用户可知的、熟知的。图标一般先用Photoshop进行绘制，然后进行图标设计的后期效果处理。所有界面上同级、同类的图标要保证表现形式的统一，避免用户视觉上的紊乱。

开关图标如图3.80所示。

下拉选框图标如图3.81所示。

图 3.80

图 3.81

滑动条图标如图3.82所示。

对话框图标如图3.83所示。

图 3.82

图 3.83

3.2.1 开 关

在Photoshop中绘制开关主要采用圆角矩形工具和图层样式相结合的方式，在制作时注意细节的设置、开关按钮的结构和质感效果，最后叠加杂点素材，使整个开关图标绘制得更加真实。

利用Photoshop绘制开关的流程如下。

①执行"文件"→"新建"命令，在弹出的"新建"对话框中设置各项参数及选项，设置完成后单击"确定"按钮，新建空白图像文件（图3.84）。

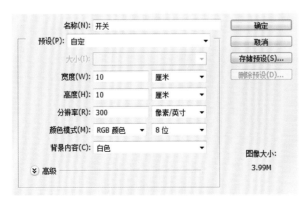

图 3.84

②双击"背景"图层，在弹出的对话框中单击"确定"按钮。再次双击"图层0"，分别勾选"颜色叠加""图案叠加"选项并设置各项参数，完成后单击"确定"按钮（图3.85）。

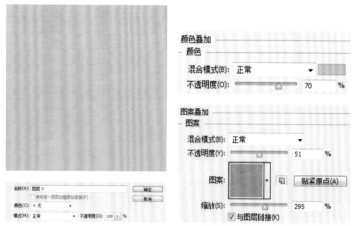

图 3.85

③单击圆角矩形工具，在其属性栏上选择"形状"选项，在属性栏上设置"填充"为黑色，按住Shift键在画面上绘制圆角矩形形状。双击"圆角矩形1"，分别勾选"投影""内阴影"选项并设置各项参数，完成后单击"确定"按钮（图3.86）。

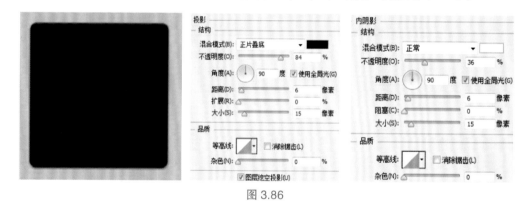

图 3.86

④复制"圆角矩形1"，生成"圆角矩形1副本"，图像阴影加深，效果发生细微改变（图3.87）。

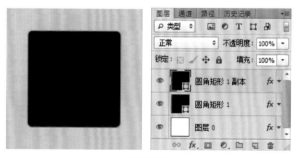

图 3.87

⑤单击画笔工具,在属性栏上选择"柔边圆角",设置前景色为白色,绘制白色色块。设置其"填充"为40%(图3.88)。

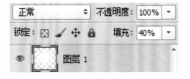

图 3.88

⑥单击圆角矩形工具,在其属性栏上选择"形状"选项,在属性栏上设置"填充"为黑色,绘制圆角矩形形状(图3.89)。

图 3.89

⑦双击"圆角矩形1",分别勾选"斜面和浮雕""阴影"选项并设置各项参数,完成后单击"确定"按钮(图3.90)。

图 3.90

⑧单击圆角矩形工具,在其属性栏上选择"形状"选项, 在属性栏上设置"填充"为白色,绘制圆角矩形形状(图3.91)。

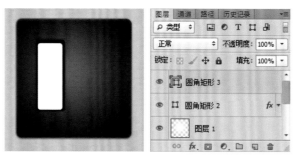

图 3.91

⑨双击"圆角矩形1"，分别勾选"内阴影""渐变叠加"选项并设置各项参数，完成后单击"确定"按钮（图3.92）。

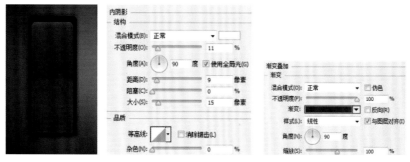

图 3.92

⑩单击钢笔工具，在属性栏中选择"形状"选项，并设置"填充"为白色，在画面上勾勒出梯形图案（图3.93）。

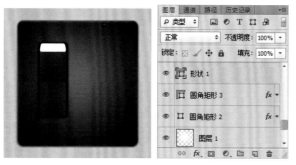

图 3.93

⑪双击"形状1"，勾选"渐变叠加"选项并设置各项参数，完成后单击"确定"按钮（图3.94）。

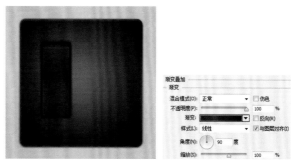

图 3.94

⑫复制"圆角矩形2",生成"圆角矩形2副本",右键单击该图层,在弹出的对话框中选择"清除图层样式"。复制"圆角矩形3",生成"圆角矩形3副本",右键单击该图层,在弹出的对话框中选择"清除图层样式"(图3.95)。

图 3.95

⑬双击"圆角矩形3副本",分别勾选"渐变叠加""内阴影"选项并设置各项参数,完成后单击"确定"按钮(图3.96)。

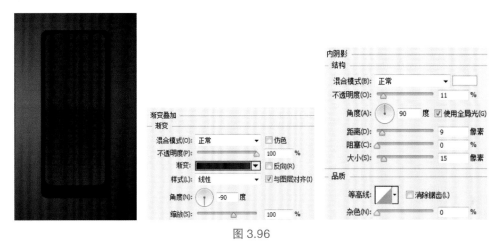

图 3.96

⑭单击横排文字工具,在打开的字符面设置各项参数,完成后在画面适当位置输入文字(图3.97)。

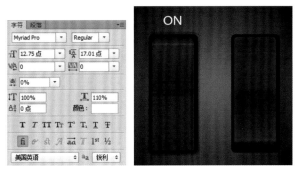

图 3.97

⑮双击文字图层,分别勾选"投影""颜色叠加"选项并设置各项参数,完成后单击"确定"按钮(图3.98)。

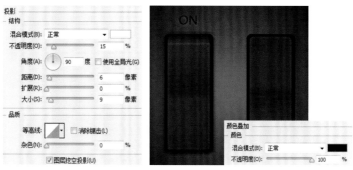

图 3.98

⑯复制文字图层,生成文字图层副本。双击该图层,分别勾选"内阴影""外发光""颜色叠加"选项并设置各项参数(图3.99)。

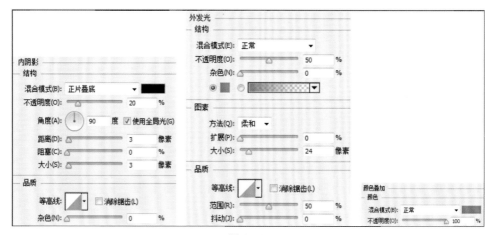

图 3.99

⑰继续勾选"投影"选项并设置各项参数,完成后单击"确定"按钮。使用以上相同方法,添加下排文字效果(图3.100)。

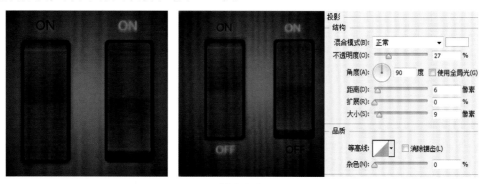

图 3.100

⑱执行"文件"→"打开"命令,打开"杂点.jpg"文件。将其拖至当前画面中,生成"图层2"。设置其"填充"为"5%",图像效果发生改变。至此,本实例制作完成(图3.101)。

图 3.101

[技巧点拨]

　　图层样式的设置为本案例的写实效果制作提供了快速实现的可能。在对文字进行设置时，颜色叠加及外发光图层样式的制作突出地显示了按钮所处的状态，展现了灯光的效果。

3.2.2 下拉选框

　　下拉选框由圆角矩形按钮、分隔线、下拉三角和选项文字组成。下拉选框的长度比一般按钮要长，在绘制圆角矩形按钮时注意拉长按钮，留出摆放选项文字的空间。

　　下拉选框制作流程如下。

　　①执行"文件"→"新建"命令，在弹出的"新建"对话框中设置各项参数及选项，设置完成后单击"确定"按钮，新建空白图像文件（图3.102）。

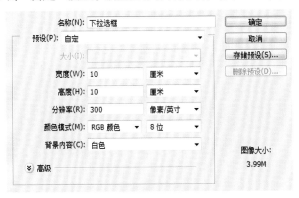

图 3.102

　　②双击背景图层，在弹出的对话框中单击"确定"按钮。再次双击"图层0"，勾选"渐变叠加"选项并设置各项参数，完成后单击"确定"按钮（图3.103）。

图 3.103

③单击圆角矩形工具，在其属性栏上选择"形状"选项，在属性栏上设置"填充"为白色，绘制圆角矩形形状。双击"圆角矩形1"，勾选"渐变叠加"选项并设置各项参数，完成后单击"确定"按钮（图3.104）。

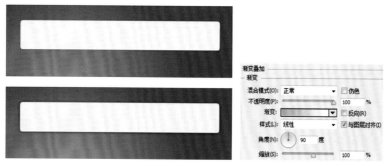

图 3.104

④单击圆角矩形工具，在其属性栏上选择"形状"选项，在属性栏上设置"填充"为灰色，在画面上绘制圆角矩形形状。按住Alt键在绘制的形状上重叠绘制，减去绘制的多余区域（图3.105）。

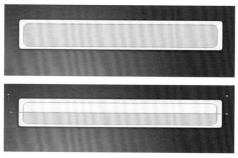

图 3.105

⑤复制"圆角矩形1"，生成"圆角矩形1副本"，拖至最上层。按住Alt键在绘制的形状上重叠绘制，减去多余区域。双击"圆角矩形1副本"，添加投影效果（图3.106）。

图 3.106

⑥单击直线工具，在画面中绘制直线。双击"形状1"，勾选"投影"选项并设置各项参数，完成后单击"确定"按钮（图3.107）。

图 3.107

⑦单击矩形工具，在其属性栏上选择"形状"选项，在属性栏上设置"填充"为白色，在画面上绘制矩形形状。双击"矩形1"，勾选"投影"选项并设置各项参数，完成后单击"确定"按钮。将其拖至"图层0"的上方（图3.108）。

图 3.108

⑧复制"形状1"，生成"形状1副本"，将其拖至"矩形1"的上层。按快捷键Ctrl+T，在显示的自由变换编辑框中右击，选择"旋转90度（顺时针）"，并适当左右拉伸线条至画面适当位置（图3.109）。

图 3.109

⑨复制"圆角矩形2",生成"圆角矩形2副本"。将其拖至画面适当位置,并置于"形状1副本"的上层(图3.110)。

图 3.110

⑩单击多边形工具,在属性栏中选择"形状"选项,分别设置"填充"为橘红色,"边"为3边,在画面上勾勒出三角图案。双击该图层,分别勾选"内阴影""投影"选项并设置各项参数,完成后单击"确定"按钮(图3.111)。

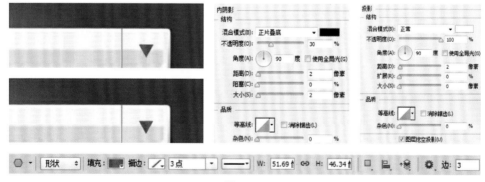

图 3.111

⑪复制"多边形1",生成更多副本,分别等距排列在下方。单击横排文字工具,在打开的字符面设置各项参数,完成后在画面适当位置输入文字(图3.112)。

图 3.112

⑫双击文字图层，勾选"投影"选项并设置各项参数，完成后单击"确定"按钮。使用相同方法，输入更多文字。至此，本实例制作完成（图3.113）。

图 3.113

［技巧点拨］

多边形工具可以通过在属性栏"边"选项中设置任意边数来对图案进行绘制，不同的边数对应相应边数的图案效果。

3.2.3 滑动条

滑动条由3个部分组成：手指按住进行操作的滑块、已滑动的长度及滑动条的全长。在制作时注意滑动条的质感设计，充分运用图层样式及形状工具绘制具有真实质感的滑动条。

滑动条制作流程如下。

①执行"文件"→"新建"命令，在弹出的"新建"对话框中设置各项参数及选项，设置完成后单击"确定"按钮，新建空白图像文件（图3.114）。

图 3.114

②双击背景图层，在弹出的对话框中单击"确定"按钮。再次双击"图层0"，勾选"渐变叠加"选项并设置各项参数，完成后单击"确定"按钮（图3.115）。

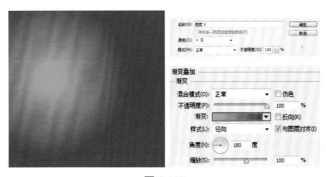

图 3.115

③单击圆角矩形工具，在其属性栏上选择"形状"选项，在属性栏上设置"填充"为紫色，绘制圆角矩形形状。双击"圆角矩形1"，勾选"渐变叠加"选项并设置各项参数，完成后单击"确定"按钮（图3.116）。

图 3.116

④复制"圆角矩形1"，生成"圆角矩形1副本"，适当向上拖移图层。双击"圆角矩形1"，勾选"渐变叠加"选项并设置各项参数，完成后单击"确定"按钮（图3.117）。

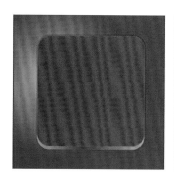

图 3.117

⑤复制"圆角矩形1副本",生成"圆角矩形1副本2",清除其原有的图层样式。双击"圆角矩形1副本2",勾选"渐变叠加"选项并设置各项参数,完成后单击"确定"按钮(图3.118)。

图 3.118

⑥单击圆角矩形工具,绘制圆角矩形形状。双击"形状3",勾选"颜色叠加""内阴影"选项并设置各项参数,完成后单击"确定"按钮(图3.119)。

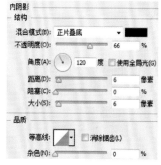

图 3.119

⑦单击圆角矩形工具,绘制圆角矩形形状。双击"形状4",勾选"内阴影"选项并设置各项参数(图3.120)。

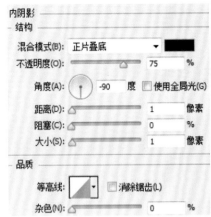

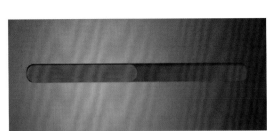

图 3.120

⑧继续勾选"投影""渐变叠加"选项并设置各项参数,完成后单击"确定"按钮(图3.121)。

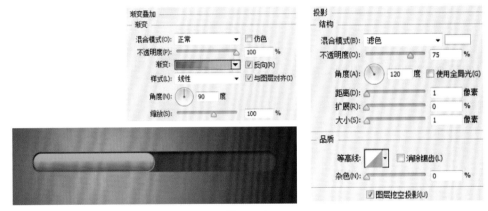

图 3.121

⑨单击椭圆工具,在其属性栏上选择"形状"选项,在属性栏上设置"填充"为紫色,绘制圆形。双击"椭圆1",勾选"投影""渐变叠加"选项并设置各项参数,完成后单击"确定"按钮(图3.122)。

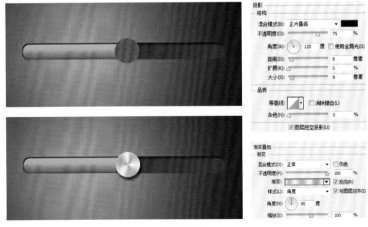

图 3.122

⑩连续复制"形状3"，生成形状副本。分别拖曳复制的形状至画面适当位置，注意排列间距（图3.123）。

图 3.123

⑪连续复制"形状4"，生成形状副本。结合自由变换命令对复制滑动条进行左右长度的缩放，并分别拖曳复制形状至画面适当位置，注意排列与下层形状相贴合（图3.124）。

图 3.124

⑫连续复制"椭圆1"，生成形状副本。分别拖曳复制形状至画面适当位置，注意排列位置。至此，本实例制作完成（图3.125）。

图 3.125

[技巧点拨]

　　滑动条的制作在界面设计中会经常用到，制作时注意形状工具与图层样式的结合，制作出具有立体真实质感的滑动条。

3.2.4　对话框

　　对话框常见于短信、微博等应用中，主要功能是用于文字内容的展示。

　　对话框的制作流程如下。

　　①执行"文件"→"新建"命令，在弹出的"新建"对话框中设置各项参数及选项，设置完成后单击"确定"按钮，新建空白图像文件（图3.126）。

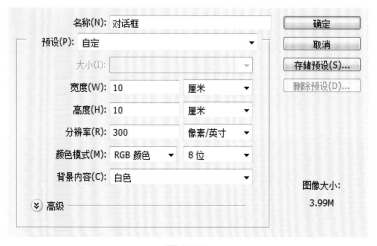

图 3.126

　　②单击渐变工具，在属性栏上选择"径向渐变"，完成后设置渐变颜色，然后在背景图层上从右上至左下绘制"红色到暗红色"渐变（图3.127）。

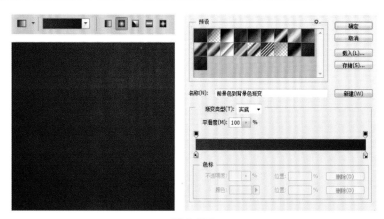

图 3.127

　　③单击钢笔工具，在属性栏中选择"路径"选项，在画面上勾勒出梯形图案。完成后按快捷键Ctrl+Enter将路径转化为选区（图3.128）。

图 3.128

④单击渐变工具，新建"图层1"，从右下至左上绘制"红色到暗红色"渐变，完成后取消选区（图3.129）。

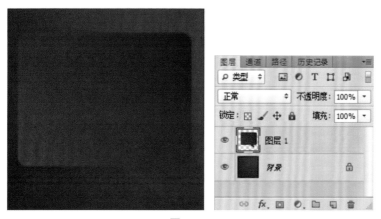

图 3.129

⑤按Ctrl键将其载入选区，设置前景色为灰色，新建"图层2"，按快捷键Alt+Delete填充背景图层，完成后取消选区（图3.130）。

图 3.130

⑥执行"滤镜"→"模糊"→"动感模糊"命令，在弹出的对话框中设置各项参数，完成后单击"确定"按钮（图3.131）。

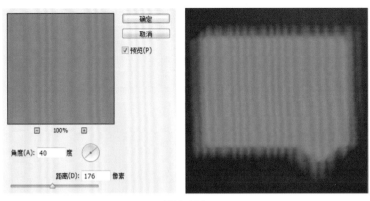

图 3.131

⑦设置"图层2"的混合模式为"正片叠底",并将其拖至"图层1"的下层,适当调整其位置(图3.132)。

图 3.132

⑧复制"图层1",生成"图层1副本"。对其进行自由变换处理,并填充为白色。将"图层1副本"载入选区,单击画笔工具,绘制右侧阴影,完成后取消选区(图3.133)。

图 3.133

⑨复制"图层2",生成"图层2副本"。对其进行自由变换处理,并拖至"图层1"的上层,制作阴影效果(图3.134)。

图 3.134

⑩复制"图层1",生成"图层1副本2"。对其进行自由变换处理,并拖至画面最上层。双击"图层1副本2",勾选"内阴影"选项并设置各项参数,完成后单击"确定"按钮(图3.135)。

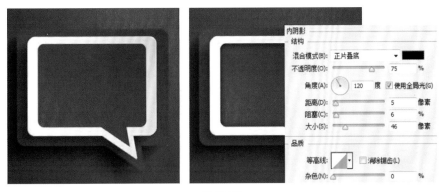

图 3.135

⑪复制"图层2",生成"图层2副本2"。对其进行自由变换处理,并拖至"图层1副本2"的下层,完成后单击"添加图层蒙版"按钮。结合画笔工具,在添加的蒙版中适当涂抹黑色,隐藏右上角部分阴影图像(图3.136)。

图 3.136

⑫单击椭圆工具,在其属性栏中设置其属性为"形状","填色"为白色,然后在画面适当位置绘制圆形。分别拖曳复制形状至画面适当位置,注意排列位置。至此,本实例制作完成(图3.137)。

图 3.137

[技巧点拨]

　　对话框的绘制是较为简单的操作,如何制作有设计感的对话框,需要更多的设计灵感。灵活运用所学知识,可以轻松制作出具有设计感的对话框造型。

3.3 让人过目不忘的启动图标 🔍

　　对于专业手机APP设计者来说,必须要细心地处理手机APP的界面设计。一款手机APP应用或系统首先是通过界面将自身的整体性格传递给用户,体现了界面风格营造的氛围,属于产品的一种性格。事实上,市面上已经出现了很多让人过目不忘的启动图标。视觉设计的姿态决定了用户对产品的观点、兴趣,乃至后面的使用情况。APP界面的视觉设计制作可以帮助产品的感性部分找到更多的共性,或者规避一些用户可能的抵触点。

　　Android系统启动图标如图3.138所示。

　　iOS系统启动图标如图3.139所示。

　　Windows系统启动图标如图3.140所示。

图 3.138　　　　　　　　　　　　　　　图 3.139

图 3.140

3.3.1　Android 系统启动图标

Android系统启动图标是常见的图标之一，其绘制方法多种多样。下面介绍怎样通过最简便的形状工具进行绘制，效果也同样出彩。

安卓系统启动图标制作流程如下。

①执行"文件"→"新建"命令，在弹出的"新建"对话框中设置各项参数及选项，设置完成后单击"确定"按钮，新建空白图像文件（图3.141）。

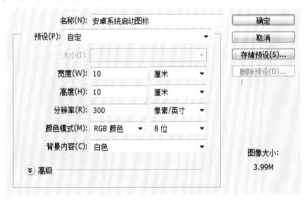

图 3.141

②单击椭圆工具，在其属性栏中设置其属性为"形状"，"填色"为绿色，然后在画面适当位置绘制圆形（图3.142）。

图 3.142

③单击矩形工具，在其属性栏中设置其属性为"形状"，"填色"为绿色，然后按住Alt键在画面适当位置绘制矩形，减去部分形状（图3.143）。

图 3.143

④单击圆角矩形工具，在其属性栏上选择"形状"选项，在属性栏上设置"填色"为绿色，"半径"为60 px，在画面上绘制圆角矩形形状（图3.144）。

图 3.144

⑤单击圆角矩形工具，在其属性栏中设置其属性为"形状"，"填色"为绿色，然后按住Alt键在画面适当位置绘制矩形，减去部分形状（图3.145）。

图 3.145

⑥单击直线工具，在其属性栏中设置其属性为"形状"，"填色"为绿色，然后在半圆上方绘制直线。复制"形状1"，生成"形状1副本"，对复制图像进行水平翻转并适当调整位置（图3.146）。

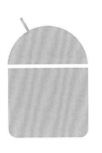

图 3.146

⑦单击圆角矩形工具，在其属性栏上选择"形状"选项，在属性栏上设置"填充"为绿色，绘制圆角矩形形状。复制"圆角矩形2"，生成副本图层，适当调整其位置至右侧（图3.147）。

图 3.147

⑧使用相同方法，继续复制"圆角矩形2"，生成更多副本，适当调整其位置至图像下方，制作出机器人双腿的效果（图3.148）。

图 3.148

⑨单击椭圆工具，在其属性栏中设置其属性为"形状"，"填色"为白色，然后在画面适当位置绘制圆形。复制"椭圆2"，生成"椭圆2副本"，并拖至画面适当位置（图3.149）。

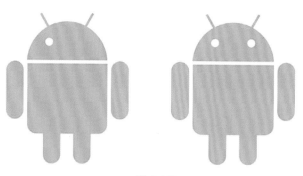

图 3.149

⑩单击自定形状工具，在其属性栏上选择"形状"选项，在属性栏上设置"填充"为白色，并选择适当的图形，完成后在画面中绘制形状（图3.150）。

图 3.150

⑪单击"添加图层蒙版"按钮，结合画笔工具，在添加的蒙版中适当涂抹黑色，隐藏部分图像（图3.151）。

图 3.151

⑫单击横排文字工具，在打开的字符面设置各项参数，完成后在画面适当位置输入文字。至此，本实例制作完成（图3.152）。

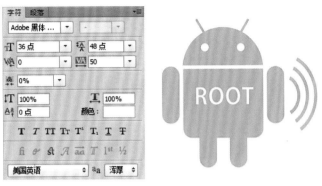

图 3.152

[技巧点拨]

　　蒙版的运用可以在保留图像原有像素的情况下，隐藏部分图像。在进行图标绘制时，用处很大，结合其他形状工具可以轻松制作出所需要的图标效果。

3.3.2　iOS 系统启动图标

　　iOS系统启动图标是常见的图标之一，其绘制方法多种多样。下面通过路径转化选区并结合渐变工具进行绘制，可以快速绘制出所需要的图标效果。

　　iOS系统启动图标流程如下。

　　①执行"文件"→"新建"命令，在弹出的"新建"对话框中设置各项参数及选项，设置完成后单击"确定"按钮，新建空白图像文件（图3.153）。

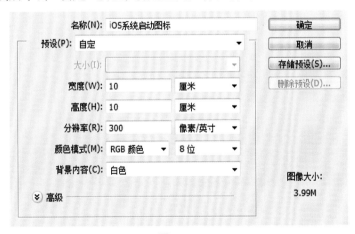

图 3.153

　　②设置前景色为黑色，按快捷键Alt+Delete填充背景图层。单击钢笔工具，在属性栏中选择"路径"选项，然后在画面上勾勒iOS系统启动图标路径（图3.154）。

图 3.154

③新建"图层1"，设置前景色为白色，单击路径面板上的"用前景色填充路径"按钮，填充路径，单击面板空白区域取消路径。单击钢笔工具，继续勾勒iOS系统启动图标下半部阴影路径（图3.155）。

图 3.155

④新建"图层2"，按快捷键Ctrl+Enter将路径转化为选区，单击渐变工具，在属性栏上选择"灰色至白色"渐变，完成后从上至下绘制渐变（图3.156）。

图 3.156

⑤按住Ctrl键单击"图层1"前的缩览图，将图像载入选区。单击"添加图层蒙版"按钮，添加蒙版，隐藏图像。使用相同方法，绘制其他渐变色块（图3.157）。

图 3.157

⑥按住Shift键选中绘制的iOS系统启动图标的所有图层，复制后按快捷键Ctrl+E进行合并，生成"图层5副本"。双击"图层5副本"，添加"描边"效果。至此，本实例制作完成（图3.158）。

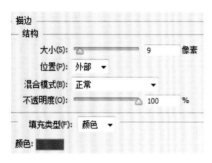

图 3.158

[技巧点拨]

路径与选区的转化：路径转化选区按快捷键Ctrl+Enter即可完成，而选区转化路径则直接在路径面板中单击"从选区生成路径"按钮即可。

3.3.3 Windows 系统启动图标

Windows系统启动图标是常见的图标之一，其绘制方法多种多样。下面通过路径转化选区并结合渐变工具进行绘制，可以快速绘制出所需要的图标效果。

Windows 系统启动图标制作流程如下。

①执行"文件"→"新建"命令，在弹出的"新建"对话框中设置各项参数及选项，设置完成后单击"确定"按钮，新建空白图像文件（图3.159）。

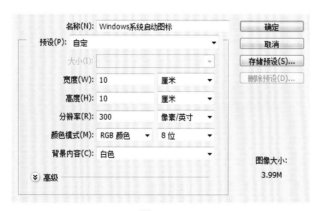

图 3.159

②新建"组1"，单击钢笔工具，在属性栏中选择"形状"选项，设置"填充"为红色，然后在画面上勾勒图形路径（图3.160）。

123

图 3.160

③双击"形状1"，分别勾选"斜面和浮雕""投影"选项并设置各项参数，完成后单击"确定"按钮（图3.161）。

图 3.161

④使用相同方法，制作其他3个不同颜色的色块。新建"图层1"，设置前景色为黄色，单击画笔工具，绘制黄色色块（图3.162）。

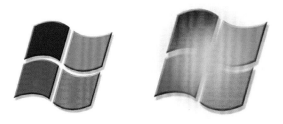

图 3.162

⑤设置"图层1"的混合模式为"颜色减淡"，创建剪贴蒙版。复制"图层1"，生成"图层1副本"，设置其混合模式为"线性减淡"， 单击"添加图层蒙版"按钮，结合画笔工具，在添加的蒙版中适当涂抹黑色，隐藏部分图像（图3.163）。

图 3.163

⑥单击横排文字工具，在打开的字符面设置各项参数，完成后在画面适当位置输入文字。单击自定形状工具，在其属性栏中选择需要的形状，在画面中进行绘制。至此，本实例制作完成（图3.164）。

  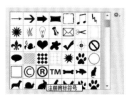 

图 3.164

[技巧点拨]

绘制需要的自定义形状：单击自定形状工具，在其属性栏中选择需要的形状，设置其颜色，在画面中绘制需要的自定义形状即可。

3.4 个性图标的制作

一些个性图标的制作使手机APP设计更加多元化，产生丰富多彩且富有特色的画面效果。不同的个性化图标，将以自己独特的面孔来诠释所要表达的APP图标领域。这是设计者在制作中需要注意的地方。

扁平化图标如图3.165所示。

高清质感图标如图3.166所示。

图 3.165　　　　　　图 3.166

3.4.1　扁平化图标

扁平化图标，顾名思义，是比较平面化的扁平的图标，在制作过程中相较一些逼真质感的立体图标来说，其制作过程更加轻松简单。扁平化图标制作无需太多质感和立体感的设计元素，在绘制时注意色彩和形状搭配，做到简单合理即可。

扁平化图标制作流程如下。

①执行"文件"→"新建"命令，在弹出的"新建"对话框中设置各项参数及选项，设置完成后单击"确定"按钮，新建空白图像文件（图3.167）。

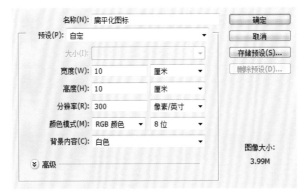

图 3.167

②设置前景色为深蓝色，按快捷键Alt+Delete填充背景图层。单击钢笔工具，在属性栏中选择"形状"选项，设置"填充"为黄色，然后在画面上勾勒图标形状（图3.168）。

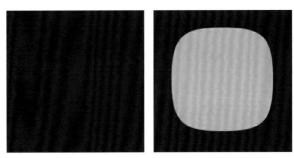

图 3.168

③双击"形状1"，勾选"投影"选项并设置各项参数，完成后单击"确定"按钮（图3.169）。

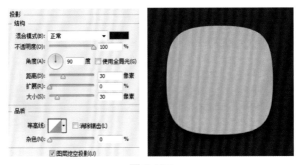

图 3.169

④复制"形状1",生成"形状1副本",按快捷键Ctrl+T对图像进行适当缩小,并设置"填充"为棕黄色(图3.170)。

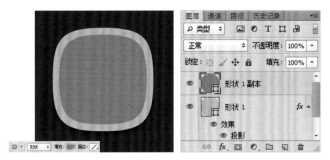

图 3.170

⑤双击"形状1副本",勾选"内阴影"选项并设置各项参数,完成后单击"确定"按钮(图3.171)。

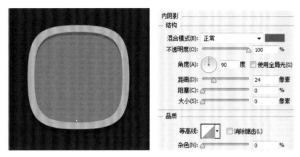

图 3.171

⑥单击圆角矩形工具,在其属性栏上选择"形状"选项,在属性栏上设置"填充"为黄色,"半径"为30像素,绘制圆角矩形形状(图3.172)。

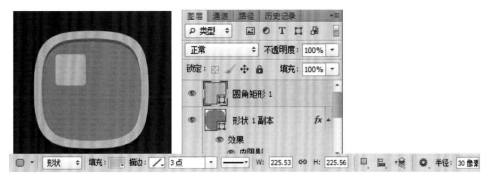

图 3.172

⑦双击"圆角矩形1",勾选"投影"选项并设置各项参数,完成后单击"确定"按钮(图3.173)。

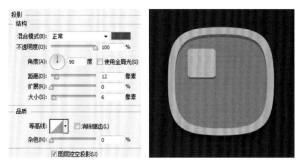

图 3.173

⑧复制"圆角矩形1",生成更多副本,并适当排列,设置最右下端的图形"填充"为白色(图3.174)。

图 3.174

⑨单击钢笔工具,在属性栏中选择"形状"选项,设置"填充"为白色,然后在画面上绘制图形(图3.175)。

图 3.175

⑩双击"形状2",勾选"投影"选项并设置各项参数,完成后单击"确定"按钮(图3.176)。

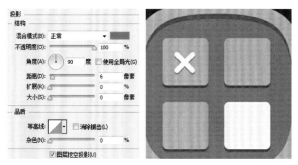

图 3.176

⑪单击钢笔工具,在属性栏中选择"形状"选项,设置"填充"为白色,继续在画面上绘制其他图形。在"形状2"图层上单击鼠标右键,在弹出的快捷菜单中选择"拷贝图层样式",然后分别在"形状3""形状4"上单击鼠标右键,在弹出的快捷菜单中选择"粘贴图层样式"(图3.177)。

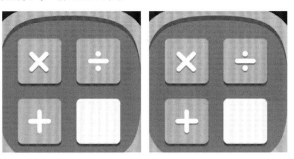

图 3.177

⑫单击钢笔工具,在属性栏中选择"形状"选项,设置"填充"为黄色,在画面上绘制图形。使用以上相同方法在"形状5"上单击鼠标右键,在弹出的快捷菜单中选择"粘贴图层样式"。至此,本实例制作完成(图3.178)。

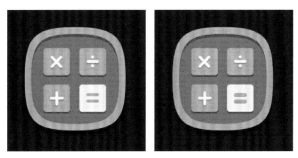

图 3.178

[技巧点拨]

拷贝和粘贴图层样式:在图标制作中,经常会出现图层样式重复使用的情况,运用这些拷贝和粘贴图层样式的方法,可以快速实现样式的统一。

3.4.2 高清质感图标

高清质感图标是质感较强、给人以逼真视觉感受的图标效果。其制作过程除了通过形状工具、图层样式等进行设计制作以外,还可以通过一些素材的添加并结合混合模式,制作出质感更真实的图标。

高清质感图标制作流程如下。

①执行"文件"→"新建"命令,在弹出的"新建"对话框中设置各项参数及选项,设置完成后单击"确定"按钮,新建空白图像文件(图3.179)。

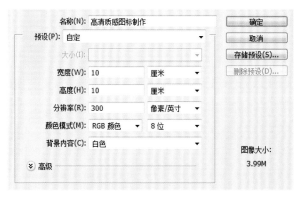

图 3.179

②设置前景色为深灰色，按快捷键Alt+Delete填充背景图层。单击圆角矩形工具，在其属性栏上选择"形状"选项，设置"填充"为蓝色，在画面中绘制圆角矩形形状（图3.180）。

图 3.180

③双击"圆角矩形1"，勾选"内阴影"选项并设置各项参数，完成后单击"确定"按钮（图3.181）。

图 3.181

④执行"文件"→"打开"命令，打开"铁网.png"文件。将其拖至当前画面中，生成"图层1"，设置其混合模式为"深色"（图3.182）。

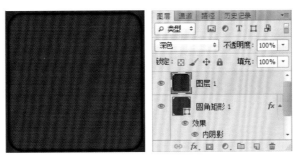

图 3.182

⑤按住Ctrl键单击"圆角矩形1"，将图像载入选区。单击"添加图层蒙版"按钮，将选区载入蒙版（图3.183）。

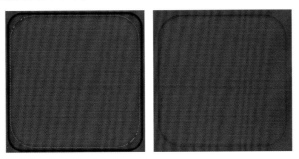

图 3.183

⑥新建"路径1"，单击钢笔工具，在属性栏中选择"路径"选项，然后在画面上勾勒形状。单击路径面板上的"用前景色填充路径"按钮，填充路径为蓝色，完成后取消路径（图3.184）。

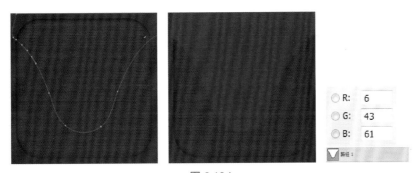

图 3.184

⑦按住Ctrl键单击"圆角矩形1"，将图像载入选区。单击"添加图层蒙版"按钮，将选区载入蒙版（图3.185）。

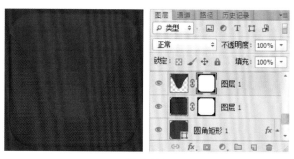

图 3.185

⑧双击"图层1"，分别勾选"投影""内阴影"选项并设置各项参数，完成后单击"确定"按钮，（图3.186）。

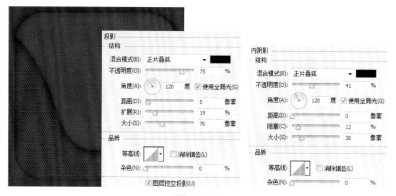

图 3.186

⑨复制"图层1"，生成"图层1副本"。按快捷键Ctrl+T在显示的自由变换编辑框中适当调整图像大小，完成后填充颜色为淡一点的蓝色（图3.187）。

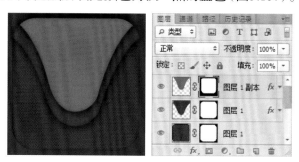

图 3.187

⑩使用相同方法，复制"图层1副本"，并进行自由变换处理，填充新的颜色为更浅的蓝色。双击"图层1副本2"，分别调整"投影""内阴影"各项参数，完成后单击"确定"按钮（图3.188）。

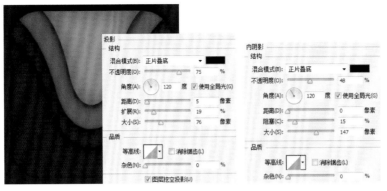

图 3.188

⑪单击钢笔工具，在属性栏中选择"形状"选项，设置"填充"为灰色，在画面上绘制图形（图3.189）。

图 3.189

⑫双击"形状1"，分别勾选"斜面和浮雕""等高线"选项并设置各项参数，完成后单击"确定"按钮（图3.190）。

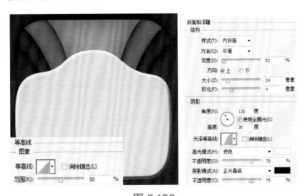

图 3.190

⑬新建"图层2"，单击钢笔工具，在属性栏中选择"路径"选项，然后在画面上勾勒形状。完成后，按快捷键Ctrl+Enter将路径转化为选区（图3.191）。

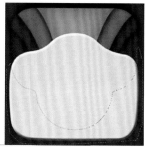

图 3.191

⑭单击画笔工具，设置前景色为深灰色，沿着选区内侧绘制阴影，完成后取消选区。设置其"不透明度"为"50%"，按住Ctrl键单击"形状1"，将图像载入选区。单击"添加图层蒙版"按钮，将选区载入蒙版（图3.192）。

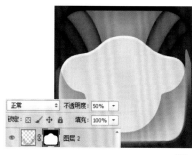

图 3.192

⑮单击画笔工具，设置前景色为黑色，继续在蒙版内适当涂抹，虚化阴影边缘（图3.193）。

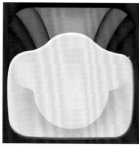

图 3.193

⑯执行"文件"→"打开"命令，打开"镜头.png"文件。将其拖至当前画面中，生成"图层3"（图3.194）。

图 3.194

⑰双击"图层3",勾选"斜面和浮雕"选项并设置各项参数,完成后单击"确定"按钮(图3.195)。

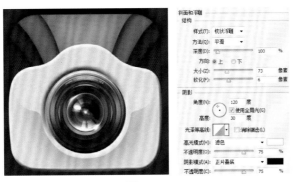

图 3.195

⑱单击"创建新的填充或调整图层"按钮,在弹出的快捷菜单中选择"曲线"命令,设置各项参数,画面效果发生改变。至此,本实例制作完成(图3.196)。

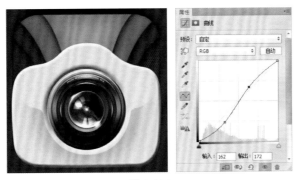

图 3.196

[技巧点拨]

曲线的应用:曲线调整是色调调整命令中最能直观、快速地达到所需要的调整方式之一。通过曲线调整,图像色调对比会更符合画面要求。

第4章 CSS 布局的艺术和科学

在现代网页设计中, 网站布局设计工作需要耐心、细致以及扎实的CSS 知识。设计元素决定了整体设计的视觉流向和层次结构, 同时页面布局构建了整个网站的骨架, 为页面中的元素提供了呼吸和生存的空间结构。但是, 设计网页布局确实非常复杂、耗时, 设计师的耐心往往在面对各种浏览器之间的不兼容以及多种风格和样式之间的利弊权衡过程中被一点点地侵蚀掉。

经过长时期的探索, 现在已经有一些实用的指导可以帮助设计师有效、可控地完成页面布局。本章将会介绍多种类型的布局, 并且分别介绍它们的优点和缺点以及在何种情况下使用最好。同时, 为了从总体上更好地理解CSS布局, 还会涉及一些主要技术和相关话题。探寻并建立一个完美、普遍适用的布局的过程, 最后都归结为对现存各种方法的比较, 这个过程还会极大地受到设计师的技能以及在像素级、自适应、灵活性布局之间作出选择的影响。设计师基本上有4种可供选择的布局类型: 固定宽度布局、自适应布局(含动态网格布局和自适应的流失式布局两种变化形式)、弹性布局和混合布局。这些布局的名字暗示了它们是否能够根据用户浏览器的尺寸调整自身的尺寸。

4.1 固定宽度布局

固定宽度的布局, 就像它的名字一样, 是一种以像素为单位、宽度固定的静态布局。这类布局的外层宽度都是固定的, 内部使用了百分比或者固定的宽度。这样一来, 设计师对内容区域周围的设计元素就有了更大的控制力, 并且能够更精确地设计内容和导航的宽度。设计师根据自己的经验和探索, 可以对页面中的字体、图片和平衡关系进行更精确的规划。固定宽度的设计可以确保所有设计中的平衡关系能够始终如一, 不管用户使用什么样的浏览器, 这种平衡永远不会被打破。

固定宽度布局正是由于其简洁、直观、易于实现和定制的特性, 成了一种非常流行的选择。使用固定宽度布局, 可以确保在不同分辨率下的设计效果保持一致。设计师不用去猜测用户使用什么客户端,测试也变得简单,从而在总体上缩短了开发时间。特别是固定宽度布局使用绝对的像素值,这比相对单位的百分比或者em(基于字体大小)更能让设计师感到舒服和直观。严格按照像素来定位内容区域也许就是固定宽度布局最为显著的特点(图4.1)。

图 4.1

例如,Colourpixel 的首页就使用了950 px的固定宽度布局。图4.1就是用户将浏览器设置为1 045 px宽度时的效果。

固定宽度布局所用的宽度往往由显示器的平均分辨率决定。当下,大多数用户都已经拥有了1 024 px×768 px或更高分辨率的显示器,所以大多数设计师选择使用960 px或者1 050 px作为固定宽度布局的宽度。这个宽度可以避免水平滚动条的出现,并且为多数浏览器中都会出现的20 px的垂直滚动条留下了充足的空间。但是,对于低分辨率的屏幕,设计师需要多加注意,如果固定宽度布局的宽度过宽,则会出现水平的滚动条。

固定宽度布局的一个优势在于设计要素易于定位,结果容易预测。确定了布局的宽度,定位元素就不会很复杂。另外,即使一个网站设计师考虑兼容最小的800 px×600 px分辨率显示器,在高分辨率的情况下,内容区域仍会清晰可辨。那些从平面设计领域转行到基于网页的设计领域的设计师趋向于选择固定宽度布局，因为他们热衷于精确的控制，毕竟在传统的印刷设计中普遍采用绝对定位的方式（图4.2）。

图 4.2

同一个网站在不同分辨率下的情况：浏览器的分辨率为1 680 px，这时布局的右侧显示了大量的空白。

固定宽度布局的缺点是没有充分利用用户显示器的全部显示区域。当然，屏幕的分辨率不一定会和浏览器的分辨率相同，因为很多"宽屏"不会最大化浏览器窗口。但是，如果用户有一个很大的宽屏显示器（例如，分辨率1 900 px×1200 px，浏览器分辨率1 500 px），屏幕中很大一部分没有被使用的假设就比较合理了。例如，浏览一个750 px宽的固定布局，空白区域的水平宽度会和布局一样宽。

因此，固定宽度布局产生了过度的空白，扰乱了黄金比例、三分构图、总体平衡或者其他的设计原则。那些顺畅的纹理、图案和连续的图片也需要适应高分辨率的情况。最后，强烈推荐使用一个居中的DIV来维护固定宽度设计中的平衡感。

#wrapper { margin:0 auto; }

这段代码可以实现这个效果。如果不这么做，在那些拥有高分辨率显示器的用户看来，整个布局会藏在左上的角落里。

那么，如何确定什么尺寸是最合适的呢？许多用户有了很大的宽屏显示器，但更多的人还在使用普通尺寸的显示器，还有一些人仍在使用低分辨率显示器。不管是哪种情况，多数用户都会将窗口调整到他们喜欢的尺寸，而不是使用最大化的、标准的或者和屏幕分辨率成比例的窗口大小。

在实践中，为网站固定宽度布局找一个最佳的平衡点通常需要对网站的用户资料进行深入的研究。通常的做法是评定访问者的浏览偏好，然后相应地调整设计。最常用的方法是分析网站的统计数据，找到使用最多的分辨率，并分析有多少用户使用较低的分辨率。根据通常的经验，可以将宽度设置在800~1 000 px。作为专业人士,必须为用户而不是自己创建合适的布局,即使设计师的设计在高分辨率的宽屏笔记本上看起来很糟糕。

下面,就来创建一个简单的两栏的固定宽度布局。这个布局有一个放置Logo的标题区域、主导航以及一个实现额外信息的底部区域。HTML 代码如下所示。

```
<div id="container">
<div id="header">
<!-- logo, navigation -->
</div>
<div id="content">
<!-- main content -->
</div>
<div id="sidebar">
<!-- sidebar -->
</div>
<div id="footer">
<!-- site information -->
</div>
</div>
```

为了固定宽度,在 #container 层上设置width(宽度)属性,同时为左右两栏设置固定宽度。为了让头部和底部与容器等宽,设置宽度为100%(尽管在大多数的时候这个属性是不必要的,但这是一个很好的习惯,可以确保这两个区域确实与容器等宽)。

本例中使用了float属性来让左侧和右侧的栏目得到正确显示(当然,也可以使用相对或者绝对定位),同时使用clear属性确保底部显示在两个栏目下方。另外,还需要在其他类型的浏览器上进行测试,确保布局能够在不同的浏览器上正常显示(图4.3)。

图 4.3

网站使用了固定宽度布局。#content 层的宽度固定为900 px。

#container {

margin: 0 auto; /* Centering the layout horizontally */

width: 960px;

}

#header {

width: 100%;

}

#content {

width: 600px;

float: left;

display: inline; /* IE 5/6 Doubled Float-Margin Bug 消除IE5/6 中的浮动元素边距加倍的bug */

}

#sidebar {

width: 330px;

/* 960px - 600px - 330px = 30px is used to separate columns */

float: right;

display: inline; /* IE 5/6 Doubled Float-Margin Bug */

}

#footer {

width: 100%;

clear: both;

}

选择固定宽度布局还是其他类型的布局, 其实是一个设计师愿意给用户多少自由的问题。前者把设计的决策交给了设计师而不是用户; 后者则允许用户根据喜好调整字体、图片以及列宽(图4.4)。

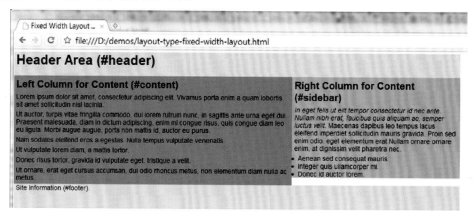

图 4.4 固定宽度布局图例

对于固定宽度布局，人们普遍认为，从长远看来，其代码维护困难。如果设计中使用了固定尺寸的字体（尽管IE6的用户完全不能改变文字的尺寸），有一天客户要求加大某些特定的设计元素的尺寸（例如文本），重新计算并修改文本的尺寸将会成为一场"噩梦"。一个比较好的方法应当是使用元素之间的比例关系来决定设计的尺寸（例如使用相对值），这就是接下来要介绍的灵活布局（自适应布局和弹性布局）。

4.2 自适应布局 🔍

自适应布局是具有灵活变动宽度特性的布局，也被称为流式布局，这种布局会根据网页浏览器的窗口大小相应地调整自己的宽度。在这类布局中，容器中的主体部分的宽度以当前浏览器的窗口宽度为基准，按照一定的百分比进行定义。当浏览器的尺寸发生变化时，布局也发生变化，因为用户调整窗口的操作已经改变了布局所依赖的基准。换句话说，这类布局中各区域的宽度会随着用户浏览器窗口的调整自动变化。所以，如果用户觉得正在浏览的文章的行宽不是很合适，通过简单地调整窗口尺寸，内容区域就会自动进行调整。

这类布局中，布局元素之间的关系至关重要，因为布局中子元素的宽度是以父元素的百分比设置的（不是相邻的元素）。例如，如果布局容器的宽度设置为90%（它的父元素为浏览器窗口），导航区的宽度设置为80%，那么导航区的宽度就是浏览器宽度的72%（1×0.9×0.8=0.72）。由此可见，设计流式布局需要对设计的结构有深度的了解。对设计师而言，过程也许痛苦，但成功的设计会让网站更加灵活地面对使用不同终端的用户。

流式布局能够尽可能多地使用浏览器的可用空间，设计师可以有足够的空间来平均排布页面中的内容。设计得当的布局可以保持空白区域始终一致，不管浏览器或者屏幕的分辨率如何变化，这样的设计显得更加一致并且对用户友好。同时，这类布局也消除了低分辨率显示器上刺眼的水平滚动条。

和固定宽度布局不同，流式布局赋予用户更大的自由度来调整布局的宽度。伴随着这种自由，设计师将严格、一致的像素布局转移到一种更加灵活（也因此更有风险）的环境中来。这时，对网站中特定元素之间比例关系的定义变得相当抽象和困难。这也正是多数设计师避免使用流式布局的原因，因为这种布局剥夺了设计师在像素级精度上预测定位元素的能力。

设计师在用相对值替代绝对值的过程中，经常将这些值进位或者去位（例如，将15.433 33%变成15.43%或者15%），这样设计就变得更加不精确。最后的设计也许在一些低分辨率屏幕上表现良好，但在高分辨率情况下会发生奇怪的现象，如布局中显著的空白、内容区太宽难以阅读等。

事实上，内容区过宽的结果是流式布局最显著的缺点。由于内容区的宽度取决于用户视窗的大小，宽屏的用户会发现每一行都是如此的长，以至于阅读起来很不舒服。如果一个使用流式布局的页面中没有这么多的文字，用户将看到孤零零的一行字，侧边栏高得非常不协调，周边还充斥着大量的空白。

为了获得最佳的阅读效果（每行47~86个英文字母），设计师通常为内容区#content-block设置在此基础上加10% 的宽度。除非设计的可读性会在低分辨率情况下变得很糟糕，一般不会设置最小宽度。

在CSS 中，使用CSS 属性"max-width"来定义布局的最大宽度。几乎所有的主流浏览器都支持这个属性（如IE 7+、Firefox 1+、Safari 2+、Opera 9.2+），当然IE 除外。

为解决这个问题，设计师通常会在内容区域设置一个最大宽度，以此来将布局限制在一个较为理想的宽度中。

但是，仍有一个变通的解决方法。注意，在IE8.0版本中，IE不再支持微软的动态属性（MSDN IE Blog" Ending Expressions"），即CSS表达式。所以IE6中的错误修正并不会在更高版本的IE中产生副作用。动态样式属性允许使用类似JavaScript中的结构控制和数学计算的语法，网页开发人员斯文德·托菲特在一篇如何解决IE浏览器中最大宽度问题的文章中有所讨论。根据文章中的示例，可以限制 #content-block 的宽度。

```
#content {
max-width: 30em;
width: expression(
document.body.clientWidth > (500/12) *
parseInt(document.body.currentStyle.fontSize)?
"30em":
"auto");
}
```

代码检查用户相对浏览器宽度的字体尺寸设置（以pt为单位）。托菲特认为，不管在什么情况下，使用默认12 pt 的字体时，500 px（像素）要比30 em 宽，所以上面的代码中使用了30 em 作为布局的宽度。

其原理是，如果内容部分的宽度大于500 px与12 的比值乘以用户字体的设置，就将宽度设置为30 em。相反的情况下，让宽度保持自动（使用了"auto"属性）。由于动态样式属性没有包含在W3C的CSS2规范中，使用这种方法会让样式表无法通过验证。读者可以根据自身情况使用，能够为市场上仍然是最流行的浏览器提供带有最小宽度和最大宽度的流式布局，付出这点代价也许是微不足道的。

Clearleft 网站就是使用了自适应宽度布局的例子。图4.5展示了网站在1 280 px和800 px情况下的表现。注意看内容区域是如何自动调整"We make websites better"这句话的，在1 280 px时的两行变成了800 px时的3行。

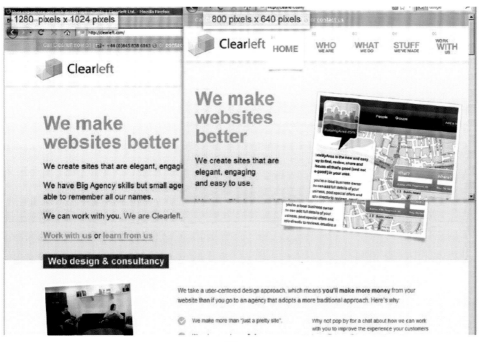

图 4.5

最后，使用上面固定宽度布局的HTML结构来实现一个简单、纯粹的两栏自适应布局。再次提醒，记得使用多种浏览器来验证结果是否跨浏览器兼容。

#container {

margin: 0 auto;

width: 75%;

}

#header {

width: 100%;

}

#content {

width: 60%;

float: left;

display: inline; /* IE 5/6 Doubled Float-Margin Bug */

}

#sidebar {

width: 40%;

float: right;

display: inline; /* IE 5/6 Doubled Float-Margin Bug */

}

#footer {

width:100%;

clear:both;

}

图4.6为一个自适应布局的示例，容器的宽度设置为窗口的75%，并且分别在1 280 px和800 px的环境下进行了测试。

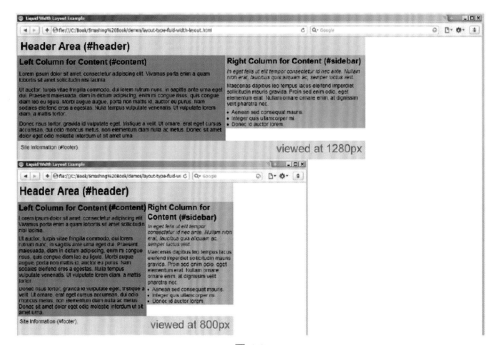

图 4.6

在为自适应布局选择一个合适的宽度时，使用"width：auto"或者其他的百分比值会非常合理，这样确保了布局自动占据浏览器的可用空间。对于最小宽度，可以使用像素值，如760 px。这个限制确保了所有自适应布局即使在最低的分辨率情况下仍保持可读。至于最大宽度，通常的做法是使用em值（例如90 em），这样就能在文本宽度不失控的情况下，保持不同分辨率情况下的稳定。让人高兴的是，如果用户调整浏览器的字体设置，最大宽度会发生相应的变化。

一个经典的计算这个比例的方法是，通过将给定像素高度元素与容器的尺寸相除，得到的字体大小（即上下文）。

在实现自适应布局时，使用了相对值来表示外边距和内边距（当时，是相对于视口的宽度），这样当窗口尺寸变化时，外边距和内边距同样发生变化，同时保持了比例和尺寸一直灵活。这种技术被称为"concertina padding"，由理查德·鲁特提出（"Web Standards Group：Ten Questions for Richard Rutter"）。使用这种技术后，当页面尺寸改变时，外边距和内边距同样发生变化，同时会检查内容区以及文本行的长度。

4.3 动态网格布局 Q

网格设计体现了秩序和精确。本质上,网格允许使用对齐、对称、适当的空白,从战略和系统上来组织排版和设计元素,最终实现令人愉悦和易读的设计。网格布局可以在多种布局类型的基础上实现,但设计师们通常认为弹性的布局要难得多,无法与传统的网格体系相提并论。但在本章中,这并不是必要的。

本质上,通过合理地使用DIV层、百分比和一些简单的数学运算,就可以创建一个自适应网格布局。

一个经典的计算这个比例关系的方法是,通过将给定像素高度元素与容器的尺寸相除,得到字体大小(即上下文)。最后,得到了期望的、使用相对值的、类似 em 或百分比的比例关系。这个公式就是:目标÷ 环境= 结果。

如果将这个公式应用到设计中,就可以得到一个稳定的自适应布局。但是,实际上是希望得到网格布局,所以接下来要创建一个总宽为988 px,等分为7个124 px宽、之间有20 px分割的固定宽度布局。

假设现在布局中有一个700 px宽的<h1> 元素(横跨了5 列和4 个空槽:5×124 px+4×20 px=700 px)。这个元素应该为块状元素并且在布局中居中(也就是具有288 px的外边距,左右各144 px)。

为了计算<h1>的相对单位,将700 px(目标)与988 px(内容)相除,得到700÷988=0.708 5。也就是70.85%,可以修改样式表为:

```
h1 {
width: 70.85%; /* 700px / 988px = 0.7085 */
}
```

同时,对于外边距需要小心地处理,期望的左边距是144 px(目标),再次使用公式来计算相对宽度:144÷988=0.145 75,相对宽度就是14.575%,最后代码如下所示:

```
h1 {
margin-left: 14.575%; /* 144px / 988px = 0.14575 */
width: 70.85%; /* 700px / 988px = 0.7085 */
}
```

将这种方法应用到布局中的所有元素上,会得到一个稳定、灵活、自适应的网格布局。这是一种非常简单的概念,但在流式设计中可以带来高效的处理比例平衡的方法。有了这种技术,设计师就不能再抱怨维护比例是如何困难或者是怎样破坏他们布局的美感了。

一个简单的网格布局,只有一个标题区域、信息区域和一块很大的内容区(图4.7)。

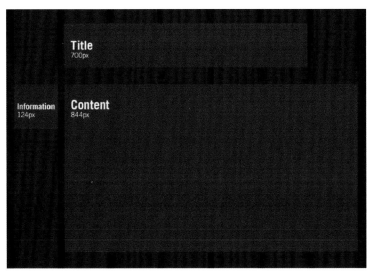

图 4.7

设计师可以用不同的方式定义元素之间的边距值，其中一个就是计算边距的相对比例（在本例中，20 px÷880 px）。另外一个就是固定边距，在本例中，就设置为20 px。

每种方法都有其优点和缺点。使用相对的边距值，虽然能够达到较好的平衡比例，但设计师就会承担在宽屏上边距过大的风险。固定边距虽然在边距上有一点不完美，却确保了在不同浏览器尺寸情况下一致的外观。

4.4 自适应的流式布局

尽管流式设计可以适应很多种不同的分辨率，但仍有一个通病，就是在分辨率太低（比如手机或者PDA设备）或者太高的情况下，界面看起来有点可笑。例如，一个三栏布局的页面在只有240 px的PDA屏幕中看起来就会非常糟糕。另外，如果设置了"最小宽度"，布局中可能会包含一个水平的滚动条，这让阅读变得很不流畅。

为了解决这个问题，可以使用一项技术来改善不同屏幕分辨率情况下的内容自适应问题，这也就是"适应性流式布局"名称的由来。接下来，将创建在640~800 px、320~640 px、240~320 px以及240 px以下分辨率情况下，只是稍有不同的定制布局。同样，定制的调整也能够分别用在800 ~1 024 px、1 024~1 280 px，甚至1 280 px以上的情况。

这样做的好处是显而易见的，设计师在能够切换不同布局分辨率的同时又保持了布局的准确性。无论是最低分辨率还是最高分辨率，都能够很好地处理；同时，保留了空间平衡的设计准则，而不用担心用户使用何种浏览器。

要建立这种类型的布局，需要准备两件事：为每种范围的分辨率准备分离的样式文件和一种获取用户屏幕分辨率的方法。第一件事情就是创建一系列可替换的布局文件。例如，一个文件命名为 narrow.css，在非常低的分辨率情况下使用。另外一个文件命名为 normal.css，在普通的分辨率情况下使用。第三个文件命名为wide.css，专门应付那些高分辨率的情况。

有了这些样式文件，就可以使用Java Script来做一些简单的替换。例如，使用凯文·哈尔的"动态布局技术（Dynamic Resolution-Dependent Layout Technique）"或者马克·范登巴博斯汀的自适应布局方法"Switchy McLayout"。所有样式文件的声明和JavaScript 脚本放在所有页面文件的头部。

```
<!-- Narrow style sheet -->
<link rel="alternate stylesheet" type="text/css" href="css/narrow.css" title="narrow" />
<!-- Default style sheet -->
<link rel="stylesheet" type="text/css" href="css/normal.css" title="default" />
<!-- Wide style sheet -->
<link rel="alternate stylesheet" type="text/css" href="css/wide.css" title="wide" />
<!-- Included JavaScript to switch style sheets -->
<script src="scripts/dynamiclayout.js" type="text/javascript"></script>
```

注意，在"narrow""default"和"wide"这3个外部样式文件链接中的属性。认真看一下源码中DynamicLayout（）函数就能发现，可以很容易地根据样式表链接的属性进行样式文件的切换。下面来看看具体的例子。

```
function dynamicLayout(){
var browserWidth = getBrowserWidth();
// Narrow CSS rules
if (browserWidth < 640)
changeLayout("narrow")
}
// Normal (default) CSS rules
if ((browserWidth >= 640) && (browserWidth <= 960))}
changeLayout("default");
}
// Wide CSS rules
if (browserWidth > 960){
changeLayout("wide");
}
}
```

注意,因为适应性的流式布局依赖JavaScript,所以需要客户端支持JavaScript,这样脚本才能探测用户浏览器的分辨率,并且进行相应的切换(图4.8)。

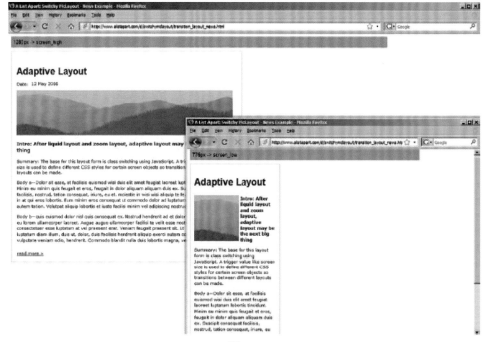

图 4.8

图4.8是Switchy McLayout 布局在不同浏览器尺寸下的示例。根据浏览器的尺寸,布局进行了自动的调整。

"支持变量的固定宽度布局"(Variable fixed-width layout)是由理查德·鲁特开发的,基于西蒙·柯立森布局的相似技术。屏幕尺寸发生变化时,布局和字体也相应地变化。布局尺寸实时地发生变化,所以如果调整了浏览器的尺寸,布局会随之变化以适应新尺寸(图4.9)。

理查德·鲁特的基于变量的固定宽度布局使用JavaScript来自动缩放布局和字体。在1 280 px分辨率下,是四栏布局;但是在850 px下,布局自动调整为三栏,第四栏移动到了所有栏目的下方。

就像之前提到的那样,流式布局的一个普遍问题是文本要么变得很长,要么被挤到一团,导致布局的可读性很差。在窄屏幕中,文本之间过大的空白是最大的问题,当然相反的极端情况也同样让用户很头疼。可以使用最大宽度和最小宽度来解决这个问题,但如果这样,布局就被转换为宽度部分固定的布局,丧失了总体的灵活性。文本缩放技术基于JavaScript,根据用户浏览器的宽度自动调整文本的尺寸。当屏幕变宽时,字体就变大;相反,屏幕变窄时,字体就变小。另外,可以设置最大和最小的字体尺寸,防止奇怪的情况发生。更进一步,设计师甚至可以决定哪些元素受到文本缩放的影响,哪些元素免受影响。

设计师可以向网页中添加基于JavaScript 的字体缩放。在页面中插入下面的代码,根据情况进行适当修改。

图 4.9

```
<script type="text/javascript">
var contentZoom = new TextZoom(
"Content", // Reference element
"Content", // Target element
0.22, // Zoom ratio
70, // Minimum font size (%)
130); // Maximum font size (%)
addLoadEvent(textZoomInit);
</script>
```

字体缩放技术: 图4.10是一个具有最大尺寸的页面, 显示较大的字体。

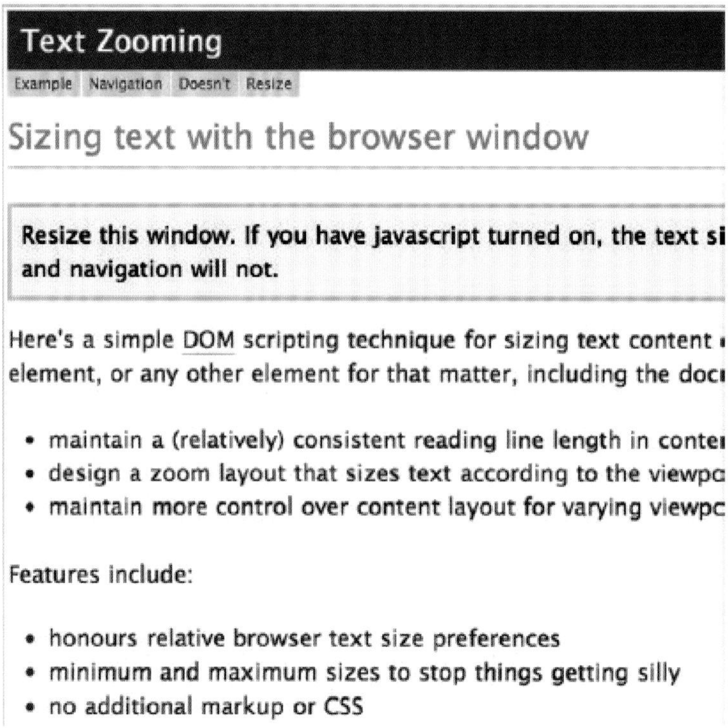

图 4.10

字体缩放技术：和图4.10一样的页面，宽度调整为700 px。字体随着浏览器变化进行了调整。请注意导航菜单中的字体并没有发生变化（图4.11）。

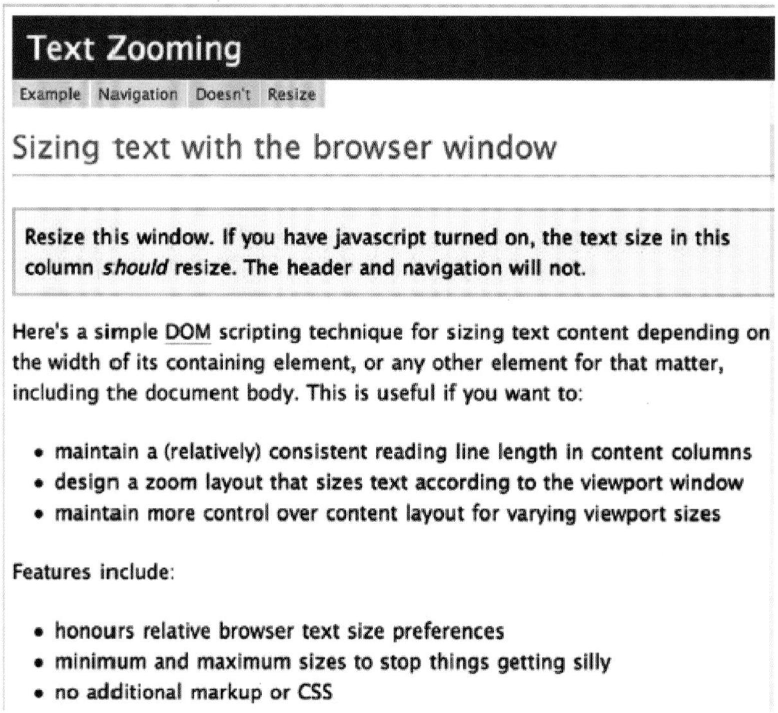

图 4.11

　　为了获得最好的浏览体验,可以通过脚本来修改DIV的宽度,同时根据浏览器当前的尺寸决定显示列数的多少(根据浏览器尺寸的变化)。使用JQuery脚本清除所有列的多余空白,然后平均分配给现有的列。这项技术是自适应流式布局的一个好例子,特别适用于那些自己调整浏览器尺寸的用户。

4.5 弹性布局 🔍

　　当浏览流式布局的网站时,内容区可能变得太宽而降低了可读性。为了提高可读性,设计师尝试通过限制CSS的属性来限制布局的最大宽度。弹性(或者称为可缩放)布局采用了完全不同的方法来实现相同的效果。这种布局的基本思想是根据用户的字体大小而不是浏览器视口的大小来调整网页布局的宽度。像素是计算机屏幕上无法缩放的一个点,em则是字体的一个方形单位。根据用户对于字体尺寸的选择,em单位经常发生变化。相应的,设计师使用em单位,一种与弗雷元素尺寸相关的相对单位来表示字体的大小。通过为布局中的区块和字体使用em单位,设计师能够实现网页布局的整体缩放,保持内容区每行的宽度适中,实现接近现实的缩放效果。最后,当用户增加字体尺寸时,布局自动缩放,就像它们是一个有弹性的物体一样。由于不依赖于浏览器视口的变化,弹性布局有点类似于固定宽度布局,同时具备了它的优点和缺点。设置很大的字体尺寸会扩展布局的宽度和高度,最后布局变得无法使用和阅读。但是,这种情况极少发生,因为很少有人会把字体放大3倍(特别是设计师已经使用了一个足够大的字体作为基准字体)。

　　像弹性布局一样,这种布局开始时最困难的一件事情就是计算合适的em值。为了简化从像素(px)到em的转化,可以设置body中10 px的字体基准尺寸为0.625 em或者62.5%(多数浏览器中字体的尺寸是16 px,10 px是16 px的62.5%),这样在计算字体的子元素的时候更容易些。例如,设置页面主体部分字体尺寸为0.625 em,那么一个960 px宽的DIV就是96 em。

　　这些元素的存在增加了弹性布局的复杂性,因为在字体的尺寸发生变化时,需要维护布局中所有元素的比例关系。在一些情况下,弹性布局允许所有元素随着字体的增加而变化,也就是说,图片也会因为用户设置的不同,跟着布局的变化放大或者缩小。

　　当然,这可以通过为图片赋予类似<img width="80%" height="80%"/> 的百分比单位值来解决。但是记住,低分辨率的图片放大后会极大地降低质量。浏览器进行的是"模拟"放大,导致图片模糊并出现矩形块。另外,浏览器会从服务器加载整个(大)图片,并且进行缩放,增加了服务器的负载,提高了页面的加载时间。因此,多数设计师经常为图片使用绝对值。

　　关于弹性布局,或者基于字体尺寸设置宽度的布局,人们还非常关心如何展示多媒体内容,诸如图片和Flash对象。

　　看看下面的PHP 代码。

```
# include the class file
require_once('magazinelayout.class.php');
# Define the width for the output area (pixels)
$width = 600;
# Define padding around each image; this *must* be included
# in your style sheet (pixels)
$padding = 3;
# Define your template for outputting images
# (Don't forget to escape the &)
$template ='<img src="image.php?size=[size]&file=[image]"
alt="Screenshot" />';
# create a new instance of the class
$mag = new magazinelayout($width,$padding,$template);
# Add the images in any order
$mag->addImage('landscape1.jpg');
$mag->addImage('portrait1.jpg');
$mag->addImage('landscape2.jpg');
# display the output
echo $mag->getHtml();
```

可以预先定义整个杂志设计布局需要使用的宽度。因此，如果能够决定用户浏览器的宽度，就能够计算出图片布局应该有多宽。这当然不难实现，因为在第二个技术——自适应的流式布局中使用过。在这段代码中，使用了一个getBrowserWidth ( ) 的函数。

如果能够使用这个方法获取到用户浏览器的宽度数值，就能根据这个数值找到内容区域应该设置的像素值（或者用来存放图片的区域的宽度）。假设希望放置图片的内容区设置为70%宽，那么只需要通过简单的数学运算，来得到浏览器宽的70%是多少像素（px）。

像素宽度= 内容区的百分比×浏览器宽度。

$width=0.70×getBrowserWidth();

当然，这个计算很简单，也是流式布局中处理图片的简单方法。在PHP 脚本运行后，调整脚本来自动找到图片的像素宽度，这样就能方便地为流式布局中的图片或者其他固定宽度的元素设置宽度。

弹性布局的最大优点就是具备始终保持设计元素比例关系的能力以及确保可读性和定位准确。弹性布局是那些希望在流式布局和固定宽度布局之间妥协的设计师的首选。流式布局和固定宽度布局的优点在弹性布局中都有所体现。但是，这种布局实现起来非常困难，在完成之前需要进行大量的深入理解和测试。

现在，继续使用前面用过的HTML 结构来实现一个简单的两栏布局。如果

1em 相当于16 px，那么960 px就是60 em。左边600 px是37.5 em，右侧360 px是22.5 em。为了方便使用，使用如下计算公式：

```
1 em÷16 px×（像素宽度）=em 单位
#container {
width: 60em;
}
width: 37.5em;
float: left;
display: inline; /* IE 5/6 Doubled Float-Margin Bug */
}
#rightCol {
width: 22.5em;
float: right;
display: inline; /* IE 5/6 Doubled Float-Margin Bug */
}
#rightCol {
width: 22.5em;
float: right;
display: inline; /* IE 5/6 Doubled Float-Margin Bug */
}
#footer {
width: 60em;
clear: both;
}
```

　　不同字体尺寸下的弹性布局截图显示，随着字体的增大，布局的宽度也会有相应的增加（图4.12）。

　　下一代浏览器，诸如Firefox3+、Opera 9.5+和 IE 7+都带来了一项似乎会减轻网站开发人员工作的特性——全页面缩放（Full Page Zoom）。

　　这种技术不仅是简单地增加网站中字体的尺寸，浏览器现在也支持用户自然缩放布局，包括布局中的图片和背景，整个页面设计都会根据选择进行等比例缩放。同时，所有的固定宽度布局也变成了"可变化的"。布局中始终包含内容的区域也支持这个特性。这样，就不会出现在上一代网络浏览器中经常出现的盒模型叠加的现象。直观地讲，这项技术将会导致弹性布局的荒废和消亡，因为他们达到了需要CSS 代码才能实现的同样的效果。

　　然而，事实并非如此。如果为用户提供一个带页面缩放的固定宽度布局，用户看到每行的字数会与设想的不一致（例如，一些用户因为视力的原因会选择大一点的字体）。

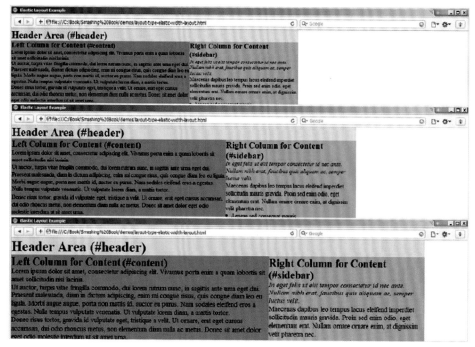

图 4.12

在固定宽度布局的页面中，可变的字体尺寸使内容的显示变得难以预测，同时也很难保留设计中的比例和平衡。另外，当页面放大（或者缩小）时，某些情况下并不会放大Logo或者图标。换句话说，这种布局允许用户只缩放固定的区域或者元素，这在浏览器缩放中是无法实现的。当然，基于像素布局的所有缺点仍然存在，包括水平滚动条和过多的空白。最后，全页面缩放对满足不同用户需求有所帮助，但却不是开发人员的终极解决方案。

4.6　混合布局

现实中，设计师通常混合使用固定宽度、流式布局或者弹性布局元素，为用户提供每种方式的优点，并且将缺点降低到最小。

例如，内容区域通常会使用em单位（以此来确保每行的适当长度以及在IE6下的字体缩放）。侧边栏通常使用固定单位（因为侧边栏通常会包含固定宽度的Banner，这样固定宽度才比较可行）。另外一个相关的技术是为流式内容指定"最小宽度"和"最大宽度"属性。使用CSS属性而不是弹性元素，让用户可以根据个人喜好调整每行的长度。

Jello-liquid布局虽然不是很流行，但却比较有趣。为了保持内容区的可读性，此布局努力降低布局增长时比例增长的速度。所以，一个自适应布局在1 024 px×768 px（960÷1 024=0.937 5）视口中具有960 px宽度，在窗口增长到1 440 px×900 px（1 440÷1 350=0.937 5）时会得到一个比1 350 px小的宽度。为了实现这种效果，布局中很大一部分元素都使用了固定的像素值, 剩下的元素使用了与窗口宽度相关的相对值。

固定部分占布局的比例越小, 布局随着窗口拉伸时所获得效果就越好。此举很简单, 也很智能。

另外一个有趣的方法是结合了流式和弹性元素的流式弹性布局。这种布局基于em单位, 但是使用相对值设置了 "最小宽度" 和 "最大宽度" (考虑了窗口的宽度, 赋予用户将布局限制在一定缩放范围内的能力)。通过设置最大和最小宽度, 文本缩放到一定程度的时候会停止变化。布局随着窗口的变化而自动调整, 保留了适应性, 同时也是弹性的。在窗口尺寸或者字体尺寸发生变化时, 各列的宽度在自动变化。

在下面的例子中, 为容器和每一列设置了 "max-width" 属性。这样布局就会限制在整个视口的宽度。同样, 在较老版本的IE 中并不支持 "max-width", 所以需要为IE 作一些特殊的处理, 代码如下所示(在下一个例子中将不再列出)。

```
#container {
width: 60em;
max-width: 100%;
}
#header {
background-color: #cccccc;
width:60em;
max-width:100%;
}
#leftCol {
width:37.5em;
float:left;
display: inline; /* IE 5/6 Doubled Float-Margin Bug */
max-width:62.5%;
}
#rightCol {
width:22.5em;
float:right;
max-width:37.5%;
}
#footer {
width:60em;
max-width:100%;
clear:both;
}
```

4.7 布局个性网站 🔍

固定宽度的方法通常在带有大量图片的高级视觉布局中表现良好（如娱乐、促销或者基于Flash的网站，还有一些作品集页面），这样图片能够通过精确的定位，实现更加准确、较少错误的设计。实现这种布局，设计师需要考虑用户的平均情况，确保设计的布局对大部分用户不会显得太窄或者太宽，在不同的浏览器之间保持良好的可用性。编写固定布局同样比较规范和直接，开发人员不需要为各种元素之间的关系和平衡耗费太多心思。

哪种布局最合适呢？这些当然没有标准答案。限于使用环境、时间限制以及设计师的技能，每种布局都有特定的应用情况。

如果这正是你的想法，也许你会考虑在设计中使用流式布局。这种布局制作非常耗时，也不是很容易开发，并且在一些不可预知的环境中存在一定风险，但是提供了用户根据喜好调整布局的特性。流式布局具有较高的生产成本，但显著降低了维护成本，同时为灵活性和跨分辨率的网站提供了坚实的基础。设计师只需要确认内容区具有合适的行宽，并且在必要的情况下使用"minwidth"和"Max-width"。

是否仍然犹豫不决？弹性或者部分弹性的设计是另外一个选择。在正确使用的前提下，弹性布局在带来了更多可预测性的同时，保持了布局的灵活性。因为弹性布局依赖于字体大小（而不是浏览器的窗口尺寸），弹性布局允许设计师"冻结"布局中区块间的比例，确保元素之间的平衡和良好的可读性。特别是在文本较多的网站中，保持良好的可读性的要求非常严格（固定布局中也一样重要）。弹性布局更多的是用在杂志、在线商店、博客或者类似的网站上。聪明的流式网格使用者可以创建既忠实于原始设计比例和经典图片设计原则，又保持适应性的布局。

一些设计师希望在不同浏览器之间获得完美的一致，流式设计的支持者们却认为布局并不需要在不同平台和分辨率下保持一致。

在实际工作中，设计师经常为字体和容器使用em单位，而其他元素则灵活地使用像素和相对值来建立一个弹性的布局。这些或者相似的混合布局在实际情况中最常见，反映了设计师希望为每种情况找到最佳解决方案的努力。

在总结之前，有必要提一下智能手机、上网本和游戏终端，这些设备现在都可以进行网页浏览，所以更低（或者更高）的分辨率变得越来越重要，而且应当进行认真考虑。对于这类平台，动态的分辨率切换技术将会非常有用，而且在将来扩展设计师的布局类型时会是不二的选择。虽然构建自适应性的布局需要耗费很多时间，但由于能够处理或小或大的各种类型的分辨率，会帮助设计师为用户呈现最合适的效果。随着屏幕宽度的不断增加，使用所有这些技巧都只是个时间问题。

参考文献

[1] Art Eyes设计工作室.创意UI——Photoshop玩转移动UI设计[M].北京：人民邮电出版社，2015.

[2] 罗晓琳. Photoshop APP UI设计从入门到精通[M].北京：机械工业出版社，2015.

[3] 张晓景.移动互联网之路——APP UI设计从入门到精通[M].北京：清华大学出版，2016.

[4] 郭少锋. UI设计技法[M].武汉：华中科技大学出版社，2013.